Konstruktion landwirtschaftlicher Bauwerke

Von

Dr.-Ing. **Th. Gesteschi**
Beratender Ingenieur in Berlin

Mit 426 Textabbildungen

Berlin
Verlag von Julius Springer
1930

ISBN-13:978-3-642-47173-5 e-ISBN-13:978-3-642-47488-0
DOI: 10.1007/978-3-642-47488-0

Vorwort.

Die Fortschritte im konstruktiven Bauwesen seit Anfang unseres Jahrhunderts haben auch in der Landwirtschaft allmählich Eingang gefunden. Auch der Landwirt konnte sich den Vorzügen der verschiedenen neuzeitlichen Bauweisen nicht verschließen, da insbesondere mit der Modernisierung der landwirtschaftlichen Betriebe auch umfassende bauliche Einrichtungen erforderlich wurden.

Wie auf anderen Baugebieten kann auch im landwirtschaftlichen Bauwesen heutzutage der Architekt nicht mehr mit den ihm zu Gebote stehenden einfachen Mitteln allein bauen; er muß vielmehr dort, wo es möglich ist, die Ingenieurbauweisen zur Anwendung bringen, da er sich nicht dem Vorwurf aussetzen kann, von dem Bauherrn als rückständig bezeichnet zu werden. Es sei z. B. an die Stallbauten, Getreidespeicher und Grünfutterbehälter erinnert, bei denen der Eisenbeton in großem Umfange zur Anwendung gelangt ist, während früher neben Eisen fast ausschließlich Holz und Ziegelmauerwerk benutzt wurde.

Auf manchen Gebieten, wie z. B. im Scheunenbau, kann jedoch der Urbaustoff Holz nicht verdrängt werden, da er der Art der Ausführung am besten entspricht. Ebenso werden die Dachkonstruktionen der Stallbauten, die gleichen Zwecken dienen, fast immer noch in Holz hergestellt. Auch dem Eisen bleiben gewisse Gebiete vorbehalten, so z. B. für Deckenträger von Steineisendecken, für Speicher, Grünfutterbehälter, Wassertürme, dazu für die verschiedenen maschinellen Einrichtungen.

Der Verfasser hat sich nun die Aufgabe gestellt, die Ingenieurbauweisen in der Landwirtschaft darzustellen, da es für Architekten und Unternehmer doch sehr wichtig ist, kennen zu lernen, was hier ausgeführt worden ist und Beispiele neuzeitlicher Anordnungen beim Entwurf vor Augen zu haben. Es ist ferner für den Landwirt nicht mehr möglich, seine Bauten durch den ersten besten Handwerksmeister ausführen zu lassen, sondern er muß den erfahrenen Baumeister zu Rate ziehen, damit die Anlage von vornherein so entworfen wird, wie es für den späteren Wirtschaftsbetrieb am zweckmäßigsten ist.

Der Inhalt des Buches ist der Wichtigkeit der Bauwerke und der Art der Konstruktion entsprechend gegliedert.

Zuerst hat der Verfasser einen kurzen Überblick über die Anlage von Bauerngehöften und Gutshöfen gegeben, um die Grundsätze für die Gruppierung der landwirtschaftlichen Gebäude darzulegen. Im Anschluß an die geschichtliche Entwicklung der Anlage von Bauerngehöften sind ferner neuere Bauerngehöfte beschrieben, die auf Grund jüngster Forschungsergebnisse der Reichsforschungsgesellschaft für Wirtschaftlichkeit im Bau- und Wohnungswesen entworfen und ausgeführt worden sind.

Die eigentliche Darstellung der landwirtschaftlichen Konstruktionen beginnt mit den Decken, die ja bei jedem Hochbau eine wichtige Rolle spielen, da sie einen großen Teil der Bausumme ausmachen, andererseits aber eine gute Deckenkonstruktion bezüglich Dauerhaftigkeit, Feuersicherheit, Wärme- und Schalldichtigkeit sehr wesentlich ist. Es sind Holzdecken und Massivdecken erörtert. Bei letzteren sind vor allem die Systeme berücksichtigt, die zur Zeit ausgeführt werden.

Wände, Fundamente, Dacheindeckungen usw. sind als bekannt vorausgesetzt und daher nur gelegentlich bei der Beschreibung ausgeführter Bauten besprochen. Es sind dies Teile der allgemeinen Baukonstruktionslehre, die in einer großen Zahl von Fachbüchern ausreichend behandelt sind, so daß das Buch mit diesem Stoff nicht unnötig belastet zu werden braucht. Eine Ausnahme bilden die Schweineställe (Abschnitt C. IV.), bei denen einige besondere neuzeitliche Wand-, Decken- und Dachkonstruktionen zu besprechen waren.

Von den Stallbauten sind nur die Rindviehställe, Pferdeställe und Schweineställe behandelt, die in baulicher Beziehung bemerkenswerte Ausführungen darstellen, während Schafställe und Geflügelställe, die nichts Besonderes zeigen, übergangen sind. Letztere betreffen im allgemeinen nur kleinere Bauten, bei welchen wegen der geringen Spannweiten und einfachen Ausführungsformen selten Gelegenheit vorhanden ist, bemerkenswerte Konstruktionen zur Anwendung zu bringen. Die innere Einrichtung der Ställe ist, da hier nur die baulichen Belange in Betracht kommen, nicht behandelt; außerdem ist ihr fast in sämtlichen Werken über landwirtschaftliche Bauten ein breiter Raum gewidmet, so daß sie an dieser Stelle unberücksichtigt bleiben konnte. Nur gelegentlich der Besprechung von Ausführungsbeispielen ist auf wichtige Gegenstände bzw. Einzelheiten der inneren Einrichtung hingewiesen.

Die wichtigsten Stallbauten sind die Rindviehställe, die auch in konstruktiver Beziehung am bedeutendsten sind; es handelt sich meist um größere Bauten, bei welchen der Wirtschaftsbetrieb besondere bauliche Maßnahmen erfordert und bei welchen auch wegen ihrer hohen Kosten besondere Überlegungen nötig sind, um die zweckmäßigsten und billigsten Konstruktionen zu finden. Eine große Zahl neuerer mustergültiger Ausführungsbeispiele zeigt die Fortschritte, die bei neueren Stallbauten dieser Art zu verzeichnen sind.

Die Pferdeställe kommen erst in zweiter Reihe, da sie auf dem Gutshof nicht die Rolle spielen wie die Rindviehställe. Die Anzahl der Pferde ist meist verhältnismäßig gering, da sie hier nicht zu Zuchtzwecken, sondern nur zur Bewirtschaftung des Gutes, also hauptsächlich als Arbeitspferde dienen. Auch werden vielfach die Ackergeräte durch motorische Kraft angetrieben. Kutschpferde sind seit Einführung des Autos nicht mehr so nötig wie früher, und Reitpferde werden nur zu Sportzwecken gehalten. Es handelt sich also meist um kleinere und mittlere Bauten, die ähnliche Konstruktionen wie die Rindviehställe erfordern und, neben anderen Abmessungen, hauptsächlich eine andere Inneneinrichtung besitzen. Die besonderen Anlagen zu Zuchtzwecken, also für Gestüte, können, da es sich häufig um Monumentalbauten handelt, die mehr den Architekten als den Ingenieur interessieren, übergangen werden. Einige bemerkenswerte Ausführungsbeispiele bringen Pferdeställe für größere Verhältnisse.

Wichtiger als die Pferdeställe sind, trotzdem in der Regel nur kleine Konstruktionen in Betracht kommen, die Schweineställe. Wie es sich bei den Rindviehställen hauptsächlich um die Gewinnung von Milch handelt, die einen Teil des Ertrages eines Gutes bildet, handelt es sich bei den Schweineställen gleichfalls um Belange, die die Bewirtschaftung des Gutes gewinnreich machen sollen. Die Schweineställe dienen zu Mast- und Zuchtzwecken, also letzten Endes zur Gewinnung von Schweinefleisch. Die besonderen Erfordernisse der Schweinemast und noch mehr der Schweinezucht benötigen auch besondere bauliche Maßnahmen, die wegen ihrer Wichtigkeit eingehender besprochen werden mußten. Hier spielen auch die Anlagekosten, die möglichst niedrig sein sollen, eine wichtige Rolle, da sie in engem Zusammenhang mit dem Ertrag der Schweinehaltung stehen.

Im Anschluß an die Stallbauten sind die Wirtschaftsgebäude (Ökonomiegebäude) erörtert worden. Unter dieser Bezeichnung sollen hier Nebenanlagen für besondere Anstalten, z. B. Heilstätten, verstanden werden, die zur Beschaffung von guten und billigen Lebensmitteln für diese Anstalten nötig sind. Sie besitzen stets kleinere oder größere Stalleinbauten, so daß sie an dieser Stelle am besten untergebracht sind. Auch Viehhallen, die zu Handelszwecken und zum Zwecke der Absatzwerbung errichtet werden und zum vorübergehenden Aufenthalt von Tieren dienen, sind im Anschluß an die Wirtschaftsgebäude an Hand neuerer Ausführungsbeispiele besprochen worden.

Die Scheunen bilden ein wichtiges Gebiet, da sie hauptsächlich dazu bestimmt sind, die unausgedroschenen Feldfrüchte, vornehmlich über den Winter bis zum Drusch aufzubewahren. Sie dienen ferner zur Aufbewahrung von Stroh. Da sie keine Lebewesen beherbergen, ist auch ihre Ausführung eine leichtere. Sie bestehen, wie schon erwähnt, in der Regel aus Holz und sind nach den sonst für Hallenbauten üblichen Grundsätzen ausgebildet. Sie sind systematisch nach den verschiedenen Konstruktionen geordnet, wobei auch neue Formen gebracht werden konnten, die einen Fortschritt bedeuten. Vor allem erlauben sie auch eine bessere Raumausnutzung unter Verwendung der sehr zweckmäßigen neuzeitlichen Fördereinrichtungen. Z. B. können Zwischenstützen fortbleiben, ferner können die Scheunen höher als früher gebaut werden, da die Handarbeit durch Höhenförderer ausgeschaltet werden kann.

Die Getreidespeicher sind nach dem heutigen Stand dieses wichtigen Gebiets besprochen worden. Sie nehmen die Kornfrüchte auf, die so lange aufbewahrt werden, bis sie für die Wirtschaft, für den Mühlenbetrieb verwendet werden oder zum Verkauf gelangen. Die Bodenspeicher werden hauptsächlich in Holz oder Eisenbeton hergestellt, während für die Silospeicher neben Holz, welches seltener verwendet wird, Eisenbeton an erster Stelle steht. Auch hier konnten verschiedene mustergültige Ausführungsbeispiele vorgeführt werden, die von führenden Firmen des Mühlen- und Speicherbaues zur Verfügung gestellt wurden.

Einen für den Wirtschaftsbetrieb sehr wichtigen neuen Zweig des landwirtschaftlichen Bauwesens stellen die Grünfutterbehälter bzw. Grünfuttersilos dar, die heute in der Landwirtschaft kaum noch zu entbehren sind. Sie sind zur Haltbarmachung und Aufbewahrung der Grünfutterpflanzen für die Winterfütterung des Viehes notwendig. Gerade dieses Baugebiet hat in den letzten Jahren durch Zusammenarbeit des Landwirts, des Chemikers und Baumeisters außerordentliche Fortschritte zu verzeichnen. Solche Silos werden in Holz, Mauerwerk, Beton, Eisenbeton und Eisen in sehr verschiedenen Abmessungen ausgeführt. Es konnten die wichtigsten zur Zeit üblichen Bauweisen, die meist von erfahrenen Sonderfirmen erdacht sind, gebracht werden.

Die Nebengebäude, wie Schuppen usw., die für untergeordnete Zwecke bestimmt sind, konnten kürzer gefaßt werden. Sie stellen meist einfachere hallenartige Konstruktionen zur Unterbringung von Geräten, Wagen u. dgl. dar, oder sie sind zur Aufnahme von Lagerräumen und Reparaturwerkstätten bestimmt. Da sie wegen ihres Nebenzweckes keine hohen Geldmittel beanspruchen dürfen, begnügt man sich, wie bemerkt, mit einfacheren Ausführungsweisen.

Ein auf die Landwirtschaft vielfach übergreifendes Gebiet bilden die Gewächshäuser, die zur Gemüse-, Obst- und Blumenzucht erforderlich sind. Früher sind sie fast ausschließlich aus Holz oder Eisen hergestellt worden, während in neuerer Zeit auch Eisenbeton und Zementholz, welches ersterem ähnlich ist, verwendet wird. Als sogenannte „Fertigkonstruktionen" werden die einzelnen Teile der Gewächshäuser meist fabrikmäßig auf dem Werkplatz aus Eisenbeton gegossen oder gestampft, um an der Verwendungsstelle, ähnlich wie Eisenkonstruktionen, zusammengesetzt und mit kleinen Eisenverbindungen gesichert zu werden.

Endlich sind in einem letzten Abschnitt die dem Tiefbau angehörigen Bauwerke, nämlich die Durchlässe, Brücken und Wassertürme erörtert worden, wobei naturgemäß nur kleinere Bauwerke berücksichtigt sind, da diese hauptsächlich für landwirtschaftliche Zwecke in Frage kommen. An einer Reihe von Beispielen ist die Konstruktion solcher Ausführungen gezeigt.

Es ist nicht unwichtig, zum Schlusse Betrachtungen darüber anzustellen, in welchem Maß die einzelnen Baustoffe bei der Ausführung landwirtschaftlicher Bauten in zeitlicher Reihenfolge verwendet wurden.

Neben dem Backsteinmauerwerk, welches von jeher für Umfassungswände Verwendung gefunden hat, ist zunächst das Holz zu nennen, welches in früheren Zeiten im umfangreichsten Maße für Dachkonstruktionen, Decken und Stützen benutzt worden ist. Es ist der bodenständige Baustoff, der an Ort und Stelle gewonnen wurde und daher die billigsten Ausführungen gestattete. Es konnte von jedem ansässigen Zimmermeister verarbeitet werden und wurde daher für fast alle Zwecke benutzt. Neben Holz wurde für Deckenträger, Unterzüge, Stützen, zuweilen auch für Dachkonstruktionen, Eisen verwendet.

Nach Einführung des Eisenbetons fand diese Bauweise allmählich Eingang in die Landwirtschaft und zwar besonders dort, wo es auf Feuersicherheit und Schwammsicherheit, z. B. bei Ställen, ankam. Eisenbeton wird ferner dort genommen, wo neben Feuersicherheit die besondere Eigenschaft der Formfähigkeit des Eisenbetons seine Verwendung wirtschaftlich macht, z. B. bei Silospeichern und Grünfutterbehältern.

Die Verwendung von Eisen bzw. Stahl ist, wie schon erwähnt, vornehmlich auf einzelne Gebiete beschränkt, z. B. neben Deckenträgern auf Wassertürme, Grünfutterbehälter, Gewächshäuser u. dgl. Hinzu kommen alle Arten von Förderanlagen und maschinellen Einrichtungen.

Bei sämtlichen Abschnitten konnte der Verfasser seine Darstellungen durch neuere Ausführungsbeispiele ergänzen, die die Konstruktionen mit vielen Einzelheiten veranschaulichen. Die Unterlagen hierfür wurden von namhaften Architekten und Bauunternehmungen, die weder Mühe noch Kosten gescheut haben, zur Verfügung gestellt. Die betreffenden Firmen sind an den Stellen, wo ihre Ausführungen besprochen sind, besonders benannt. Es bleibt dem Verfasser nur noch die angenehme Pflicht, allen Firmen, die auf diese Weise an der Entstehung des Werkes indirekt mitgewirkt haben, seinen besonderen Dank zum Ausdruck zu bringen.

Besonders verbunden fühlt sich endlich der Verfasser der Verlagsbuchhandlung für die in jeder Beziehung vorzügliche Ausstattung des Buches und für das angenehme Zusammenarbeiten bei der Herausgabe desselben.

Berlin, im Juli 1930. Dr.-Ing. **Th. Gesteschi.**

Inhaltsverzeichnis.

Seite

A. Bauerngehöfte und Gutshöfe . . . 1
I. Bauerngehöfte . . . 1
II. Gutshöfe . . . 6

B. Die Decken der landwirtschaftlichen Bauten . . . 12
I. Hölzerne Decken . . . 13
II. Massivdecken . . . 17
1. Eisenbetondecken . . . 17
2. Steineisendecken . . . 22
3. Unbewehrte Beton- und Steindecken . . . 24

C. Stallbauten . . . 25
I. Allgemeines . . . 25
II. Rindviehställe . . . 28
1. Rindviehställe in Holz . . . 30
2. Rindviehställe in massiver Ausführung . . . 48
III. Pferdeställe . . . 74
IV. Schweineställe . . . 82
1. Bauliche Einzelheiten . . . 82
2. Anordnung der Buchten . . . 84
3. Ausführungsbeispiele . . . 89

D. Wirtschaftsgebäude (Ökonomiegebäude) mit Stalleinbauten und Viehhallen . . . 98
I. Wirtschaftsgebäude . . . 98
II. Viehhallen . . . 108

E. Scheunen . . . 116
I. Allgemeines . . . 116
II. Die baulichen Grundsätze mit Bezug auf die Benutzung der Scheunen . . . 119
III. Scheunen mit Mittelstielen und Sprengwerkkonstruktionen . . . 125
1. Einfache Stielscheunen . . . 125
2. Hochfahrtscheunen . . . 133
IV. Scheunen in neuzeitlicher Bauweise . . . 139
1. Scheunen mit Fachwerkbindern . . . 139
2. Scheunen mit bogenförmigen Brett- bzw. Lamellenkonstruktionen . . . 151
V. Scheunen in Eisenfachwerk . . . 158

F. Getreidespeicher . . . 161
I. Bodenspeicher . . . 161
1. Allgemeines . . . 161
2. Bodenspeicher in Holz . . . 165
3. Bodenspeicher in Eisenbeton . . . 167
II. Silospeicher . . . 172
1. Allgemeines . . . 172
2. Silospeicher in Holz . . . 175
3. Silospeicher in Eisenbeton . . . 181

G. Grünfutterbehälter (Grünfuttersilos) . . . 198
I. Allgemeines . . . 198
II. Die Grünfuttereinsäuerungsarten . . . 200
1. Die Heiß- oder Warmvergärung . . . 200
2. Die Kalt- oder Lauvergärung . . . 201
3. Einfüllen und Entnahme der Futtermasse . . . 202

Seite
III. Bauliche Ausbildung der Grünfutterbehälter . . . 203
1. Holzsilos . . . 203
2. Grünfuttersilos in Backsteinen und Betonformsteinen . . . 208
3. Eisenbetonsilos, an Ort und Stelle gestampft . . . 212
4. Stahlsilos . . . 220

H. Nebengebäude (Schuppen) für Geräte, Maschinen, Wagen und Werkstätten . . . 226
I. Allgemeines . . . 226
II. Ausführungsbeispiele . . . 230

J. Gewächshäuser und Mistbeete . . . 237
I. Allgemeines . . . 237
II. Der Baustoff . . . 239
III. Die Typenhäuser des „Reichsverbandes des deutschen Gartenbaues e. V.“ . . . 241
1. Gurkenhaus und Tomatenhaus mit fester Verglasung (Typ 1 und 3) . . . 241
2. Tomatenhaus mit aufgelegten Fenstern (Typ 2) . . . 243
3. Häuser für die Topfpflanzenkultur (Typ 4 und 5) . . . 244
IV. Ausführungsbeispiele . . . 246
1. Gewächshäuser in Holz und Eisen . . . 246
2. Gewächshäuser in Eisenbeton . . . 250
V. Frühbeete oder Mistbeete . . . 255
1. Allgemeines . . . 255
2. Die typisierten Frühbeetfenster des „Reichsverbandes des deutschen Gartenbaues e. V.“ . . . 258
3. Die Formen der Frühbeetkästen . . . 258

K. Durchlässe, Brücken und Wassertürme . . . 259
I. Durchlässe . . . 259
1. Plattendurchlässe . . . 260
2. Gewölbte Durchlässe . . . 262
3. Rohrdurchlässe . . . 263
II. Brücken . . . 264
1. Balkenbrücken . . . 264
2. Bogenbrücken (gewölbte Brücken) . . . 274
III. Wassertürme . . . 276
Literaturverzeichnis . . . 279
Sachverzeichnis . . . 280

A. Bauerngehöfte und Gutshöfe[1].

I. Bauerngehöfte.

Die Anordnung und Raumeinteilung der Bauerngehöfte ergibt sich aus ihrer geschichtlichen Entwicklung unter Berücksichtigung der Lage, des Klimas und der Geländeverhältnisse.

Je nach der Gegend haben sich daher vornehmlich drei Bauarten der Gehöfte herausgebildet.

Das schwäbische oder oberdeutsche Gehöft entstand in der Schweiz, in Tirol, in Bayern und im Schwarzwald. Dem gebirgigen Charakter des Geländes entsprechend wurden hier die Bauernhäuser an die Berghänge angebaut und mußten sich, da in den schmalen Tälern die Breitenausdehnung beschränkt war, in die Höhe entwickeln. Das wesentliche Merkmal dieser Bauweise ist also die Anordnung der Räume übereinander in mehreren Geschossen.

Im Erdgeschoß wurden die Stallräume, im Obergeschoß die Wohnräume und im Dachgeschoß die Futter- und Vorratsräume untergebracht. In letzteres konnten die Ernteerträgnisse über eine Holzbrücke von dem höheren Gelände aus unmittelbar eingefahren werden.

Natürlich kamen auch Abweichungen von dieser Anordnung vor, indem z. B. des öfteren besondere Stallanbauten und Scheunen errichtet wurden.

Das niedersächsische oder niederdeutsche Gehöft entwickelte sich in Westfalen, Hannover, Oldenburg, Schleswig-Holstein, Ostfriesland und Pommern. Sein Hauptmerkmal besteht in der Anordnung der Räume nebeneinander.

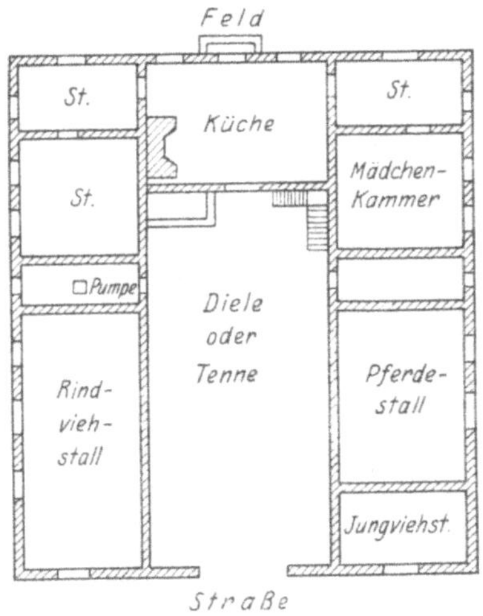

Abb. 1. Niedersächsisches Bauerngehöft. (Aus Engel-Noack's Handb.)

Das niedersächsische Bauernhaus zerfällt im Grundriß in drei Teile (Abb. 1). Der mittlere Teil, die Diele oder Tenne, besitzt eine Einfahrt von der Straße aus, durch welche die beladenen Erntewagen in das Gebäude gelangen können. Die beiden Seitenteile des Hauses enthalten nach der Straße zu Stallungen, nach der Feldseite Wohnräume. Die Diele bildet gleichzeitig den Futtergang, weshalb die Tiere mit den Köpfen nach der Diele zu stehen. Das Gesinde schläft über den Viehständen; über den Pferden die Knechte, über den Kühen die Mägde. Der ganze Dachraum dient zur Aufbewahrung der Feldfrüchte und des Futters.

Der gesamte Wirtschaftsbetrieb ist also in einem Geschoß und unter einem Dache vereinigt, so daß er in der denkbar einfachsten Weise vor sich geht. Diese Bauweise setzt jedoch ebenes Gelände voraus, da sich sonst bei großer Längenausdehnung die Notwendigkeit ergeben würde, das Gelände einzuschneiden oder aber die Fußböden der einzelnen Gebäudeteile in verschiedene Höhen zu legen; letzterer Umstand würde jedoch für den Wirtschaftsbetrieb unzweckmäßig sein.

[1] Engel-Noack's Handbuch des landwirtschaftlichen Bauwesens. 11. Aufl. bearbeitet von L. Noack. S. 34 u. f. Berlin: Verlag von Paul Parey. 1923. Ludw. v. Tiedemann's landwirtschaftliches Bauwesen. 4. Aufl. herausgeg. von P. Fischer. S. 171 u. f. Halle a. S.: Verlag von Ludw. Hofstetter. 1912.

In Mittel- und Westdeutschland mit den welligen Bodenverhältnissen entstand daher das fränkische oder thüringische Gehöft, so benannt, da diese Gegenden früher von den Franken besiedelt waren. Das Bauerngehöft wurde in einzelne kleinere Gebäude aufgelöst, die der Bodenform besser angepaßt werden konnten.

Der gesamte Wirtschaftsbetrieb liegt also nicht mehr, wie bei den beiden vorigen Bauweisen, unter einem Dache. Die Gebäude gruppieren sich vielmehr um den meist rechteckigen Wirtschaftshof und bilden mit diesem das Gehöft (Abb. 2). Hierdurch wird der Wirtschaftsbetrieb in weitem Maße von der Geländegestaltung unabhängig.

Ein weiterer Vorzug dieser Anordnung gegenüber den beiden vorhergenannten Gehöftsanlagen liegt in erster Linie in der größeren Feuersicherheit, da bei einem Brande eines Gebäudes die übrigen Baulichkeiten nicht in Mitleidenschaft gezogen werden, wie das in den beiden erstgenannten Fällen geschehen muß.

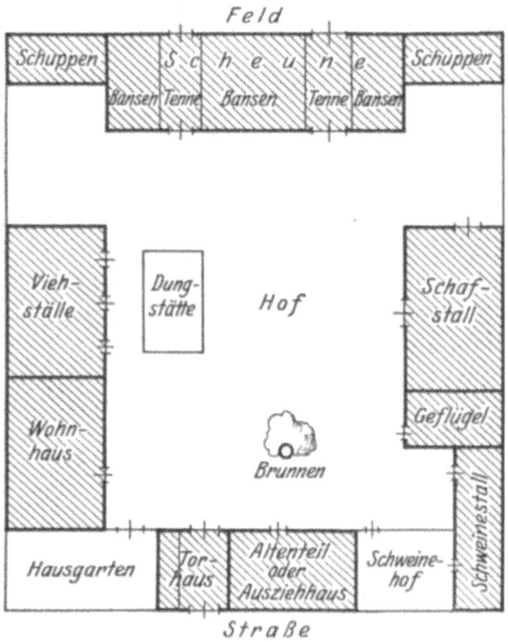

Abb. 2. Fränkisches Gehöft. (Aus Engel-Noack's Handbuch.)

In dem in Abb. 2 gezeigten Beispiel für die Gesamtanordnung eines fränkischen Gehöfts bildet den Abschluß nach der Straße das Torhaus in Verbindung mit dem Altenteil im Erdgeschoß für den ehemaligen Besitzer des Hofes (Auszügler). In den oberen Geschossen des Torhauses befindet sich der Speicher und Kornboden und links vom Torhaus ein Garten, rechts vom Altenteil ein Schweinehof. An der linken Seite des Hofes steht das Wohnhaus und Stallgebäude für Rindvieh, an der rechten Seite der Schafstall und Geflügelstall mit Futterboden darüber, ferner der Schweinestall mit dem erwähnten Schweineauslauf. Den hinteren Abschluß des Hofes nach dem Felde bildet das Scheunengebäude mit beiderseitig anschließendem Geräteschuppen. Die beiden Quertennen dienen als Durchfahrten nach dem Felde.

Im Hofe sind an geeigneter Stelle die Dungstätte und der Brunnen eingebaut.

Abweichungen von dieser Stellung der Gebäude sind natürlich je nach der Gegend vorhanden, ändern jedoch nichts an dem Gesamtbild des fränkischen Gehöfts, der Gruppierung der Gebäude um den Wirtschaftshof[1].

Die Anordnung des fränkischen Gehöfts, die weit nach dem mittleren Deutschland und Osten Verbreitung gefunden hat und gewissermaßen einen Kulturfortschritt bedeutet, da sie die Wohnräume des Menschen von denen des Tieres trennt und eine Zusammenfassung der verschiedenen Wirtschaftsbedürfnisse in verschiedenen Häusern vornimmt, bildet die Grundlage für die meisten neuzeitlichen Gutshöfe, die gleichfalls eine geschlossene Wirtschaftshofanlage zeigen, indem die einzelnen Wirtschaftszweige in besonderen Gebäuden untergebracht sind.

Bei den neuzeitlichen Bauernhöfen, die meist von Siedlungsgesellschaften ausgeführt werden, wird ganz besonders auf einen rationellen Wirtschaftsbetrieb Rücksicht genommen[2]. In dieser Beziehung kann wohl das niedersächsische Bauerngehöft von den drei ge-

[1] Über Anlage verschiedener Bauerngehöfte vgl. die S. 1 angegebenen Quellen.

[2] Derlitzki: Welche Forderungen sind mit Rücksicht auf den Arbeitsvorgang an die Grundriß- und Raumgestaltung von Kleinbauerngehöften zu stellen. Berichte und Vorträge der Reichsforschungsgesellschaft für Wirtschaftlichkeit im Bau- und Wohnungswesen e. V. Technische Tagung in Berlin vom 15. bis 17. April 1929. Gruppe 1.

nannten Bauarten als das vollkommenste angesehen werden, da bei ihm von der zentral gelegenen Diele aus die Beaufsichtigungs- und Arbeitswege auf ein Minimum beschränkt sind. In arbeitswirtschaftlicher Beziehung ist der Grundriß und die Raumanordnung des Bauernhofes um so vollkommener, je mehr der Bauer und vor allem die Bäuerin

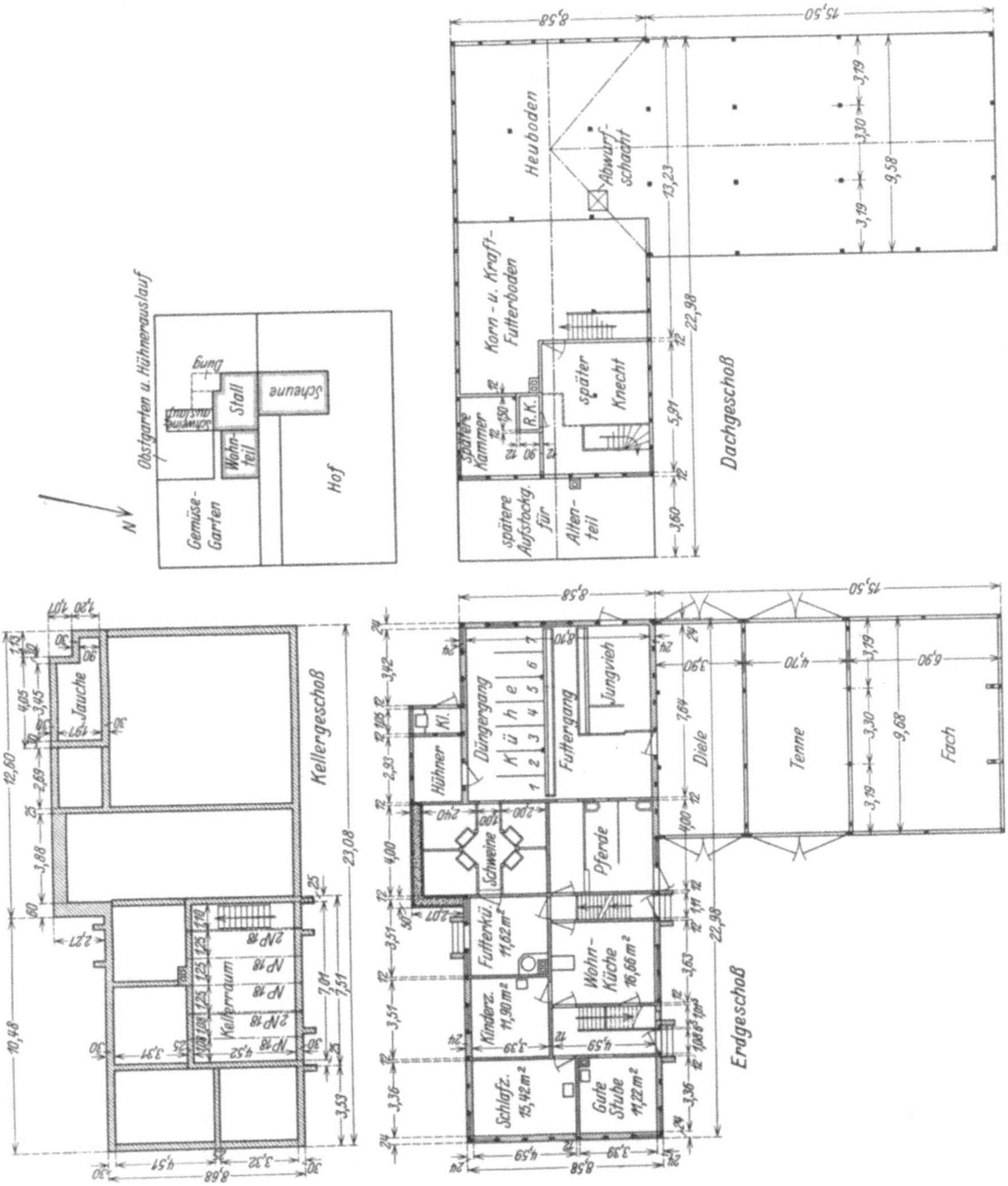

Abb. 3. Bauerngehöft für 15 bis 20 ha nach dem Entwurf von Bruno Ahrends. Grundrisse.

vor jeder vermeidlichen Übermüdung bewahrt werden (günstigste Lage von Küche und Stall). Die Schwierigkeit der Arbeiterbeschaffung und die durch den Konkurrenzkampf bedingten höheren Anforderungen überlasten die Bäuerin ohnehin, so daß jede Zeitersparnis und jede Möglichkeit der Arbeitserleichterung wahrgenommen werden muß, das um so mehr, als die Landarbeit nur wenig Zeit zur Erholung läßt.

Neben der Vermeidung überflüssiger Wege kommen noch zur Ersparung von Arbeit und Körperkraft Hilfsmaschinen, wie Seilbahnen, Höhenförderer usw. in Betracht.

Um an Arbeitswegen zu sparen, werden Wohn- und Stallräume möglichst nahe unter einem Dache zusammengelegt und auch die Scheune wird an den Hauptbau dicht herangerückt, indem feuerpolizeiliche Sicherheiten durch besondere Maßnahmen (Brandmauern und Wasserleitungen) geschaffen werden.

Unter Berücksichtigung der angedeuteten betriebswirtschaftlichen Gesichtspunkte hat der Architekt Bruno Ahrends, Berlin, Entwürfe für ländliche Siedlungen aufgestellt, die zugleich eine möglichste Ersparnis an Baukosten erstreben, und zwar hauptsächlich durch Typisierung des Grundrisses, Normung und Serienfabrikation der einzelnen Bauteile[1].

Die Typisierung kann sich auf jeden Fall für den Wohnteil durchführen lassen, während beim Stallteil und der Scheune diese nur dann Erfolg haben kann, wenn sie größere und kleinere Lösungen nach einem gewissen Schema zuläßt und wenn eine nachträgliche Erweiterung des ersten Bauteils ohne Schwierigkeiten möglich ist.

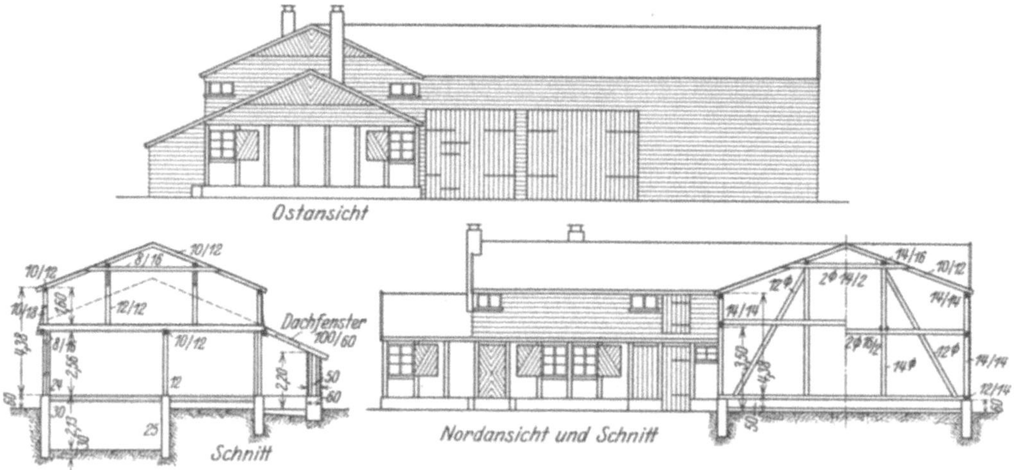

Abb. 4. Bauerngehöft für 15 bis 20 ha. Ansichten und Schnitte.

Das Ergebnis verschiedener Lösungen für Bauerngehöfte von 15 bis 20 ha (etwa 60 bis 80 Morgen) ist in den Abbildungen 3 und 4 dargestellt. Gegenüber anderen in den letzten Jahren ausgeführten Gehöften besteht der wesentliche Unterschied darin, daß die Scheune an das Haus herangerückt ist. Die Bedenken der Feuerpolizei sind, wie angedeutet, durch Brandgiebel und Wasserleitungen in den Ställen zu beheben.

Pferdestall und Kuhstall sind getrennt, da eine Vereinigung beider, wie bei bisherigen Lösungen, mit Rücksicht auf die Milchproduktion unzweckmäßig ist. Dagegen bilden Pferdestall und Schweinestall eine gewisse Einheit; über diesen, also über seiner Verwendungsstelle, ist der Kraftfutterboden angeordnet.

Der Wohnteil braucht vorerst nur zum Teil ausgebaut zu werden; insbesondere kann die gute Stube und das Schlafzimmer zunächst flach abgedeckt und später für ein Altenteil mit einfachen Mitteln aufgestockt werden. Auch besteht die Möglichkeit, die gute Stube und das danebenliegende Schlafzimmer zuerst nicht auszuführen, um die Baukosten herabzudrücken, falls das Kapital für das lebende Inventar gebraucht wird. Die noch fehlenden Räume können von den Ersparnissen später nach und nach angebaut werden.

[1] Ahrends, B.: Welche neue Lösungen ergeben sich aus den Referaten 4a und 4b für den Architekten? Berichte und Vorträge der Reichsforschungsgesellschaft. Vgl. Fußnote 2 S. 2.

Nach neueren Erfahrungen hat es sich als zweckmäßig erwiesen, den Schweinestall nach Süden zum Teil hinauszuziehen, und zwar in der nur notwendigen Höhe von 2 m, so daß die Schweine Ost- und Südsonne erhalten. Die Außenwände sind 50 cm stark aus zwei Holzwänden mit Fichtennadelstreu dazwischen hergestellt (vgl. auch unter C. IV.). In gleicher Weise ist, 2 m hoch, der Hühnerstall herausgezogen. Hierdurch sind im eigentlichen massiven Wohn- und Stallgebäude 10 qm Grundfläche gewonnen, während die herausgezogenen Teile wegen ihrer leichten Ausführung eine Verbilligung der Baukosten ergeben. Die Futterküche, die gleichzeitig als Waschküche dient, ist so gelegt, daß sie einen direkten Ausgang nach dem Gemüse- und Obstgarten besitzt, wo die Wäsche getrocknet werden kann. Ferner liegen Futter- und Wohnküche gleichmäßig dicht an der Kellertreppe, wodurch vermieden ist, daß die Wohnküche als Durchgang zum Keller benutzt wird und so die schlechten Dünste durch das Öffnen einer Tür in die Wohnküche gelangen.

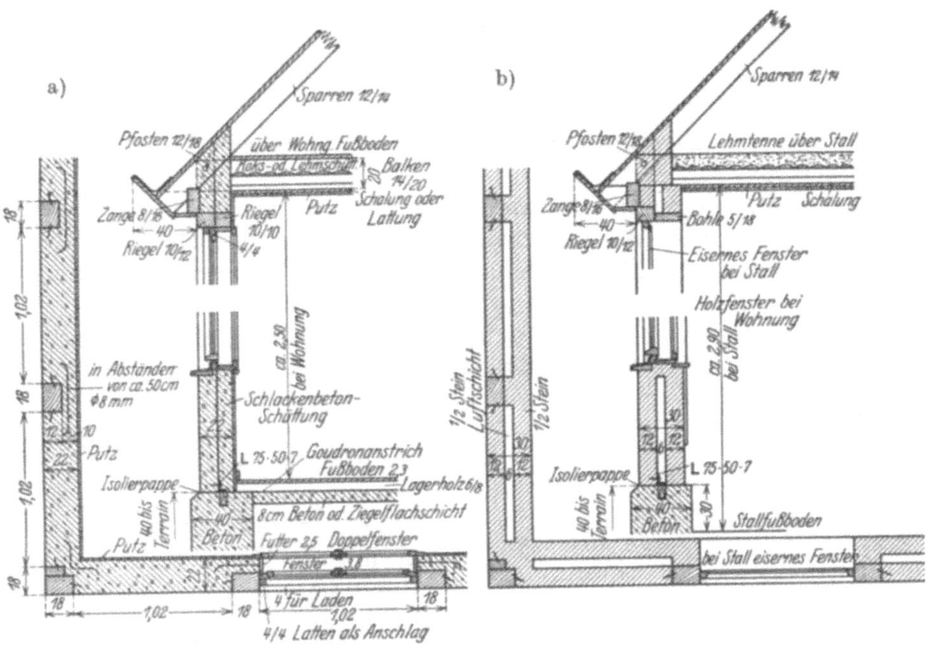

Abb. 5. Einzelheiten zum Bauerngehöft: Wand- und Deckenausbildung nach Allg. Häuserbau-Act.-Ges. von 1872 — Adolf Sommerfeld. a) Ausführung der Wände in Schlackenbetonschüttung; b) Ausführung in 30 cm starkem Backsteinmauerwerk mit 6 cm Luftisolierschicht.

Es sind zwei Treppen vorhanden, im Wohnteil eine leichte Geschoßtreppe, die zum Altenteil führt, und eine zweite Treppe, die zum Schüttboden und Keller geht. Die Räucherkammer ist in das Obergeschoß des Wohnteils gelegt. Ferner sind zwei Klosetts errichtet, eines im Wohnteil nach Norden und eines in der Nähe des Kuhstalles im Freien.

Die Einzelheiten der Wand- und Deckenkonstruktion, die von der Firma Allgemeine Häuserbau-Actien-Gesellschaft von 1872 — Adolf Sommerfeld, Berlin, bearbeitet sind, sind aus Abb. 5 zu ersehen. Die Wandkonstruktion besteht aus Pfosten 12/18, in Abständen von 1,2 m von Mitte zu Mitte, die an der Traufe durch Riegel 12/10 verbunden sind. Die Wand ist in Stärke von 22 cm durch Schlackenbeton-Schüttung mit Rundeiseneinlagen von 8 mm Durchmesser hinter den Pfosten gebildet oder aber durch zwei Halbstein starke Wände mit 6 cm Luftschicht, also in einer Gesamtstärke von 30 cm. Für die Decken- und Dachkonstruktion ist, wie Abb. 5 zeigt, in weitgehendem Maße Holz verwendet.

Die genannte Firma hat im Jahre 1929 in Lüdersdorf bei Wriezen a. O. fünf solcher Bauerngehöfte ausgeführt.

II. Gutshöfe.

Die Auflösung des Gutshofes in Einzelgebäude, entsprechend der fränkischen Bauweise, ist um so eher zu empfehlen, je größer der Grundbesitz ist. Unter Umständen kann auch durch wirtschaftliche Rücksichten eine Zerlegung in mehrere Gutshöfe durch Anlage von Vorwerken geboten sein. Zur Absonderung in Vorwerken eignen sich am besten Scheunen und Diemenschuppen, da diese nicht, wie Viehställe, einer besonderen Aufsicht bedürfen. Auch gewisse Viehhaltungen, wie Schafe, Fohlen und Jungvieh können in Vorwerken untergebracht werden.

Der Gutshof soll möglichst im Mittelpunkt des Grundbesitzes liegen, auf etwas erhöhtem, trockenem Gelände. Wesentlich ist das Vorhandensein guten Trinkwassers, weshalb der Bau einer Hofanlage mit der Herstellung des Brunnens zu beginnen ist.

Nach v. Tiedemann gelten für die Bestimmung des Wasserbedarfs folgende Zahlen:

1 Mensch braucht im Durchschnitt täglich	10 l
1 Pferd desgleichen einschl. Stallreinigung	50 „
1 Stück Rindvieh bei teilweiser Grünfütterung	30 „
1 Schaf, das teilweise weidet, im Winter Rüben erhält	2 „
1 Schwein, das teilweise Gebrauchswasser erhält	2 „

Ferner sind nach v. Tiedemann an die Gestaltung eines Gutshofes folgende Anforderungen zu stellen:

1. Der Gutshof soll ein geschlossenes Ganzes bilden, derart, daß die Gebäude einen Hof umschließen, in größeren Wirtschaften unter Umständen mehrere Höfe. Die Höfe dürfen nicht zu zahlreiche Eingänge haben, und diese müssen abgeschlossen werden können.

2. Der Gutshof muß von der Wohnung des Wirtschaftsleiters aus übersehen werden können. Namentlich gilt das von den Eingängen zum Hof und zu sämtlichen Wirtschaftsgebäuden. Zweckmäßig ist auch der Überblick über die Scheunentennen bei geöffneten Toren. Versteckte Winkel sind möglichst zu vermeiden.

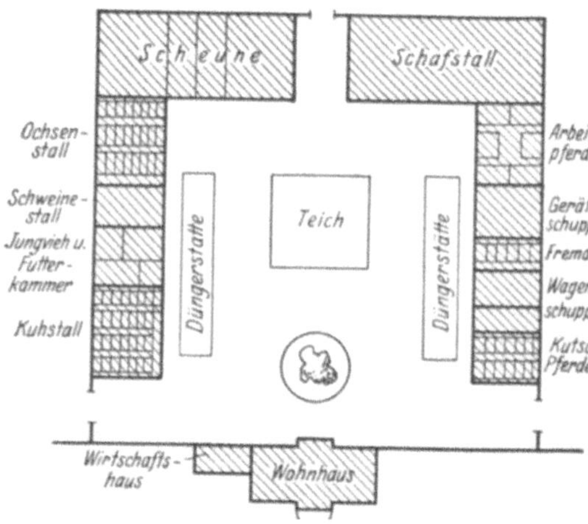

Abb. 6. Gutshof mit quadratischer Grundrißform. (Aus v. Tiedemann's landw. Bauwesen.)

3. Der Gutshof soll zwar genügenden Raum, darf aber keine Raumverschwendung enthalten.

4. Jedes Gebäude soll die seiner Bestimmung zuträglichste Lage, namentlich nach der Himmelsrichtung erhalten.

Die zweckmäßigste Grundform der Gutshöfe bildet das Quadrat, für größere Wirtschaften das nicht zu lang ausgezogene Rechteck, dessen kurze Seite, und zwar am besten die Südseite, vom Wohnhause eingenommen wird (Abb. 6).

Östlich und westlich des Wohnhauses sind Pferde- und Rindviehställe unterzubringen, und zwar liegen die Kuhställe wegen der Milchwirtschaft dem Wohnhause am nächsten. Dann folgen Jungviehstall, Futterkammer, Schweine- und Ochsenstall. Auf der anderen Seite des Hofes liegt dann dem Wohnhause zunächst der Stall für Kutsch- und Reitpferde, dann folgen Wagenschuppen, Fremdenstall, Geräteschuppen, Schirrkammer, über diesen letzteren der Speicher, und dann der Stall für Ackerpferde. Die Nordseite des Hofes begrenzt Scheune und Schafstall, zwischen denen eine Ausfahrt freigelassen ist.

Bei der in Abb. 6 gezeigten Anordnung schließen sämtliche Gebäude unmittelbar aneinander an. In wirtschaftlicher Beziehung ist diese Aufeinanderfolge sehr zweckmäßig; wegen der Feuersgefahr sind jedoch die nötigen Brandmauern einzubauen.

Vor den Fronten der Seitengebäude sind je eine Düngerstätte angeordnet, die gleichzeitig als Viehring benutzt werden können. Auch die Anlage des Teiches mitten im Hof ist wegen etwaiger Feuersgefahr, zur Tränkung des Viehes und zur Haltung von Wassergeflügel zweckmäßig.

Die Stallungen gleicher oder verwandter Viehgattungen sollen wegen Seuchengefahr nicht unmittelbar nebeneinander liegen.

Für größere Wirtschaften empfiehlt es sich, die einzelnen Gebäude nicht unmittelbar aneinanderzureihen, sondern jede Viehart in einem gesonderten Stallgebäude unterzubringen. Abb. 7 zeigt eine solche Anordnung, bei welcher das Wohnhaus in einer Ecke des Gutshofes liegt, von wo aus eine gute Übersicht des Hofes möglich ist. Bei dieser Anlage wird auch die vierte Hofseite für Gebäude frei, was oft zweckmäßig sein kann.

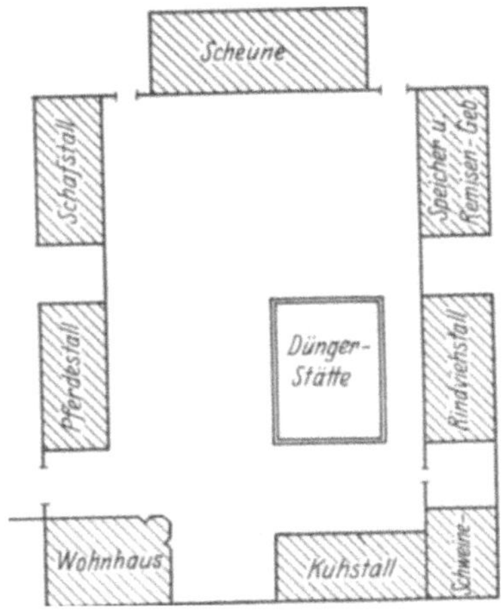

Abb. 7. Grundrißanordnung mit getrennten Gebäuden. (Aus v. Tiedemann.)

Ein Beispiel eines Gutshofes für mittlere Verhältnisse (**Rittergut Kühn** in Grünow bei Angermünde) ist in Abb. 8 im Grundriß dargestellt· Der Gutshof nimmt etwa eine Fläche von 110×160 m ein. An der Südseite befindet sich an der Straße der Stall für Kutschpferde mit Schmiede, mit Zwischenraum von rd. 18 m folgt der Schafstall, samt Stellmacherei, worauf sich im Abstand von 17,6 m die Scheune anschließt. An der Nordseite steht das rd. 97 m lange Stallgebäude mit unmittelbar aneinandergrenzendem Schweine-, Kuh-, Pferde- und Jungviehstall, worauf ohne Zwischenraum eine zweite Scheune folgt. An der Westseite steht ein Speicher mit Schuppen und an der Ostseite steht das Herrenhaus, mit anschließendem Park, von welchem aus die Straßeneinfahrt sowie der Gutshof zu übersehen sind.

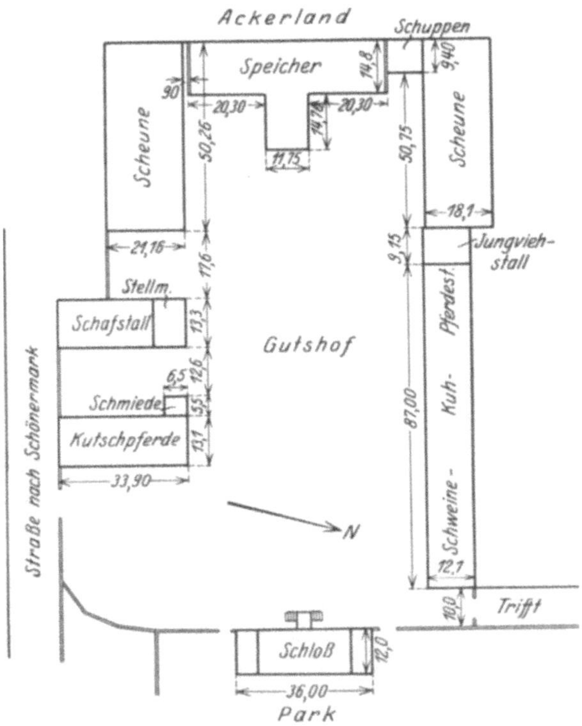

Abb. 8. Grundrißanordnung des Ritterguts Kühn in Grünow.

Scheunen, Speicher, Schuppen und Jungviehstall besitzen Pappdach, während sonst Ziegeldächer verwendet sind.

Der Jungviehstall ist in Fachwerk, der Schuppen mit Stielwänden ausgeführt, im übrigen sind sämtliche Gebäude mit massiven Wänden versehen. Die beiden Scheunen besitzen je eine seitlich liegende Langtenne, die vom Ackerland unmittelbar zugänglich ist, ferner führen noch je zwei Scheunentore in den Bansen.

Bei den neueren Gutshöfen wird besonderes Augenmerk auf Wirtschaftlichkeit der Einzelbauten sowie der ganzen Anlage zugewendet. Sie sind deshalb mit den neuesten maschinentechnischen Betriebseinrichtungen versehen, um so mehr als die Beschaffung menschlicher Arbeitskräfte für die Landwirtschaft immer schwieriger wird.

In Abb. 9 ist der Grundriß eines im Jahre 1922 nach den Plänen des „Landbaubüros Laage i. M." von der Firma Dyckerhoff & Widmann A.-G., Wiesbaden-Biebrich, ausgeführten Gutshofes, des Heßlerhofes bei Wiesbaden[1] (Besitzerin: Portland-Zementfabrik Dyckerhoff & Söhne, Amöneburg), dargestellt, bei dem die fränkische Bauweise deutlich zum Ausdruck kommt. Die Wirtschaftsgebäude sind

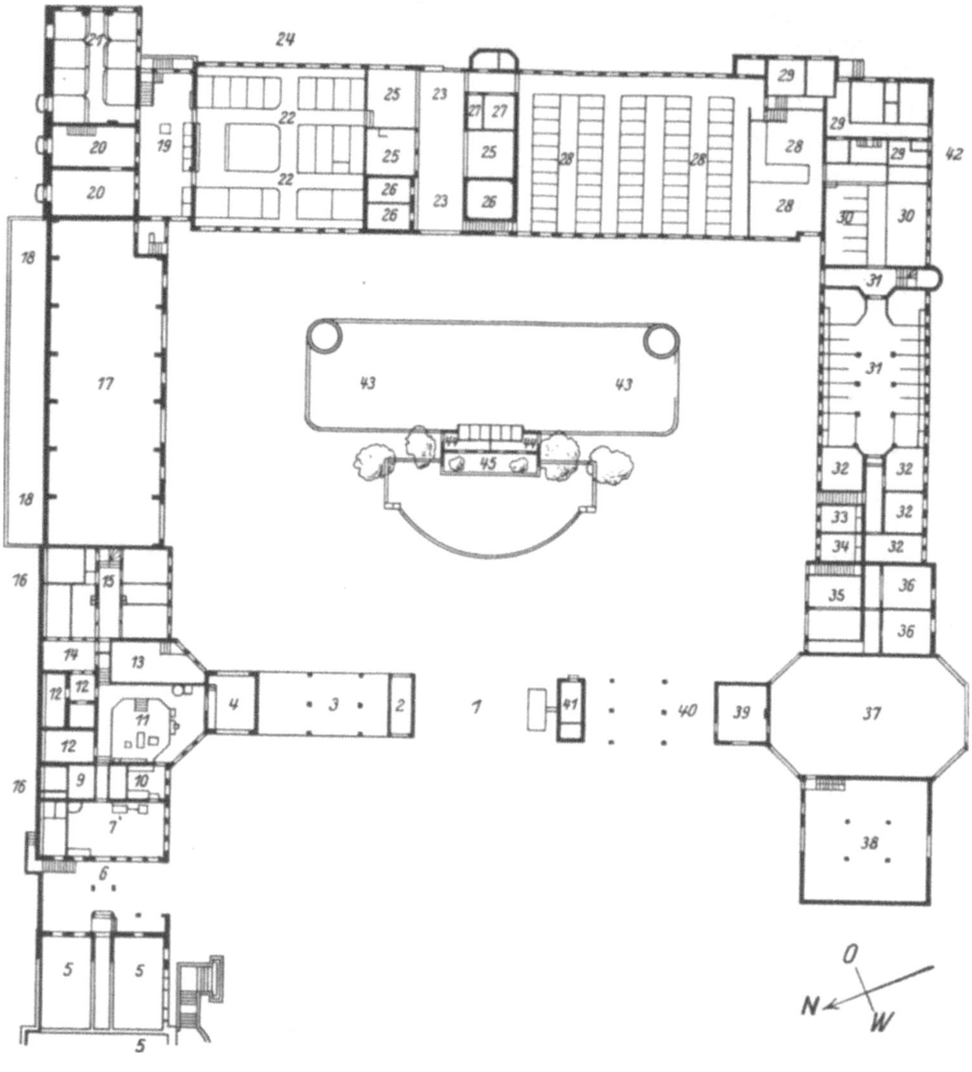

Abb. 9. Heßlerhof bei Wiesbaden. Grundriß. (Ausführung: Dyckerhoff & Widmann A.-G., Wiesbaden-Biebrich.)

1 Toreinfahrt, *2* Spritzenhaus, *3* Offener Wagenschuppen, *4* Milchwagen, *5* Herrenhaus, *6* Offener Verbindungsgang, *7* Waschküche, *8* Backstube, *9* Brausebäder, *10* Kannenspüle, *11* Molkerei, *12* Kühlanlage, *13* Heißwasser- und Dampfanlage, *14* Lichthof, *15* Geflügelhaus, *16* Geflügelhof, zwei Geschoß höher liegend, *17* Scheune, *18* Hochfahrttenne, *19* Schweinefutterküche, *20* Kartoffellagerräume, darüber Kornsilos und Dreschturm, *21* Schweinemast, darüber Wohnung des Schweinemeisters und Hofverwalters, *22* Schweineaufzucht, *23* Viehhausfutterdiele, *24* Schweinehof, *25* Futterräume, darüber Rübensilos und Hochfahrttenne, *26* Grünfuttersilos, *27* Milchkühlräume, Wasserbehälter, *28* Rindviehstall, 66 Haupt, *29* Wohnung des Schweizers, *30* Ochsen- und Füllenstall, *31* Pferdestall, 24—26 Pferde, *32* Knechtekammer, Geschirrkammer, *33* Krankenstall, *34* Gästestall, *35* Wagenremise, *36* 10 fremde Mädchen, darüber 20 fremde Arbeiter, *37* Maschinenschuppen, weitgespannte Halle ohne Stützen; *38* Düngerschuppen, *39* Schmiede, *40* Offener Wagenschuppen, *41* Waagehaus, *42* Rampenabfahrt von der Hochfahrttenne; *43* Düngerstätte, *44* Aborthaus, *45* Ententeich.

U-förmig um den Hof gruppiert, der auch auf der vierten Seite durch offene Wagenschuppen, Waage-, Spritzenhaus und Schmiede geschlossen ist.

Abb. 10 zeigt die Gesamtansicht des Gutshofes. Das Herrenhaus liegt an höchster Stelle des Geländes, da von hier aus eine Aussicht auf die Rheinebene, zugleich auch

[1] Dt. landw. Presse vom Februar 1924.

ein Überblick über die gesamte Hofanlage gewonnen wird. Mit den Wirtschaftsgebäuden hängt das Herrenhaus durch einen Verbindungsbau zusammen, der Waschküche, Molkerei und Geflügelhaus enthält. Da die westliche Windrichtung vorherrscht, der Hof nach Westen nur durch niedrige Durchfahrtsbauten abgeschlossen ist, werden die wichtigsten Stallräume, Ochsen-, Rindvieh-, Schaf- und Schweinestall, gut durchlüftet und erhalten zugleich die volle Morgen- und Abendsonne. Der Pferdestall (Abb. 11 u. 13) hat seine Längsrichtung von Osten nach Westen. Im Hochsommer werden hier die blauabgeblendeten Südfenster gänzlich geschlossen, während von der Nordseite durch die geöffneten Fenster Fliegen weniger eindringen. Dünger- und Maschinenschuppen mit angegliederter Reparaturschmiede liegen der Hofeinfahrt zunächst und sind zum Durchfahren von der Straße her eingerichtet.

Abb. 10. Heßlerhof bei Wiesbaden. Gesamtansicht von Westen.

Abb. 11. Hofansicht, hinten links der Rindviehstall, rechts der Pferdestall.

Auf der Mitte des Hofes liegt eine 50 m lange Düngerstätte mit Aborthaus, der ein Ententeich als Pferdeschwemme vorgelagert ist (Abb. 11 u. 13).

Da der Hof von Norden nach Süden abfällt, andererseits die massiven Stalldecken in gleicher Höhe waagerecht durchgehen sollten, so ergaben sich folgerichtig verschiedene Stallhöhen; diese sind nun so verwendet, daß (nach der kühlen Nordseite) die geringste Stallhöhe für Schweinemastställe, die größere dagegen für den Pferdestall — dazwischen Rindviehställe — ausgenutzt wurden.

Bestimmend für die gewählte Anordnung der gesamten Anlage war ferner die Möglichkeit und damit die Aufgabe des Baumeisters, das Gelände, das auf der Baustelle auf etwa 90 m ein Gefälle von 7 m aufweist, soweit wie irgendmöglich zum Vorteil des gesamten Betriebes auszunutzen.

Abb. 12. Blick in den Schweinestall.

Bei dieser Anlage wurde vorwiegend Eisenbeton verwendet. Abb. 12 zeigt z. B. einen Blick in den Schweinestall.

Abb. 13 läßt ferner die Düngerstätte erkennen, die auf ein Drittel längs unterkellert ist, wodurch eine Jauchegrube geschaffen wurde.

Ein weiteres Beispiel eines neueren Gutshofes ist in Abb. 14 im Grundriß gezeigt, nämlich der von der „Zementbau", Gesellschaft für Bauausführungen m. b. H., Hannover, in der Provinz Hannover im Jahre 1923 ausgeführte Gutshof Hahnenmoor[1]. Der Entwurf stammt auch in diesem Falle von dem „Landbaubüro Laage i. M.". Es handelt sich um eine Wirtschaft von rd. 3200 Morgen, davon 1200 Morgen Wiesen. Das Baugelände war vollkommen eben. Auf den hohen Grundwasserstand, der die Anlage von Kellern nicht gestattete, mußte besonders Rücksicht genommen werden. Der Baugrund erwies sich nach umfangreichen Bohrungen als nicht überall tragfähig, so daß für die Fundierung der schweren Eisenbetonbauten besondere Maßnahmen getroffen werden mußten.

Abb. 13. Düngerstätte mit Aborthaus und Ententeich. (Hinten Pferdestall, rechts der offene Wagenschuppen.)

Ein Hauptpunkt, auf den hier Rücksicht genommen werden mußte, war die Anlage zweckmäßiger maschineller Einrichtungen, um die menschlichen Arbeitskräfte auf einen Kleinstwert zu beschränken.

Wie Abb. 14 zeigt, gruppieren sich die Wirtschaftsgebäude U-förmig um den Wirtschaftshof (Abb. 15), dem auf der vierten Seite das Verwaltungsgebäude vorgelagert

[1] Dt. landw. Presse vom April 1924.

ist. Der reichliche Bestand an Wiesen gestattet die Haltung von 224 Haupt Milchvieh und 100 Haupt Jungvieh, die in dem langgestreckten Viehhaus (*9, 10*) an der Ostseite

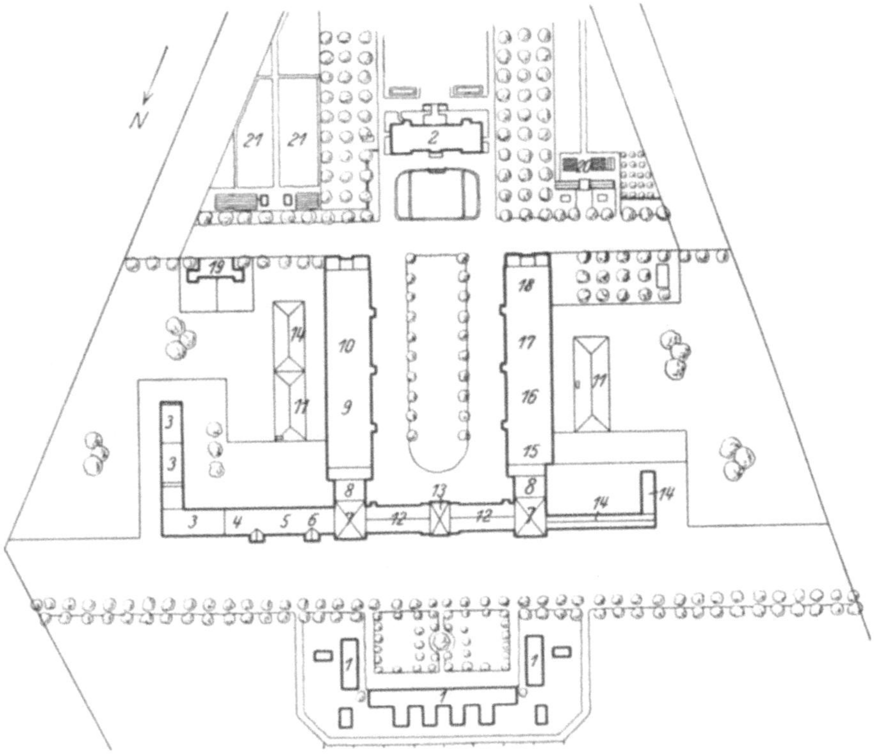

Abb. 14. Gutshof Hahnenmoor bei Hannover. Grundriß. (Ausführung: „Zementbau", Ges. für Bauausführungen m. b. H., Hannover.)

1 Arbeiterwohnungen mit Gärten, *2* Verwaltungsgebäude, *3* Maschinenschuppen, *4* Schmiede, Stellmacherei, *5* Torfschuppen, *6* Kraftzentrale, *7* Dreschtürme mit Kornböden, Molkerei und Kunstdüngerlager, *8* Futtertennen, *9* Milchviehstall, 224 Haupt, *10* Jungviehstall, *11* Überdeckte Dungstätten, *12* Scheunen, *13* Torgebäude, *14* Offene Wagenschuppen, *15* Schweineställe, *16* Pferdeställe, *17* Mutterstuten, Fohlen, *18* Geflügelställe, *19* Gärtnerwohnung, *20* Gewächshäuser, *21* Gemüsegärten.

des Hofes untergebracht sind, zugleich mit den in nächster Nähe liegenden Räumen für die in Frage kommenden Futtermittel. Nach Westen liegt das ebenfalls 100 m lange Stallgebäude für Schweine (*15*), Ackerpferde (*16*), Kutschpferde, Mutterstuten, Fohlen

Abb. 15. Gutshof Hahnenmoor. Ansicht des Wirtschaftshofes vom Verwaltungsgebäude aus. Rechts Rindviehstallungen, links Pferdestallungen usw., in den Ecken Dreschtürme, als Querabschluß Scheunen und Torgebäude.

(*17*), und die Geflügelställe; an den Kopfenden gegen das Verwaltungsgebäude sind Wohnungen für Angestellte, Kraftwagenräume, Wagenremisen und Waschhalle eingerichtet. Auffallend in Erscheinung treten die mächtigen Dreschtürme (*7*) (vgl. Abb. 16), die durch kurze Verbindungsbauten (*8*) an die Stallgebäude angeschlossen und untereinander wieder durch zwei Scheunen (*12*) und das Torgebäude (*13*) verbunden sind. Letzteres enthält in der Durchfahrt eine Fuhrwerkwaage und Feuerspritze, im Obergeschoß mehrere Leutewohnungen und Lagerräume, im Dachreiter die Hofuhr. In der Flucht dieser Gebäudegruppe schließen sich nach Westen die Wagenschuppen (*14*) an,

Abb. 16. Gutshof Hahnenmoor. Ansicht der Nordfront mit Dreschtürmen und Torgebäude. Im Erdgeschoß des westlichen Dreschturmes Kunstdüngerraum mit Durchfahrttenne, im ersten und zweiten Stock Kornböden, darüber im Dachboden Dreschanlage mit reichlicher Belüftung. Rechts vorne Wagenschuppen.

nach Osten Kraftzentrale (*6*), Torfschuppen (*5*), Schlosserei, Schmiede, Stellmacherwerkstätten (*4*) und weithin geräumige Maschinenschuppen (*3*) für den großen Park an landwirtschaftlichen Maschinen für die Feldwirtschaft. Die Anlage der Dreschtürme (*7*) findet ihre Begründung in der grundsätzlichen Entscheidung für den Drusch „vom Felde weg“; ihre Anordnung gerade an den gewählten Stellen und ihre Form ergab sich aus rein technischen Erwägungen.

Abb. 17. Gutshof Hahnenmoor. Blick in den Kornboden. Zwischenböden und Dachbinder in Eisenbeton.

Die angefahrenen Fuder werden auf der Durchfahrtstenne der Scheune auf den Einwurf des Hochförderers entleert. Dieser bringt die Garben auf die Dreschmaschine, wo sie geöffnet und eingelegt werden; das Stroh wird durch die Strohpresse auf einer Schurre hoch oben im Dachboden des Viehstalles bis auf 60 m weggedrückt und fällt auf die Böden über den Ställen an den beliebig zu wählenden Abwurfstellen. Der gesamte Jahresbedarf an Stroh findet über den Ställen Platz. Für die Aufnahme des ausgedroschenen Korns dienen die in zwei Stockwerken unter dem Dreschsatz liegenden geräumigen und gut lüftbaren Kornböden (Abb. 17), auf die es durch Einschüttvorrichtungen von der Dreschmaschine herabfällt. Reinigungsanlagen, Backmehlmühle, Walzenschrotmühle sind hier vorgesehen, auch Sackrutsche und Aufzug für eingesacktes Getreide.

B. Die Decken der landwirtschaftlichen Bauten.

Wie bei jedem mehrgeschossigen Hochbau, spielen auch im landwirtschaftlichen Bauwesen, z. B. bei Stallgebäuden, Speichern usw., die Decken eine wichtige Rolle, da sie, insbesondere bei größeren Spannweiten, oft kostspielige Konstruktionen erfordern. Auf ihre bauliche Ausbildung wird außerordentlicher Wert gelegt, weil sie ganz besondere Bedingungen zu erfüllen haben. Sie sollen möglichst feuersicher, wärmehaltend und dunstsicher (bei Ställen) sein. Zuweilen werden diese Eigenschaften erst durch Anordnungen besonderer Isolierungen erreicht.

Sehr oft erfordern die räumlichen Verhältnisse größere Spannweiten, da Stützen entweder ganz zu vermeiden sind, oder doch nur in größeren Abständen zugelassen werden. Die dann nötigen weitgespannten Deckenträger oder Unterzüge verteuern die Decke sehr und erfordern außerdem große Bauhöhen, die vom Architekten nur ungern zugestanden werden.

Im landwirtschaftlichen Bauwesen kommen sowohl hölzerne als auch massive Decken- und Stützenkonstruktionen vor. Je nach dem leichter zu beschaffenden oder vielleicht vorhandenen Baustoff, den zur Verfügung stehenden Geldmitteln und den Bedingungen, die man an die Feuersicherheit u. dgl. stellt, wird die eine oder andere Bauweise angewendet werden.

In neuerer Zeit hat die Massivbauweise im landwirtschaftlichen Bauwesen große Fortschritte gemacht, da ihre Feuersicherheit und lange Lebensdauer oft als ausschlaggebend angesehen werden. Hierbei weicht man von dem bei landwirtschaftlichen Anlagen früher vielfach geübten Grundsatz ab, die Anlagekosten für die Bauten möglichst gering zu halten, da die große Lebensdauer und geringen Unterhaltungskosten der Massivbauten, insbesondere Massivdecken, ferner die sonstigen Vorteile dieser Bauweise den anfänglichen größeren Kostenaufwand bald aufwiegen.

Es müssen daher beide Bauarten behandelt werden, und zwar ist dies so weit geschehen, als das Verständnis der Konstruktionen es erfordert und als die Ausführungsarten im landwirtschaftlichen Bauwesen vorkommen und vorkommen können.

Man kann wohl sagen, daß alle Konstruktionen, die sonst im Hochbau üblich sind, auch im landwirtschaftlichen Bauwesen ausgeführt werden können.

Von der Wiedergabe von veralteten, also überholten Bauweisen und solchen Bauweisen, die nur ganz selten angewendet werden, aber grundsätzlich den hier gebrachten entsprechen, ist abgesehen worden. Sie sind, wo wünschenswert, nur des Zusammenhanges wegen und zum Verständnis der neueren Bauweisen erwähnt worden.

I. Hölzerne Decken.

Die einfachste Decke, wie sie bei untergeordneten Ausführungen, z. B. Speichern und Lagerschuppen, vorkommt, besteht aus der Balkenlage und dem daraufliegenden Fußboden (Bohlenbelag). Sie hat hier lediglich die Aufgabe, einen Raum nach oben abzuschließen und eine Zwischendecke zu schaffen, die begehbar ist und zur Lagerung von irgendwelchen Stoffen oder Gegenständen benutzt werden kann.

Soll die Decke außerdem den Zweck erfüllen, schallsicher und warmhaltend zu sein, so ist noch eine „Einschubdecke“ oder ein „Fehlboden“ anzuordnen. Ferner kommt als dritter Bestandteil in der Regel eine untere Deckenverkleidung (Schalung mit Putz u. dgl.) hinzu.

Der Einschub kann aber auch so hoch gelegt werden, daß er zugleich den Fußboden bildet (s. später).

Endlich kann auch die untere Verkleidung fortfallen, so daß die Deckenbalken sichtbar bleiben.

Liegt die Einschubdecke zwischen den Balken, so wird sie in Norddeutschland mit „Stakung“ bezeichnet; je nach der Ausführung und Anordnung unterscheidet man hier „ganze und halbe Windelböden“ und „Wickelböden“. In Süddeutschland sind die früher genannten Bezeichnungen (Einschubdecke und Fehlboden) gebräuchlicher.

Die Schallsicherheit und Eigenschaft der Wärmehaltung wird durch schlechte Wärmeleiter wie Sand, Lehm, Koksasche und Kesselschlacke erreicht. Ungeeignet sind leicht brennbare Stoffe, wie Sägemehl, Häcksel u. dgl. Ferner sind alle Füllmassen zweifelhafter Herkunft wegen etwaiger vorhandener Keime, insbesondere Humus, humushaltiger Sand und Bauschutt, der vom Abbruch alter Gebäude stammt, von der Verwendung als Füllmasse auszuschließen. Reiner Bauschutt, als Abfall neuer Baustoffe, würde nur dann unbedenklich sein, wenn er unbedingt frei von Verunreinigungen ist.

Jede fertig verlegte Balkenlage ist sofort auszustaken (vielfach Polizeivorschrift, z. B. in Berlin), um durch das Schließen der zwischen den Balken befindlichen Öffnungen die Sicherheit des Verkehrs für die Bauarbeiter zu erhöhen. Vielfach empfohlen, ja sogar manchmal vorgeschrieben, ist die Verwendung von ausgeglühtem Sand als Füllmaterial. Bei umfangreichen Anlagen ist seine Beschaffung jedoch zu kostspielig. Der Sand enthält, auch wenn er nicht, wie manchmal geschehen, zuvor gewaschen wird, fast stets Feuchtigkeit, deren Verdampfung schon sehr bedeutende Aufwendungen an Brennstoff erfordert. Wenn man dann ein wirkliches Ausglühen oder doch mindestens eine Erhitzung über 100^0 C verlangt, so wachsen die Kosten derart, daß man besser andere einwandfreie Füllmassen, wie reine Schlackenwolle, oder sogar das teure Kieselgur verwenden würde.

Ein billiger und bei gewissenhafter Ausführung vorzüglich bewährter Füllstoff ist reiner Lehm, der frisch gegraben und vor der Verwendung gut durchgearbeitet werden muß. Er darf nur wenig Feuchtigkeit enthalten und muß nach dem Einbringen vollkommen austrocknen, bevor eine Dielung über ihm verlegt wird.

Die Füllung *f* (Abb. 18 bis 23) ruht auf den die eigentliche Zwischendecke bildenden Hölzern. Abb. 18 bis 21 zeigen die sogenannten „Staken" (Stakhölzer) *s*. Hierzu wird entweder gespaltenes Klobenholz oder es werden die beim Beschneiden der Rundstämme seitlich abfallenden Schalen oder Schwarten oder auch gewöhnliche Schnittbretter genommen. Die Hölzer werden an den Enden zugeschärft und in dreieckige Ausschnitte (Falze, Nuten) der Balken eingeschoben (Abb. 18) oder auf Latten *l* verlegt, die an den Balken seitlich mit langen Nägeln befestigt sind (Abb. 19 und 20). Im ersteren Fall werden die Staken schräg zwischen die Falze eingeschwenkt; nur am Balkenende sind die Ausschnitte nach oben so fortzusetzen, daß die Hölzer noch eingebracht werden können. Dicht am Auflager ist solche Verschwächung der Balken unbedenklich, ebenso wie das Einhobeln der Stakfalze, sofern dies in der halben Balkenhöhe erfolgt.

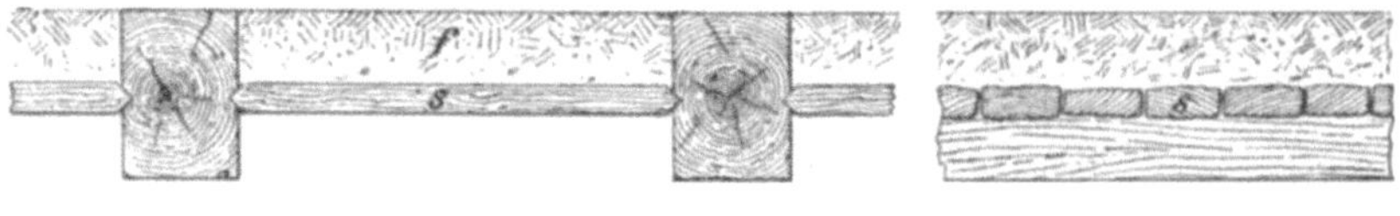

Abb. 18. Halber Windelboden in Nuten.

Je nachdem die Einschubhölzer nahe der Balkenunterkante (wie in Abb. 19) oder der Oberkante (Abb. 20) liegen, unterscheidet man an manchen Orten den „ganzen und halben Windelboden". Je tiefer die Stakung liegt, desto stärker ist die Füllmasse, die man stets bis zur Oberkante der Balken aufbringt, damit die Dielung nicht hohl liegt und beim Begehen nicht störende Geräusche verursacht. Der ganze Windelboden ist daher teurer, schwerer, aber auch mehr warmhaltend und schalldichter, als der halbe. Damit die Füllmassen nicht durch die oft weiten und unregelmäßigen Fugen der Stakhölzer hindurchfallen, bringt man in jedem Falle am besten zunächst eine dünne Schicht mit Krummstroh gemischten Lehms auf, selbst wenn für die übrige Füllung andere Stoffe gewählt werden sollten.

Abb. 19. Ganzer Windelboden auf Leisten.

Der Ausdruck „Windelboden" wird vielfach nur für diejenige Anordnung gebraucht, die in Abb. 21 dargestellt ist und nach Böhm[1] als „Wickelboden“ bezeichnet werden möge. Hierbei werden die einzelnen Stakhölzer, in diesem Fall auch „Wellerhölzer“ genannt, mit Langstroh und Lehm fest umwickelt, in die Balkenfalze eingeschwenkt und dicht aneinandergeschoben. Der Lehm bildet nach seinem Trocknen ein vorzügliches Schutzmittel gegen die Fäulnis des Holzes, und Stroh in ihn eingebettet, kann als geradezu unverweslich bezeichnet werden, wie die noch wohl erhaltenen altägyptischen Strohlehmziegel beweisen.

Auch solche Wickelböden können als „ganze und halbe Wickelböden“ ausgeführt werden, je nach der Höhenlage der Wellerhölzer zwischen den Balken. Sie sind namentlich bei einer Ausführung nach Abb. 21 sehr warmhaltend. Die dicht zusammengeschobenen Wickel werden unten mit Lehm glatt verputzt und oben bis zur Balkenoberkante mit Lehm übertragen (gefüllt). In landwirtschaftlichen Gebäuden, besonders in Tagelöhnerwohnungen, sind derartige Decken vielfach mit bestem Erfolg verwendet. Sie werden an der Unterfläche einfach mit Kalk geweißt und stellen so ein Beispiel der oben erwähnten Fälle dar, in denen die Zwischendecke zugleich die untere Deckenansicht und den Fußboden bildet. Denn in dem Dachraum, der in solchen einstöckigen Tagelöhnerhäusern über der Zwischendecke sich befindet, ist ein Fußbodenbelag über der Lehmausgleichung der Balkenfächer u. U. entbehrlich. Die in Abb. 18 und 20 dargestellten Windelböden erhalten wohl stets eine obere Dielung und untere Deckenverkleidung, höchstens könnte die letztere, selbst in besser ausgestatteten Räumen, entbehrt werden, wenn die Balken entsprechend bearbeitet, die Stakhölzer sauber geformt und gefugt oder auch die Leisten l zur Erzielung einer Schmuckwirkung verwendet werden.

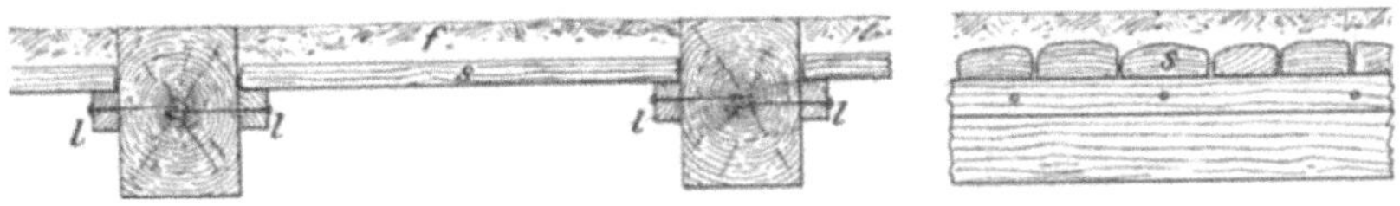

Abb. 20. Halber Windelboden auf Leisten.

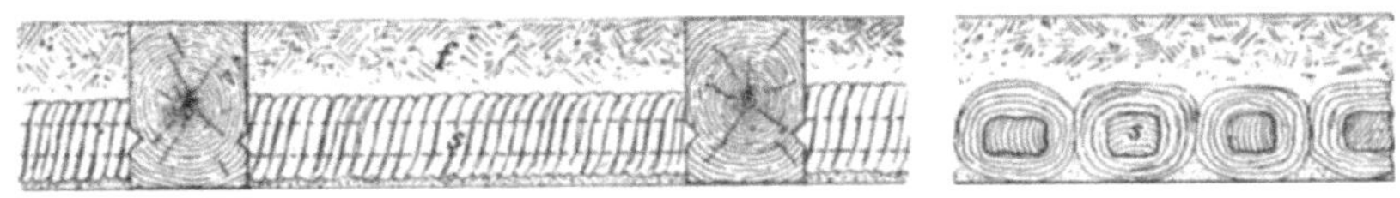

Abb. 21. Ganzer Wickelboden.

Der Wickelboden, der sich für Kleinwohnungen auf dem Lande wohl eignet, darf in Ställen keine Verwendung finden. Die Schutzeigenschaften des Lehms dem Balkenholze gegenüber würden bald in ihr Gegenteil verwandelt werden, wenn der Lehm von den scharfen feuchten Stalldünsten durchzogen wird. Er würde auch insofern schädlich wirken, als die gleichfalls von Stalldünsten durchzogenen Balken durch die enge Umhüllung am Austrocknen behindert werden. Wenn aus Billigkeitsrücksichten, zumal in holzreicher Gegend, Holzdecken über Stallräumen Verwendung finden sollen, ist eine möglichst freie Lage der Hölzer, so daß sie stets von Luft umspült werden können, das allerwesentlichste Erfordernis. Dies erreicht man durch Anordnung des sogenannten „gestreckten Windelbodens“, dessen Herstellung Abb. 22 zeigt. Über die Balken werden schwache Hölzer (häufig gespaltene Lattstämme von 8 bis 14 cm Durchmesser) mit der Spaltfläche nach

Abb. 22. Gestreckter Windelboden.

[1] Böhm, Th.: Handb. der Holzkonstruktionen. Berlin: Julius Springer 1911.

unten möglichst dicht nebeneinander gelegt. Man wechselt zweckmäßig die Richtung der sich verjüngenden Stämmchen und legt immer ein Zopfende neben ein Stammende. Wird dann eine Schicht mit Lehm gemengten Krummstrohes und darauf ein fest geschlagener Lehmestrich von 8 bis 10 cm Dicke aufgebracht, so wird eine ziemlich dunstsichere und genügend warme Decke gewonnen, die ohne untere Deckenverkleidung und oberen Fußbodenbelag bleiben kann. Erhöht wird die Dunstsicherheit durch einen ein- bis zweimaligen Anstrich des oberen Lehmestrichs mit Steinkohlenteer, und es empfiehlt sich dies besonders in den Fällen, wo über den Stallräumen Futtervorräte untergebracht werden sollen, die durch Stalldünste verdorben werden würden.

Die Anwendung von „gestreckten Wickelböden“, wobei die durchgehenden Hölzer mit Strohlehm umwickelt werden, scheint nicht empfehlenswert mit Rücksicht auf die Gefahr des Verfaulens der umwickelten Hölzer in dem mit Stalldünsten gesättigten Lehm. Der Vorzug der in Abb. 22 gezeichneten Anordnung besteht aber in der Möglichkeit des Ausdünstens der Deckenhölzer wenigstens an ihrer Unterseite.

Die Vorteile des gestreckten Windelbodens besitzt in noch höherem Grade die „Stülpdecke“ mit oberem Lehmestrich *f* (Abb. 23), die gleichfalls in Stallgebäuden mit Vorteil zu verwenden ist. Wie Abb. 23 erkennen läßt, sind zwei Lagen Bretter so übereinander „gestülpt“, daß ein Brett der oberen Lage über den breiten Zwischenraum fortgreift, den immer zwei Bretter der unteren Lage zwischen sich lassen. Auf die Breite dieses Zwischenraumes wird der Balken auch an seiner oberen Seite der Luft zugänglich gemacht. Wenn die Bretter der unteren Lage an beiden Seiten, die der oberen Lage wenigstens an der unteren Seite glatte Flächen besitzen, so schließen sie beim festen Antreiben der Nägel so dicht zusammen, daß das Durchdringen von Dünsten wirksam verhindert wird. Bei Verwendung schwacher und nicht ganz trockener Bretter stellen sich jedoch manchmal Nachteile solcher Stülpdecken (in Österreich „doppelte Sturzdecken“ genannt) ein, denen nur durch ein besonderes Verfahren bei der Nagelung begegnet werden kann. Wenn, wie in Abb. 23 B, jedes Brett durch zwei Nägel gehalten wird, so tritt die Gefahr ein, daß beim Zusammentrocknen zumal dünner Bretter diese reißen. Es empfiehlt sich daher, die Nagelung nach Abb. 23 A zu bewirken. Der eine Nagel wird durch beide übereinander liegenden Bretter getrieben, der nächste aber nur durch das obere, so daß er nahe an der Kante des unteren vorbeigeht, dieses zwar festgeklemmt, ihm aber doch eine gewisse Beweglichkeit beim Zusammentrocknen in der Querrichtung läßt. Die oberen Bretter sind dann zwar auch durch zwei Nägel gehalten, aber der eine davon gibt, da er eine Strecke weit ganz frei liegt, durch seine Elastizität auch dem oberen Brett eine ausreichende seitliche Bewegungsmöglichkeit. Man benutze aber in solchem Falle verzinkte Nägel, damit diese an den freiliegenden Stellen nicht so leicht verrosten.

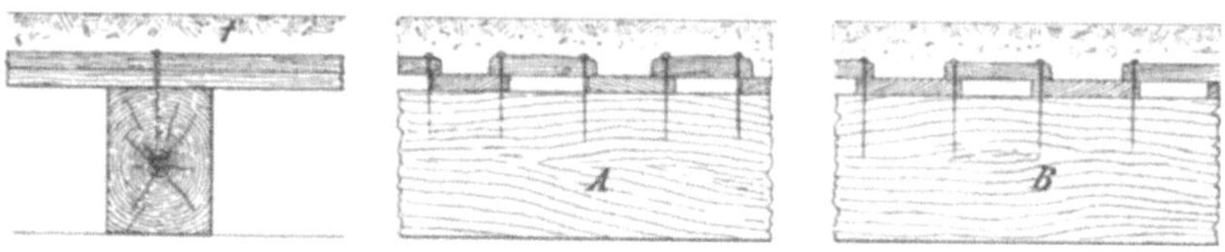

Abb. 23. Stülpdecke mit Lehmestrich.

Allen in vorstehendem beschriebenen Zwischendecken haftet ein gemeinsamer Nachteil an, der besonders in neuerer Zeit, wo eine außerordentlich große Zahl von Massivdecken erfunden ist, immer wieder betont wird. Es ist dies die Schwammgefahr. Wenn man bedenkt, daß zu den Einschubhölzern Schwarten oder sonstige beim Schneiden der Bauhölzer entstehende minderwertige Abfälle, gespaltene Klobenhölzer aus oft jungen Stämmen oder dünne Lattstämme verwendet werden. so muß zugegeben werden, daß diese Baustoffe für Holzkrankheiten wie Hausschwamm einen bedenklichen Nährboden darstellen, sowie daß namentlich mit dem jungen Splintholz auch der Holzwurm leicht eingeschleppt werden kann. Eine ganz besondere Sorgfalt bei der Wahl der Hölzer ist daher dringend zu empfehlen, und vor allen Dingen auf gutes Austrocknen der Einschubhölzer vor dem Einbringen der Füllmassen Gewicht zu legen. Wenn wie in Norddeutschland (Berlin) die Balkenfache sofort nach der Verlegung ausgestakt werden und dem Regen ausgesetzt sind, so muß nach Herstellung der Dacheindeckung genügende Zeit verstreichen, bevor mit der Aufbringung von Strohlehm usw. begonnen wird. Um den Nachteilen, die mit der Verwendung jungen Stakholzes verbunden sein können, zu entgehen, werden vielfach Gipsdielen (gegossene Gipsplatten mit Einlagen von Rohrstengeln, Kokosfasern) verwendet und auf die an den Balken befestigten Staklatten ebenso verlegt wie die in Abb. 19 und 20 gezeichneten Hölzer.

Bezüglich einiger besonderer Holzbalkendecken für Schweineställe möge auf Abschnitt C. IV. verwiesen werden.

II. Massivdecken.

Wenn man zunächst von den Decken ohne Eiseneinlagen absieht, zerfallen die Massivdecken in Eisenbetondecken und Steineisendecken. Beide Deckenarten haben den Holzdecken gegenüber die Vorzüge der Feuer- und Schwammsicherheit gemein, sachgemäße Ausführung vorausgesetzt; nicht immer haben sie die gleiche Schall- und Wärmedichtigkeit wie die erstgenannten Decken. Diese Eigenschaften können lediglich durch die Steineisendecken und Decken aus verwandten Stoffen (Bimsbeton) erreicht werden, die wegen ihrer Porosität und wegen der Hohlräume geringes Wärme- und Schalleitvermögen besitzen. Auch die besonders für Stalldecken erforderliche Dunstsicherheit wird durch letztere Deckenarten in erster Linie erzielt.

1. Eisenbetondecken.

Die Eisenbetondecken bestehen aus Zementbeton, der durch Eisen- (Stahl-) Einlagen bewehrt ist. Letzteren fällt die Aufgabe zu, vornehmlich Zug- und Schubkräfte, die der Beton nicht übertragen kann, aufzunehmen, während der Beton hauptsächlich Druckkräfte und bis zu einer bestimmten Grenze auch Schubkräfte zu übertragen hat.

Die einfachste Eisenbetondecke ist die Platte, die nach einer Richtung bewehrt ist und an den beiden Enden auf eisernen Deckenträgern, zuweilen auch auf Holzbalken

Abb. 24. Eisenbetonplatte auf Holzbalken.

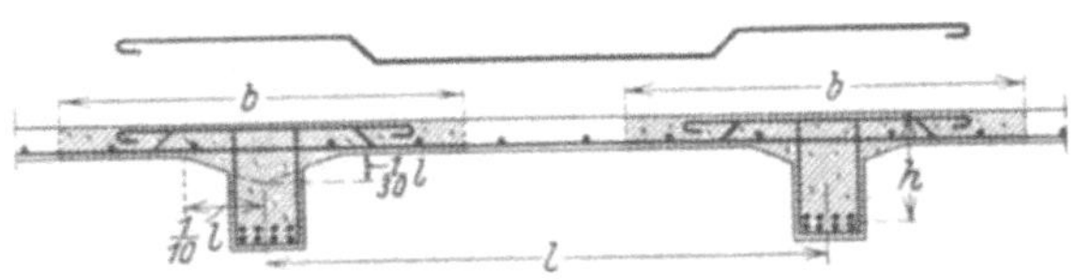

Abb. 25. Plattenbalkendecke.

(Abb. 24) oder auf Eisenbetonbalken (Abb. 25) gelagert ist. In letzterem Falle kann bei der statischen Berechnung der Eisenbetonbalken die obere Platte, zum Teil (b) oder in ganzer Breite (l), als mittragend angesehen werden; Platten und Balken bilden dann sogenannte „Plattenbalken“ mit T-Querschnitt. Die quadratische oder rechteckige Platte kann auch auf allen vier Seiten auf Balken oder Wänden aufliegen und wird dann kreuzweise bewehrt und als „kreuzweise bewehrte Platte“ bezeichnet. Endlich kann die kreuzweise bewehrte Platte ohne Vermittlung von Balken unmittelbar auf Eisenbetonstützen aufruhen, mit denen sie biegefest verbunden sein muß; sie wird dann „Pilzdecke“ genannt.

Die in der Richtung der Stützweite (l) der Platte liegenden Stäbe t (Abb. 26), denen die Aufgabe zufällt, die Zugspannungen aufzunehmen, heißen „Tragstäbe“; senkrecht zu ihnen werden schwächere, sogenannte „Verteilungsstäbe“ v, angeordnet, die nur die

Wirkung von Einzellasten oder auch stoßweise Belastungen auf eine größere Plattenbreite verteilen und damit Längsrisse verhüten sollen. Tragstäbe und Verteilungsstäbe werden in den Kreuzungspunkten durch Bindedraht verknüpft.

Statt des Drahtnetzes kann auch „Streckmetall“, ein aus Stahlblech gestanztes und auseinandergezogenes (gestrecktes) Netzwerk, verwendet werden (Abb. 27).

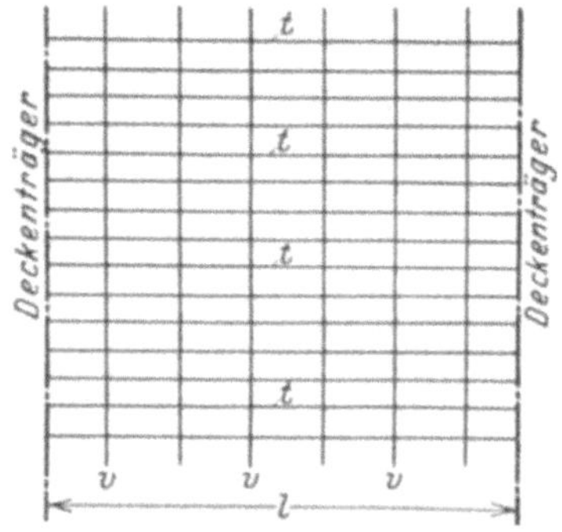

Abb. 26. Bewehrung der Eisenbetonplatte.

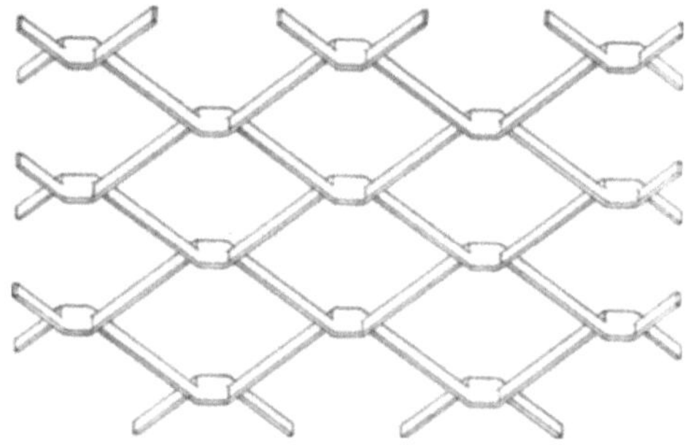

Abb. 27. Streckmetall.

Die gewöhnliche Platte mit Trag- und Verteilungsstäben, meist zwischen eisernen Trägern (bis etwa 2,5 m Spannweite) ausgeführt, heißt „Monierdecke“. Sie kann nach Abb. 24 über die Träger hinweggeführt oder auch zwischen die Träger als Voutendecke (s. später) gelegt werden. Endlich kann auch eine schwächere „Unterflanschdecke“ angeordnet werden, die nicht tragend ist, sondern nur zur Herstellung einer ebenen Unteransicht dient und die außerdem den unteren Raum feuersicher abschließt. Eine zweite obere Decke nimmt den Fußboden auf und bildet außerdem mit der unteren Decke einen wärmehaltenden Luftraum, der noch mit schlechten Wärmeleitern (Torfmull, Bimssand, Schlacke) ausgefüllt werden kann.

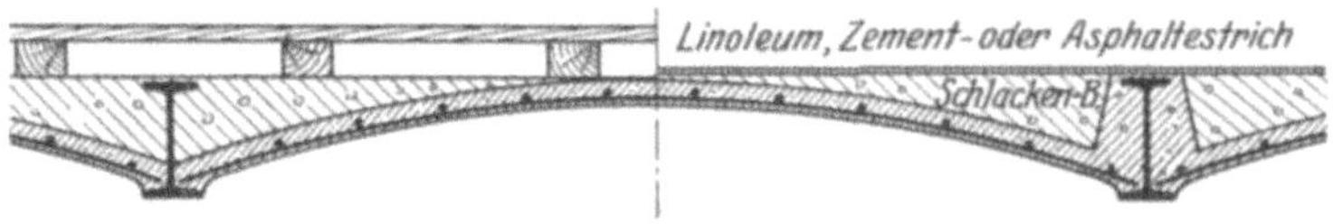

Abb. 28. Moniergewölbe.

Bei größeren Spannweiten wurden früher auch „Moniergewölbe“ (Abb. 28) ausgeführt, die jedoch einen Schub ausüben, der in den Endfeldern aufzunehmen ist. Solche Gewölbe werden daher im Hochbau nur mehr selten hergestellt, da ihre Ausführung zu teuer ist und sie eine zu große Bauhöhe erfordern. Außerdem ist der Gewölbeschub unbequem und endlich ist die gewölbte Unteransicht nicht immer erwünscht.

Eine erheblich günstigere, d. h. wirtschaftlichere Ausbildung gestattet, insbesondere bei größeren Nutzlasten und Spannweiten, die „Koenensche Voutenplatte“ (Abb. 29), die allerdings nicht mehr mit Vouten, sondern nach den Eisenbetonbestimmungen vom September 1925 nur noch mit Abschrägungen (Abb. 30) ausgeführt wird. Diese Decke ist als eine durchlaufende Platte mit einem hohen Grad von Einspannung zu betrachten, während die vorher gekennzeichneten Monierdecken nur als frei aufliegend oder als in einem geringeren Grade eingespannt angesehen werden können. Die Tragstäbe liegen in Plattenmitte unten und werden gegen die Auflager hin schräg nach oben gebogen, über die Deckenträger gelegt und um die Flanschen gehakt; der Beton wird, wie schon angedeutet, mit einer Voute (Abschrägung) gegen den Trägerunterflansch geführt und erforderlichenfalls gestelzt. An Außenwänden wird ein Flacheisen gelegt, welches mit dem

Abb. 29. Koenensche Voutenplatte.

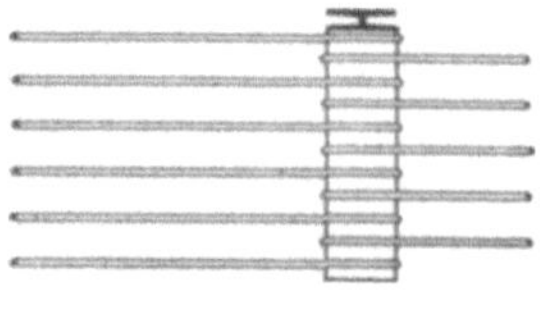

Mauerwerk verankert wird; um dieses Flacheisen werden die Rundeisen umgehakt (vgl. Abb. 29). Zuweilen werden diese Flacheisen auch fortgelassen und die Eiseneinlagen einfach mit einem Endhaken versehen. Durch diese Ausbildung wird die Decke, wie schon angedeutet, befähigt, an den Deckenträgern große negative Momente aufzunehmen und hierdurch die Feldmomente erheblich zu verkleinern.

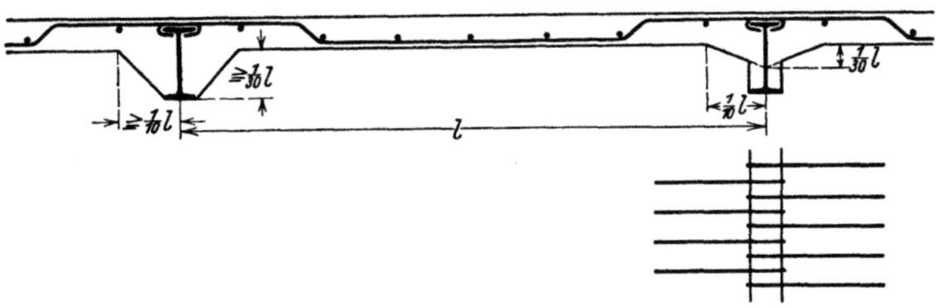

Abb. 30. Koenensche Voutenplatte mit Abschrägungen.

Die Koenensche Voutenplatte kann bei 500 kg/m² Nutzlast (für Mittelfelder) bis 5,75 m gespannt werden, falls man nicht über eine Plattenstärke von 20 cm gehen will; das Eigengewicht beträgt in diesem Falle schon 550 kg/m². Als Beanspruchungen für Beton und Eisen sind hierbei $\sigma_b = 40$ und $\sigma_e = 1200$ kg/cm² zugrunde gelegt[1]. In solchem Falle wäre zu überlegen, ob es nicht wirtschaftlicher ist, eine andere Lösung zu suchen, z. B. Verringerung des Trägerabstandes oder Ausbildung als „Rippendecke“ (s. später).

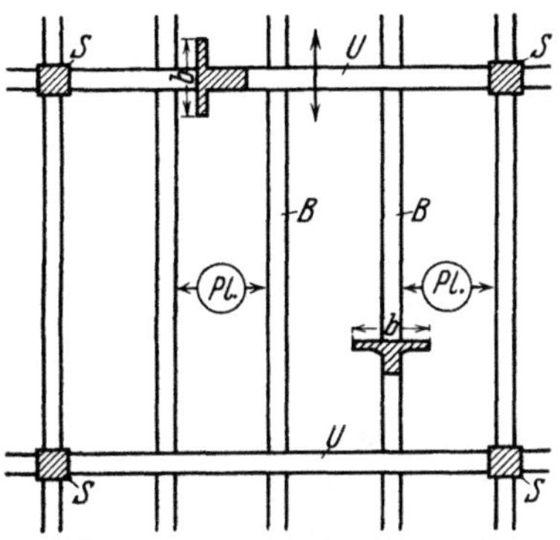

Abb. 31. Plattenbalken zwischen Eisenbetonunterzügen.

Denkt man sich die Koenensche Voutenplatte zwischen Eisenbetonbalken gespannt, so erhält man den schon erwähnten „Plattenbalken“ (Rippenbalken), der von François Hennebique, Paris, in den Eisenbetonbau eingeführt worden ist. Der Balken (Rippe) bildet mit dem Plattenteil b, der nach den Eisenbetonbestimmungen rechnungsmäßig in Anspruch genommen werden darf, wie früher gesagt, einen T-Querschnitt (Abb. 25).

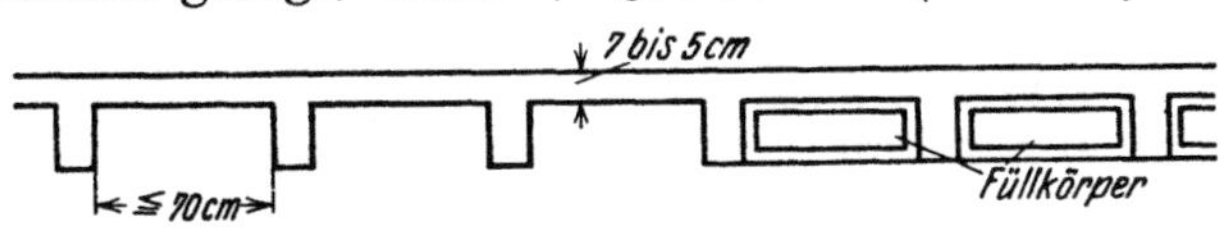

Abb. 32. Eisenbetonrippendecke.

Schließen die Plattenbalken B an Eisenbetonunterzüge U an (Abb. 31), so bildet die Platte Pl auch mit diesen Plattenbalken, die quer zu den ersten von Stütze zu Stütze S verlaufen. Die Platte wird hierbei an einzelnen Stellen (oben) nach zwei Richtungen auf Druck beansprucht. Sie ist oben quer zum Unterzug U auf die rechnungsmäßige Breite b mit „Konsoleisen“ zu versehen. Die Haupttrageisen des Plattenbalkens (Zugeisen) liegen möglichst nahe der Rippenunterkante, damit seine statische Höhe h (Nutzhöhe) und damit auch seine Tragfähigkeit möglichst groß wird. Damit die Platte als durchlaufend mit der größtzulässigen Einspannung $\left(M = \frac{q\,l^2}{18}\right)$ gerechnet werden darf, muß die Abschrägung (Auflagerverstärkung) nach den Eisenbetonbestimmungen 1925 mindestens die in Abb. 25 und 30 angegebenen Abmessungen erhalten, wobei l die Entfernung der Rippenmittellinien (Stützweite der Platte) ist.

Beträgt der lichte Abstand der Rippen nicht mehr als 70 cm, so wird eine solche Plattenbalkendecke als „Eisenbetonrippendecke“ bezeichnet (Abb. 32). Die Druckplatte muß hierbei mindestens eine Stärke von $\frac{1}{10}$ des Rippenabstandes besitzen, darf aber nicht schwächer als 5 cm sein (Eisenbetonbestimmungen 1925). Die Hohlräume zwischen Platte und Rippen können durch Füllkörper (aus gebranntem Ton, Bimsbeton, Holzlatten, Rohrgewebe, Pappe, Eisendraht u. dgl.) geschlossen werden, denen jedoch keine statische Bedeutung zukommt. Diese Füllkörper dienen vielmehr dazu, eine ebene Untersicht zu erzeugen und die Decke wärmehaltend und schallsicher zu machen.

[1] Vgl. Eisen im Hochbau, 7. Aufl., S. 574. 1928.

Eine der bekanntesten Eisenbetonrippendecken mit Füllkörpern ist die Ackermanndecke[1], bei welcher die Füllkörper durch Hohlkörper aus gebranntem Ton von 30 cm Breite und 25 cm Länge gebildet werden. (Abb. 33) Da die Ackermannsteine Fußverbreiterungen besitzen, ist die Unterseite der Decke vollkommen durch die Steine verkleidet und daher gut putzbar. Die Füllkörper werden in Höhen von 10 bis 25 cm mit Ab-

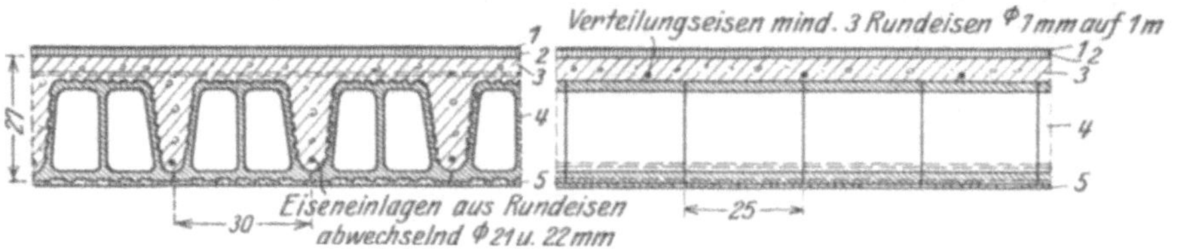

Abb. 33. Ackermanndecke.

1 Linoleum, 2,2 mm; *2* Zementestrich, 2 cm; *3* Beton ≧ 5 cm; *4* Ackermannsteine, 22 cm; *5* Putz.

stufungen von 3 cm hergestellt, und bei größeren Höhen werden außerdem Auflegesteine von 10 cm Höhe verwendet (Abb. 34), so daß eine größte Steinhöhe von 35 cm erzielt wird.

Bei 9 cm Stärke der Druckplatte, also 44 cm Deckenstärke (ohne Putz), ist die Ackermanndecke bei 200 kg/cm² Nutzlast, als teilweise eingespannt $\left(\frac{q\,l^2}{10}\right)$ gerechnet, bis 10,13 m, bei 500 kg/m² Nutzlast bis 8,72 m, bei 1000 Nutzlast bis 7,30 m Stützweite ausführbar. Die rechnungsmäßige Rippenbreite beträgt 7 cm. Das Eigengewicht der Decke von 44 cm Stärke beträgt einschließlich Deckenputz und Estrich mit Linoleum 661 kg/m²; die 15 (10 + 5) cm hohe Decke wiegt 290 kg/m². Der Steinbedarf für 1 m² Decke ist 13,3 Stück.

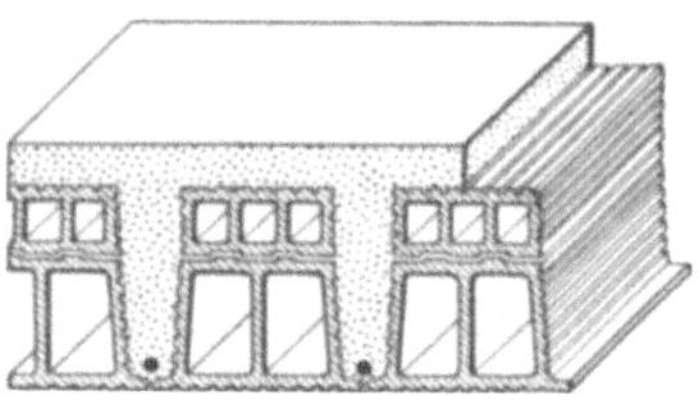

Abb. 34. Ackermanndecke mit Auflegesteinen.

Eine andere Rippendecke (Füllkörperdecke), die Remydecke[2] (Abb. 35) besitzt Hohlkörper aus Bimsbeton. Die Steine sind 50 cm breit, 25 cm lang und 12 bis 26 cm hoch. Auch diese Decke zeichnet sich durch gute Isolierfähigkeit gegen Wärme und Schall aus.

Die Försterdecke[3] wird gleichfalls als Rippendecke ausgeführt. Die Förstersteine sind Ziegelhohlsteine aus porösem Ton, deren lotrechte Längsseiten mit Haken und Vertiefungen ausgebildet sind, so daß sie wie Feder und Nut ineinandergreifen (Abb. 36 u. 37).

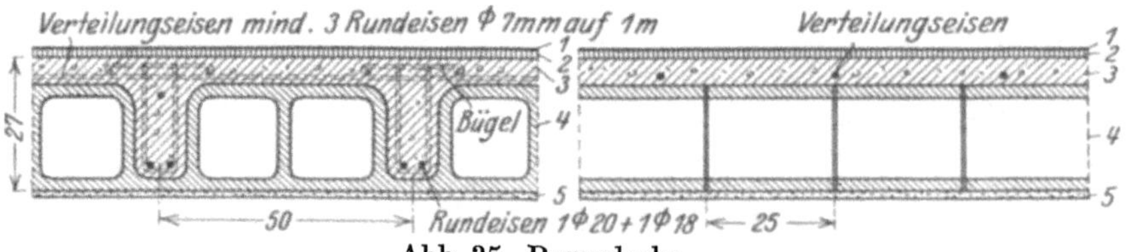

Abb. 35. Remydecke.

1 Linoleum, 2,2 mm; *2* Zementestrich, 1,5 cm; *3* Beton, 1 : 5 ≧ 5 cm; *4* Bimsbetonsteine, 22 cm; *5* Putz.

Die Steinhöhen betragen 10, 13, 15 und 20 cm. Durch das Ineinandergreifen der Steine werden Lasten in seitlicher Richtung von einer Steinreihe auf die Nachbarreihe übertragen. Für die Rippendecke gelangt ein besonderer Stein zur Anwendung, dessen obere Platte und Mittelsteg durch leichten Hammerschlag entfernt werden können, so daß ein, zwei oder ein breiter Hohlraum gebildet werden. In diese Kanäle (Brücken) werden die Eiseneinlagen und der Beton eingebracht. Die Brückensteine werden in jeder zweiten, dritten oder vierten Steinreihe angeordnet, während in den übrigen Reihen Steine ohne

---

[1] Firma Adolf Ackermann, Ingenieurbüro und Steingroßhandlung, Berlin-Wilmersdorf.

[2] Firma Friedr. Remy Nachf. A.-G., Neuwied a. Rh.

[3] Firma F. W. & H. Förster, Berlin W 9.

„einschlagbare Brücken" zur Verwendung kommen (Abb. 37). Die Steine werden trocken im Verband verlegt. Nach Verlegen der Eiseneinlagen in den Brücken wird der Rippen- und Überbeton eingebracht. Die Stärke des Überbetons beträgt mindestens 5 cm. Da die Rippen im allgemeinen eine Brücke von 10 cm haben, so ist ein ordnungsgemäßes Stampfen des Betons möglich. Die Decken werden zwischen massiven Wänden, eisernen Trägern oder Eisenbetonbalken ausgeführt.

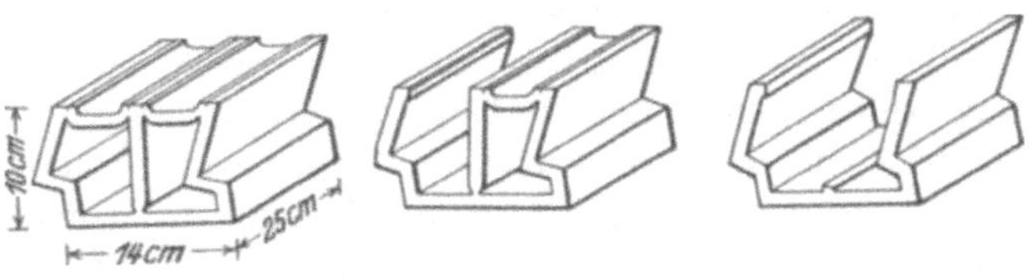

Abb. 36. Förstersteine.

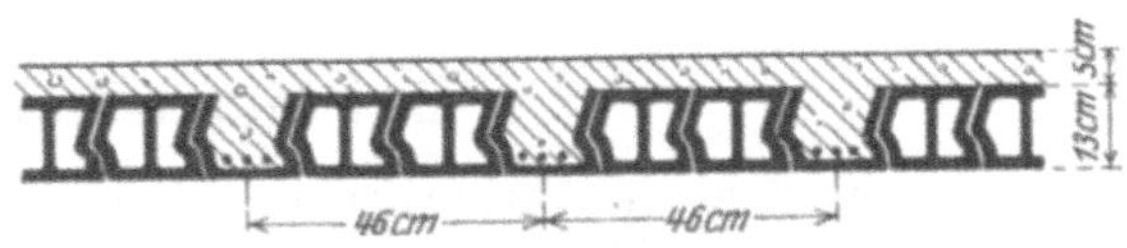

Abb. 37. Försterdecke.

Über die Berrarippendecke vgl. später.

Die Pohlmannsche Rahmenzellendecke[1] (Abb. 38) ist mit sogenannten Rahmenzellen von 60 cm Breite und 16, 20, 24 oder 28 cm Höhe ausgefüllt. Die Rahmenzellen werden aus Rohrgewebe mit Holzversteifungen und darübergelegter Pappe hergestellt; sie werden als Matten geliefert und müssen auf der Baustelle mit einer Handmaschine, die geliehen werden kann, in Zellenform gebracht werden. Die Unteransichten der Rippen werden ebenfalls mit Rohrgewebe verkleidet. Bei lichtem Rippenabstand von 60 cm muß die Druckplatte nach den Eisen-

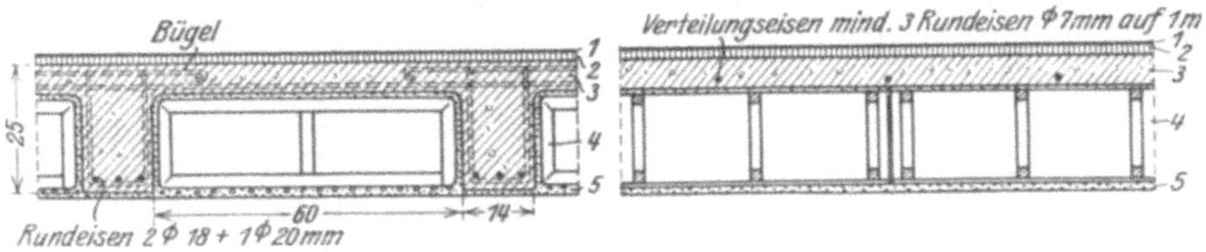

Abb. 38. Pohlmannsche Rahmenzellendecke.
1 Linoleum, 2,2 mm; *2* Zementestrich, 1,5 cm; *3* Beton $\geqq$ 1/10 60 $\geqq$ 6 cm; *4* Rahmenzelle DRP.; *5* Putz.

betonbestimmungen (s. vorher) mindestens 6 cm betragen. Bei Deckenstützweiten von 4 bis 6 m ist eine, bei Stützweiten über 6 m sind mindestens zwei Querrippen anzuordnen, die die gleiche Stärke und Bewehrung wie die Tragrippen haben müssen (Eisenbetonbestimmungen).

Eine Rippendecke ohne Füllkörper, jedoch mit einem unten ebenen Abschluß der Hohlräume durch eine Rohrputzdecke ist die Koenensche Plandecke[2] (Abb. 39). An der

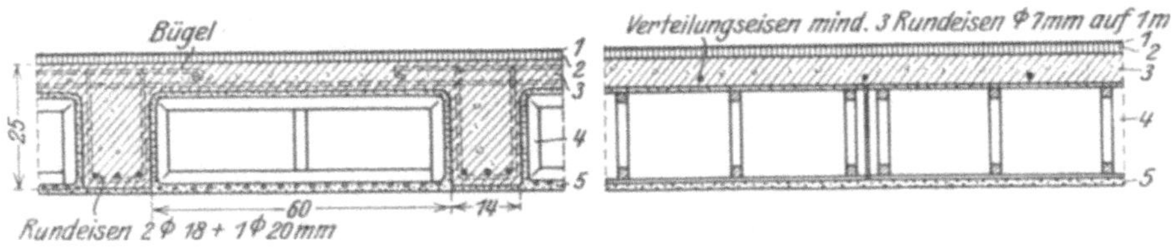

Abb. 39. Koenensche Plandecke.
1 Linoleum, 2,2 mm; *2* Zementestrich, 1,5 cm; *3* Schlackenbeton, 1:8; *4* Beton, 1:5 $\geqq$ 5 cm; *5* Holzleiste, 3,5 cm; *6* Doppeltes Rohrgewebe; *7* Putz.

Unterseite der Rippen sind freitragende oder aufgehängte Holzlatten angeordnet, welche eine schnelle und leichte Ausführung der Rippenplatte und eine gute Befestigung der ebenen Unterdecke ermöglichen. Bei besonders beschränkter Bauhöhe können auch die

[1] Firma A. C. Pohlmann, Hamburg 1.
[2] Firma Beton- und Monierbau Aktiengesellschaft, Berlin W 9.

Latten bzw. Kanthölzer nur als Schalungsträger während der Ausführung (s. später) benutzt werden. Zum Anbringen der Unterdecke dienen dann Halter aus verzinktem Eisendraht, die in die Rippen einbetoniert werden. Die Platte schließt mit vollem Betonkörper an die Deckenträger oder Mauern an. Die Rippenteilung beträgt 25 bzw. 33 cm, um eine möglichst gute Befestigung der Unterdecke zu ermöglichen. Letztere wird durch angenagelte bzw. angebundene Doppelrohrung und Putz gebildet, es können aber auch Drahtputzdecken, Gipsdielen usw. verwendet werden. Die Ausführung der Rippendecke erfolgt mittels tonnenförmiger Schalungsbleche, die auf die Holzlatten aufgelegt werden. Diese aus Eisen- oder Zinkblech bestehenden Formen werden immer wieder verwendet, wodurch die Schalungskosten niedrig gehalten werden[1].

2. Steineisendecken[2].

Während bei den Füllkörperdecken (Rippendecken) die Steine (Hohlsteine) keine statische Aufgabe zu erfüllen haben, sondern nur zur Herabminderung der Wärme- und Schalleitung, ferner als Putzträger angeordnet sind, übernehmen sie als Voll- oder Hohlsteine bei den Steineisendecken sonst dem Beton allein zugewiesene Druckspannungen, während die Eiseneinlagen, wenn man von den Schubkräften absieht, wie früher nur Zugspannungen erhalten. Hierbei darf eine etwa aufgebrachte Betondruckschicht nur in Rechnung gestellt werden, wenn sie mindestens 3 cm stark ist, aber sie darf 5 cm Dicke nicht erreichen, da die Decke sonst als Eisenbetonrippendecke zu behandeln ist[3].

Die Steineisendecken dürfen nur bis 6,50 m Stützweite (aber nicht über die 27fache Nutzhöhe) ausgeführt werden; bei größeren Weiten sind sie in anderer Weise, z. B. als Eisenbetonrippendecken, auszubilden.

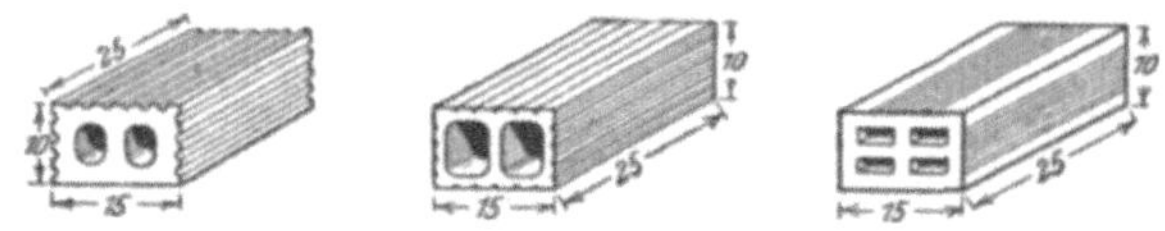

Abb. 40. Kleinesche Deckensteine. (Aus „Eisen im Hochbau", 7. Aufl.)

Die Deckenplattenhöhe darf nicht unter 10 cm betragen, ausgenommen hiervon sind Dacheindeckungen, die mindestens 6 cm stark sein müssen. Die größte Höhe der Deckensteine darf nicht mehr als 20 cm sein.

Da die größte zulässige Biegedruckspannung 36 kg/cm² bzw. $\frac{1}{7}$ der nachgewiesenen Steindruckfestigkeit betragen darf, ist im ungünstigsten Falle nur ein Stein von mindestens $36 \cdot 7 = 252$ kg/cm² Druckfestigkeit zu verwenden.

Die zulässige Schubspannung ist auf 2,5 kg/cm² festgesetzt.

Eine der bekanntesten Steindecken ist die Kleinesche Decke, deren wichtigsten Steinformen in Abb. 40 zu sehen sind. Sie besteht aus gebrannten Hohlsteinen, die in

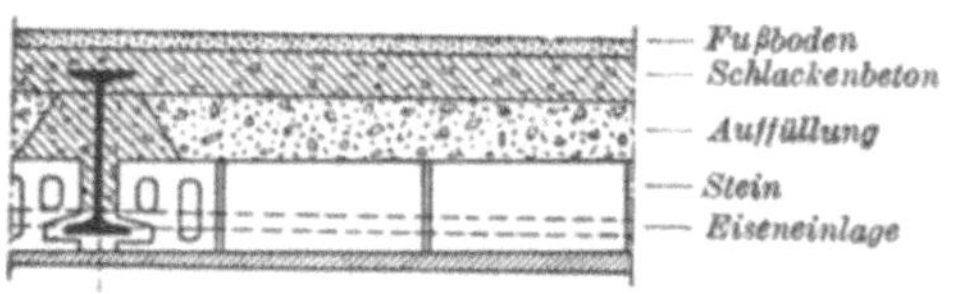

Abb. 41. Kleinesche Decke mit ebener Untersicht. (Aus „Eisen im Hochbau".)

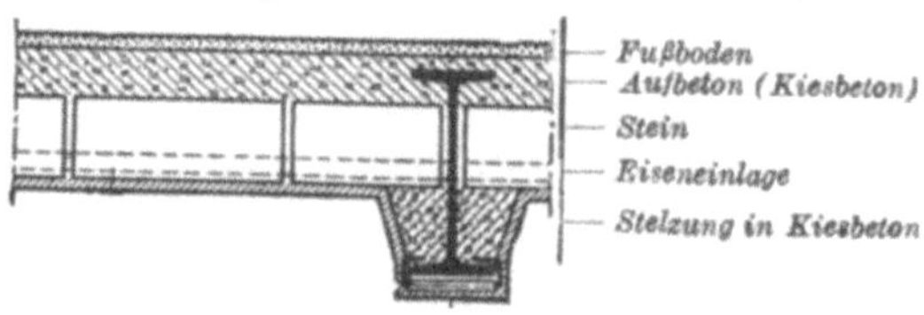

Abb. 42. Kleinesche Decke mit Stelzung. (Aus „Eisen im Hochbau".)

Zementmörtel 1 : 4 unter Verwendung von Band- oder Rundeisen vermauert werden. Die wichtigsten Deckenformen zeigen die Abb. 41 und 42 ohne und mit Stelzung. Die Fugenstärke soll mindestens 2 cm betragen. Die vorkommenden Steingrößen sind 10 × 15 × 25 cm, 15 × 12 × 25 cm, 10 × 18 × 25 cm und 10 × 20 × 25 cm[4].

---

[1] Die Abbildungen 33, 35, 38 u. 39 sind der Schrift „Deckenkonstruktionen mit Linoleum", herausgegeben von der Deutsche Linoleumwerke A. G., Berlin, 1928, entnommen.

[2] Vgl. die Bestimmungen des Deutschen Ausschusses für Eisenbeton vom September 1925 unter B.

[3] Desgl. B. I. § 1 und § 6.

[4] Die sich ergebenden Plattenstärken sind unterstrichen.

Die erreichbaren Spannweiten sind mit 500 kg/m² Gesamtbelastung bei 10 cm hohen Hohlsteinen **ohne** Aufbeton bis etwa 2,30 m, bei 15 cm hohen Hohlsteinen **ohne** Aufbeton bis etwa 3,60 m, bei 15 cm hohen Hohlsteinen **mit** Aufbeton (4½ cm) bis etwa 4,80 m.

Auch die Försterdecke wird als Steineisendecke ausgeführt, wobei die Band- oder

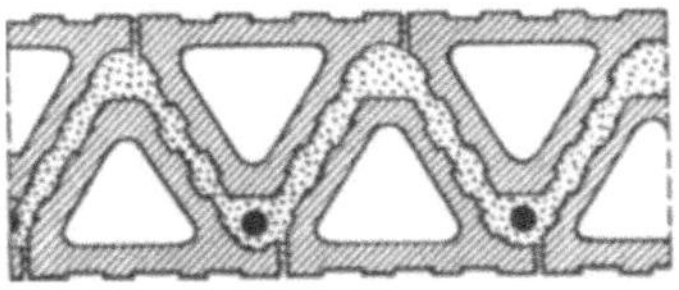

Abb. 43. Querschnitt der Berradecke.

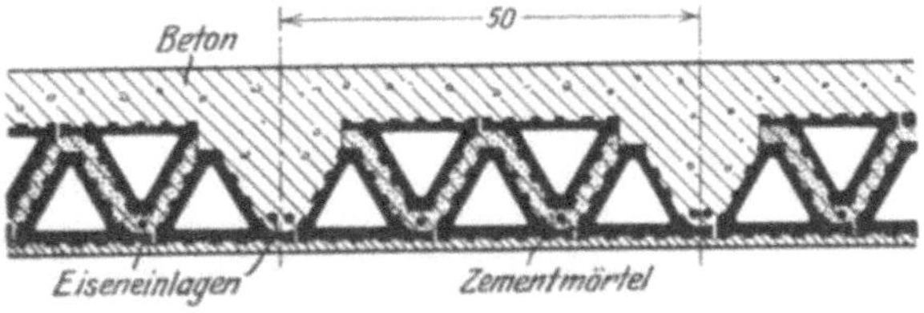

Abb. 44. Berra-Rippendecke.

Rundeisen in die Fugen gelegt werden. Brückensteine sind hierzu natürlich nicht nötig Zur Verstärkung wird, falls erforderlich, Aufbeton verwendet (vgl. auch S. 20).

Eine andere Steineisendecke ist die Berradecke[1] (Abb. 43). Die Berrasteine besitzen dreieckige Form; sie werden übereinandergelegt, so daß der Verbrauch an Beton nur gering ist. Durch Aufbringen einer Druckschicht von mindestens 5 cm Stärke und Weglassen des jeweils vierten oberen Steines erhält man eine Eisenbetonrippendecke, wobei die Steine nur Füllkörper werden (Abb. 44).

Abb. 45. Querschnitt der Sperledecke.

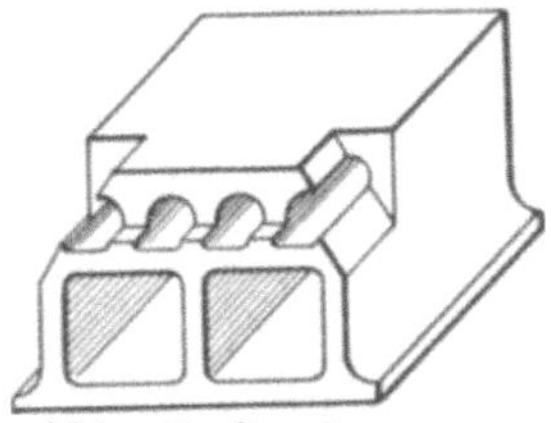

Abb. 46. Sperlestein.

Die Steinhöhe beträgt 12 bzw. 16 cm, die Breite 16,6 bzw. 25 cm, die Länge 25 cm; die Deckenstärke ergibt sich bis zu 35 cm.

Eine Hohlsteindecke, die ohne Überbeton ausgeführt wird, ist die Sperledecke[2] (Abb. 45). Der Sperlestein (Abb. 46) ist ein gebrannter Hohlstein mit Druckgurt und mit zwei übereinanderliegenden Luftkammern. In der Querrichtung besitzt er im oberen Teil Ausklinkungen, die mit dem Rippenbeton einen Verband herstellen, indem kleine Betonquerrippen den oberen Teil der Steine durchsetzen, und so das Zusammenwirken von Zugeisen und Druckgurt sichern. Der Sperlestein ist 20 cm hoch und 25 cm breit.

Eine besondere Art von Steineisendecken wird für die massive (feuersichere) Eindeckung von Dächern verwendet. Bei diesen Decken ist nach den Bestimmungen des Deutschen Ausschusses für Eisenbeton[3], wie bereits erwähnt, die Verwendung von Hohlsteinen von 6 cm Höhe zulässig.

Abb. 47. Zomakstein.

Die bekannteste Decke dieser Art ist die Zomakdecke[4] (Abb. 47, 48 u. 49), die nur ein Gewicht von 50 kg/m² besitzt. Die Steine sind 20 cm breit und 33,5 cm lang; Wandstärke 6 bis 8 mm. Diese Decke kann bis 3 cm Spannweite ausgeführt werden.

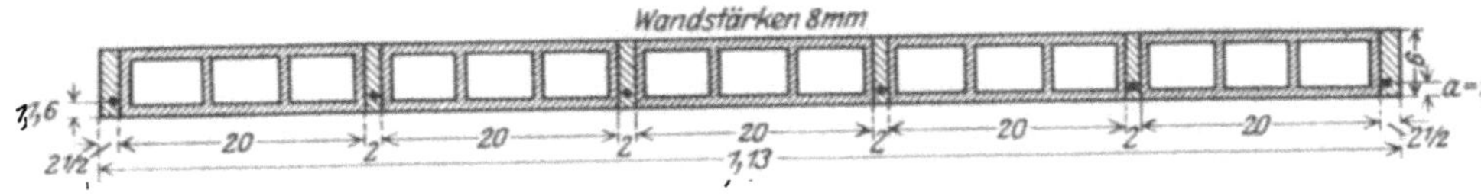

Abb. 48. Zomakdecke für Dacheindeckungen.

---

[1] Firma Berkes & Rücker, G. m. b. H., Worms a. Rh.

[2] Steinlieferung: Dr. Bial & Marx, G. m. b. H., Berlin W 15.

[3] Vgl. Fußnote [2], S. 22.

[4] Firma Hans Zomak, Berlin W 30.

Eine ähnliche Dacheindeckung, jedoch aus Bimsbeton stellt die Remydecke[1] dar, die aus Stegplatten gebildet wird (Abb. 50). Die Stegplatten sind Bimsbetonplatten mit Feder und Nut und Lochaussparungen, die in Richtung der Spannweite, also parallel zu den Eiseneinlagen verlaufen. Außer diesen Stegplatten werden auch Kassettenplatten hergestellt für Fälle, wo es auf eine schmuckvolle Unteransicht ankommt.

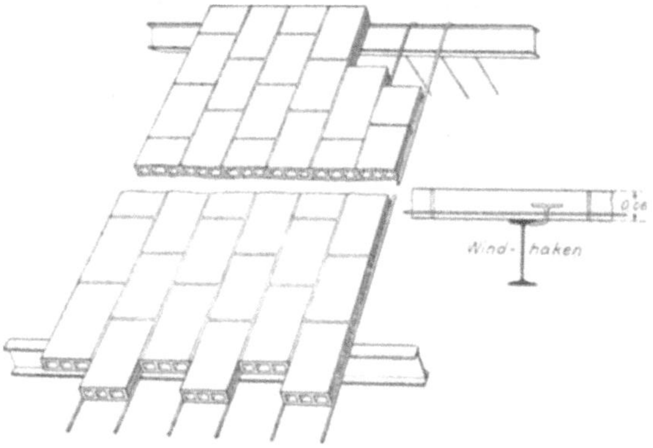

Abb. 49. Zomakdecke auf eisernen Pfetten.

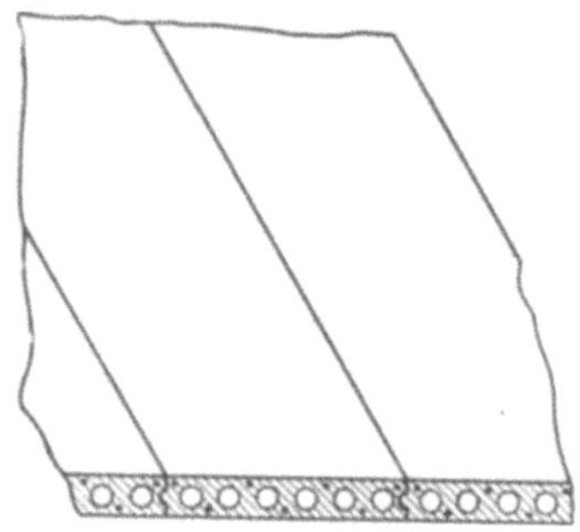

Abb. 50. Remydecke.

Das Gewicht der Decke beträgt bei 7 bis 8 cm Stärke rd. 80 kg/m²; Ausführung bis 3 m Spannweite[2].

3. Unbewehrte Beton- und Steindecken.

Bei den gewölbten Decken des Hochbaues treten keine Zugspannungen auf, weshalb Eiseneinlagen entbehrt werden können. Die bei Gewölben entstehenden Druckspannungen sind oft nur gering, so daß statt Kiesbeton oder Vollziegeln Bims- oder Schlackenbeton, ferner porige Hohlsteinziegel und Bimsschwemmsteine (Vollsteine) verwendet werden können. Bei größeren Belastungen kommen neben Kiesbeton (1 : 3 bis 1 : 5) auch Hartbrandsteine und Klinker in Betracht.

Abb. 51 u. 52 zeigen Ausführungen in Beton und Ziegelsteinen zwischen I-Trägern, letztere mit Auffüllung. Die Steingewölbe werden als „preußische Kappen" bezeichnet; ihre Stichhöhe soll zwischen eisernen Trägern nicht weniger als $\frac{1}{8}$ der Spannweite betragen. Über die Berechnung der gewölbten Decke vgl. die Fußnote[3].

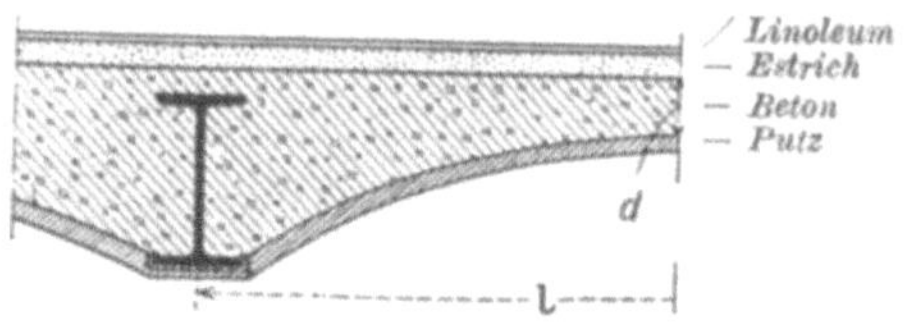

Abb. 51. Betonkappen zwischen I-Trägern.

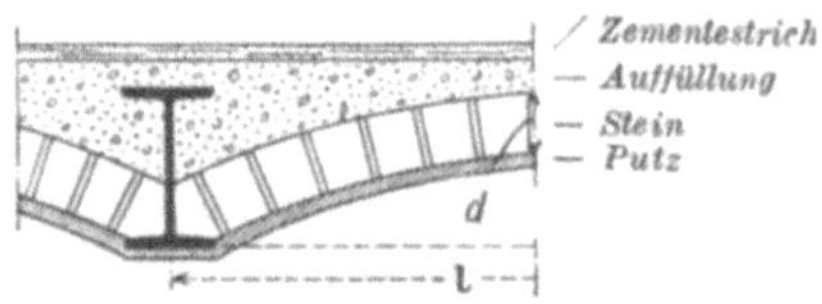

Abb. 52. Ziegelkappen zwischen I-Trägern mit Auffüllung.

Die scheitrechten Deckenplatten werden aus den gleichen Stoffen ausgeführt, und zwar bis 1,25 m Trägerabstand. Ausführungen in Beton zeigen Abb. 53 u. 54. Die gestelzte Form wird dort zweckmäßig sein, wo gegen Schall und Wärmeverlust eine Auffüllung nicht erforderlich ist. Die Form ist wegen einer gewissen Gewölbewirkung infolge der Stelzung gegenüber der unten ebenen Decke statisch günstiger. Die scheitrechten Kappen erhalten bei der Ausführung einen Stich von etwa 2 cm[4].

[1] Firma Friedr. Remy Nachf., A.-G., Neuwied a. Rh.

[2] Die Abbildungen 47 bis 50 sind entnommen aus: L. David: Neuzeitliche freitragende Dacheindeckungen. Berlin: Julius Springer 1928.

[3] Eisen im Hochbau, 7. Aufl., S. 535. Hieraus entnommen Abb. 51 bis 54.

[4] Über ihre Bemessung vgl. Eisen im Hochbau, 7. Aufl., S. 537.

Die ebenen Steindecken ohne Eisenbewehrung sind, wenn sie aus Steinen Kleinescher oder ähnlicher Art unter Verwendung guter Baustoffe (Mörtel wie bei den Steineisendecken) sachgemäß ausgeführt werden und Vorkehrungen zur Aufnahme des waagerechten Schubes getroffen sind, auf Grund bisheriger Erfahrungen und Probebelastungen mit folgenden Spannweiten zulässig[1]:

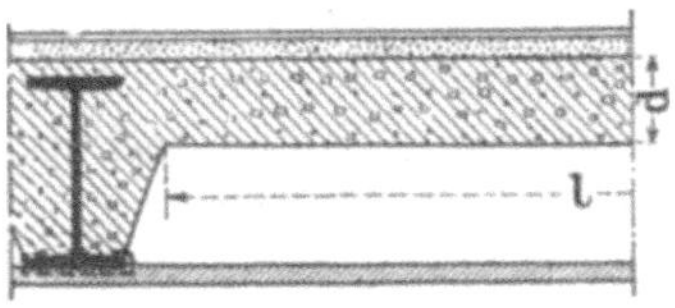

Abb. 53. Scheitrechte ebene Betonkappen.

Bei Wohngebäuden:

bis 1,30 m bei 10 cm hohen Steinen
„ 1,40 „ „ 12 „ „ „

Bei Fabrikgebäuden:

bis 1,00 m bei 10 cm hohen Steinen
„ 1,10 „ „ 12 „ „ „

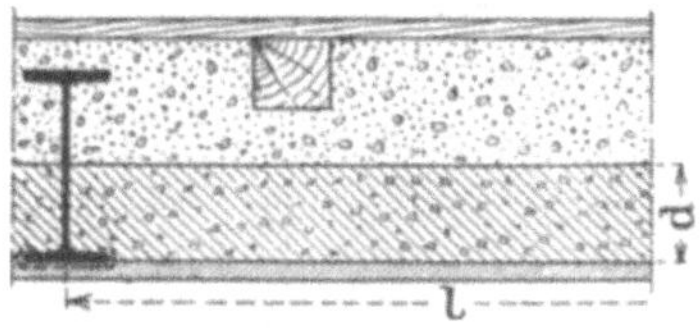

Abb. 54. Scheitrechte gestelzte Betonkappen zwischen I-Trägern.

wobei vorausgesetzt wird, daß die Schalung mit Stich von 3 bis 5 cm ausgeführt wird.

Bei landwirtschaftlichen Bauten werden die Decken (Stalldecken, Speicherdecken) solchen von Fabrikgebäuden gleich zu achten sein, da diese etwa die gleichen Nutzlasten aufzunehmen haben.

Zu den bekanntesten Ausführungen dieser Art gehören die Försterdecke (ohne Eiseneinlagen), die Dresseldecke, Rheinische Formsteindecke und Securadecke[2].

Eine Anzahl verschiedener Ausführungsbeispiele massiver Decken ist im folgenden Abschnitt zu finden.

C. Stallbauten.

I. Allgemeines.

Die Ställe dienen zum dauernden Aufenthalt von Tieren und müssen daher in gesundheitlicher Beziehung allen Ansprüchen genügen, d. h. sie müssen trocken, warm und hell sein, ferner die Möglichkeit bieten, durch ausreichende Ventilation die verbrauchte Luft in genügendem Maße zu erneuern.

Lage, Abmessungen und innere Einrichtung eines Stallgebäudes sollen einen zweckmäßigen Wirtschaftsbetrieb ermöglichen.

Wegen der Wärmehaltung sollen die in Ziegelmauerwerk ausgeführten Außenwände nicht unter $1\frac{1}{2}$ Stein Stärke besitzen; eine Luftschicht von 7 cm Breite ist zu empfehlen. Holzstiele von inneren Fachwerkwänden sind auf einen massiven Sockel von mindestens 50 cm Höhe zu stellen, um eine Berührung mit Dünger und Jauche wegen der Fäulnisgefahr zu vermeiden.

Bruchsteinmauerwerk ist, da es in der Regel zu wenig porig ist und daher zu feuchte und kalte Wände ergibt, möglichst zu vermeiden oder unter Belassung einer 7 cm breiten Luftschicht innen mindestens $\frac{1}{2}$ Stein stark in Ziegelmauerwerk zu verblenden. Unter Umständen können auch aus Schlacken- oder Bimsbeton unter Sandzusatz hergestellte Lochsteine wegen ihrer geringen Wärme- und Wasserdurchlässigkeit Verwendung finden.

Der Ausbildung der Decken (vgl. auch Abschnitt B) ist besondere Sorgfalt zuzuwenden, da die feuchten Stalldünste sich auf den Decken weder niederschlagen und dann abtropfen, noch in die Decken eindringen und dadurch in die Räume über denselben gelangen dürfen. Diese Übelstände werden nur durch Verwendung schlecht wärmeleitender Baustoffe oder durch Anordnung von Isolierungen über oder unter den Decken erreicht. Wegen der Stallüftung empfiehlt sich auch eine ebene Unterfläche, weshalb die ebenen Decken den gewölbten gegenüber den Vorzug verdienen.

[1] Bestimmungen des Deutschen Ausschusses für Eisenbeton 1925. B. V. (§ 19).

[2] Vgl. Eisen im Hochbau. 7. Aufl. S. 533.

Der Stallüftung ist größte Sorgfalt zuzuwenden, da von ihrer Gründlichkeit das Gedeihen der Tiere abhängt. Sie besteht in einer Erneuerung der Luft durch Zufuhr frischer Luft und Abführung der verbrauchten Luft, wobei die Stallwärme möglichst erhalten bleiben muß und auch keine fühlbare Zugluft entstehen darf, die den Tieren schädlich und lästig ist.

Die Erwärmung des Stalles findet über dem Fußboden statt, und zwar einerseits durch die Eigenwärme des Tierkörpers und andrerseits durch den wärmeerzeugenden Stallmist. Die warme und verbrauchte Luft steigt nach oben und ist naturgemäß an der obersten Stelle, also an der Decke, am besten durch Lüftschlote, abzuführen, während kältere und reinere Außenluft durch Öffnungen in den Wänden zuzuführen ist. Letztere bestehen in den geöffneten Fenstern und besonderen Mauerschlitzen. Die eingelassene kältere Luft wird sich hierbei langsam erwärmen, mit den schlechten Stalldünsten mischen und durch die meist vorhandenen Lüftschlote (Dunstschlote) abziehen. Außerdem ist eine Querdurchlüftung unter der Stalldecke durch entsprechende Luftschlitze zu bewirken, da hierdurch die die Decke schädigenden Dünste am besten abgeführt werden. Auch in Brüstungshöhe beginnende Wandkanäle (gemauert oder aus Tonröhren) können zweckmäßig sein. In allen Fällen sind Verschlußklappen innerhalb des Stalles anzuordnen. Die äußeren Kanalöffnungen sind, um das Eindringen von Insekten zu verhüten, mit verzinkten Drahtnetzen zu verschließen.

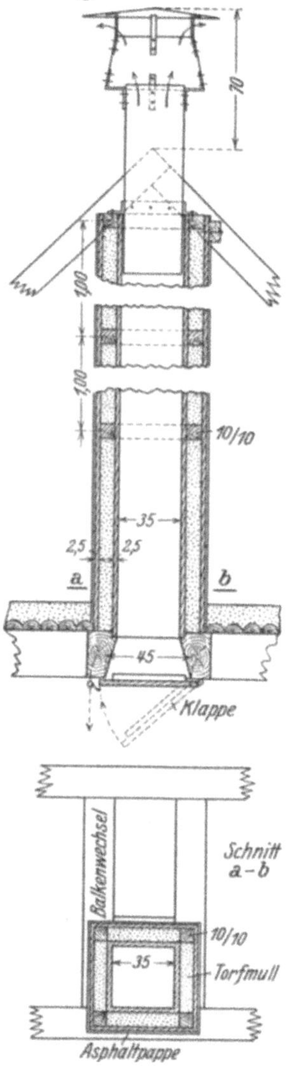

Abb. 55. Hölzerner Lüftschlot.

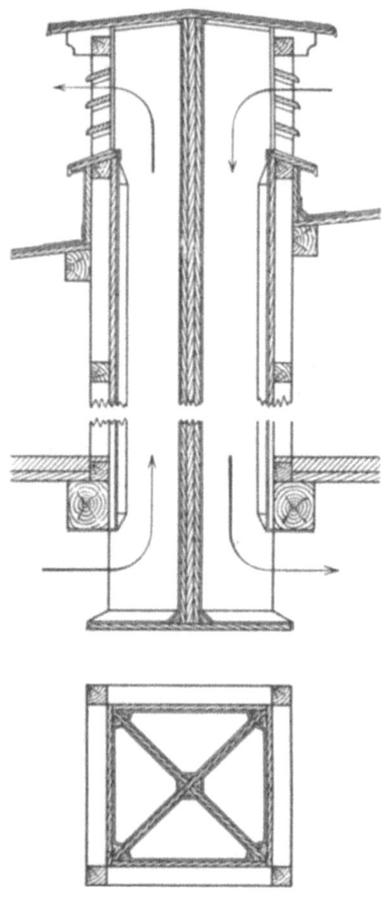

Abb. 56. Muirscher Lüftschlot mit vier Kammern. (Aus A. f. D.)

Eine häufig angewendete Ausführung eines Lüftschlotes ist in Abb. 55 dargestellt. Derselbe besteht aus zwei dichten Holzkasten von etwa 2,5 cm Stärke, die durch ein Gerippe aus Kanthölzern 10/10 cm zusammengehalten werden. Der Zwischenraum zwischen den beiden Brettkasten wird mit einem schlechten Wärmeleiter, wie Torfmull, Gerberlohe, Schlackenwolle u. dgl., ausgefüllt, damit der Dunst vor seinem Entweichen ins Freie infolge des kalten Dachraums nicht verflüssigt wird. Es empfiehlt sich ferner aus dem gleichen Grunde, den Dunstschlot mit Asphaltpappe, Torfoleumplatten u. dgl. zu umkleiden, u. U. auch innen mit Asphaltpappe auszulegen, wobei seine lichte Weite entsprechend zu vergrößern ist[1]. Um das Ein-

[1] Nach „Anweisung für Domänenbauten" (A. f. D.) (3. Aufl. Berlin: Paul Parey 1916) S. 22 soll der lichte Querschnitt nicht unter 0,70 m im Geviert angenommen werden.

dringen von Regen und Schnee zu verhindern, ist der Schlot oben durch eine Lüftungshaube aus verzinktem Eisenblech oder eine hölzerne Decke abzuschließen, wobei unter dieser auf kurze Strecke seitliche feststehende Jalousien anzuordnen sind. Zum Abschluß des Schlotes gegen den Stall, falls er außer Betrieb sein soll, dient eine Bodenklappe. Haltbarer als hölzerne Lüftschlote sind solche aus Eisenbeton oder glasierten Steingutmuffenröhren, die in gleicher Weise mit einem Holzkasten und Isolierausfüllung zu umgeben sind. Zur Erreichung einer erhöhten Feuersicherheit ist der Holzkasten außerdem mit Zementdrahtputz zu ummanteln. Endlich können Lüftschlote aus Hohlsteinen, die mit Eiseneinlagen zu bewehren sind, feuersicher ausgeführt werden; sie sind innen und außen mit glattem Zementputz zu versehen.

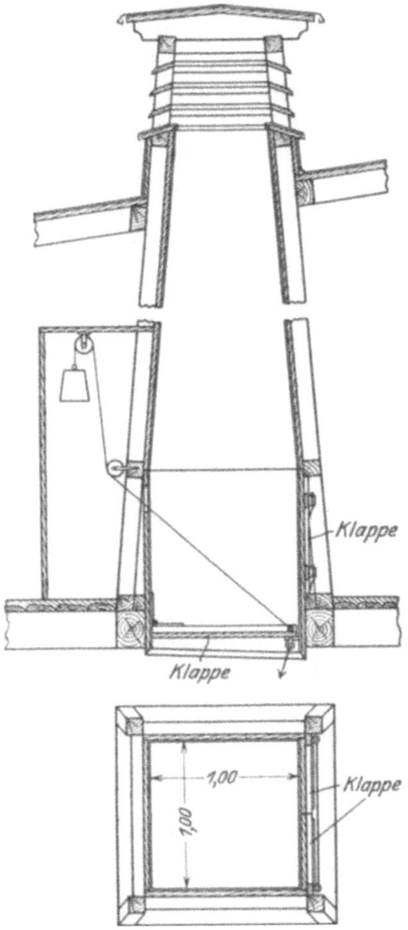

Abb. 57. Hölzerner Lüftschlot, zugleich als Futterschacht verwendbar.

Zur Erhöhung der Wirksamkeit der Lüftung werden auch die Schlote zur Zuführung von Frischluft benutzt, indem der innere Raum durch diagonal angeordnete Wände in vier Einzelschächte geteilt wird; deren zwei zur Frischluftzufuhr und zwei zur Lüftung dienen (Muirscher Schlot, Abb. 56).

Endlich soll nicht unerwähnt bleiben, daß die genannten Lüftschlote auch zum Abwerfen von Futter aus dem Dachraum benutzt werden können und in diesem Fall noch mit Seitenklappen versehen sind (Abb. 57).

Sehr gut bewährt haben sich die Lindenbergschen Dunstschlote[1] aus Asphaltfilzpappe mit Drahtnetzeinlage, die in neuerer Zeit vielfach ausgeführt worden sind (Abb. 58). Diese Dunstschlote unterliegen nicht dem zerstörenden Einflusse der fortwährenden, durch den Niederschlag der Dünste entstehenden Feuchtigkeit, wie Holz, das infolge des dauernden Wechsels zwischen trockener und feuchter Luft allmählich in Fäulnis übergeht.

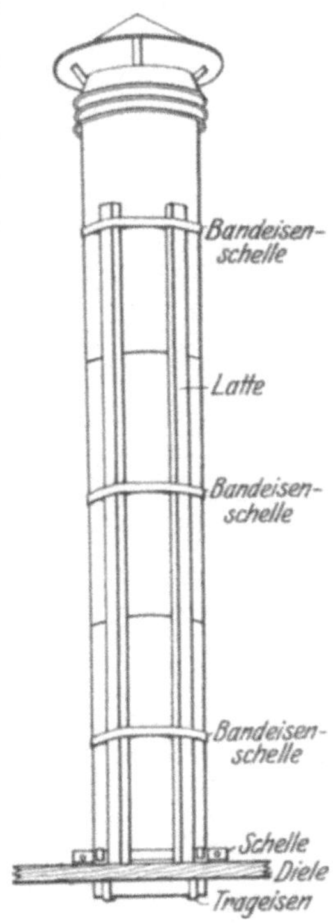

Abb. 58. Lindenbergscher Dunstschlot aus Asphaltfilzpappe mit Drahtgittereinlage.

Diese Dunströhren werden in beliebiger Höhe, in Teilen von 1 m oder 50 cm Länge, hergestellt. Als Weite hat sich eine solche von 40 cm erfahrungsgemäß als die zweckmäßigste erwiesen, jedoch werden auch Schlote mit 25, 30 und 50 cm Durchmesser geliefert.

Die einzelnen Rohrstutzen sind in ihren Mänteln luftdicht, und die Stöße werden durch in die Muffen gestrichenen Asphaltkitt ebenso dicht hergestellt. Ein Entweichen von Stall. dünsten durch die Schlotwände in den Dachboden findet nicht statt und ein Verderben des Viehfutters durch Stalldünste ist demnach nicht zu befürchten. Die Eigenschaft der Filzpappe, ein schlechter Wärmeleiter zu sein, bewirkt, daß ein Schwitzwasserniederschlag

[1] Louis Lindenberg, G. m. b. H., Asphaltpappefabrik, Stettin.

in den Pappschloten nur in geringem Maße stattfindet. Ganz läßt sich ein solcher bekanntlich nicht vermeiden.

Größere Dunstschlotlängen müssen durch Dachlatten gestützt werden, die auf vier gleichmäßig verteilten Mantellinien der Schlote angebracht und mittels kleiner Querlatten unter sich verbunden werden.

Eine besonders gute Isolierung dieser Schlote, wobei die Schwitzwasserbildung auf das denkbar geringste Maß zurückgeführt und gleichzeitig auch ein noch leichteres Entweichen der Stalldünste erzielt wird, kann man in einfacher Weise dadurch erreichen, daß man auf acht gleichmäßig verteilten Mantellinien der Schlote Latten von etwa 4 bis 6 cm Stärke hochkantig anbringt, die Räume zwischen den Latten mit Bündeln aus Rohr oder Langstroh ausfüllt und das Ganze mit dünnem, recht biegsamem Bandeisen umwickelt, dessen Anfang und Ende auf den Latten festgenagelt werden. Noch besser ist eine Umkleidung des Schlotes mit Brettern in 5 bis 6 cm Abstand, die mit Spreu, Torfmull oder ähnlichem Stoff ausgefüllt wird.

Abb. 59. Abschluß eines Stalles durch ein Bostwickgitter.

Das einfachste Mittel, bei guter Witterung eine rasche Lüftung des Stalles zu unterstützen, stellt das Öffnen der Fenster und Türen dar. Um hierbei trotzdem den Stall geschlossen zu halten, empfiehlt sich die Verwendung eines Scherengitters[1] (System Bostwick) als Türverschluß (Abb. 59).

In den folgenden Abschnitten sind die Stallbauten für die einzelnen Viehgattungen getrennt besprochen. Hierbei ist zu beachten, daß eine Trennung nicht überall streng durchgeführt werden kann, da häufig im selben Gebäude auch noch andere Viehgattungen untergebracht sind. Es sollen jedoch die Stallbauten nach den Viehgattungen geordnet werden, für die sie hauptsächlich bestimmt sind, die also im wesentlichen die bauliche Anordnung bedingen.

Das gleiche gilt auch für die Einteilung nach dem Baustoff, also in Holz- und Massivbauten. Diese Bezeichnung gilt in erster Linie für die Decken und Stützen des eigentlichen Stalles, da der Futterboden ja in der Regel eine Holzkonstruktion darstellt.

Außerdem sind auch die Umfassungswände hierbei unberücksichtigt gelassen, da diese aus den früher angegebenen Gründen (Wärmehaltung) fast stets aus Ziegelmauerwerk hergestellt werden.

II. Rindviehställe[2].

Die Breitenabmessungen der einzelnen Abteilungen, die ein Stallgebäude umfassen muß, ist abhängig von der Art und Anzahl der unterzubringenden Tiere, der Düngererzeugung und den zur Lagerung des Rauhfutters nötigen Räumen.

Die lichte Höhe der Ställe richtet sich gleichfalls nach der Anzahl der zu beherbergenden Tiere, ferner danach, ob der Dünger täglich oder nur in Zwischenräumen von mehreren Monaten (Düngerställe) entfernt wird. Sie schwankt demnach bei täglichem Ausmisten zwischen 2,5 m (Jungviehställe) und 4,5 m (über 100 Haupt Vieh). Eine größere Höhe als 4,5 m ist nicht zweckmäßig, da die Ställe dann zu kalt werden und die Futterbeförderung in den Dachraum (Futterboden) zu unbequem wird. In Düngerställen (Mist-

[1] Lieferung durch die Firma E. de la Sauce & Kloss, Berlin-Lichtenberg.

[2] Engel-Noack: Landwirtschaftliches Bauwesen. 11. Aufl., S. 301. Entnommen Abb. 60 bis 63.

ställen, Tiefställen) muß die lichte Höhe um $\frac{2}{3}$ der Düngerhöhe, die in vier Monaten etwa bis 1,20 m erreicht, d. i. etwa 60 bis 80 cm vergrößert werden[1].

Die Aufstellung des Viehes geschieht in ein oder zwei Längsreihen (Abb. 60, 61, 62), wobei die Tiere quer zu den Längswänden stehen, oder in Querreihen (Abb. 63), wobei die Tiere gleichlaufend zu den Längswänden aufgestellt sind.

Unter Berücksichtigung der erforderlichen Maße für Futtergangbreite mit Krippe, Standlänge und Düngergangbreite mit Rinne ergibt sich nach Engel-Noack[2] bei

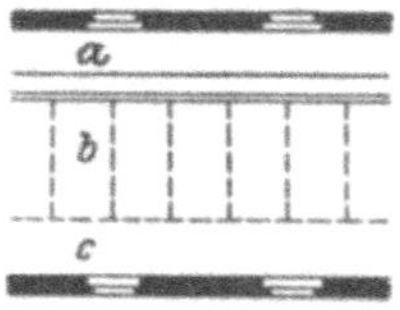

Abb. 60. Einreihige Längsstellung.
a = Futtergangbreite mit Krippen = 1,4 bis 1,6 m
b = Standlänge = 2,3 bis 2,5 m
c = Düngergangbreite mit Rinne = 1,2 bis 1,5 m

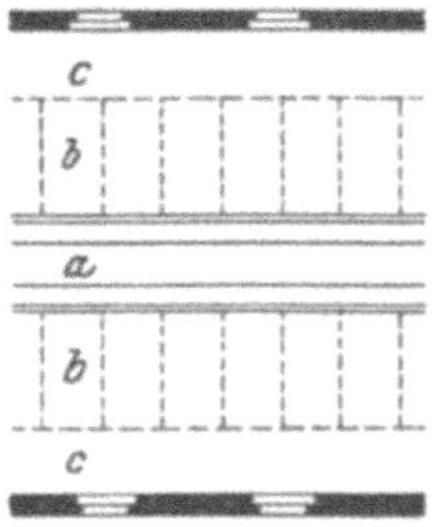

Abb. 61. Zweireihige Längsstellung an gemeinsamem Futtergang.
a = 1,8 bis 2,0 m
b = 2,3 bis 2,5 m
c = 1,2 bis 1,5 m

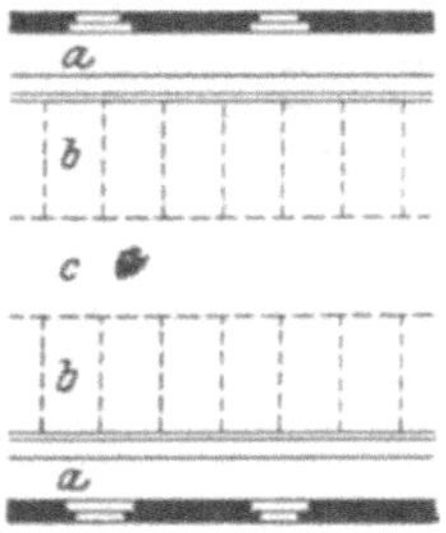

Abb. 62. Zweireihige Längsstellung an Wandfuttergängen.
a = 1,4 bis 1,6 m
b = 2,3 bis 2.5 m
c = 1,8 bis 2,2 m

einer Längsreihe (Abb. 60) eine lichte Stalltiefe von 4,9 bis 5,6 m, bei zwei Längsreihen, an gemeinsamem Futtergang gegenüberstehend (Abb. 61), eine solche von 8,8 bis 10 m und bei zwei Längsreihen, an zwei Wandfuttergängen gegenüberstehend (Abb. 62), eine solche von 9,2 bis 10,4 m.

Ob Anordnung Abb. 61 oder Abb. 62 zu wählen ist, hängt vom Wirtschaftsbetrieb ab. Bei Lage des Futterganges in der Mitte wird die Fütterung einfacher, bei Lage des Düngerganges in der Mitte geht das Ausmisten zweckmäßiger vor sich. Auch die Lage von Futterraum und Düngerstätte kommt hier in Betracht.

Bei der Querreihenstellung Abb. 63 stehen in einer Reihe etwa 10 Haupt; die Querreihen erhalten gemeinsame Futtergänge, die in einen Längsgang *a* münden. Hierbei ergibt sich eine lichte Stalltiefe von etwa 11 bis 14 m, wobei Standbreite und Längsgang je 1,25 m betragen.

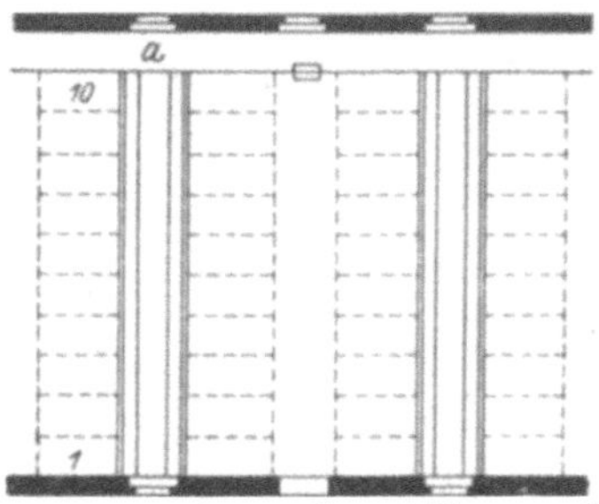

Abb. 63. Querreihenstellung mit hinterem Verbindungsgang.

Der Längsgang kann an der Vorder- oder Hinterwand des Stalles liegen; es können aber auch zwei Längsgänge, an beiden Längswänden angeordnet werden, was sehr zweckmäßig ist, aber auch teurer wird.

Bei der Querstellung kann der Stallraum besser ausgenutzt werden, da eine größere Anzahl von Häuptern als bei der Längsstellung untergebracht werden kann. Ferner ist die größere Zahl von Gängen und Türen sowohl für den Wirtschaftsbetrieb (Düngerentfernung) als auch für die schnellere Entleerung des Stalles vom Vieh (Feuersgefahr) zweckmäßiger. Die Überlegenheit der einen Aufstellung gegenüber der anderen fällt fort, sobald Futterbahnen und Düngergleise eingebaut werden.

Bei der Bemessung der Stalltiefe bei Querreihenstellung ist ferner die Beleuchtung und Lüftung in Betracht zu ziehen; als Höchstmaß kann etwa 15 m angesehen werden.

---

[1] Über „Tiefställe" vgl. L. v. Tiedemanns Landwirtschaftliches Bauwesen. 4. Aufl. Herausgeg. von P. Fischer. S. 343. Halle a. S.: Ludw. Hofstetter 1912.

[2] Vgl. Fußnote [2], S. 28.

1. Rindviehställe in Holz.

Rindviehställe ganz aus Holz, also auch mit Holzwänden, werden wohl nur für untergeordnete Zwecke oder in holzreichen Gegenden, z. B. im Gebirge, und endlich nur zur Benutzung in der Weidezeit (Wetterställe) ausgeführt, da die einfache Bretterwand in der kalten Jahreszeit keinen genügenden Wärmeschutz bietet. Besser bewährt haben sich schon die doppelten Bretterwände mit Ausfüllung von getrocknetem Waldmoos oder Blockwände, wie sie früher im Gebirge oft hergestellt wurden. Ausschlaggebend für diese Ausführungsweise war eben der Holz-

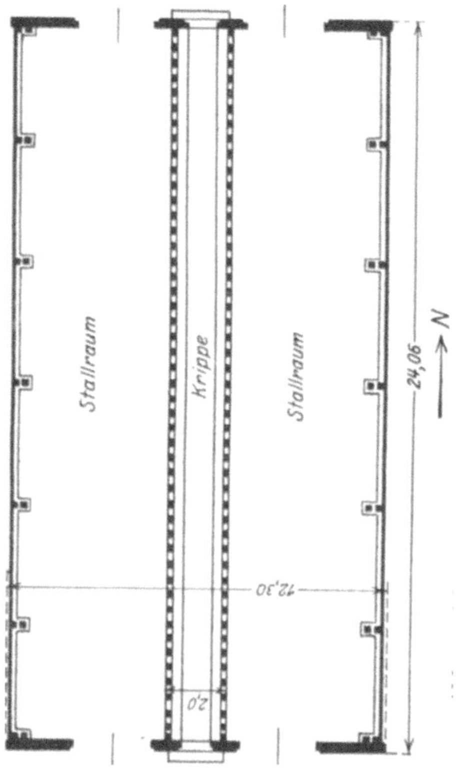

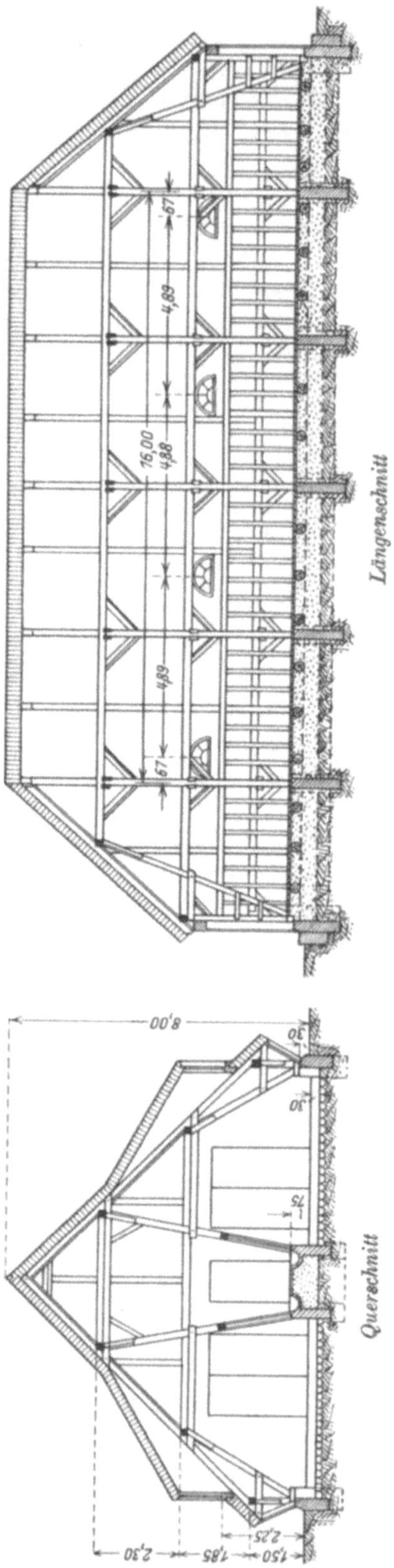

Abb. 65. Wetterstall. Schnitte.

reichtum dieser Gegenden, der andere Rücksichten zurücktreten ließ.

In der Regel wird man bei Ställen mindestens die Außenwände in Ziegelmauerwerk ($1\frac{1}{2}$ Stein stark) ausführen, damit ein ausreichender Wärmeschutz vorhanden ist.

Die Decke wird meist durch einen Belag aus Brettern, Schwarten oder Rundstangen über der Balkenlage, die erforderlichenfalls noch durch Unterzüge und Holzstiele gestützt wird, gebildet. Gut bewährt hat sich ein auf den Belag aufgebrachter Lehmestrich von 8 bis 10 cm

Stärke, der im Verein mit den Vorräten des Futterbodens, eine gute Wärmeisolierung ergibt (vgl. auch Abschnitt B. I., S. 16).

Abb. 66. Innenansicht des ungedeckten Wetterstalles.

Abb. 67. Schaubild des fertigen Wetterstalles.

Die Dachkonstruktion wird aus wirtschaftlichen Gründen meist aus Holz hergestellt, welches eine ebenso große Feuersicherheit wie Eisen bietet. Eisenbetonausführungen kommen nur bei großen Anlagen in Betracht, wo auch Decken und Stützen aus diesem Baustoff angefertigt werden.

Bei Verwendung von Holz ist besonders darauf zu achten, daß es gesund und lufttrocken ist, damit es im eingebauten Zustande den Angriffen der Stalldünste genügenden

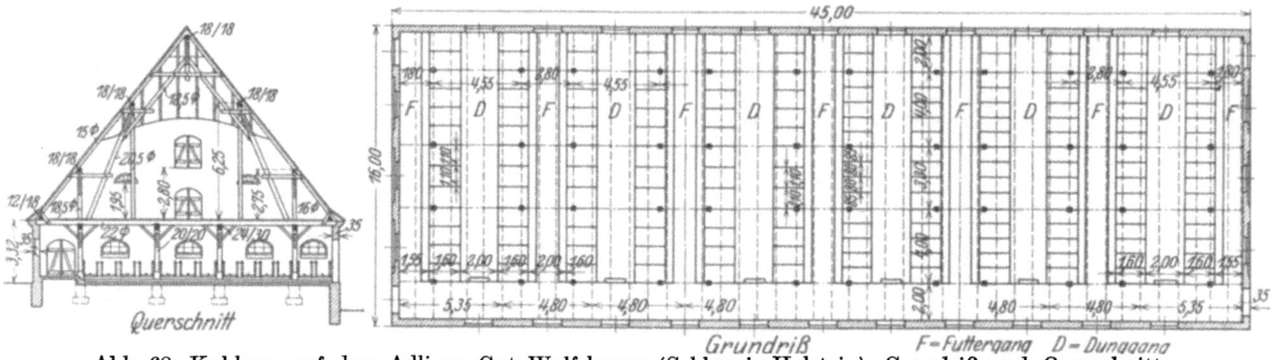

Abb. 68. Kuhhaus auf dem Adligen Gut Wulfshagen (Schleswig-Holstein). Grundriß und Querschnitt durch Stall und Futterboden.

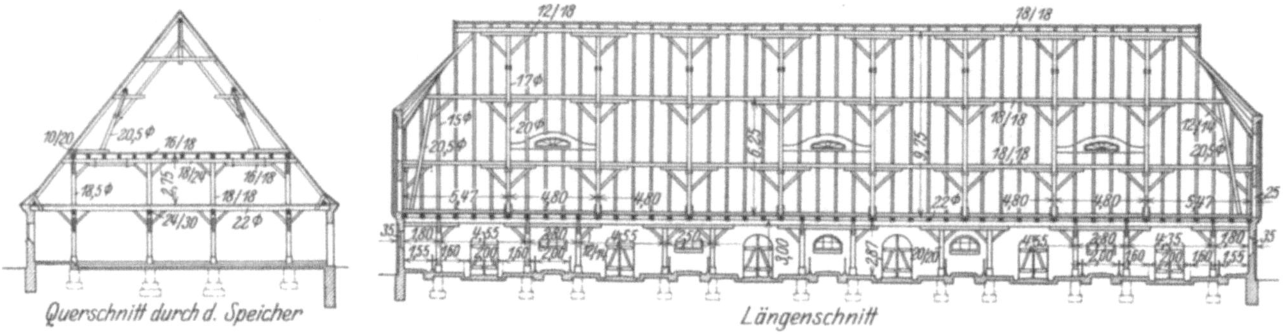

Abb. 69. Kuhhaus Wulfshagen. Längenschnitt und Speicherquerschnitt.

Widerstand leistet und Schwammbildung und Fäulnis nicht eintritt. Um dies zu verhindern, ist ferner, wie schon mehrfach darauf hingewiesen, für gute Durchlüftung

Abb. 70. Schaubild des Kuhhauses auf Gut Wulfshagen.

bzw. Abführung der Stalldünste zu sorgen, was durch Schlote im Dach und Öffnungen in den Außenwänden, unmittelbar unter der Decke, gut erreicht werden kann. Beispiele über Ausführungen in Holz geben die folgenden Darstellungen.

a) Wetterstall in Bayernshagen (Pommern)[1], ausgeführt 1924/25 (Abb. 64 und 65). Dieses Beispiel zeigt einen mit einfachen Mitteln hergestellten Stallbau. Er ist vom Gutshof abgelegen, im Norden, Osten und Westen durch Waldbestand geschützt, für Weidevieh errichtet. Die Baustoffe, wie Holz und Dachrohr, wurden aus Sparsamkeitsgründen gutseitig geliefert. Der Stall soll auch im Winter Verwendung finden. Wegen größtmöglichen Wärmeschutzes sind die Hauptdachtraufen nach uraltem Vorbilde tief heruntergezogen worden, so daß nur die beiden Giebelwände in Mauerwerk ausgeführt zu werden brauchten, wodurch sich eine Ersparnis an letzterem ergab. Aus der Lage der Pfetten folgte eine Schrägstellung der Binderstiele im Querschnitt. Das Fehlen der üblichen Hauptgesimse verhindert das Aussehen des Gedrückten. Vom Sparrenkopf geht die geneigte Stülpschalung zum Fundamentsockel, so daß der Eindruck des Gewachsenen und Schützenden entsteht.

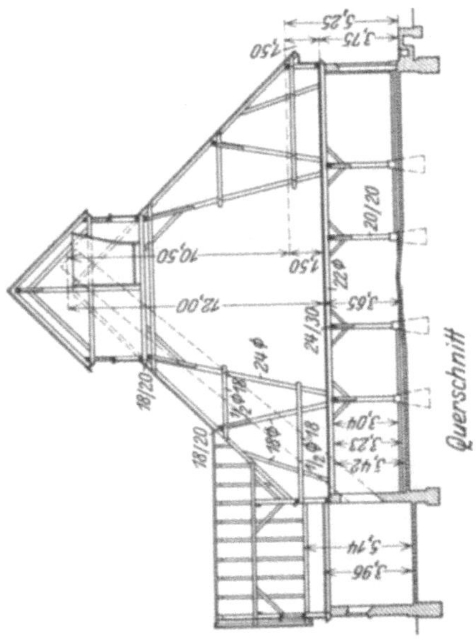

Die Grundfläche des Gebäudes beträgt rd. 300 m² bei 1400 m³ umbautem Raum. Trotz der deckenlosen Stallräume ist nach den bisherigen Erfahrungen der Stall auch im Winter verwendbar.

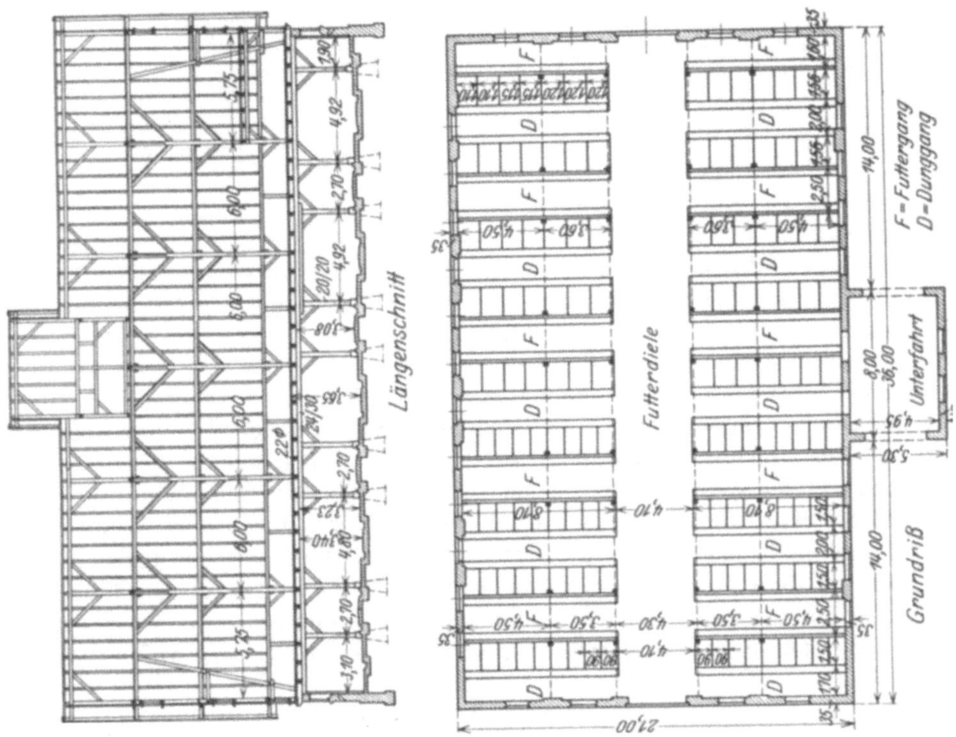

Abb. 71. Kuhhaus auf dem Moorgut Dellstedt (Schleswig-Holstein). Grundriß, Längen- und Querschnitt.

Da das Vieh nicht das ganze Jahr auf der Weide sein kann, ergab sich die Notwendigkeit, einen gesonderten Raum für Beifutter in Gestalt eines Futterschuppens zu schaffen.

[1] Nicolai, F. u. B. Wagner: Landwirtschaftliche Bauten. Der Neubau 1925. Heft 12, S. 157. Bauwelt 1927. H. 37, S. 927.

Abb. 66 zeigt die Innenansicht des ungedeckten und Abb. 67 die Ansicht des fertigen mit Rohr eingedeckten Stalles.

b) Kuhhaus auf dem Adligen Gut Wulfshagen (Schleswig-Holstein)[1], ausgeführt 1923 nach dem Entwurf des Architekten E. Maul, Kiel (Abb. 68 und 69).

Das alte Kuhhaus genügte nicht mehr den heutigen Anforderungen einer rationellen Viehwirtschaft. Das alte, mit einem der in Schleswig-Holstein noch so häufigen, wirkungsvollen Retdächer versehene Gebäude sollte indessen nicht abgebrochen, sondern in Zukunft als Laufstall für das Jungvieh weiterhin verwendet werden. Der Neubau ist auf Wunsch des Bauherrn und um den bisherigen harmonischen Eindruck des Hofes nicht zu stören, in den Formen der überlieferten heimischen Bauweise errichtet. Dementsprechend sind die Schauseiten mit roten Handstrichsteinen verblendet und weiß gefugt, das Dach mit roten holländischen Pfannen eingedeckt. Die eisernen Fenster sind hellgrau, die Türen grün gestrichen.

Abb. 72. Schaubild des Kuhhauses auf dem Moorgut Dellstedt.

Bei der Dachkonstruktion sind vorwiegend Rundhölzer verwendet. Die Decke besteht aus Rundholzbalken 22 cm Durchmesser, die auf Unterzügen 24/30 liegen, letztere ruhen auf Stützen 20/20 cm (Abb. 68 u. 69).

Abb. 70 zeigt ein Schaubild des Kuhhauses.

Eine ähnliche Ausführung des gleichen Architekten stellt

c) das **Kuhhaus auf dem Moorgut Dellstedt** dar, das von der Provinzialverwaltung zum Zweck der Kultivierung angekauft wurde (Abb. 71). Die bisher vorhandenen Gebäude dienten in der Hauptsache dem seitherigen Betrieb der Torfgewinnung. Je nach dem Fortschritt der Kultivierung werden diese beseitigt und durch neue landwirtschaftliche Wirtschaftsgebäude ersetzt, da die Errichtung von Gebäuden mit Rücksicht auf den eng begrenzten bebauungsfähigen Untergrund auf die jetzt vorhandene Hoflage beschränkt ist. So ist auch das neue Kuhhaus auf der Stelle eines großen, bisher einer Torfbäckerei dienenden Schuppens errichtet worden; es stellt den Anfang der künftigen Gutsanlage dar.

Das Gebäude ist 36 m lang und 21 m breit. Auf eine spätere Verlängerung nach beiden Seiten ist Rücksicht genommen, indem nur das Stallgeschoß (Umfassungswände) massiv in Ziegelrohbau, die beiden Giebel jedoch in verbrettertem Fachwerk hergestellt wurden. Für die Gestaltung des Gebäudes wurde eine Anpassung an die heimische Bauweise gewünscht, die für die künftige Hofanlage maßgebend sein soll.

Abb. 72 zeigt ein Schaubild des Kuhhauses.

[1] Maul, E.: Neuere ländliche Baukunst in Schleswig-Holstein. Bauwelt 1928. H. 45, S. 1069.

Wie aus Abb. 71 (Querschnitt) zu ersehen ist, ist ein Höhenförderer eingebaut, der das Heu nach oben bringt, wo es mittels eines Längsförderers in den Futterboden abgeladen wird.

d) Rindviehstall auf dem Rittergut Raddatz, Kreis Neustettin. (Besitzer: Herr Moltrecht), ausgeführt 1928 von der Firma Arthur Müller, Land- und Industriebauten G. m. b. H.[1], Berlin. Das Stallgebäude ist mit Ausnahme der gemauerten Umfassungswände ganz aus Holz hergestellt (Abb. 73). Die Dacheindeckung besteht aus doppelter Kiesdachpappe auf 20 mm starker Schalung über Sparren 12/16 bzw. 10/16 cm in 1 m Abstand. Die Traufpfetten, die noch verschiedentlich durch Lukenstiele unterstützt sind, haben einen Querschnitt von 12/14 cm und die Mittelpfetten einen solchen von 14/18 cm. Der Mittelstiel im Dachgeschoß, der 3 m Knicklänge besitzt, ist 14/14 cm. Die Deckenbalken über dem Rindviehstall, die im ungünstigsten Falle 5,5 m frei liegen und in 0,85 m Entfernung angeordnet sind, sind 16/22 cm. Der Unterzug ist mit einer freien Länge von 5,0 — 2,0 = 3,0 m gerechnet und ergab sich bei der ungünstigsten Belastungsbreite des oberen Endfeldes zu 26/28 cm, an den anderen Stellen zu 24/28 cm.

Die Nutzlast (Heu mit 70 kg/m³) ist hierbei in den Außenfeldern mit 3 m, in den inneren Feldern mit 5 m Packhöhe angenommen.

Die Stützen des Stalles ergaben sich bei 2,2 m Knicklänge zu 20/20 cm. Die Stützenfundamente aus Beton besitzen eine Grundfläche von 1 × 1 m.

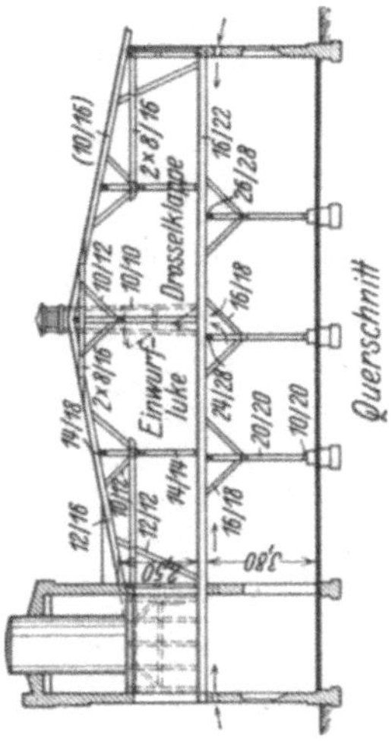

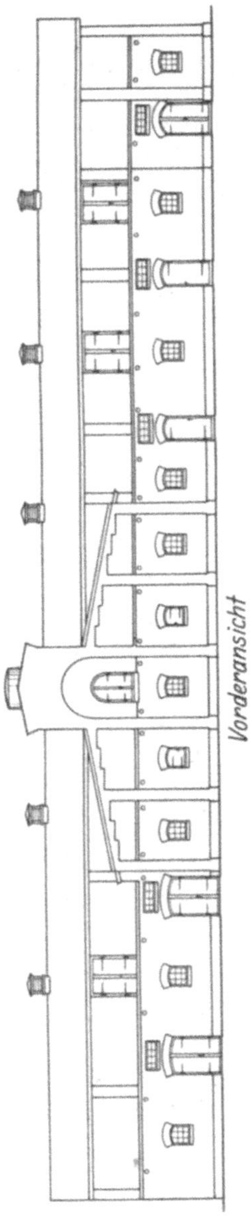

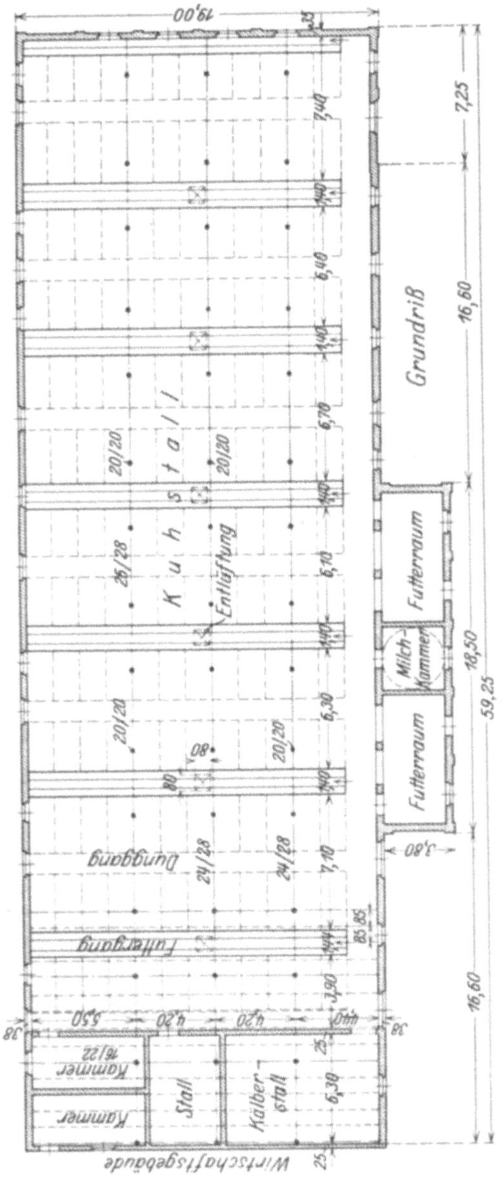

Abb. 73. Rindviehstall auf dem Rittergut Raddatz. Grundriß, Ansicht und Querschnitt durch den Vorbau.

[1] Die Firma lautet jetzt: Müller-Bauten, Carl Härms, Berlin W 35, da die frühere Firma ihrem langjährigen Leiter, Herrn Carl Härms, die alleinige Ausführungsberechtigung ihrer landwirtschaftlichen Bauten übertragen hat.

Zum Wärmeschutz der Stalldecke ist auf die 26 mm starke Stülpdecke Isolierpappe und darüber 8 cm Lehmschlag aufgebracht.

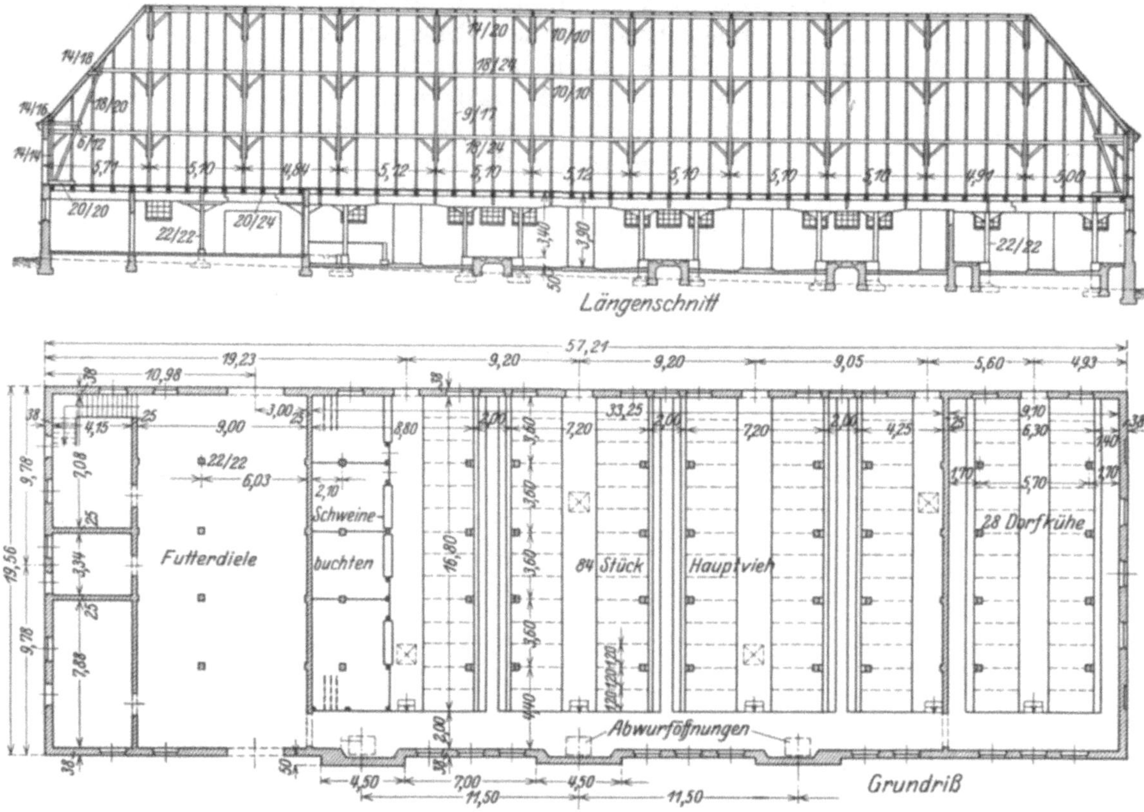

Abb. 74. Viehhaus in Groß-Kussewitz (Mecklenburg). Grundriß und Längenschnitt.

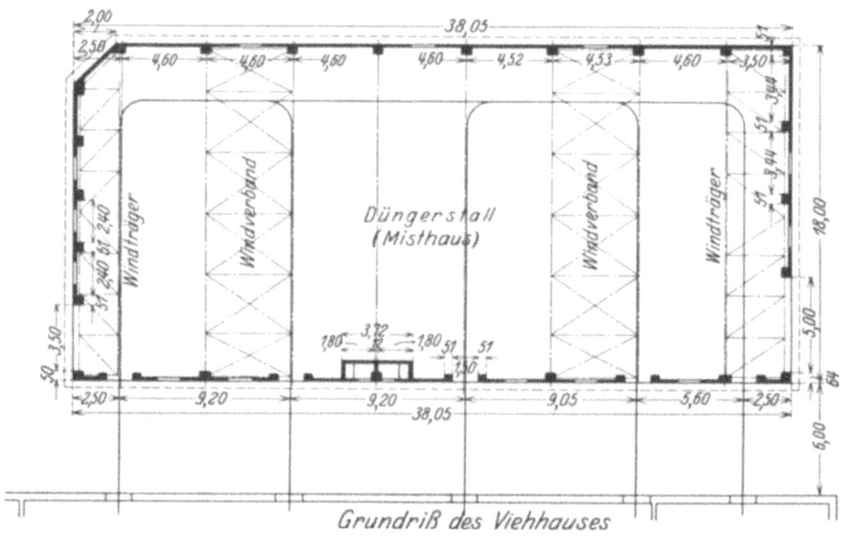

Abb. 75. Düngerstall in Groß-Kussewitz. Grundriß. (Im Abstande von 6 m unterhalb des Düngerstalles ist der Grundriß des Viehhauses angedeutet.)

Die Lüftung erfolgt durch Lüftschlote von 80×80 cm unterem Querschnitt, die je über den Futtergängen im First angebracht sind; sie besitzen eine Einwurfluke im Bodenraum und sind unten durch eine Klappe abschließbar.

e) Viehhaus und Düngerstall in Groß-Kussewitz (Mecklenburg), ausgeführt 1927/28 nach dem Entwurf des Architekten Max Krüger, Ribnitz i. M. von der Firma Hermann Röwer, Ribnitz (Abb. 74 bis 76). Die Fundamente der Umfassungswände bestehen aus Beton, das Sockelmauerwerk aus Feldsteinen in verlängertem Zementmörtel und das

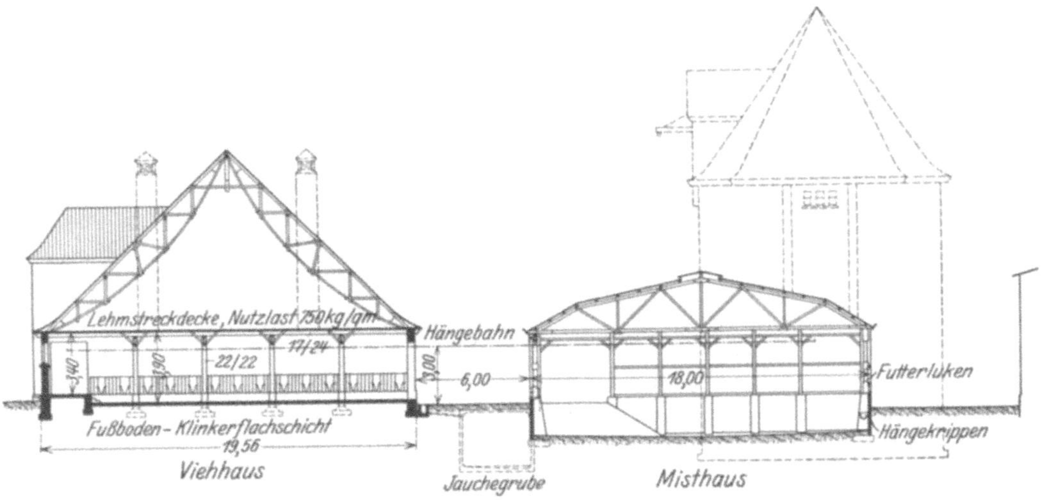

Abb. 76. Querschnitt durch Viehhaus und Düngerstall (Misthaus). (Ausführung: Hermann Röwer, Ribnitz.)

aufgehende Mauerwerk aus gewöhnlichen Ziegeln in Kalkmörtel. Aus wirtschaftlichen Gründen kam die sehr gut bewährte Holzbalkendecke mit Lehmauftrag zur Verwendung. Die Nutzlast beträgt 750 kg/m². Die hölzernen Unterzüge wurden als Gerberbalken ausgebildet. Sie wurden in I-Form ausgeführt (Abb. 77), wobei zur Verdübelung Bulldog-Zahnbleche[1] verwendet wurden. Durch die Anordnung der Gelenkträger wurde

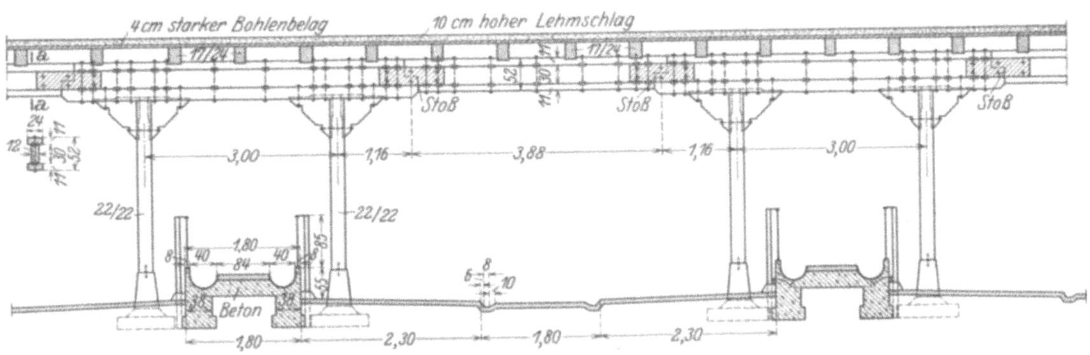

Abb. 77. Teil-Längenschnitt des Viehhauses (vgl. Abb. 74) mit Einzelheit des Längsunterzuges samt Stützen.

eine Stützenstellung unmittelbar an den Krippen ermöglicht, wodurch außerdem eine gute Übersichtlichkeit erzielt wurde. Um die Decke frei von Dachlasten zu halten, ist das Dach freitragend als Dreigelenkbogen in Holzfachwerk hergestellt (Abb. 78) und mit naturroten rheinischen Falzpfannen eingedeckt. Auch hier sind zum Anschluß der Stäbe sowie zu den Stoßverbindungen Bulldog-Verbinder benutzt. Die Stützweite der Binder beträgt 19,16 m, der größte Binderabstand 5,12 m. Der Obergurt liegt in der Ebene der Dachsparren und ersetzt somit gleichzeitig den Bindersparren.

[1] Gesteschi: Der Holzbau, S. 136. Berlin: Julius Springer 1926.

Die Krippen sind massiv unter Verwendung von glasierten Tonschalen errichtet (Abb. 77).

Zur individuellen Fütterung sind schmiedeiserne Freßgitter auf den Krippenrand

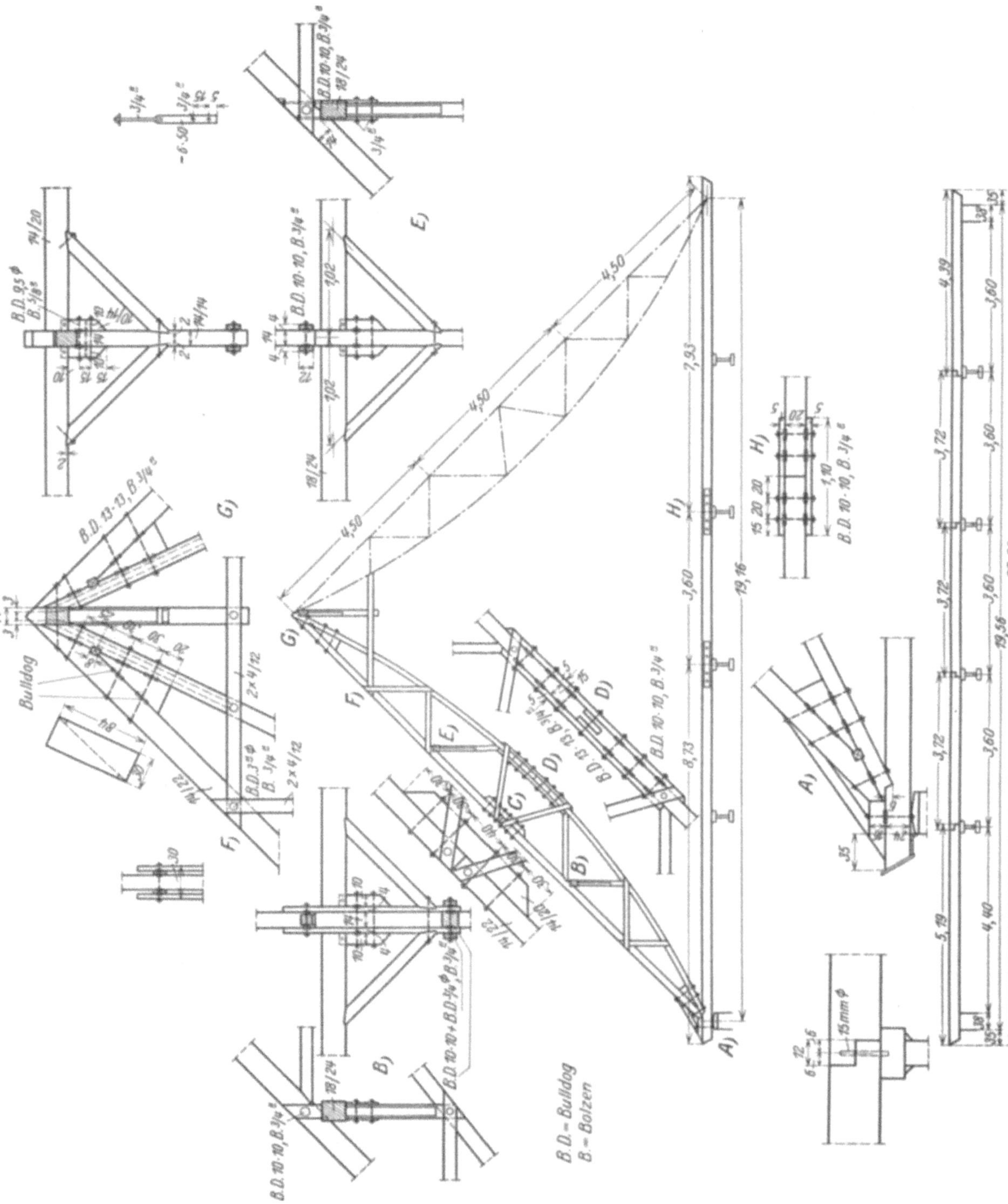

Abb. 78. Einzelheiten der Dachkonstruktion des Viehhauses (vgl. auch Abb. 76, links).

Abb. 78. Einzelheiten der Dachkonstruktion des Viehhauses (vgl. auch Abb. 76, links).

aufgesetzt. Die Tränkung erfolgt mittels Selbsttränke. Die Ankoppelung des Viehs geschieht mit gewöhnlichen Halsketten an eingemauerten Krippenringen. Der Fußboden ist

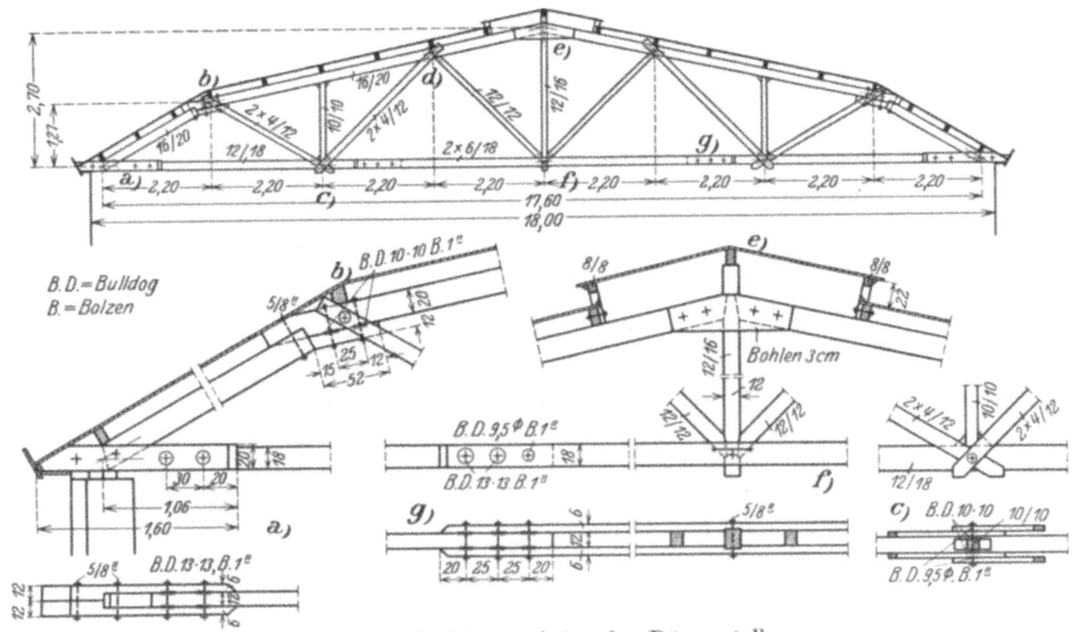

Abb. 79. Dachkonstruktion des Düngerstalles.

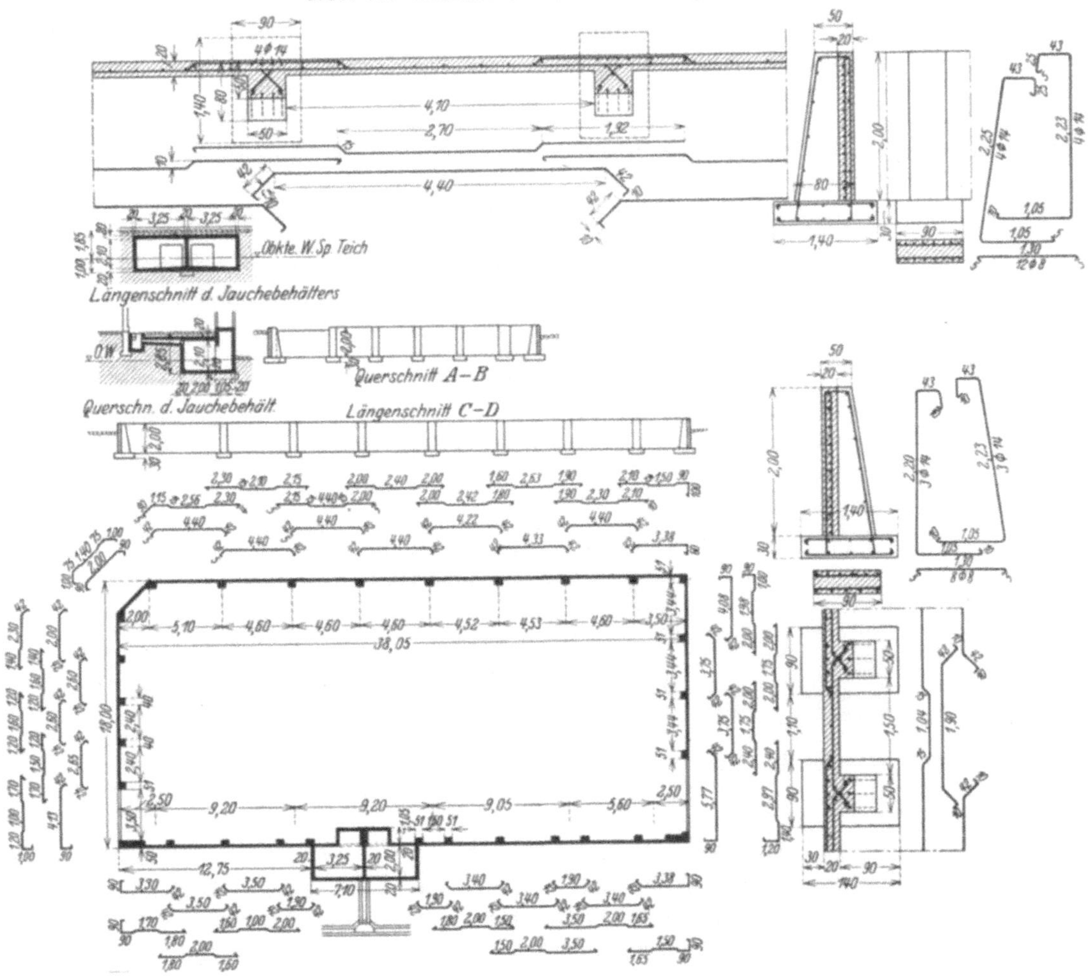

Abb. 80. Eisenbetonkonstruktion des unteren Teils der Umfassungswände des Düngerstalles.

mit einer Klinkerflachschicht in verlängertem Zementmörtel auf einer etwa 30 cm hohen Ziegelschotterunterlage gepflastert. Die Entlüftung des Stalles geschieht durch vier doppelwandige Dunstschlote von je 1 m² lichtem Querschnitt (Abb. 74 u. 76). Diese Dunstschlote stehen quer zur Balkenlage durch Kanäle miteinander in Verbindung, so daß die Dünste zwischen den Balkenfeldern vollkommen aufgesaugt werden. Die Decke ist außerdem

Abb. 81. Blick in das Viehhaus mit der hölzernen Stalldecke.

durch Drainröhren, die unmittelbar unter dem Deckenbelag in den Außenwänden eingemauert sind, entlüftet. Auf eine Frischluftzuführung durch Kanäle in den Umfassungsmauern wurde verzichtet, da die Kanäle zu vielen Übelständen (Durchfeuchtung des Mauerwerks usw.) Veranlassung geben. Die Frischluftzuführung erfolgt vielmehr durch Schlitze

Abb. 82. Blick in die Futterdiele.

zwischen Fenster und Sohlbank, Türen, sowie durch das natürliche Atmen der Wände. Als Fenster gelangten Betongitterfenster der Luxfer-Prismen-Gesellschaft zur Anwendung, die von Wärmeschwankungen nicht so beeinflußt werden, wie die sonst üblichen eisernen Fenster und auch keinerlei Unterhaltungsanstriche erfordern. Sämtliche Türen sind aus Holz und zum großen Teil als Schiebetüren ausgebildet. Für den Futter- und Dungtransport ist eine Hängebahn eingebaut (Abb. 76). Auf dem Boden befindet sich eine elektrische Häckselanlage, die durch einen Schacht mit dem Häckselraum in Verbindung steht.

Von dem Viehhaus getrennt ist der Düngerstall (Misthaus) angeordnet (Abb. 75, 76, 79 und 80). Die alte Erkenntnis, möglichst vielen und stickstoffreichen Stalldung zu erzeugen, ließ den Entschluß reifen, die sonst vielfach übliche offene Dungstätte in ein ge-

Abb. 83. Innenansicht des Futterbodens samt Dachkonstruktion.

schlossenes Gebäude zu verlegen und dieses Gebäude zur weiteren wirtschaftlichen Ausnutzung als Laufstall für Jungvieh und Stiere zu verwenden. Der im Kuhstall anfallende Dung wird mit der Hängebahn in das Misthaus gebracht und hier durch Anlage von Längs- und Quergleisen planmäßig abgeworfen, von den frei umherlaufenden Tieren fest-

Abb. 84. Innenansicht des Misthauses (an der Längswand die verzinkten Hängekrippen).

getreten und weiter konserviert. Der so lagernde Dung ist daher der schädlichen Sonnenbestrahlung, den Regen- und Windeinflüssen nicht ausgesetzt. Die Jauche wird in einem zweikammerigen Eisenbetonbehälter aufgefangen (Abb. 80), auf den gleichzeitig zwei Leuteaborte aufgesetzt sind. Die Umfassungswände in der Erde, soweit sie mit dem Dung in Berührung kommen, sind aus Eisenbeton hergestellt (Abb. 80). Auf diese Wände ist das verbretterte Holzfachwerk aufgesetzt und verankert. Das Dach ist in freitragender Holzkonstruktion ausgeführt (Abb. 79) und mit Ruberoid eingedeckt. Die Entlüftung geschieht durch eine offene Firsthaube. An der Westseite des Gebäudes sind zur Fütterung der Tiere hochziehbare verzinkte Hängekrippen für 60 Tiere angebracht. Die Be-

Abb. 85. Viehhaus, von Osten gesehen.

schickung der Krippen mit Futter erfolgt durch Luken von außen her. Die Bodenfläche ist mit Kopfsteinen auf einem vorhandenen Tonuntergrund gepflastert. Das äußere Holzwerk ist mit farbigem Karbolineum gelb gestrichen, Türen und Gesimse braun abgesetzt.

Abb. 81 zeigt das Innere des Stalles mit dem aus drei Hölzern verdübelten Unter-

Abb. 86. Straße zwischen Vieh- und Misthaus mit Hängebahnüberquerung.

zug in I-Form und Abb. 82 einen Blick in die Futterdiele; Abb. 83 läßt das Innere des Dachraumes (Heuboden) erkennen und Abb. 84 das Innere des Misthauses.

In Abb. 85 ist das Viehhaus mit den drei Aufbauten zur Einbansung des Bodenraumes mittels fahrbarem Höhenförderer von Osten zu sehen, Abb. 86 gibt einen Blick zwischen Vieh- und Misthaus mit der Hängebahnverbindung und Abb. 87 zeigt das Misthaus von Nordwesten mit den einzelnen Luken, durch welche das mit der Lore entlanggefahrene

Futter in die dahinter befindlichen Hängekrippen geworfen wird. Im Hintergrund ist der Grünfuttersilo zu erkennen.

f) Laufstallanlage mit Futterscheune auf der Domäne Gr. Niendorf (Mecklenburg), ausgeführt 1925/26 nach dem Entwurf des Mecklenburg-Schwerinschen Hochbauamts (Architekt: Regierungsbaurat Neumann) (Abb. 88).

Infolge Baufälligkeit des alten Viehhauses wurde im Jahre 1924 ein Neubau beschlossen. Unterzubringen waren 100 Stück Großvieh und etwa ebensoviel Jungvieh nebst dem erforderlichen Raum zur Aufbewahrung und Bereitung des Futters. Die Domäne liegt 15 km von der Bahn entfernt. Der Boden ist schwerer Rübenboden. Der Pächter ist darauf angewiesen, den Verbrauch von künstlichem Dünger der hohen Transportkosten wegen einzuschränken und möglichst viel Stalldung zu erzeugen. Dies konnte nur durch eine Laufstallanlage erreicht werden.

Das neue Gebäude ist nach der Gehöftsform gruppiert, und durch das Abschwenken des Jungviehstalles wurde der notwendige Auslaufplatz für das Jungvieh gewonnen.

Abb. 87. Ansicht des Misthauses von Nordwesten mit Einwurfluken. Hinten der Grünfuttersilo.

Der Mittelpunkt der Futterversorgung, die Futterscheune, wird flankiert von dem Großvieh- und dem Jungviehstallflügel mit den Räumen zur Kraftfutterlagerung und zur Futterbereitung, sowie der Milchkühlanlage (Abb. 88 und 89). Eine Futterbahn führt nach beiden Seiten durch die Futterräume in die Ställe, wobei die Durchfahrtsöffnungen zwischen den einzelnen Gebäudeteilen durch eiserne Pendeltüren als Feuerschutz abgeschlossen sind. Die Futterscheune mit Längsdurchfahrt und Osterriederluken ist mit holländischen Pfannen eingedeckt, die Stallflügel und die Futterräume haben ein doppellagiges Klebepappdach erhalten. Über den Ställen ist das Dach durch eine Balkenzwischendecke mit Bretterlage und einfacher Pappdichtung, darüber eine isolierende Schicht von Strohkaff, vor dem Stalldunst geschützt (Abb. 89).

Auf die Zuführung von Licht und Luft ist besonderer Wert gelegt. Die Fenster an der Sonnenseite sind groß und möglichst tief heruntergeführt, an der Nordseite sind sie hochgelegen und klein. In den Fensterbrüstungen sind Zuluftkanäle und für die Abluft breite isolierte Dunstschlote im Dach eingebaut. Dem gleichen Zweck dienen eingemauerte Tonrohre in den Längswänden unter der Decke.

Die Stallräume sind durch verschiebbare leichte Zwischenwände in Abteilungen für die einzelnen Jahrgänge geteilt. Die Dungtüren sind zur besseren Ausfahrt schräg vorgebaut. Das Gebäude hat Dachrinnen und Abfallrohre mit anschließenden Abwasserkanälen erhalten.

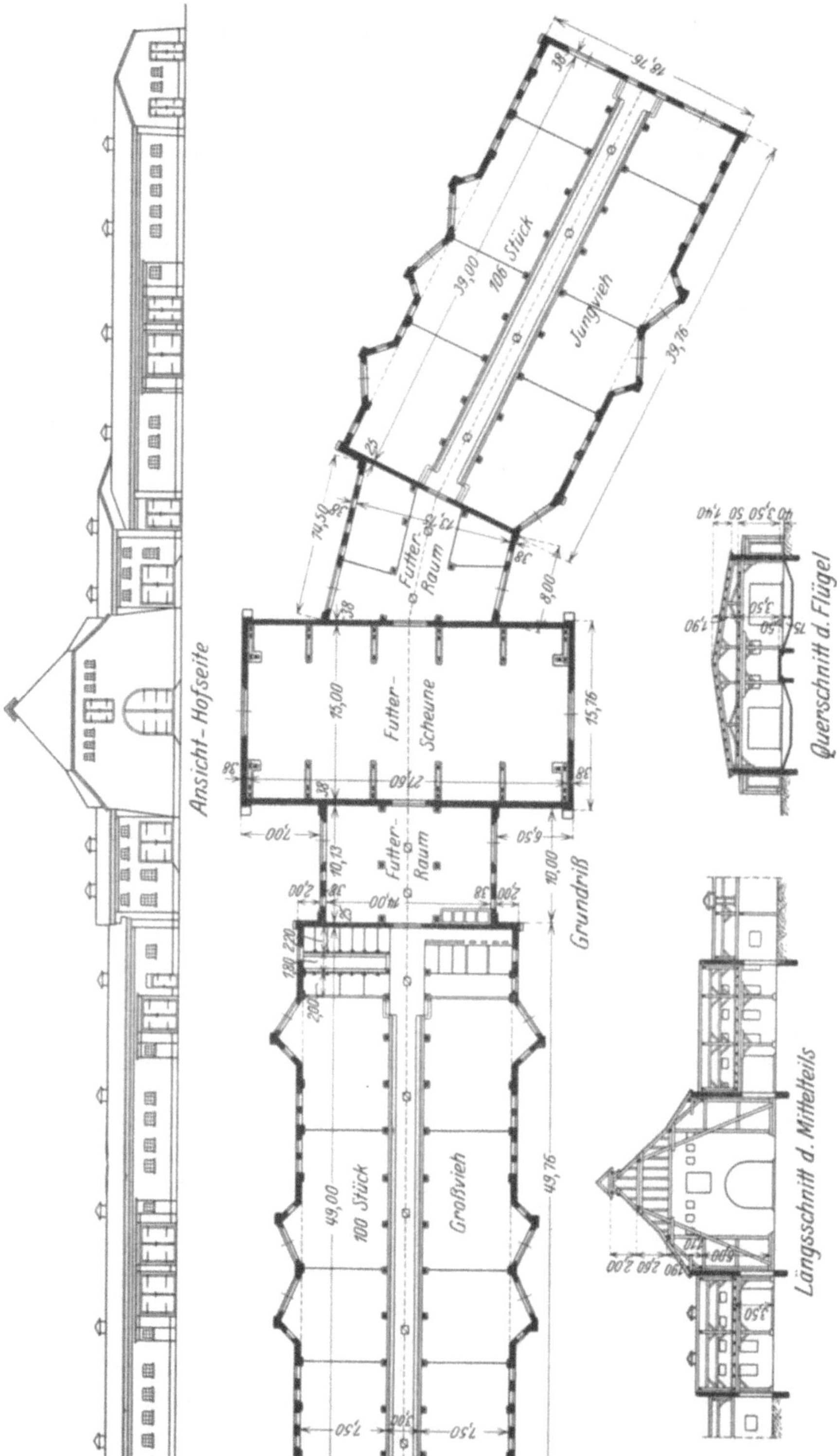

Abb. 88. Laufstallanlage mit Futterscheune auf der Domäne Gr. Niendorf (Meckl.). Allgemeine Anordnung.

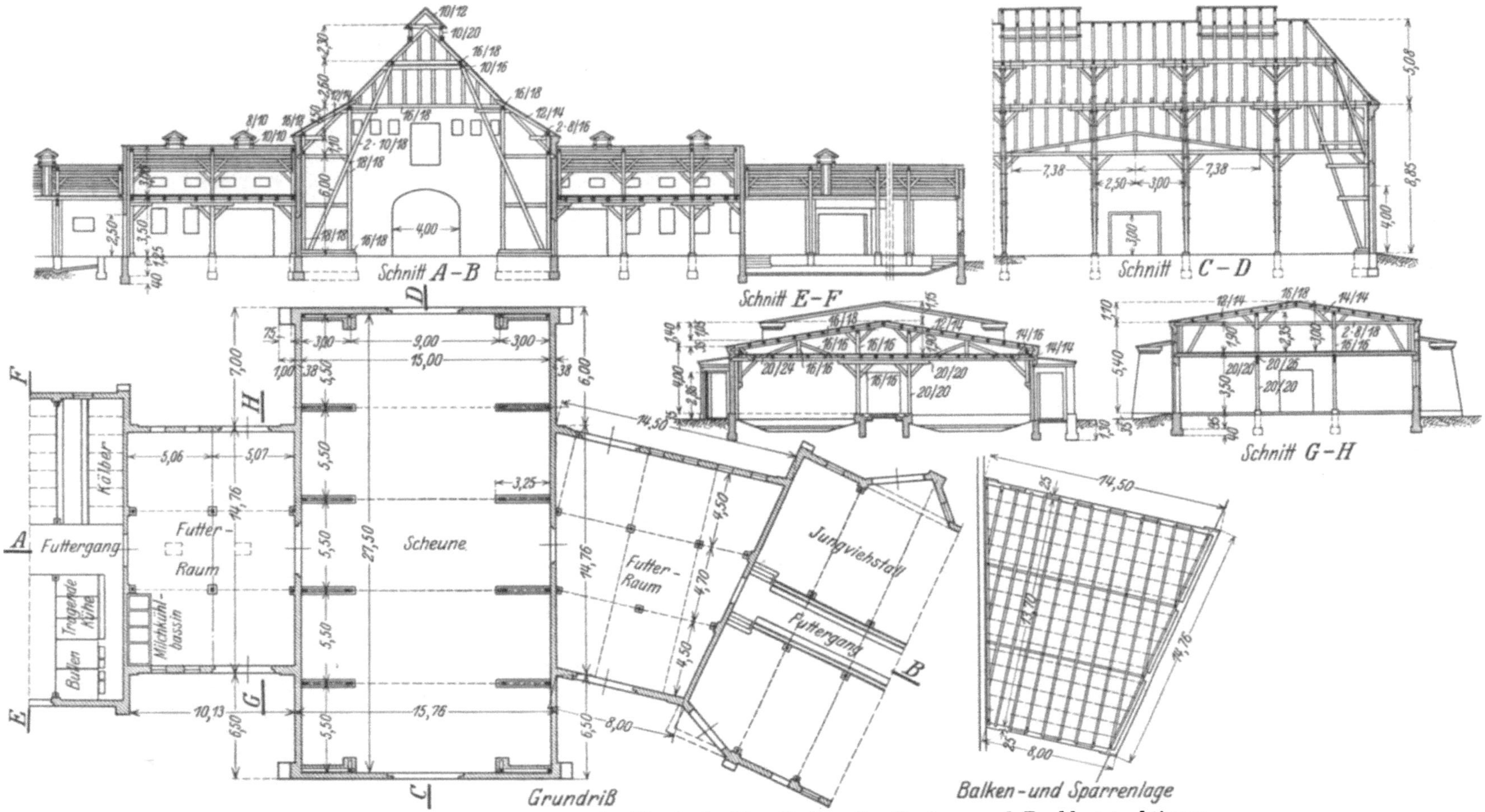

Abb. 89. Laufstallanlage Domäne Gr. Niendorf. Einzelheiten der Decken- und Dachkonstruktionen.

Die Fütterungseinrichtung ist in Abb. 90 dargestellt. Das Vieh wird bei der Fütterung durch verstellbare Repelwände festgehalten. Das erforderliche Trinkwasser liefert die zentrale Wasserversorgungsanlage des Hofes. In den Futtertischen sind besondere halb-

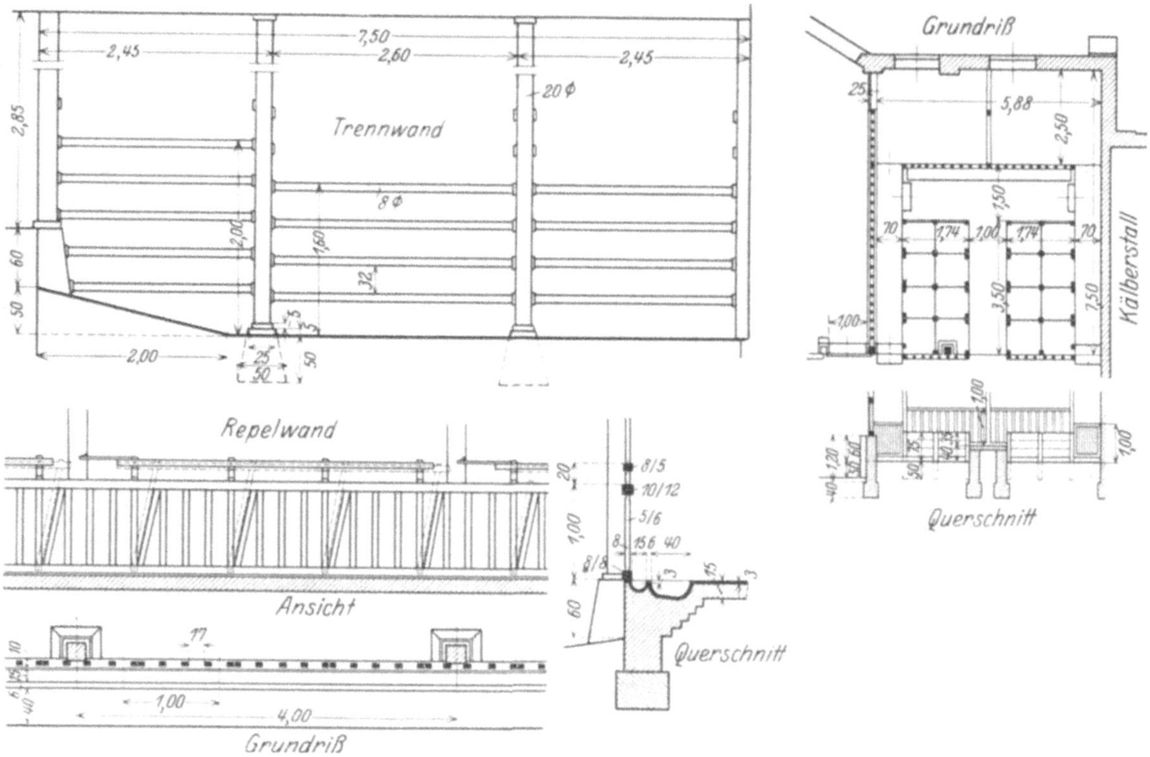

Abb. 90 Laufstallanlage Domäne Gr. Niendorf. Einzelheiten der Fütterungseinrichtung und des Kälberstalles.

runde Tränkrinnen von glasiertem Ton, neben den Krippen solche von gleichem Material angeordnet. In der gleichen Abbildung sind auch Einzelheiten des Kälberstalles, der das rechte Ende des Großviehstalles bildet, gezeichnet.

Abb. 91. Laufstallanlage Domäne Gr. Niendorf. Teilansicht gegen den Jungviehstall, von der Straße aus.

Bezüglich Decken- und Dachkonstruktion des Mittelbaues und der Flügel möge auf Abb. 89 verwiesen werden.

Abb. 91 zeigt eine Teilansicht (Jungviehstall, Futterraumzwischenbau und Futterscheune) der Laufstallanlage, von der Straße aus gesehen.

g) Stallgebäude auf der Domäne Chelsty, Kreis Soldau (Polen), (Abb. 92). Nachstehend ist ein bemerkenswertes Stallgebäude mit neuerer Dachkonstruktion, und zwar mit dem binderlosen Bretterdach, System Broda[1] (Erfinder: Dipl.-Ing. J. Broda in Thorn) beschrieben.

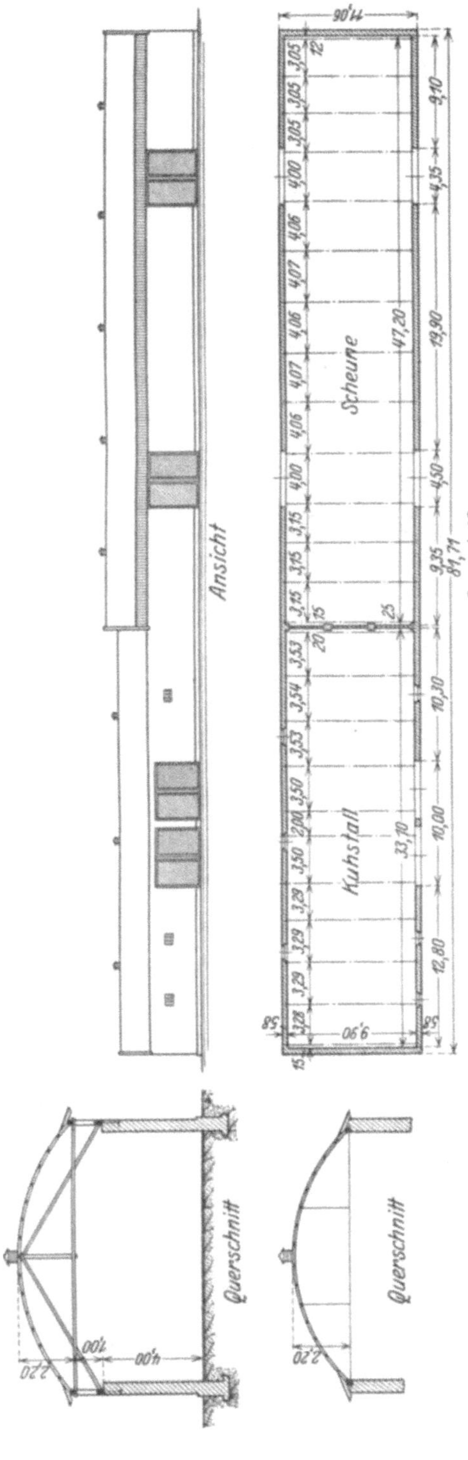

Abb. 92. Stallgebäude auf der Domäne Chelsty (Polen) mit anschließender Scheune. (Unten: Querschnitt Kuhstall, oben: Querschnitt Scheune.)

Ein Futterboden fehlt hier ganz, so daß das Dach unmittelbar der Kälteeinwirkung ausgesetzt ist. Es besteht aus einer doppelten dichten Schalung, deren Abstand durch Längshölzer gehalten wird; zwischen den beiden Schalungen befindet sich also eine isolierende Luftschicht. Zum Schutz des Holzes gegen die Stalldünste (Ammoniak) und zum weiteren Wärmeschutz ist von unten Dachpappe an der Schalung befestigt. An Stelle der Dachpappe kann auch ein Zementputz auf Drahtgeflecht angebracht werden. Kalkputz würde bald abfallen.

Abb. 93. Innenansicht des Kuhstalls.

Von besonderer Wichtigkeit ist auch hier eine gute Lüftung, die im Scheitel des Gewölbes angebracht werden muß. Deshalb sind in Abständen von etwa 4 bis 5 m viereckige Aufsätze aus Holz von 40/60 cm Lichtweite mit Jalousien angeordnet; sie besitzen zur Luftregulierung eine leicht verstellbare Klappe. Zur Aufnahme des Horizontalschubes des Bogendaches sind Zugstangen aus Rundeisen, die an mehreren Punkten an dem Dach aufgehängt sind, eingebaut (Abb. 92).

Abb. 93 zeigt eine Innenansicht des Kuhstalles, der bis zur Traufe eine Höhe von 4 m besitzt und mit gemauerten Wänden umgeben ist.

[1] Firma Broda-Hallendach Gesellschaft m. b. H., Breslau und Zweiggeschäft: Firma J. Broda, Thorn (Torun), Polen. Nähere Erläuterung der Bauweise siehe Abschnitt E. IV. 2, ferner Gesteschi: Der Holzbau, S. 210. Berlin: Julius Springer 1926.

An den Stall schließt sich eine Scheune an, deren Wände durch Schwellen, Stiele und Verbretterung um 1 m höher geführt sind (Abb. 92, Querschnitt oben).

2. Rindviehställe in massiver Ausführung.

Wie bereits S. 28 erwähnt, kommt für die massive Ausführung in erster Linie das Stallgeschoß (meist Erdgeschoß) in Frage, während es seit altersher üblich ist, das den Futter-

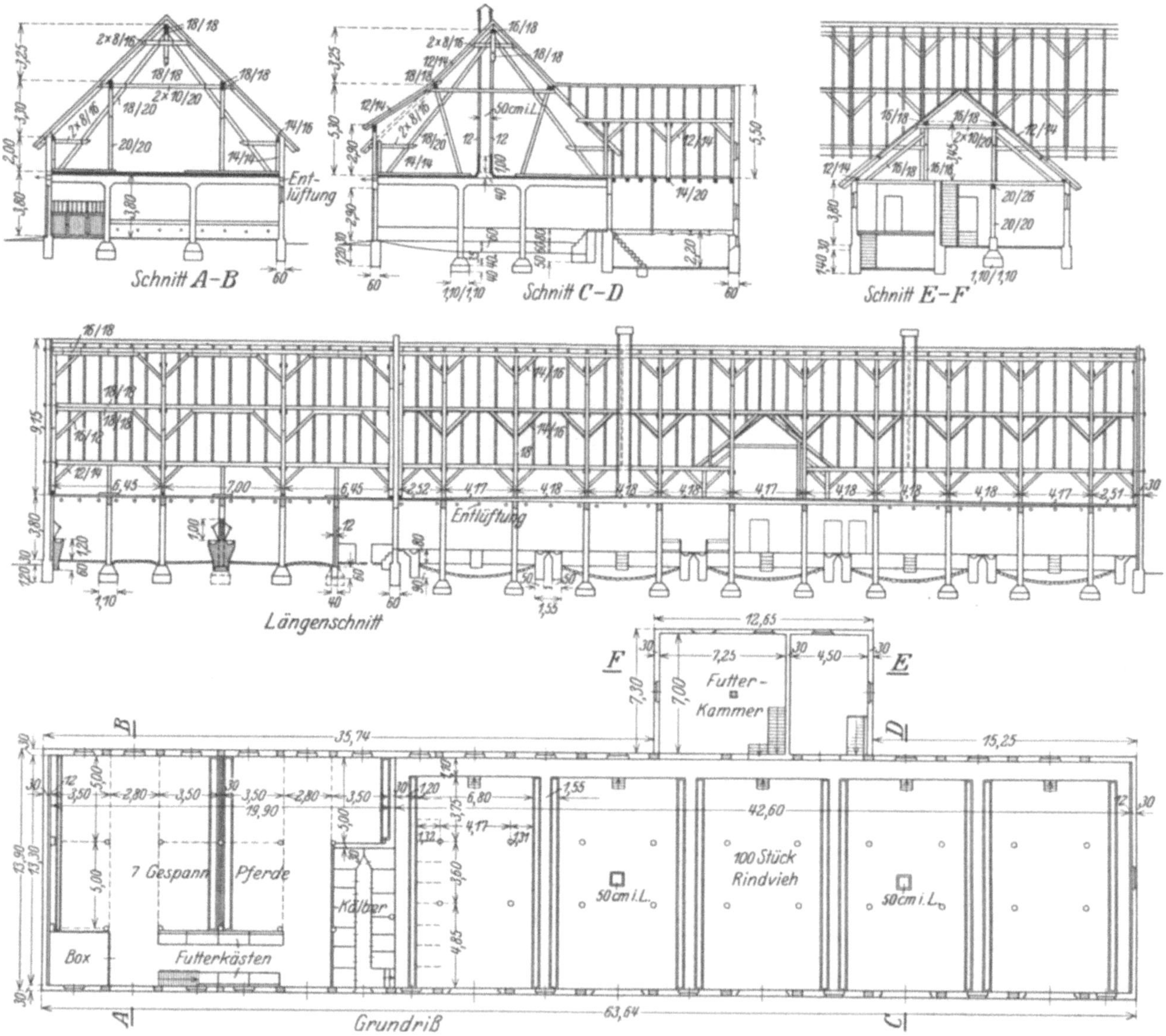

Abb. 94. Rindvieh- und Pferdestall auf dem Rittergut Hautz in Nasteiken (Ostpr.). Allgemeine Anordnung. (Ausführung: F. W. & H. Förster, Königsberg i. Pr.)

boden enthaltende Dachgeschoß in Holz (Rundholz oder Kantholz oder beides zugleich) herzustellen. Die massive Ausführung der Decken und Stützen hat seine Ursache hauptsächlich in zwei Gründen, nämlich in der Unempfindlichkeit der Massivkonstruktionen gegen die Stalldünste und in ihrer großen Feuersicherheit. Hierbei wird, wie bereits früher erwähnt, von dem in der Landwirtschaft geltenden alten Grundsatz abgewichen, unter allen Umständen zunächst das geringste Baukapital, welches in einem bestimmten Verhältnis zu den Erträgnissen der Wirtschaft stehen soll, anzulegen; denn die Erkenntnis, daß das Dauerhafte zugleich billig ist, wenn man die Lebensdauer und auch die leichtere Bewirtschaftungsmöglichkeit in Betracht zieht, hat sich längst Bahn gebrochen.

Zu dieser Erkenntnis trägt auch der Umstand bei, daß die große Zahl zweckmäßiger maschineller, menschliche Arbeitskraft sparender Einrichtungen selbst höhere Anlagekosten wieder wettmacht.

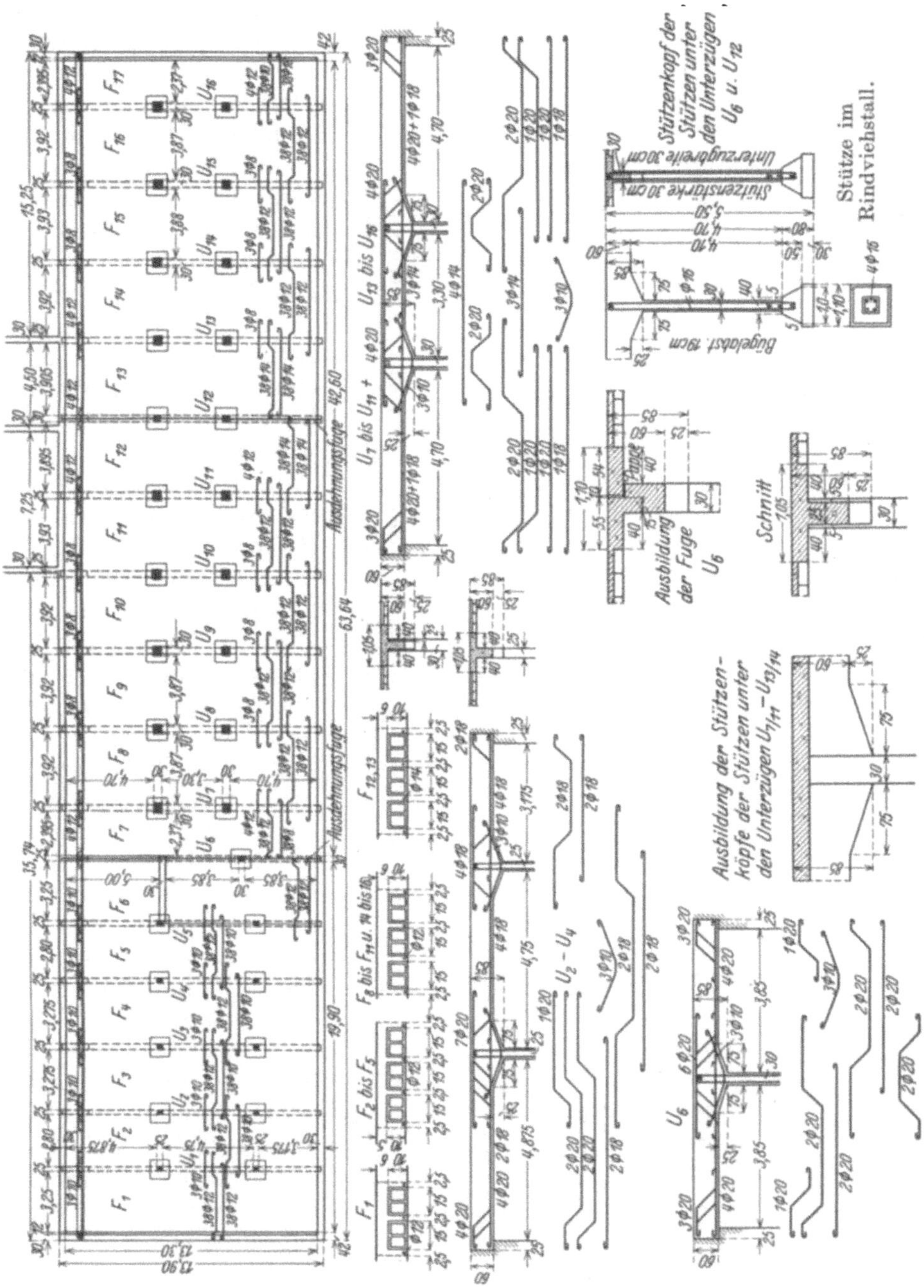

Abb. 95. Stallgebäude Rittergut Hautz. Ausbildung der massiven Decken und Stützen samt Einzelheiten.

Endlich kann sich die Landwirtschaft, ebensowenig wie z. B. irgendein Industriezweig, althergebrachter Gewohnheiten wegen den Fortschritten der Technik verschließen.

Außerdem aber ist der Kostenunterschied zwischen Holz- und Massivkonstruktion meist nicht mehr so erheblich wie ehedem, es sei denn, daß das Holz in hervorragender Güte und zu besonders billigen Preisen an Ort und Stelle zu haben ist.

In neuerer Zeit werden die Decken in der Regel als Steineisendecken oder Eisenbetonrippendecken mit Füllkörpern aus gebrannten Ziegeln, Hohlsteinen oder aus Bimsbeton ausgebildet (vgl. Abschnitt B) und nur für die Deckenbalken, Unterzüge und Stützen wird Eisenbeton verwendet. Eisenbetondeckenplatten, die gute Wärmeleiter sind, erfordern u. U. einen besonderen Wärmeschutz in Form einer isolierenden Schicht (Tekton-, Torfoleum- oder Korkplatten), die über oder unter der Deckenplatte angebracht wird.

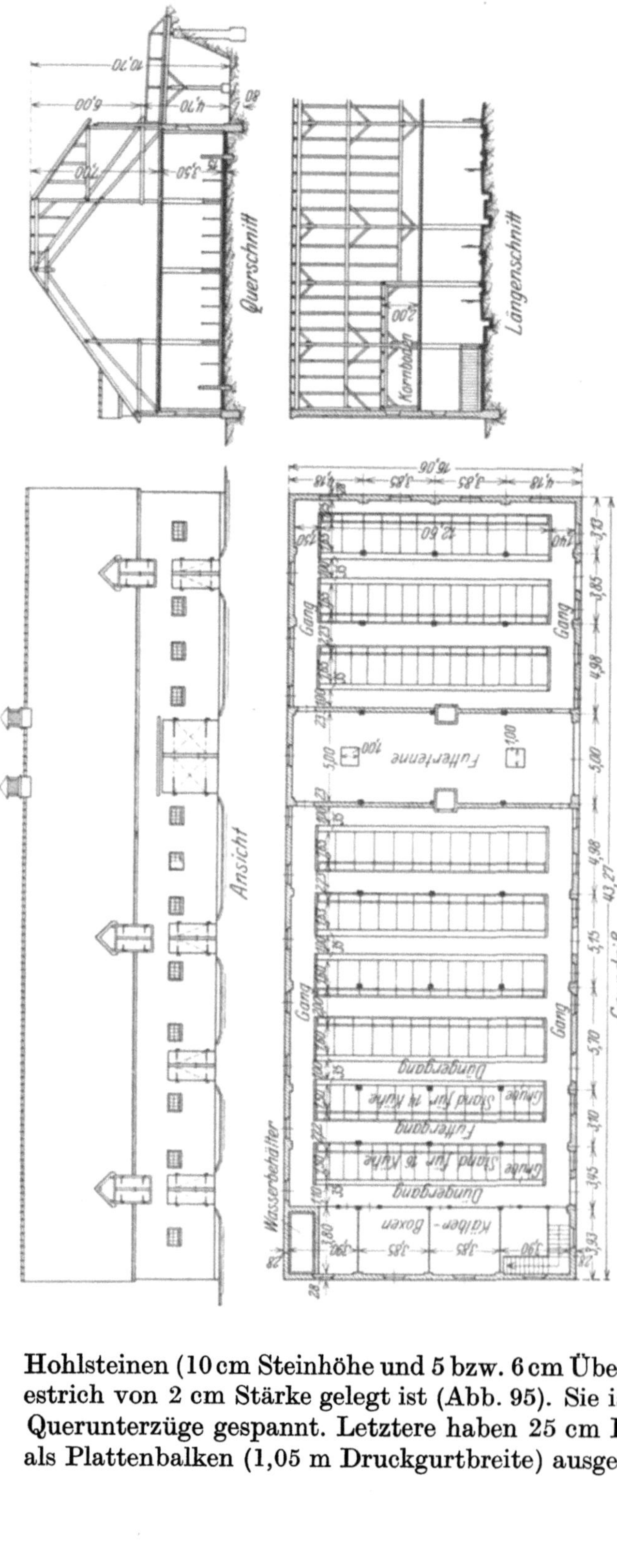

Abb. 96. Kuhstall auf dem Moorgut Südmoslesfehn (Oldenburg) der Stadt Dortmund. Allgemeine Anordnung. (Ausführung: Arthur Müller, Land- und Industriebauten G. m. b. H., Berlin und H. Möller, Wilhelmshaven.)

Zuweilen genügt zur Isolierung schon der Futterboden mit seiner Füllung, unter der noch eine Abdeckung mit Bohlen angeordnet werden kann.

Die Einzelheiten der massiven Stallgebäude mögen an einer Reihe von Ausführungsbeispielen näher erläutert werden.

a) Rindvieh- und Pferdestall in Nasteiken, Kr. Osterode (Ostpr.) (Besitzer: Herr Hautz).

Der Entwurf wurde von dem „Bauamt der Landwirtschaftskammer für die Provinz Ostpreußen“ aufgestellt (Abb. 94). Die Ausführung erfolgte 1924 durch die Firma F. W. & H. Förster, Königsberg i. Pr.

Den Hauptteil des Gebäudes nimmt der Rindviehstall für 100 Haupt Rindvieh ein, außerdem ist ein Pferdestall für 7 Gespanne Pferde eingebaut; zwischen Rindvieh- und Pferdestall liegt ein kleiner Kälberstall.

Das Stallgebäude ist 63,64 m lang und 13,90 m breit.

Die Nutzlast über der Stalldecke besteht aus Heupackung; es wurde eine gleichmäßig verteilte Nutzlast von 500 kg/m² zugrunde gelegt.

Die Decke ist als Steineisendecke in Stärke von 15 bzw. 16 cm aus Kleineschen Hohlsteinen (10 cm Steinhöhe und 5 bzw. 6 cm Überbeton) ausgeführt, worüber ein Zementestrich von 2 cm Stärke gelegt ist (Abb. 95). Sie ist in der Längsrichtung des Stalles über Querunterzüge gespannt. Letztere haben 25 cm Rippenbreite und 60 cm Höhe und sind als Plattenbalken (1,05 m Druckgurtbreite) ausgeführt. Sie ruhen auf zwei Mittelstützen, die im Pferdestall einen Querschnitt von 25/25 cm und im Rindviehstall einen solchen von 30/30 cm besitzen und mit vier Rundeisen, ∅ 16 mm, bewehrt sind.

Da die Decke eine Gesamtlänge von rd. 64 m besitzt, wurden zum Ausgleich der durch Wärmeschwankungen auftretenden Längsbewegungen der Decke an zwei Stellen Dehnungsfugen von 1 cm Breite angeordnet (Abb. 95).

Gesamtlast der Decke:

10 cm Hohlsteine einschl. Eiseneinlage	.	130 kg/m²
6 cm Überbeton	0,06 · 2200	132 „
2 cm Estrich	0,02 · 2200	44 „
	Eigenlast g =	306 kg/m²
	Nutzlast p =	500 „
	Gesamtlast q =	806 kg/m²

Die Außenwände bestehen aus zwei 5 cm starken Prüßwänden (Bauweise Arthur Müller) im Abstand von 20 cm, zwischen welche (unter den Deckenunterzügen) Eisenbetonstützen von 20/20 cm Querschnitt (mit 4 Rundeisen 12 mm Durchmesser) auf Betonbanketten von 60 cm Breite und 1,5 m Höhe eingebaut wurden. Die Stützeneisen reichen 30 cm in das Betonbankett.

Die Öffnungen in der Decke von 50/50 cm i. L. für die Lüftschlote (Abb. 94) sind mittels eines Rundeisenrahmens von je 3 Stäben 12 mm Durchmesser in jeder Quadratseite gebildet, der zur Aufnahme der Deckeneisen dient. Diese 3 Rundeisen liegen in Betonrippen von 15 cm Breite und einer Höhe gleich der Deckenstärke (15 bzw. 16 cm).

Es handelte sich hier um einen Stallumbau. Die alte Holzdecke war sehr schlecht geworden und wurde daher beseitigt. Die Dachstützen wurden vorübergehend mit starken Steifen und Verstrebungen abgestützt. Nach Fertigstellung der Massivdecke mußten die Absteifungen durchgeschnitten werden, da sie sonst nicht hätten entfernt werden können. Die für die vorübergehende Absteifung erforderlich gewordenen Löcher wurden nach Beseitigung der Steifen ausbetoniert.

b) Kuhstall auf dem Moorgut Südmoslesfehn (Oldenburg) der Stadt Dortmund, ausgeführt 1924 von der Firma Arthur

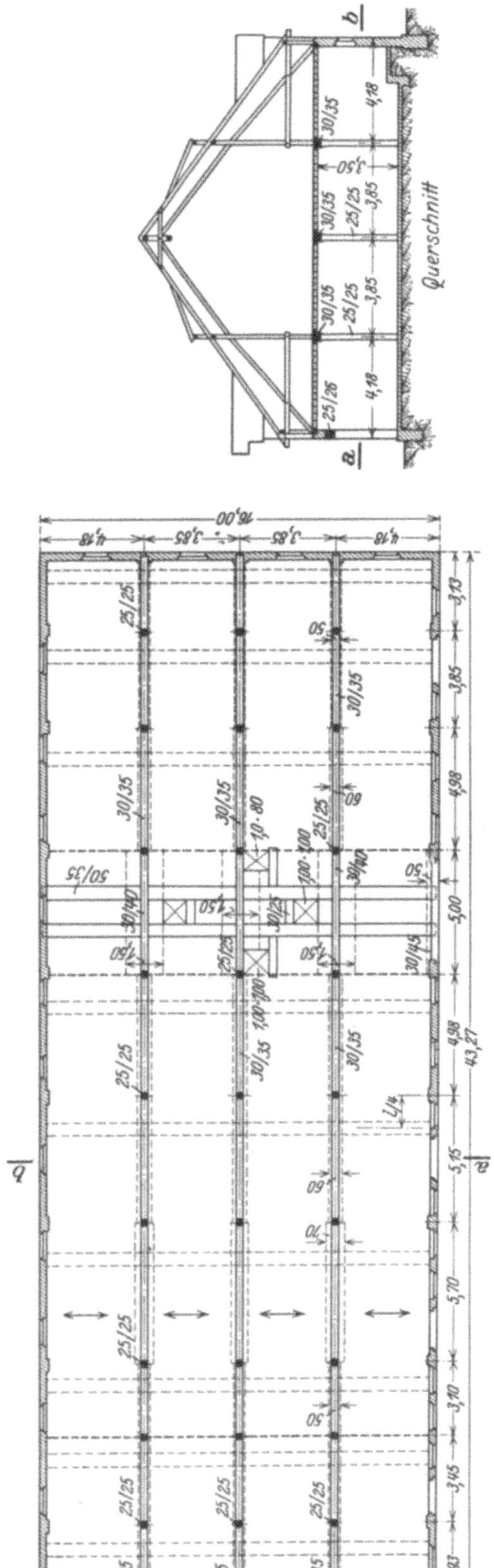

Wagerechter Schnitt nach a—b.
Abb. 97. Moorgut Südmoslesfehn. Ausbildung der Decke und Stützen des Kuhstalls.

4*

Müller, Land- und Industriebauten G. m. b. H., Berlin[1]. Die Eisenbetondecken und -stützen wurden durch die Firma H. Möller, Wilhelmshaven, hergestellt. Die allgemeine Anordnung der Anlage zeigt Abb. 96. Der eigentliche Stall ist massiv ausgebildet, während der Heuboden einschließlich eines eingebauten Kornbodens in Holz hergestellt ist.

Abb. 98. Kuhstall Südmoslesfehn während der Ausführung. Vorn ist der eingebaute Kornboden zu sehen.

Abb. 99. Blick in den Kuhstall Südmoslesfehn mit Steineisendecke, Eisenbetonunterzügen und -stützen.

Die Decken sind als Bimsbetonhohlkörperdecken (Steineisendecken) mit Plattenbalken ausgeführt (Abb. 97). Verwendet sind 12 cm hohe Hohlsteine mit 3 cm Aufbeton,

[1] Vgl. Fußnote S. 35.

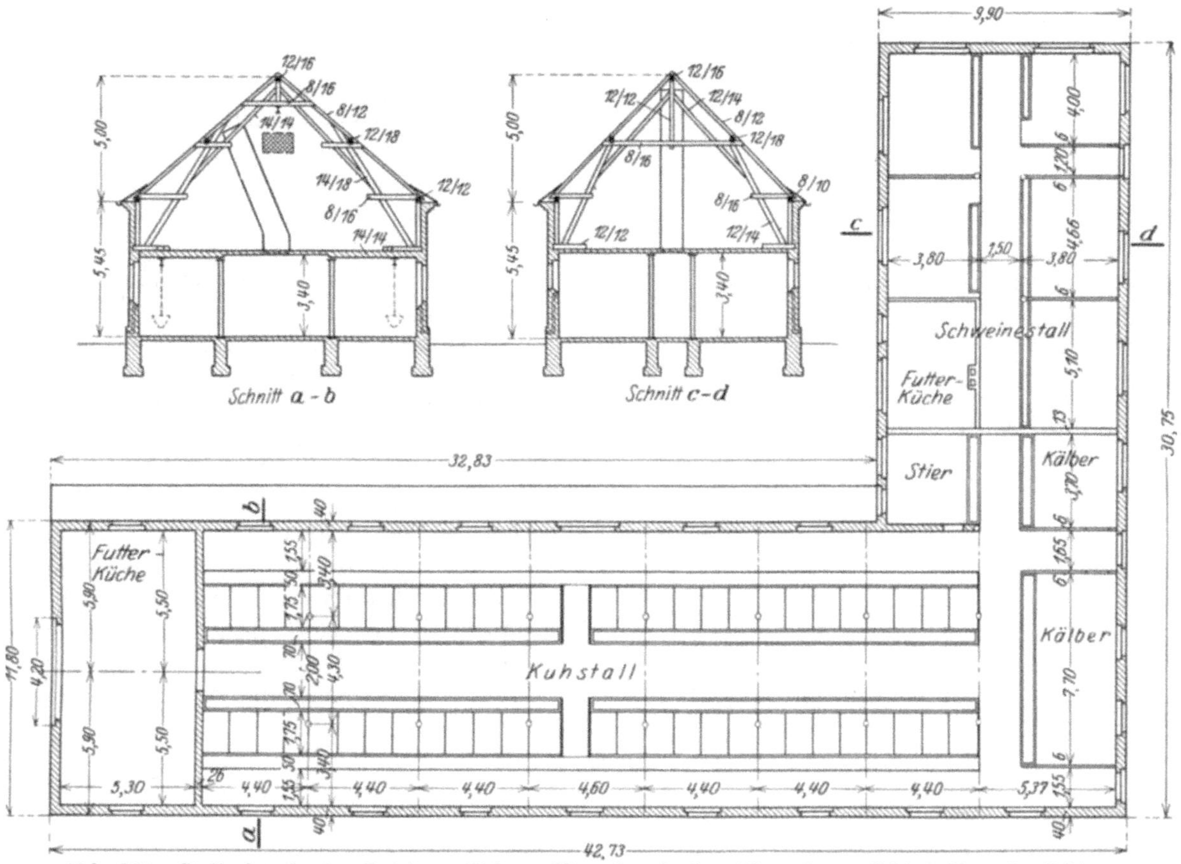

Abb. 100. Stallgebäude der Reichsgräflich zu Hoensbrochschen Verwaltung Schloß Haag b. Geldern. Allgemeine Anordnung. (Ausführung: Schäfer & Co., A. G., Duisburg.)

Abb. 101. Stallgebäude Schloß Haag b. Geldern. Ausbildung der Stalldecke.

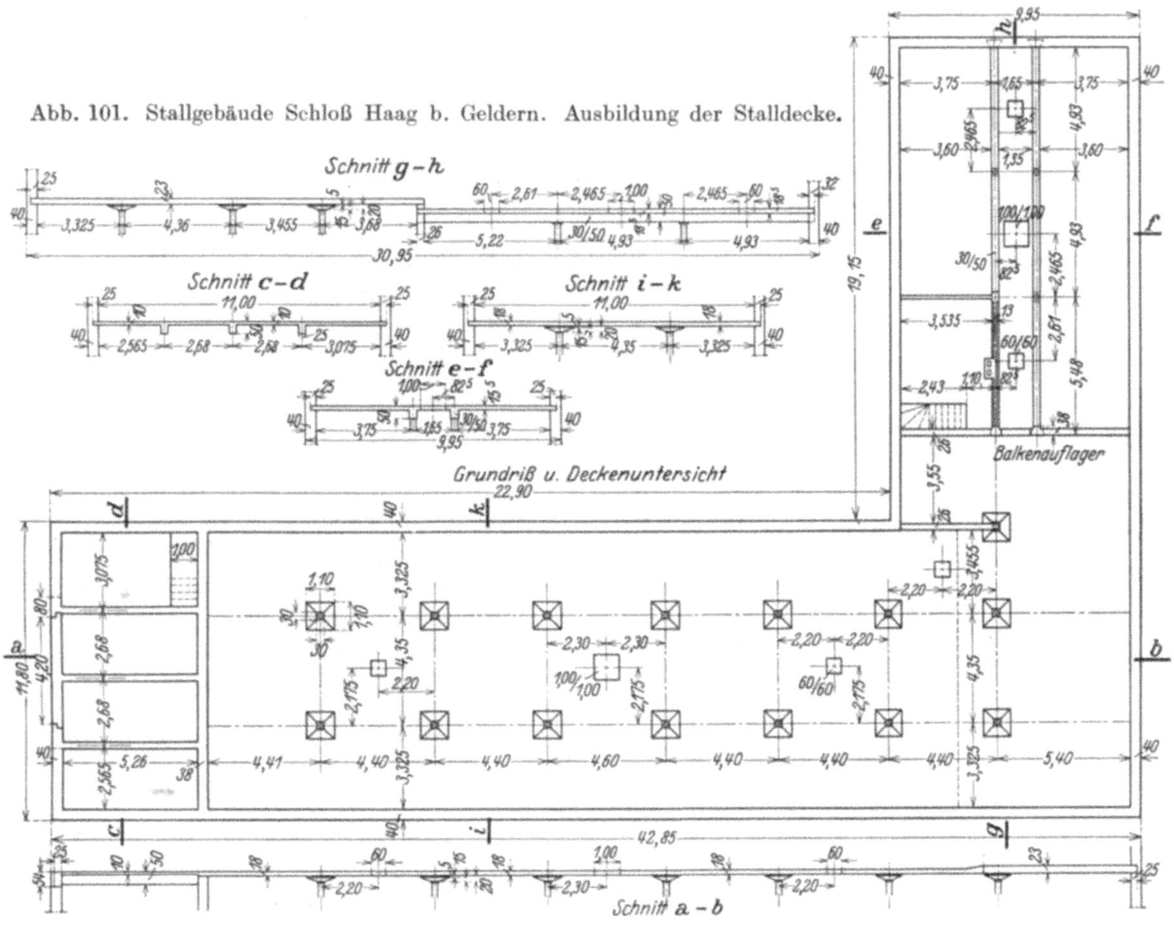

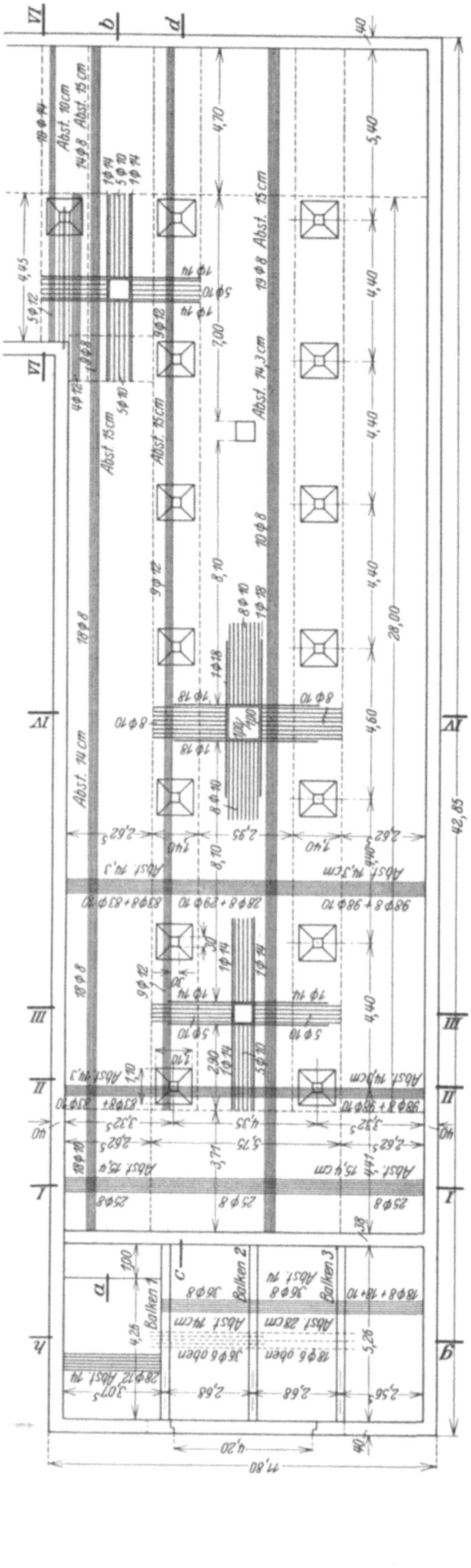

Abb. 102. Stallgebäude Schloß Haag b. Geldern. Bewehrung der Stalldecke.

eine ähnliche Bauart, wie sie später bei dem Stallgebäude in Connhausen, von der gleichen Firma stammend, Seite 57 beschrieben ist. Der Querschnitt der Eisenbetonbalken ist 30/35 cm. Sie ruhen auf Eisenbetonstützen von 25/25 cm.

Über der Futtertenne ist eine Einfahrt angeordnet, die von dem in gleicher Höhe liegenden Gelände der einen Seite über eine Brücke erreicht werden kann und unmittelbar in den Dachraum führt. Die Decke über der Futtertenne ist deshalb stärker als der übrige Teil ausgebildet, da hier Radlasten zu berücksichtigen waren.

Abb. 98 zeigt das Stallgebäude während des Baues, vorn den eingebauten Kornboden, und Abb. 99 eine Innenansicht des fertigen Stalles, der Raum für 144 Kühe und 40 Kälber hat.

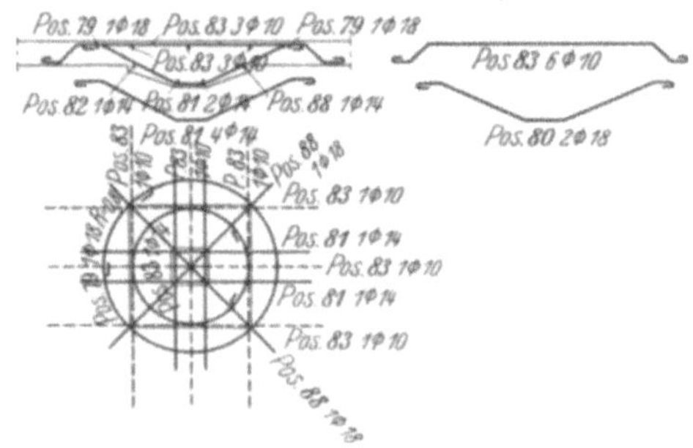

Abb. 102b. Bewehrungseinzelheit des Pilzkopfes (zu Abb. 102).

c) Stallgebäude der Reichsgräflich zu Hoensbrochschen Verwaltung Schloß Haag b. Geldern, ausgeführt 1924 von der Firma Schäfer & Co., A. G., Duisburg. Die allgemeine Anordnung geht aus Abb. 100 hervor. Das Stallgebäude besitzt winkligen Grundriß; seine Länge beträgt 42,73 m + 30,75 m, seine Breite 11,80 m bzw. 9,90 m. Sämtliche Decken sind als Eisenbetondecken ausgeführt; zum Wärmeschutz sind sie mit einer 5 cm starken Bimsbetonschicht unterstampft. Als Nutzlast (Futterboden) waren durchweg 400 kg/m² zu berücksichtigen.

Die Decke über dem Schweinestall ist als Plattenbalkendecke ausgebildet (Abb. 101 und 102—102b). Die Mittelstützen der Balken bestehen aus Gußeisen, eine Stütze ist als Eisenbetonstütze von 25 × 30 cm Querschnitt hergestellt. Die Stützenköpfe der Gußeisensäulen besitzen zur Auflagerung

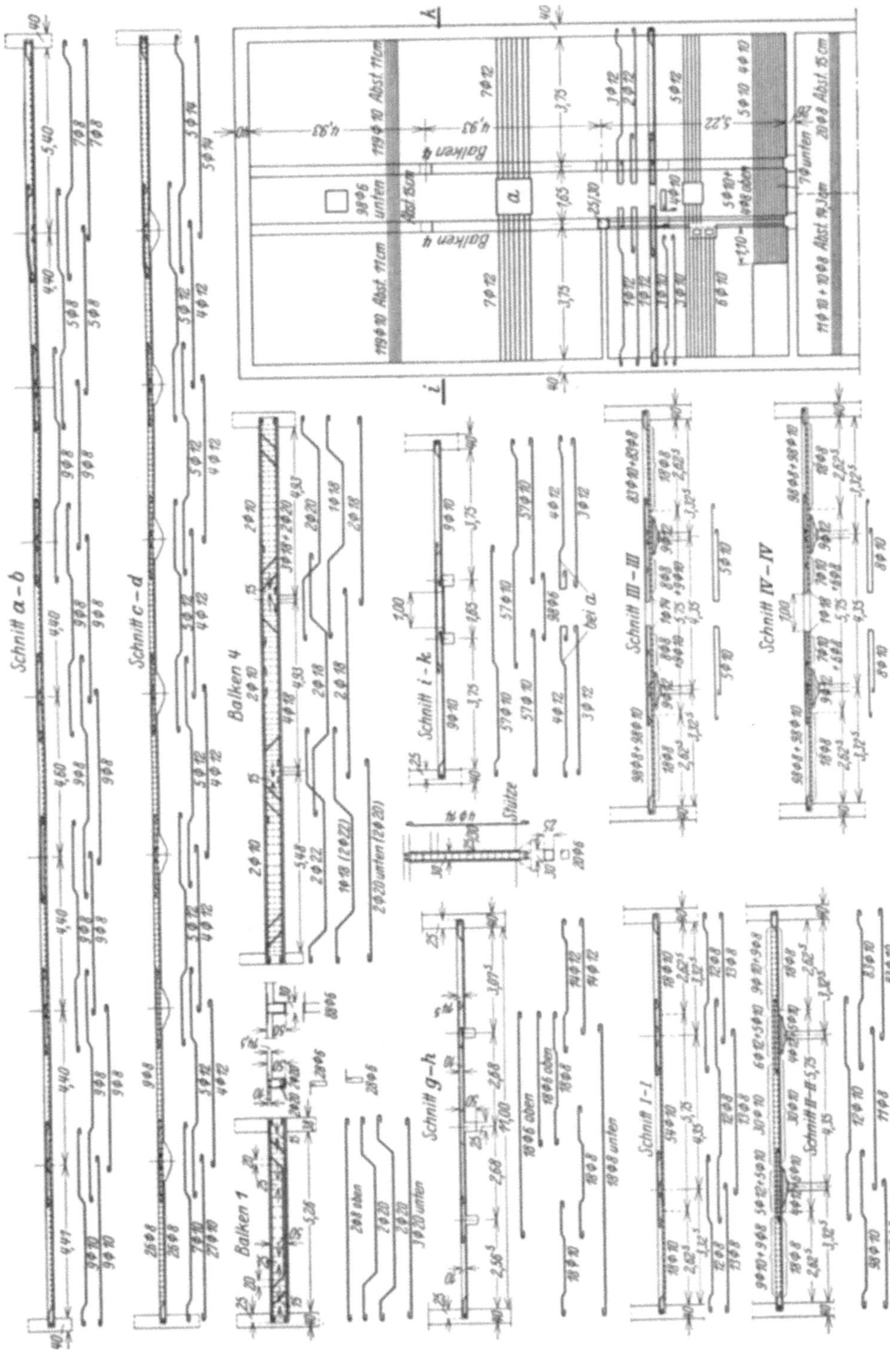

Abb. 102a. Stallgebäude Schloß Haag b. Geldern. Bewehrung der Stalldecke samt Einzelheiten. (Zu Abb. 102.)

Abb. 102a. Stallgebäude Schloß Haag b. Geldern. Bewehrung der Stalldecke samt Einzelheiten. (Zu Abb. 102.)

der Eisenbetonbalken quadratische Auflagerplatten von 30 cm Seitenlänge. Auch die Decke über der Futterküche ist als Plattenbalkendecke konstruiert.

Die Decke über dem Kuhstall ist als trägerlose Decke, als sogenannte „Pilzdecke", (s. S. 17) berechnet und ausgeführt.

Die Stützpunkte der Decke ruhen auf gußeisernen Säulen mit 130 mm äußerem Durchmesser und 10 mm Wandstärke (Druckbeanspruchung 500 kg/cm²).

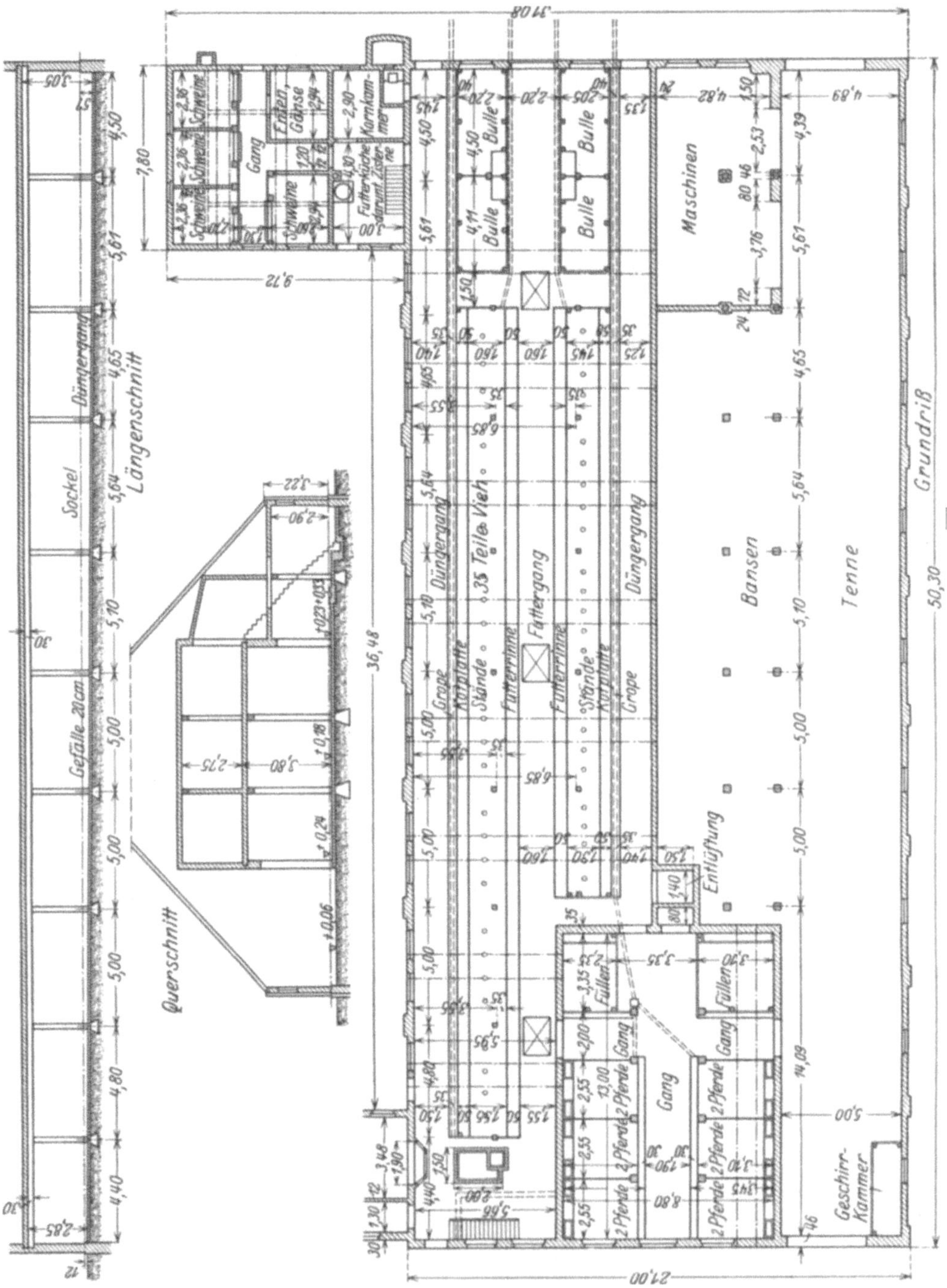

Abb. 103. Stallgebäude mit Scheune in Connhausen (Oldenburg). Allgemeine Anordnung: Grundriß, Längen- und Querschnitt. (Ausführung: H. Möller, Wilhelmshaven.)

Sämtliche Gußeisenstützen sind aus praktischen Gründen mit Eisenbeton ummantelt.

Einzelheiten der Bewehrung, insbesondere Ausbildung des Pilzkopfes sind aus Abb. 102—102b zu ersehen.

Die Zufuhr von frischer Luft erfolgt durch Luftkanäle in den Außenwänden sowie durch die Fenster, die Entlüftung durch Dunstschlote.

Die Eisen der Pilzdecke sind in folgender Reihenfolge verlegt (Abb. 102b):

1. Eisen im Stützenkopf (Pos. 80—82).
2. Eisen über den Stützen in der Querrichtung des Kuhstalles.
3. Eisen über den Stützen in der Längsrichtung des Kuhstalles.
4. Eisen in den Feldern in der Längsrichtung des Kuhstalles.
5. Eisen in den Feldern in der Querrichtung des Kuhstalles.
6. Eisen über den Stützen (Pos. 83).

d) Stallgebäude mit Scheune in Connhausen (Oldenburg). (Besitzer: Landesökonomierat Schipper). Die Massivdecken, Eisenbetonstützen und sonstigen Eisenbetonarbeiten wurden 1925/26 von der Firma H. Möller, Wilhelmshaven, ausgeführt. Die allgemeine Anordnung der Anlage geht aus Abb. 103 und 104 hervor.

Der Viehstall ist in die Scheune eingebaut. Vieh- und Pferdestall und Scheune bilden ein Gebäude von Rechteckgrundriß mit 50,30 m Länge und 21,00 m Breite; am rechten Ende schließt sich im rechten Winkel ein kleiner Schweine- und Geflügelstall an, der von dem Rindviehstall durch die Futterküche und eine Kornkammer getrennt ist. Nördlich vom Viehstall schließt ein Zwischenbau von rd. 12 m Länge an, der zu dem Wohngebäude führt (Abb. 104). Bezüglich der sonstigen Raumanordnung möge auf Abb. 105, 106 verwiesen werden.

Die Decke über dem Kornspeicher, der sich über dem Pferdestall befindet, ist als Bimsbetonhohlkörperdecke (Steineisendecke) mit 12 cm hohen

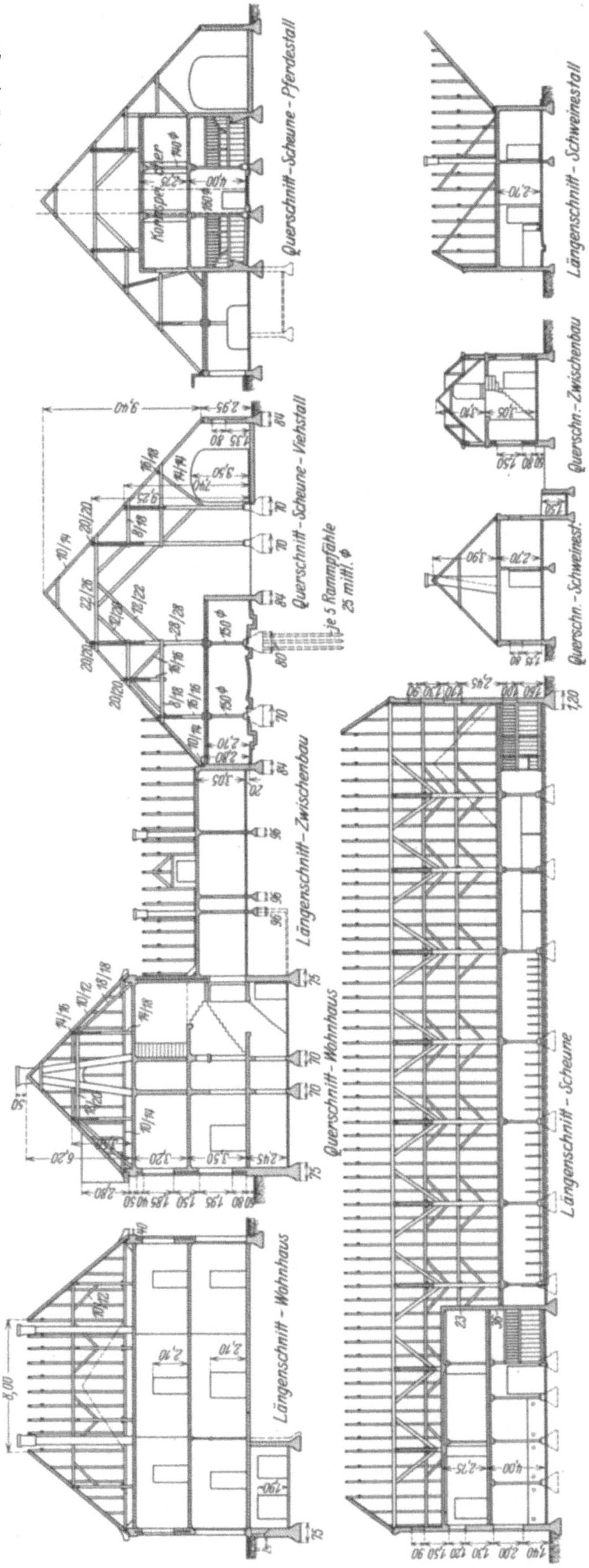

Abb. 104. Stallgebäude in Connhausen. Allgemeine Anordnung: Schnitte zu Abb. 103.

Steinen und 4 cm Überbeton ausgeführt (Abb. 105a). Die Nutzlast der Decke war zu 150 kg/m² (Eigengewicht 250 kg/m²) anzunehmen. Die Deckenplatte stützt sich auf die gemauerten Außenwände bzw. Eisenbetonbalken und Plattenbalken, die auf Eisen-

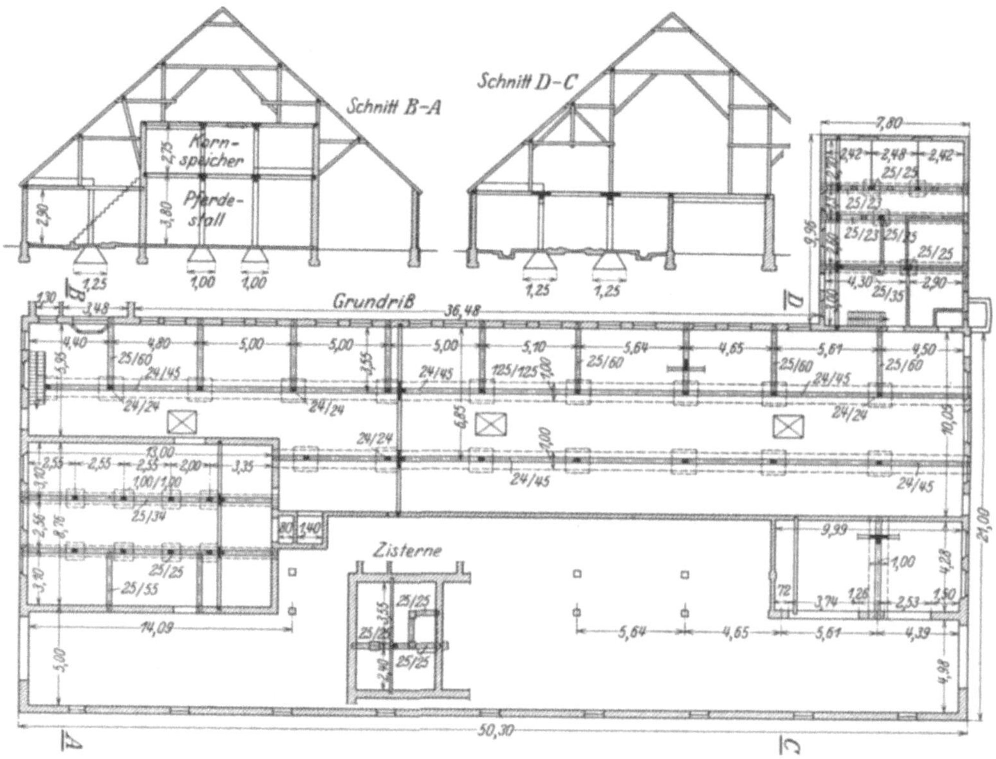

Abb. 105. Stallgebäude in Connhausen. Ausbildung der Stalldecke.

betonstützen 20/20 cm bzw. Wänden gelagert sind. Die Lasten der Dachstiele sind, wo sie nicht auf Zwischenwänden stehen, durch besondere Eisenbetonbalken abgefangen. In Abb. 105a ist rechts die unter Futterküche und Kornkammer liegende Zisterne dargestellt (vgl. Abb. 103).

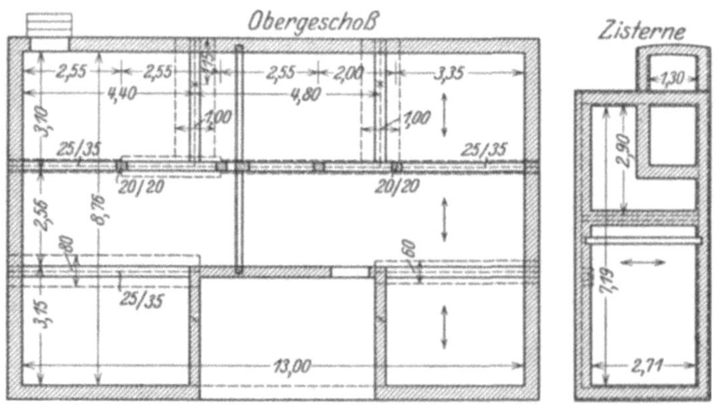

Abb. 105a. Stallgebäude in Connhausen. Obergeschoßdecke (Kornspeicher) und Zisterne (zu Abb. 105).

Auch die unter dem Kornspeicher liegende Pferdestalldecke ist als Bimsbetonhohlkörperdecke[1] zwischen Plattenbalken ausgeführt. Die Nutzlast beträgt hier 800 kg/m² (Eigenlast 250 kg/m²). Der Stützenquerschnitt ist 25/25 cm.

Die Decke über dem Kuhstall ist gleichfalls als Bimsbetonhohlkörperdecke zwischen Plattenbalken ausgebildet. Die Nutzlast war an verschiedenen Stellen verschieden anzunehmen, und zwar zu 500, 650 und 800 kg/m² (Eigenlast 250 kg/m²); es wurden Steine von 12 und 16 cm Höhe mit 4 bis 5 cm Überbeton verwendet.

[1] Soweit die Druckschicht mindestens 5 cm Stärke besitzt, gehören diese Decken zu den Eisenbetonrippendecken, bei einer Stärke unter 5 cm zu den Steineisendecken (vgl. S. 19 und 22).

Zur Aufnahme von Dachlasten sind auch hier verschiedene Balken angeordnet. Der Stützenquerschnitt beträgt im Kuhstall 24×24 cm.

Die Decke über dem Raum für landwirtschaftliche Maschinen, die mit 800 kg/m² Nutzlast zu berechnen war, ist gleichfalls als Bimsbetonhohlkörperdecke ausgeführt.

Auch die Decke über dem Schweinestall ist in gleicher Art ausgebildet, jedoch mit einer Nutzlast von 200 kg/m². Der Stützenquerschnitt beträgt hier 25×25 cm.

Die Decke über der Zisterne unter Futterküche und Kornkammer ist als Eisenbetondecke mit 500 kg/m² Nutzlast konstruiert.

Der Baugrund ist überall schlecht und durfte nur bis 1 kg/cm² belastet werden.

Die Ausführung der Bimsbetonhohlkörperdecken ist aus Abb. 106 zu ersehen.

e) Stallgebäude auf dem Rittergut Weicha i. Sa. Der Entwurf stammt von der Landwirtschaftskammer Schlesien (Breslau), die Ausführung der Decken und Stützenfundamente

Abb. 106. Stallgebäude in Connhausen. Ausführung der Bimsbetonhohlkörperdecken.

geschah 1926 durch die Firma Walter Rüde, Dresden. Die Gesamtanordnung des Stallgebäudes zeigen Abb. 107 und 107a. Es besitzt eine Länge von 56,05 m, eine Tiefe von 12,50 m und eine lichte Höhe des Stallgeschosses von 3,750 m. Die lichte Höhe der Futtertenne beträgt 2,925 m. Über dem Stall befindet sich der Futterboden, der über der Futtertenne in lichter Höhe von 1,90 m durch eine zweite Decke untergeteilt ist, so daß hier noch ein Obergeschoß vorhanden ist.

Die Deckenkonstruktion besteht aus Steineisendecken nach Bauweise Ackermann (Abb. 108, 109 und 109a) zwischen eisernen Deckenträgern I NP 32 über dem Stall bzw. I NP 38 über der Futtertenne. Über dem Futterboden liegt ein Deckenträger I NP 28. Für die Steineisendecke sind Ackermannsteine von 20 cm Höhe mit 4,5 cm Aufbeton verwendet (Abb. 108). Über der Stalldecke ist zum Wärmeschutz noch ein Lehmestrich von 10 cm aufgebracht (Abb. 107 und 109). Die Deckenträger ruhen auf zwei Reihen eiserner Stützen, die über der Futtertenne bis zur Decke des Obergeschosses durchgehen (Abb. 110). Die Gründung der Stützen geht aus Abb. 111 hervor.

Die Stützenfundamente gehen bis auf den guten Baugrund hinab, der z. T. erst in 5 m Tiefe anzutreffen ist. Sie sind im unteren Teil in Mischung 1:14, im oberen Teil in einzelnen Absätzen in Mischung 1 : 12 bis 1 : 8 betoniert.

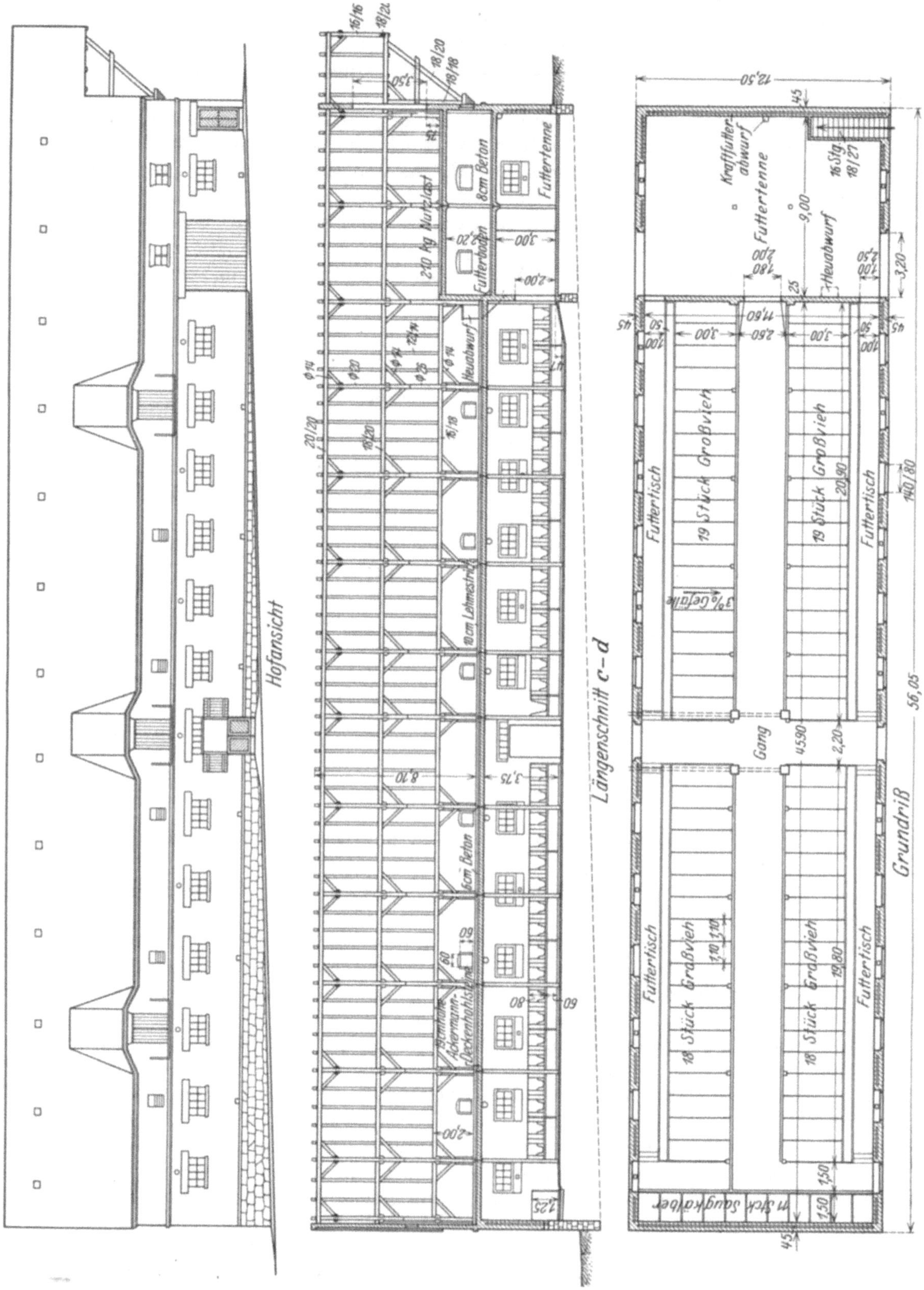

Abb. 107. Stallgebäude auf dem Rittergut Weicha i. Sa. Allgemeine Anordnung. (Ausführung: Walter Rüde, Dresden.)

Als Nutzlast der Decke über dem eigentlichen Stall kommen 450 kg/m², der Decke über der Futtertenne 1000 kg/m² und über dem Futterboden 210 kg/m² in Frage.

Der Estrich der Futtertenne wurde unter Zusatz von Prolapin gehärtet.

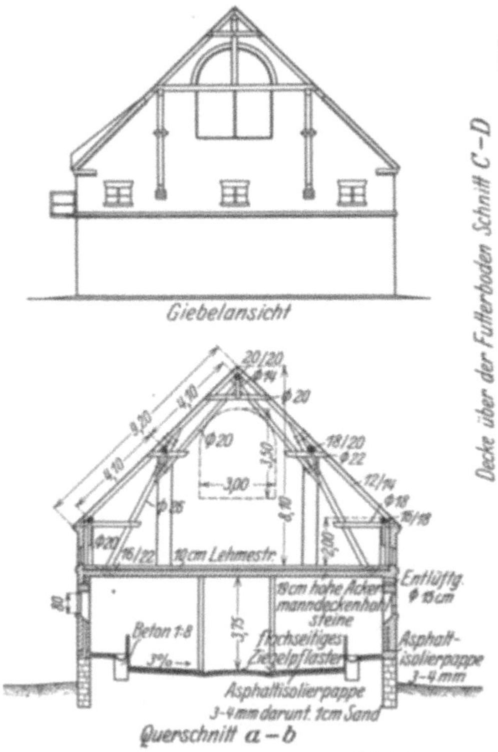

Abb. 107a. Stallgebäude Weicha. Giebelansicht und Querschnitt zu Abb. 107.

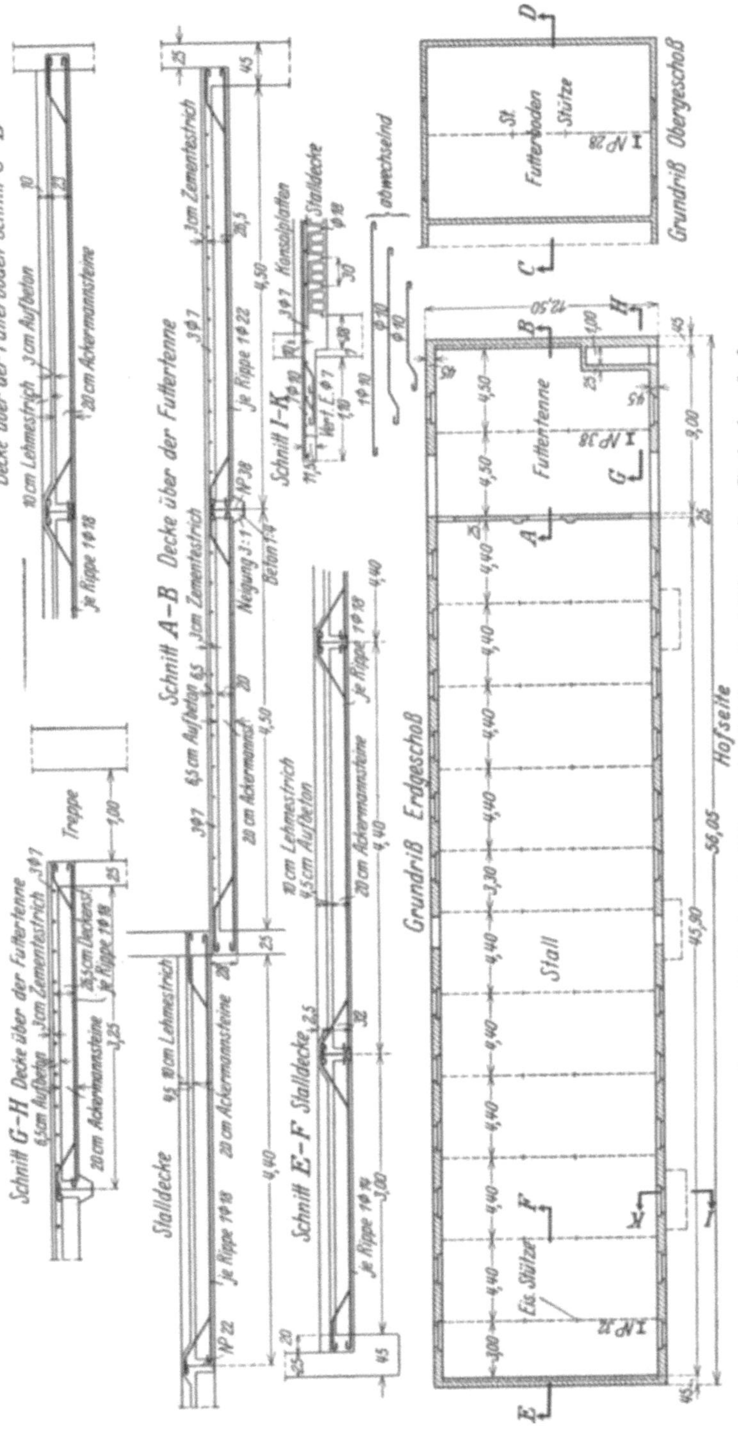

Abb. 109. Stallgebäude Rittergut Weicha. Ausbildung der Steineisendecken.

Abb. 109. Stallgebäude Rittergut Weicha. Ausbildung der Steineisendecken.

Dachlasten kamen für die Deckenplatte nicht in Betracht, da die Dachstützen auf den eisernen Trägern stehen. Die Eisenkonstruktion wurde bauseitig geliefert.

f) Viehstall auf dem Rittergut Cummerow (Bez. Regenwalde, Pommern)[1] (Bes.: W. Graf

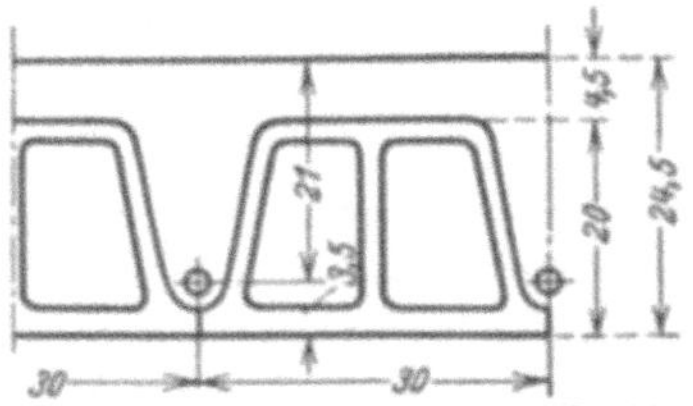

Abb. 108. Querschnitt durch die Ackermanndecke.

von Perponcher), ausgeführt 1926 nach dem Entwurf von Regierungsbaumeister Cords, Parchim, durch die Firma Hermann Scholl, Stettin (Eisenbetonkonstruktionen). Das

[1] Cords: Neuzeitliche Viehställe. Ill. Landw. Zg. 1928. Nr. 47, S. 619.

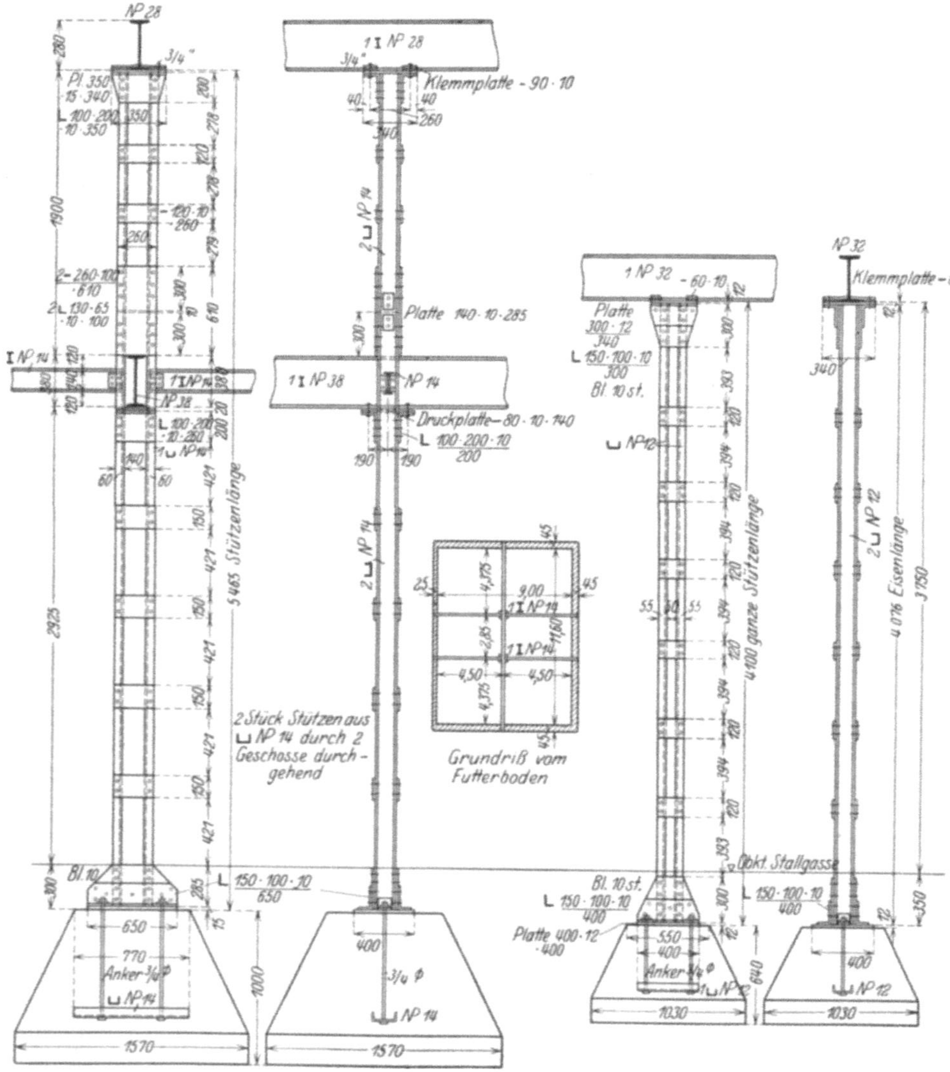

Stützen in der Futtertenne und im Futterboden. Stützen der Stalldecke.

Abb. 110. Stallgebäude Rittergut Weicha. Ausbildung der eisernen Stützen.

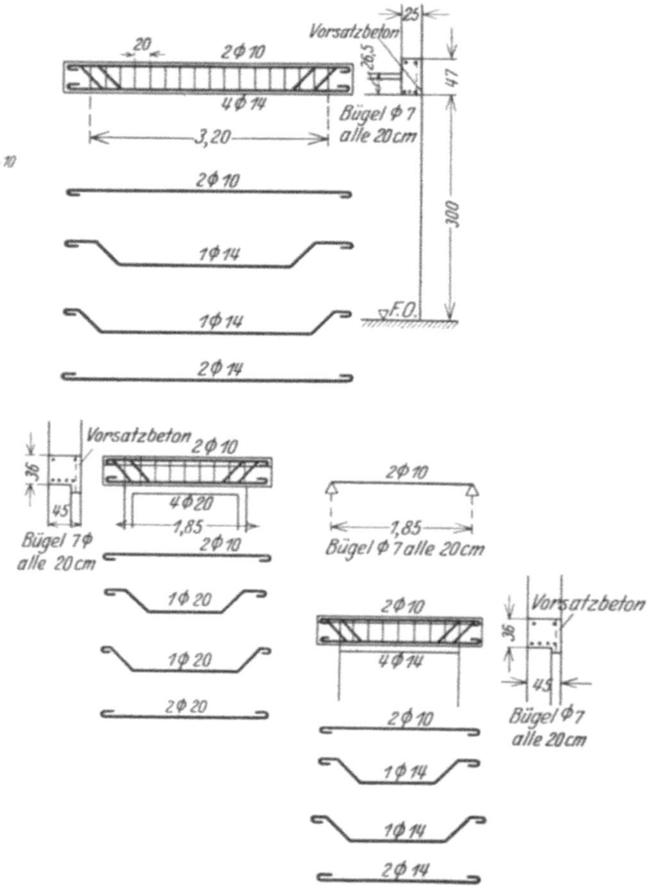

Abb. 109a. Tor- und Fensterstürze (zu Abb. 109).

Stallgebäude ist für 100 Haupt Milchvieh und 60 Haupt Jungvieh bestimmt. Die Rücksicht auf Gewinnung einwandfreier Milch in gesundem Stall sowie die Erzeugung vielen und guten Dunges führten zu dem Vorschlag, den Milchviehstall als Ausdüngestall zu bauen und die Düngererzeugung in einen angebauten Lauftiefstall für Jungvieh zu verlegen, in den mittels Förderbahn täglich der Dung aus dem Milchviehstall verbracht wird (Abb. 112 und 113).

Im Milchviehstall (Abb. 112) stehen an vier Doppeltischen 100 Haupt Milchvieh und vier Bullen. Die Futtertische haben durchlaufende Tränkrinnen mit Schwimmgruppenventilen, Gitter für Einzelfütterung und Spurschienen für Futterwagen. Der Kälberstall ist aus besonderen Gründen nicht als eigener Raum erbaut, sondern es sind

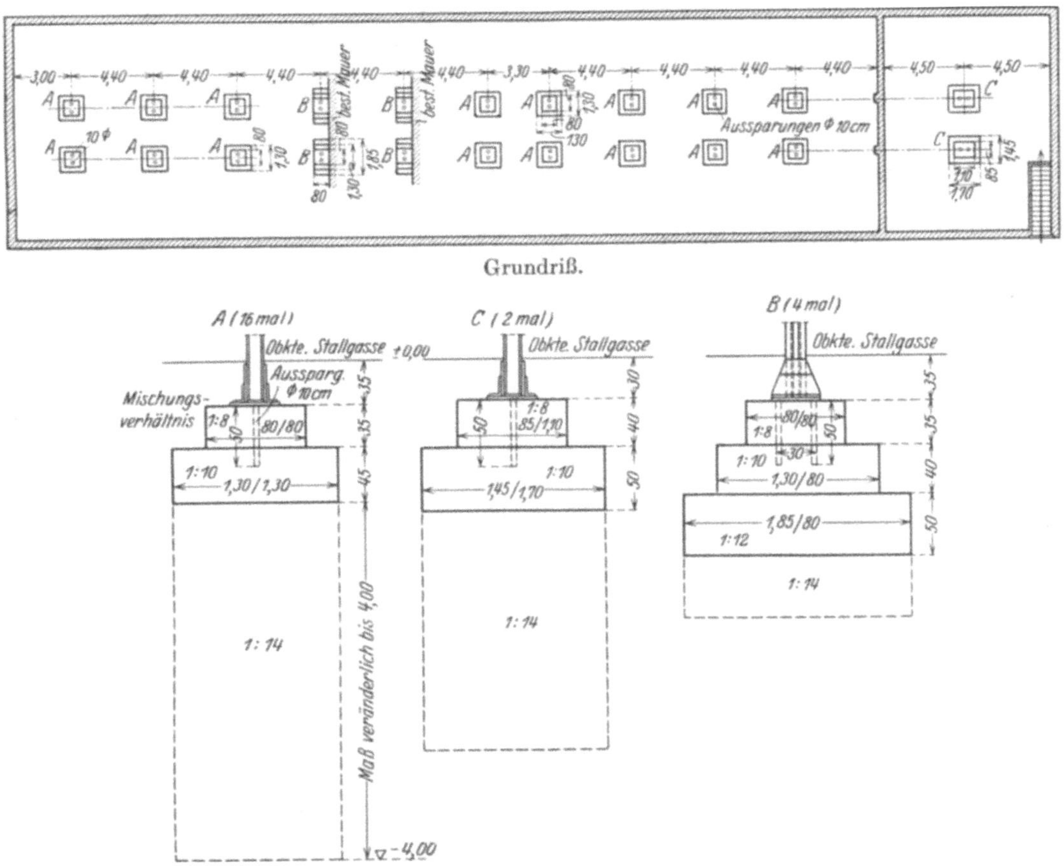

Abb. 111. Stallgebäude Rittergut Weicha. Stützenfundamente.

am linken Giebelende Kälberbuchten abgeteilt. Die Buchten sind in der Größe beliebig unterteilbar. In einem Vorbau liegt quer vor dem Viehstall die Futterdiele. Eine Durchfahrt trennt sie von drei Grünfutterbehältern, die aus stahlbewehrtem Mauerwerk errichtet sind. Über der Futterdiele (Abb. 112 und 114) lagert Kraftfutter sowie Kaff und Häcksel. Die Häckselmaschine steht über der Durchfahrt. Sie dient gleichzeitig zum Häckseln des Grünfutters, das ihr durch einen fahrbaren Höhenförderer durch die Luke über der Einfahrt zugeführt wird. Unter der Futterdiele und einem Teile der Durchfahrt liegt der Rübenkeller mit Rübenwäsche (Abb. 112). Die gewaschenen Rüben fördert ein Becherwerk zum Rübenschneider in der Futterdiele. Heu- und Strohabwürfe an den Längsseiten des Stalles dienen zum Herabwerfen des Rauhfutters und Streustrohs vom Stallboden. Die Schächte sind zum Stall hin dunstsicher abgeschlossen. Der Milchkeller liegt unter der Futterdiele (Abb. 112).

Der Jungviehlaufstall (Abb. 113) ist durch bewegliche Krippen in vier Abteilungen geteilt, von denen jeweils drei mit Vieh besetzt sind, während die vierte zur Unterbringung des Mistes dient, der aus dem Ausdüngestall mit einer Düngerdrahtseilbahn herangefahren wird. Es wird so möglich, den Dung ungestört einzubringen und gleichmäßig verteilt zu stapeln. Die Krippen sind in der Längsrichtung verfahrbar und leicht in der Höhe verstellbar. Eine kurze Endkrippe dient als Tränkkrippe. Die Beschickung der begehbaren Krippen erfolgt von dem verlängerten Seitenfuttergang aus. Dort, wo Tore liegen, ist der Gang als Doppelklappe ausgebildet.

Die Jauche aus dem Milchviehstall wird an den Enden der Gänge gesammelt und durch Tonrohrleitung in den Jungviehstall geführt. Soweit sie hier nicht von der reichlichen Einstreu aufgesogen wird, muß sie in einem Jauchebehälter gesammelt werden.

Für die Belichtung sorgt ein Kranz um das Gebäude herumlaufender Kippfenster. Für die Lüftung ist unmittelbar unter der Decke ein Ring von Drainröhren eingebaut. Lüftungsöffnungen in den Unterzügen (s. später) unmittelbar unter der Decke verhindern, daß die verbrauchte Luft sich zwischen den Unterzügen festsetzen kann. Im Dachraum über Milchvieh- und Jungviehlauf-

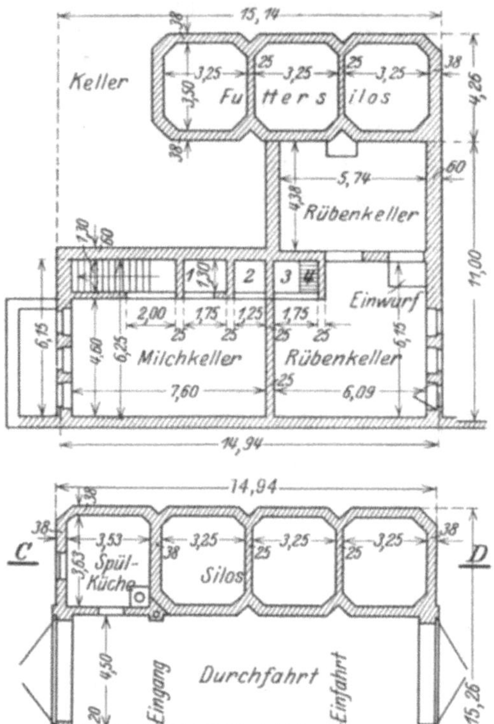

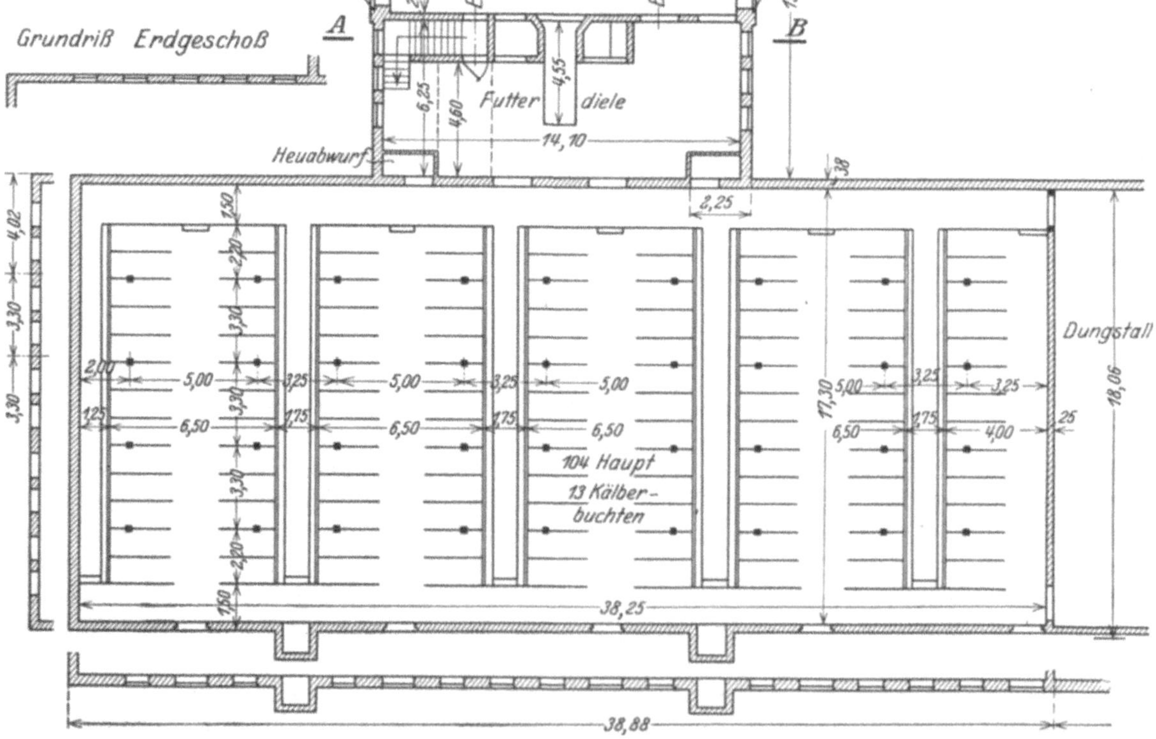

Abb. 112. Viehstall Rittergut Cummerow (Bez. Regenwalde, Pommern). Grundriß, Erdgeschoß und Keller (des Vorbaues). (Ausführung: Hermann Scholl, Stettin.)

stall ist Raum zur Unterbringung des gesamten Bedarfs an Rauhfutter und eines großen Teiles Streustroh. Beides wird durch den eingebauten Schräg- und Längsförderer von der Durchfahrt aus bzw. durch Förderluken an den Giebeln eingebracht.

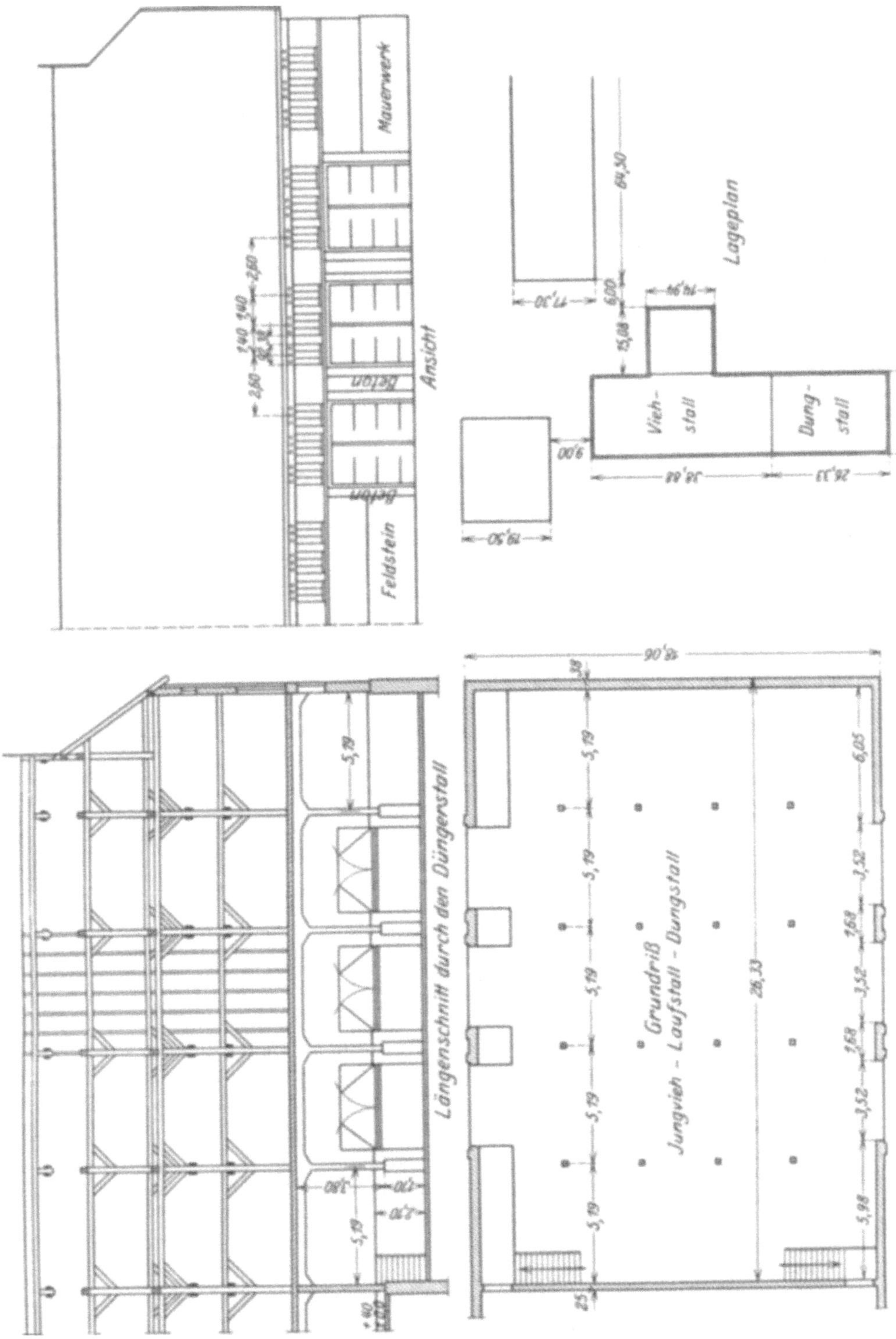

Abb. 113. Viehstall Rittergut Cummerow. Jungviehlaufstall (Dungstall). Grundriß, Längenschnitt und Ansicht.

Die Decke des Stalles samt Stützen sind in Eisenbeton und Hohlsteinen ausgeführt (Abb. 115).

Das Haupttragwerk besteht aus vier Eisenbetonunterzügen (Plattenbalken) im Abstand von 3,30 m, die auf Eisenbetonstützen in 3,25 m bzw. 5,0 m Entfernung gelagert

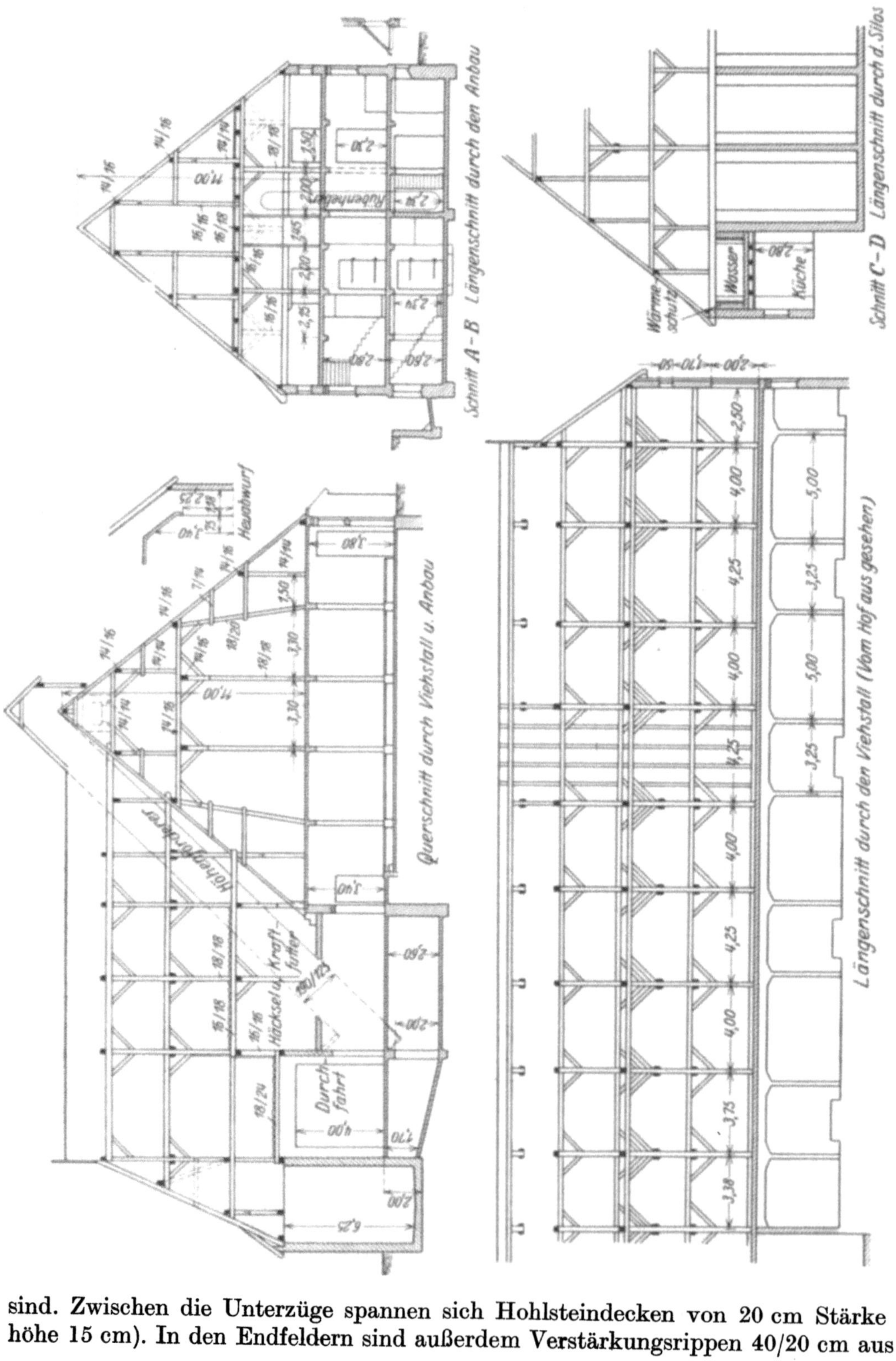

Abb. 114. Viehstall Rittergut Cummerow. Längenschnitte und Querschnitt durch Viehstall und Anbau. (Vgl. auch Abb. 112.)

sind. Zwischen die Unterzüge spannen sich Hohlsteindecken von 20 cm Stärke (Steinhöhe 15 cm). In den Endfeldern sind außerdem Verstärkungsrippen 40/20 cm aus Eisenbeton angeordnet. Die 50 cm hohen Unterzüge (Rippenbreite 20 cm) schließen mit 25 cm hohen Abschrägungen (Vouten) an die Stützen von 20/35 cm Querschnitt an.

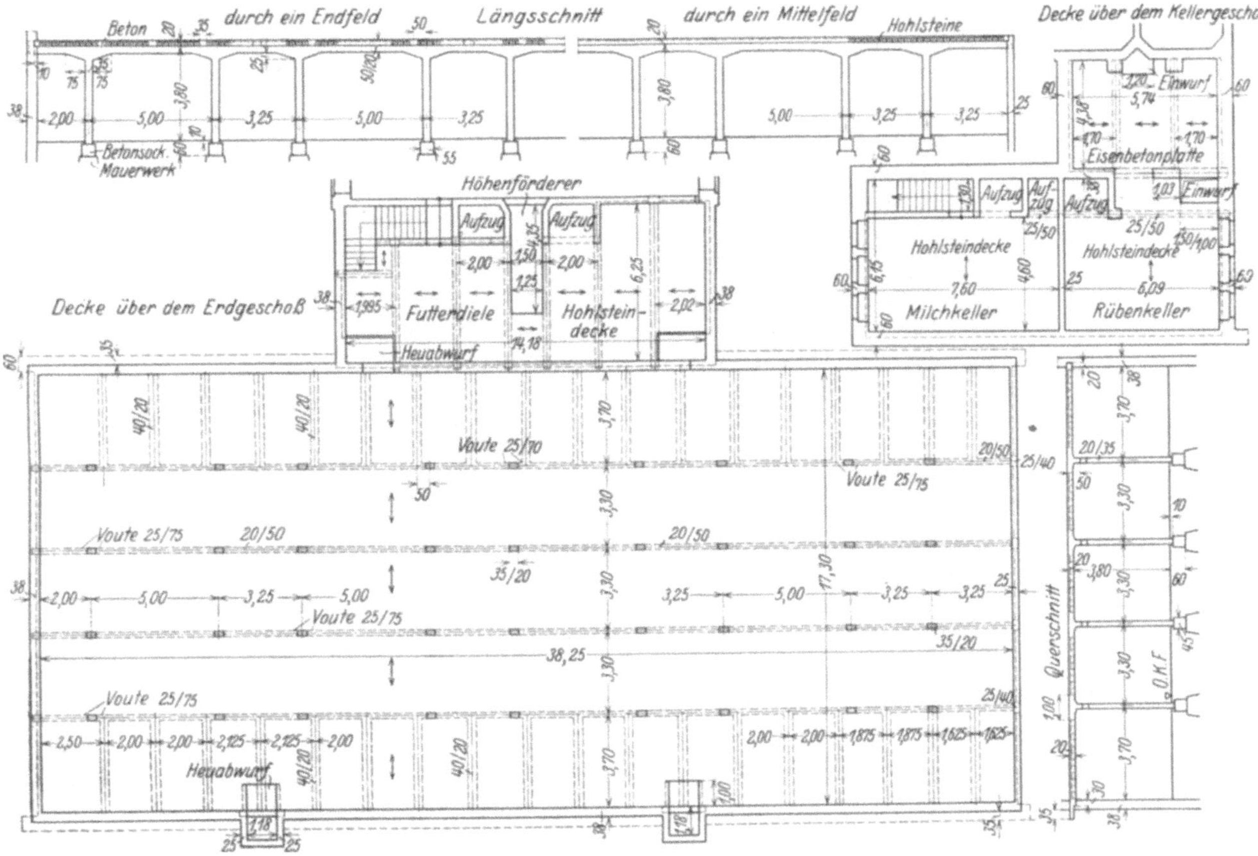

Abb. 115. Viehstall Rittergut Cummerow. Ausbildung der Steineisendecken zwischen Eisenbetonunterzügen.

Auch die Decken des Anbaues sind als Hohlsteindecken ausgeführt mit Ausnahme der Decke über dem Rübenkeller (Durchfahrt), die durch eine 15 cm starke Eisenbetonplatte zwischen Rippen (Plattenbalkendecke) gebildet ist (Abb. 115).

Abb. 116. Viehstall Cummerow. Blick in den Milchviehstall mit Düngerbahn.

Die Ausbildung der hölzernen Dachkonstruktion geht aus den Abb. 113 und 114 hervor. Wie schon angedeutet, ist hier ein Längsförderer eingebaut.

Im Anbau ist noch eine hölzerne Zwischendecke angeordnet.

Abb. 116 und 117 geben Innenansichten des Milchvieh- und Jungviehlaufstalles, und Abb. 118 zeigt eine Außenansicht des Stallgebäudes von Nordosten.

Abb. 117. Viehstall Cummerow. Blick in den Jungviehlaufstall. Bewegliche Krippen teilen die einzelnen Jahresklassen ab.

g) Viehhaus Rittergut Wendorf bei Brüel (Meckl.), ausgeführt 1928 durch die Firma Ludwig Lange G. m. b. H., Lübeck. Der ursprüngliche, von Regierungsbaumeister Cords, Parchim, bearbeitete Entwurf hat für die Ausführung geringe Änderungen erfahren.

Abb. 118. Viehstall Cummerow. Milchviehstall mit Futterdielenanbau von Nordosten aus gesehen.

Die allgemeine Anordnung geht aus den Abb. 119 und 120 hervor. Der mittlere Teil des Gebäudes umfaßt den Rindviehstall für 72 Haupt in Querstellung, an den sich rechts, getrennt vom Milchviehstall, ein Lauf- und Düngerstall für Jungvieh anschließt. Zur linken Seite folgt ein Kälberstall, der ebenfalls vom Milchviehstall gänzlich getrennt ist, und dann eine Abteilung mit Schweinebuchten.

Der Anbau enthält Nebenräume; er ist unterkellert (Milch-, Rüben- und Kühlkeller) und besitzt ferner ein Obergeschoß für Kraftfutter.

Der Heu- und Futterboden über dem Stall wird durch einen Höhenförderer, der in der Durchfahrt des Anbaues beginnt, beschickt; im Bodenraum ist ein Längsförderer angeordnet.

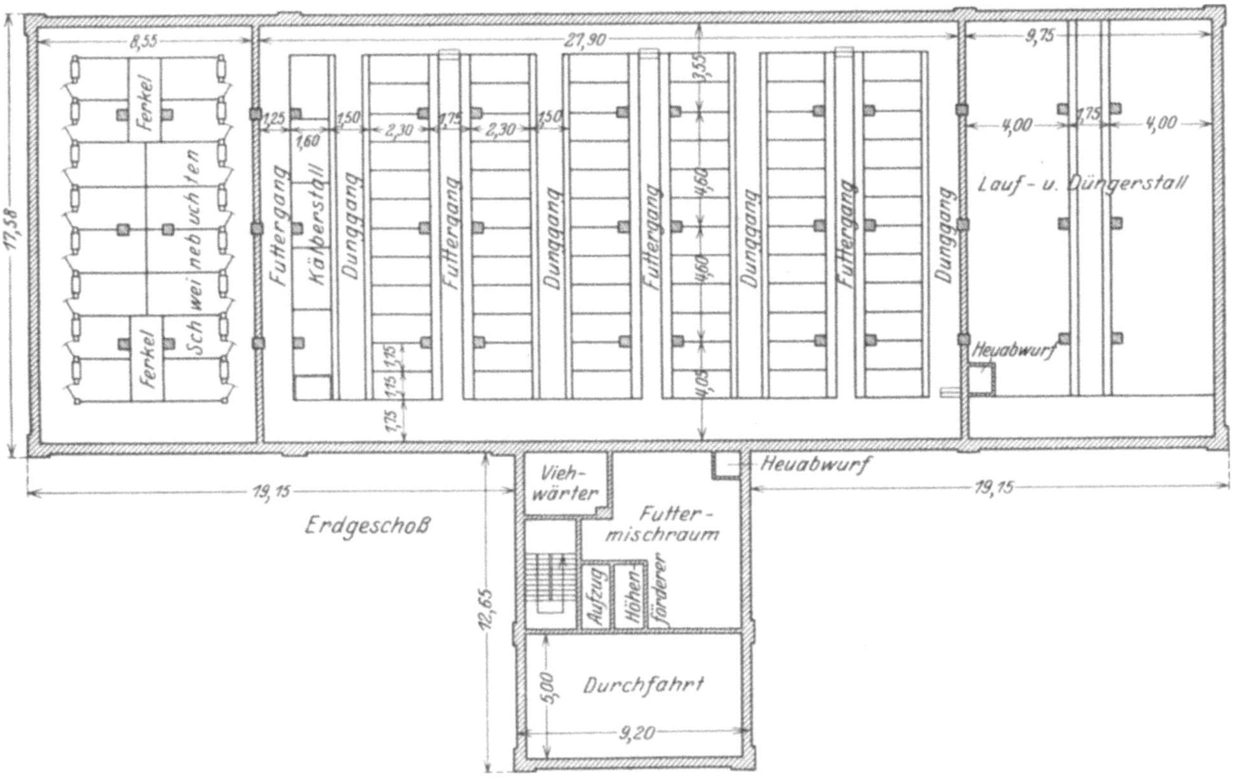

Abb. 119. Viehhaus Rittergut Wendorf bei Brüel in Meckl. Grundriß. (Ausführung: Ludwig Lange G. m. b. H. Lübeck.)

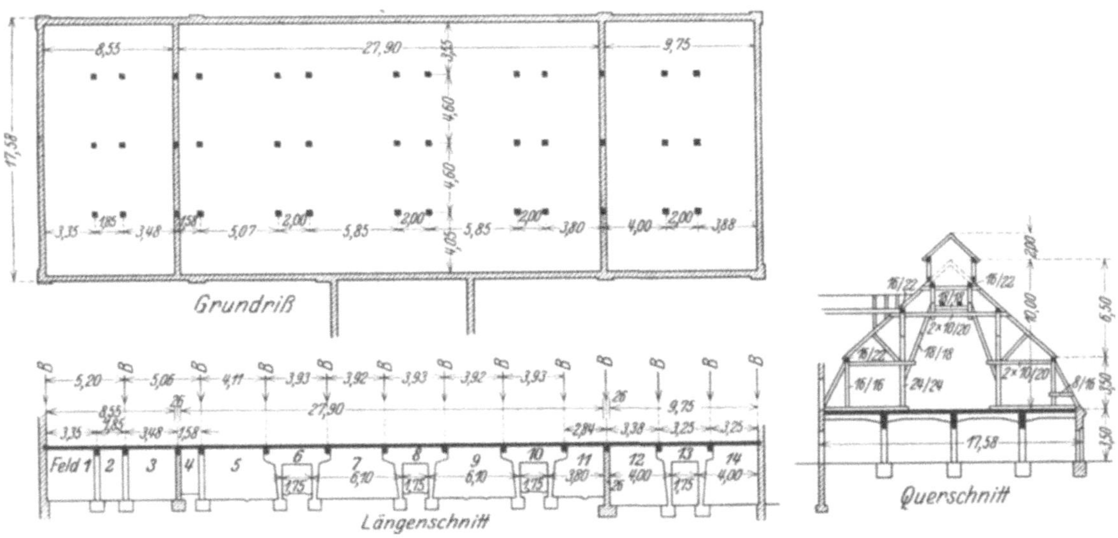

Abb. 120. Viehhaus Wendorf. Allgemeine Anordnung der Deckenkonstruktion mit Querschnitt durch das Viehhaus.

Stützen und Deckenbalken bestehen aus Eisenbeton (Abb. 121); zwischen die als Plattenbalken ausgebildeten querlaufenden Deckenträger sind Hohlsteindecken mit 15 cm

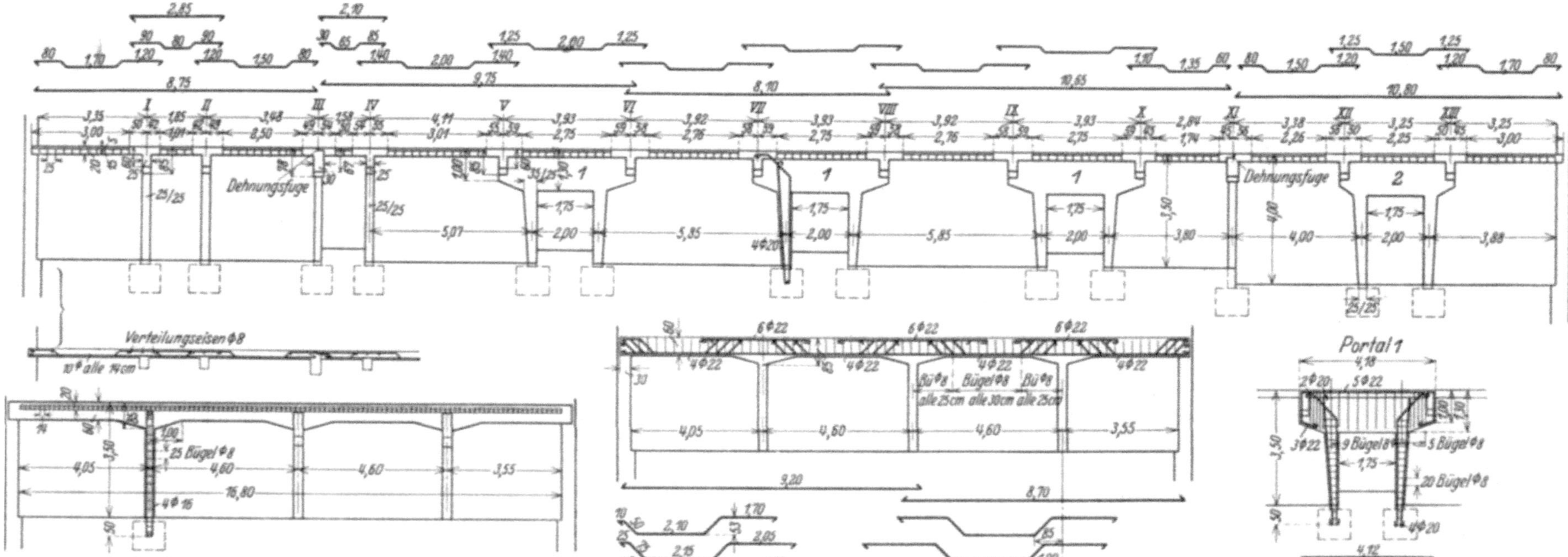

Deckenbalken *I—II, IV—X* u. *XII—XIII.*

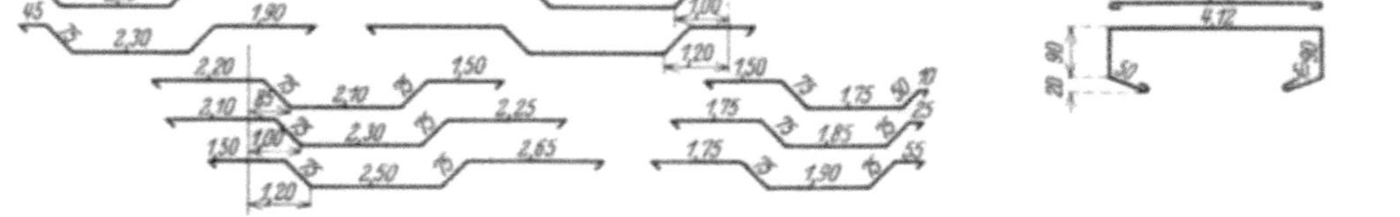

Abb. 121. Viehhaus Wendorf. Ausbildung der Hohlsteindecken zwischen Plattenbalken und der Portalstützen.

Längsansicht.

Ansicht gegen Giebel und Vorbau.

Abb. 122. Viehhaus Wendorf. Ansichten.

Steinhöhe angeordnet. Die Deckenbalken sind auf Unterzügen gelagert, die im Viehstall mit den Stützen zu Portalkonstruktionen vereinigt sind. Die Stützenstellung ergab sich aus dem Wunsche des Bauherrn, die Stützen an die Krippen heranzurücken.

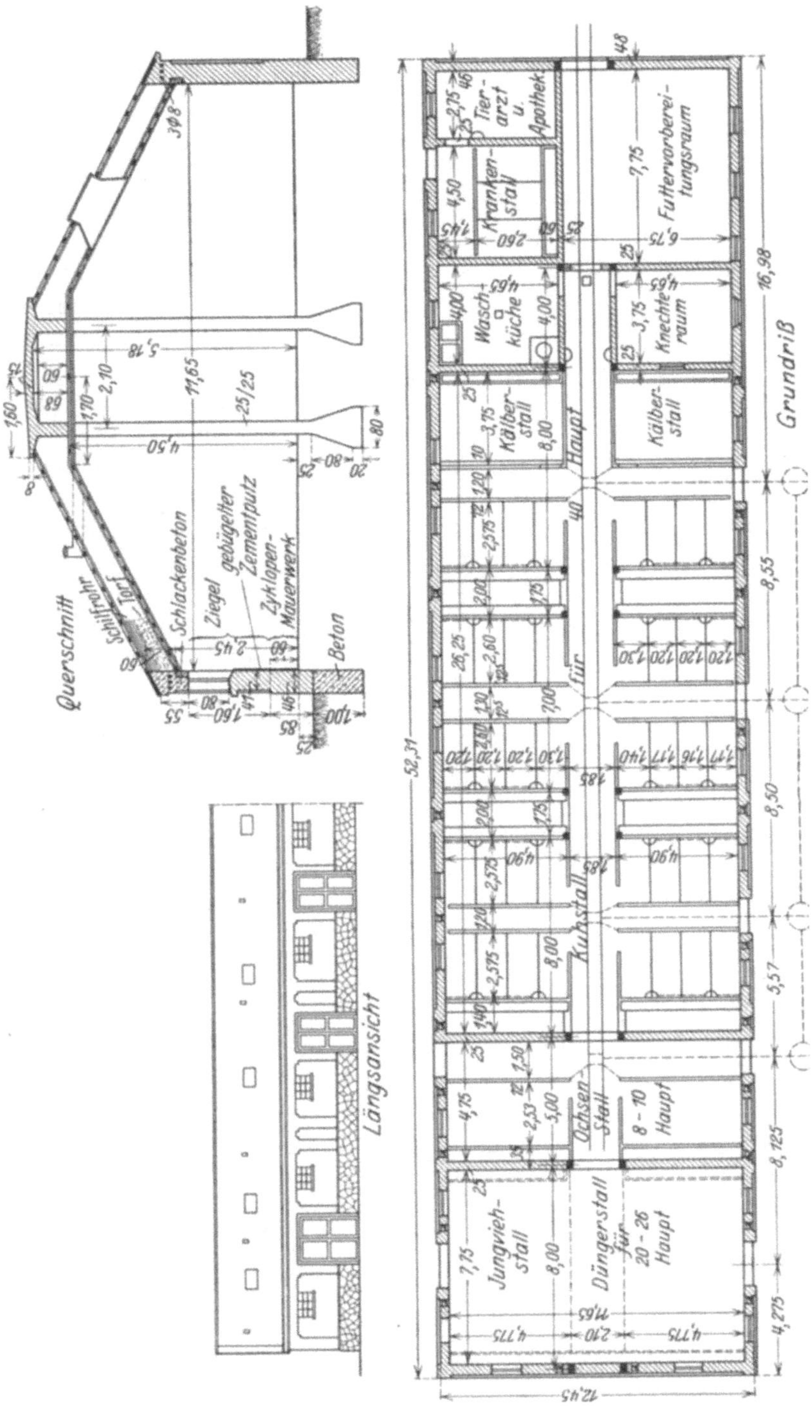

Abb. 123. Stallgebäude für die ungarische Ackerbauschule in Kehidai. Allgemeine Anordnung. (Ausführung Wayss & Freytag A.-G., Budapest.)

Die Dachkonstruktion ist in Holz ausgeführt (Abb. 120), und zwar in der Weise, daß im mittleren Teil der Binder eine Durchfahrt von etwa 6 m bleibt. Die Stiele stehen auf querliegenden Schwellen und tragen mittels Kopfstreben die äußeren Pfetten 16/22, die

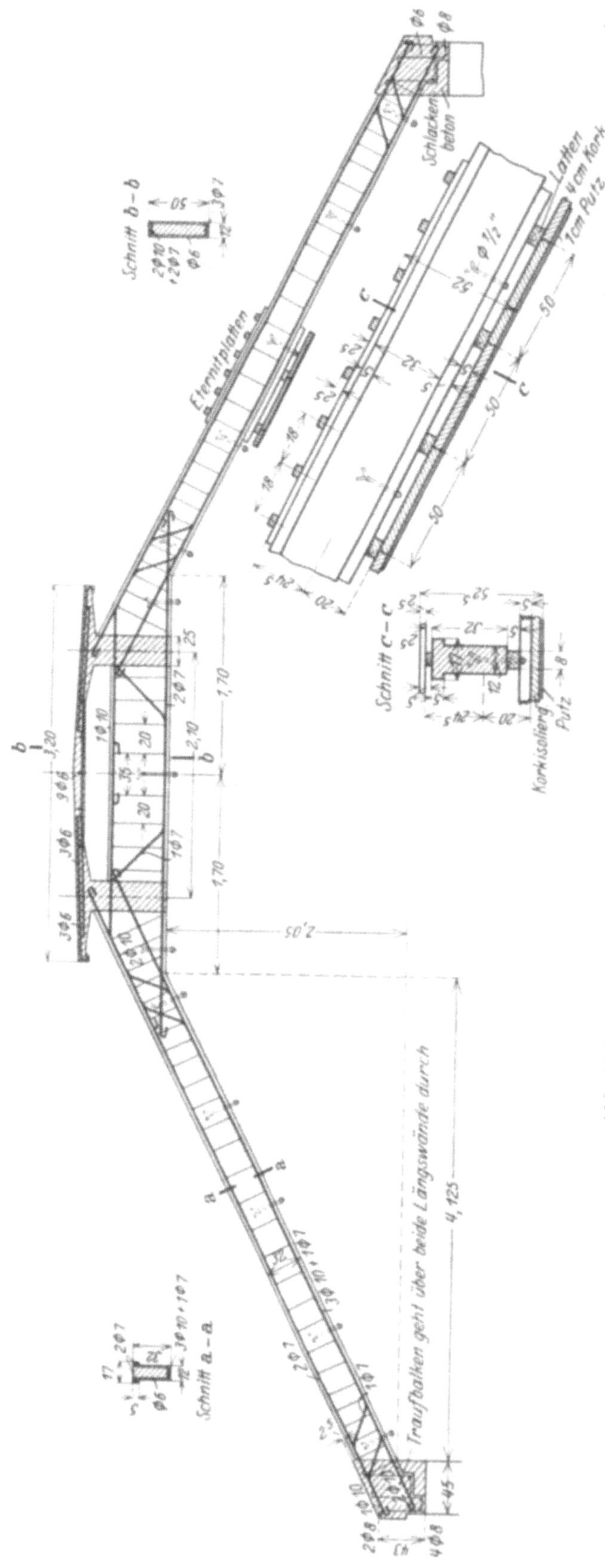

Abb. 124. Stallgebäude Kehidai. Einzelheiten der Dachkonstruktion.

die Sparren mit der Ziegeleindeckung aufnehmen. Die beiden Pfetten in der Höhe des Firstes sind durch eine Sprengkonstruktion nach den Mittelstielen abgestützt. An dieser Stelle ist auch der Längsförderer eingebaut.

Die Einzelheiten der Deckenkonstruktion gehen aus Abb. 121 hervor.

Die Umfassungswände sind als Ziegelrohbau ausgeführt und das Dach ist mit Pfannen eingedeckt. Zahlreiche hochgelegene Fenster erhellen und durchlüften den Bau.

Abb. 122 zeigt Längs- und Giebelansicht.

h) Stallgebäude für die ungarische Ackerbauschule in Kehidai, ausgeführt von der Firma W a y s s & F r e y t a g A.-G., Budapest (Abb. 123).

Dieses Stallgebäude ist dadurch bemerkenswert, daß es keinen Futterboden besitzt. Die Dachkonstruktion, die in Eisenbeton hergestellt ist, ist vielmehr gegen Kälte besonders isoliert (s. später).

Wie Abb. 123 zeigt, besitzt das Gebäude rechteckigen Grundriß. Die Länge beträgt 52,31 m, die Breite 12,45 m, die Traufhöhe 3,00 m und die Scheitelhöhe über Gelände 5,60 m. Die Wände bestehen unten aus Zyklopenmauerwerk, oben aus 1½ Stein starkem Ziegelmauerwerk; das Fundament ist als Betonbankett ausgeführt.

Das Tragwerk des Daches ist, wie bemerkt, aus Eisenbeton hergestellt. Über den beiden Längswänden gehen Traufbalken durch, die in Abständen von 1 m Eisenbetonsparren von 12 × 32 cm Querschnitt aufnehmen (Abbild. 124). In der Nähe des Dachfirstes ruhen sie auf Längsunterzügen, die wieder durch zwei Reihen Eisenbetonsäulen von

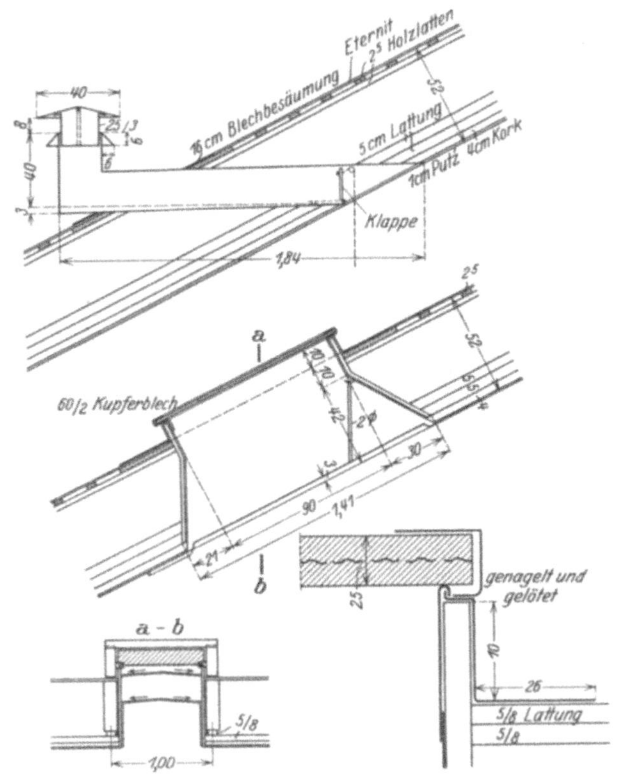

Abb. 125. Stallgebäude Kehidai. Anordnung der Lüftungsrohre und Dachfenster.

25×25 bzw. 25×38 cm (Giebelwände) gestützt werden (Abb. 123). Letztere stehen in Abständen von 8,0, 5,0, 1,75 und 4,0 m und sind so angeordnet, daß sie in Querwände bzw. an Krippen zu stehen kommen, so daß sie möglichst wenig hinderlich sind. Über die in Abständen von 2,10 m angeordneten Längsunterzüge von 25×75 cm Querschnitt, die den mittleren Längsgang nach oben begrenzen, ist eine Eisenbetonplatte von 3,20 m Breite und 8 cm mittlerer Stärke gelegt, die nach beiden Seiten je 42 cm vorkragt (Abb. 126).

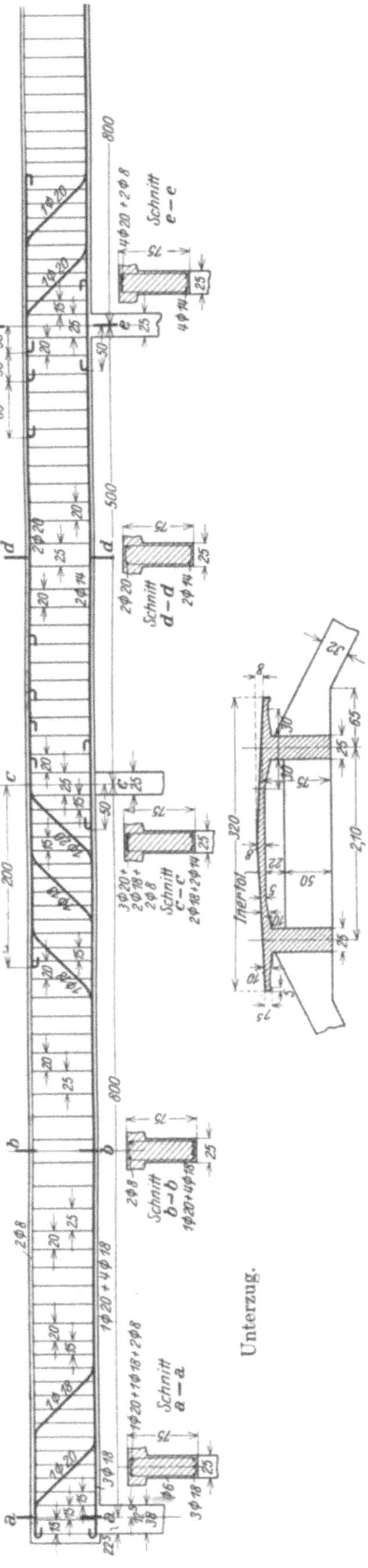

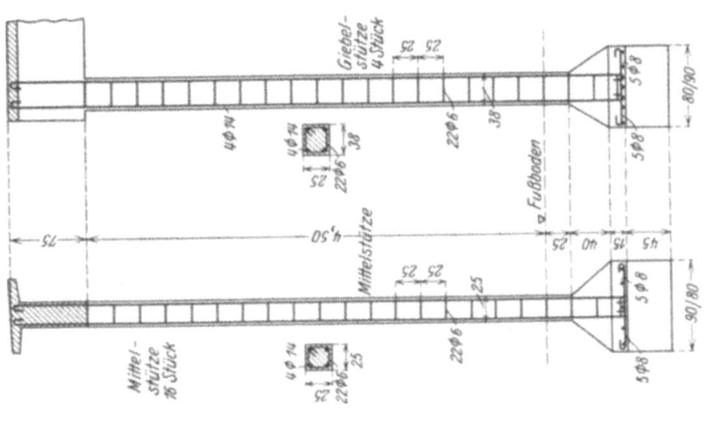

Abb. 126. Stallgebäude Kehidai. Einzelheiten der Unterzüge und Stützen.

Die zwischen den Sparren angeordnete 40 cm dicke Isoliermasse, die unten aus Torf, oben aus Schilfrohr besteht, ruht auf 4 cm starken Korkplatten, die von einer Lattung 5/8 cm getragen werden. Diese Lattung ist auf anderen Latten 5 × 8 cm befestigt (Abb. 124), die unter den Eisenbetonsparren liegen und mit diesen durch einbetonierte Rundeisen verbunden sind. Die Oberseite der Sparren ist durch eine Holzlattung (Lattenabstand 18 cm) mit Eternitplattenbelag abgeschlossen. Die Korkplatten tragen einen 1 cm starken Putz.

Die Lüftung erfolgt durch eingebaute Lüftungsrohre aus Blech, die innen durch eine Klappe verschließbar sind (Abb. 125). Für die Beleuchtung sind eiserne Fenster angeordnet.

Einzelheiten der Unterzüge und Stützen sind in Abb. 126 dargestellt.

Abb. 127 gibt Einzelheiten der Krippen, die gleichfalls aus Beton bestehen, ferner eine Einzelheit der Schiebetore.

Abb. 128 zeigt einen Blick in den Stall und Abb. 129 die Außenansicht des Gebäudes, dahinter einen Kornspeicher mit anschließender Scheune.

III. Pferdeställe.

Wie schon früher angedeutet, kommt bei der Anlage von Ställen nicht immer eine Trennung nach Tiergattungen in Betracht, da der Wirtschaftsbetrieb, die Ortsverhältnisse und die Geldmittel es zuweilen wünschenswert erscheinen lassen, verschiedene Tiergattungen, also auch den Pferdestall in einem Stallgebäude unterzubringen. Auf größeren Gütern oder in Gestüten, also zu Zuchtzwecken, wird sich ein besonderes Pferdestallgebäude als zweckmäßig und wirtschaftlich erweisen.

Die Hauptseite des Stalles ist die Hofseite. Diese wird man in kalten Gegenden möglichst nach Süden oder Südosten, in wärmeren Gegenden wegen der Fliegenplage nach Norden oder Osten legen.

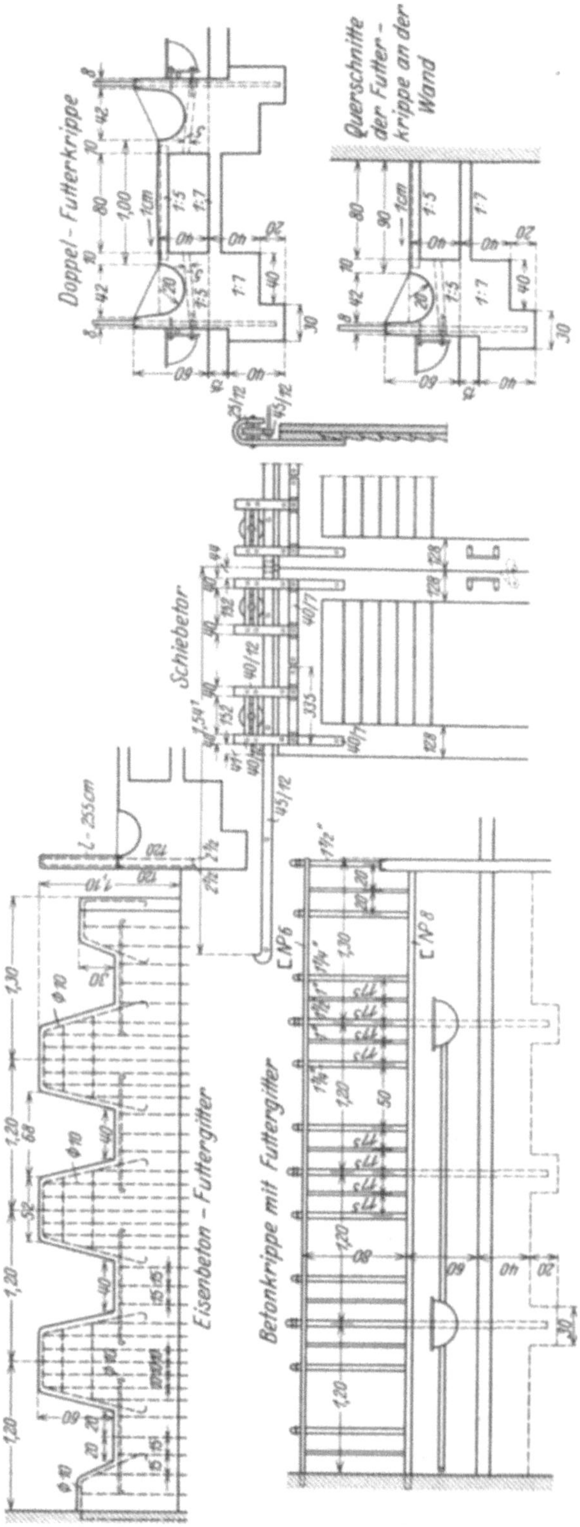

Abb. 127. Stallgebäude Kehidai. Einzelheiten der Eisenbetonkrippen und Schiebetore.

Bezüglich des Raumbedarfs (Standbreite und Standlänge) für Pferde möge auf die

„Anweisung für Domänenbauten“ (A. f. D.)[1] ferner auf die Angaben von Engel-Noack[2] verwiesen werden.

Die lichte Stallhöhe schwankt im allgemeinen zwischen 2,75 und 4,5 m, in Ausnahmefällen kann sie auch bis 5 m betragen.

Bei niedrigen Ställen, die sich besser warm halten lassen als hohe und die noch den Vorteil haben, die Dachböden bequem zugänglich zu haben, ist für gute Lüftung zu sorgen.

Abb. 128. Stallgebäude Kehidai. Innenansicht des Stalles.

Die Aufstellung der Pferde nach Längs- oder Querrichtung (Tiefe) hängt von ihrer Anzahl ab. Bei Aufstellung in einer Längsreihe (Abb. 130), stehen die Pferde, die an den Augen gegen Sonnenlicht und Zugluft sehr empfindlich sind, mit den Köpfen nach der Hinterseite, wo die Fenster fehlen. Die lichte Stalltiefe beträgt dann 4,5 bis 5,0 m.

Bei Aufstellung in zwei Längsreihen (Abb. 131), die bei großer Pferdezahl über-

Abb. 129. Stallgebäude Kehidai von außen gesehen, hinten Kornspeicher mit anschließender Scheune.

sichtlicher als in einer Längsreihe ist, ist die lichte Stalltiefe je nach der Stallgassenbreite 8 bis 11 m.

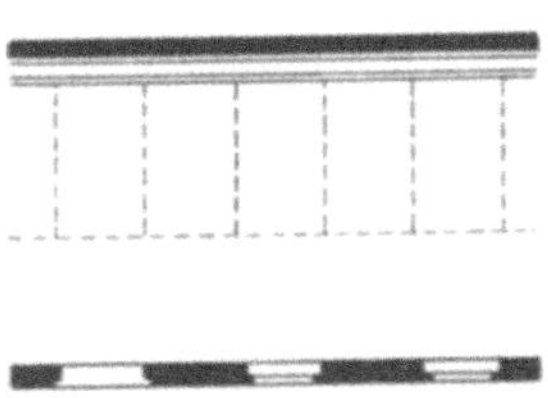

Abb. 130. Aufstellung in einer Längsreihe.

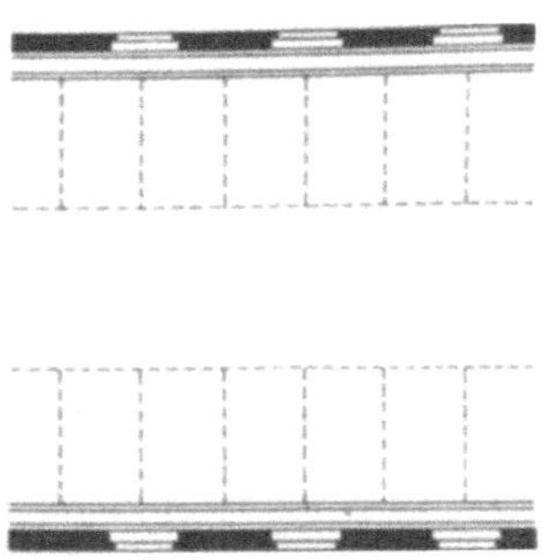

Abb. 131. Aufstellung in zwei Längsreihen.

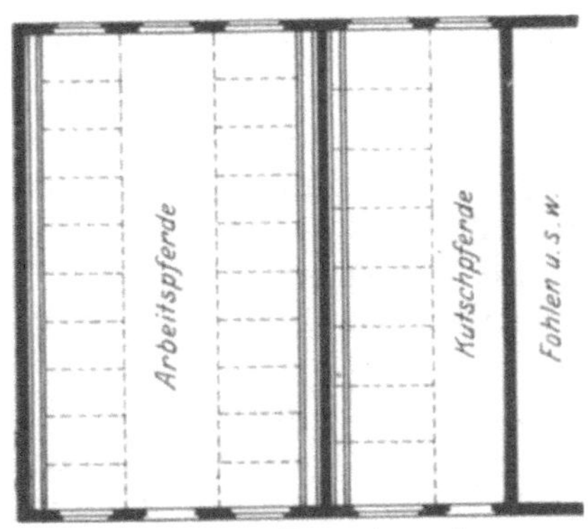

Abb. 132. Aufstellung in mehreren Querreihen.

[1] Anweisung für Domänenbauten, 3. Aufl. Berlin: Paul Parey 1916.

[2] Engel-Noacks Handb. des landwirtschaftl. Bauwesens, 11. Aufl., S. 269. Berlin: Paul Parey 1923. Die Abb. 130 bis 132 sind aus diesem Werk entnommen.

Die Fenster werden dann möglichst nahe der Stalldecke, also über den Pferdeköpfen, angeordnet; sie sollen niedrig und breit sein. In Ställen ohne Futterboden ist auch Deckenbeleuchtung zweckmäßig.

Die Aufstellung nach der Tiefe des Stalles kann in mehreren einzelnen und doppelten Querreihen (mit dem Rücken gegeneinander) erfolgen (Abb. 132). Hierbei werden Arbeits-, Kutsch-, Reitpferde und Fohlen in einzelnen durch Scheidewände

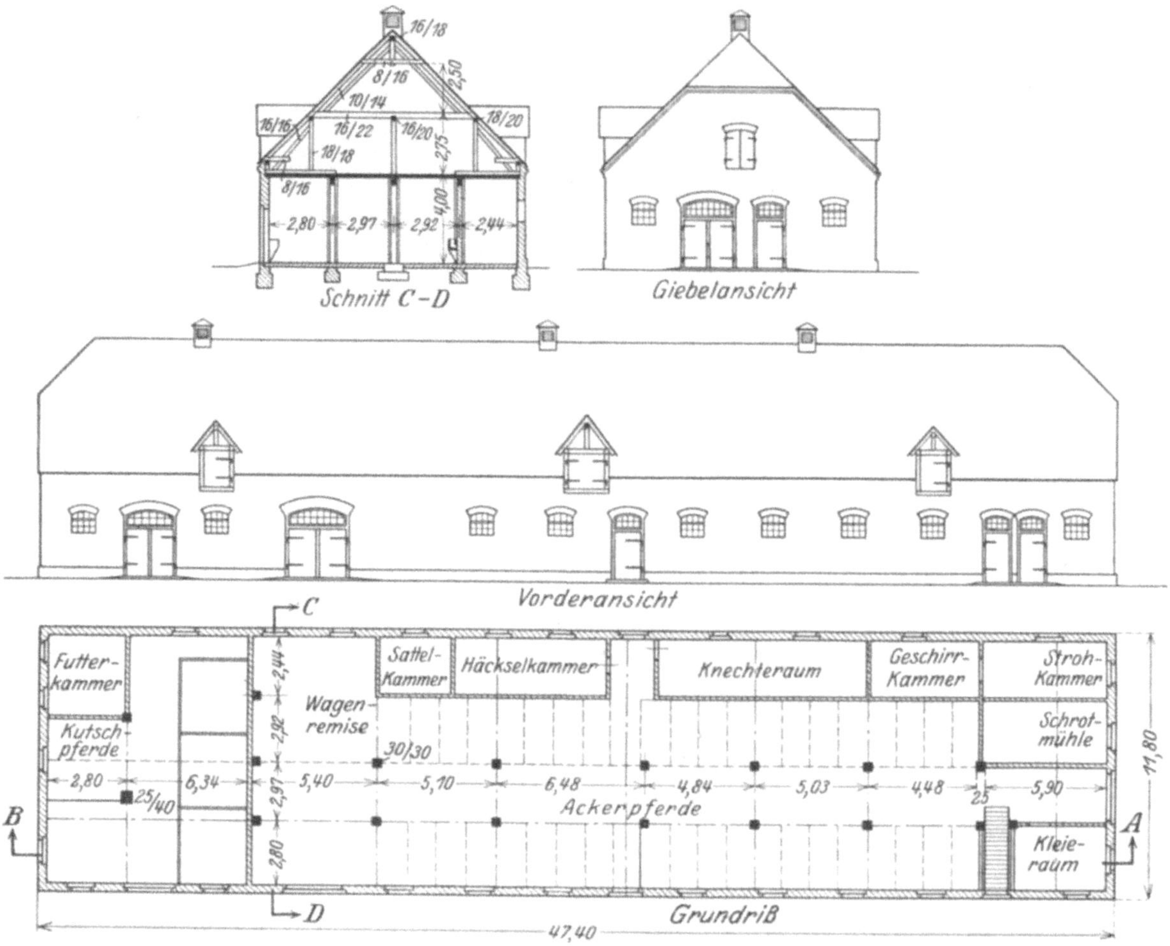

Abb. 133. Pferdestallgebäude auf Gut Krönnewitz. Allgemeine Anordnung. (Ausführung: „Cementbau" Gesellschaft für Bauausführungen m. b. H., Berlin.)

abgeteilten Räumen untergebracht. Das von der Seite kommende Licht stört hierbei die Tiere nicht.

Bei der Querreihenstellung beträgt die lichte Stalltiefe etwa 15 bis 22 m. Für sehr tiefe Ställe ist Deckenbeleuchtung (bei fehlendem Futterboden) zweckmäßiger als Seitenlicht.

Für die Raumanordnung ist zu berücksichtigen, daß die zu einem Gespann gehörigen Pferde nicht getrennt voneinander aufgestellt werden sollen.

In West- und Mitteldeutschland bezeichnet ein Gespann 2 schwere Pferde, in Ostdeutschland 4 leichtere Pferde und in einigen Gegenden der Mark Brandenburg besteht ein solches aus 3 Tieren. Für jedes Gespann ist ein Knecht erforderlich.

Die bauliche Ausbildung der Stallbauten soll an einigen neueren Beispielen beschrieben werden, die als selbständige Pferdeställe ausgeführt sind.

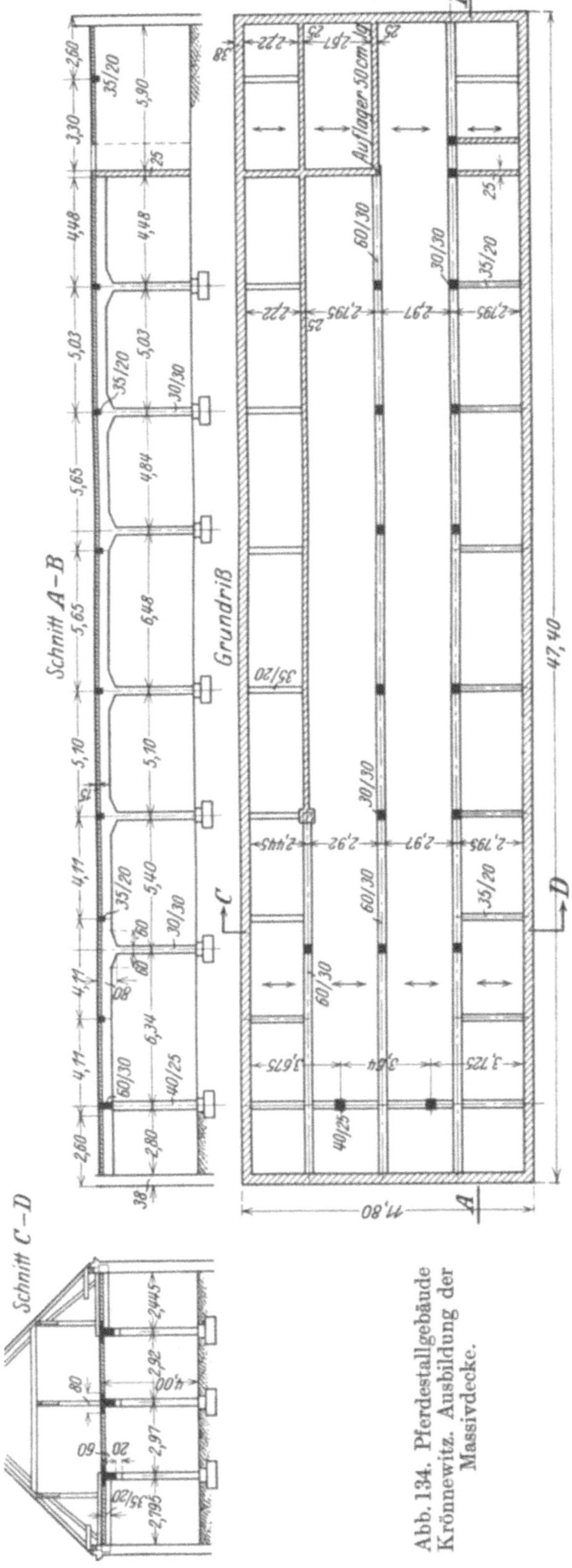

Abb. 134. Pferdestallgebäude Krönnewitz. Ausbildung der Massivdecke.

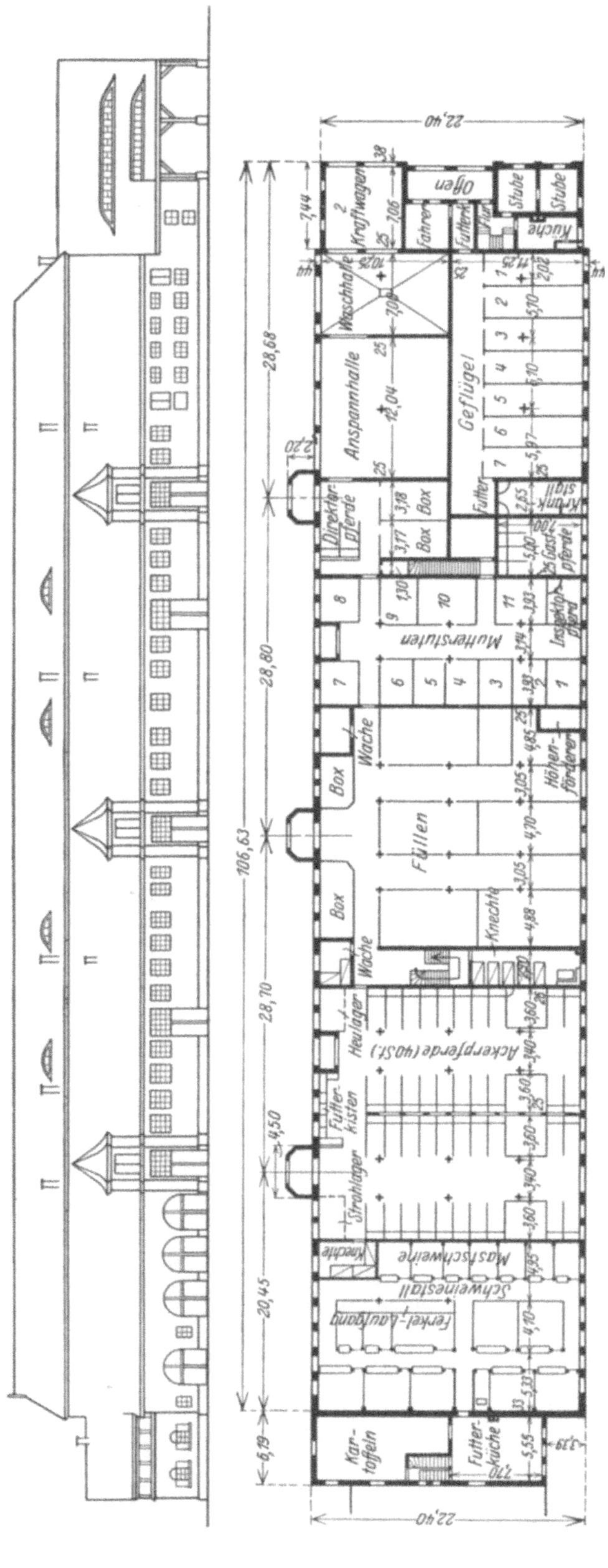

Abb. 135. Pferdestallgebäude auf Rittergut Hahnenmoor (Hann.). Allgemeine Anordnung: Grundriß und Hofansicht. Ausführung: „Cementbau“ Gesellschaft für Bauausführungen m. b. H., Hannover).

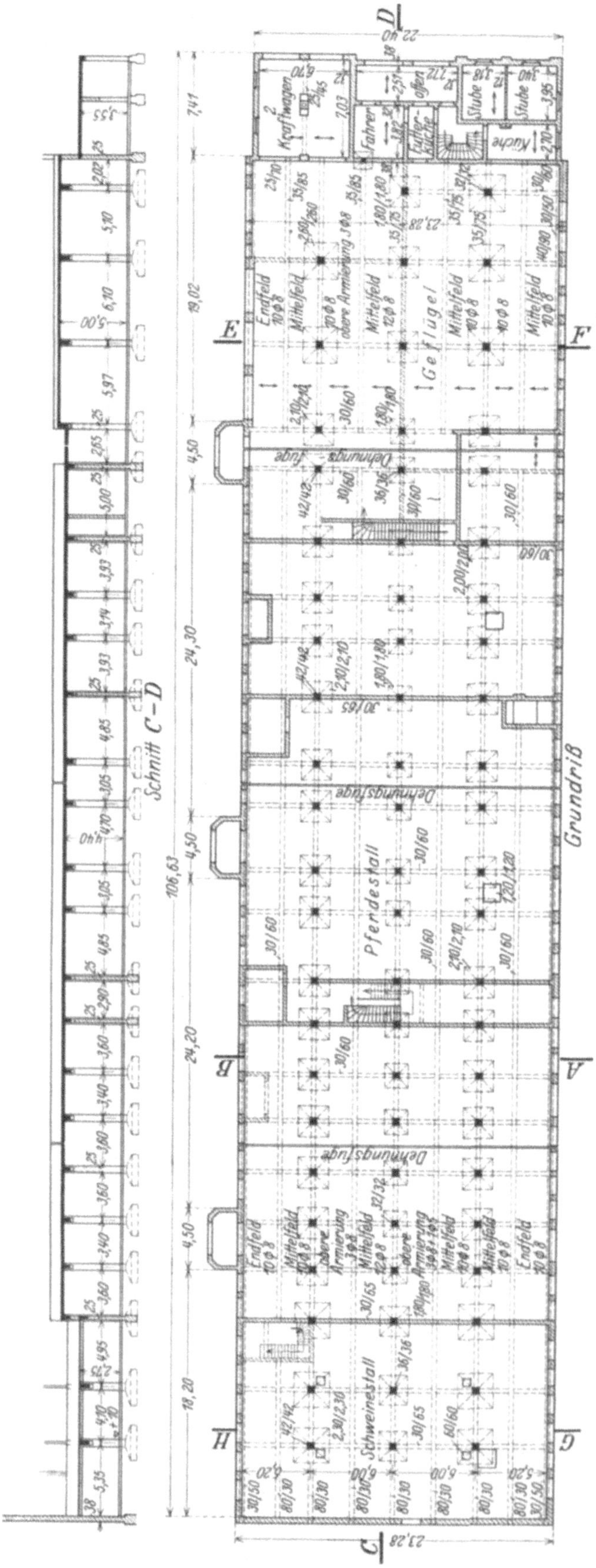

Abb. 136. Pferdestallgebäude Hahnenmoor. Ausbildung der Massivdecken.

a) Pferdestallgebäude auf Gut Krönnewitz, ausgeführt 1923 von der „Cementbau" Gesellschaft für Bauausführungen m. b. H., Berlin. Abb. 133 zeigt die allgemeine Anordnung. Der eigentliche Stall ist massiv, der Heuboden in Holz ausgeführt. Das Gebäude ist 47,4 m lang und 11,8 m breit; die Stallhöhe von Fußboden bis Deckenoberkante beträgt 4 m. Die Decke ist eine Steineisendecke zwischen als Plattenbalken ausgebildeten Längsträgern von 60 cm Höhe und

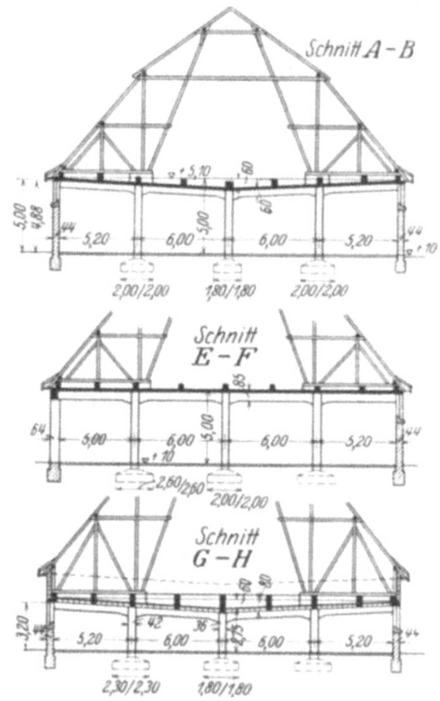

Abb. 136a. Querschnitte zu Abb. 136.

80 cm Druckgurtbreite (Abb. 134). Letztere ruhen auf Eisenbetonstützen von 30×30 cm Querschnitt. In den Wandfeldern sind kurze Querbalken von 20×35 cm Querschnitt zur Aufnahme der Lasten der Dachstiele angeordnet.

b) Pferdestallgebäude mit Schweine- und Geflügelstall auf Rittergut Hahnenmoor (Hannover), ausgeführt 1922/23 von der „Cementbau" Gesellschaft für Bauausführungen m. b. H., Hannover (Abb. 135, 136 u. 136a). Dieses Stallgebäude zeigt ein Beispiel für größere Ver-

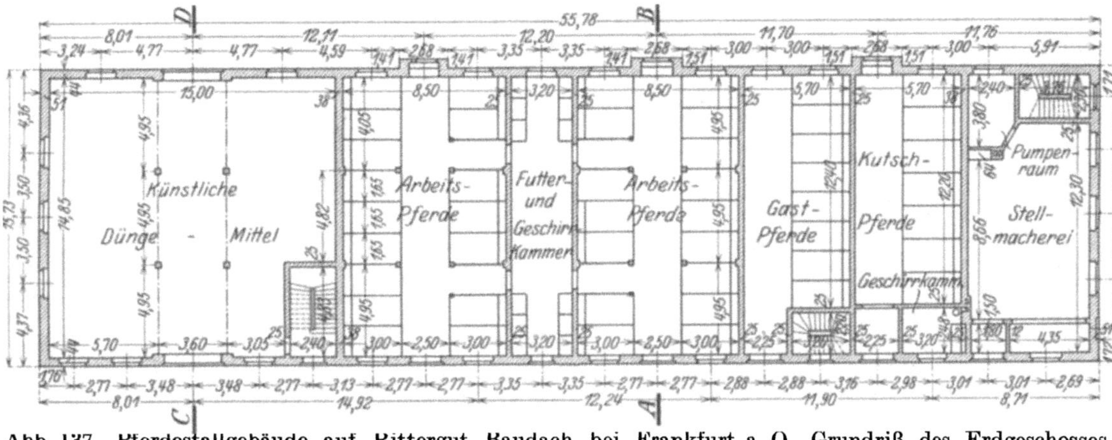

Abb. 137. Pferdestallgebäude auf Rittergut Baudach bei Frankfurt a. O. Grundriß des Erdgeschosses. (Ausführung: A.-G. für Eisenbeton- und Tiefbau, Berlin.)

hältnisse. Es besitzt eine Länge von 106,63 m, wovon auf den Pferdestall rd. 62 m Länge, den Schweinestall rd. 15 m und den Geflügelstall rd. 20 m Länge entfallen, und eine Tiefe von 23,28 m; rechts ist der Teil von rd. 7,4 m Länge für Kraftwagenhalle und verschiedene Nebenräume bestimmt. Die Höhe bis zur Traufe beträgt 5 m.

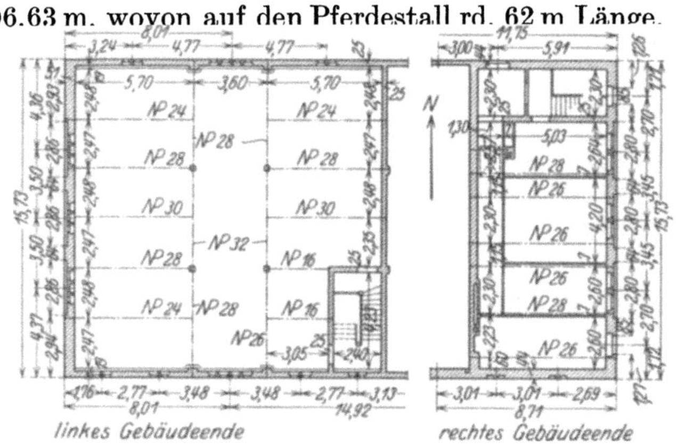

Abb. 138. Pferdestallgebäude Baudach. Grundrisse des Obergeschosses mit darüber befindlicher Trägerlage.

Die Stalldecke im Pferde- und Schweinestall steigt nach beiden Fensterseiten zu nach außen an, um einen Abzug der Dünste schneller zu ermöglichen (Abb. 136a). Deshalb sind auch in der Längsrichtung des Gebäudes Unterzüge vermieden, diese liegen vielmehr als Überzüge (eigentlich Deckenbalken) über der Deckenplatte, während die quer zu den Längswänden laufenden Unterzüge (größter Abstand von 6,10 m im Geflügelstall) dem Abzug der Stalldünste nicht hinderlich sind. Es ergibt sich auf

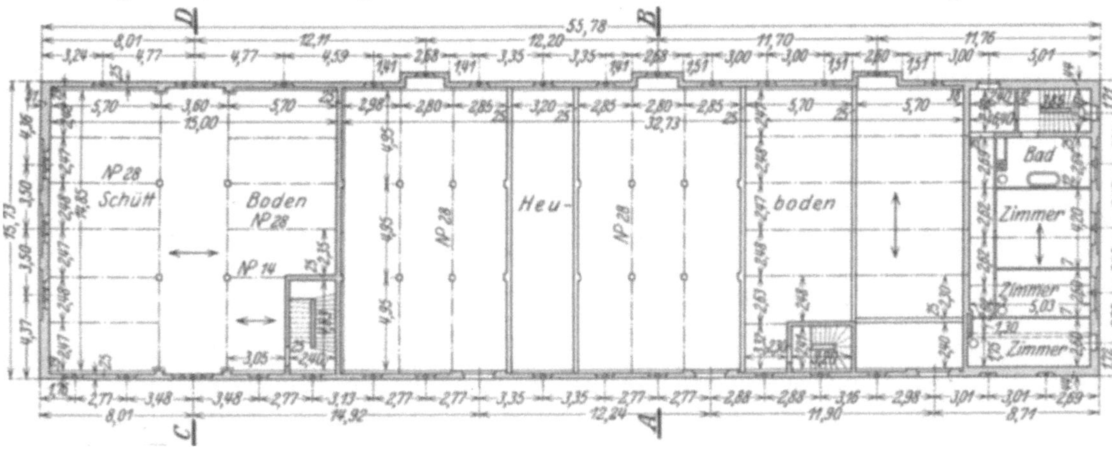

Abb. 139. Pferdestallgebäude Baudach. Grundriß des Dachgeschosses mit Trägerlage über dem Erdgeschoß.

diese Weise die bereits angedeutete nach den Fenstern zu ansteigende ebene Untersicht. Die Fenster gehen deshalb bis unter die Decke, erhalten also keinen Sturz. Die Deckenuntersicht des Geflügelstalles ist waagerecht. Der Stützenabstand beträgt in der Querrichtung 6 m, ihr Abstand von Innenkante Längswand ist 5,20 m.

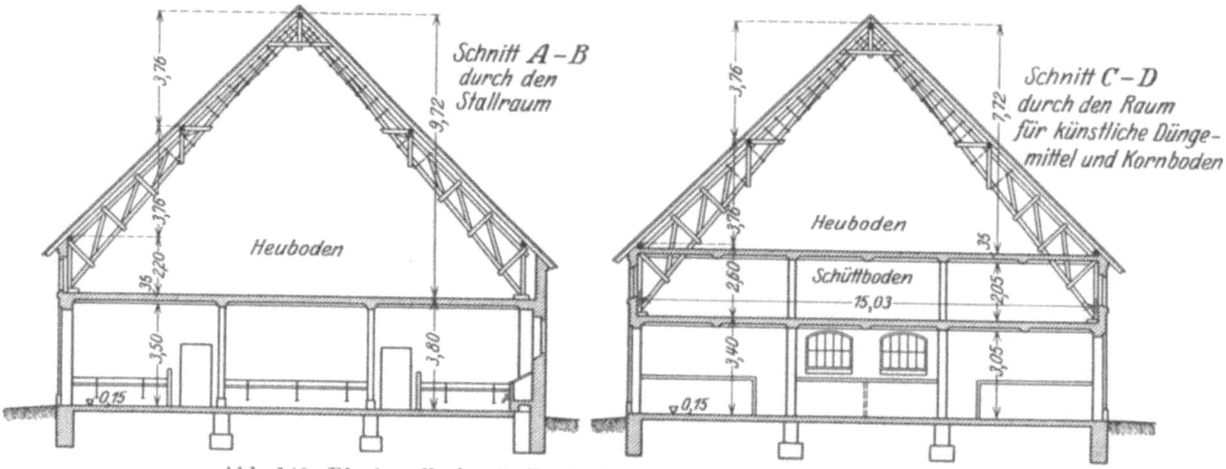

Abb. 140. Pferdestallgebäude Baudach. Querschnitte. (Vgl. Abb. 137 u. 139.)

Die in den Dachraum ragenden Überzüge sind waagerecht abgeglichen und mit Holzbelag versehen, wodurch noch eine wärmehaltende Luftschicht entsteht. Das Dach ist in Holz ausgebildet, die Dachlasten werden unmittelbar auf die Eisenbetonstützen übertragen.

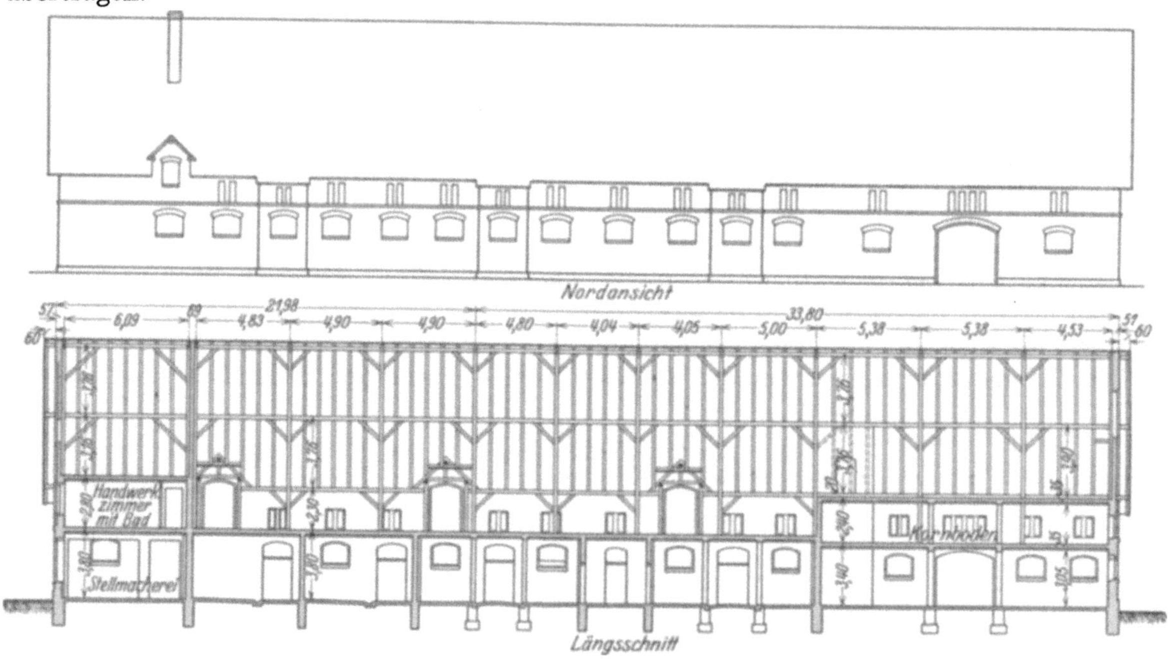

Abb. 141. Pferdestallgebäude Baudach. Längenschnitt und Ansicht.

Die Nutzlasten der Decke sind in den mittleren Deckenfeldern zu 750 kg/m², in den äußeren Deckenfeldern wegen der geringeren Nutzhöhe zu 500 kg/m² angenommen.

Der Bodendruck war wegen des schlechten Baugrundes nur zu 1,5 kg/cm² zugelassen.

Die Decke des Schweinestalls, die bis auf 2,75 in der Mitte bzw. 3,20 m außen gesenkt ist, ist als Kleinesche Decke ausgebildet (Steinhöhe 10 cm + 4 cm Überbeton). Die

Deckenplatte ist zwischen die Überzüge von 30 cm Breite gespannt, die wieder auf den Querunterzügen (Mitte) bzw. Stützen gelagert sind.

Die Decke des Pferdestalles ist als 12 cm starke Eisenbetonplatte zwischen Eisenbetonbalken hergestellt.

Bei allen Decken ist ein Gewichtszuschlag von 50 kg/m² für einen Lehmestrich gemacht.

In ähnlicher Weise ist auch die Decke für das Rindviehstallgebäude auf demselben Gutshof ausgebildet, dessen Abmessungen etwa die gleichen wie für das Pferdestallgebäude sind.

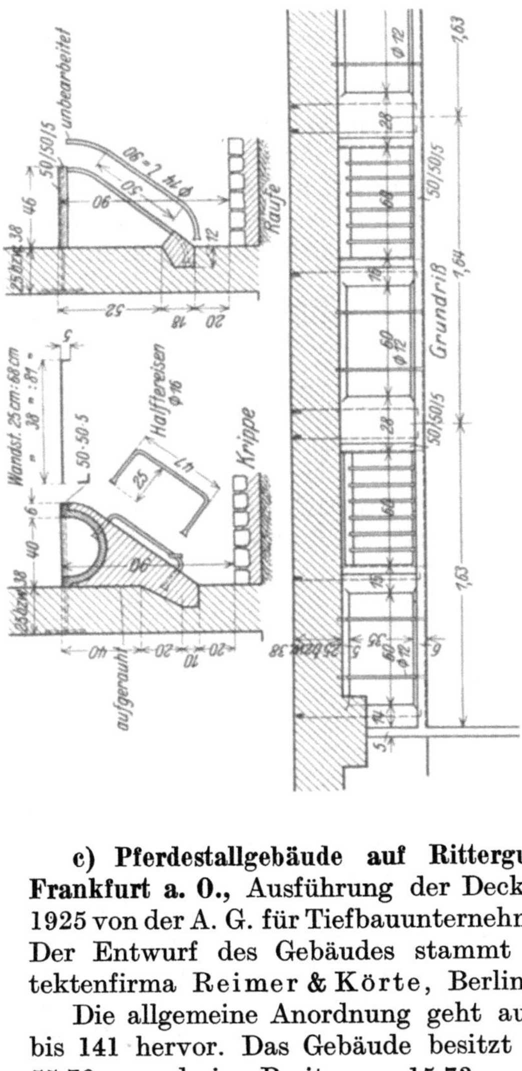

Abb. 142. Pferdestallgebäude Baudach. Einzelheiten der Krippen und Raufen.

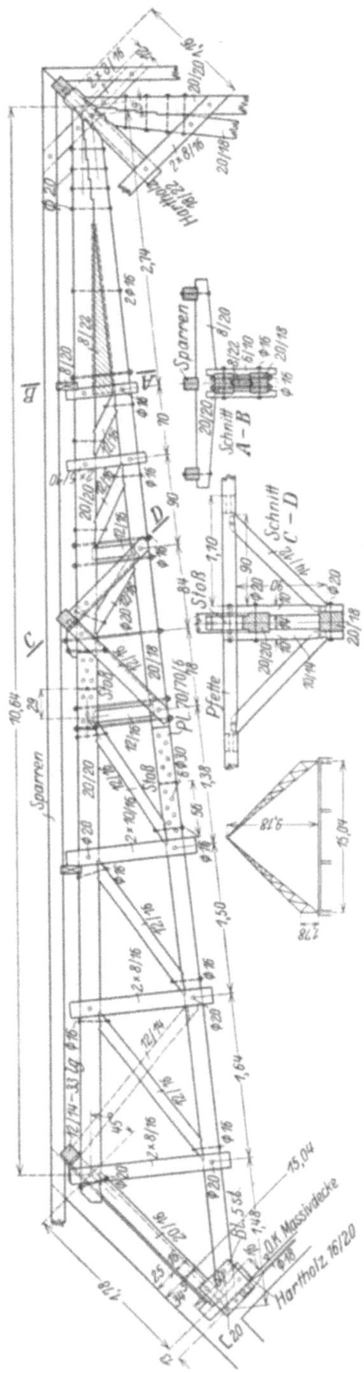

Abb. 143. Pferdestallgebäude Baudach. Ausbildung der hölzernen Dachkonstruktion.

c) Pferdestallgebäude auf Rittergut Baudach bei Frankfurt a. O., Ausführung der Decken und Stützen 1925 von der A. G. für Tiefbauunternehmungen[1], Berlin. Der Entwurf des Gebäudes stammt von der Architektenfirma Reimer & Körte, Berlin.

Die allgemeine Anordnung geht aus den Abb. 137 bis 141 hervor. Das Gebäude besitzt eine Länge von 55,78 m und eine Breite von 15,73 m. Die lichte Höhe des Stalles (Erdgeschoß) beträgt 3,50 m (Geschoßhöhe 3,80 m), darüber befindet sich der freie Dachraum (Heuboden) von 9,72 m Firsthöhe (Abb. 140); an den Gebäudeenden ist je ein Obergeschoß von 2,40 m bzw. 2,80 m Höhe eingebaut, in welchem über dem Raum für künstliche Düngemittel ein Kornboden (Schüttboden) und über der Stellmacherei ein Handwerkerzimmer und Bad untergebracht sind (Abb. 139 und 141).

[1] Jetzt: A.-G. für Eisenbeton- und Tiefbau.

Die Decken sind Steineisendecken aus Kleineschen Deckensteinen zwischen eisernen Trägern, gegen deren Unterflansch sie gestelzt sind. Die Stützen bestehen aus Eisenbeton.

Für die Decke über dem Düngemittelraum, also unter dem Schüttboden, ist angenommen, daß die Schütthöhe des Getreides höchstens 0,60 m beträgt. Für die Decken über den Stallungen, Handwerkerzimmer und Schüttboden, also unter dem Heuboden, ist im Mittelteil (unter First) mit einer mittleren Belastungshöhe von 5,0 m, über den Seitenteilen (an den Traufen) mit einer solchen von 2,6 m gerechnet. Die Deckenplatten sind als teilweise eingespannt mit $M = \frac{q l^2}{10}$ bemessen. Die Hälfte der Deckeneisen ist aufgebogen. Verwendet sind Deckensteine von 10 und 15 cm ohne oder mit 3 cm Aufbeton. Darüber befindet sich zum Wärmeschutz 5 cm Schlackenbeton aus Koksschlacke mit Sandzusatz, darauf 2 cm Zementestrich. Gewicht des Heus 70 kg/m³, des Korns 680 kg/m³.

Die Eisenbetonstützen besitzen im Schüttboden und Düngemittelraum einen Querschnitt von 30×30 cm bzw. 40×40 cm, im Pferdestall einen solchen von 30×30 cm.

Einzelheiten der Krippen und Raufen gehen aus Abb. 142 hervor.

Die 5 cm starken Trennwände der Boxen aus Eisenbeton haben sich als nicht zweckmäßig erwiesen, da die Pferde die dünne Betonschicht über den Eiseneinlagen mit den Hufen abschlagen und sich hierbei leicht verletzen können.

Die auf 15 m Stützweite freitragende hölzerne Dachkonstruktion ist in Abb. 143 dargestellt. Die in Abständen von rd. 4 bis 6 m angeordneten Binder sind als Dreigelenkbogen ausgebildet. Die gedrückten Binderstreben sind mit Versatz und Bolzen an die Gurte angeschlossen, während die gezogenen Binderpfosten teils als angeblattete Holzzangen, in welche die Bindergurte eingelassen sind, teils aus Rundeisen mit beiderseitigen Muttern und großen quadratischen Unterlagsplatten hergestellt sind.

Im Stall können 32 Arbeitspferde, 8 Gastpferde und 7 Kutschpferde untergebracht werden. Im Erdgeschoß befinden sich außer den Stallungen ein Raum von rd. 15×15 m für künstliche Düngemittel und die Stellmacherei.

IV. Schweineställe[1].

1. Bauliche Einzelheiten.

Die Vorbedingungen für eine erfolgreiche Schweinezucht sind gesunde Stallungen. Der Stall muß trocken und gut gelüftet sein, einen bestimmten Wärmegrad aufweisen und der Sonne ungehinderten Zutritt gewähren, Es empfiehlt sich daher, eine Längsseite des Stalles nach Süden zu legen. Um den erforderlichen Wärmegrad aus der Selbsterwärmung durch die Schweine im Winter zu erhalten, soll der Stallraum bzw. die Höhe des Stalles nicht größer sein, als unbedingt erforderlich ist. Eine Stallhöhe von 1,9 bis 2,4 m, in den Buchten oder Koben, u. U. sogar nur eine solche von 1,4 bis 1,6 m, ist daher im allgemeinen ausreichend; in letzterem Falle besitzen nur die Gänge die für die Bedienung nötige Höhe. Zuchtställe sollen niedriger sein als Mastställe. Tiefe Ställe erfordern wegen der Belichtung und Belüftung eine Höhe bis etwa 3 m.

Die Umfassungswände können massiv oder in Holz ausgeführt werden. Im ersteren Fall sind 1½ Stein starke Wände aus gut gebrannten Backsteinen als Vollsteine, Hohl- und Lochsteine, ferner Bims- und Schlackensteinen ohne und mit Hohlräumen zweckmäßig. Weniger geeignet sind wegen ihrer Dichtigkeit Klinker, Kalksandsteine, dichte Bruchsteine und Betonwände, da bei diesen Baustoffen die Wärmehaltung schlecht ist und die Wände leicht schwitzen. Auch Mauerwerk mit Luftschichten (45 cm stark) kann zweck-

[1] Hoffmann, H.: Der Schweinestall. Stuttgart: Eugen Ulmer 1929, Entnommen: Abb. 144 bis 152.

mäßig sein. Die Wände werden in Kalkmörtel, u. U. mit Zusatz von etwas Traß, vermauert.

Ausgemauerte Fachwerkwände kommen wegen ihrer großen Wärmedurchlässigkeit nicht in Betracht. Zweckmäßiger ist Holzfachwerk mit beiderseitiger Verschalung und Zwischenfüllung aus Gerstenspreu, Laub- oder Nadelstreu, Torfmull oder Bimssand. Zur Abhaltung der Ratten sind im untern Teil der Füllstoffe Glasscherben beizumengen, erforderlichenfalls noch Drahtnetze anzunageln. Die äußere Verschalung kann aus waagerecht (gestülpt) (Abb. 144a) oder lotrecht (mit Fugendeckleisten) angeordneten Brettern, auch aus lotrecht oder waagerecht aufgenagelten gespaltenen Stangen (Abb. 144b) bestehen, während sich für die innere Bekleidung eine waagerechte Bretterverschalung gut eignet.

Eine besondere Sorgfalt erfordert auch die Ausbildung der Decke des Schweinestalls, da sie den Raum nach oben gegen Wärmeverlust schützen soll.

Massivdecken, auch Steineisendecken, erfordern noch einen oberen Wärmeschutz durch Überdeckung mit Stroh, Heu oder durch eine Auffüllung mit Bimssand, Schlacke,

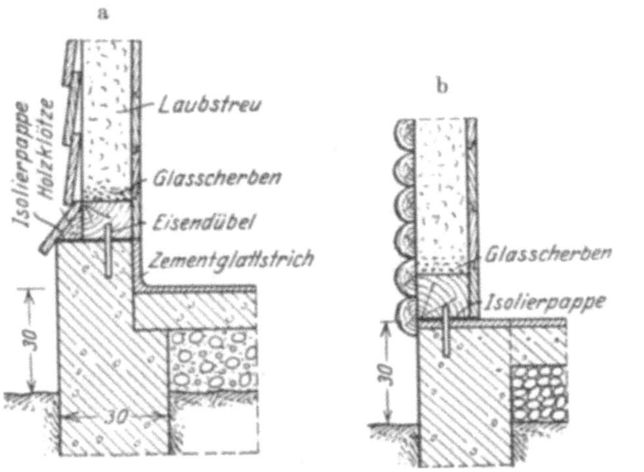

Abb. 144. Ausbildung der Umfassungswände in Holzfachwerk. a Beiderseitig verschalt, b Innen verschalt. Außen mit waagerechten, aufgetrennten Stangen.

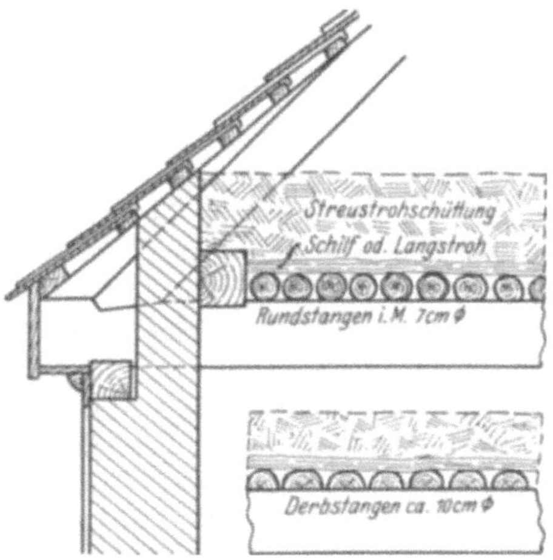

Abb. 145. Stalldecke aus Derbstangen mit Strohschüttung.

Lehm mit Holzfußboden. Sie stellen sich jedoch mit Rücksicht auf die Wirtschaftlichkeit der Schweinehaltung in der Regel zu teuer, so daß für gewöhnlich eine Holzdecke verwendet wird.

Eine zweckmäßige Ausführungsart einer solchen Decke für Zuchtställe ist in Abb. 145 dargestellt. Die Deckenbalken ruhen im Abstand von 1,0 bis 1,5 m auf einer außen verlegten Mauerlatte, die zwischen Holz und Mauerwerk noch 3 cm Luft läßt. Auf den Deckenbalken liegen runde oder aufgetrennte entrindete Stangen, die leicht festgenagelt sind. Darüber ist eine Lage Schilf oder Langstroh gepackt oder es sind Preßstrohballen gelegt. Nunmehr ist Streustroh so hoch aufgebracht, daß unter dem First noch freier Raum zum Durchkriechen bleibt. Statt der Stangen können auch 4 cm starke Bretter mit 3 cm breiten Schlitzen verlegt oder Schwartlinge als Belag verwendet werden.

Die Lüftung durch die Decke erfolgt in der Weise, daß die verbrauchte Stalluft durch die Lücken zwischen den Stangen bzw. durch die Schlitze zwischen den Brettern und durch das darüberliegende Stroh in den Dachraum entweicht, von wo sie durch Fenster in den Dachgiebeln oder durch Dachluken und Dachlüfter ins Freie gelangt. Öffnungen sind durch Ungeziefergitter zu verschließen. Das Stroh ist nur in der kalten Jahreszeit erforderlich und wird im Frühjahr immer entfernt, um im Herbst gelüftet und getrocknet wieder auf die Decke gebracht zu werden.

Für Mastställe eignet sich die Jummnerspachsche Decke[1]. Bei dieser kommt auf die Deckenbalken zunächst eine Stülpdecke aus 25 bis 30 mm starken Brettern, darüber ein 15 cm starker Strohlehmschlag, erdfeucht aufgebracht und rissefrei festgeschlagen. Auf den Lehmschlag kommt nun ein Holzfußboden auf Lagerhölzern, für die die Hohlräume auszusparen sind, oder aber eine Backsteinflachschicht, am besten aus Hohlsteinen, deren Fugen mit Kalkmörtel ausgegossen werden. Der Lehmschlag soll nicht ohne Fußboden liegen bleiben, da er Risse erhält und durch Begehen schadhaft wird. Die Lüftung erfolgt hier gewöhnlich durch den doppelzügigen Jummnerspachschen Zu- und Abluftschlot. Wichtig für die Dauerhaftigkeit der Stülpschalung ist gute Lüftung, damit sich an der Decke kein Schwitzwasser bildet, welches ein Feuchtwerden der Stülpdecke und des Lehmestrichs und damit ein Faulen der Stülpbretter nach einigen Jahren verursacht. Bei Verwendung von fäulniswidrigen Anstrichen ist darauf zu achten, daß diese geruchlos sind, da ihre Dämpfe (Karbol) auf den Gesundheitszustand des Schweines sehr schädlich wirken. Durch Bedecken des Dachfußbodens mit Heu oder Stroh wird die Wärmehaltung der Decke noch wesentlich gesteigert.

Wie bereits angedeutet, ist die Lüftung ein wesentlicher Punkt für die Schweinehaltung. Eine gute Durchlüftung des Stallraumes ist wichtig, sowohl für das Wohlbefinden der Tiere als auch für die Erhaltung der Wände und Decken, namentlich wenn sie aus Holz bestehen. Bei Ausführungen in Holz genügt meist die natürliche Lüftung, indem frische Luft durch Ritzen und Schlitze der Fenster und Türen zuströmt und die verbrauchte Luft durch die Spalten der Decke, wie schon S. 83 beschrieben, abfließt. Bei massiven Wänden und Decken sind für die kalte Jahreszeit Luftzufuhröffnungen, ferner Abluftschlote erforderlich, ähnlich wie sie schon S. 26 allgemein beschrieben sind (vgl. auch S. 90)[2]. In der warmen Jahreszeit wird die Lüftung durch geöffnete Fenster und Türen unterstützt. Die Lüftung ist der Außenwärme entsprechend zu regeln. In Zuchtställen ist ein Wärmegrad bis zu 18° C erforderlich, in Mastställen genügt ein solcher von etwa 12° C.

Zucht- und Mastställe erfordern bezüglich Belüftung und der damit verbundenen Wärmeverhältnisse, ferner bezüglich der Größe der Buchten, Bedienung, Fütterung usw. verschiedene Anordnungen. Für Mastställe genügen einfachere Bauart und Einrichtungen, während die Zuchtställe in dieser Hinsicht größere Sorgfalt erheischen.

2. Anordnung der Buchten.

a) Mastställe. Die Anordnung der Mastbuchten ist verschieden.

Bei der Tiefbucht ist die Bucht der Tiefe nach in Mist- und Freßplatz und Liegeplatz geteilt (Abb. 146); beide Teile sind durch eine Schwelle getrennt. Die Gesamttiefe der Bucht beträgt vom Trog ab gemessen, 2,9 bis 3,0 m. Nur der Liegeplatz bekommt Einstreu. Nach der am Trog entlang laufenden Jaucherinne erhält die Bucht ihr Gefälle.

Bei der Langbucht (Abb. 147) reihen sich Freß-, Liege- und Mistplatz der Länge nach, gleichlaufend mit der Jaucherinne, aneinander. Der Mistplatz liegt hinter der Buchtentür. Längs des Troges ist der Futter- und Liegeplatz angeordnet. Zwischen letzterem und dem Mistplatz ist wieder eine Schwelle gelegt. Die Langbucht, die bei einer Tiefe von 2,3 m die gleiche Anzahl von Tieren aufnimmt, ist wirtschaftlicher als die Tiefbucht, läßt sich aber nicht so rein halten, da auch der mit dem Freßplatz vereinigte Liegeplatz Nässe erhält.

Bei der dänischen Bucht (Abb. 148) befinden sich Freß- und Liegeplatz an einem durchgehenden Trog, und an der Außenwand, durch eine Zwischenwand mit Tür getrennt, liegt der durchlaufende Mistgang mit offener Jaucherinne. Bei geöffneter Tür findet eine vollkommene Trennung der einzelnen Buchten statt. Während der Entfernung des Mistes, die täglich erfolgen soll, werden die Schweine in den durch die Tür verschlossenen Buchten festgehalten. Die Fütterung geschieht vom Mittelgang aus, der gleichfalls eine Rinne zur

[1] Hoffmann H.: Der Schweinestall, S. 26. Stuttgart: Eugen Ulmer 1929.

[2] Über verschiedene Lüftungssysteme vgl. auch Hoffmann: Der Schweinestall, S. 47 u. f.

Ableitung des Reinigungswassers besitzt. Da der Mistgang außen liegt, ist hier Kopfhöhe nötig, so daß die Stalldecke an dieser Stelle nicht gesenkt werden kann. Ferner muß zwischen je 8 bis 10 Buchten ein Quergang zur Abfuhr des Mistes und zum Ein- und Auslauf der Schweine vorgesehen werden. Durch diese beiden Maßnahmen wird diese Anordnung unwirtschaftlich.

Bei der Hoffmannschen Bucht[1] (Abb. 149) fehlt ein besonderer Futtergang. Die Bucht besteht aus einem Liegeplatz von 2,5 m Tiefe und einem Freß- und Mistplatz von 1,60 bis 1,70 m Tiefe. Beide sind durch eine Wand mit Drehtür voneinander getrennt. Sind also diese Türen geschlossen, so entsteht ein durchgehender Freß- und Mistgang; sind die Türen geöffnet, so ist die Verbindung zwischen Liegeplatz und Freß- und Mistplatz

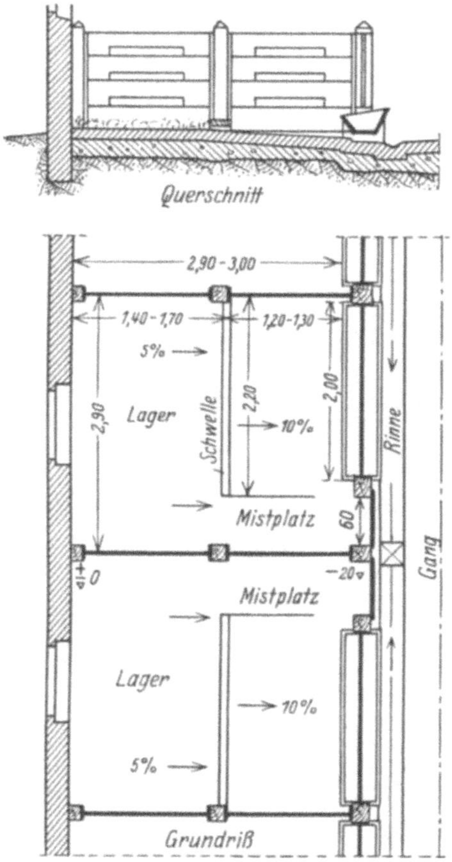

Abb. 146. Tiefbucht.

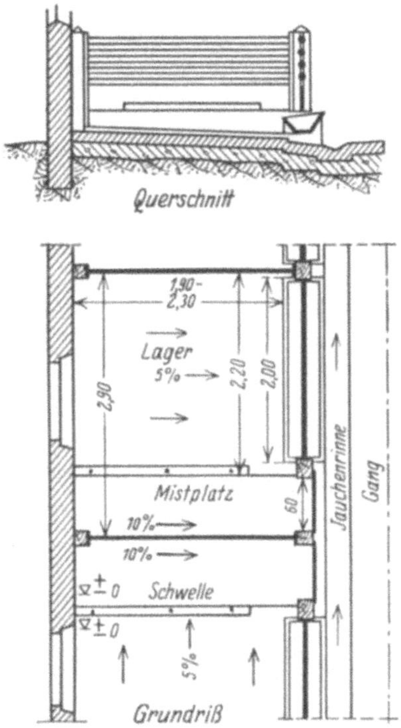

Abb. 147. Langbucht.

wieder hergestellt und zugleich sind die einzelnen Buchten voneinander getrennt. Diese Einrichtung ist also ähnlich wie bei der dänischen Bucht.

Beim Ausmisten werden die Schweine durch Drehen der Türen von Bucht zu Bucht gegen den Liegeplatz in letzteren hineingetrieben, wodurch der durchgehende Mist- und Futtergang frei wird; nun wird auf dem Rückweg des Wärters der Mist entfernt (1. Arbeitsgang). Hierauf wird das Futter von vorn nach hinten in die durchgehenden Tröge gefüllt und auf dem Rückweg des Wärters werden die Türen zwischen Freß- und Mistplatz und Liegeplatz wieder geöffnet und zugleich die Buchten gegeneinander abgeschlossen (2. Arbeitsgang). Nach dem Fressen werden die Tröge in gleicher Weise gereinigt und mit frischem Wasser gefüllt. Zur Entfernung des Mistes und Einbringen des Futters ist zwischen je acht zusammenhängenden Buchten wieder ein Quergang anzuordnen.

[1] Hoffmann, H.: Der Schweinestall, S. 87.

Diese Aufstallung ist von den bisher beschriebenen die wirtschaftlichste, da durch das Fehlen des besonderen Futterganges die überbaute Bodenfläche am geringsten wird und da ferner nur der Freß- und Mistplatz eine lichte Höhe von 1,9 bis 2,0 m erfordert, während der Liegeplatz nur 1,6 m hoch zu sein braucht. Die Wärmehaltung des Liegeplatzes, der außerdem noch in der Stallmitte liegt, ist infolgedessen eine vollkommene. Die Jaucherinne geht mitten durch den Mistgang.

Eine künstliche Lüftung ist nicht notwendig.

Bei dieser Aufstallung können die Liegeplätze auch an die Außenwände und Freß- und Mistplatz in das Stallinnere gelegt werden, wodurch sich noch eine Verbilligung der Konstruktion ergibt.

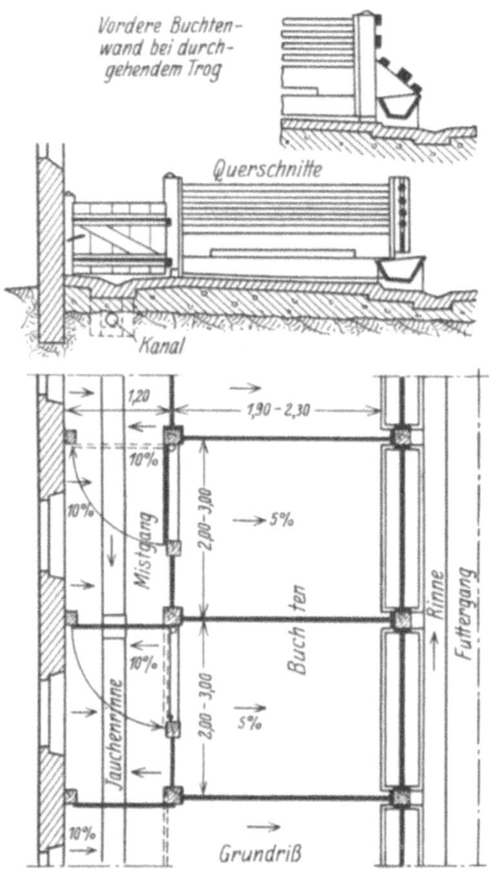

Abb. 148. Dänische Bucht.

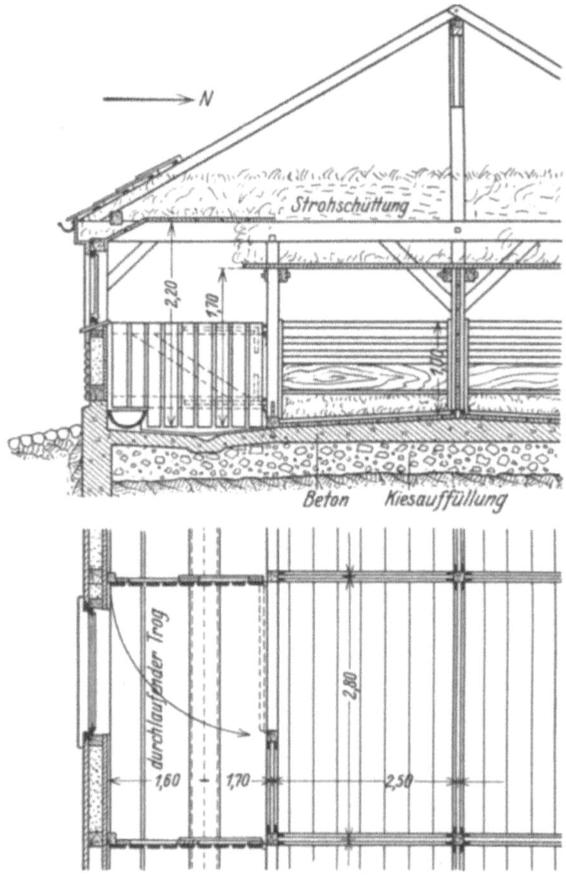

Abb. 149. Hoffmannsche Bucht.

b) Zuchtställe. Bei der Zuchtbucht sind die Anordnungen ähnlich denen bei der Mastbucht.

Neben der Zuchtbucht bzw. Abferkelbucht, in welcher die Muttersau 6 bis 8 Tage vor dem Abferkeln untergebracht wird, ist eine kleine Ferkelbucht angeordnet, die mit der Abferkelbucht durch einen Ferkelschlupf verbunden ist. Durch diesen Schlupf können die Ferkel zur Muttersau gelangen, aber umgekehrt diese nicht in die Ferkelbucht.

Jede Abferkelbucht erhält eine Ausschlupföffnung von etwa 60 cm Breite und 70 cm Höhe, welche innen verschließbar ist; durch diese Öffnung kann die Muttersau mit ihren Ferkeln in den Auslauf oder auf die Weide gelangen.

Auch bei der Zuchtbucht unterscheidet man Tiefbucht und Langbucht.

Bei der Tiefbucht (Abb. 150) liegt vorn am Gang der 1,2 m tiefe Freß- und Mistplatz für die Muttersau und hinten der 1,7 m tiefe Liegeplatz, die Breite der Bucht ist 2,0 m.

Zwischen je zwei Muttersaubuchten sind zwei Ferkelbuchten hintereinander angeordnet. Sie sind 1 m breit und durch herausnehmbare 60 cm hohe Holzwände voneinander getrennt. Die Verbindung von Ferkel- und Muttersaubucht ist durch ein Ferkelschlupfloch von 30 × 30 cm Weite hergestellt. Die Schlupföffnung von 60 cm Breite und 70 cm Höhe, die vom Gang aus auf den Auslauf oder die Weide führt, liegt in der Umfassungswand vor den Ferkelbuchten (gegen Süden). Die Schlupföffnung dient für zwei Familien gemeinschaftlich.

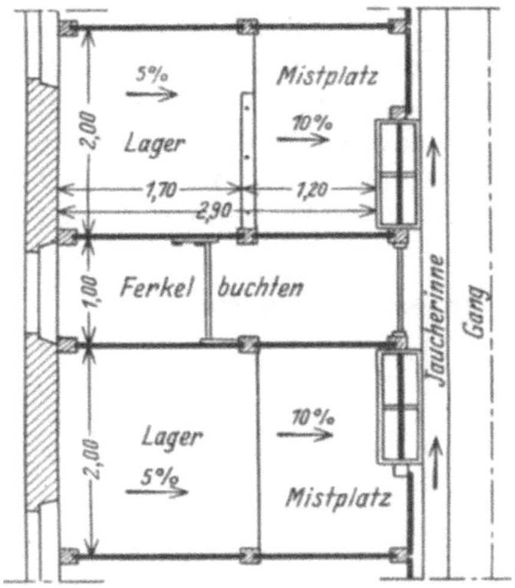

Abb. 150. Abferkel-Tiefbucht.

Für die Reinhaltung des Bodens der Ferkelbuchten ist es zweckmäßiger, diese nebeneinander zu legen, ähnlich wie dies bei der Langbucht (Abb. 151) geschieht. Die Tiefe des Liegeplatzes beträgt hier nur 2 m.

Bei einem anderen meist zweireihigen Zuchtstall werden die Ferkelbuchten an die Außenwände gelegt,

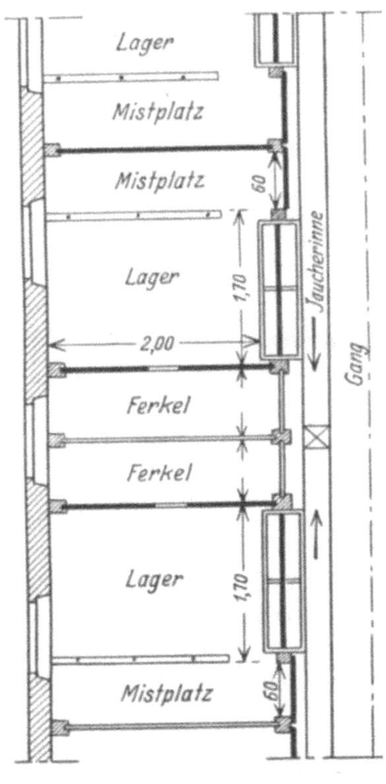

Abb. 151. Abferkel-Langbucht.

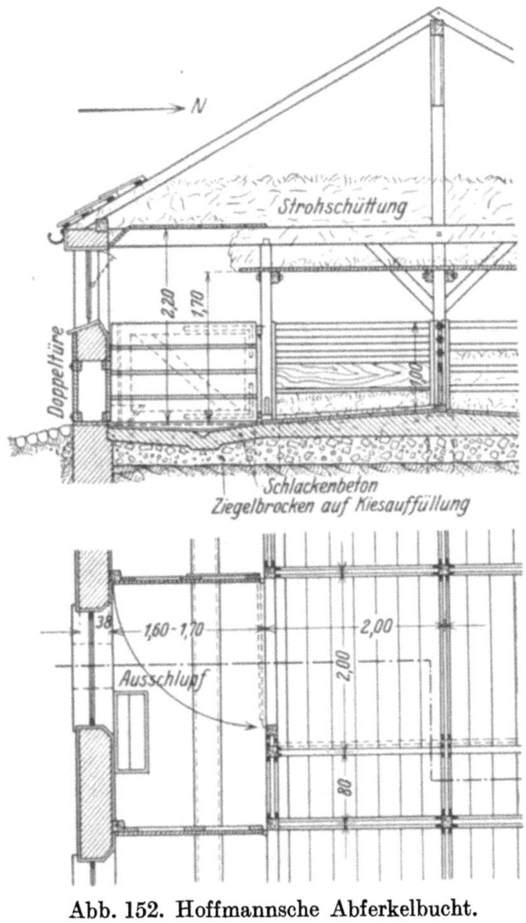

Abb. 152. Hoffmannsche Abferkelbucht.

während die Abferkelbuchten im Stallinnern am Mittelgang angeordnet sind.

Eine besonders zweckmäßige Anordnung zeigt der Hoffmannsche Zuchtstall; er ist wie folgt eingerichtet[1]:

Jede Zuchtbucht (Abb. 152) zerfällt in den Mist- und Futterplatz (nach Süden) für die Zuchtsau, den Liegeplatz für die Zuchtsau und die Ferkelbucht (vgl. auch Abb. 149). Der

[1] Hoffmann, H.: Der Schweinestall, S. 102.

Mist- und Futterplatz bildet gleichzeitig den Mist- und Futtergang, der, ähnlich wie schon S. 85 erläutert, durch die Drehtür hergestellt wird, sobald diese den Liegeplatz der Muttersau und damit auch die Ferkelbucht abschließt. An der südlichen Außenwand liegt, für jede Schweinefamilie getrennt, die 60 × 70 cm große Schlupföffnung, die von innen verschließbar ist, sowie der Futter- und Tränktrog für die Muttersau. Neben dem 2 × 2 m großen Liegeplatz für die Muttersau ist eine 0,8 m breite Ferkelbucht angeordnet. Für die Ferkel ist in ganzer Tiefe der Trennwand von 2 m ein Durchschlupf von 30 cm Höhe freigelassen. Auch der Ferkeltrog geht in ganzer Tiefe durch. Gegen Mist- und Futterplatz sind die Ferkelbuchten durch eine 50 cm hohe hölzerne Wand abgeschlossen. Die Höhe des Mist-

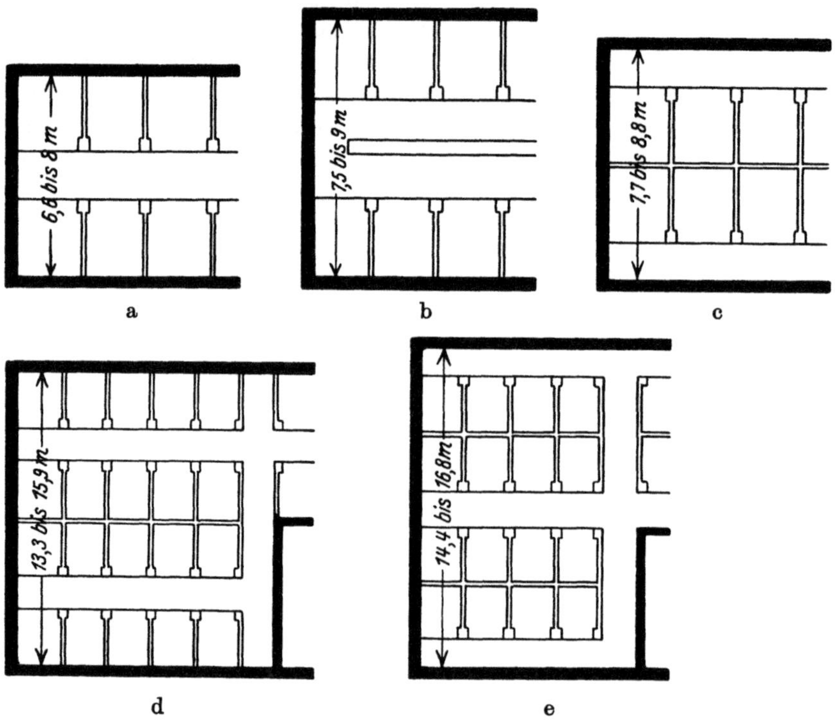

Abb. 153. Gruppierung der Buchten in Schweineställen.
Zwei Längsreihen mit mittlerem Stallgang, b Zwei Längsreihen mit mittlerer Futtertenne, c Zwei Längsreihen in der Mitte mit zwei äußeren Stallgängen, d Vier Längsreihen mit zwei Stallgängen, e Vier Längsreihen mit drei Stallgängen.

und Futterganges ist 1,9 bis 2,2 m i. L. und die des Liegeplatzes samt Ferkelbucht 1,4 bis 1,7 m.

Die Außenwände werden ähnlich Abb. 144a u. b in Holz hergestellt oder gemäß Abb. 152 massiv in 38 cm starkem, beiderseits geputztem Hohlsteinmauerwerk ausgeführt.

c) Die Breitenabmessungen der Schweineställe. Sie richten sich nach der Gruppierung der Buchten in Längs- oder Querreihen.

Bei kleineren Ställen kann sie in zwei Längsreihen an den Außenwänden und mittlerem Stallgang von 1,2 bis 1,6 m Breite erfolgen (Abb. 153a). Die lichte Stalltiefe wird dann etwa 6,6 bis 8 m.* Bei Anordnung einer 3,1 bis 3,5 m breiten Futtertenne wird die lichte Stalltiefe 7,5 bis 9 m (Abb. 153b).

Bei zwei Längsreihen in der Mitte (Zuchtställen) und zwei Gängen an den Außenwänden (Abb. 153c) ergibt sich eine lichte Stalltiefe von etwa 7,7 bis 8,8 m.

Bei vier Längsreihen mit zwei (Abb. 153d) oder drei Stallgängen (Abb. 153e) beträgt die lichte Stalltiefe 13,3 bis 15,9 m bzw. 14,4 bis 16,8 m.

* Engel-Noack: Landwirtschaftliches Bauwesen, 11. Aufl., S. 394. Entnommen Abb. 153.

Bei Anordnung der Buchten in Querreihen bis zu 10 Stück erreicht die Stalltiefe ein lichtes Maß bis zu 20 m.

Mit Rücksicht auf die gute Durchlüftung der Ställe soll jedoch die Stalltiefe im allgemeinen über 16 m nicht hinausgehen.

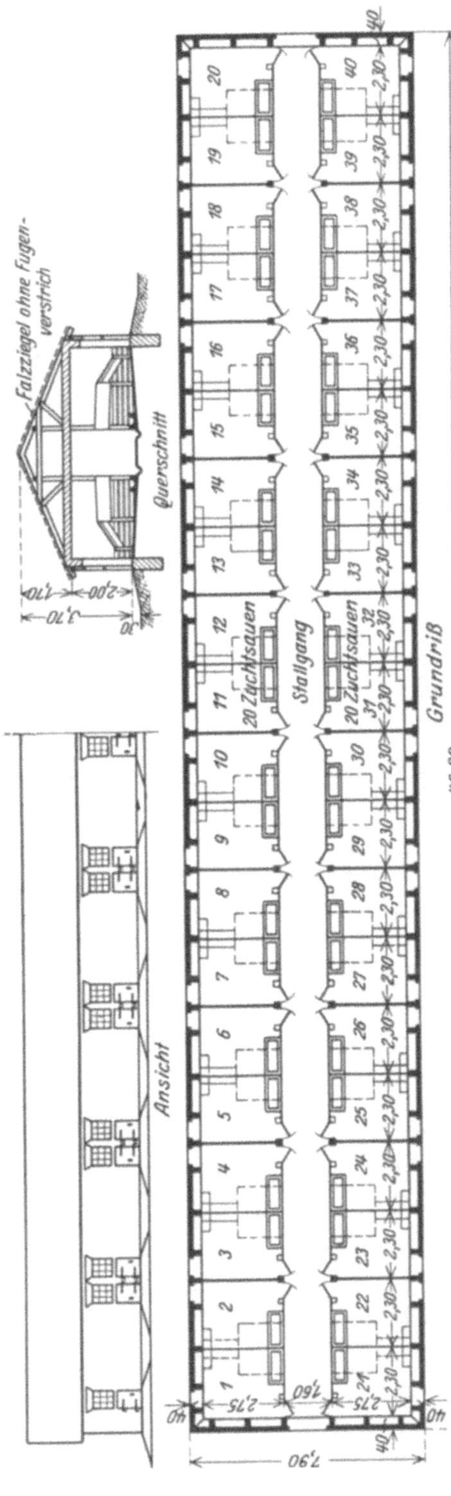

Abb. 154. Schweinezuchtstall „Sau-Wohl" D.R.P. nach Arthur Müller, Land- und Industriebauten G. m. b. H. (jetzt: Müller-Bauten Carl Härms), Berlin.

3. Ausführungsbeispiele.

Bezüglich eines Ausführungsbeispieles möge zunächst auf das S. 78ff. beschriebene Stallgebäude des Gutes Hahnenmoor hingewiesen werden, wo ein Schweinestall in Eisenbetonkonstruktion mit Steineisendecken (Kleineschen Decken) erwähnt und in Abb. 135, 136 u. 136a zu sehen ist.

Ein weiteres Beispiel stellt der im Ökonomiegebäude der Heilstätte Friedrichs-Luisenheim (s. S. 103) befindliche Schweinestall dar.

Eine nach neuzeitlichen Gesichtspunkten ausgeführte Art von Schweineställen ist nachstehend ausführlich beschrieben.

a) Schweinestall „Sau-Wohl" D.R.P. Die Ausführung dieser Bauweise erfolgt durch die Firma Arthur Müller, Land- und Industriebauten G.m.b.H., jetzt: Müller-Bauten Carl Härms, Berlin[1].

Diese Schweineställe werden hergestellt als Zuchtställe (Abb. 154), Mastställe (Abb. 155) und vereinigte Zucht- und Mastställe. Der Unterschied liegt nur darin, daß die Zuchtställe Auslauftüren besitzen, während diese bei den Mastställen fehlen; bei letzteren gehen die Tröge über die ganze Buchtenlänge bis zu der auf den Mittelgang führenden schräg eingebauten Tür zum Zwecke voller Ausnutzung der Futtermöglichkeit. Die vorderen Buchtenwände, die aus 26 mm starken rauhen gespundeten Brettern hergestellt werden, sind ganz und gar, erforderlichenfalls bei langen Buchten in Teilen, aufklappbar. Im übrigen bleibt die Konstruktion die gleiche wie bei den Zuchtställen.

Bei der Konstruktion des Schweinezuchtstalles (Abb. 156 u. 157) ist in erster Linie Wert darauf gelegt, Trockenheit und Wärme im Stall zu halten und gleichzeitig den nötigen Luftwechsel zu ermöglichen.

Die Außenwand besteht deshalb aus einer ½ Stein starken aus (Längs-) Lochsteinen hergestellten Massivwand und im Abstand von 23 cm einer zweiten aus 10 cm starken

[1] Vgl. Fußnote S. 35.

Halbrundstangen gebildeten Wand, die durch Rundstiele von 10 cm Durchmesser gehalten wird; auch die Außenwand erfährt durch die zur Aufnahme des Rähms an der Dachtraufe angeordneten Stiele eine Versteifung. Der Zwischenraum wird zwecks Wärmehaltung mit Nadelstreu oder Torfmull ausgefüllt. Die Gesamtstärke der Wand ist 40 cm. Der Luftwechsel wird durch Anlegen

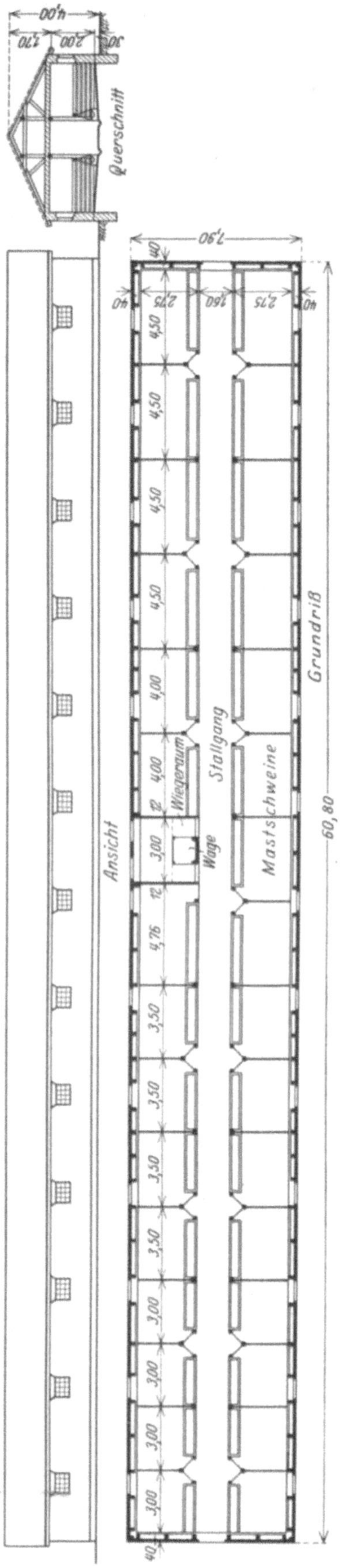

Abb. 155. Schweinemaststall „Sau-Wohl" nach Arthur Müller.

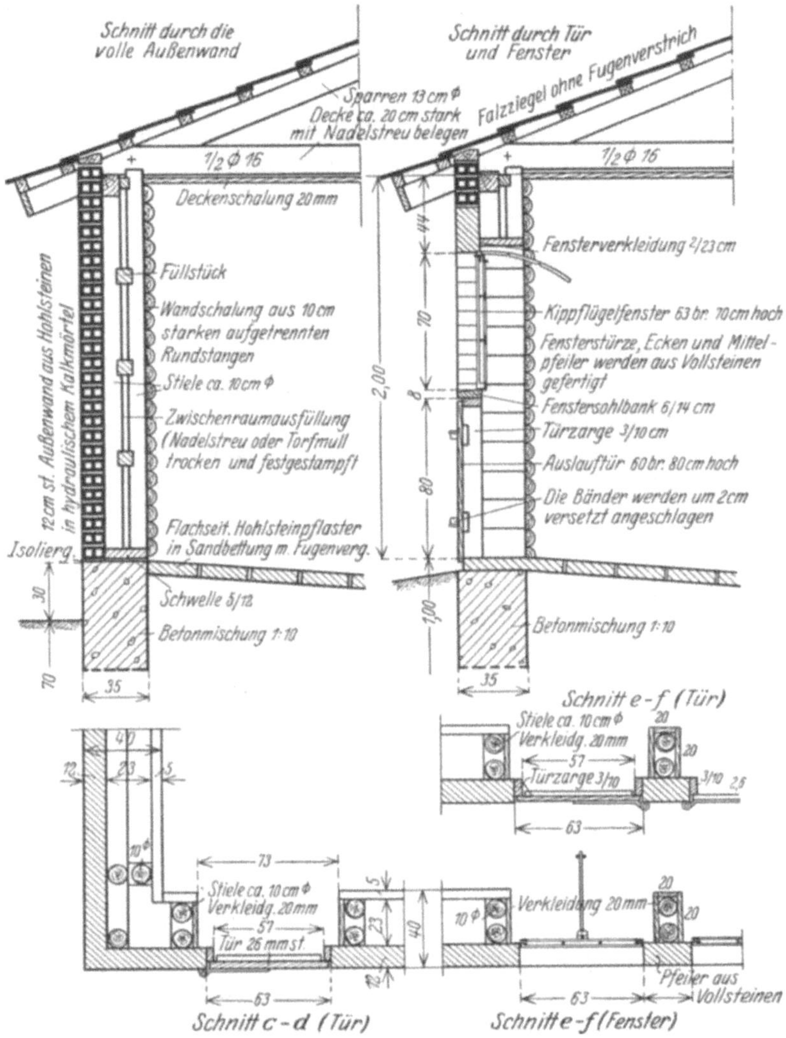

Abb. 156. Schweinezuchtstall „Sau-Wohl" D.R.P. Einzelheiten der Wandkonstruktion.

von Lüftungsröhren in Form einer in jeder Bucht unter Dach eingeschobenen Dränröhre erzielt.

Wegen der Wärmehaltung ist eine waagerechte Decke aus 20 mm starken Brettern unter dem Dach angeordnet, die im Winter mit Nadelstreu, Stroh oder dgl. belegt wird; zum Zwecke der Zugängigmachung des Dachraumes werden über dem Gang einige Luken eingebaut.

Der Rattenzuzug wird durch ein engmaschiges verzinktes Drahtnetz, welches nach außen zu an die innere

Stangenwand gespannt und auch noch an der unteren Dachdecke 1 m weitergeführt wird, verhindert.

Die Jaucherinnen werden unten spitzwinklig durchgeführt (Abb. 157). Dieselben können sowohl an die hintere Seite der Buchten (Abb. 158) als auch an die Gangseiten (Abb. 157) gelegt werden. Dementsprechend wird die Neigung der Buchtenfußböden angeordnet.

Der Mittelgang wird mit dem nötigen Gefälle zum Zwecke des Abfließens des zur Reinigung benutzten Wassers hergestellt. Bei Verwendung von Schienen zu Transport-

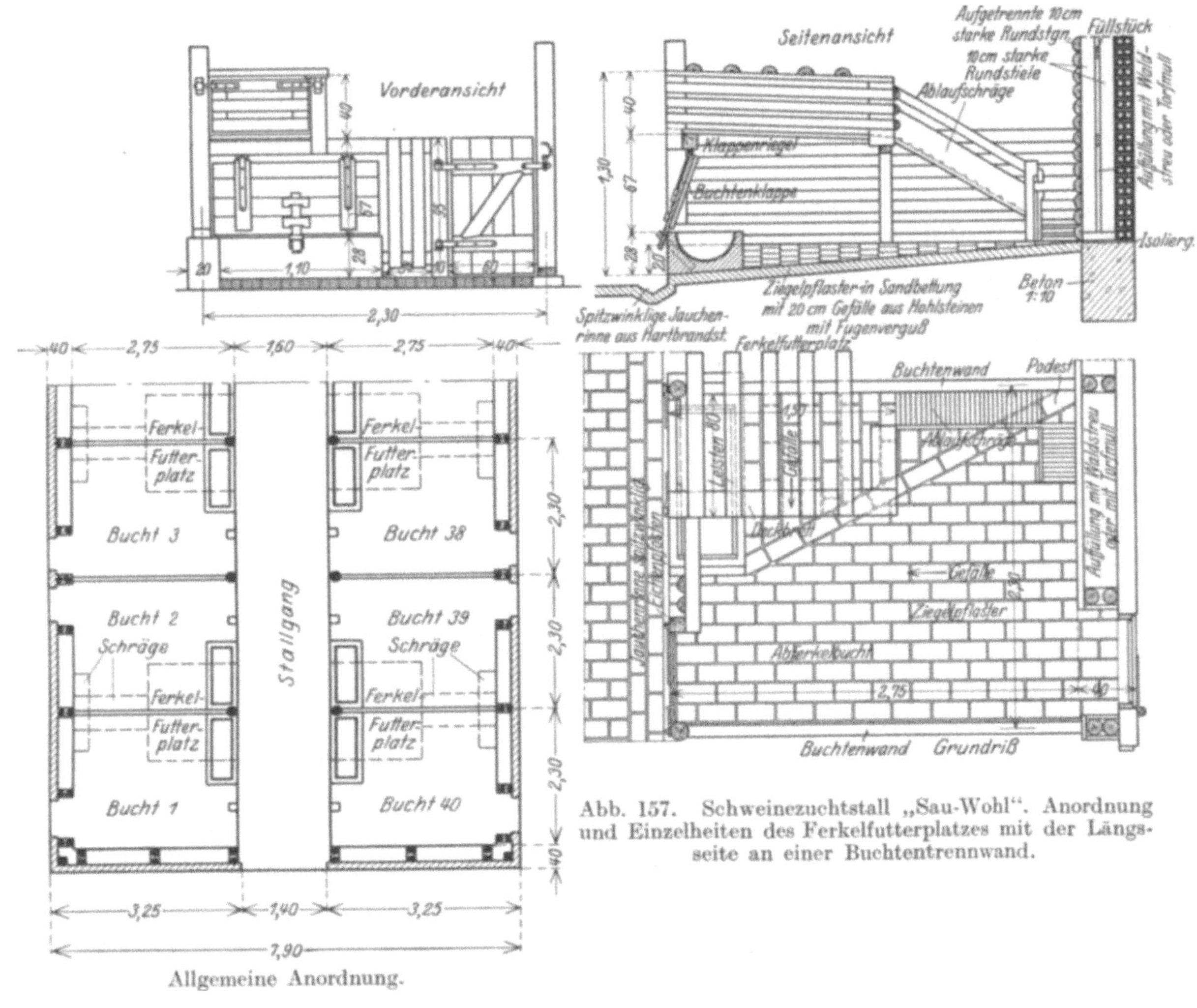

Abb. 157. Schweinezuchtstall „Sau-Wohl". Anordnung und Einzelheiten des Ferkelfutterplatzes mit der Längsseite an einer Buchtentrennwand.

zwecken wird der entsprechend breite Teil des Ganges tiefer gelegt (Abb. 158), so daß die Schienen freiliegen und daher nicht so leicht verschmutzen können, als wenn sie einfach in den Gang eingesenkt werden und auch nicht so hinderlich sind, als wenn sie auf den Gang gelegt werden.

Als Fußboden empfiehlt sich, wenn man von den teureren Harrizitplatten (auf 6 cm Unterbeton) absieht, ein Belag aus gebrannten Lochsteinen in Sandbettung und, falls Koksschlacke vorhanden ist, wird eine Koksschlackenunterlage unter den Steinen zweckmäßig sein.

Besonders erwähnenswert ist die Art und Anordnung der Ferkelfutterplätze, die eine erhöhte Lage erhalten, wodurch der Raum nicht erheblich eingeengt wird und die Reinhaltung des Stalles gestattet. Sie werden so eingebaut, daß die Ferkel über einen schmalen schrägstehenden Steig auf die Futterplätze gelangen (Abb. 157 und 158). Diese Anordnung hat sich als sehr zweckmäßig erwiesen. Diese Ferkelfutterstellen liegen an den vorderen Seiten der Buchten, und zwar in solcher Höhe, daß die Sau nicht anstoßen kann; sie sind mit einem entsprechend hohen Geländer umgeben, erforderlichenfalls auch mit einer Lattenabdeckung versehen. Nach dem Mittelgang zu ist das Geländer aufklappbar zum Zwecke der Fütterung und Reinigung der Plattform. Die Aufgänge zu der Plattform sind zweckmäßig so angelegt, daß die Sau weder durch sie gestört wird, noch die Aufgänge durch sie beschädigt werden können. Die erhöhten Ferkelfutterplätze haben noch den weiteren Vorzug, daß die Ferkel sie auch im Anschluß an das Fressen als Lagerstätte benutzen, und das ist vorteilhaft, weil die Luft an den höher gelegenen Stellen des Stalles wärmer ist.

Abb. 158 zeigt eine andere Anordnung der Ferkelfutterplätze, nämlich mit der Längsseite am Stallgang, sowie verschiedene Einzelheiten. Die Jaucherinne liegt hier an der hinteren Seite der Buchten, die dementsprechend auch ihr Gefälle nach dieser

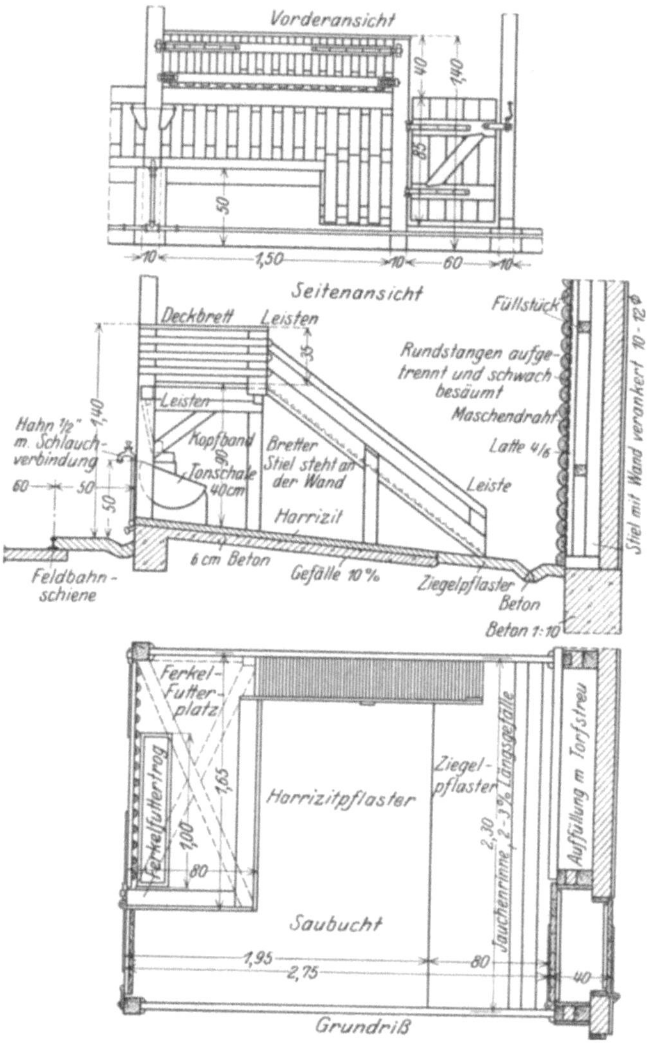

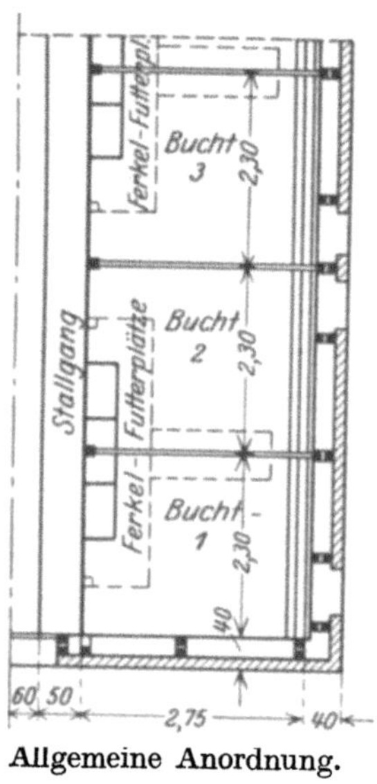

Allgemeine Anordnung.

Abb. 158. Schweinezuchtstall „Sau-Wohl“. Anordnung und Einzelheiten des Ferkelfutterplatzes mit der Längsseite am Stallgang.

Seite haben. Zur Versteifung der inneren Wand aus aufgetrennten Rundstangen, sowie an anderen Stellen, sind Kanthölzer verwendet. Auch die Lage des Gleises auf dem Mittelgang, der zwischen den Schienen versenkt ist, ist zu erkennen.

Entgegen der früheren Gepflogenheit, Ställe nur mit einer Reihe von Buchten mit dem Auslauf nach Süden zu bauen, so daß der Gang an einer Längsseite (Norden) des Stalles lag, sind diese Ställe mit einer Doppelreihe von Buchten angelegt.

Hierdurch wird die Herstellung je Bucht billiger, als in einem einreihigen Stall, ferner wird auch mehr Wärme im Stall erzeugt.

Diese Ställe können jedoch auch mit einer Reihe Buchten hergestellt werden, wodurch jedoch an der allgemeinen Ausbildung derselben nichts geändert wird.

Für die gesamten Stiele, Deckenzangen, Konstruktionszangen, Kopfbänder und Sparren wird Rundholz verarbeitet. Für die übrigen Bauteile wird vollkantig geschnittenes Kantholz verwendet. Die inneren aufgetrennten Stangen von $\frac{1}{2}$ ∮ 10 cm Stärke werden auf

Abb. 159. Schweinezucht- und Mastanlage Osterholz bei Stendal im Bau. (Ausführung: Arthur Müller, Land- und Industriebauten G. m. b. H., Berlin.)

Latten, die mit der eigentlichen Tragkonstruktion durch Futterstücke verbunden sind, aufgenagelt.

Die Buchtenteilungswände werden aus Rundholzstangen von etwa 10 cm Durchmesser mit Zwischenräumen gefertigt.

Das Dach wird mit Dachlatten eingelattet und mit Zementfalzziegeln, möglichst mit Kopfverschluß ohne Mörtelverwendung eingedeckt, da dies für die Entlüftung notwendig ist. Die Firste werden mit Firststeinen belegt.

Abb. 160. Anlage Osterholz nach Vollendung.

Abb. 159 u. 160 zeigen die 1928 von der genannten Firma ausgeführte Schweinezucht- und Mastanlage in Osterholz bei Stendal, welche drei große Zuchtställe und sechs Mastställe für 2000 Schweine umfaßt. Abb. 159 zeigt eine Teilansicht der Anlage während der Ausführung und Abb. 160 die Anlage nach Vollendung. Abb. 161 läßt die Innenansicht des Schweinezuchtstalles in Hökholz (Schleswig-Holstein), der in gleicher Art ausgeführt ist, erkennen.

b) Schweinestall als Rundbau auf der Domäne Bakendorf bei Hagenow i. Meckl. (Architekt: Regierungsbaurat Neumann, Wismar)[1]. Die folgende Ausführung gibt ein

[1] Ill. Landw. Zg. 1925. Nr. 49 v. 4. Dez., S. 607.

Beispiel dafür, daß die vorliegenden Verhältnisse zuweilen dazu zwingen können, von dem Üblichen ganz abzuweichen.

Der 1921 errichtete Schweinestall erhielt diese Form, da der mitten auf dem Hofe zur Verfügung stehende Raum für einen Bau in der gewöhnlichen langgestreckten Gestalt nicht ausreichte; er erwies sich aber in der Folge als in jeder Beziehung zweckmäßig und praktisch.

Das Stallgebäude besitzt, wie bemerkt, runde Grundrißform (Abb. 162) mit einem äußeren Durchmesser von 18 m. Die Ringwand ist massiv $1\frac{1}{2}$ Stein stark, und zwar ohne Luftschicht ausgeführt.

Die Balkenlage ist aus Kantholz hergestellt und mit getrennten Schleeten mit je 2 cm Zwischenraum abgedeckt. Auf die Schleete ist eine reichliche gut mit Kaff und Häcksel

Abb. 161. Innenansicht des Schweinezuchtstalles „Sau-Wohl" in Hökholz (Schleswig-Holstein).

gemengte Lehmschicht aufgebracht. Die Dachkonstruktion ist aus Rundholz hergestellt und mit Rohr gedeckt. Die vorgebaute Küche ist unterkellert, mit Kellerzugang von außen. Der Küchenraum hat eine verputzte Balkendecke und darüber einen Futterboden, während der Dachraum über dem Schweinestall zur Aufbewahrung von Streustroh und Futterkaff dient. Der Küchenanbau besitzt ein massives Dach (Abb. 162).

Der Rundbau zeigt gegenüber der meist üblichen langgestreckten Rechteckform verschiedene Vorzüge. An der Außenwand liegen die Saubuchten, die durch Kreisteilung einen sich nach hinten erweiternden Lagerplatz erhalten (Abb. 163), während die Troglänge noch so groß ist, daß zwei Sauen gleichzeitig fressen können; die Buchten des Innenkreises haben dagegen soviel Trogplatz, daß in jedem Viertel bis zu 17 Sauen Futter- und Lagerplatz haben. Zwischen je zwei Saubuchten an der Außenwand ist ein Ferkelfutterplatz angeordnet, der in der Außenwand eine Öffnung mit Klappe in der Ringwand hat, durch die die Ferkel ins Freie gelangen können (Abb. 162, Grundriß). Die Trennwände zwischen den Buchten sind halbsteinstark in Zementmörtel gemauertes Ziegelmauerwerk. Sonst sind Bohlenschleete in gemauerten Falzen zu Trennwänden verwendet. An den

Buchtenwänden sind Ferkelschutzstangen angebracht. Über den Trögen sind verstellbare Holzklappen angeordnet, die ein ungestörtes Einschütten des Futters in die Tröge erlauben (Abb. 163, Radialschnitt). Als Fußboden haben die Buchten flaches Ziegelpflaster, das in Zementbeton mit reichlichem Gefälle verlegt ist; der Futtergang hat

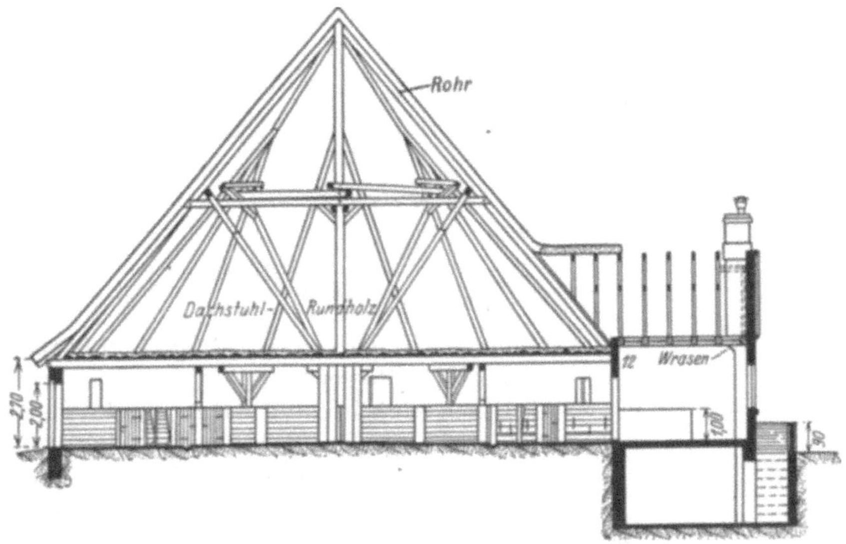

Querschnitt.

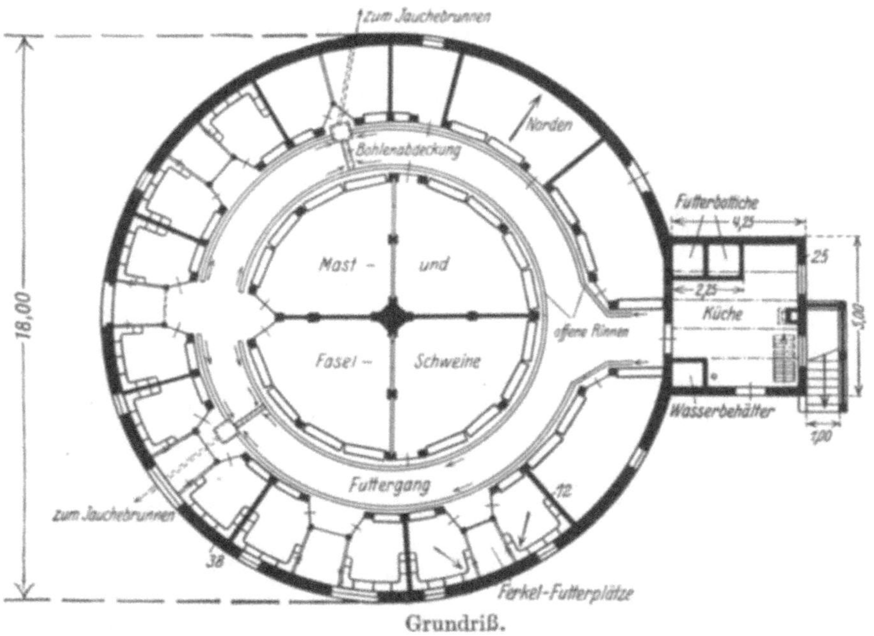

Grundriß.

Abb. 162. Schweinestall als Rundbau auf der Domäne Bakendorf b. Hagenow i. Meckl. Allgemeine Anordnung.

Zementfußboden mit dreieckigen Rinnen (Abb. 163), die ebenfalls reichliches Gefälle erhalten haben und die leicht gereinigt werden können. Von zwei überdeckten Sammelkästen wird die Jauche in zwei außerhalb liegende überdeckte Jauchebrunnen geleitet (Abb. 162).

Besonderes Gewicht ist auf gute Beleuchtung und Lüftung gelegt. Auf der Südseite des Rundbaues sind zwei große Fenster eingebaut, die die Decke überhöhen (Abb. 164), damit reichlich Sonne in das Gebäude kommt. Aber auch die kleinen Fenster sind zum großen

Teil so gelegt, daß die Sonne sie erreichen kann; die Nordseite hat nur die zur Belichtung notwendigen Fenster. Bei der Lüftung ist von dem Grundsatz ausgegangen, daß viele

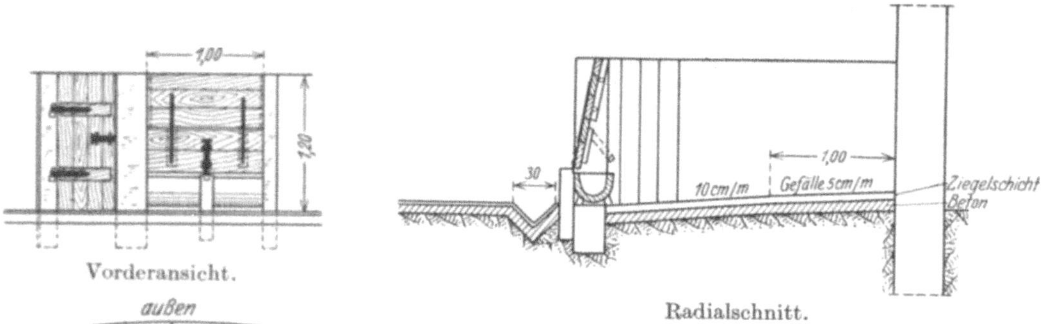

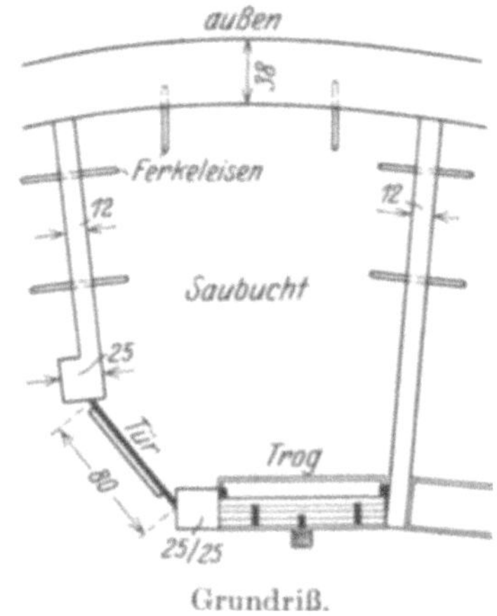

Abb. 163. Schweinestall als Rundbau in Bakendorf. Einzelheiten der Saubucht.

kleine Öffnungen zweckmäßiger sind als einige wenige große. Es sollte vor allem jede Zugluft vermieden werden. Es liegen zunächst in der Ringwand über dem Fußboden und unter der Decke je dreißig 5 cm weite Dränrohre, die sich gleichmäßig in dem Rundbau verteilen. Sodann sind unterhalb der Fenster in der Außenwand je zwei Zuluftöffnungen (in Abb. 164 unterhalb der Fenster sichtbar), die im Mauerwerk als Luftkanäle hochgeführt sind und im Innenraum in der Fensterbank in zwei Öffnungen endigen. Diese lüften besonders gut und lassen sich jederzeit durch einen Strohwisch oder durch aufgelegte Steine verschließen. Von dem Einbau eines Dunstschlotes wurde abgesehen, dagegen

Abb. 164. Schweinestall als Rundbau auf der Domäne Bakendorf. Ansicht der Türseite.

wurden über dem Mittelgang in der Decke zwei aufklappbare Luken angebracht, die zum Abwerfen des Streustrohes dienen und zugleich den Stall in den Dachraum entlüften; letzterer wird wiederum durch ringsum im Rohrdach angebrachte Öffnungen, sogenannte Eulennester, entlüftet. Diese Anordnung hat sich durchaus bewährt. Der Stall ist zu jeder Zeit trocken und gut gelüftet. Sehr günstig wirkt in diesem Falle die runde Form auf die Lüf-

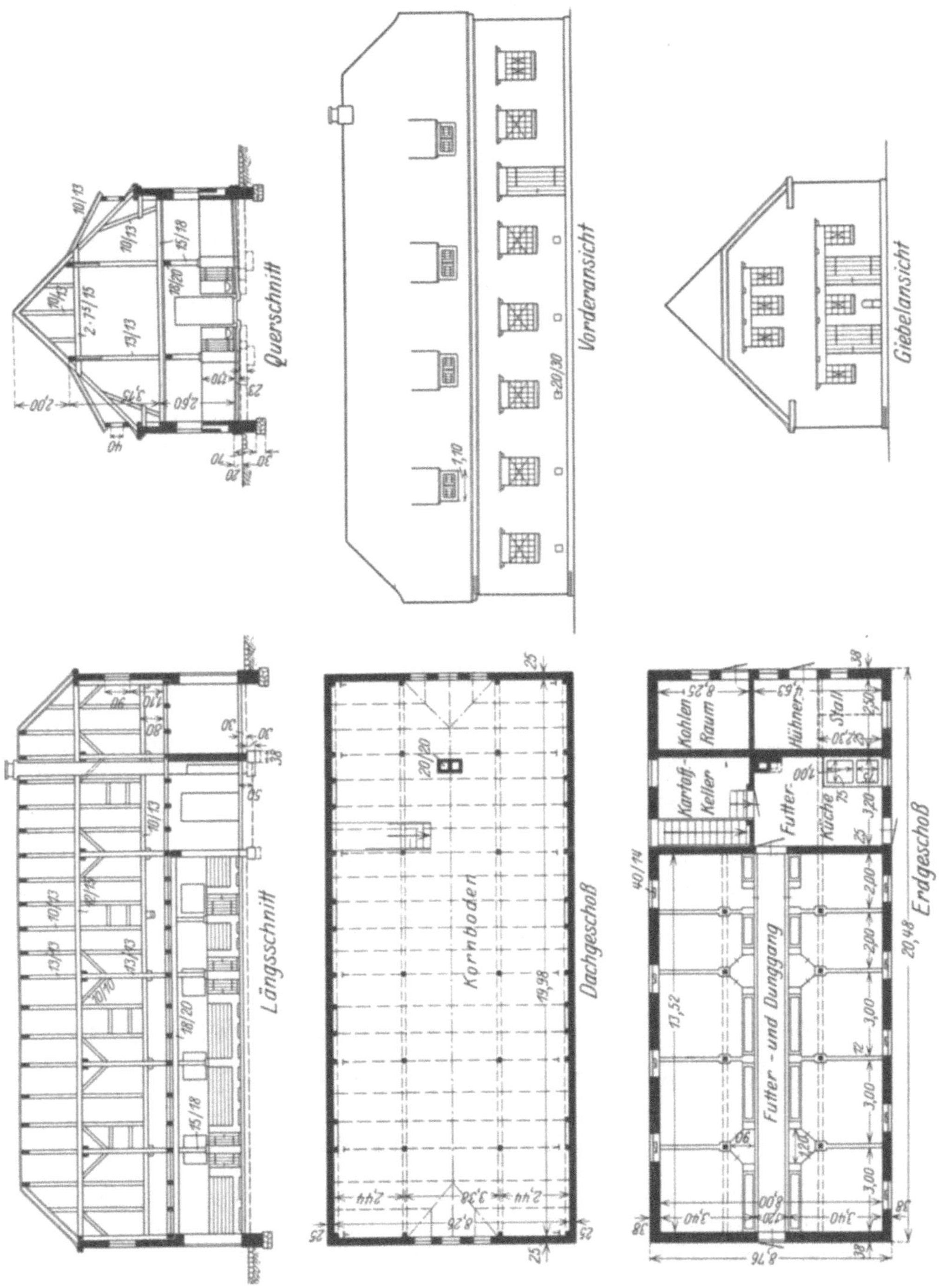

Abb. 165. Schweinehaus in Gaegelow b. Wismar i. Meckl. Allgemeine Anordnung.

tung, die hier völlig von dem Winde abhängig ist. Dieser kann immer nur etwa ¼ der vorhandenen Öffnungen treffen und ihnen Luft zuführen, während etwa drei Viertel der Öffnungen gleichzeitig als Entlüftung dienen. Es kann also die für die Jungtiere so schädliche

Zugluft nicht auftreten. Vor allem hat sich wieder das Rohrdach als unübertreffliche Bedachung für Viehhäuser bewährt.

c) Schweinehaus in Gaegelow b. Wismar i. Meckl. (Hofbesitzer: Wilh. Siedenschnur, Abb. 165). Dieses Beispiel zeigt ein kleineres Stallgebäude, welches an Stelle eines bis auf die Grundmauern abgebrannten Schweinehauses nach dem Entwurf des Mecklenburg-Schwerinschen Hochbauamtes (Architekt: Regierungsbaurat Neumann) im Jahre 1929 wieder aufgebaut wurde.

Verlangt war neben einer Futterküche mit Kartoffelkeller, einem Hühnerstall und Kohlenraum, Platz für 80 Mastschweine und 10 Zuchtsauen. Der Bodenraum mit Drempelaufbau sollte als Kornboden ausgebaut werden.

Abb. 166. Schweinehaus in Gaegelow b. Wismar. Schaubild.

Die Fundamente sind aus Kiesbeton, teilweise aus Feldsteinen, die Umfassungswände in Ziegelrohbau, 32 cm stark mit 7 cm Luftschicht hergestellt. Die Decke ist eine Balkendecke mit Einschub und Lehmauftrag, darüber Bretterfußboden mit Aufstandschalung für den Kornboden. Das Dach ist mit holländischen Pfannen eingedeckt. Der Stall hat Tonkrippen erhalten. Die Buchtenwände sind ½ Stein stark aufgemauert und verputzt.

Der Fußboden in den Buchten ist aus einer Unterlage von Ziegelbruch mit Betonaufguß zur besseren Isolierung hergestellt und darauf ist eine Ziegelflachschicht in Zementmörtel verlegt. Der Futter- und Dunggang hat Betonfußboden erhalten mit eingebauten Gleisen zum Dungtransport.

Die Fenster sind aus Schmiedeeisen, zur Hälfte zum Kippen eingerichtet. Für die Zuführung von Luft sind in den Fensterbrüstungen Zuluftkanäle angelegt und in den Längswänden unter der Decke Tonrohre eingemauert.

Abb. 166 gibt ein Schaubild des Schweinehauses.

D. Wirtschaftsgebäude (Ökonomiegebäude) mit Stalleinbauten und Viehhallen.

I. Wirtschaftsgebäude.

Bei solchen Wirtschaftsgebäuden spielt die Viehhaltung im Gegensatz zu den Stallbauten der Gutshöfe nur eine untergeordnete Rolle, denn die Wirtschaftsgebäude sind meist nur Nebenanlagen zu irgendwelchen Anstalten, die zum dauernden Aufenthalt, zur Erholung und Heilung von altersschwachen oder kranken Personen dienen. Sie sollen zur Beschaffung von billigen und guten Lebensmitteln beitragen. Infolgedessen sind die Stallungen meist von kleinerem Umfang, da auch noch Räume zu anderen Zwecken vorhanden sein müssen. Ein besonderes Merkmal ist auch die bauliche Gestaltung solcher Ställe, die der Art der ganzen Gebäudeanlage entsprechend nicht als Stallgebäude für sich ausgeführt, sondern nur einen bestimmten Teil des Wirtschaftsgebäudes einnehmen, in welchem auch noch häufig Wohnungen untergebracht sind.

Wenn man von ihrer massiven meist städtischen Bauart und dem Zwecke der Anlage absieht, erinnern diese Wirtschaftsgebäude an das schwäbische und niedersächsische

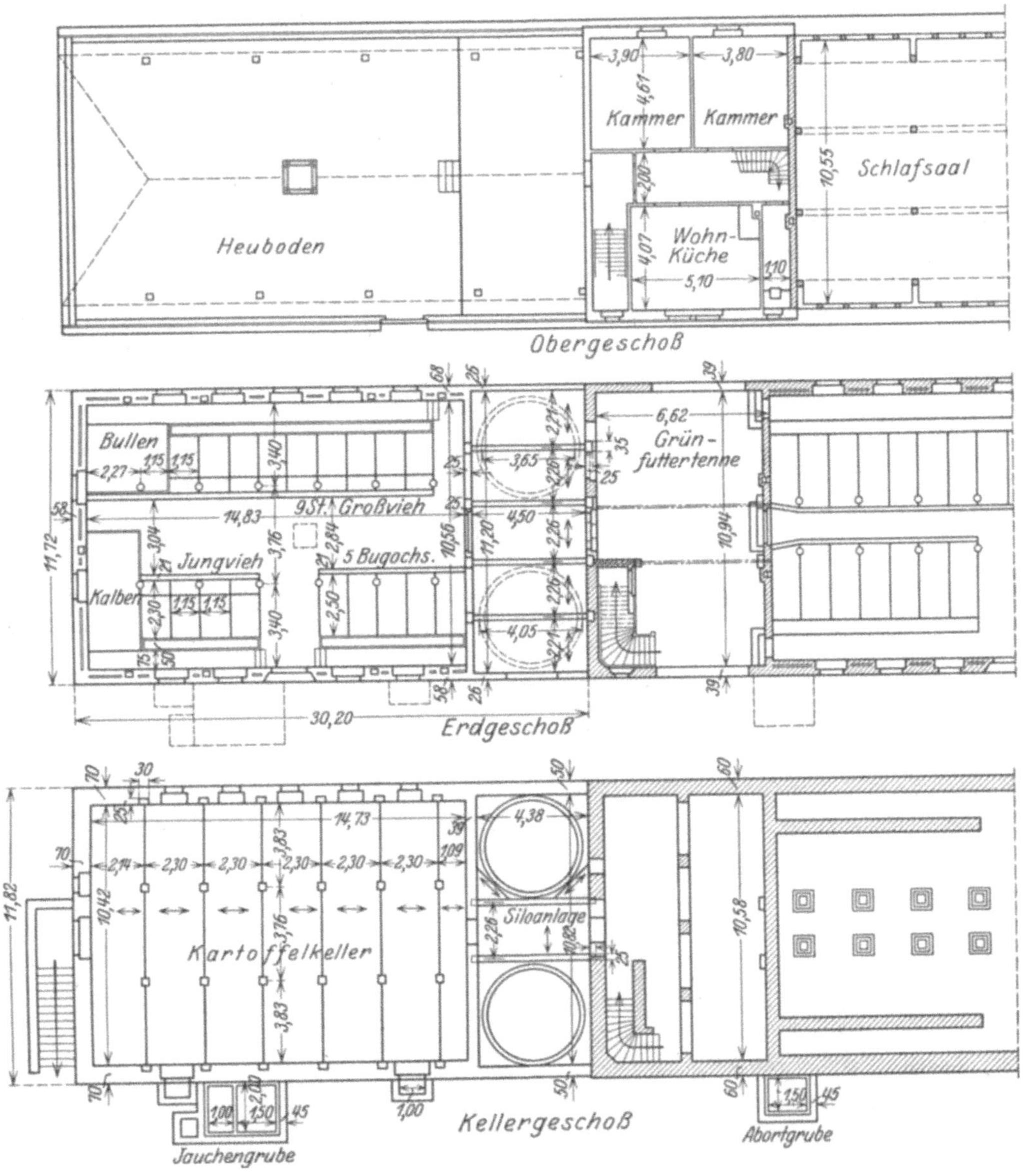

Abb. 167. Landesanstalt Großhennersdorf. Erweiterung des Wirtschaftsgebäudes der Meierei. Grundrisse. (Ausführung: Walter Rüde, Dresden.)

Bauernhaus, in welchen gleichfalls alle Wirtschaftsräume unter einem Dach untergebracht sind.

Die nachstehend beschriebenen Ausführungen mögen als Beispiele hierfür gegeben werden.

a) Erweiterung des Wirtschaftsgebäudes der Meierei der Landesanstalt Großhennersdorf. Ausführung der Eisenbetondecken und -stützen nach dem Entwurf der Hochbaudirektion III, Dresden, durch die Firma Walter Rüde, Dresden, 1928.

Die allgemeine Anordnung des Bauwerks geht aus den Abb. 167 u. 168 hervor. Der 30,20 m lange und 11,72 m tiefe Erweiterungsbau besitzt ein Keller- und Erdgeschoß,

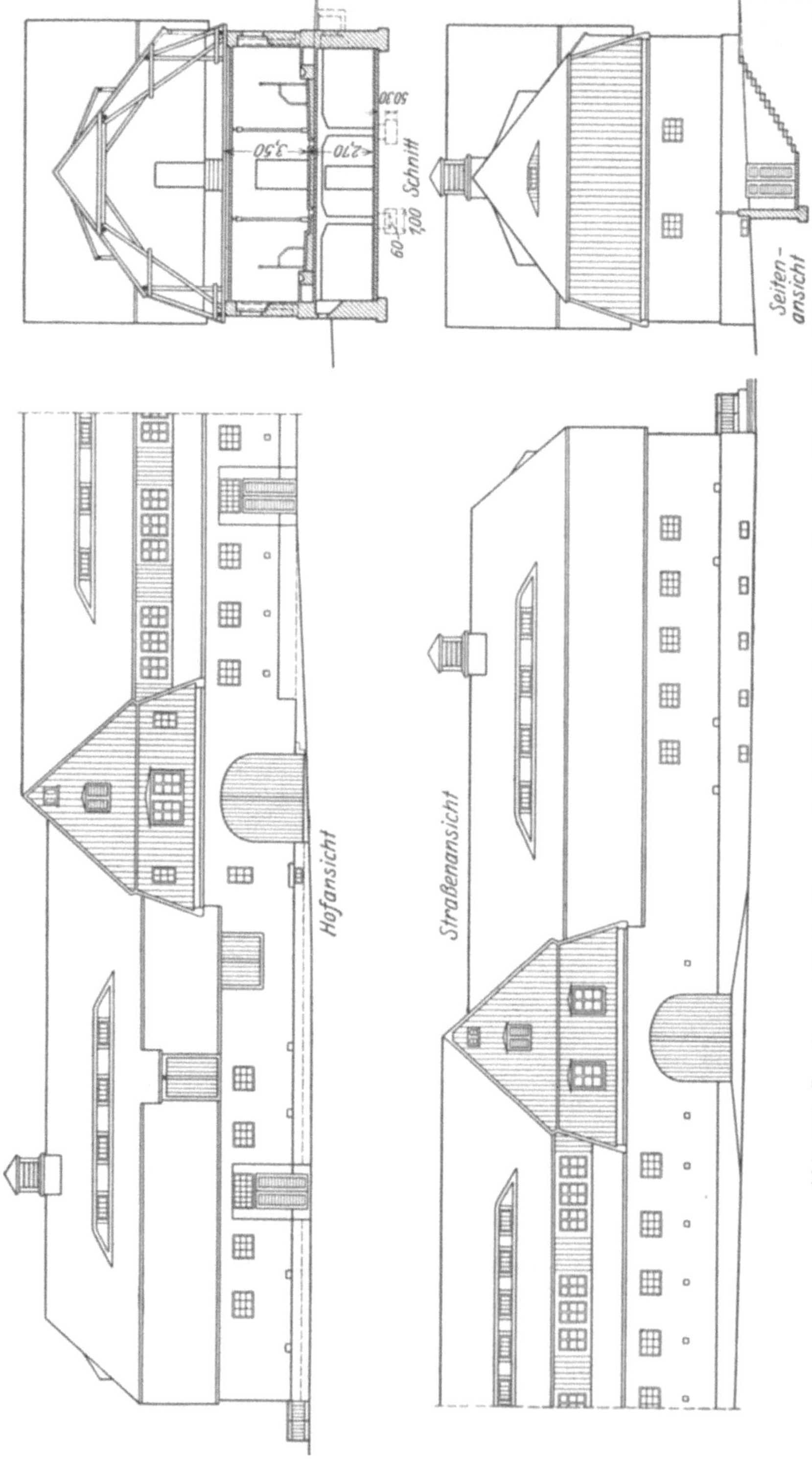

Abb. 168. Landesanstalt Großhennersdorf. Wirtschaftsgebäude. Querschnitt und Ansichten.

über welchem sich ein hoher Dachraum befindet. Die Kellerdecke ist als Plattenbalkendecke mit 2,30 m Rippenabstand ausgebildet (Abb. 169). Die Plattenbalken ruhen auf zwei

Reihen Eisenbetonstützen von 25 × 25 cm Querschnitt im Abstand von 3,76 m und auf den Längswänden. Die Deckenplatte ist 10 bis 11,5 cm stark, die Balkenhöhe ist 35 cm. In einem besonderen Raum sind zwei in Beton hergestellte Grünfuttersilos eingebaut, die

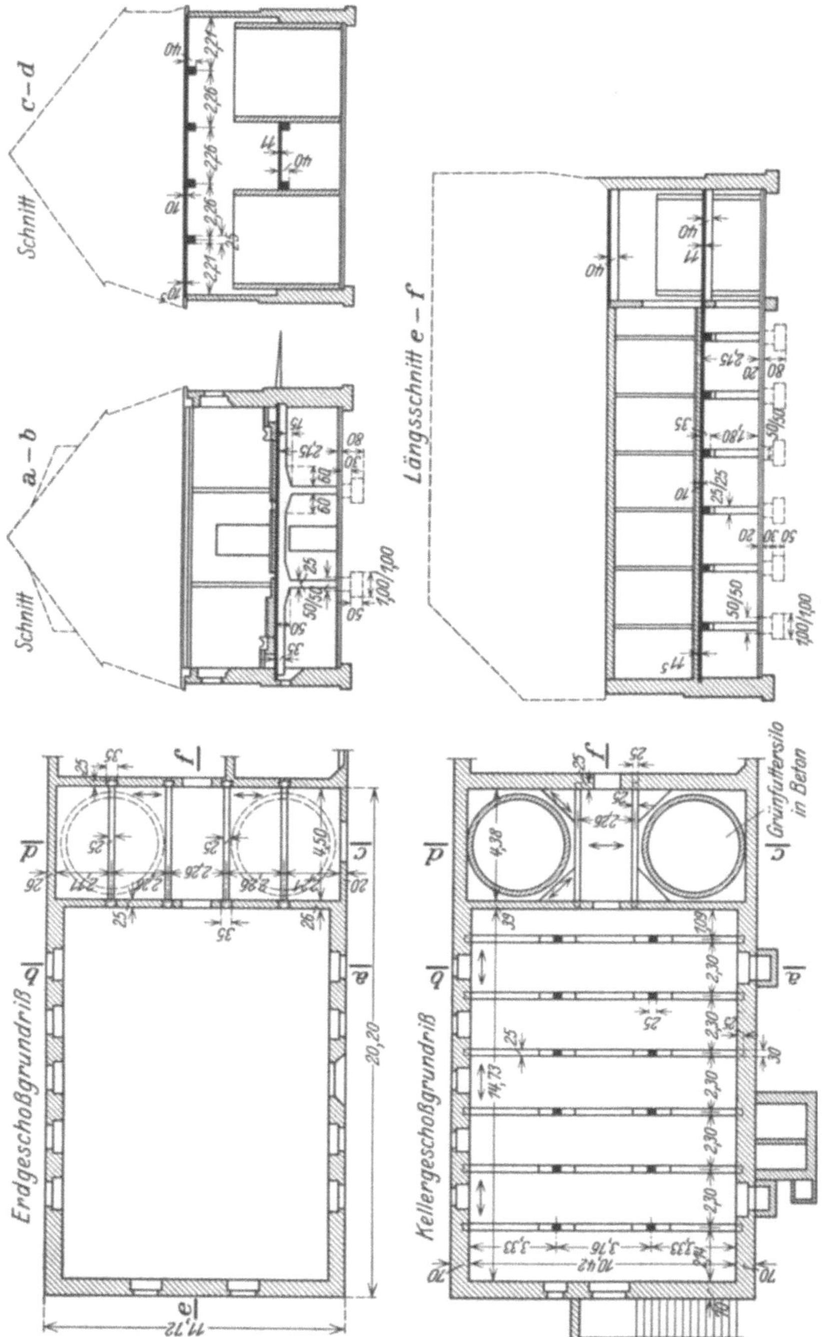

Abb. 169. Landesanstalt Großhennersdorf. Wirtschaftsgebäude. Ausbildung der Massivdecken.

von einer Spezialfirma ausgeführt sind. Dieser Raum ist oben durch eine Plattenbalkendecke abgeschlossen (Abb. 169). Abb. 170 zeigt die Ausbildung einer Jauchengrube, die ebenfalls durch eine Eisenbetondecke abgeschlossen ist.

Im eigentlichen Stallraum sind gußeiserne Stützen von 120 mm äußerem Durchmesser

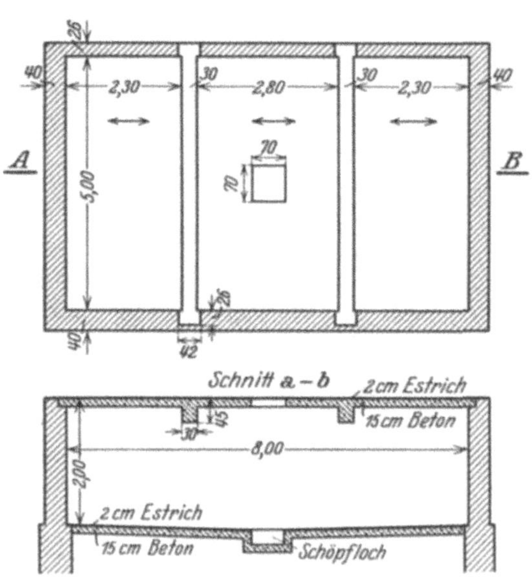

Abb. 170. Landesanstalt Großhennersdorf. Jauchengrube.

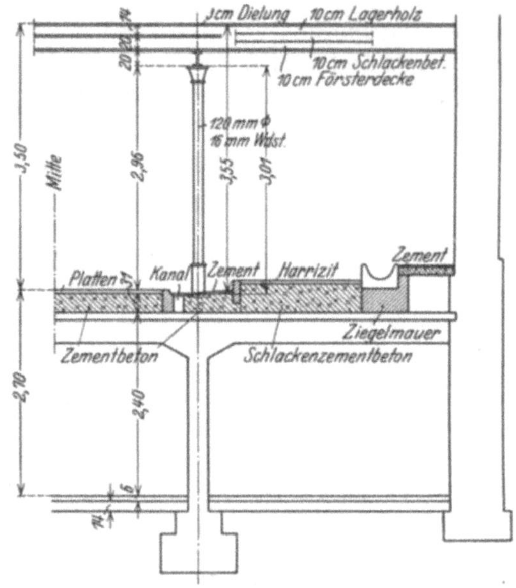

Abb. 171. Landesanstalt Großhennersdorf. Einzelheiten der Stalldecke und Stände im Wirtschaftsgebäude.

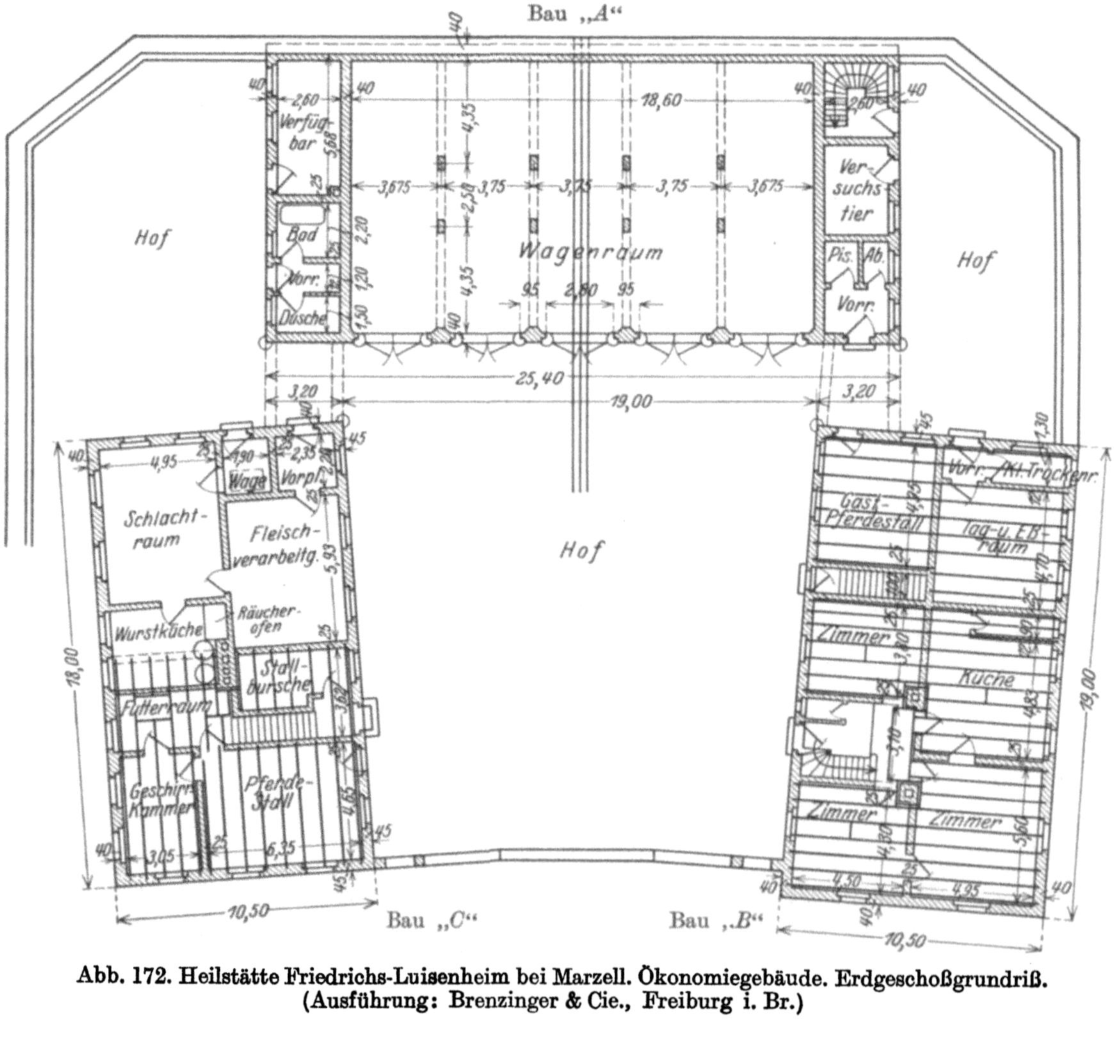

Abb. 172. Heilstätte Friedrichs-Luisenheim bei Marzell. Ökonomiegebäude. Erdgeschoßgrundriß. (Ausführung: Brenzinger & Cie., Freiburg i. Br.)

und 15 mm Wandstärke angeordnet. Sie tragen einen stählernen Längsunterzug I NP 20 zur Aufnahme einer Försterdecke von 10 cm Höhe zwischen I NP 20. Die Einzelheiten dieser Decke sowie der Ausbildung der Stände geht aus Abb. 171 hervor.

b) Ökonomiegebäude der Heilstätte Friedrichs-Luisenheim bei Marzell (in der Nähe von Karlsruhe), ausgeführt 1927 nach dem Entwurf von Ministerialrat Professor A. Stürzenacker, Karlsruhe, durch die Firma Brenzinger & Cie., Freiburg i. Br. (Bauherrin: Landesversicherungsanstalt Baden in Karlsruhe).

Die allgemeine Grundrißanordnung geht aus den Abb. 172 u. 173 hervor.

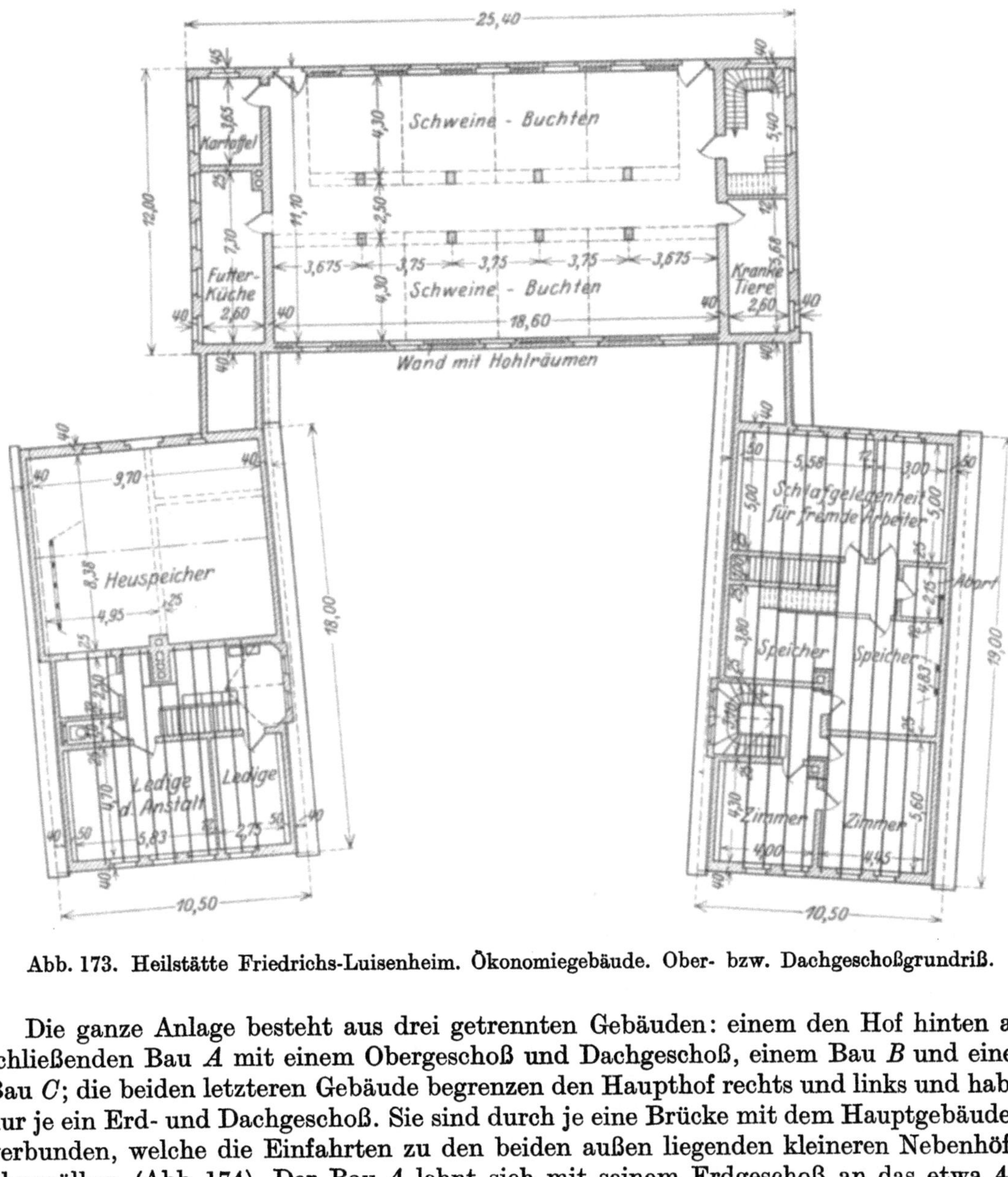

Abb. 173. Heilstätte Friedrichs-Luisenheim. Ökonomiegebäude. Ober- bzw. Dachgeschoßgrundriß.

Die ganze Anlage besteht aus drei getrennten Gebäuden: einem den Hof hinten abschließenden Bau *A* mit einem Obergeschoß und Dachgeschoß, einem Bau *B* und einem Bau *C*; die beiden letzteren Gebäude begrenzen den Haupthof rechts und links und haben nur je ein Erd- und Dachgeschoß. Sie sind durch je eine Brücke mit dem Hauptgebäude A verbunden, welche die Einfahrten zu den beiden außen liegenden kleineren Nebenhöfen überwölben (Abb. 174). Der Bau *A* lehnt sich mit seinem Erdgeschoß an das etwa 4 m höher liegende hintere Gelände an, so daß von diesem aus ein unmittelbarer Zugang zum ersten Obergeschoß dieses Gebäudes geschaffen wurde (Abb. 175). Dieser Umstand bot Gelegenheit, im Obergeschoß des Hauptgebäudes *A* einen Schweinestall anzulegen. Im Erdgeschoß ist ein Wagenraum vorhanden.

In den angrenzenden Teilen der Wagenhalle sind eine Treppe und verschiedene Nebenräume untergebracht. Im Obergeschoß befindet sich neben dem Schweinestall rechts ein Krankenstall und links die Futterküche sowie ein Kartoffelraum.

Der rechte Seitenbau *B* enthält im Erdgeschoß außer den Treppen einen Gastpferdestall sowie Küche und Wohnräume und im Dachgeschoß einen Speicherraum sowie Schlafraum und Wohnzimmer.

Im linken Seitenbau *C* sind im Erdgeschoß ein Pferdestall, Geschirr- und Futterkammer, ferner links ein Schlachtraum, rechts ein Raum für Fleischverarbeitung (Abb. 176) und verschiedene kleinere Nebenräume untergebracht. Im Dachgeschoß befindet sich ein Heuspeicher, ferner Wohnräume für Unverheiratete.

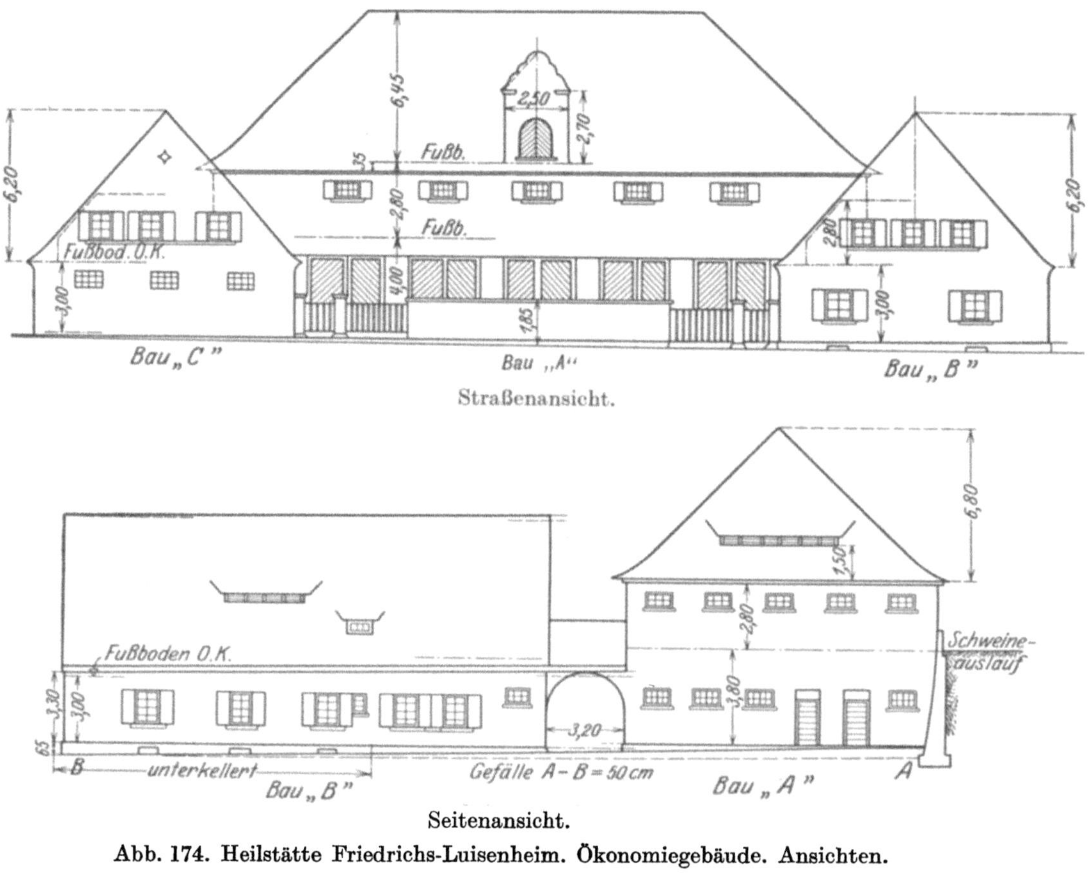

Abb. 174. Heilstätte Friedrichs-Luisenheim. Ökonomiegebäude. Ansichten.

Bemerkenswert ist die Ausbildung der massiven Decken verschiedener Art, insbesondere im Bau *A* (Abb. 177 u. 177a).

Die Decke über dem Obergeschoß (Schweinestall) ist mit 16 cm hohen Bimsbeton-Hohlkörpern mit 50 cm Rippenteilung und einer Betondruckschicht von 5 cm Stärke („Remysche Eisenbetonrippendecke" s. S. 20) ausgeführt. Als Nutzlast ist einschl. Deckenputz und Belag 400 kg/m² angenommen, wozu noch für die 21 cm hohe Decke eine Eigenlast von 280 kg/m² gerechnet ist. Die Deckenbalken sind als Plattenbalken mit 1,25 m Druckgurtbreite, 25 cm Rippenbreite und 40 cm Höhe ausgebildet und ruhen auf zwei Mittelstützen 25/25 cm aus Eisenbeton.

Die Entlüftung des Stalles erfolgt durch einen 7,5 m hohen Lüftschlot von 40/40 cm lichtem Querschnitt. Dieser wird durch einen Holzkasten gebildet, der innen mit Torfisothermplatten von 5 cm Stärke ausgefüttert ist. Über Dach ist der Schlot mit Kupferblech verkleidet und trägt zum Abschluß eine Haube aus 5 mm starkem geteerten Eisenblech.

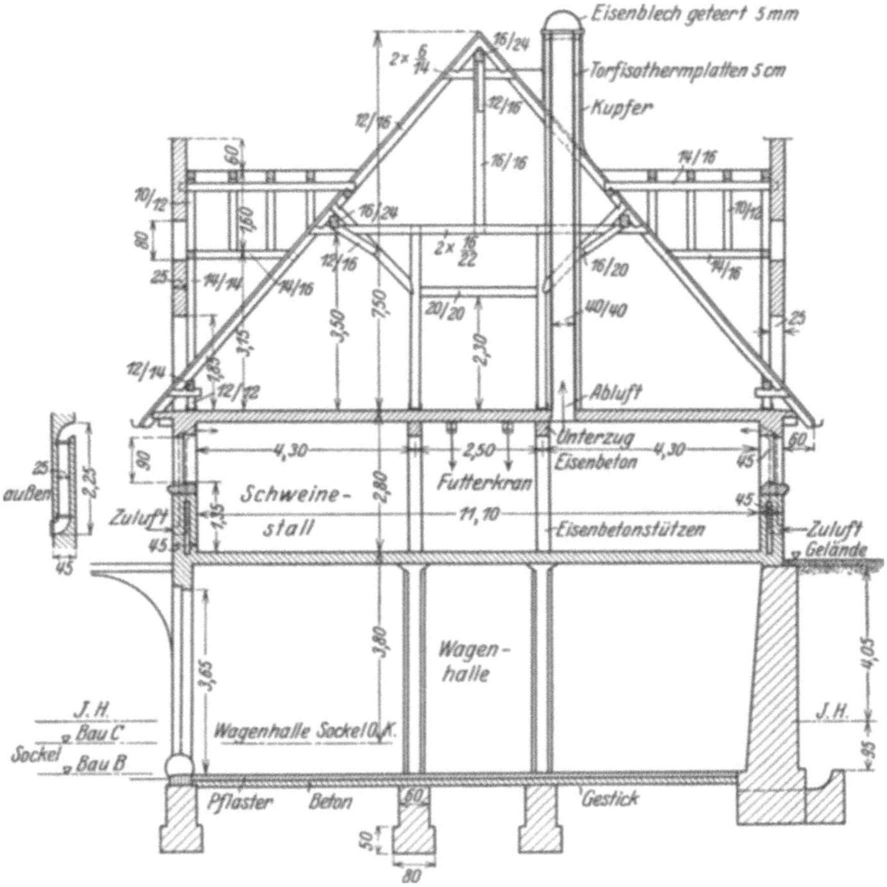

Abb. 175. Heilstätte Friedrichs-Luisenheim. Querschnitt durch das Hauptgebäude *A*.

Die Zufuhr von Frischluft erfolgt unter der Decke durch 25 cm weite in die 45 cm starken Außenwände zu beiden Seiten der Fenster eingebaute S-förmige Rohre (Abb. 175).

Die Decken über dem Erdgeschoß (Wagenhalle) sind als „Koenensche Plandecken“ (s. S. 21) von 15,5 bzw. 22 cm Höhe mit unteren Holzlatten und angehängter Putzdecke ausgeführt. Der Fußboden wird in den Ställen durch einen doppelten, säurefesten Asphaltbelag von insgesamt 3 cm Stärke (Dichtung), darüber als eigentlichen Stallfußboden Spezialbodenplatten von 5 cm Stärke einschl. Mörtel gebildet.

Als Nutzlast einschl. Deckenputz ist für die niedrige Plandecke 300 kg/m², für die hohe Plandecke 400 kg/m² vorgeschrieben gewesen. Die niedrige Plandecke hat außerdem zwecks Höhenausgleichs eine

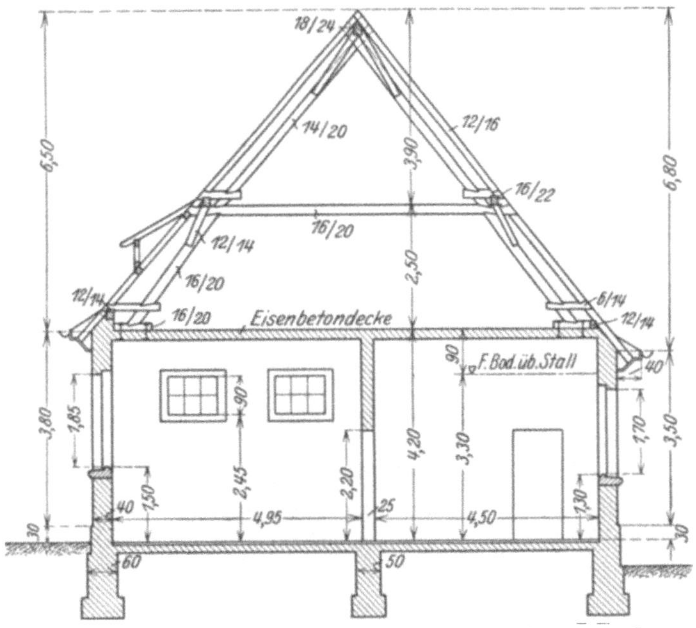

Abb. 176. Heilstätte Friedrichs-Luisenheim. Schnitt durch Schlachtraum und Fleischverarbeitung des Baues *C*.

i. M. 8 cm starke Bimsbetonschicht erhalten. Die Decke der Wagenhalle steigt nach beiden Längswänden zu an, um dem darüber befindlichen Stallfußboden nach den beiden inneren Jaucherinnen zu das nötige Gefälle zu geben.

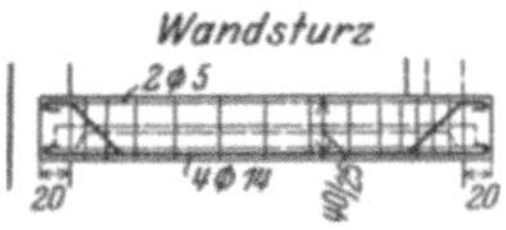

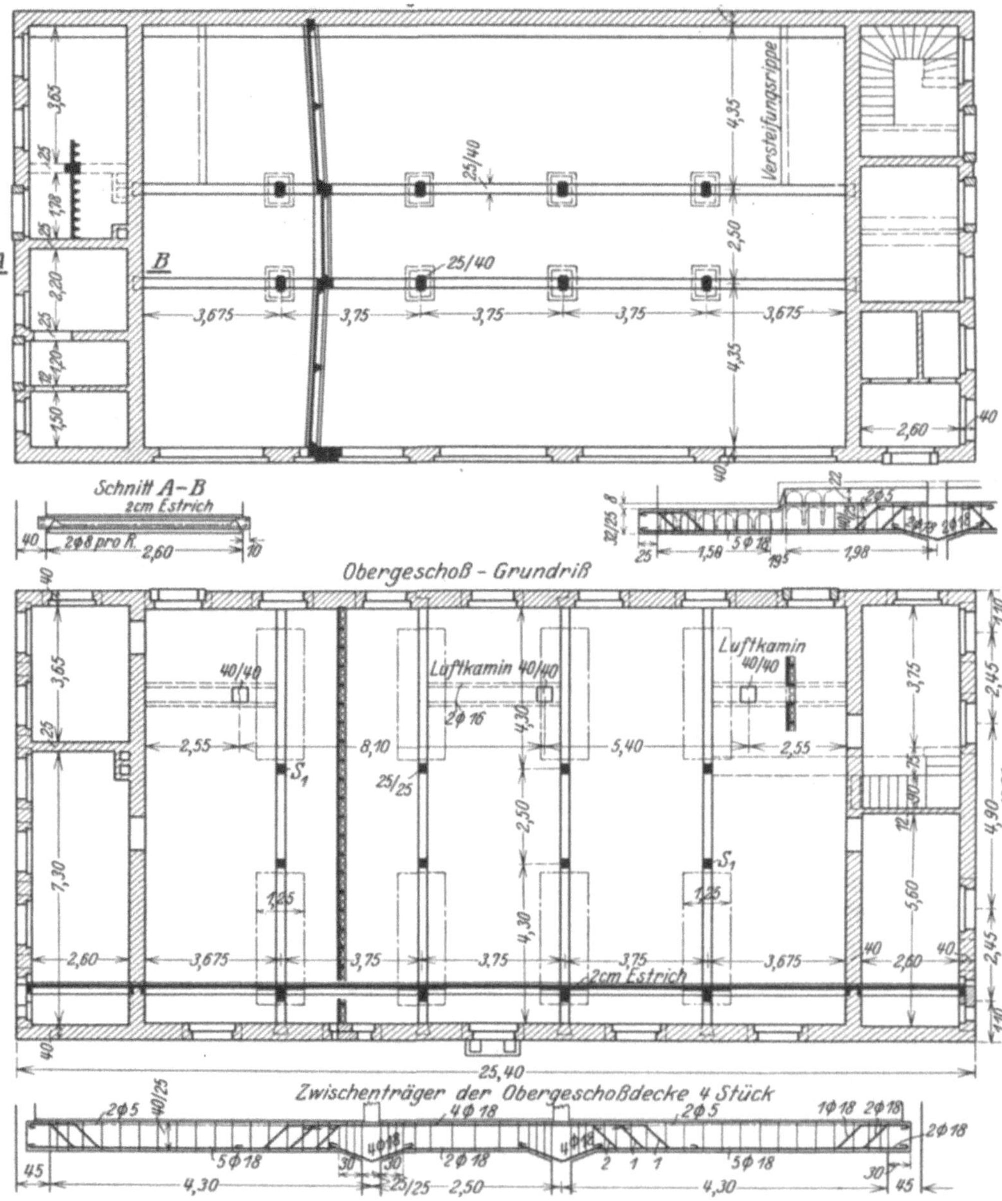

Abb. 177. Heilstätte Friedrichs-Luisenheim. Ausbildung der Massivdecken im Bau *A*.

Das Gesamtgewicht der Decken ergibt sich demnach

für die niedrige Plandecke zu:	5 cm Plattenbelag je 1600 kg	80 kg/m²
	3 cm Gußasphalt	40 „
	8 cm Bimsbeton zu 1500 kg	120 „
	15,5 cm Plandecke	200 „
	Eigengewicht	440 kg/m²
	Nutzlast	300 „
	Gesamtlast	740 kg/m²

für die hohe Plandecke zu:

5 cm Plattenbelag	80 kg/m²
3 cm Gußasphalt	40 „
22 cm Plandecke	240 „
Eigengewicht	360 kg/m²
Nutzlast	400 „
Gesamtlast	760 kg/m²

Der Querschnitt der Mittelstützen beträgt 40/25 cm.
Der Boden, der aus gewachsenem Fels besteht, ist mit 4,9 kg/cm² beansprucht.

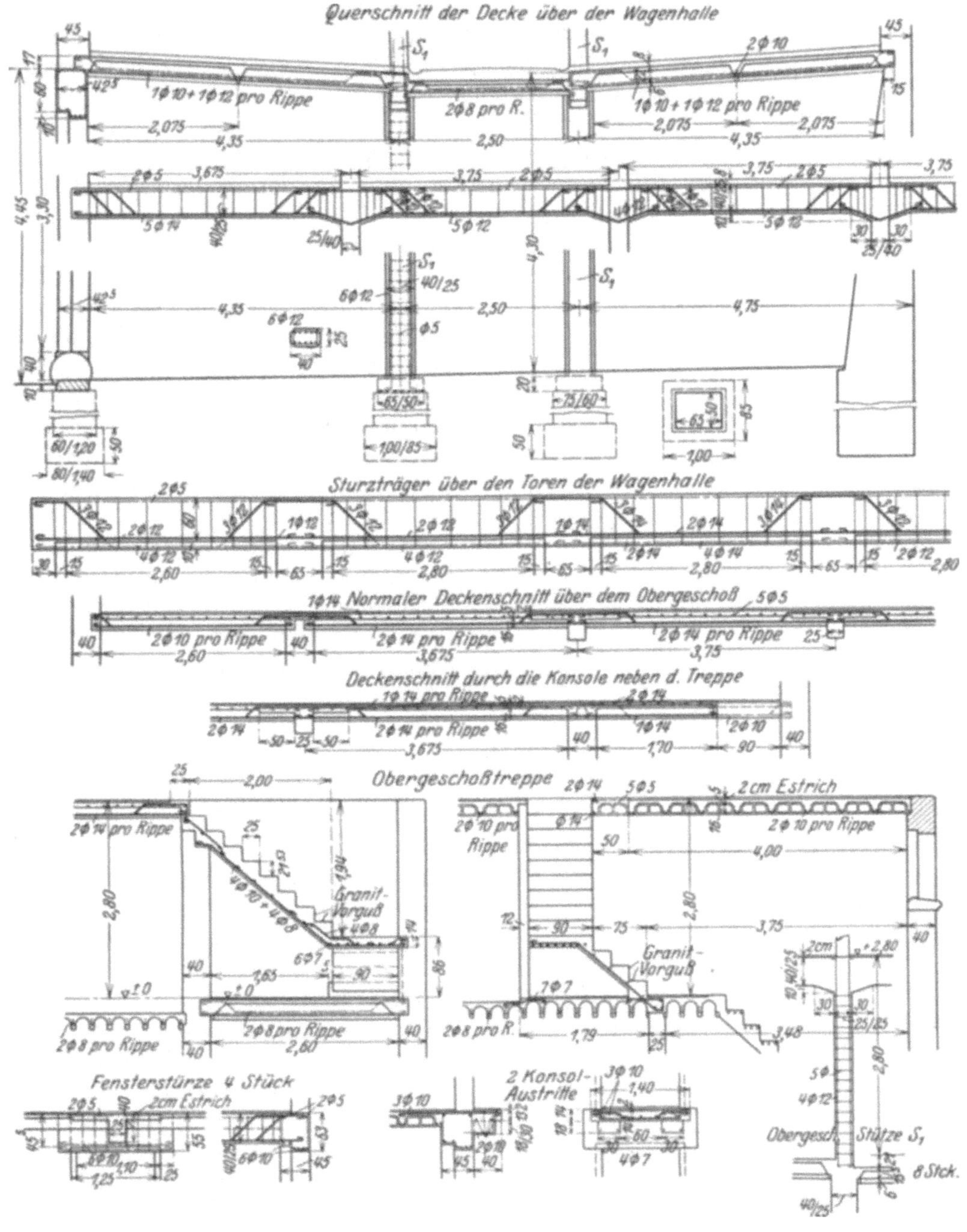

Abb. 177a. Ausbildung der Massivdecken im Bau *A* (zu Abb. 177).

Der Bau *B* ist unterkellert und der Keller mit einer Eisenbetondecke (Plattenbalkendecke) überspannt. Der $3\frac{1}{2}$ cm starke Fußboden liegt auf Lagerhölzern 6/6 cm mit 6 cm starker Schlackenauffüllung. Die Nutzlast einschl. Deckenputz und Belag beträgt $170 + 80 = 250\,\text{kg/m}^2$. Die Erdgeschoßdecke ist durch hölzerne Deckenbalken 18/22 mit Holzfußboden gebildet.

Die Erdgeschoßdecke des Baues *C* besteht über dem Schlachtraum und der Fleischverarbeitung aus Eisenbeton, im übrigen Teil aus einer Balkenlage mit Holzfußboden.

Sämtliche Dachkonstruktionen sind aus Holz hergestellt.

Im Anschluß an die beschriebenen Beispiele möge noch ein Kartoffelkeller, der für eine ähnliche Anlage ausgeführt ist, erwähnt werden, nämlich

c) der **Kartoffelkeller für die Heil- und Pflegeanstalt Osnabrück,** ausgeführt 1924 von der „Cementbau“ Gesellschaft für Bauausführungen m. b. H., Hannover (Abb. 178).

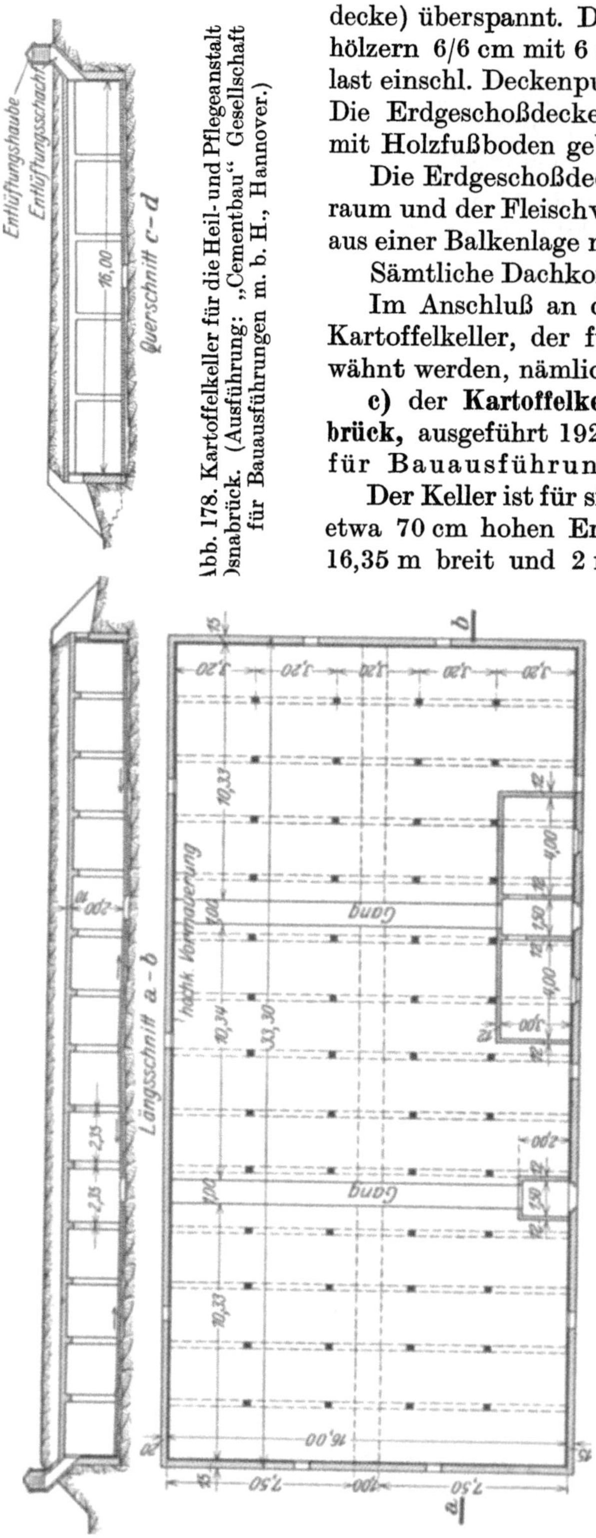

Abb. 178. Kartoffelkeller für die Heil- und Pflegeanstalt Osnabrück. (Ausführung: „Cementbau“ Gesellschaft für Bauausführungen m. b. H., Hannover.)

Der Keller ist für sich im freien Gelände errichtet und mit einer etwa 70 cm hohen Erdschicht überdeckt. Er ist 33,30 m lang, 16,35 m breit und 2 m i. L. hoch. Die Wände sind als 15 bzw. 20 cm starke Eisenbetonwände mit $6\frac{1}{2}$ cm starker Vormauerung gebildet, die Decke ist als Plattenbalkendecke hergestellt. Die Plattenbalken ruhen auf Eisenbetonstützen in Abständen von 3,2 m. Der sandige, z. T. felsige Boden ist durch Beton abgeglichen und mit einer Klinkerflachschicht gepflastert.

Die nach den Vorschriften des Bauherrn angebrachten Entlüfter haben sich als nicht ausreichend erwiesen. Besser wäre eine Entlüftung von unten gewesen, die durch eine Dränagenleitung sich leicht hätte herstellen lassen.

II. Viehhallen.

Die Viehhallen dienen in erster Linie zur Veranstaltung landwirtschaftlicher Ausstellungen und zur Vorführung von Zuchtvieh zum Zwecke der Absatzwerbung (Auktionen) und endlich zum unmittelbaren Viehhandel. Zu den Vorführungen ist in der Regel eine große Halle mit einem mittleren Vorführungsring und den diesen Ring umgebenden Tribünen vorhanden. An die Halle schließen sich Stallungen zur vorübergehenden Unterbringung des Viehes an, die zugleich als Ausstellungsraum zum Besuch des Publikums benutzt werden. Dementsprechend erhalten sie ebenfalls hallenartigen Charakter, breite Wege, an denen die Stallungen, Boxen oder Buchten liegen, je nachdem es sich um Rindvieh-, Pferde- oder Schweineausstellungen handelt. Die Stallgassen für das Wärterpersonal sind abseits von den Publikumswegen angeordnet. Selbstverständlich fehlen die erforderlichen Nebenräume, wie Futterräume, Büros, Gaststätten usw. nicht.

Naturgemäß kann die Vorführungshalle auch zu sportlichen Veranstaltungen und sonstigen öffentlichen Schauen verwendet werden.

Zur näheren Erläuterung des Gesagten mögen einige neuere Viehhallen beschrieben werden.

a) Frankenhalle Würzburg, ausgeführt 1928 nach dem Entwurf von Gewerbebaurat und Architekt P. Kaerlein, Leiter der Landwirtschaftlichen Bauberatungsstelle München[1] (Abb. 179).

Bei dem Bau der stattlichen Halle sind die Grundsätze schlichter Zweckmäßigkeit mit den Forderungen des Schönheitsgefühls durch den Entwurfsverfasser in glücklicher Weise verbunden. Die Halle dient einmal als Auktionshalle für die unterfränkischen Zuchtverbände (Zuchtbullenversteigerung) und zur Veranstaltung landwirtschaftlicher Ausstellungen aller Art zwecks Förderung des Absatzes. Außerdem soll sie zur Veranstaltung sportlicher Unternehmungen aller Art benutzt werden.

Der Hauptzweck der Frankenhalle ist die Absatzwerbung, und die mit Recht heute im Vordergrund stehende Absatzbewegung hat sich drei Aufgaben gestellt[1]:

1. Die Belehrung und Aufklärung des Landwirts über den Bedarf und die Ansprüche des Marktes durch Ausstellungen und Schauen.

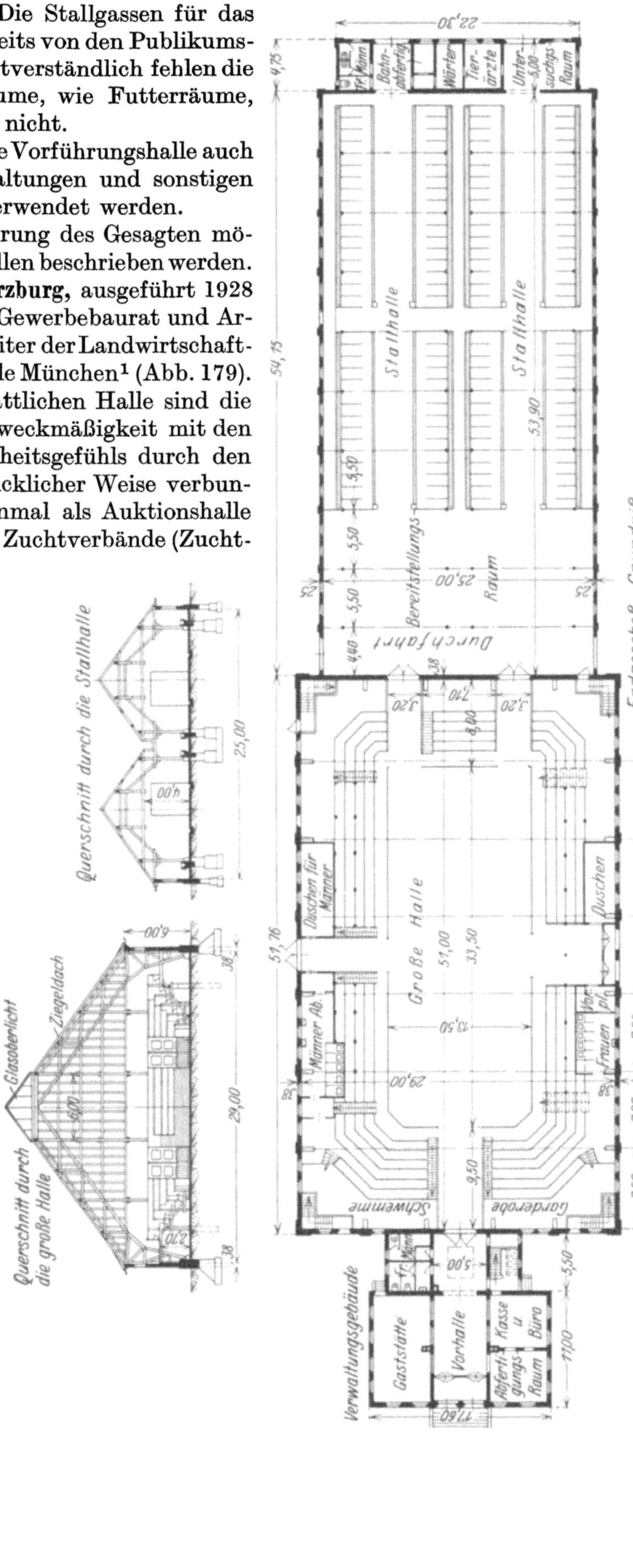

Abb. 179. Frankenhalle Würzburg. Allgemeine Anordnung. (Ausführung des Holzbaues nach den Konstruktionszeichnungen der Firma Karl Kübler A.-G., Stuttgart, durch das Zimmereigeschäft Franz in Elsenfeld a. M.)

[1] Wochenblatt des Landwirtschaftlichen Vereins für Bayern. Herausgeg. vom Bayerischen Landwirtschaftsamt München. 1929. Nr. 3, vom 16. Januar. — Landwirtschaftliche Mitteilungen. Beilage des „Würzburger General-Anzeiger". 1929. Nr. 2, vom 10. Januar.

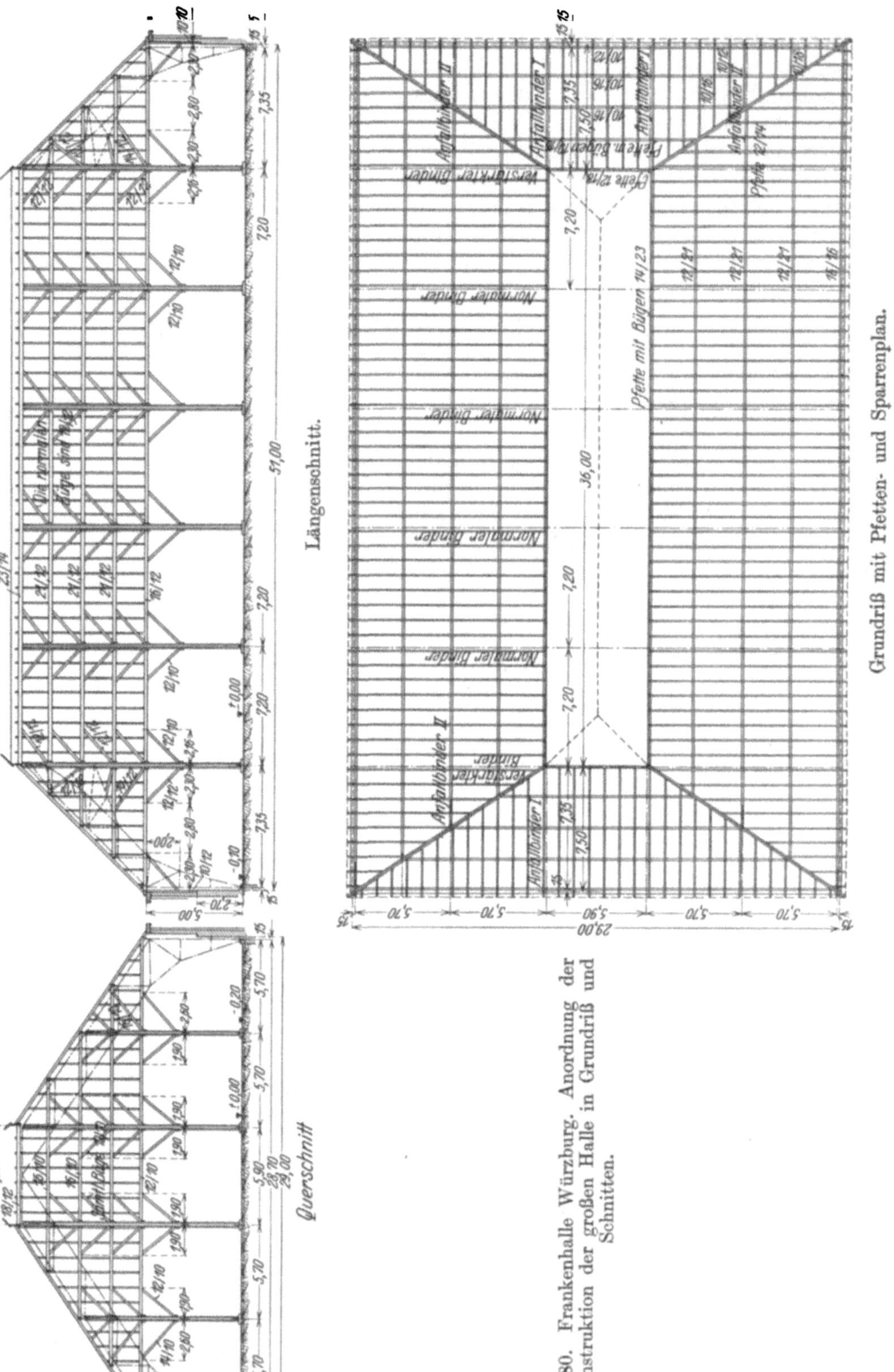

Längenschnitt.

Querschnitt

Grundriß mit Pfetten- und Sparrenplan.

Abb. 180. Frankenhalle Würzburg. Anordnung der Holzkonstruktion der großen Halle in Grundriß und Schnitten.

2. Die Gewinnung erstklassiger eigenwirtschaftlicher Erzeugungsmittel (Zuchtvieh, Saatgetreide) und deren weitestgehende Verbreitung durch Zuchtvieh- und Saatgutmärkte.

3. Die Werbung für den Absatz durch Schauen und Märkte, die bei Gewährleistung einwandfreier Warengüte durch regelmäßige Wiederkehr bestimmenden Einfluß auf die Bedarfsdeckung anstreben müssen.

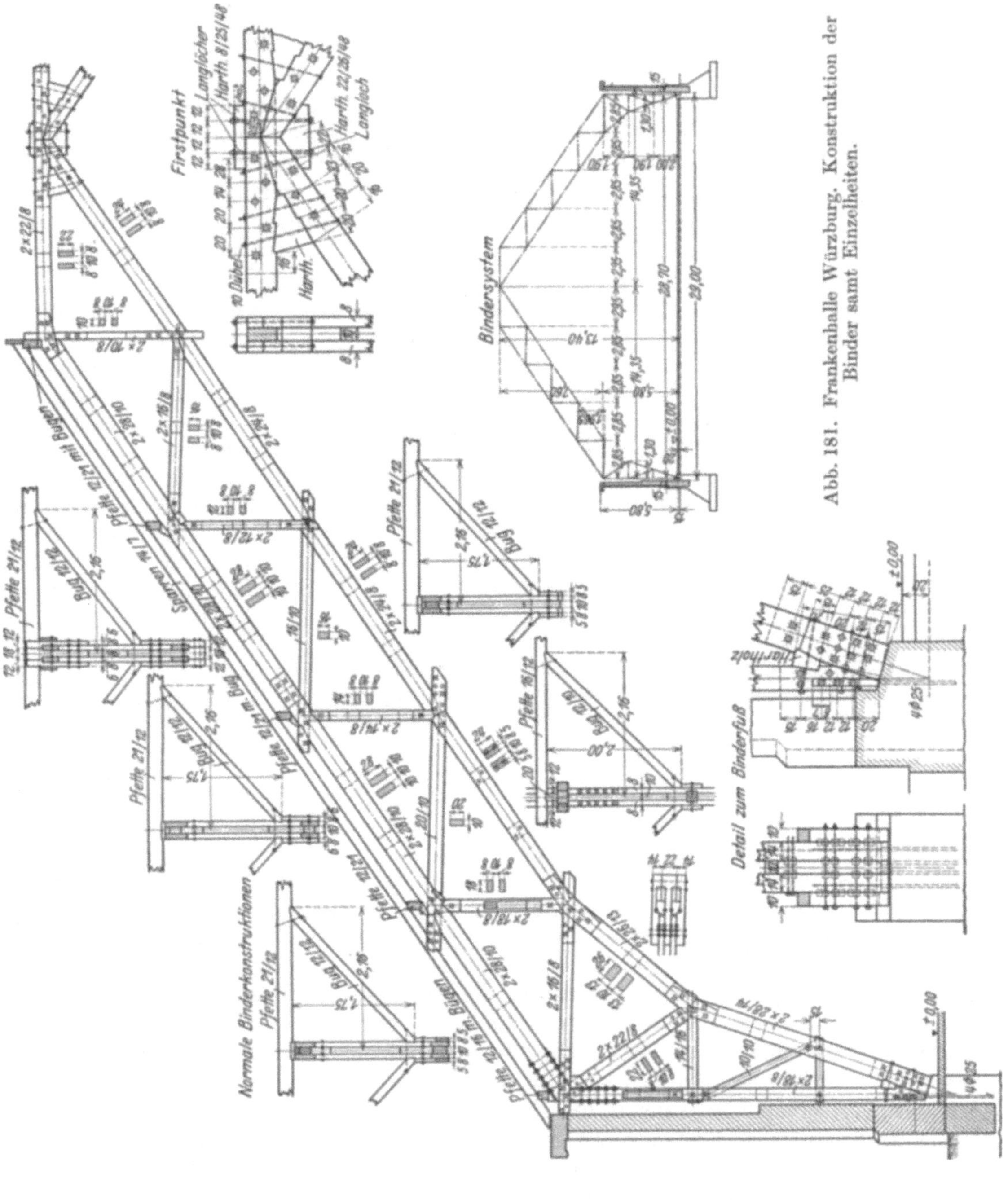

Abb. 181. Frankenhalle Würzburg. Konstruktion der Binder samt Einzelheiten.

Die Frankenhalle mit ihren einzigartigen Verkaufs-, Musterungs- und Unterkunftsräumen entrückt die Versteigerungen und Prämiierungen den Einflüssen und Launen der Witterung. Sie ist ferner von Bedeutung für die Absatzregelung der Ackererzeugnisse, Saatgutmärkte, Braugerstenmärkte, Brotfruchtmärkte und Kartoffelmärkte, ferner für den Obst- und Gemüsebau durch Werbeschauen, Märkte und Versteigerungen, da die Raumfrage in der Frankenhalle glänzend gelöst ist.

Für die Frankenhalle wurde verlangt eine große Halle für Vorführungen mit etwa 1200 Sitz- und Stehplätzen, eine weitere Halle zum Einstellen von 120 Stück Vieh mit den nötigen Verkehrs- und Futtergängen, ferner ein Verwaltungsgebäude, welches die Büroräume, eine Gaststätte mit Nebenräumen, die Wohnung für den Geschäftsführer und den Hauswart aufzunehmen hatte.

Das von der Stadtgemeinde zur Verfügung gestellte Grundstück ist 143 m lang und 43 m breit.

Die große Vorführungshalle, von der hier hauptsächlich die Rede sein soll, besitzt eine Grundfläche von 29 × 51 m und ist mit einer Holzkonstruktion nach Bauweise Kübler[1] frei überdeckt (Abb. 180 u. 181). Sie besitzt einen Vorführungsring von 33,5 zu 13,5 m, ansteigende Tribünen mit 700 Sitzplätzen und 550 Stehplätzen, die reichlich mit Zugangs- und Nottreppen versehen sind. Auf der westlichen Stirnseite ist der Zugang von der Kasse her und auf der östlichen sind zwei Tore, welche die Verbindung mit der Einstellhalle für das Vieh vermitteln. An den beiden Langseiten sind noch zwei Ausgänge angeordnet. Die Tore zur Viehhalle und zum Hof sind so hoch vorgesehen, daß sie ein Reiter zu Pferd passieren kann, wodurch auch die Möglichkeit gegeben ist, die Halle zu Reiterveranstaltungen zu benutzen. Der Vorführungsring ist mit einer 1 m hohen Bande mit den nötigen Klapptoren umgrenzt.

Abb. 182. Frankenhalle Würzburg. Innenansicht.

Als Tagesbeleuchtung dienen ein 6 m breites Oberlicht im First und eine große Zahl Fenster in den Längswänden oberhalb der Tribünen.

Die Halle zum Einstellen des Viehes oder kurzweg die Stallhalle hat eine Grundfläche von 53,9 zu 25 m (Abb. 179). In den vier Längsreihen mit den nötigen Gängen können 128 Stück Großvieh aufgestellt werden, dabei bleibt noch ein freier Raum von 25 × 15 m übrig, der bei kleineren Märkten zu Vorführungen dient. Um eine gute Besichtigung der aufgestellten Tiere zu ermöglichen, wurden die Gänge für die Besucher 4 m breit gemacht und besondere Futtergänge angelegt, die auch dem Wärterpersonal als Aufenthalt dienen. Die Viehstände sind durch bewegliche Pfosten und einzuhängende Holzwände je nach Bedarf in Pferdeboxen und Schweinebuchten umzuwandeln. Die Anhängung der Tiere erfolgt an verschiebbaren Ringen, die eine Einteilung des verfügbaren Raumes nach der Größe der aufzustellenden Tiere ermöglicht. Die Viehstände sind mit laufendem Wasser versehen, der Ablauf ist an das städtische Kanalnetz angeschlossen; für den anfallenden Dünger ist im Hof eine kleine Grube vorgesehen, die nach jeder Veranstaltung geräumt wird.

[1] Gesteschi, Th.: Der Holzbau, S. 130. Berlin: Julius Springer 1926. Derselbe: Hölzerne Dachkonstruktionen. 4. Aufl. S. 60. Berlin: Wilhelm Ernst & Sohn 1928.

Die Dachkonstruktion der Stallhalle ist freitragend, die erforderlichen Stützen sind neben den Viehbarren untergebracht, so daß sämtliche Verkehrsgänge frei von irgendwelchen Stützen sind. Um bei der Breite des Gebäudes eine unnötige Firsthöhe zu vermeiden, wurden zwei Dachprofile nebeneinander gesetzt und mit einer mittleren Rinne versehen, was einen Doppelgiebel ergibt (Abb. 183). Die Tagesbeleuchtung der Stallhalle erfolgt durch in der Dachfläche liegende Oberlichter und weitere Fenster in den Längswänden.

Die Gründung der beiden Hallen geschah wegen des tiefliegenden Baugrundes auf durchschnittlich 3,50 m hohen Betonpfeilern, zwischen welchen Balken aus Eisenbeton zur Aufnahme der Umfassungsmauern gespannt wurden.

Sämtliche Gebäude sind mit massiven Außenmauern (Backstein) auf Muschelkalksockel hergestellt.

Die Dächer sind eingeschalt und mit gedämpften Falzziegeln eingedeckt.

Die Ausführung der großen Halle, deren Einzelheiten in Abb. 181 dargestellt sind, erfolgte nach den Konstruktionsplänen der Firma Karl Kübler A.-G., Stuttgart, durch das Zimmereigeschäft Franz in Elsenfeld a. M., dem auch die Herstellung der Tribünen übertragen war.

Das System der 7,2 m entfernten Binder ist ein Fachwerkbogen mit drei Gelenken von 28,70 m Stützweite und 13,40 m Pfeilhöhe. Die Knotenpunktverbindung geschieht mittels des Küblerschen Doppelkegeldübels[1] und den erforderlichen Überlag- und Zwischenhölzern. Besonders möge auf die Ausbildung der Fußpunkte und des Scheitelgelenks hingewiesen werden.

Bemerkenswert ist die Farbenbehandlung der Halle. Die Tribünenreihen sind abwechselnd in Rot und Weiß, den fränkischen Farben, gehalten. In Verbindung mit dem satten Braun der Treppen und der Dachkonstruktion und der Goldfarbe der Dachverschalung wirken die Farben warm und festlich.

Abb. 182 zeigt eine Innenansicht der großen Halle und Abb. 183 verschiedene Ansichten der gesamten Anlage.

b) Allgäuer Tierzuchthalle Kempten, ausgeführt 1927 durch die Firma Karl Kübler A.-G., Stuttgart. Der Entwurf stammt von den Architekten L. u. O. Heydecker, Kempten (Abb. 184 u. 185).

Die Vorführungshalle besitzt einen Grundriß von 35,42 zu 22,90 m, also geringere Abmessungen wie im vorigen Beispiel. Die Binderkonstruktion stellt, wie bei der

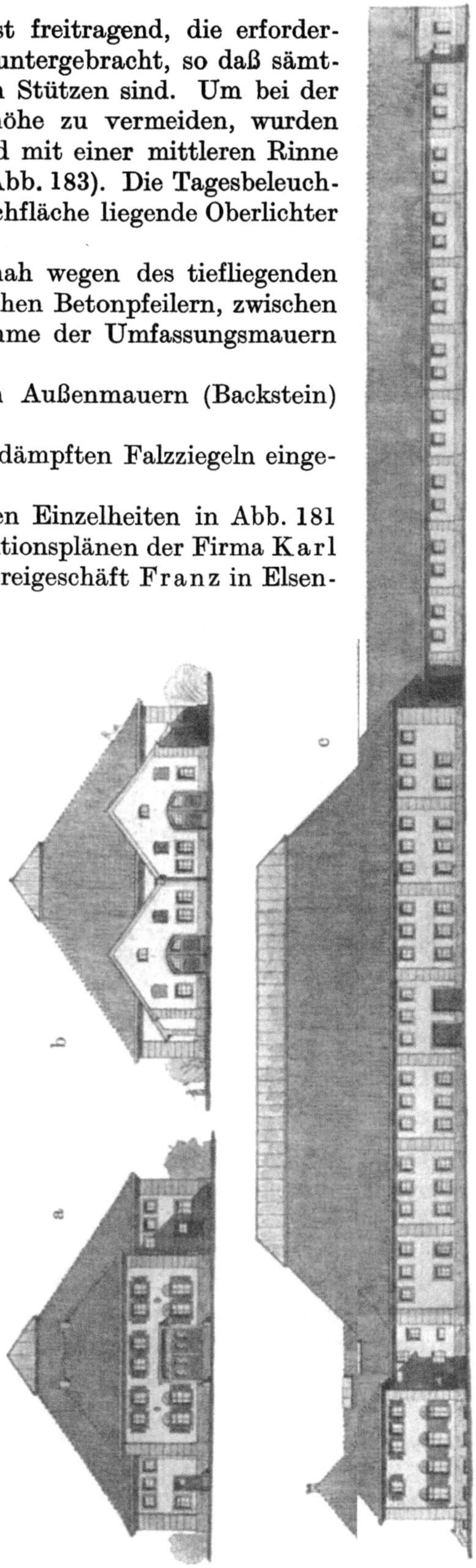

Abb. 183. Frankenhalle G. m. b. H. Würzburg.
a Ansicht der Südwestseite, b Ansicht der Nordostseite, c Ansicht der Scanzonistraße.

[1] Vgl. Fußnote S. 112.

vorher beschriebenen Ausführung, einen Dreigelenkbogen dar, und zwar beträgt die Stützweite 22,20 m und die Pfeifhöhe 9,50 m; der Binderabstand mißt 4,91 m. Die Einzelheiten der Konstruktion gehen aus Abb. 185 hervor. Die Binderschenkel haben hier eine schlankere Form als im vorigen Beispiel erhalten, da die beiden Gurtungen nach dem Scheitelgelenk zu zusammenlaufen.

Die Dachdeckung besteht bei einer Dachneigung von $29^1/_2{}^0$ aus Blechtafeln (6 kg/m² Dachfläche) auf Lattung (3 kg/m² Dachfläche). Am Binderuntergurt ist eine zweite innere aus 24 mm starken Brettern bestehende Decke angebracht, die zum Wärmeschutz noch einen Torfoleumplattenbelag erhalten hat (Gewicht der Verschalung einschließlich Torfoleum 30 kg/m² Dachfläche).

Die Innendecke ist an Sparren 4/8 cm von 2,53 m Stützweite (schräg gemessen) in 90 cm Entfernung befestigt. Die Sparrenstützen sind wieder auf Pfetten 8/15 cm, die von Binder- zu Binderuntergurt verlaufen.

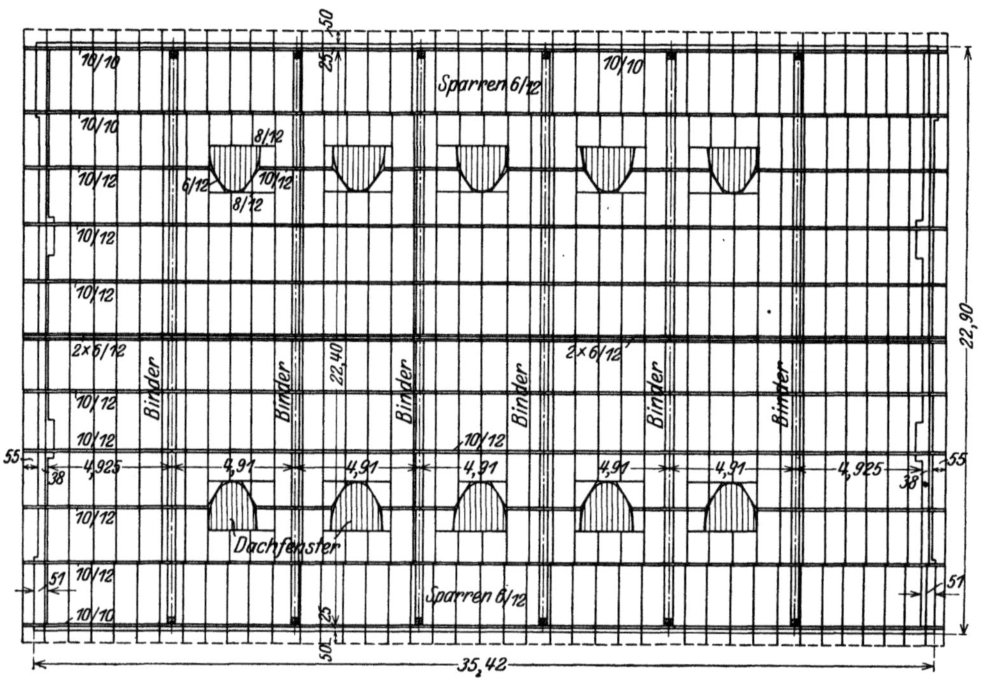

Abb. 184. Allgäuer Tierzuchthalle Kempten. Grundriß mit Pfetten- und Sparrenplan. (Ausführung: Karl Kübler A.-G., Stuttgart.)

Für die statische Berechnung ist die Schneebelastung zu 120 kg/m² Grundfläche, der Winddruck zu 150 kg/m² senkrecht getroffener Fläche angenommen.

Die Beleuchtung der Halle erfolgt durch Fenster in den Dachflächen, in den Längswänden hinter den Tribünen und in den Giebelwänden.

Wie die Innenansicht der Halle Abb. 186 zeigt, ist die Raumwirkung infolge der harmonischen Anordnung der Fenster und der dekorativen Farbenbehandlung von Dach und Wänden außerordentlich schön.

c) Viehhalle zu Güstrow, ausgeführt 1922 nach dem Entwurf der Bauberatungsstelle der Landwirtschaftskammer für Mecklenburg-Schwerin.

In manchen Fällen wird auf eine besondere Vorführungshalle verzichtet, wenn es sich z. B. um gewöhnliche Viehmärkte handelt, für welche Stallhallen ausreichen. Ein solcher Fall lag auch hier vor. Die Grundrißanordnung der Viehhalle geht aus Abb. 187 hervor. Die Grundrißform kann als Rechteck mit abgeschnittener Ecke angesehen werden. Die Halle ist an der vorderen Seite 59,60 m, an der hinteren Parallelseite 21,40 m lang; die Tiefe beträgt an der kurzen Seite 19,13 m, an der langen Seite 38,24 m.

Der Querschnitt der Halle (Abb. 187) zeigt drei Schiffe von 21,45, 16,70 und 21,45 m Weite, die durch die Stützenanordnung der hölzernen Dachkonstruktion gebildet werden. Die äußeren Holzstützen stehen vor den massiven Umfassungswänden, so daß die Stützweite der beiden äußeren Binder, von Mitte bis Mitte Stütze, auf 20,94 m herabgemindert

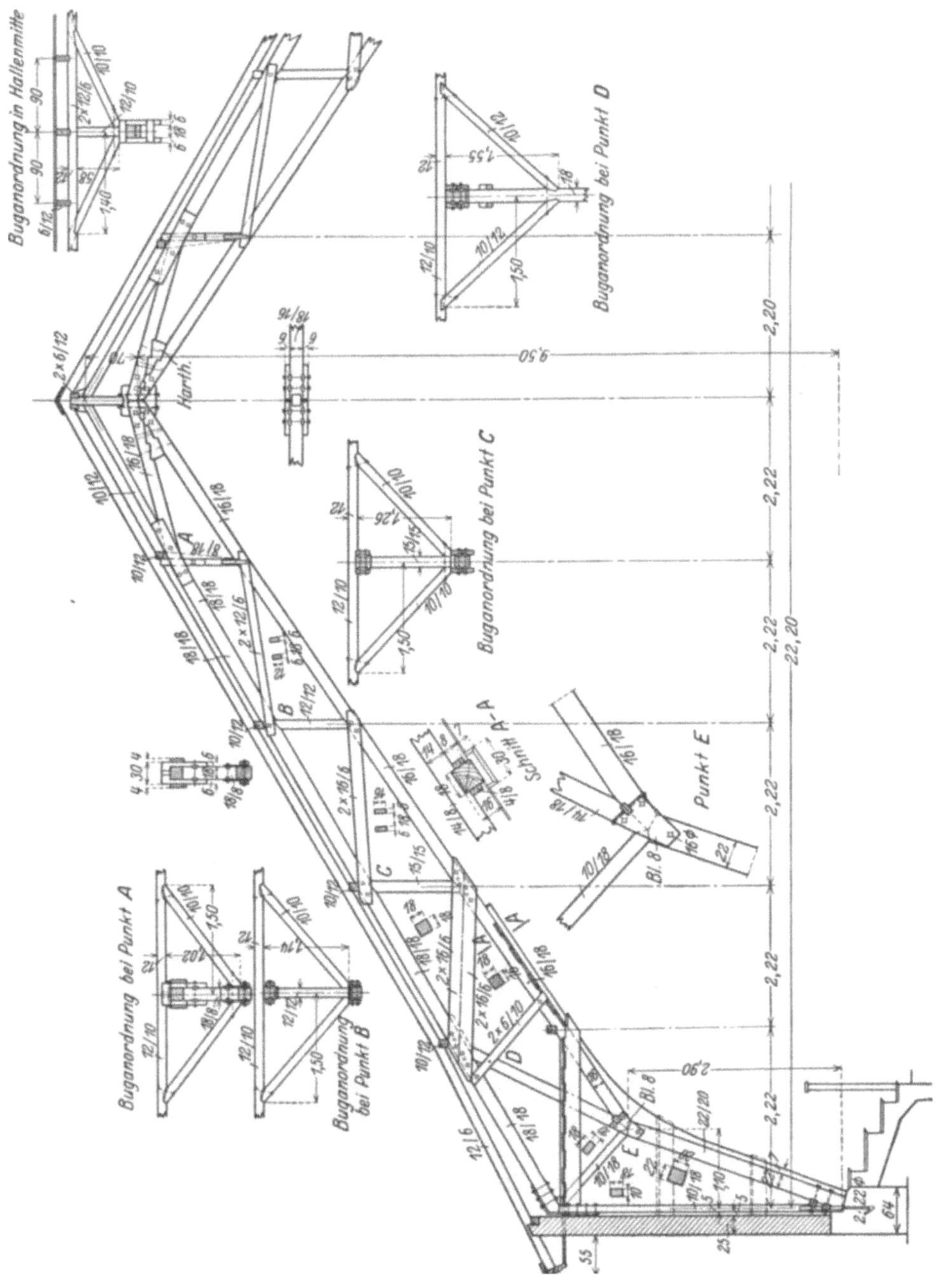

Abb. 185. Allgäuer Tierzuchthalle Kempten. Konstruktion der Binder samt Einzelheiten.

ist. Da es sich hier um einen reinen Zweckbau handelt, ist die Dachkonstruktion in einfacher Art mit Fachwerkbalkenbindern gebildet. Der Binderabstand beträgt 4,25 m. Die Holzstärken der vom Verfasser berechneten Dachkonstruktion gehen aus Abb. 187 hervor.

Die drei Hallen sind im First mit Lüftungsjalousien versehen.

Die Fundierung der Stützen erfolgte durch Betonpfeiler 1,0 × 1,0 m in Mischung 1 : 6, die bis zum guten Baugrund, der etwa 3,0 m unter Gelände beginnt, hinabgehen.

Abb. 188 zeigt die Längsansicht der Halle, die dem reinen Zweckbau entsprechend in einfachen Linien gehalten ist.

Abb. 186. Allgäuer Tierzuchthalle Kempten. Innenansicht.

E. Scheunen.

I. Allgemeines[1].

Die Scheunen dienen zur Aufbewahrung von Feldfrüchten, und zwar von unausgedroschenem Getreide, Heu und Stroh.

Je nach dem Standort der Scheunen unterscheidet man Hofscheunen und Feldscheunen. Erstere werden auf dem Gutshof errichtet, letztere an passenden Stellen des Feldes.

Die Hofscheunen erhalten meist eine dauerhafte Ausbildung und vor allem wegen der Gefahr der Feuerübertragung auf Nachbargebäude massive Umfassungswände. Sie sollen möglichst frei stehen, damit eine ungehinderte Einfahrt und eine gute Durchlüftung erreicht wird. Zu letzterem Zwecke empfiehlt es sich, möglichst in der Nähe der Traufe Wandschlitze und im First Luftschlote mit Saugkopf anzuordnen. Ferner ist es zweckmäßig, die Scheune auf einen erhöhten, trockenen Teil des Geländes zu stellen, damit Bodenfeuchtigkeit abgehalten wird und auch das Tagewasser schnell abläuft.

Der Innenraum der Hofscheune ist in einzelne Abteilungen geteilt, in Tennen (Dielen) und Bansen (Fache, Taße). Die Tennen stellen Durchfahrten dar und besitzen daher beiderseitig Tore. Sie sind so anzuordnen, daß rechts und links von ihnen der erforderliche Raum von dem beladenen Erntewagen aus vollgebanst werden kann; auch die Tennen selbst werden, wenn die angrenzenden Fache gefüllt sind, vollgebanst.

Die Tennen werden ferner zum Aufstellen der Dreschmaschine und zum Ausdreschen des Getreides benutzt.

Bezüglich ihrer Anordnung sind folgende Fälle zu beachten.

[1] Engel-Noack: Landwirtschaftliches Bauwesen, 11. Aufl., S. 156. Entnommen Abb. 189 bis 195.

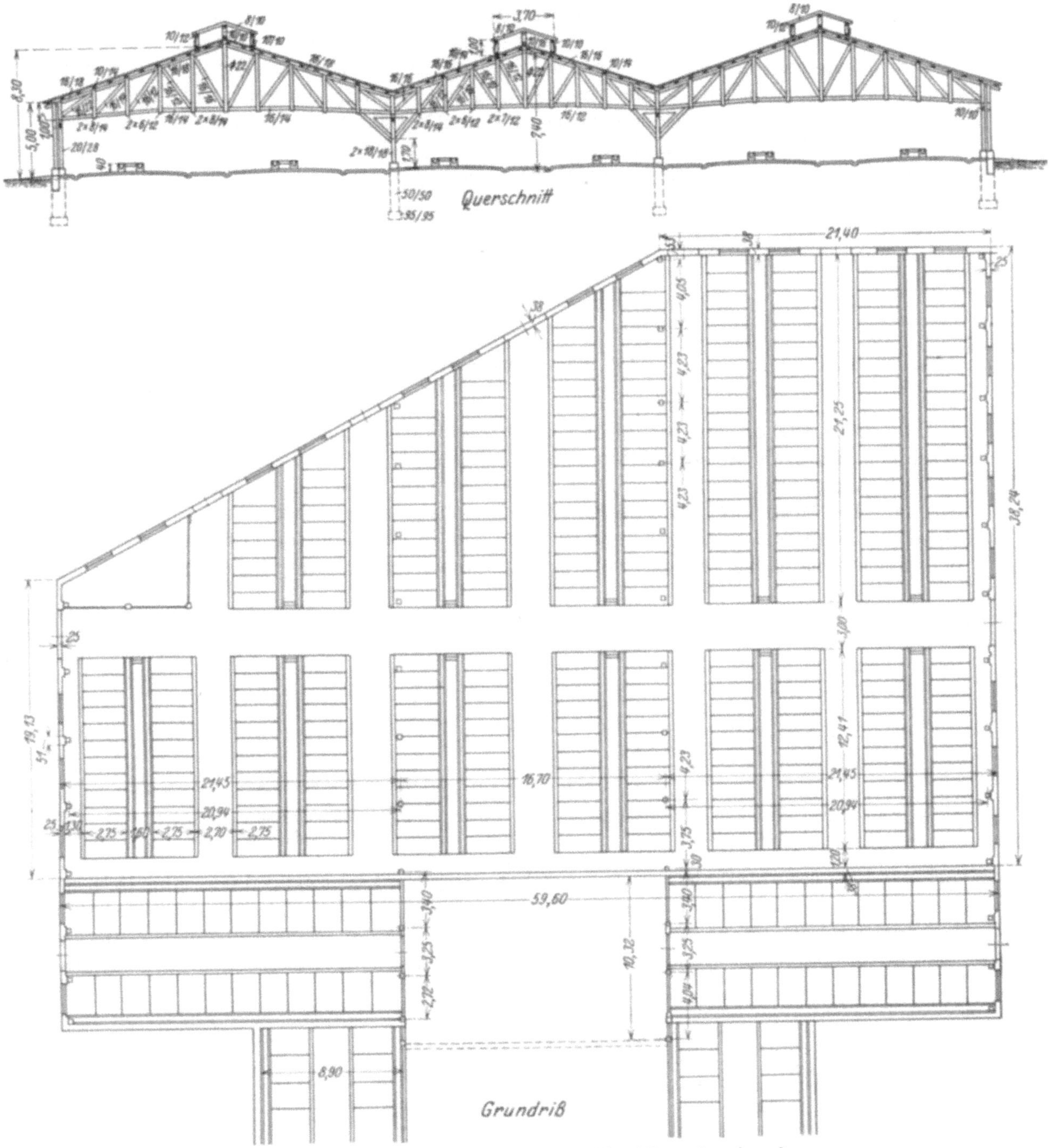

Abb. 187. Viehhalle zu Güstrow i. Meckl. Allgemeine Anordnung.

Abb. 188. Viehhalle zu Güstrow. Ansicht.

Zunächst ist zu unterscheiden zwischen Quertennen, die nach der Tiefe der Scheune, also in der Binderrichtung liegen (Abb. 189), und Langtennen, die in der Längsrichtung der Scheune, also quer zu den Bindern verlaufen (Abb. 190).

Die Quertennen ergeben sich in der Regel durch die Lage der Binder und Stützen oder Pfeiler von selbst, bzw. ist die Binderteilung so zu wählen, daß für Tennen und Bansen die nötigen Breitenabmessungen vorhanden sind. Die Quertennen werden einfach, zweifach (zwei Durchfahrten unmittelbar nebeneinander) (Abb. 191) und mehrfach, die Langtennen einfach und zweifach angelegt (Abb. 194).

Abb. 189. Scheune mit Quertennen.

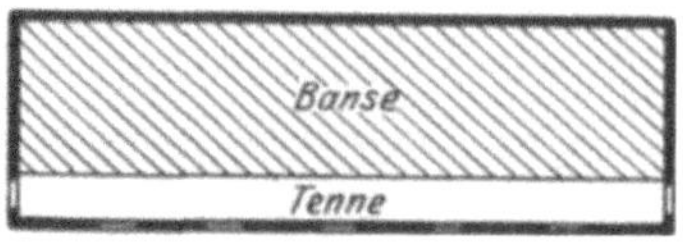

Abb. 190. Scheune mit Langtenne.

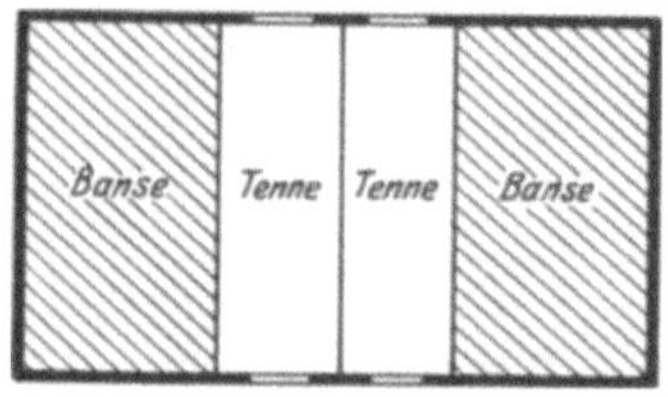

Abb. 191. Scheune mit doppelter Quertenne.

Die doppelte Quertenne besitzt den Vorteil, daß ein schnelles Einbansen und schneller Maschinenausdrusch erzielt werden kann.

Die Langtennen werden als Mittellangtennen (Abb. 192 u. 193) und Seitenlangtennen (Abb. 194) ausgeführt. Die Mittellangtenne erhält wegen ihrer Länge schlechtes Licht und wird angewendet, wenn nur in Giebelmitte die für das Scheunentor erforderliche Höhe erreicht werden kann. Sie kommt ferner bei Hochfahrten vor.

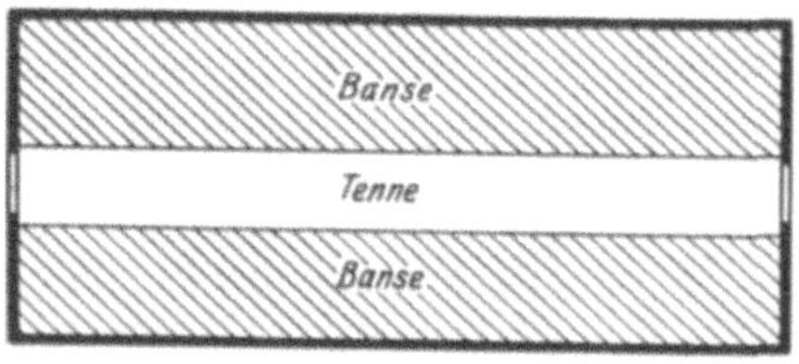

Abb. 192. Scheune mit einfacher Mittellangtenne.

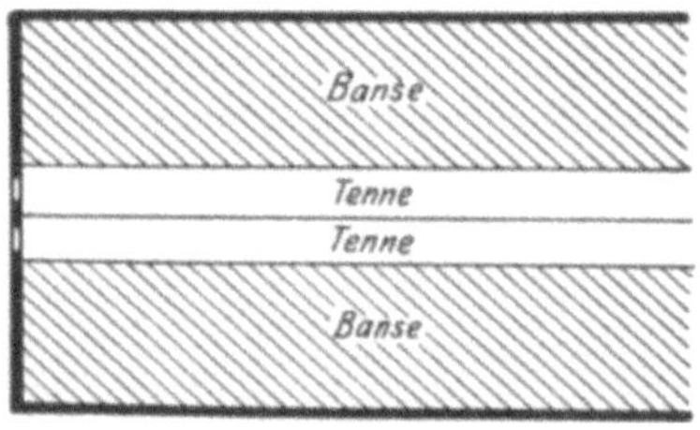

Abb. 193. Scheune mit doppelter Mittellangtenne.

Die Seitenlangtenne erhält dagegen durch Luken der Längswand Licht und läßt sich durch diese auch besser lüften als die Mittellangtenne. Ferner können die Luken zum Vollbansen der Langtenne benutzt werden. Sie besitzt den Nachteil, daß bei Einfahrt mehrerer Gespanne diese auf dasselbe Tor angewiesen sind. Dieser Nachteil kann aber

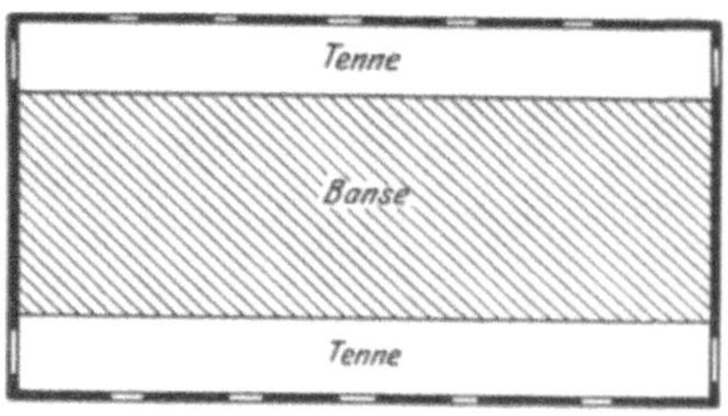

Abb. 194. Scheune mit zwei Seitenlangtennen.

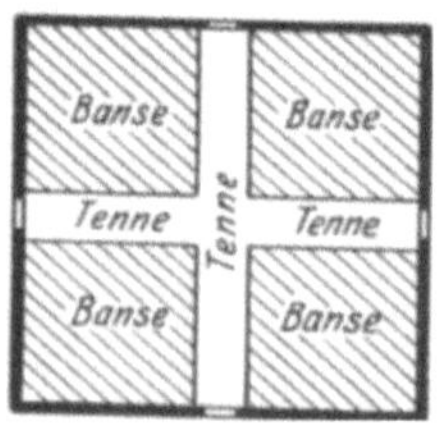

Abb. 195. Quadratscheune mit Kreuztenne.

durch Anlage seitlicher Ausfahrtstore, falls solche zulässig sind, gemildert werden. Langtennen werden hauptsächlich angelegt, wenn für Quertennen die Zufahrten fehlen.

Endlich können Scheunen mit Quer- und Langtennen in verschiedenen Kombinationen hergestellt werden. Erhält die Scheune quadratischen Grundriß und Mitteltennen (Abb. 195), so wird sie als Quadratscheune und die Tennen werden gemeinschaftlich als Kreuztenne bezeichnet. Letztere kann auch doppelt angeordnet werden.

Die Breite der Tenne muß mindestens 4 m (Torweite), bei Aufstellung einer Dreschmaschine auf der Tenne mindestens 5 m sein. Hieraus ergibt sich der erforderliche Binderabstand, falls Quertennen angeordnet werden sollen. Bei Anlage einer oder mehrerer Langtennen sind diese Maße für den Einbau etwaiger Stützen zu berücksichtigen.

Die Feldscheunen werden als offene oder geschlossene Scheunen ausgeführt; letztere werden verbrettert oder auch durch eine Leichtsteinwand (Prüßwand) umgeben, sind also leichter als die Hofscheunen ausgebildet. Wegen ihrer freien Lage und leichteren Bauart findet eine schnellere Austrocknung des Getreides als bei den Hofscheunen statt. Die offenen Feldscheunen können von allen Seiten durchfahren werden; bei ihnen fällt daher die Einteilung in Tennen und Bansen fort. Sie besitzen den Vorteil, daß sie frei liegen, das Abladen des Getreides daher an der bequemsten Stelle vor sich gehen kann.

Zum Schutz gegen Schlagregen soll mindestens ein Giebel, der nach der Wetterseite zu stellen ist, verbrettert werden; ferner empfiehlt es sich, die übrigen Seiten mit einer Traufschürze von 1,5 bis 2,0 m Tiefe zu versehen, um das abtropfende Regenwasser vom Getreide abzuhalten.

Die geschlossenen Feldscheunen sind wie die Hofscheunen in Tennen und Bansen eingeteilt, unterscheiden sich also von diesen im allgemeinen nur durch die Lage und leichtere Konstruktion. Sie haben vor den offenen den Vorteil, daß bei ihnen das Getreide gegen Witterungseinflüsse, Diebstahl und Brandstiftung sicherer ist. Die Lüftung ist in ähnlicher Weise wie bei den Hofscheunen durch Wandöffnungen und Lüftungsaufsätze zu bewerkstelligen. Auch die Feldscheunen sind möglichst auf eine im Gelände hochliegende Stelle zu setzen, damit sie vor Bodenfeuchtigkeit geschützt sind und Regenwasser schnell ablaufen kann.

II. Die baulichen Grundsätze mit Bezug auf die Benutzung der Scheunen.

An dem in Abb. 196 dargestellten Beispiel einer Hofscheune mit Quertennen mögen die baulichen Einzelheiten näher erläutert werden. Mit *A* sind die Quertennen, mit *B* die Bansen bezeichnet. Zwischen ihnen befinden sich niedrige Tennenwände *w*, aus kleinen Stielen mit Holm und einfacher Verbretterung bestehend. Von den auf der Tenne haltenden beladenen Erntewagen aus werden nach beiden Seiten die „Fache" *B* vollgebanst. Die Höhe, bis zu welcher dies geschehen kann, ist dadurch beschränkt, daß mit ihrer Steigerung die Arbeitskosten unverhältnismäßig wachsen. Da der Wert der Scheune hauptsächlich in ihrem Fassungsvermögen begründet ist, dessen Ausdehnung nach oben aber, wie gesagt, durch die Schwierigkeit zu hohen Aufbansens durch Menschenhand eine Grenze findet, so ist ein sehr zweckmäßiges in Abb. 196 dargestelltes, aber nur bei ganz trockenem Untergrunde anwendbares Mittel die Vertiefung der Sohle des Bansenraumes gegen die Tenne. Zur möglichsten Ausnutzung des Scheunenraumes gehört aber auch, daß der Raum über den Tennen vollgebanst werden kann, und diese erhalten dann vollständige Abdeckung durch Balkenlagen, deren Zwischenräume ein Durchreichen der Garben gestatten müssen und mittels loser Stangen zur Unterlage für das Getreide und vorübergehenden Standfläche eines Arbeiters abgedeckt zu werden pflegen. In den Bansenräumen ist eine Balkenlage nicht nur überflüssig, sondern es sind sogar alle lang durchgehenden waagerechten Balken oder Zangen zu vermeiden. Hieraus ergibt sich eine wesentliche Eigentümlichkeit der Scheunenbinder. Das aufgestapelte Getreide sackt sich durch sein Gewicht allmählich stark zusammen, und selbst bei sorgfältiger Aufschichtung der Garben ist es nicht ausgeschlossen, daß die Massen nach den Seiten auszuweichen streben. Auf den waagerechten Hölzern bleibt das Getreide hängen und würde sie, falls sie lang sind, in unzulässiger Weise belasten, durchbiegen und u. U. sogar brechen. Die zu befürchtenden seitlichen Ausweichungen andererseits bedingen eine gegen solche Angriffe genügend feste Gestaltung und Aussteifung der Seitenwände. Im allgemeinen ist die Höhe, bis zu der die Garben durch Hand aufgeschichtet werden können, ohne die Arbeitslöhne unverhältnismäßig zu steigern, etwa 9 m über Tennenfußboden, und es wird meist in Höhe der mittleren Zange des Dachverbandes aufgehört, um dieses waagerechte Holz nicht zu belasten. So ergibt sich ein ziemlich gleichbleibendes Maß für die mittlere Höhe der Scheunendächer. Bei steilen Dächern liegt der First höher, die Traufe tiefer als bei flacher Dachneigung, daraus folgt ferner, daß über einer in halber Dachfläche liegenden Zange bei steilen Dächern viel unbenutzter Raum verlorengeht, und unter ihr der Raum beschränkter ist als bei flachen Dächern. So sehr man daher aus schönheitlichen Rücksichten geneigt sein mag, die steilen Ziegeldächer zu bevorzugen, darf man andererseits nicht den Vorteil gering schätzen, den ein gut hergestelltes Doppelpappdach durch seine flache Neigung, seine Billigkeit und Dauerhaftigkeit (bei guter Unterhaltung) dadurch besitzt, daß es den nutzbaren Scheunenraum wesentlich vergrößern hilft.

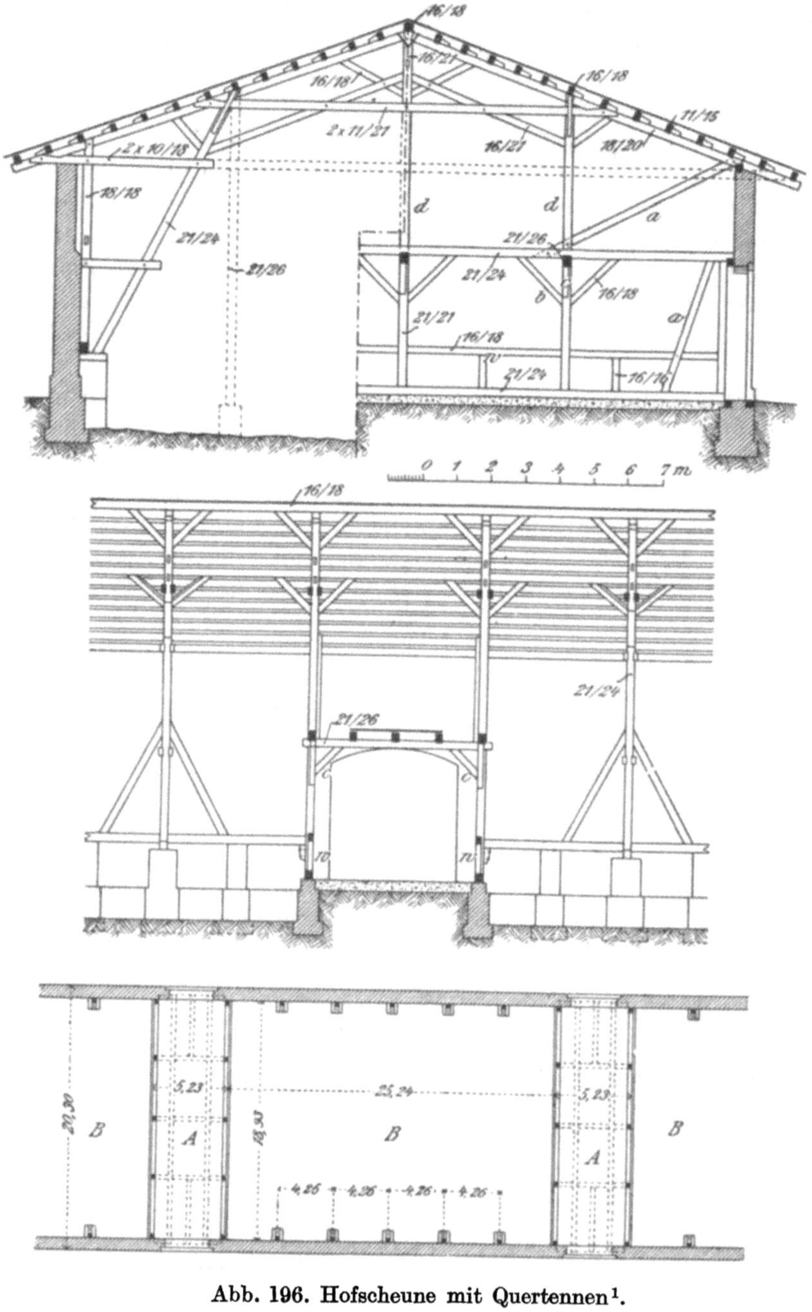

Abb. 196. Hofscheune mit Quertennen[1].

Die Vermeidung durchgehender Balken in den Bansenräumen einer Scheune ist für den Querverband zwischen beiden Langwänden nicht vorteilhaft. Hieraus ergibt sich, daß Scheunen mit Quertennen (Abb. 196), bei denen wenigstens an der Grenze zwischen Tenne und Bansen solche Querverbindungen

[1] Die Abb. 196 bis 200 sind entnommen aus: Böhm, Th.: Handb. der Holzkonstruktionen. Berlin: Julius Springer 1911.

geschaffen werden, den Langtennenanlagen, die solche Querverbindungen nicht enthalten, in bezug auf Festigkeit des Aufbaues überlegen sind.

Im einzelnen ist zu Abb. 196, der konstruktiven Ausbildung der Quertennenscheune, noch folgendes zu bemerken: die Binder zwischen Tenne und Bansen (rechte Hälfte des Querschnitts) werden einfach, fest mit durchgehenden Stielen *d*, Streben *a* und Kopfstreben *b* und *c* ohne Schwierigkeiten hergestellt. Die Sparren werden meist so lang sein, daß sie in ihrer Mitte einer Zwischenstütze bedürfen. Diese wird in der Banse (linke Hälfte des Querschnitts Abb. 196) am besten durch eine Strebe gebildet, die durch Zangenverbindungen nach einem Wandstiel auch gegen seitliche Verrückung gesichert ist (namentlich bei Fachwerkwänden wichtig). Im vorliegenden Fall ist der Binder durch Tragsparren (Bindersparren) oben abgeschlossen, der engliegende Pfetten trägt. Die punktiert gezeichneten Hölzer liegen in der hinteren Giebelwand.

Abb. 197 zeigt den Quer- und Längenschnitt einer Hofscheune mit einer seitlichen Langtenne. Im Längenschnitt ist die Seitenwand der Banse dargestellt. Bei *a*

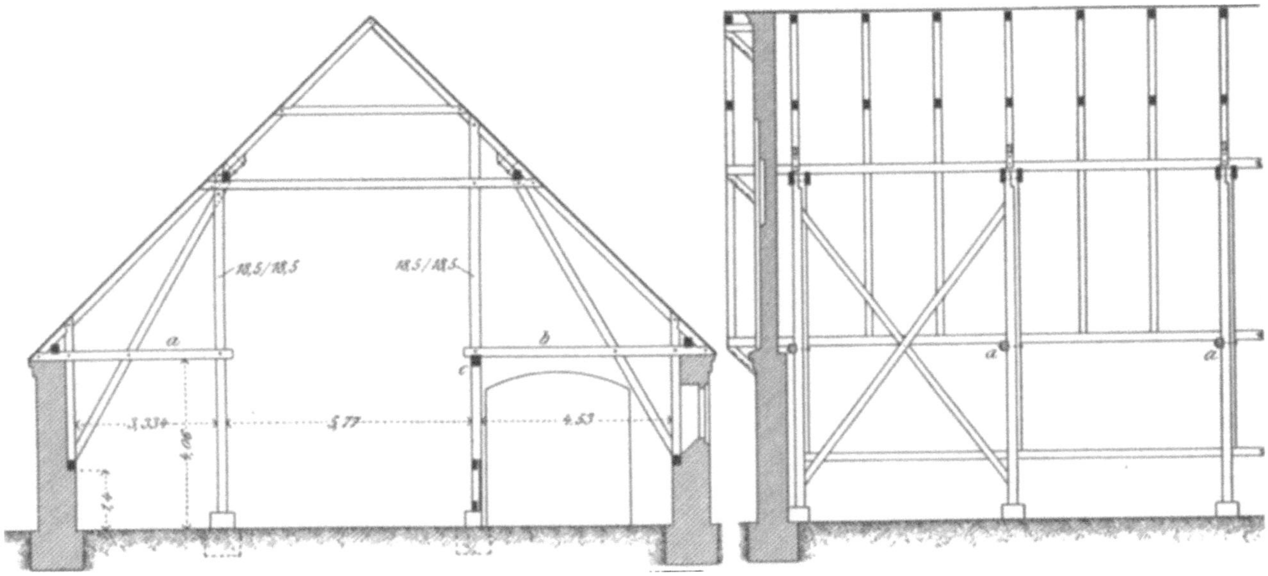

Querschnitt Längenschnitt.

Abb. 197. Hofscheune mit Seitenlangtenne.

liegt ein als Zange wirkender, den Stielen angebolzter Balken nur in den Bindern, bei *b* dagegen die zur Überdeckung der Tenne nötige Balkenlage auf dem Unterzug *c*. Lange durchgehende Balken sind auch hier vermieden. Der Halt des Gebäudes muß bei dem mangelhaften Querverband durch die bedeutende Stärke der massiven Seitenwände erreicht werden. Die Sparren werden oben durch Hahnenbalken mit zugfester Anblattung zusammengehalten. Aus der weiten Entfernung der Sparren von 1,5 m ergibt sich, daß die Eindeckung des Daches mit Stroh gewesen ist.

Quer- und Längenschnitt einer sehr tiefen (24 m), mit zwei Seitenlangtennen versehenen Scheune ist in Abb. 198 veranschaulicht. Das Dach hat ganz flache für Pappeindeckung bestimmte Neigung. Ein steiles Ziegeldach wäre für ein so breites Gebäude nicht angezeigt. Auffallend könnte das Fehlen der Balkenlage über den Langtennen erscheinen. Es ist dies aber darin begründet, daß bei dieser Scheune, wie es nicht selten bei Langtennenscheunen der Fall ist, die Absicht vorlag, die Langtennen, nachdem von ihnen aus die mittleren Bansenräume gefüllt sind, nicht mehr zu benutzen, sondern selbst vollzubansen. Die im Querschnitt mit *a* bezeichneten Hölzer stehen am Giebel und dienen dort zur Aussteifung der Wand, ebenso wie dies bei den zwischen Tennen und Bansen befindlichen Stielen *b* der Fall ist. Der Querverband des Ganzen wird hauptsächlich durch die obere lange Zange *c* und die Schienenverbindung der Sparren im First, ferner durch die beiden Traufzangen bewirkt.

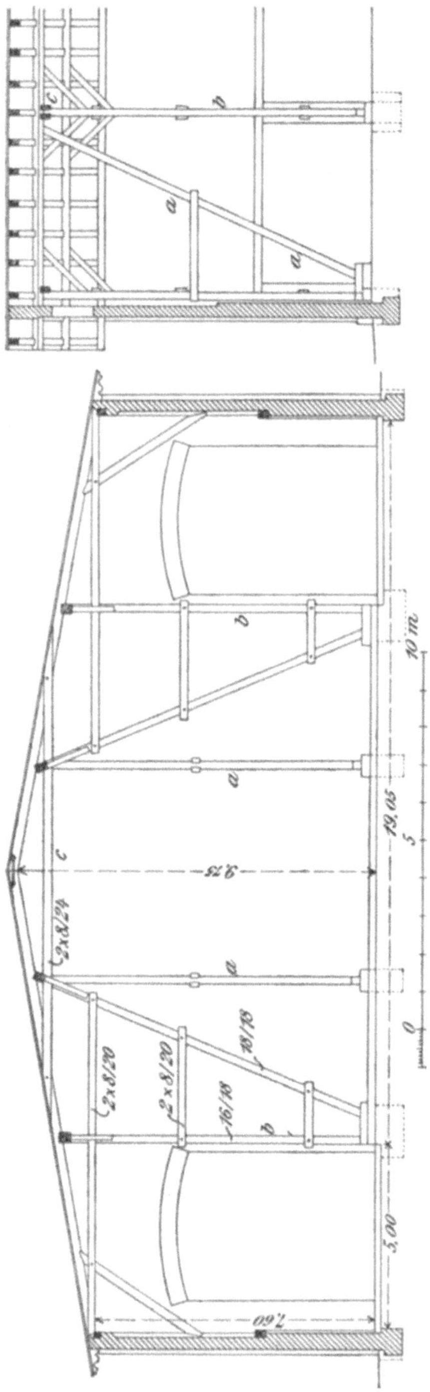

Abb. 198. Scheune mit zwei Seitenlangtennen und gemauerten Wänden.

Ein weiteres Beispiel einer mit zwei Langtennen versehenen Scheune ist in Abb. 199 im Querschnitt dargestellt. Die Dachfläche ist wieder durch engliegende Pfetten (Pfettendach) gebildet, die seitlich durch Knaggen gehalten sind, und für Eindeckung mit Pappe bestimmt. Beide Tennen sind mit Balkenlagen abgedeckt und hierdurch sowie durch die zahlreichen Zangenverbindungen nach den Hauptstreben ist eine recht wirksame, aber auch notwendige Versteifung der nur aus Fachwerk bestehenden Wände erreicht. In den Längswänden sind einzelne Fenster belassen, um von ihnen aus nach Bedarf auch in die Tennenräume noch Getreide einbringen zu können. Die obere Zange ist hier wieder eines der für den Querverband wichtigsten Glieder.

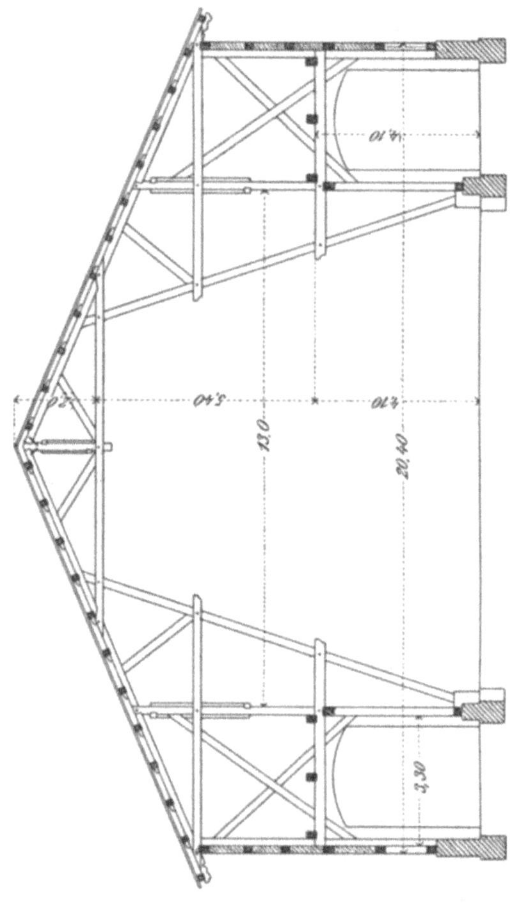

Abb. 199. Scheune mit zwei Seitenlangtennen und Fachwerkwänden.

Auf dem Rittergut Kleinspiegel in Pommern ist die in Abb. 200 gezeichnete Scheune ausgeführt. Es ist ein Scheunengebäude ohne Tennen oder, wenn man will, mit lauter Tennen. Das Bauwerk ist im Grundriß quadratisch (Quadratscheune) und durch einzelne Stiele in sechs gleiche Lang- und Querschiffe geteilt. Durch vier Einfahrten in zwei gegenüberliegenden Wänden ist die Zu- und Ausfahrt der Erntewagen in den Scheunenraum möglich, der demnach überall eine befahrbare Fußbodenfläche haben muß. Je nach Bedarf kann das Einbansen an jeder beliebigen Stelle begonnen werden. Um mit dem Erntewagen in die Scheune fahren zu können, ist ein geeigneter Abstand zwischen den Stielen und das Fehlen hinderlicher Querhölzer Bedingung. Die Konstruktion der Scheune

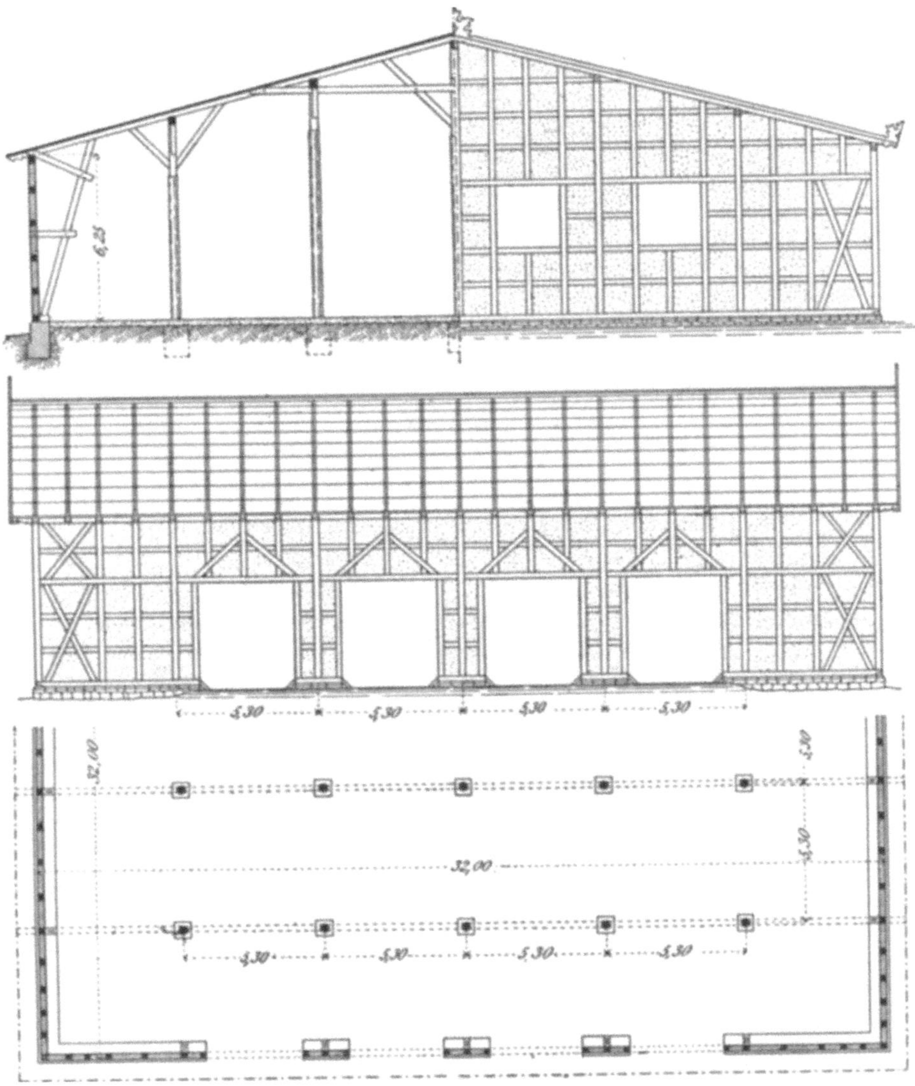

Abb. 200. Quadratscheune mit einfachen Stielreihen ohne Tennenwände.

ist deshalb die denkbar einfachste. Die Stiele sind starke Rundhölzer, nur am oberen Ende für den Anschluß der Kopfstreben vierkantig beschlagen. Von den letzteren sowie den lang durchgreifenden Zangen ist der ganze Verband der Scheune zu leisten. Alle Außenwände haben an den Bindern die am linken Rande des Querschnitts (Abb. 200) angegebene Aussteifung erhalten.

Abb. 201 zeigt eine 1922 an Stelle einer abgebrannten Hofscheune wiedererrichtete Scheune auf dem Rittergut Grünow (Neumark) mit zwei Mittelstützen und einer Langtenne, in welche die Einfahrt unmittelbar vom Felde erfolgt (vgl. Grundriß S. 7 Abb. 8). Außer der Langtenne besitzt jede Scheune (zwei solcher sind vorhanden) noch je zwei seitliche Einfahrten von 4,18 m Lichtweite. Der Bansen ist hier 1,5 m gegen die Langtenne vertieft, wodurch von der Tennenabdeckung aus ein leichteres Vollbansen bis

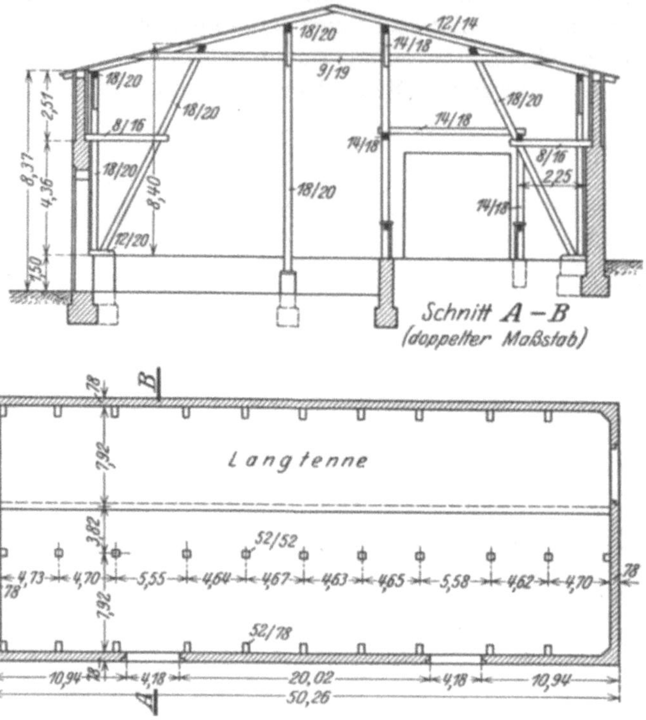

Abb. 201. Hofscheune mit einer Seitenlangtenne auf dem Rittergut Grünow.

zur waagerechten Zangenverbindung ermöglicht wird. Die Tenne ist deshalb mit Querbalken auf Unterzügen abgedeckt; die Querbalken werden mit Stangen in der Längs-

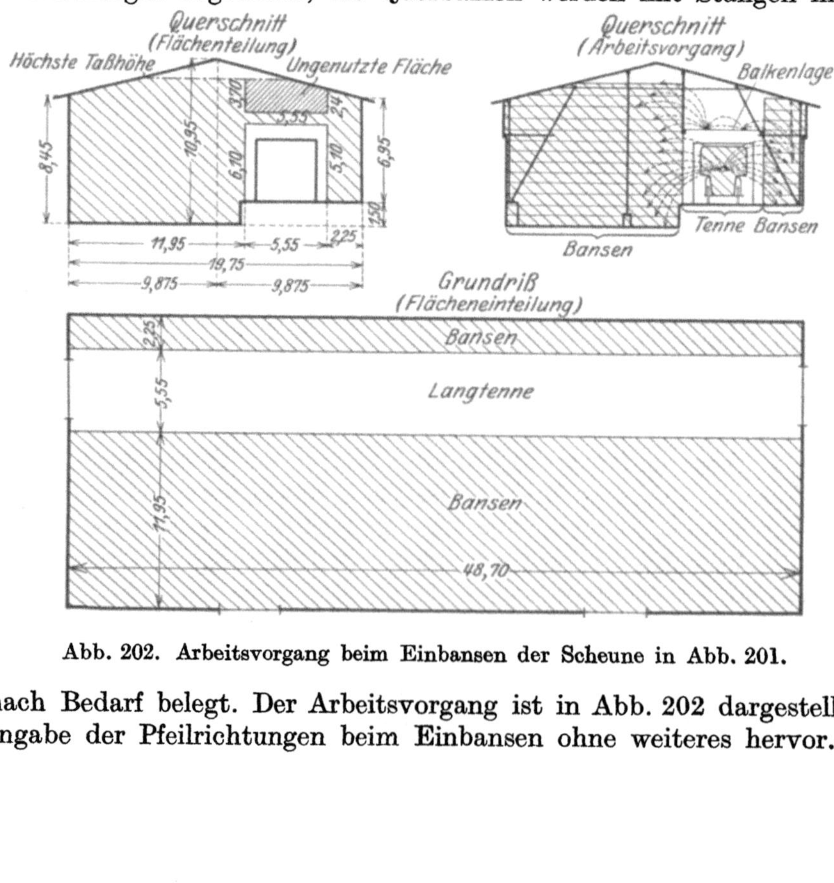

Abb. 202. Arbeitsvorgang beim Einbansen der Scheune in Abb. 201.

richtung nach Bedarf belegt. Der Arbeitsvorgang ist in Abb. 202 dargestellt und geht aus der Angabe der Pfeilrichtungen beim Einbansen ohne weiteres hervor.

III. Scheunen mit Mittelstielen und Sprengwerkkonstruktionen.

1. Einfache Stielscheunen.

Die Firma Arthur Müller[1], Berlin, führt vielfach Scheunen aus, deren Quersteifigkeit (gegen Winddruck) durch Wandböcke erreicht wird, so daß etwa vorhandene Mittelstützen nur lotrechte Lasten erhalten. Mit Ausnahme der Sparren und Pfetten

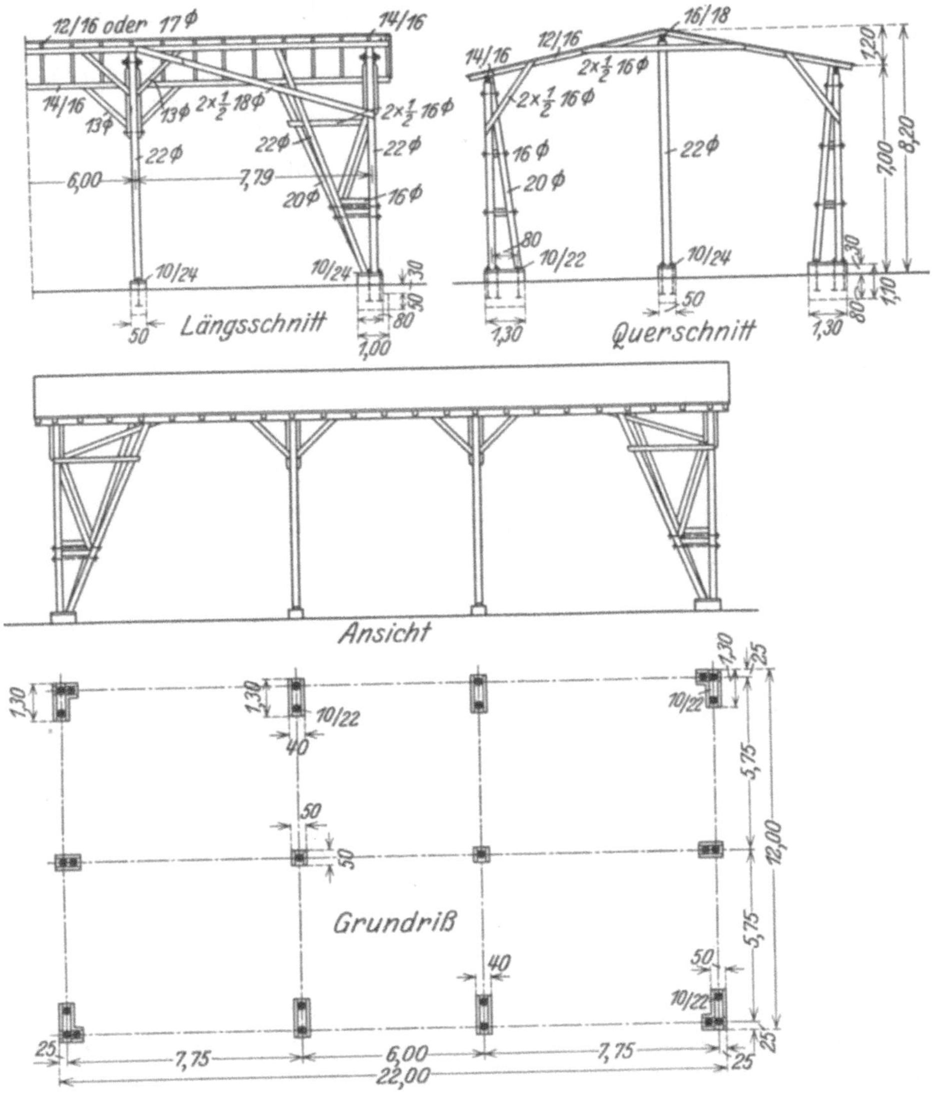

Abb. 203. Scheune mit einer Mittelstielreihe nach Arthur Müller.

werden Rundhölzer verwendet, die möglichst unbearbeitet, d.h. ohne Zapfen, Ausschnitte usw. genommen werden. Die Anschlüsse werden mittels Eisenverbindungen ausgeführt, die sich leicht anbringen lassen.

Hierdurch ergeben sich wirtschaftliche Konstruktionen, da die vorherige Bearbeitung der Rundhölzer gespart wird.

---

[1] Arthur Müller, Land- und Industriebauten, G. m. b. H. (jetzt: Müller-Bauten Carl Härms) Berlin. Vgl. Fußnote S. 35.

Nachstehend mögen einige Ausführungsformen näher beschrieben werden.

a) Scheune mit einer Mittelstielreihe der Firma Arthur Müller, Berlin. Die in Abb. 203 dargestellte Scheune ist eine offene Feldscheune kleinster Art, mit nur 22 m Länge; das Mittelfeld hat 6 m Länge, die beiden Endfelder je 7,77 m. Mit Ausnahme der Sparren und Pfetten besteht sie nur aus Rundhölzern. Die seitliche Standfestigkeit wird durch die bockartige Abstrebung der Wandstiele gewährleistet.

Abb. 204 zeigt eine ausgeführte Scheune gleichen Typs von 40 m Länge, an drei Seiten mit einer 1,5 m tiefen Schürze versehen, die das vom Dach abtropfende Wasser vom Füllgut abhalten soll.

b) Scheune mit zwei Mittelstielreihen der Firma Arthur Müller, Berlin (Abb. 205). Diese von der genannten Firma mehrfach ausgeführte Scheune (vgl. Abb. 206) ist fast ganz aus Rundholz hergestellt. Sie besitzt zwei Mittelstützen, die nur lotrechte Lasten erhalten, da die waagerechten Kräfte von den bockartig ausgebildeten Wandstützen aufgenommen werden. Sie wird entweder ganz offen oder mit einer 1,5 m tiefen Schürze, erforderlichenfalls auch mit Wettergiebel (Abb. 207) ausgeführt. Die Dachneigung ist ganz flach. Die Wandstreben sind so gestellt, daß sie beim Einbansen und Dreschen in keiner Weise

Abb. 204. Scheune mit einer Mittelstielreihe und Schürze an drei Seiten in Reinhardtgrimma (Sachsen).

hinderlich sind. Es kann jeder Winkel ausgenutzt werden, während eine Auflagerung des Getreides nirgends stattfinden kann.

Die Scheune ist, wie bemerkt, fast ganz aus Rundholz hergestellt, nur für die Sparren, Pfetten und Zangen wird Kantholz verwendet; die Verbindungen sind nicht mit Zapfen, sondern durch eiserne Winkel, Laschen und Bolzen bewerkstelligt, wodurch die Verwendung von Rundholz wesentlich erleichtert wird.

Abb. 205 zeigt die nach diesen Gesichtspunkten durchgebildeten Verbindungen. Abb. 206 läßt eine ganz offene Scheune erkennen und Abb. 207 veranschaulicht eine gleiche Ausführung, jedoch mit 1,5 m tiefer Schürze aus lotrecht überstülpten Brettern und waagerecht überstülpt verbrettertem Wettergiebel.

Endlich kann die Scheune ganz geschlossen sein, wie Abb. 208 zeigt. Die hier angegebene Bretterumkleidung wird in der Regel waagerecht überstülpt hergestellt. Sie hat gegenüber der lotrecht mit Deckleisten ausgeführten Bretterwand verschiedene Vorteile, und zwar leistet sie wegen des restlosen Ablaufs des Tagewassers gegen Witterungseinflüsse besseren Widerstand, baucht sich gegen Bansdruck weniger aus als die lotrechte, meist weiter gespannte Verbretterung und gestattet schließlich eine bessere Durchlüftung des Getreides.

Die in Abb. 208 dargestellte Ausführung ist um 1 m höher als im vorigen Beispiel, da sie für einen fahrbaren Höhenförderer eingerichtet ist.

Der Hauptunterschied zwischen den gewöhnlichen Ständerscheunen mit Umwandung und den für fahrbaren Höhenförderer eingerichteten liegt in der Toranlage. Während die gewöhnliche Scheune nur in jedem Mittelfach eine Durchfahrt mit zwei Toren erhält, erhält die Höhenfördererscheune auch noch in einem Endfach zwei Tore und in einem Giebel ein Tor und darüber eine Stakluke. Diese Toranlage ist für die Innen-

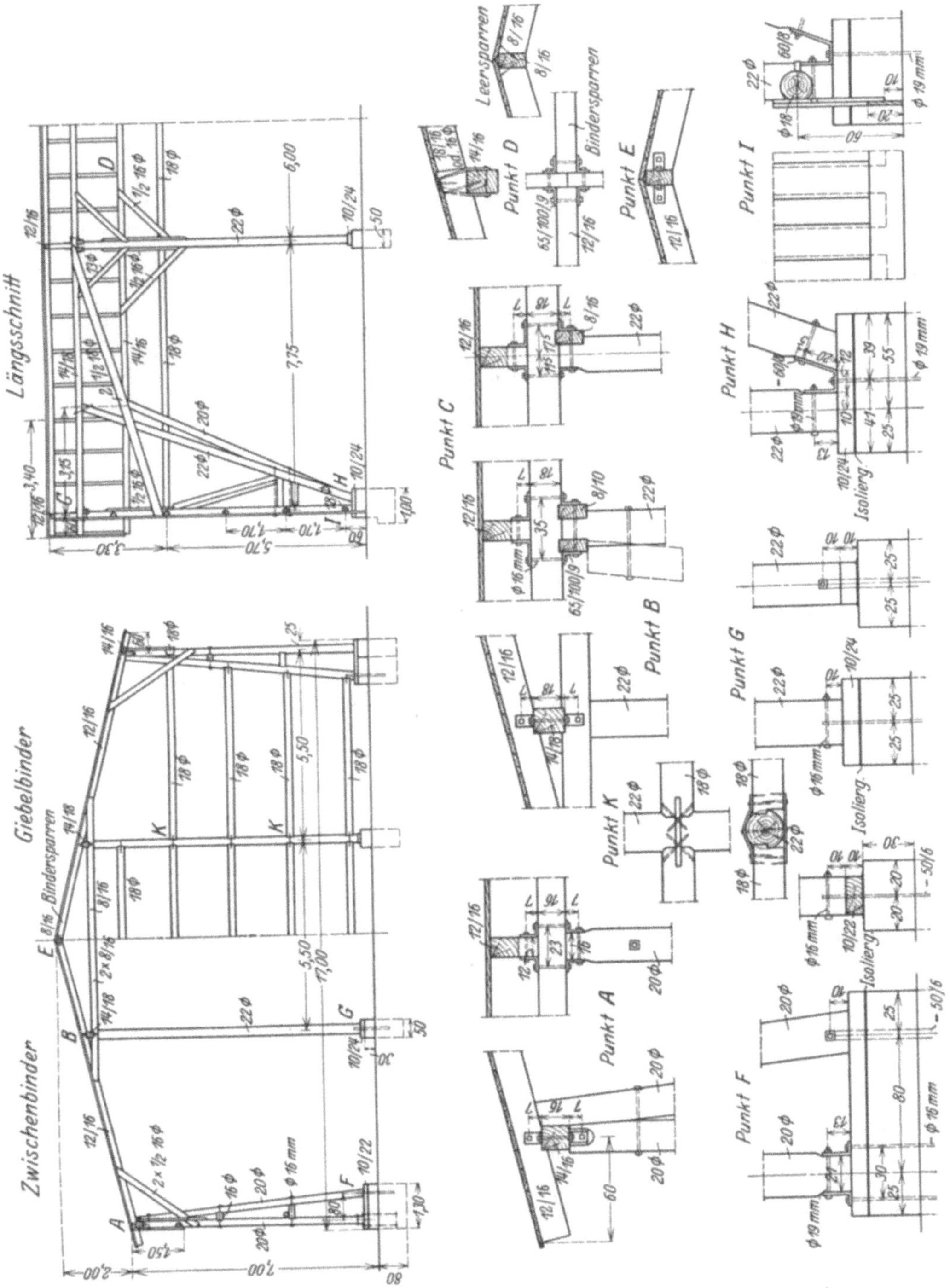

Abb. 205. Scheune mit zwei Mittelstielreihen samt Einzelheiten der Knotenpunktverbindungen nach Arthur Müller.

befüllung unerläßlich. Natürlich kann auch noch in dem zweiten Giebel ein Tor angelegt werden.

Als Tore kommen **Flügeltore** in Frage, da wegen des Einbringens und Ausdreschens des Getreides Tor an Tor genommen wird und somit Schiebetore beim Öffnen voreinander geschoben werden müßten, was unzweckmäßig und teuer wäre. Die Ausbildung der Flügeltore geht aus Abb. 209 hervor. Sie sind auf Rahmen gearbeitet und besitzen besonders praktische Zahnradhebelverschlüsse und Spannschloßtragestangen. Sie sind mit Kettelhaken versehen, so daß sie bequem und sicher im geöffneten Zustande festgestellt werden können.

Abb. 206. Offene Scheune mit zwei Mittelstielreihen in Dettmannsdorf (Meckl.).

Die Binderkonstruktion weicht insofern von der vorigen etwas ab, als die Mittelstiele noch mit Kopfstreben (Sprengwerk) versehen sind.

Abb. 210 zeigt eine ausgeführte Scheune von 58 m Länge, bei welcher jedoch das Giebeltor als Schiebetor ausgebildet ist; das war hier möglich, da keine Nachbartore im Wege stehen.

Die Beschickung einer solchen Scheune von außen, durch die Stakluke in dem einen Giebel mittels fahrbarem Höhenförderer ist aus Abb. 211 zu ersehen.

Abb. 207. Offene Scheune mit zwei Mittelstielreihen dreiseitiger Schürze und verbrettertem Wettergiebel in Kölzow (Meckl.).

Während die vorher beschriebenen Scheunen 17 m Breite besitzen, hat die in Abb. 212 gezeichnete Ausführung 20 m Breite. Die Binderkonstruktion des Mittelschiffs mit 8,5 m Weite ist deshalb als Sprengwerk ausgeführt, indem die Last der Mittelpfette durch Streben auf die Mittelstiele geleitet wird. Diese Scheune ist gleichfalls für einen fahrbaren Höhenförderer eingerichtet.

Die Umwandung der Scheune ist hier als Prüßwand hergestellt, deren Ausbildung aus Abb. 213 hervorgeht. Die Prüßwand ist eine sogenannte freitragende Wand, wozu sie durch die Einlage von Bandeisen in reinem Zementmörtel befähigt wird. Die Ziegelsteine werden hochkant mit den Läuferschichten aufeinander gestellt, so daß sich eine 6,5 cm starke Wand ergibt. Die Bandeisen werden zwischen dem Rahmenwerk lotrecht und waagerecht straff gespannt und die Felder mit den Ziegelsteinen in Zementmörtel ausgemauert, so daß

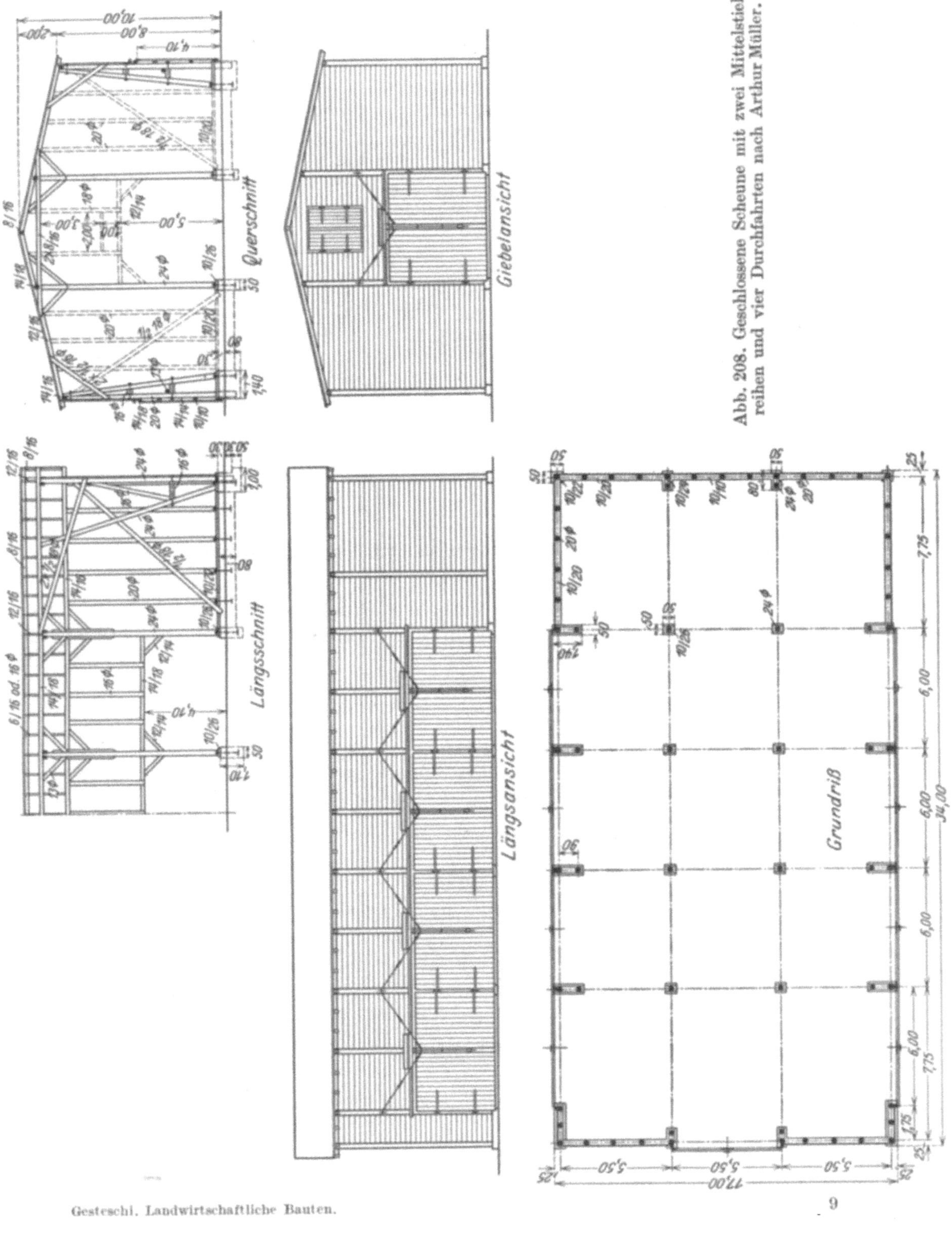

Abb. 208. Geschlossene Scheune mit zwei Mittelstielreihen und vier Durchfahrten nach Arthur Müller.

die Bandeisen vollkommen in Zementmörtel eingebettet und damit von der Luft abgeschlossen sind. Durch die Verbundwirkung zwischen Stein und Eisen wird die Wand

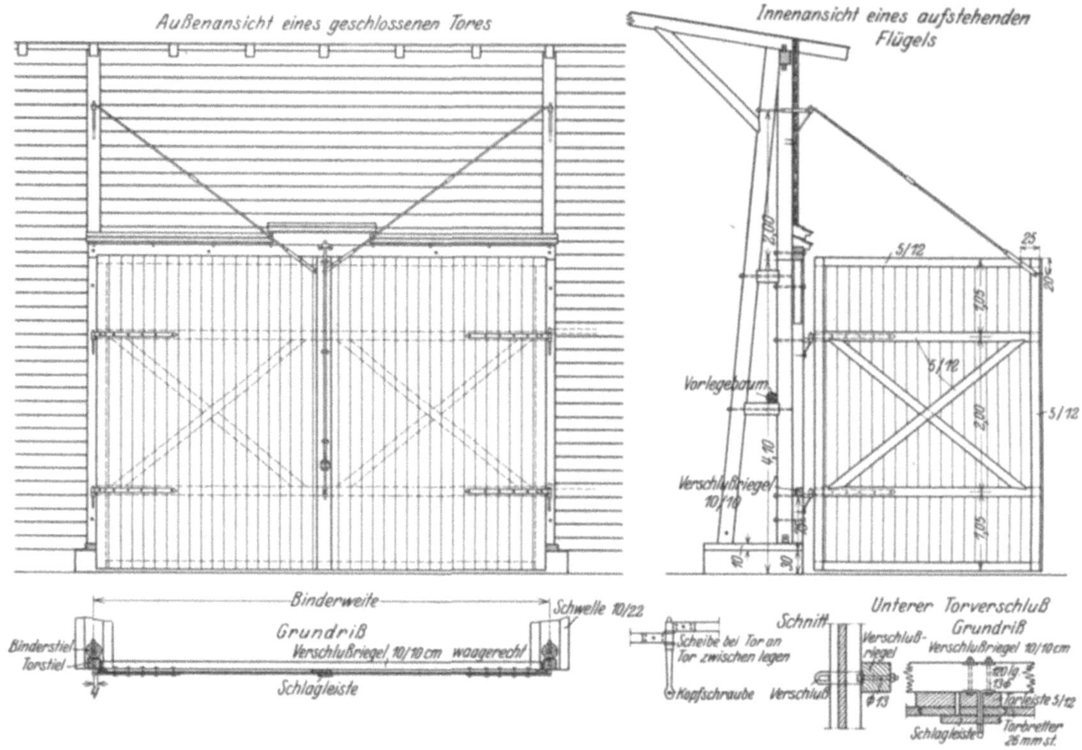

Abb. 209. Ausbildung der Scheunentore als Flügeltore bei Brettumwandung.

bei großer Widerstandsfähigkeit gegen seitlichen Druck von Stütze zu Stütze freitragend. Zur Verstärkung werden noch an der Innenseite Rippen angeordnet, die

Abb. 210. Geschlossene Scheune mit zwei Mittelstielreihen und Schiebetor im Giebel in Torrisdorf (Meckl.).

insbesondere die Wand gegen Bansdruck widerstandsfähig machen. Für eine vollkommene Durchlüftung des Getreides wird durch Anlage von Lüftungsgesimsen, Ventilationsaufsätzen und durch mit Drahtgitter geschützte Öffnungen zwischen den Sparrenköpfen gesorgt.

c) **Scheune mit Fuderablader** der Firma Arthur Müller, Berlin. Die Scheunen mit Fuderablader werden mit zwei Mittelstielen, aber auch ohne solche hergestellt. Ein Bauwerk mit zwei Mittelstielen zeigt Abb. 214, und zwar die 1927 ausgeführte Scheune in Langenhanshagen i. Pommern (Bes.: Arno und Eugen Seuffert).

Bei solchen Scheunen wird die volle Ladung aus dem Wagen, das Fuder, mit einem Greifer herausgehoben und bis zu der Stelle weiterbefördert, an welcher sie abgelegt werden soll. Die Ersparnis an Arbeitskräften bei der schnellen Bergungsmöglichkeit und leichtem Einbansen ist der Hauptvorteil. Derartige Fuderablader sind natürlich nur für größere Scheunen zweckmäßig, da ihre Benutzungsfähigkeit an die Scheune selbst gebunden

Abb. 211. Beschickung der Scheune von außen durch Stakluke in einem Giebel.

ist; die Scheune muß zum Zwecke völliger Ausnutzung eine beträchtliche Höhe haben, die an der Traufe auf 10 m zu bemessen ist.

Die Bedienung des Apparates ist sehr einfach; der Antrieb kann durch Göpel, mit Dampfmaschine oder durch Elektromotor geschehen. Das vorliegende Bauwerk besitzt eine Traufhöhe von 10 m und eine Firsthöhe von 14,5 m. Die Stützweite des erhöhten Mittelschiffs beträgt rd. 7 m, die der beiden Seitenschiffe je 6,25 m oder, bei Abzug der fachwerkartigen Wandstützen von rd. 70 cm Systembreite, je 5,55 m. Der Binderabstand mißt 4,9 m.

Auch bei diesem Bauwerk ist in weitgehendem Maße Rundholz verwendet, indem sämtliche Stiele aus Rundhölzern 20 bzw. 23 cm mittlerem Durchmesser hergestellt sind. Die ganze Scheune ist mit Prüßschen Wänden umgeben.

In Abb. 215 ist das fertige Bauwerk zu sehen; Abb. 216 zeigt eine Innenansicht der Scheune und Abb. 217 das Abladen eines Fuders.

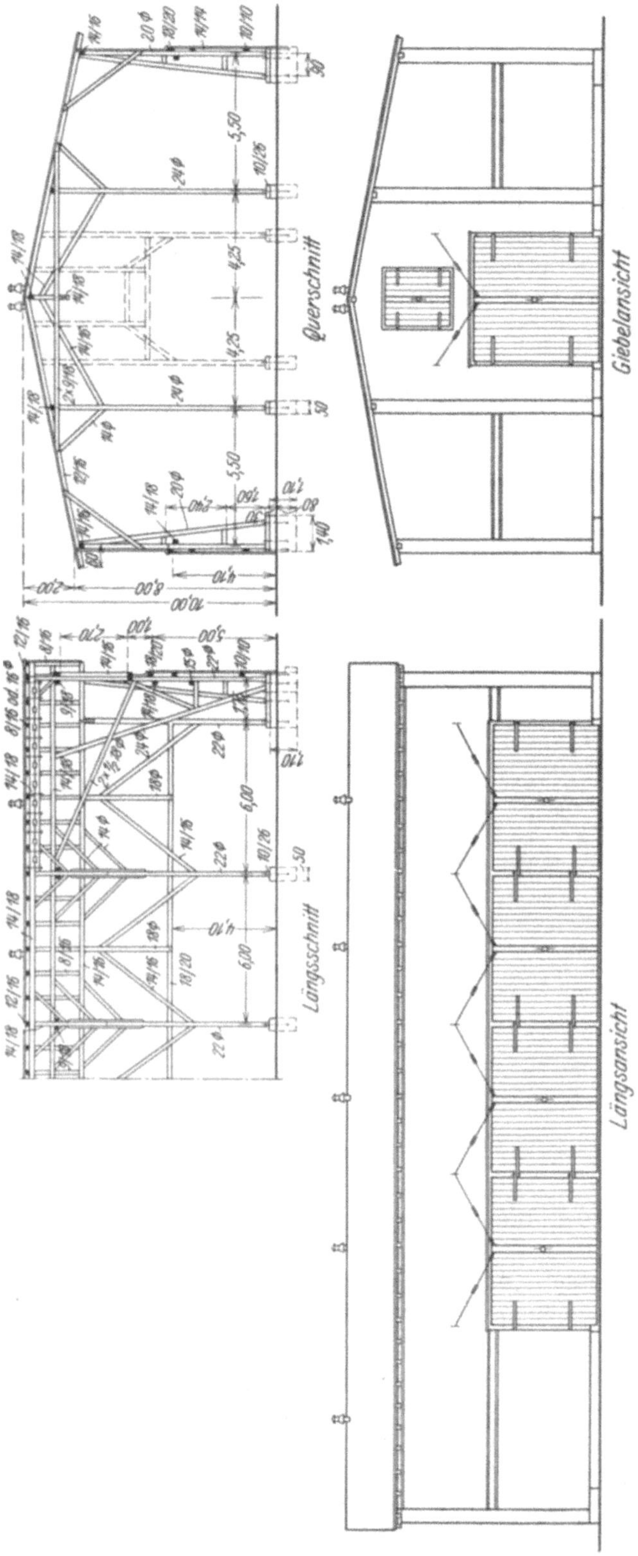

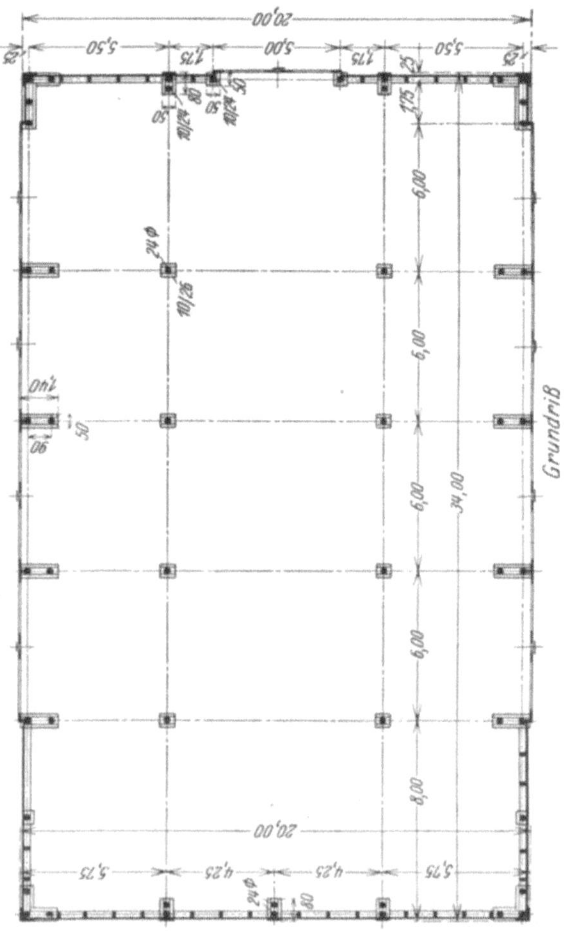

Abb. 212. Scheune mit zwei Mittelstielreihen, mittlerem Sprengwerkbinder und Prüßumwandung nach Bauweise Arthur Müller.

2. Hochfahrtscheunen.

Die Hochfahrtscheune kann für den Betrieb als die vollkommenste Scheune angesehen werden. Sie gestattet das Einbringen des Getreides mit derselben Schnelligkeit, wie das

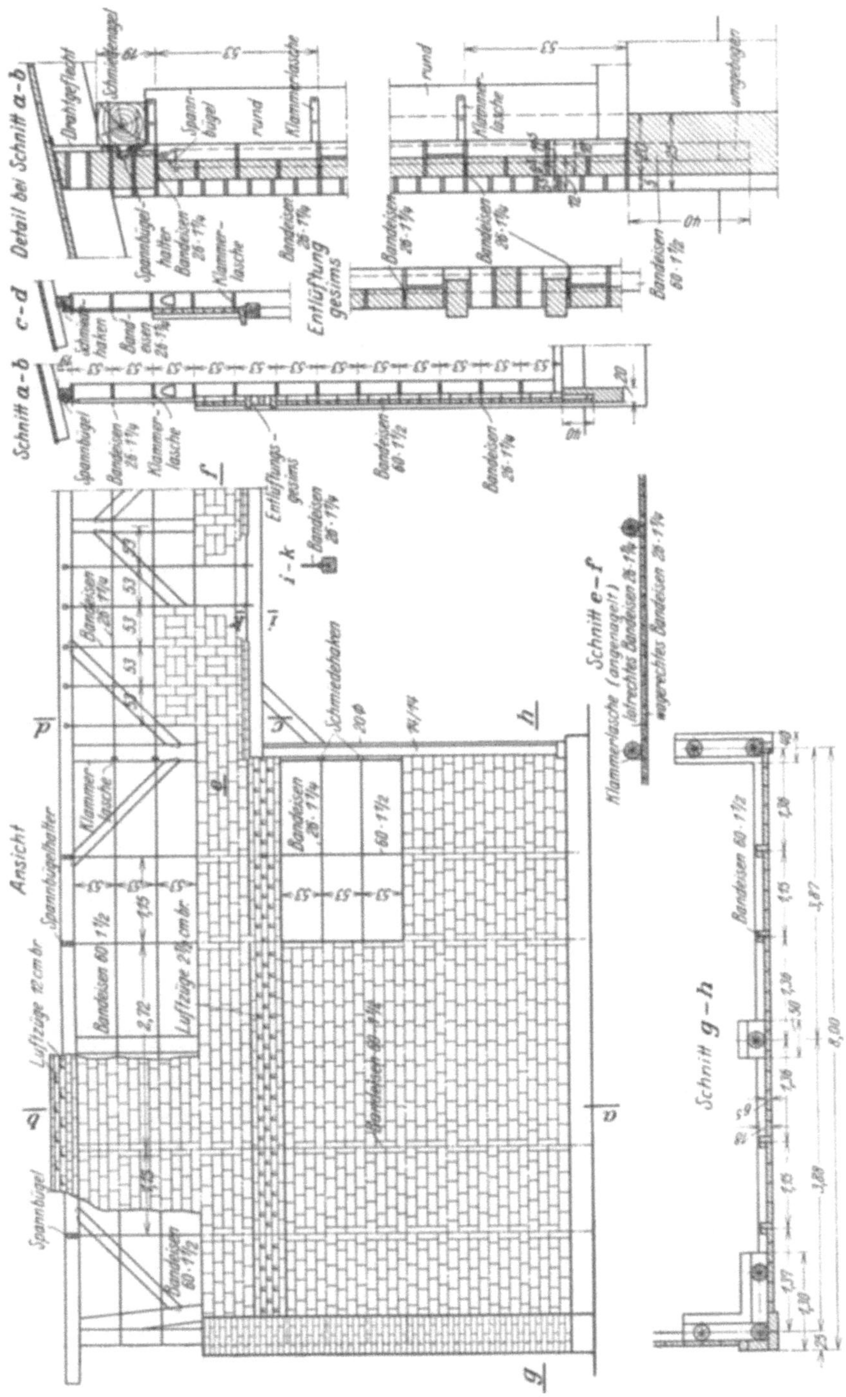

Abb. 213. Ausbildung „der Prüßwand“ der Firma Arthur Müller, Berlin.

mittels maschineller Einrichtungen möglich ist, macht aber von solchen unabhängig. Bei Betriebsstörungen von Scheunen mit maschinellen Einrichtungen muß das Einbringen des Getreides unterbrochen werden, was bei Hochfahrtscheunen nicht vorkommen kann.

Die innere Durchfahrtbrücke kann ferner zum Unterstellen beladener Erntewagen und sonstiger Geräte bei plötzlich einsetzenden Regenfällen benutzt werden. Sobald die Scheune gefüllt ist, kann sie außerdem als Aufbewahrungsort von Maschinen und Geräten benutzt werden.

In erster Linie ist eine Hochfahrtscheune dort zweckmäßig, wo sie in einen Einschnitt des Geländes oder an einen Abhang gestellt werden

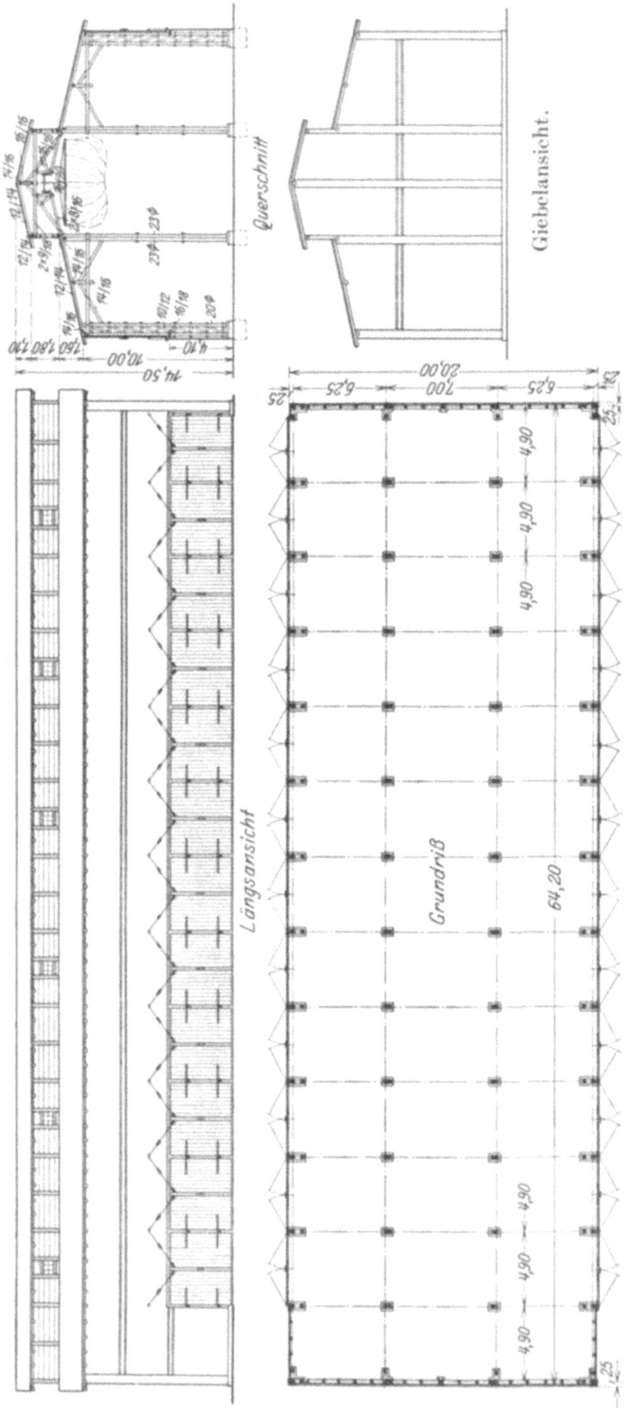

Abb. 214. Scheune mit zwei Mittelstielreihen, Fuderablader und Prüßumwandung in Langenhanshagen (Pomm.).

Abb. 215. Scheune mit Fuderablader in Langenhanshagen in Pomm. (Ausführung: Arthur Müller, Land- und Industriebauten G. m. b. H., Berlin.)

kann, da dann die Möglichkeit vorliegt, an Rampenanschüttungen zu sparen. Aber auch bei ebenem Gelände erweist sie sich als sehr nützlich, da sie es erlaubt, mit geringen Arbeitskräften sehr schnell die Ernte zu bergen.

Das Einbringen des Getreides ist in Abb. 218 bei der Bauart der Firma **Arthur Müller**, Berlin, schematisch dargestellt. Die nach unten spitz zulaufende Form des

Unterbaues der Brücke, die gesetzlich geschützt ist, gestattet eine geringere Fahrbahnbreite als die Form mit lotrechten Stielen des Tragwerks (vgl. Abb. 222, Querschnitt *a—b*),

Abb. 216. Innenansicht der Fuderablader-Scheune in Langenhanshagen.

da die Stiele nach oben auseinanderlaufen und dadurch Raum für die Wagenladung (Fuder) schaffen. Bei lotrechten Stielen sind diese entsprechend weit auseinander zu stellen, wodurch sich eine breitere Fahrbahn ergibt.

In Abb. 219 ist eine solche von der Firma Arthur Müller ausgeführte Hochfahrtscheune von 36,5 m Länge und 23,5 m Tiefe mit vier Durchfahrten dargestellt. Das Bauwerk ist ganz verbrettert. Der Anschluß an die Rampen erfolgt durch Holzbrücken.

Die Aufstellung einer solchen Scheune auf Rittergut Helmsdorf (Mansfelder Seekreis, Besitzer: Herr von Krosigk) ist in Abb. 220 zu sehen. Die Länge des Bauwerks ist 54,5 m, die Tiefe 23,5 m. Die Umwandung ist massiv (Prüß). Abb. 221 zeigt ein solches Bauwerk (Hochfahrtscheune Eyrichshof), bei welchem die Längswand noch teilweise unverschalt ist.

Ein anderes Beispiel zeigt die Hochfahrtscheune auf dem Rittergut Helmsdorf (Mansfelder Seekreis, Bes.: Baron von Krosigk), ausgeführt 1929 von der Firma A. Paustian & W. Lange, Berlin (Abb. 222). Die Scheune ist 54,5 m lang, 25,5 m breit und an der Traufe 10 bzw 10,7 m, im First 12,7 m hoch. Die Eindeckung des

Abb. 217. Abladen eines Fuders.

Daches besteht aus doppellagiger Teerpappe auf 23 mm starker rauher und gespundeter Schalung. Die Umfassungswände bestehen aus ½ Stein starken Ziegelwänden mit waagerechter Bandeiseneinlage von 46 × 1,25 mm Stärke, alle fünf bis sechs Schichten eingelegt und mit den Wandstielen durch eingeschraubte eiserne Schlaufen verbunden. Die Pultbinder sind freitragend nach dem vom Verfasser durchgebildeten System[1] mit gedrückten Streben und gezogenen Rundeisenpfosten mit 9,585 m Stützweite konstruiert (Abb. 223 u. 224); sie ruhen einerseits auf den Fachwerkstützen der Wand, andererseits auf Knaggen

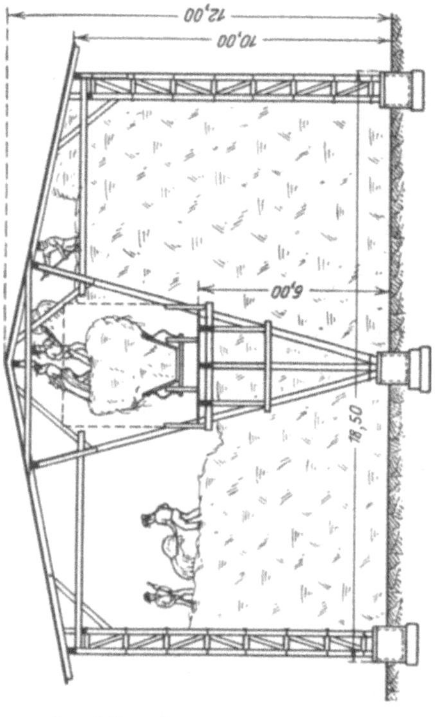

Abb. 218. Einbansen des Getreides bei einer Hochfahrtscheune nach Arthur Müller.

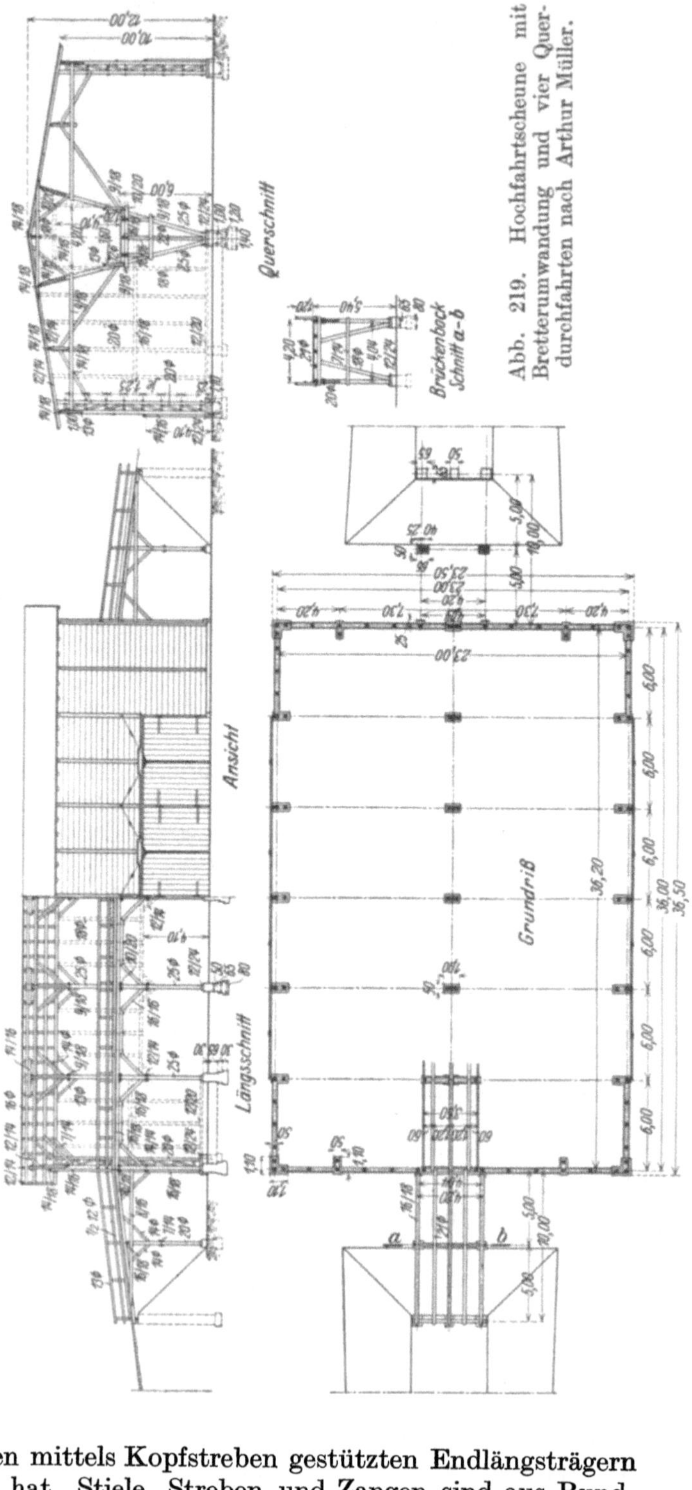

Abb. 219. Hochfahrtscheune mit Bretterumwandung und vier Querdurchfahrten nach Arthur Müller.

der Mittelstützen neben der Hochfahrt. Letztere besitzt eine Breite von 4,5 m, lichte Durchfahrtweite von 4,26 m, Fahrbahnbreite von 3,6 m und Durchfahrtshöhe von 4,5 m. Der Bohlenbelag von 6,5 cm Stärke ruht auf Längsträgern 14 × 20 (16 × 20) cm im Abstand von 0,86 m. Letztere sind auf 3 m freitragend, da sie in der Mitte noch durch einen Unterzug 14 × 22 cm gehalten sind, der sein Auflager auf den beiden mittels Kopfstreben gestützten Endlängsträgern 16 × 20 cm, an dem er aufgehängt ist, hat. Stiele, Streben und Zangen sind aus Rund-

[1] Gesteschi: Grundlagen des Holzbaues, 3. Aufl., S. 92. Berlin: Wilhelm Ernst & Sohn 1930.

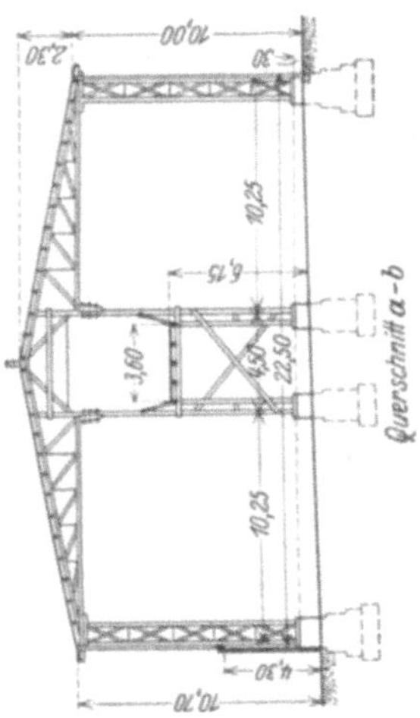

Abb. 220. Hochfahrtscheune auf Rittergut Helmsdorf während der Aufstellung. (Ausführung: Arthur Müller.)

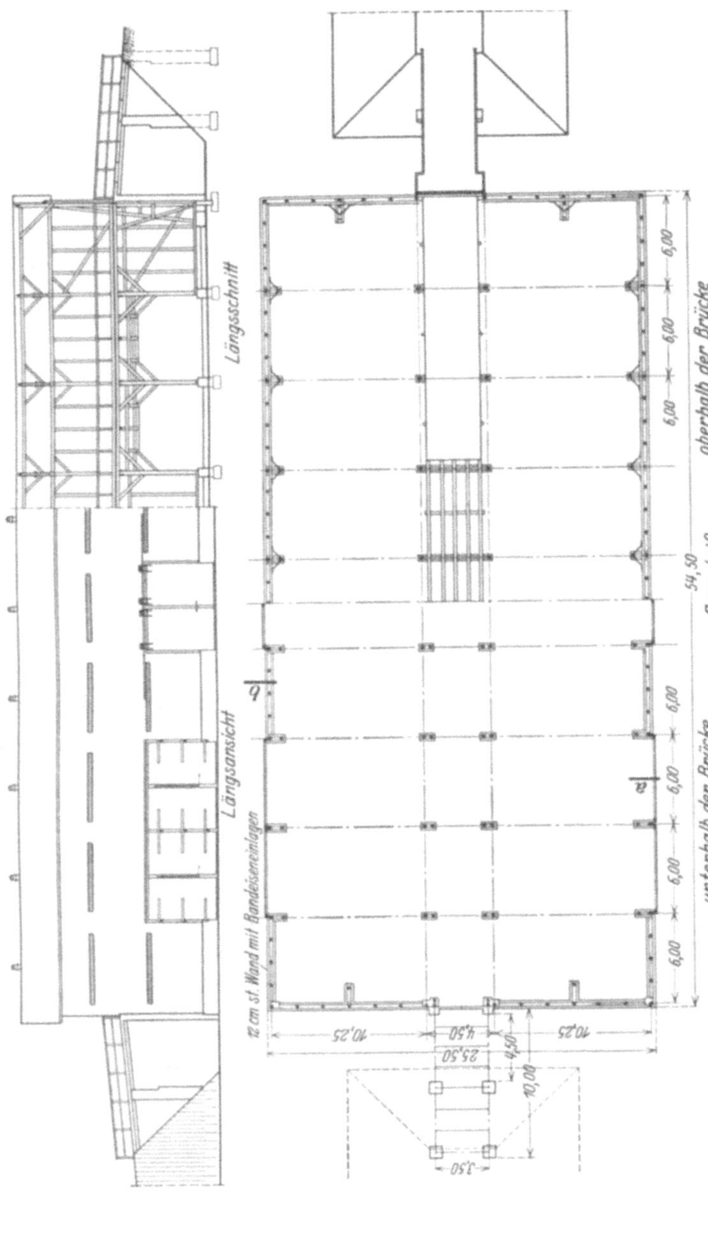

Abb. 222. Hochfahrtscheune auf dem Rittergut Helmsdorf. Allgemeine Anordnung. (Ausführung: A. Paustian & W. Lange, Berlin.)

Abb. 221. Hochfahrtscheune Eyrichshof. (Ausführung: Arthur Müller.)

holz hergestellt, die neben der Wirtschaftlichkeit noch den Vorteil großer Lebensdauer (Schutz durch den Bast) besitzen.

Die Betonfundamente mußten wegen des schlechten Baugrundes bis 3 m unter Gelände hinabgeführt werden.

Der Winddruck auf die Längswand wird durch die Fachwerkstützen in 6 m Abstand auf Fundament und Dachbinder übertragen, der seine Horizontalkraft auf den durch die Hochfahrtkonstruktion gebildeten Windbock abgibt.

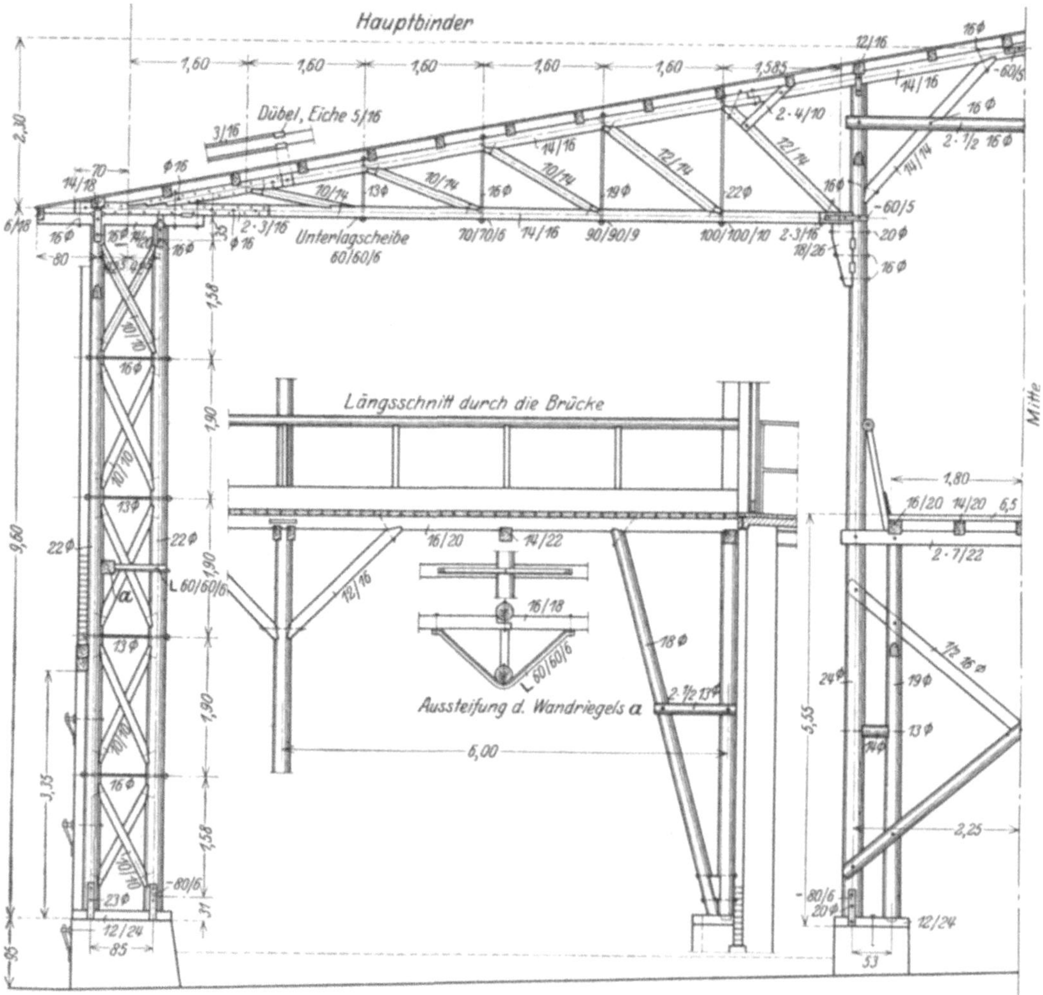

Abb. 223. Hochfahrtscheune auf dem Rittergut Helmsdorf (Mansfelder Seekreis). Ausbildung der Binder, Stützen und der Brücke (vgl. Abb. 222).

Der Winddruck auf die Giebelwand wird durch die Längswände, die Hochfahrt und zwei besondere Windstreben der Giebelwand aufgenommen.

Die Tore der vier äußeren Querdurchfahrten sind als Flügeltore von 5,94 m Breite (Flügelbreite 2,97 m) und 4,3 m Höhe ausgebildet, deren Einzelheiten aus Abb. 225 zu ersehen sind. Die mittlere Querdurchfahrt ist mit Schiebetoren versehen.

Die Zufahrtbrücken bestehen aus stählernen Hauptträgern mit Querträgern; zwischen letzteren sind Eisenbetonplatten gespannt. Die Pfeiler sind aus Beton gestampft.

Abb. 226 und 227 zeigen Innenaufnahmen der fertigen Scheune, und zwar Abb. 226 einen Blick in das Seitenschiff und Abb. 227 einen solchen in das Mittelschiff von der Hochfahrt aus.

IV. Scheunen in neuzeitlicher Bauweise.

Der neuzeitliche Holzbau hat sich auch in das landwirtschaftliche Bauwesen Eingang verschafft. Vor allem sind es die Dachkonstruktionen der Scheunen und Ställe (über dem Futterboden), bei welchen sich die freitragenden Bauweisen als sehr zweckmäßig erweisen, da Stützen oft als hinderlich empfunden werden. Seit Einführung der Höhen-

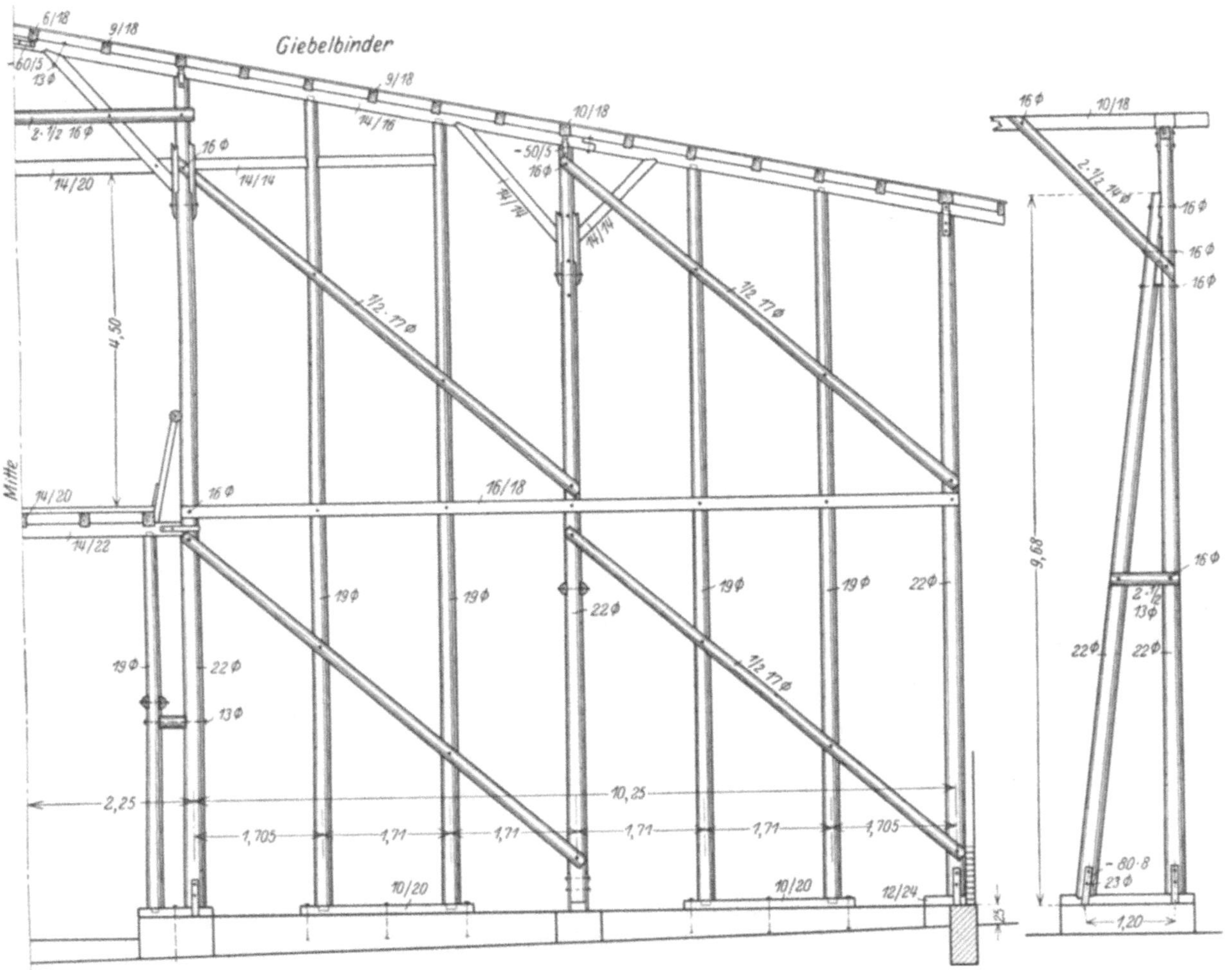

Abb. 224. Hochfahrtscheune Helmsdorf. Ausbildung der Giebelwand.

und Seitenförderer braucht auch die Höhe einer Scheune nicht mehr begrenzt zu werden, und in dieser Hinsicht erweisen sich insbesondere die Bogenkonstruktionen als sehr nützlich. Der hohe Dreigelenkbogen läßt z. B. bei großer Stützweite der Binder eine wirtschaftliche Konstruktion zu und bietet Gelegenheit, in der Nähe des Scheitels einen Seitenförderer, fahrbaren Greifer oder Fuderablader unterzubringen.

1. Scheunen mit Fachwerkbindern.

Die verschiedenen Ausführungsarten mögen an mehreren Beispielen erörtert werden.

a) Hofscheune auf dem Rittergut Luisenfelde (Neumark) (Abb. 228). Es handelt sich um ein vom Verfasser konstruiertes Bauwerk mit Mittelstütze, an Stelle einer abgebrannten Scheune, wobei die vorhandenen gemauerten Torpfeiler zu benutzen

Abb. 226. Hochfahrtscheune Helmsdorf. Innenansicht des Seitenschiffs.

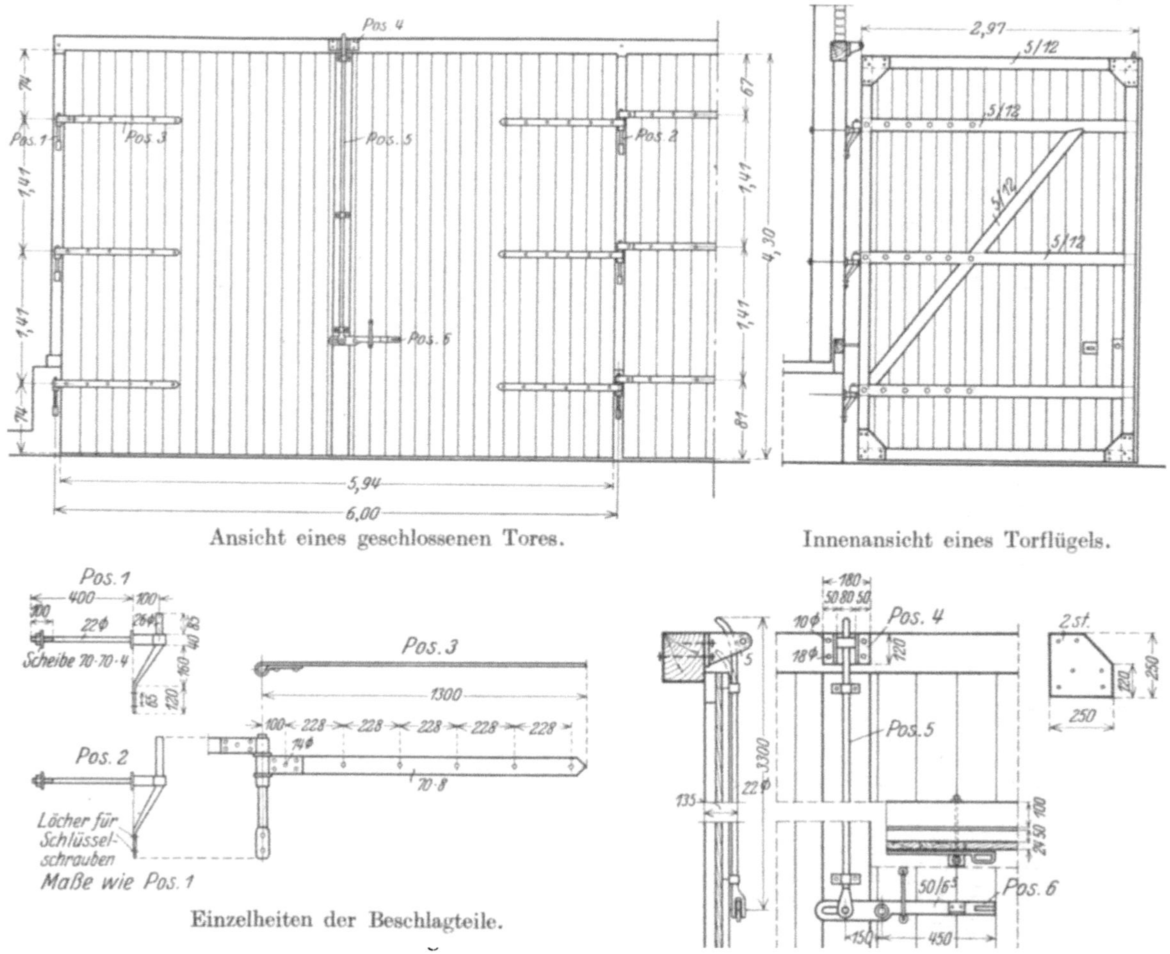

Abb. 225. Hochfahrtscheune Helmsdorf. Ausbildung der Tore.

waren. Da die Höhe der Dachfläche sowie die geforderte Lichthöhe gegeben waren, blieb für den Binder eine gesamte Konstruktionshöhe von nur 65 cm bei einer Stütz-

Abb. 227. Hochfahrtscheune Helmsdorf. Innenansicht des Mittelschiffs von der Brücke aus.

weite von Auflagermitte bis Mittelstütze von 10,18 m übrig. Der Verfasser wählte deshalb ein neuartiges System, nämlich eine Vereinigung eines Fachwerkträgers mit einem

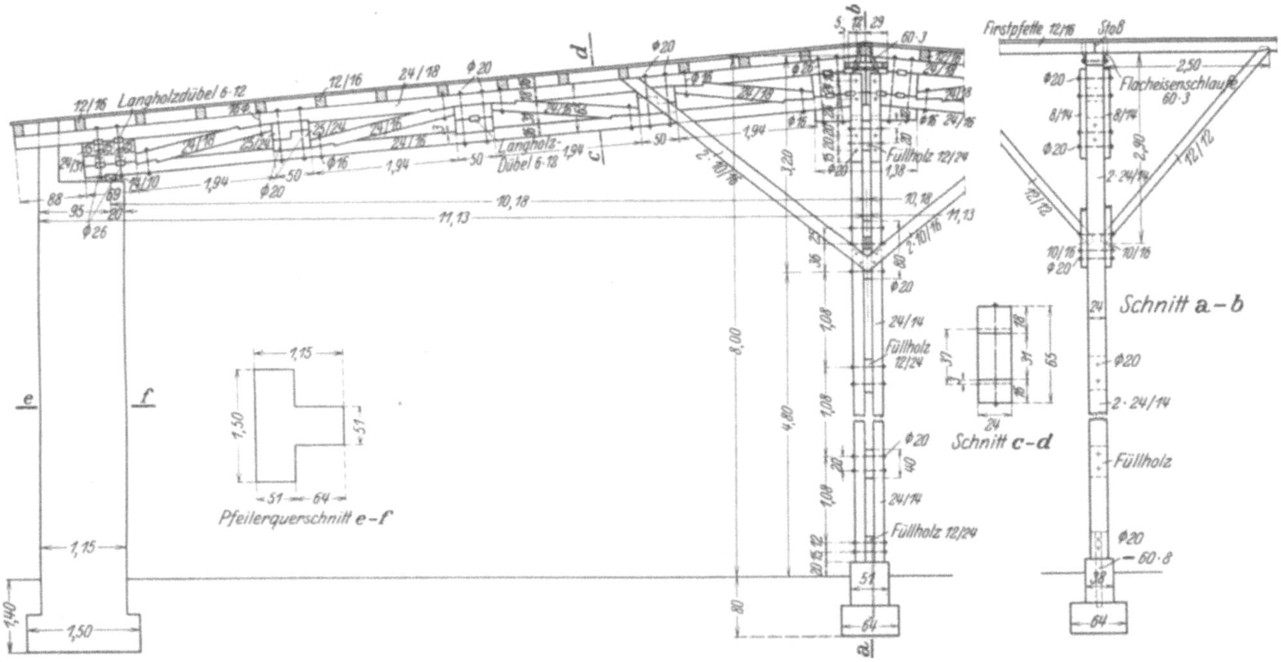

Abb. 228. Hofscheune auf dem Rittergut Luisenfelde (Neumark). Ausbildung der Binder und Stützen. (Ausführung: Victoriamühle Schwedt a. O. 1922.)

Klötzelträger[1], das ist ein Parallelträger, dessen Pfosten aus Klötzeln gebildet werden. Letztere sind gleichlaufend zur Faserrichtung geschnittene, zweiteilige Hölzer von 50

[1] Vgl. Gesteschi: Der Holzbau, S. 140. Berlin: Julius Springer 1926.

bzw. 69 cm Länge (Abb. 228), die durch je zwei Schraubenbolzen von 20 mm Durchmesser mit den Gurthölzern verbunden und so gegen Kippen gesichert sind; außerdem sind sie in die Gurte 24×16 bzw. 24×18 3 cm eingelassen, so daß sie auch Schubkräfte übertragen können. Die Endklötzel sind 69 cm lang und durch je zwei Dübel an Ober- und Untergurt und zwei Bolzen 26 mm Durchmesser angeschlossen. Auf diese Weise wird der Druck der Streben in die Gurtungen geleitet und der theoretische Zug der Pfosten durch

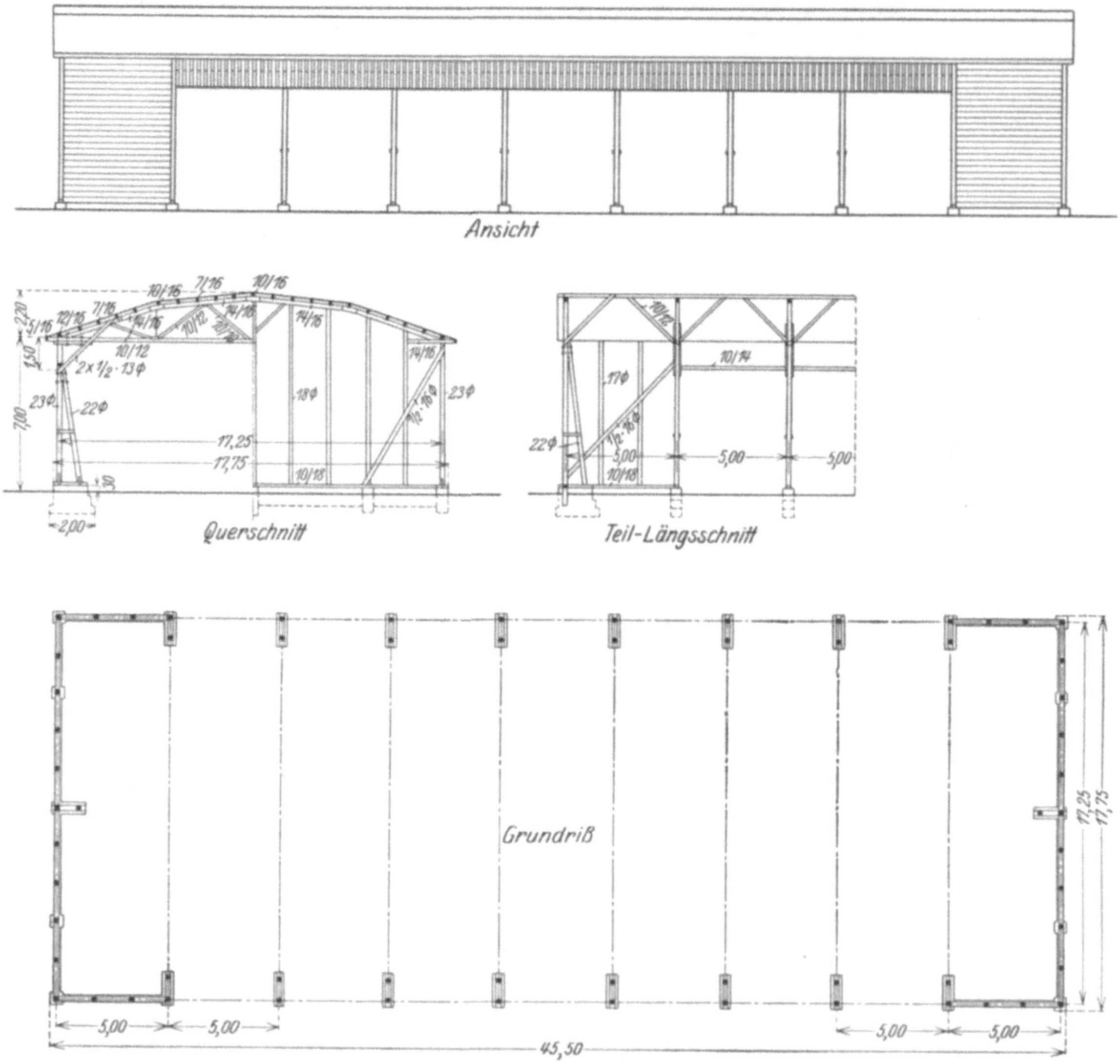

Abb. 229. Scheune auf Gut Hoebeck bei Rendsburg. Allgemeine Anordnung. (Ausführung: A. Paustian & W. Lange, Berlin.)

die Bolzen mit großen Unterlagsplatten auf die Gurtungen übertragen. Der Winddruck auf die Längswände wird durch die Torpfeiler und die Mittelstütze zu je einem Drittel aufgenommen. Deshalb ist die Mittelstütze mit den Bindern durch schräge Zangen zug- und druckfest verbunden und die auf Druck und Biegung beanspruchten Mittelstützen zweiteilig ausgebildet.

Durch die angegebene Konstruktion ist eine Lichtweite von rd. 20 m mit nur einer Mittelstütze fast vollständig ausnutzbar. Zur Längsversteifung hat die Mittelstütze noch in der Längenrichtung Kopfstreben erhalten.

Der Binderabstand beträgt 6 m, die Pfeilerbreite 1,50 m (Abb. 228), so daß für die Einfahrt der Quertenne 4,50 m Lichtweite verbleibt.

b) Scheune auf Gut Hoebeck bei Rendsburg (Bes.: Herr Major a. D. Moll), ausgeführt 1928 von der Firma A. Paustian & W. Lange, Berlin. Das in der Übersicht Abb. 229 gezeichnete Bauwerk ist 45,5 m lang und 17,75 m breit, an der Traufe 7 m, im First 9,2 m hoch. Die Scheune ist an den beiden Endfeldern mit 20 mm starken rauhen und parallel besäumten Brettern teils waagerecht, teils lotrecht überstülpt verschalt, im übrigen nur mit einer 1,5 m tiefen lotrechten gestülpten Schürze versehen. Die Dacheindeckung besteht aus einer Lage Ruberoidpappe ($20\,m^2 = 35$ kg) auf 20 mm starker rauher, besäumter Dachschalung. Der Binderabstand beträgt 5 m. Die Binder sind auf 17,24 m Stützweite freitragend nach dem vom Verfasser in den Holzbau eingeführten einfachen Howeschen System ausgebildet[1]. Mit Ausnahme der Binder, die aus Kantholz hergestellt sind, sind

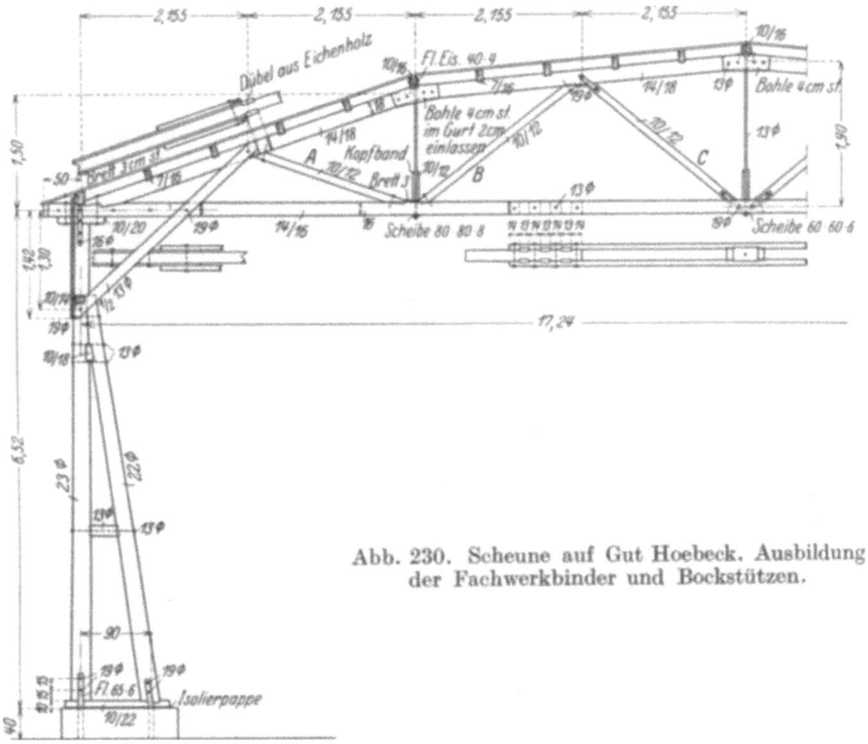

Abb. 230. Scheune auf Gut Hoebeck. Ausbildung der Fachwerkbinder und Bockstützen.

Rundhölzer verwendet. Die Ausbildung der Binder und Bockstützen zeigt Abb. 230, das fertige Tragwerk ohne Dacheindeckung und Verschalung Abb. 231, eine Innenansicht der fertigen Scheune nach Vollendung Abb. 232 und eine Gesamtansicht Abb. 233. Die Binder sind mit 4 cm Überhöhung abgebunden.

c) Hofscheune in Langenhanshagen, ausgeführt 1926 nach dem Entwurf des Architekten Max Krüger, Ribnitz, durch die Firma Hermann Röwer, Ribnitz i. Meckl. (Abb. 234). Die Längswände sind 25 cm, die Giebelwände 38 cm stark mit Vorlagen in Mauerwerk hergestellt, das Dach ist mit Biberschwänzen eingedeckt. Die Lichtweite zwischen den Längswänden beträgt 19,50 m, die Länge $7 \times 6{,}30 = 44{,}10$ m. Die Firsthöhe ist 15,5 m. Die Binder sind als Sprengwerkbinder mit teilweiser Ausfachung ausgeführt, ebenso sind die Pfetten als doppelte Sprengwerke ausgebildet. Die Giebelwände enthalten Luken für den Höhenförderer (Osterrieder), sowie ein Einfahrtstor.

d) Hofscheune auf der Domäne Sodargen (Ostpr.) (Abb. 235), ausgeführt 1922. Berechnung und Konstruktion stammen vom Verfasser. Der als Dreigelenkbogen be-

[1] Vgl. Fußnote S. 136.

rechnete und konstruierte Fachwerkbinder besitzt eine Stützweite von 14,86 m und eine Pfeilhöhe von 14,25 m. Der Binderabstand beträgt 5,0 m. Bemerkenswert ist die Ausbildung der Gurte des unteren Binderteiles aus Rundhölzern 24 cm Durchmesser, wobei der innere Gurt in einem Stück bis zum Obergurt des Dachteiles durchgeht; die

Abb. 231. Scheune auf Gut Hoebeck ohne Dacheindeckung und Verschalung.

übrigen Stäbe sind aus Kanthölzern hergestellt. Die Konstruktion läßt im First die beiden Fahrbahnlängsträger 16/18 für einen Fuderablader erkennen, die auf zwei Zangen 10/20 gelagert sind; unmittelbar neben dem Längsträger sind die Zangen durch ein Kantholz 13/18 mit zwei Eisenlaschen 90×6 mm an dem Binder aufgehängt.

Abb. 232. Scheune auf Gut Hoebeck. Innenansicht nach Fertigstellung.

Wesentlich sind die Verbände, die die gedrückte Binderstrebe gegen seitliches Ausknicken halten. Mit Rücksicht auf den Getreidedruck, der ein Ausbiegen und u.U. Brechen der waagerechten Streben verursachen könnte, ist bei den Verbänden I bis III statt der rechnungsmäßigen Querschnitte 10/12, 10/14 und 8/16 einheitlich der Querschnitt 12/18 (hochkant) gewählt worden.

Abb. 233. Scheune auf Gut Hoebeck. Gesamtansicht.

Für den Fuderablader war im First eine Einzellast von 1,25 t vorgeschrieben. Trotzdem sich keine negativen Auflagerdrücke ergaben, wurden doch zur Sicherheit Fußverankerungen vorgesehen.

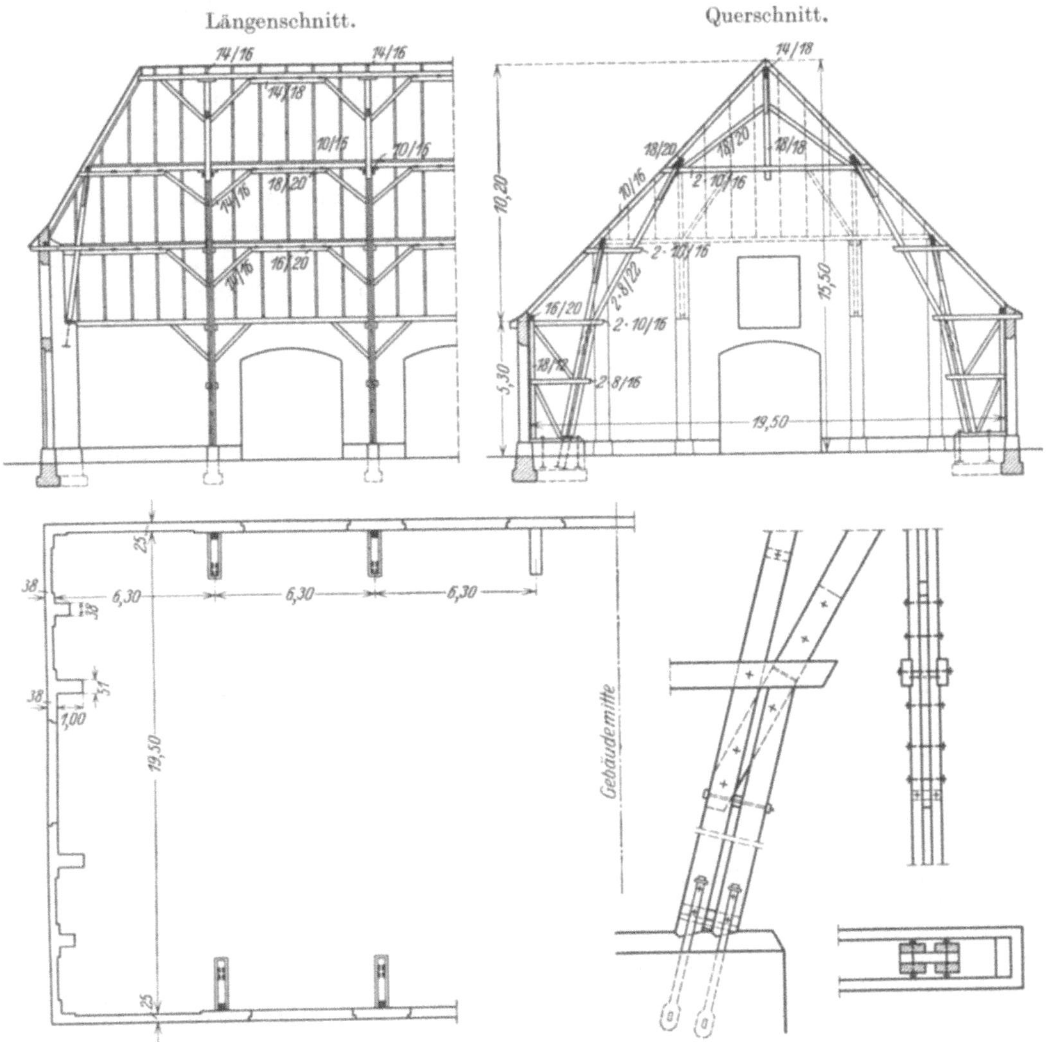

Einzelheit der Strebe 4·8/20 mit Verankerung.

Abb. 234. Hofscheune in Langenhanshagen (Meckl.).

Die Dacheindeckung ist in Ziegeln ausgeführt.

e) Scheune auf der Domäne Woidtke i. P., ausgeführt 1925 von der Holzhallenbau A.-G. System Kübler, Berlin (Abb. 236 bis 238).

Der Dreigelenkbinder besitzt eine Stützweite von 16,74 m und eine Pfeilhöhe von 12,50 m (Gesamthöhe über Fußboden 14,20 m). Der Binderabstand beträgt 5,16 m, die beiden Endfelder besitzen eine Weite von 7,50 m. Die Sparren werden durch Pfetten 10/16 in 2,01 m (2,34 m) Abstand, im Grundriß gemessen, getragen. Die 7,50 m weit gespannten Endpfetten sind in jedem zweiten Feld als Gitterpfetten ausgebildet, die mit den 4,02 m entfernten Fachwerkstützen der Giebelwände zu einhüftigen Rahmen verbunden sind (Abb. 238). In den Längswänden sind Toröffnungen von 4,00 m Lichtweite und 4,75 m Höhe vorhanden, und zwar nur in den drei mittleren Feldern. Die Umfassungswände werden durch 13 cm, an den Torpfeilern 25 bzw. 38 cm starkes Mauerwerk gebildet.

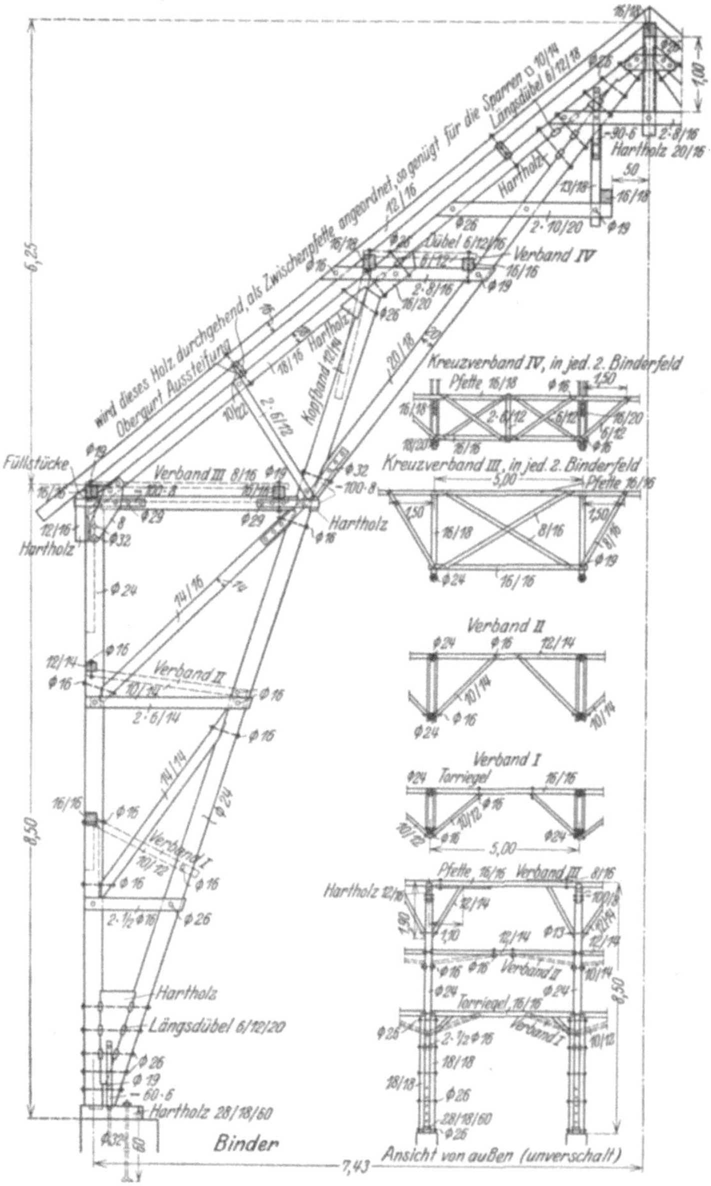

Abb. 235. Hofscheune auf der Domäne Sodargen (Ostpr.). Ausbildung der Binder und Längsverbände.

f) Feldscheune des Stadtgutes Nürnberg-Langwasser, ausgeführt 1927 von der Firma Theodor Birkmann, Nürnberg (Abb. 239 und 240).

Die Breite der Scheune beträgt 14,6 m, die Höhe bis zum First 8,9 + 0,3 = 9,2 m und die Höhe der lotrechten Längswand 3,55 m; die Länge der Halle ist 64,52. Der Binderabstand wechselt zwischen dem kleinsten Abstand von 3,72 m und dem größten Abstand von 4,76 m; die Endfelder sind 5,45 m. Die Scheune besitzt vier Querdurchfahrten von 4 m und eine Giebeleinfahrt von gleichfalls 4 m Lichtweite. Die Binder sind in neuzeitlicher Fachwerkkonstruktion als Dreigelenkbogen ausgebildet. Die äußere Form ist die eines Spitzbogens mit kreisförmig gekrümmten Obergurten. Der Untergurt besteht für jeden Bogenschenkel aus drei geraden Stücken.

Die Stabanschlüsse erfolgen durch Stahlstifte von 8 bis 10 mm Durchmesser (ohne Kopf und Mutter), die in das vorgebohrte Loch genau eingepaßt werden (Bauweise Meltzer[1]).

[1] Vgl. Gesteschi, Th.: Hölzerne Dachkonstruktionen, 4. Aufl., S. 97. 1928.

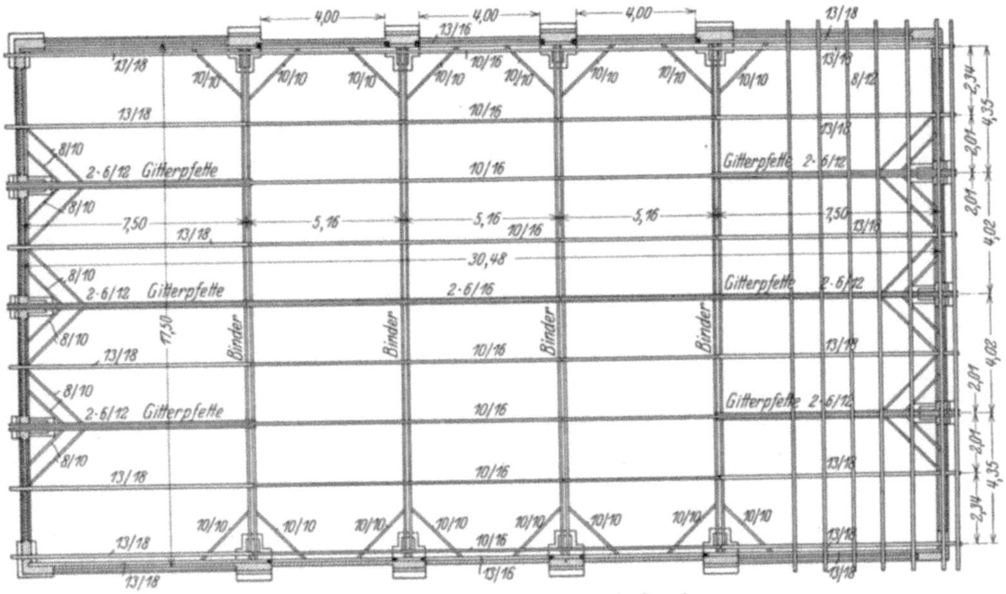

Abb. 236. Scheune auf der Domäne Woidtke i. P. Grundriß mit Pfetten und Sparrenlage.
(Ausführung: Holzhallenbau A.-G. System Kübler, Berlin.)

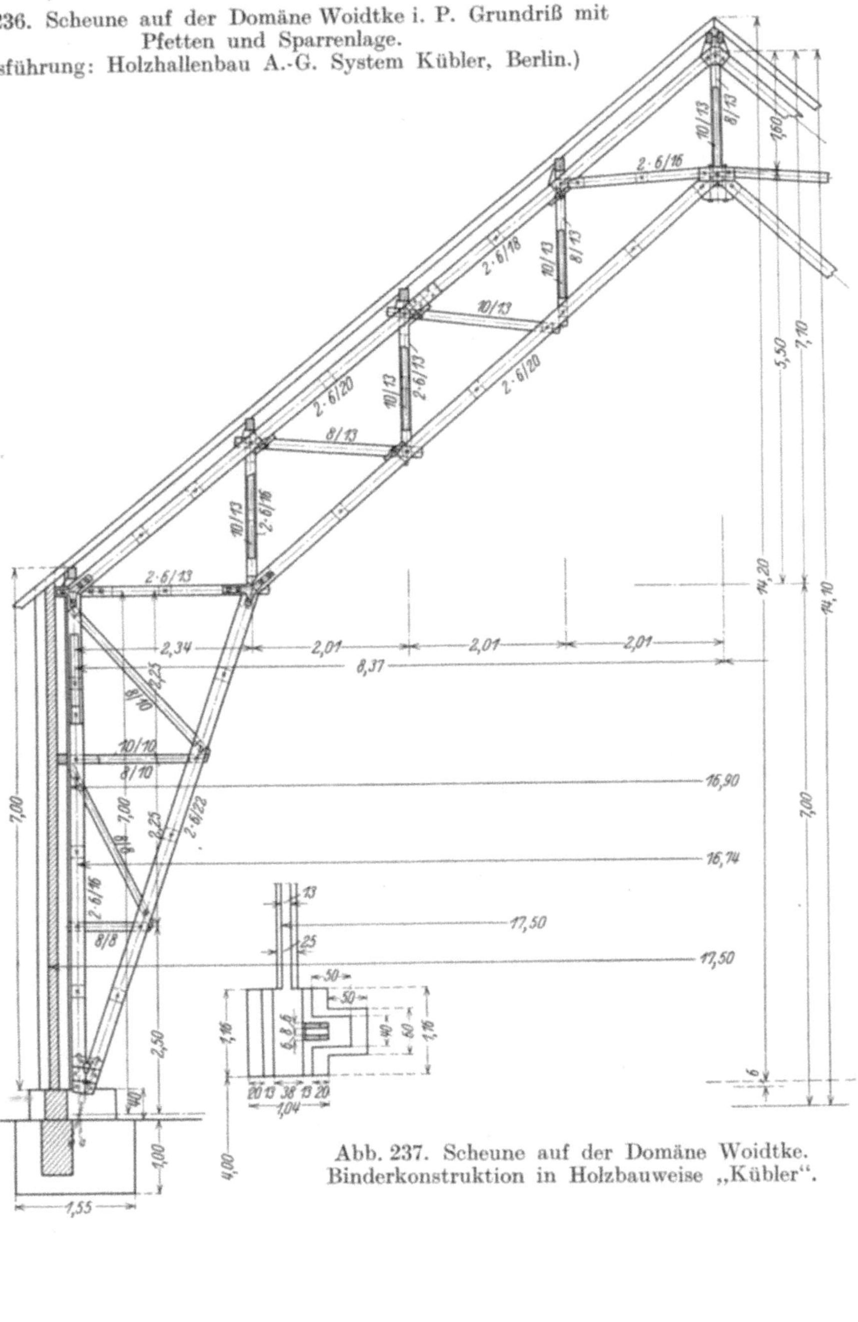

Abb. 237. Scheune auf der Domäne Woidtke. Binderkonstruktion in Holzbauweise „Kübler".

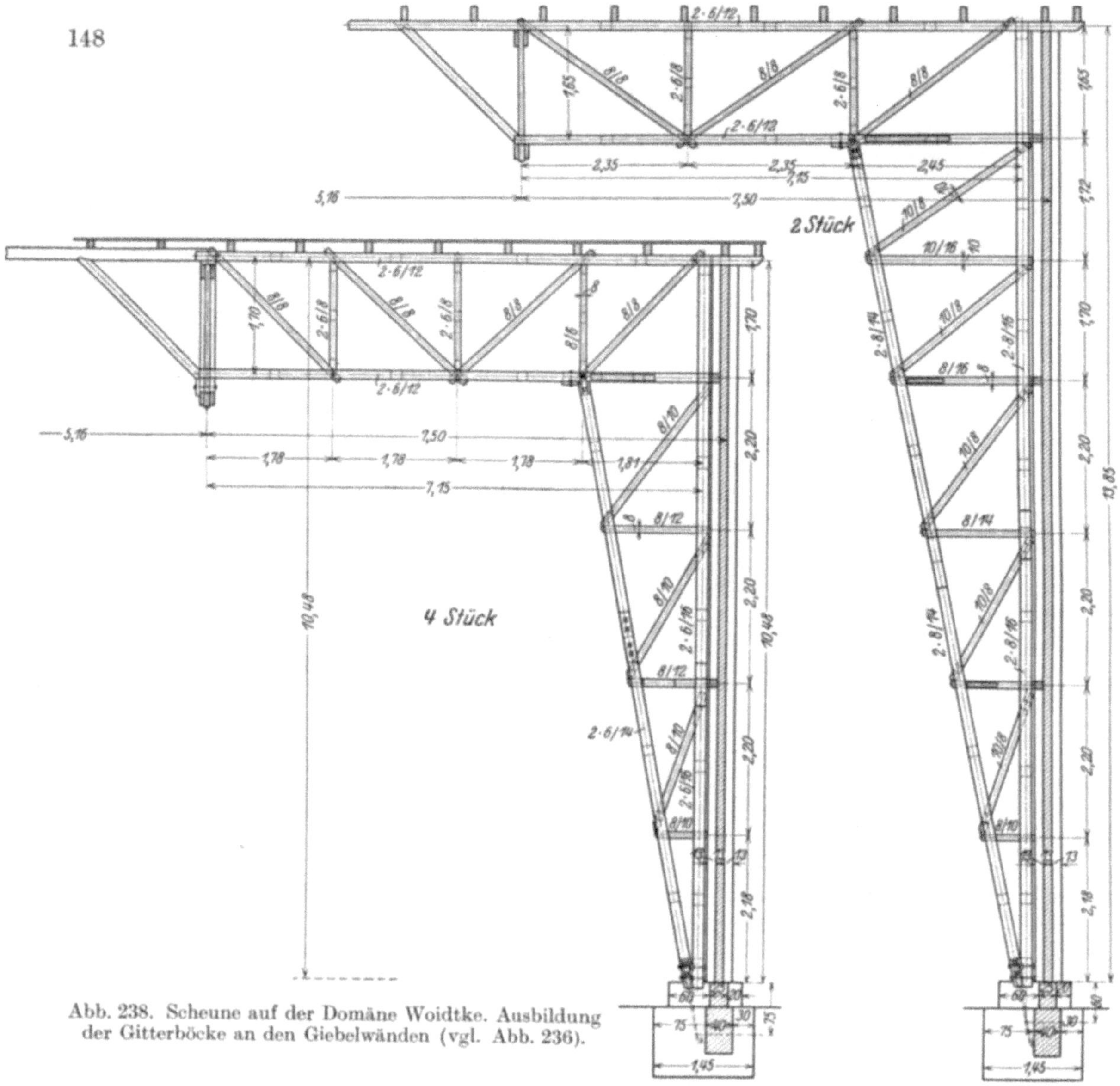

Abb. 238. Scheune auf der Domäne Woidtke. Ausbildung der Gitterböcke an den Giebelwänden (vgl. Abb. 236).

Abb. 239. Feldscheune des Stadtgutes Nürnberg-Langwasser. Grundrißanordnung. (Ausführung: Theodor Birkmann, Nürnberg.)

Bemerkenswert ist die Anordnung der außen rund geschnittenen Sparren, die nicht, wie üblich, auf die Pfetten aufgelagert, sondern in diese seitlich eingesetzt sind (Abb. 241),

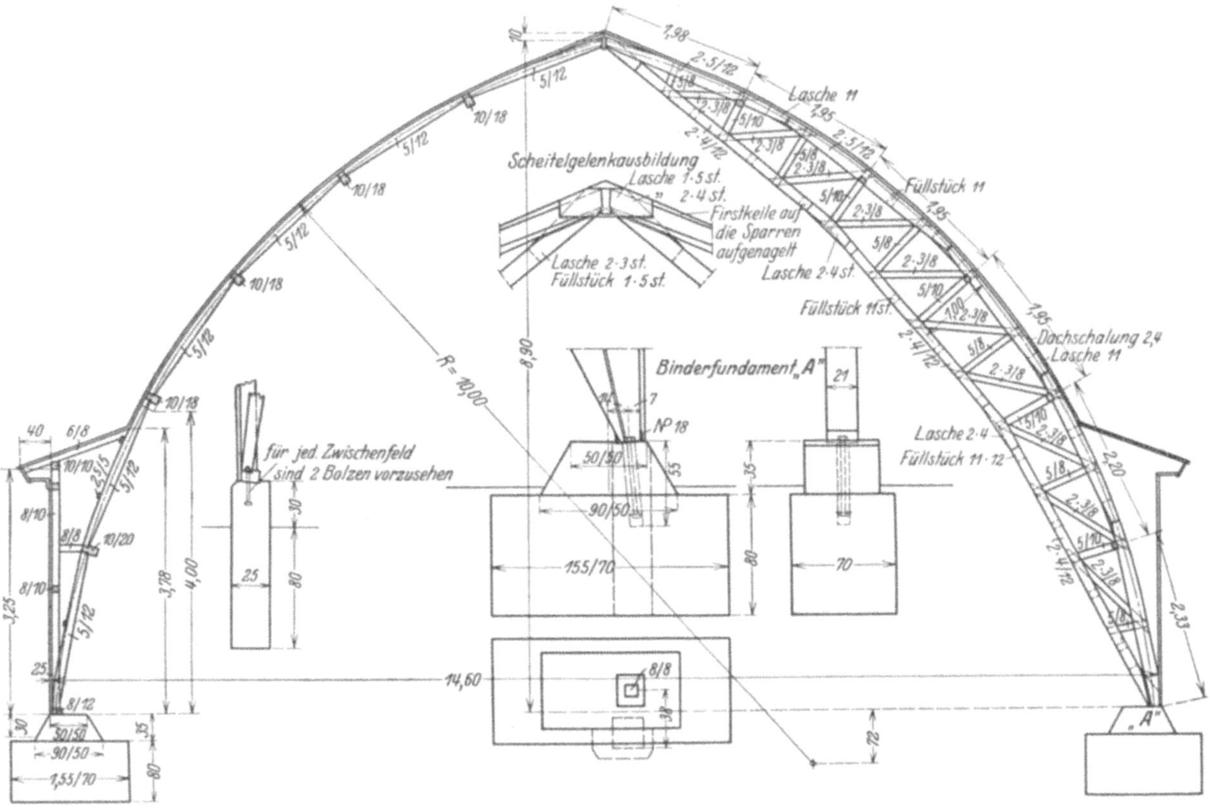

Abb. 240. Feldscheune Nürnberg-Langwasser. Binderkonstruktion.

so daß Pfetten und Sparren außen bündig liegen. Außer der zum Sparrenansatz in die Pfette eingeschnittenen Nut dient zur Befestigung der Sparrenglieder nur eine ganz leichte Nagelung; eine seitliche Verschiebung der Bohlensparren wird durch die Dachschalung verhindert.

Abb. 242 zeigt eine Innenansicht der in

Abb. 241. Feldscheune Nürnberg-Langwasser. Anschluß der Sparren an die Pfetten.

Abb. 242. Feldscheune Nürnberg-Langwasser. Innenansicht während der Ausführung.

Ausführung begriffenen Scheune und Abb. 243 eine Außenansicht des fertigen Bauwerks.

g) Feldscheune für das städt. Landwirtschaftsamt Nürnberg-Altenfurth, ausgeführt 1924 von der Firma Theodor Birkmann, Nürnberg (Abb. 244 u. 245). Diese offene Scheune ist gleichfalls freitragend (ohne Mittelstützen) ausgeführt. Sie besitzt eine Länge von 112,5 m, eine Stützweite von 12 m und

Abb. 243. Scheune Nürnberg-Langwasser. Außenansicht.

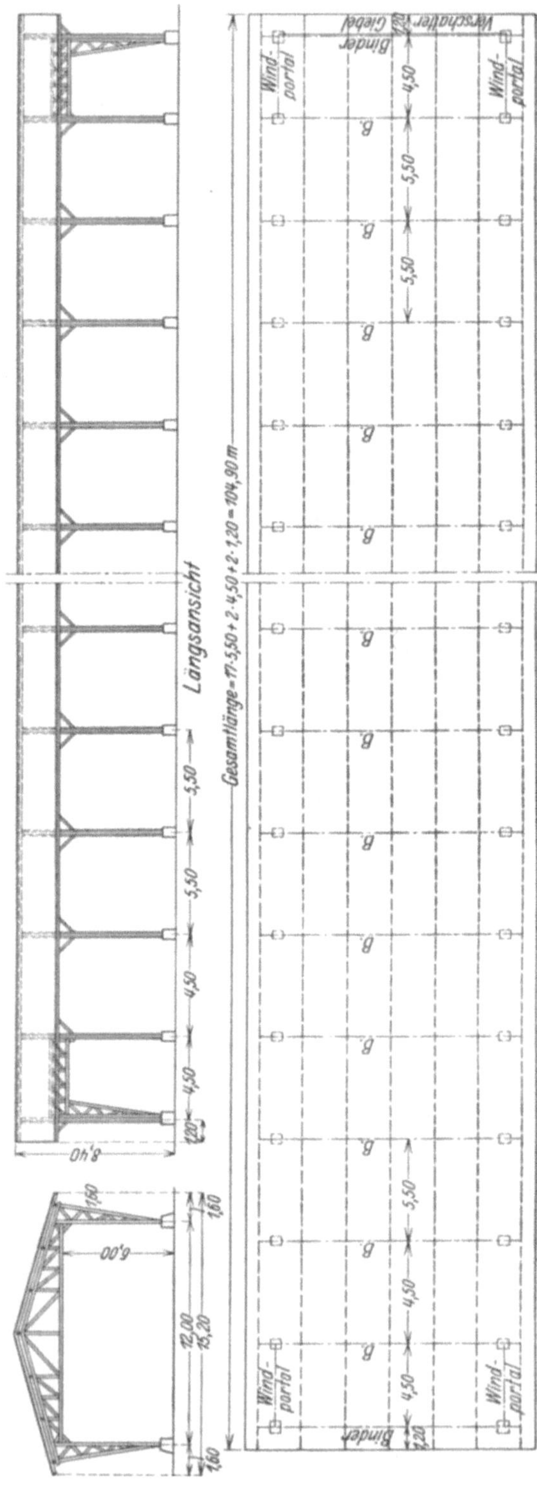

Abb. 244. Feldscheune des städt. Landwirtschaftsamts Nürnberg-Altenfurth. Allgemeine Anordnung. (Ausführung: Theodor Brinkmann, Nürnberg.)

kragt beiderseitig einschl. Sparrenvorsprüngen je 1,6 m vor.

Die Binder sind als Zweigelenkbogen in Rahmenform ausgebildet; ihr Abstand beträgt 5,5 m (Endfelder 4,5 m). Die Sparren 6/10 sind auf die 2,34 m entfernten Pfetten, die in Binderknotenpunkten liegen, aufgesattelt.

Das lichte Höhenmaß bis zum Binderuntergurt beträgt 6 m.

Die Knotenverbindungen wurden auch hier mit den Meltzerschen Stahlstiften hergestellt.

Die Längsversteifung wird durch Kopfstreben der Pfetten gegen die Binder und durch einhüftige Windportale, die in den Endfeldern der Längswände eingebaut sind, erzielt.

Abb. 246 zeigt die Scheune während der Ausführung.

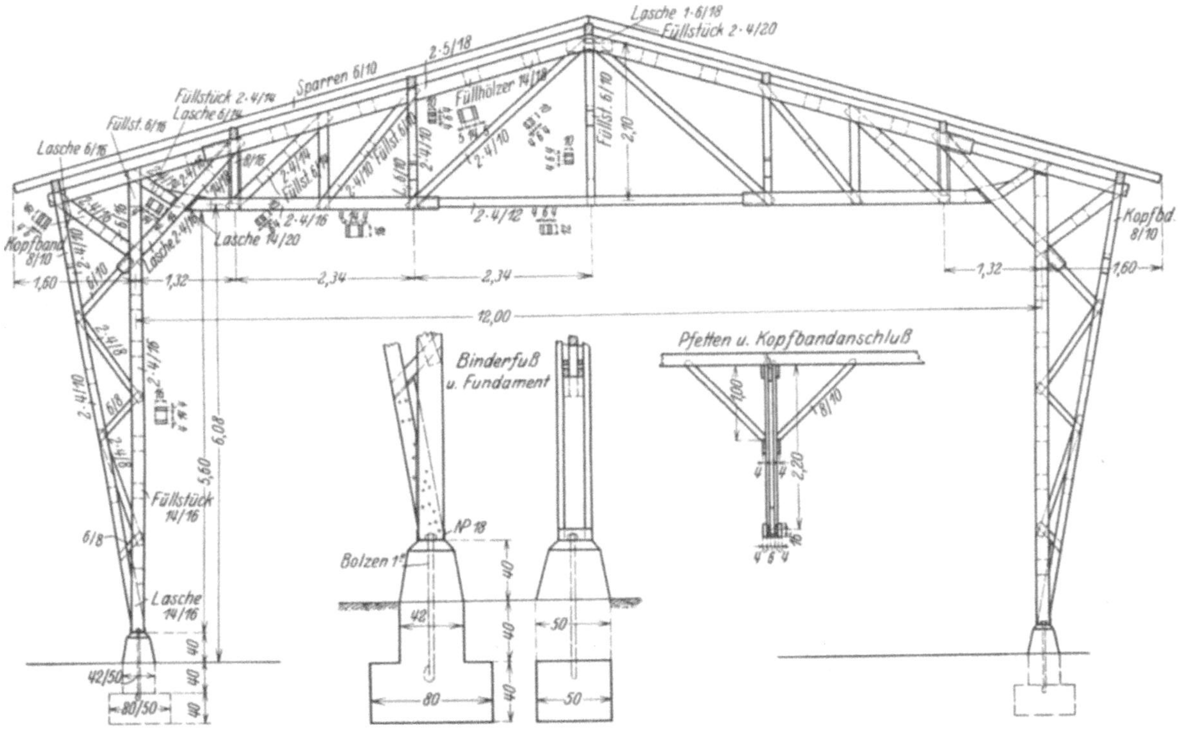

Abb. 245. Feldscheune Nürnberg-Altenfurth. Binderkonstruktion.

2. Scheunen mit bogenförmigen Brett- bzw. Lamellenkonstruktionen.

Das folgende Beispiel läßt eine Feldscheune in Bogenform, ausgeführt 1925 von der Firma Andreas Neufeind, Köln-Nippes, für die Rhein. Preßhefe- und Spritwerke

Abb. 246. Feldscheune Nürnberg-Altenfurth während der Ausführung.

in Monheim, Blee (Rhein), erkennen (Abb. 247). Der Bogenbinder von 15 m Stützweite ist aus 3 Lagen geschweift geschnittener Bohlen 5 × 25 cm nach Bauweise Delorme zusammengesetzt (genagelt bzw. geschraubt)[1].

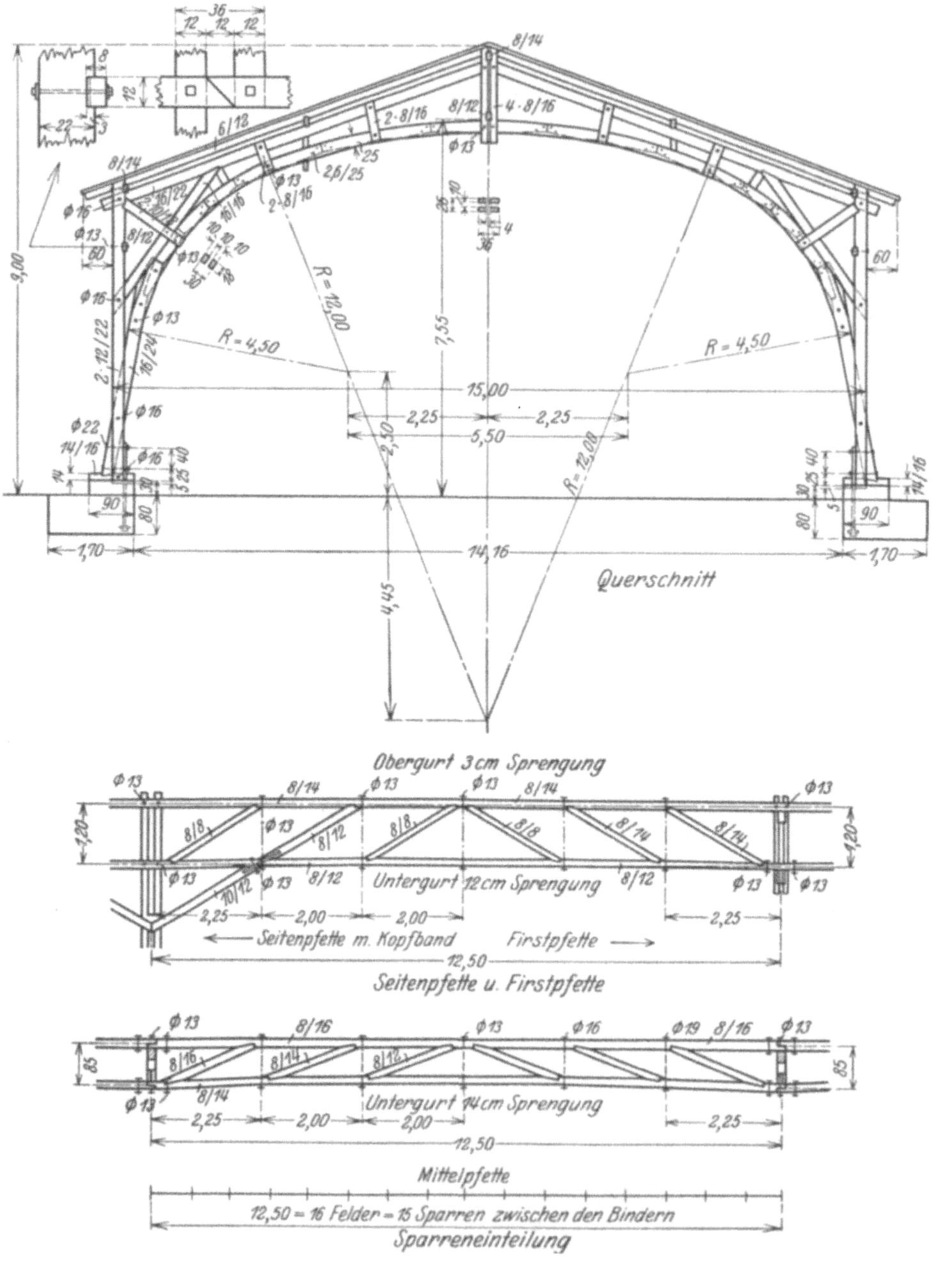

Abb. 247. Feldscheune der Rhein. Preßhefe- und Spritwerke in Monheim, Blee (Rhein). Ausbildung der Binder und Pfetten. (Ausführung: Andreas Neufeind, Köln-Nippes.)

Die Pfetten sind als Fachwerkpfetten mit gedrückten Streben und gezogenen Pfosten (Rundeisen) ausgeführt. Der Bogen ist durch die beiden Bindersparren und Wandpfosten, mit denen er durch Zangen verbunden ist, versteift. Die Längsverbindung der 12,5 m entfernten Binder wird durch Trauf-, Mittel- und Firstpfetten, die die Sparren 6/12 auf-

[1] Gesteschi, Th.: Hölzerne Dachkonstruktionen, 4. Aufl., S. 117.

nehmen, hergestellt. Als seitliche Durchfahrtshöhe sind bei 6,05 m Trauf- und 9 m Firsthöhe 5 m vorgesehen. Abb. 248 läßt die Stirnansicht der fertigen Feldscheune erkennen.

Ein bemerkenswertes Bauwerk von 25 m Lichtweite mit Rahmenbindern neuzeitlicher Ausbildung ist ferner in der in der Fußnote S. 152 angegebenen Quelle, S. 135, zu finden.

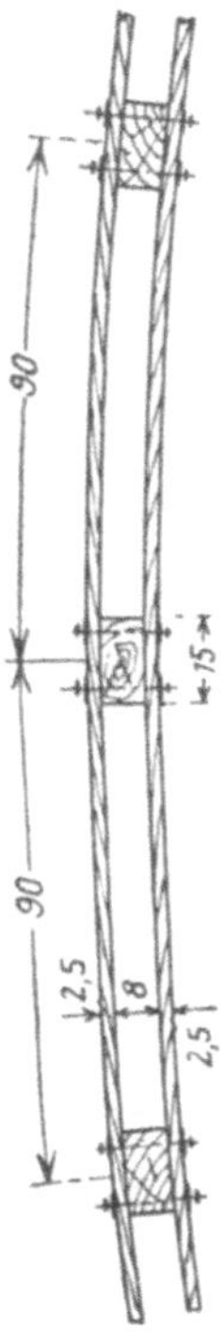

Abb. 249. Querschnitt durch das Broda-Bogendach.

Eine besondere Art von Scheunenbauten stellt die Broda-Hallendach-Gesellschaft m. b. H., Breslau und Thorn (Torun, Polen), her, nämlich mit Bogendach, dessen Dachschalung zum Tragen mit herangezogen wird[1]. Das Dach besitzt also überhaupt keine Binder. Es werden Bretter kreisförmig gebogen, so daß die Fasern in einer Gewölbelinie verlaufen, und in der Längsrichtung des Gewölbes mit Latten versehen, auf welche die Bretter aufgenagelt wer-

[1] Über Stallbauten in dieser Bauweise vgl. S. 47.

Abb. 248. Offene Feldscheune in Bogenkonstruktion in Monheim, Blee. Stirnansicht.

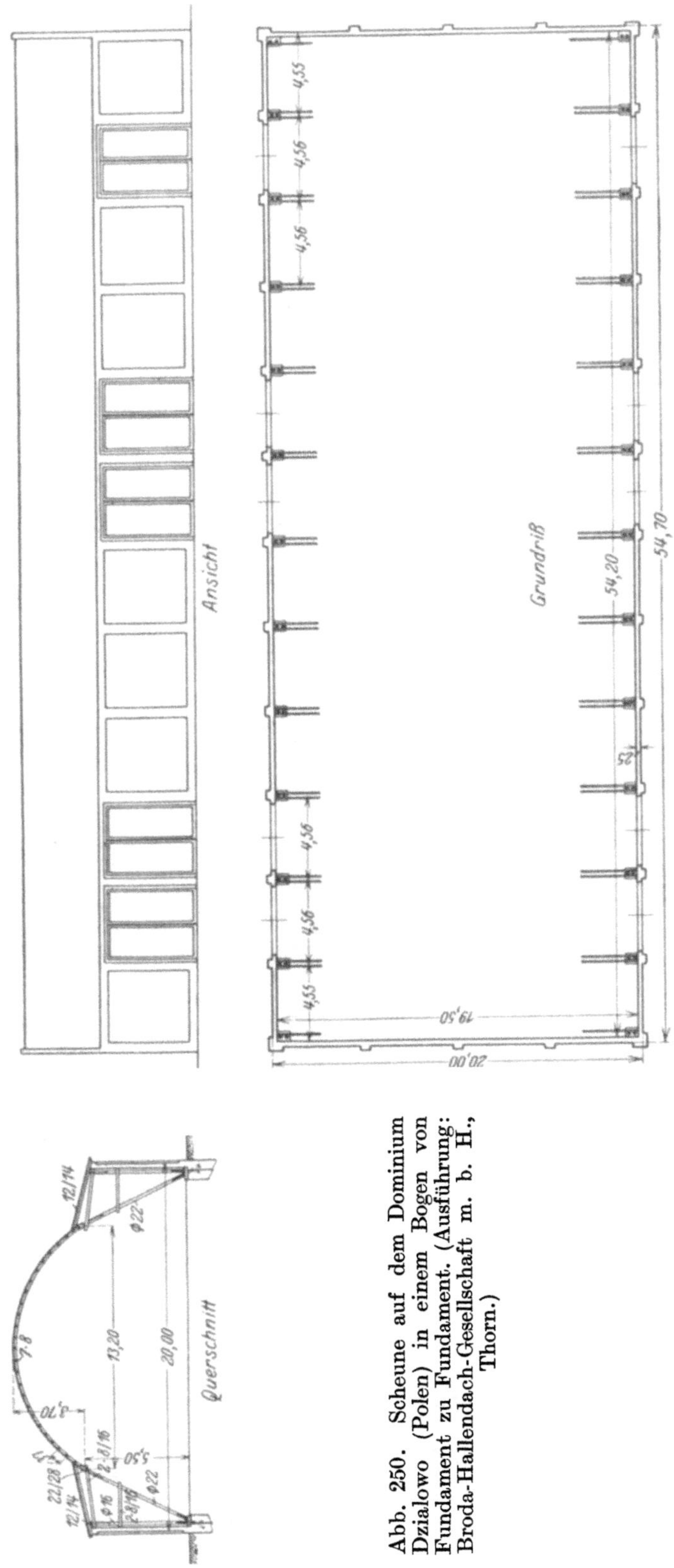

Abb. 250. Scheune auf dem Dominium Dzialowo (Polen) in einem Bogen von Fundament zu Fundament. (Ausführung: Broda-Hallendach-Gesellschaft m. b. H., Thorn.)

den. Zur weiteren Versteifung werden an der Unterseite der Latten, gleichlaufend zu den oberen Schalbrettern, gleichfalls Bretter gegen die Längslatten genagelt, und zwar entweder in Abständen von 1 m oder ununterbrochen, so daß wieder eine dichte untere Verschalung entsteht. Es ergibt sich dann die in Abb. 249 dargestellte Bogenform.

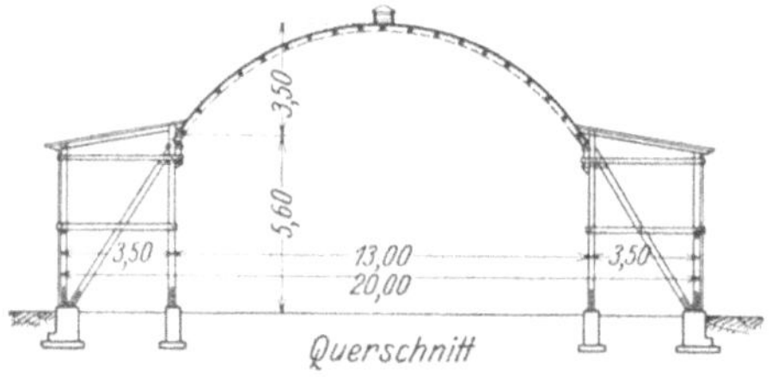

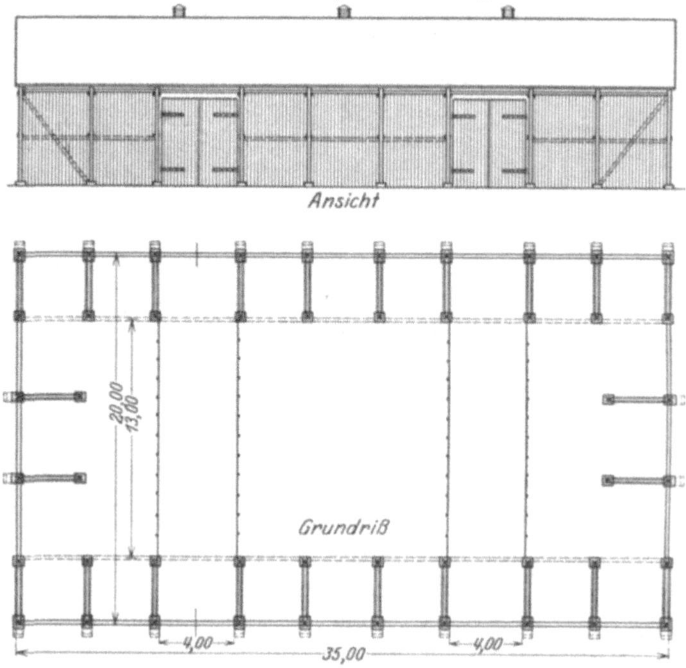

Abb. 251. Scheune in Dzialowo in einem Bogen über Wandböcken.

Die doppelte Schalung wird man insbesondere da wählen, wo infolge der eingeschlossenen Luftschicht eine Wärmeisolierung erwünscht ist, z. B. bei Ställen (s. S. 47). Die Eindeckung dieses Daches erfolgt in üblicher Weise mit Dachpappe, Ruberoid, Blech usw.

Abb. 252. Knotenpunktausbildung eines in Ausführung befindlichen Zollbaudaches.

Der Schub des Bogendaches muß entweder durch das Mauerwerk der Längswände, durch eine Bockkonstruktion oder durch ein Zugband aufgenommen werden.

Die praktische Ausführung des Daches erfordert die Herstellung von zwei vorläufigen

Lehrbögen, welche die Einhaltung der Gewölbelinie gewährleisten. Sie werden in einem Abstand von 4 bis 5 m gleichlaufend zueinander aufgestellt, darauf werden die Längslatten gelegt und sodann die obere und untere Schalung angenagelt. Die Anzahl der Nägel folgt aus der statischen Berechnung. Sobald dieser Dachteil zwischen den beiden Lehrbögen fertiggestellt ist, können die Lehrbögen abgenommen und weiter verschoben werden.

Abb. 253. Scheune in Dänemark während des Aufbaues mittels dreistöckiger fahrbarer Rüstung.

Bei Scheunenbauten wird das Zugband störend empfunden. Das hochgeschichtete Getreide oder Heu setzt sich und zieht das Zugband mit herab. Nachdem der Zuganker am Dache aufgehängt ist, würde das Erntegut auf diese Weise das Dach belasten, was unstatthaft ist. Bei Scheunen sollen demnach Zugbänder möglichst vermieden werden.

Abb. 254. Innenansicht einer Zollbauscheune mit eingebautem Höhen- und Längsförderer.

Abb. 250 zeigt eine auf dem Dominium Dzialowo, Kreis Graudenz (Polen), im Jahre 1927 von der genannten Firma (Zweiggeschäft Thorn) gebaute Scheune von 20 m Breite und 54,7 m Länge. Der Bogenschub geht unmittelbar in die Erde. Die Wände sind massiv hergestellt, so daß sie selbst eine gewisse Standfestigkeit besitzen.

Bei der am gleichen Orte und zu gleicher Zeit ausgeführten Scheune Abb. 251, die verschalt ist, sind in den Wänden Lagerböcke vorgesehen, die den Winddruck auf die Längswand aufnehmen, während der Bogenschub in geneigter Richtung in die Erde geleitet wird. Äußerlich entstehen im Anschluß an das Bogendach über den Böcken flache Vordächer. Bei 35 m Länge

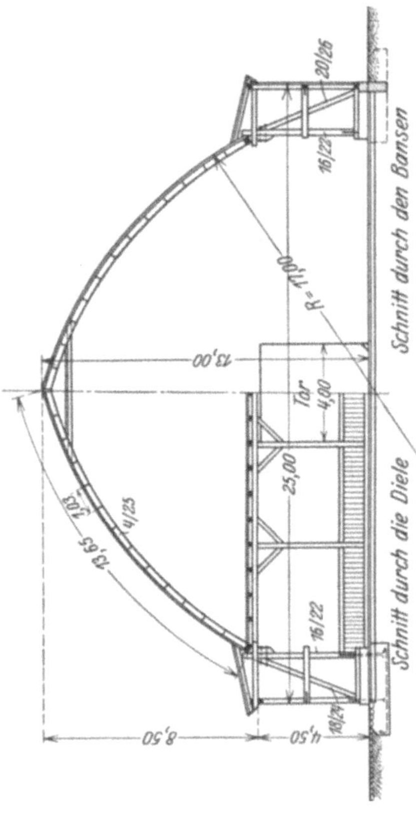

Abb. 255. Querschnitt einer Feldscheune in Zollbauweise mit drei Tennen und 227 m² Querschnittfläche.

sind zwei Quertennen vorhanden. Infolge des geringen Holzverbrauchs stellen sich diese Konstruktionen sehr billig, was gerade bei Feldscheunen wichtig ist.

Auch das folgende Tragsystem besitzt weder Binder noch Pfetten und Sparren. Während das vorher beschriebene System gleichsam ein volles Gewölbe darstellt, besteht die nachstehend geschilderte Dachkonstruktion aus einem Netzwerk gleicher nach Schablonen geschnit-

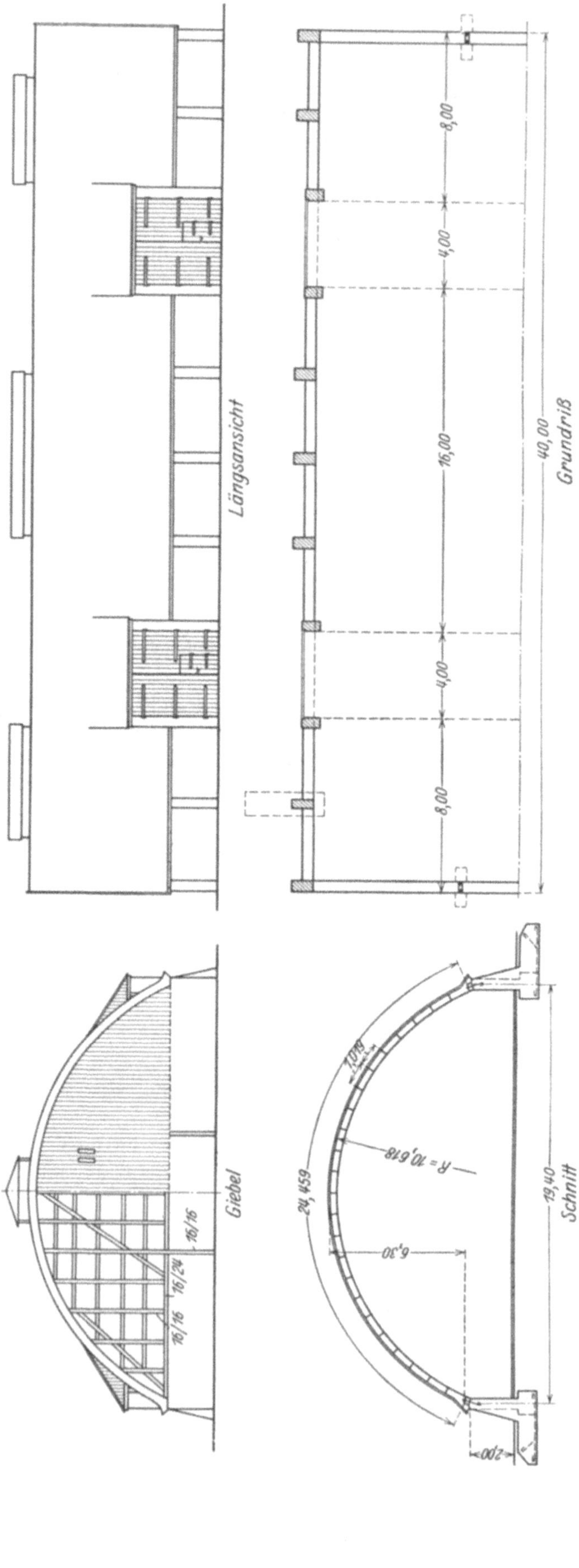

Abb. 256. Zollbauscheune in Militsch (Schlesien) mit zwei Querdurchfahrten. (Ausführung: Europäisches Zollbau-Syndikat A.-G., Berlin.)

tener Brettlamellen, die in den Netzknotenpunkten durch je einen Bolzen zusammengehalten werden.

Das Zollbau-Lamellendach der Firma Europäisches Zollbau-Syndikat A.-G., Berlin, von dem hier die Rede ist, stellt ein räumliches Netzwerk dar, welches ebenfalls ähnlich wie ein Gewölbe wirkt und unmittelbar die versteifende Dachschalung oder -lattung aufnimmt.

Die Abb. 252, 253 u. 254 lassen die Konstruktion und das Wesen des Tragwerks erkennen[1]. Abb. 252 zeigt die Einzelheiten der Knotenpunkte und Abb. 253 den Aufbau einer Scheune in Dänemark mittels dreistöckiger fahrbarer Rüstung auf sechs Feldbahnwagen, endlich zeigt Abb. 254 das Innere einer Zollbauscheune mit eingebautem Höhen- und Längsförderer. Die Form des Daches ist meist die eines Spitzbogens.

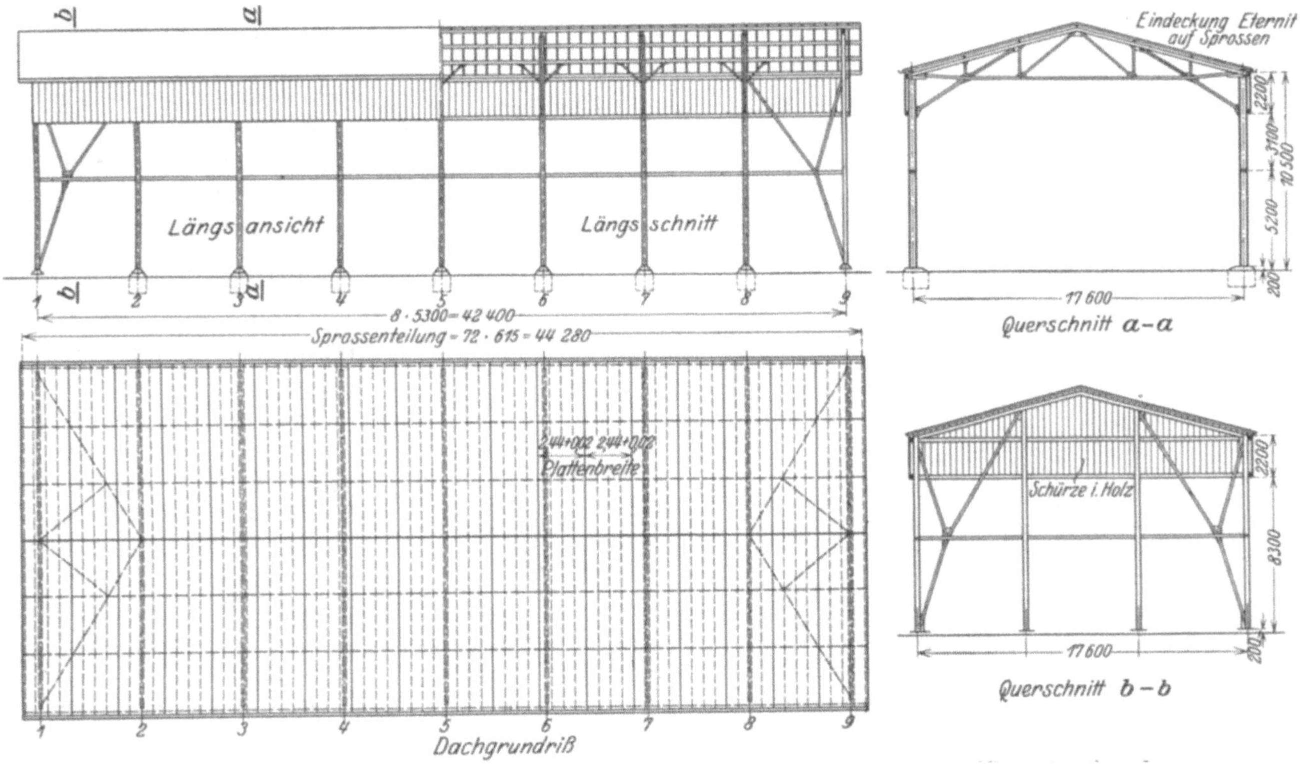

Abb. 257. Feldscheune in Eisenkonstruktion auf Rittergut Rosenwinkel bei Kyritz. Allgemeine Anordnung. (Ausführung: Breest & Co., Berlin.)

In Abb. 255 ist eine 1928 ausgeführte Scheune von 50 m Länge, 25 m Breite, 13 m Firsthöhe und rd. 10000 m³ Inhalt dargestellt. Die Breite und lichte Höhe der drei Quertennen betragen 4,5 m. Das Netzwerk besteht aus Brettlamellen 4 × 25 cm. Der Bogenschub wird durch Wandböcke auf die 3,8 m breiten, die Fundamente bildenden Eisenbetonplatten übertragen. Die folgende Ausführung Abb. 256, Scheune in Militsch (Bes. Th. Quayzin), gleichfalls aus dem Jahre 1928, zeigt eine Scheune von 19,4 m Breite, 40 m Länge und 8,3 m Firsthöhe. Der Bogenschub wird hier durch Eisenbetonpfeiler in Winkelform von 2 m Höhe und 3,5 m Breite aufgenommen, die durch eine 51 cm starke massive Wand verbunden sind. Die lichte Torweite der beiden Quertennen beträgt 4 m, die Torhöhe gleichfalls 4 m. Die Giebelwand wird durch Pfosten und Riegel mit lotrechter Schalung gebildet.

[1] Eine ausführliche Darstellung dieser Konstruktion findet sich in der Abhandlung: Gesteschi, Th.: Fortschritte in der Ausführung neuzeitlicher Holzkonstruktionen. Bautechnik 1928, H. 25 (v. 12. Juni), S. 336.

V. Scheunen in Eisenfachwerk.

Scheunen in Eisenkonstruktion kommen seltener vor, da bei der leichten Bauweise der Scheunen sich eine Ausführung in Holz naturgemäß billiger stellt, um so mehr als Holz in der Nähe der Verwendungsstelle wohl immer zu haben sein wird. Eisen wird sich nur in bestimmten Fällen, wenn sich z. B. ein Eisenwerk in der Nähe der Verwendungsstelle befindet, wirtschaftlich erweisen können.

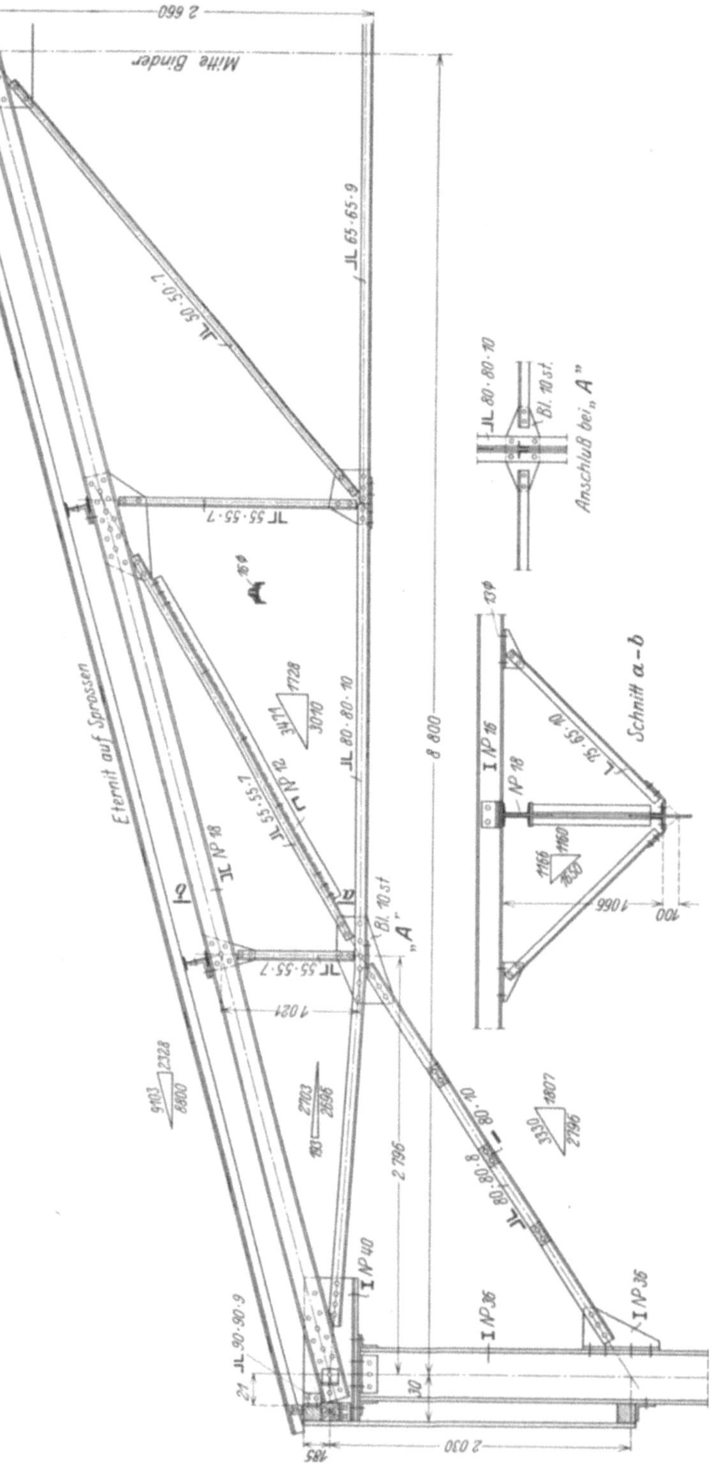

Abb. 258. Feldscheune auf Rittergut Rosenwinkel. Binderkonstruktion.

Zu bedenken sind hierbei die Unterhaltungskosten für Erneuerung des Anstrichs, je nach den örtlichen Verhältnissen etwa alle 5 bis 10 Jahre, die bei Holz fortfallen.

Ein Beispiel einer Scheune in Stahlkonstruktion stellt die von der Firma Breest & Co., Berlin, 1927 ausgeführte Feldscheune auf Rittergut Rosenwinkel bei Kyritz (Ostpriegnitz) (Abb. 257) dar.

Das Bauwerk ist 42,4 m lang, 17,6 m breit (Stützweite) und bis zur Traufe 10,5 m hoch. Der Binderabstand beträgt 5,3 m. Die Dacheindeckung besteht aus Eternit auf eisernen Sprossen. Die Scheune besitzt eine rings herum gehende Schürze, die von der Traufe 2,2 m herabreicht und aus lotrechten Brettern besteht.

In den Endfeldern sind zwischen die Binderuntergurte Windverbände eingebaut, die den Winddruck auf die Giebelwände in die Längswände leiten.

Die Konstruktion der Binder ist in Abb. 258 gezeigt. Gegen Winddruck auf die Längs-

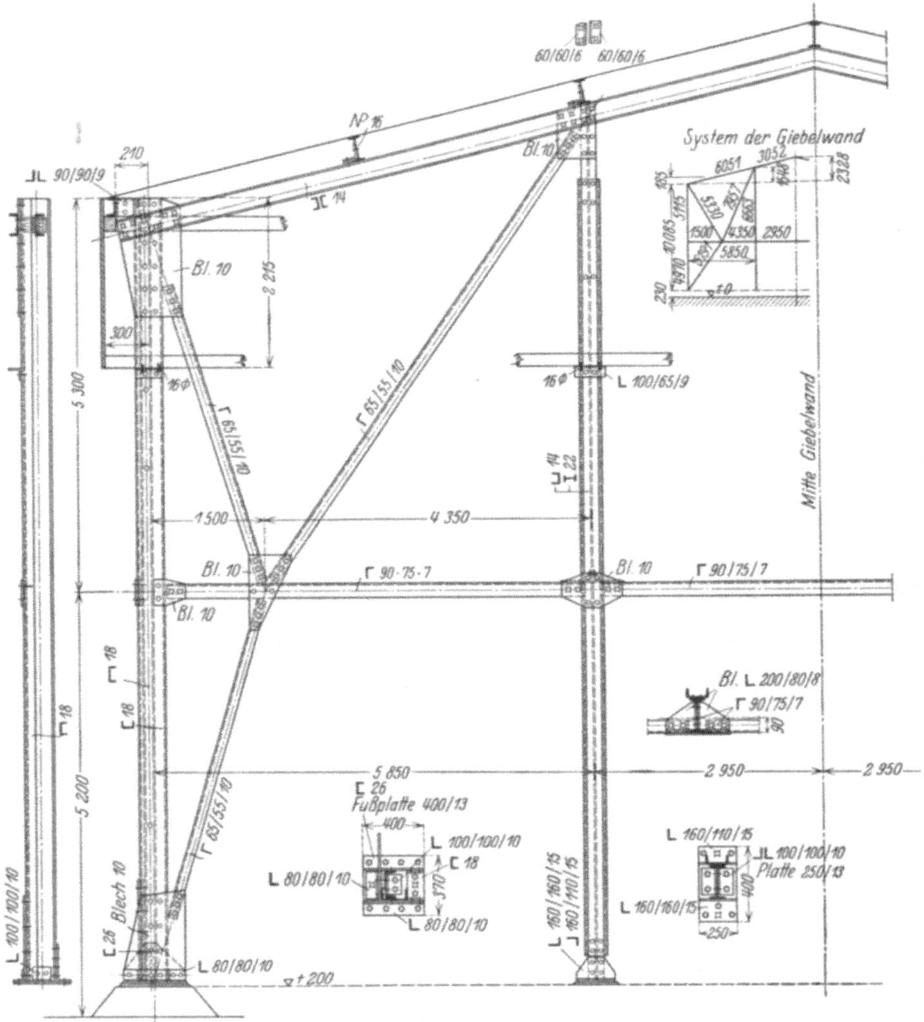

Abb. 259. Feldscheune auf Rittergut Rosenwinkel. Ausbildung der Giebelwand.

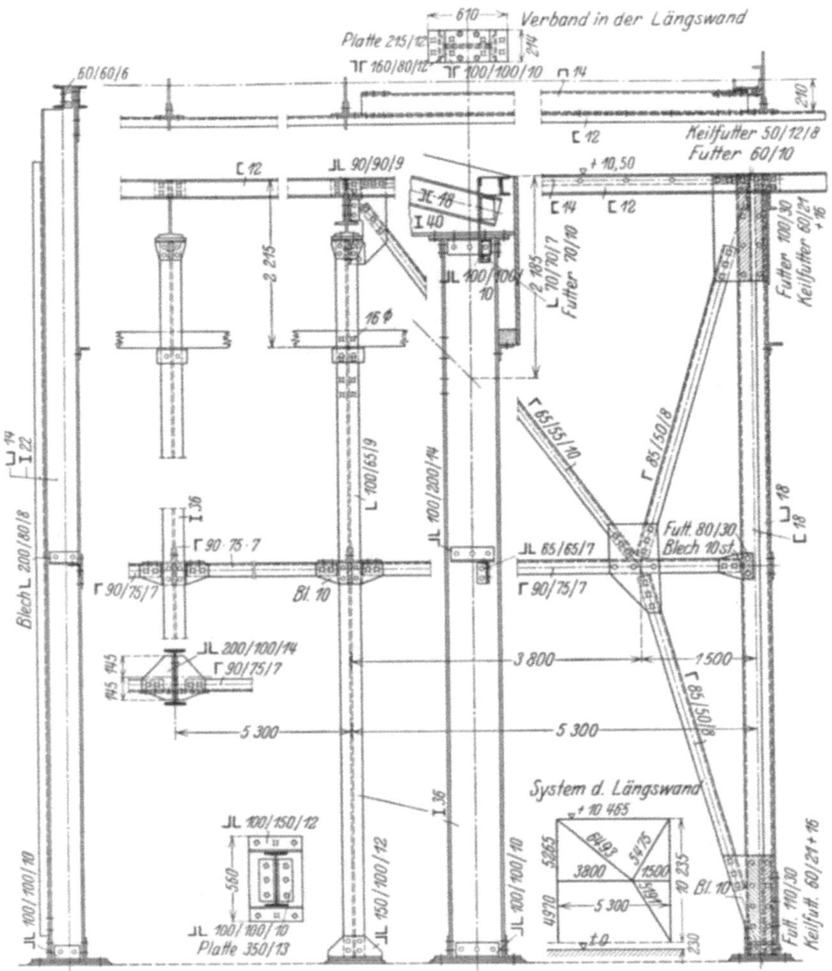

Abb. 260. Feldscheune auf Rittergut Rosenwinkel. Verband in den Endfeldern der Längswände.

wände sind die Binder mit den Stützen I NP. 36 durch 2 < 80 · 80 · 8 verstrebt. In Abb. 259 ist die Ausbildung der Giebelwände, ferner sind in Abb. 260 die Verbände in den Endfeldern der Längswände zu sehen, die die Längssteifigkeit der Scheune bedingen.

Abb. 262. Offene Feldscheune in Eisenkonstruktion, 15 m freitragend, mit Vordächern (zu Abb. 261).

Abb. 263. Offene Feldscheune mit einer Mittelstützenreihe und 2 × 16 m Stützweite.

Zwei Ausführungen der Firma A.-G. Hilgers, Rheinbrohl a. Rh., in Stahlkonstruktion sind in den Abb. 261 bis 263 veranschaulicht. Das erste Beispiel (Abb. 261 u. 262) betrifft eine offene Feldscheune von 15 m Stützweite und je 5 m weiten Vordächern. Die Länge ist 35 m. Das zweite Beispiel (Abb. 263) zeigt eine Feldscheune mit einer Mittelstützenreihe und 2 × 16 = 32 m Weite zwischen den äußeren Stützen, ungleichen Vordächern und 78 m Länge.

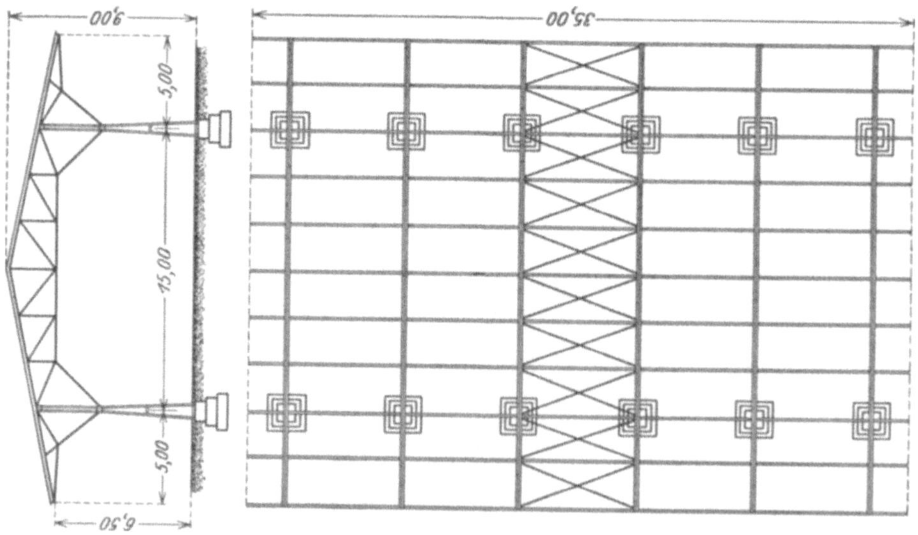

Abb. 261. Offene Feldscheune in Eisenkonstruktion. (Ausführung: A.-G. Hilgers, Rheinbrohl.)

F. Getreidespeicher.

Die Getreide- oder Kornspeicher dienen zur Aufbewahrung des ausgedroschenen Getreides (Kornes) bis zur Verwendung in der Wirtschaft oder bis zum Verkauf.

Damit das Getreide haltbar bleibt, muß es trocken und kühl gelagert sein, da es sonst der Fäulnis unterworfen ist.

Die im Getreide befindliche Feuchtigkeit beträgt im günstigsten Falle 10 bis 12 %, so daß immer die Gefahr des Gärens und Keimens vorliegt. Hierzu tritt noch ein gefährlicher Umstand, wenn die das Getreide umgebende Luft einen höheren Grad als 6 bis 8° C annimmt.

Bei einem Wärmegrad von + 2° C tritt noch keine Veränderung des Korns (Lebensäußerung) ein. Sobald er steigt, nimmt das Getreidekorn Sauerstoff auf und gibt Kohlensäure ab, wodurch aber Wärme erzeugt wird, die wieder die Lebensfähigkeit weckt und weitere Erwärmung hervorruft, usw., bis das Korn zu keimen oder zu gären anfängt. Die Atmung und Erwärmung tritt insbesondere dann leicht ein, wenn, wie angedeutet, das Getreide einen hohen Feuchtigkeitsgehalt hat. Zu den geschilderten Gefahren des Auftretens von Lebensäußerungen (Keimen) im Getreidekorn treten noch die Gefahren seitens pflanzlicher und tierischer Feinde (Käfer) des Getreides.

Für die Lagerung des Getreides kommen zwei Arten von Speichern in Betracht:

a) die Bodenspeicher, in welchen das Korn in hellen, luftigen Räumen auf dem ebenen Fußboden ausgebreitet ist,

b) die Silospeicher, in welchen das Korn in von Licht und Luft abgeschlossenen Schächten lagert.

Vielfach werden beide Speicherarten in einem Gebäude vereinigt.

I. Bodenspeicher.

1. Allgemeines[1].

Die Bodenspeicher besitzen 5 bis 10 Stockwerke (Böden), die nur durch wenige Zwischenwände (Brandmauern) unterteilt sind. Sie dienen zur Lagerung von loser oder gesackter Frucht (Getreide, Kaffee, Reis usw.), ferner von Fässern, Ballen, Kisten u. dgl.

Abb. 264. Verstellbare Trennungswände für Kastenspeicher.

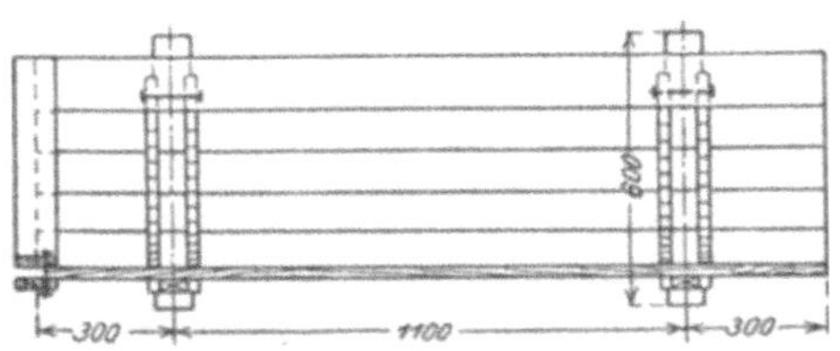

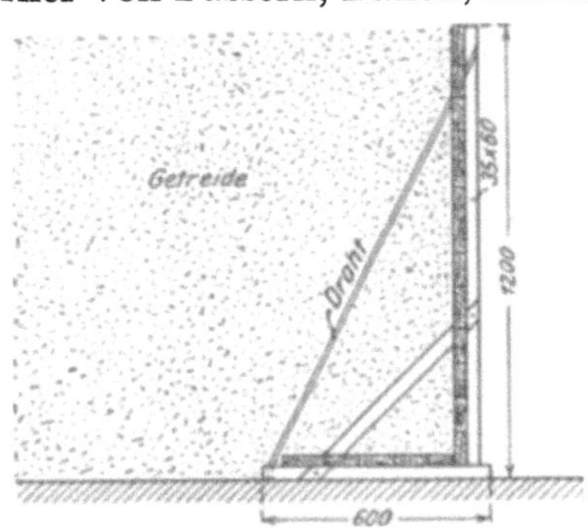

Die Stockwerkhöhen dieser Lagerhäuser sind etwa: Keller 2,3 bis 3,5 m, Erdgeschoß 3,0 bis 4,8 m, Obergeschosse 2,7 bis 4,0 m, Dachgeschoß 2,5 bis 5,5 m.

Die Nutzlasten betragen für 1 m² Grundfläche für leichte Speicher bis 1000 kg, für schwere Speicher: Erdgeschoß 1800 bis 2000 kg, für die Obergeschosse 1200 bis 1800 kg, für das Dachgeschoß 500 bis 1000 kg.

In den Bodenspeichern (Schüttbodenspeicher), die zur Lagerung und Erhaltung von lose geschüttetem Getreide dienen (Flachlagerung), wird das Korn im allgemeinen in einer

[1] Buhle, M.: Massentransport. Ein Hand- und Lehrbuch über Förder- und Lagermittel für Sammelgut, S. 249. Stuttgart und Leipzig: Deutsche Verlagsanstalt 1908. Entnommen Abb. 264, 279.

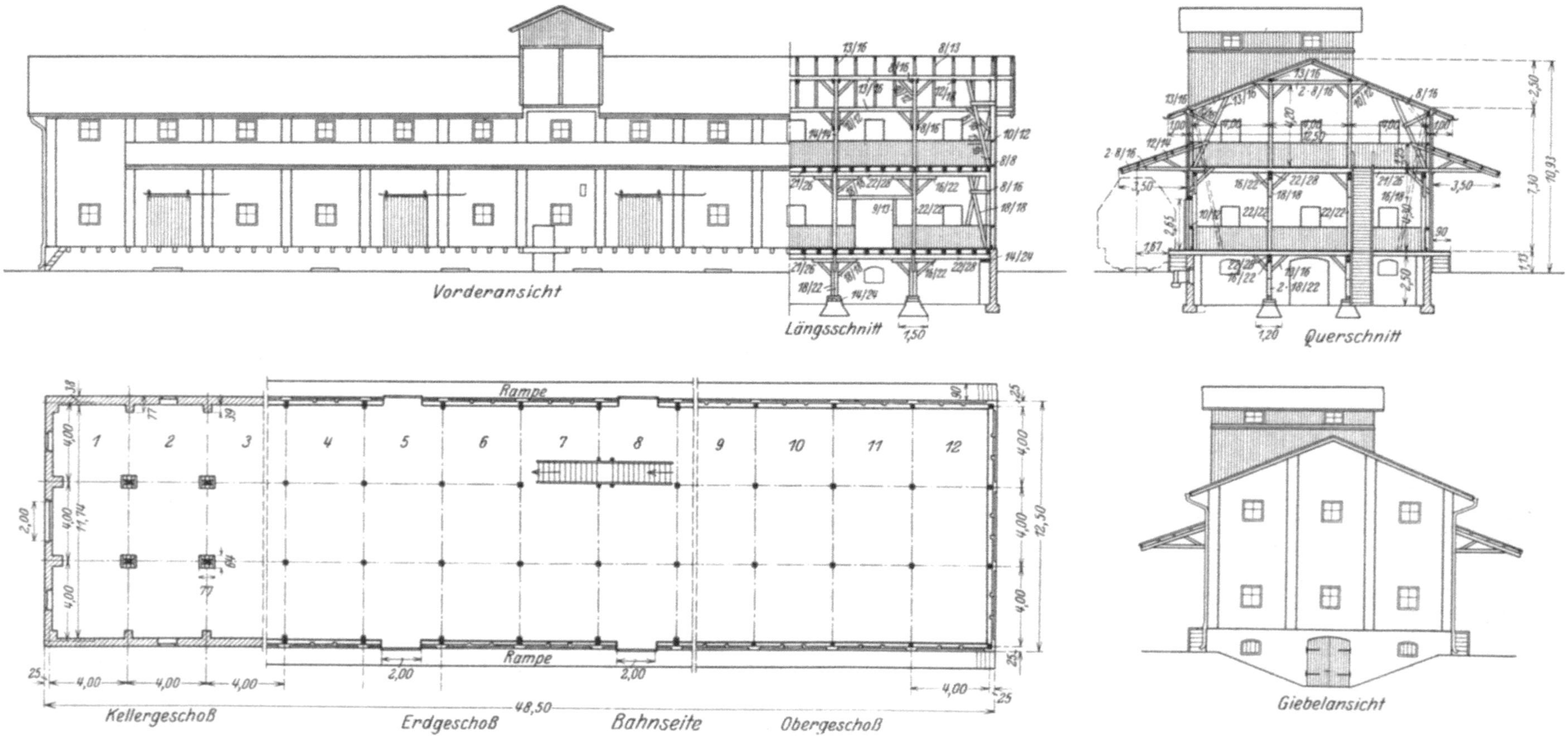

Abb. 265. Getreidespeicher für die Pommersche landwirtschaftliche Hauptgenossenschaft Stettin in Greifenberg i. P. (Ausführung: Arthur Müller, Berlin.)

Abb. 265. Getreidespeicher für die Pommersche landwirtschaftliche Hauptgenossenschaft Stettin in Greifenberg i. P. (Ausführung: Arthur Müller, Berlin.)

Höhe von 1,2 bis 2,5 m auf dem Fußboden ausgebreitet; für frisch geerntete Frucht ist nur eine Lagerhöhe von 0,5 m zu empfehlen. Die erforderliche Lüftung wird durch zahlreiche Fenster und Luken bewerkstelligt. Das Getreide wird auch mittels meist verstellbarer Trennungswände (Abb. 264) in Beete, Felder, Kasten oder Parks geteilt (Kastenspeicher), die umgeschaufelt werden müssen, und zwar um so häufiger, je feuchter das Getreide ist. Zwischen diesen Feldern bleiben Bedienungsgänge von 0,8 bis 1,5 m.

Abb. 266. Getreidespeicher in Greifenberg (Pomm.) während der Ausführung.

Das Umlagern (Umstechen) des Getreides kann billiger als von Hand durch nahezu selbsttätig arbeitende Rieseleinrichtungen geschehen. Diese bestehen in Durchlochungen des Fußbodens und aus gelochten, durch Handhebel stellbaren eisernen Schiebern unter dem Fußboden. Die Riesellöcher besitzen für Weizen und Roggen einen Durchmesser von 3 bis 4 cm, für den sperrigen Hafer einen solchen von 6 cm; ihr Abstand ist etwa 60 cm. Durch das Abrieseln kommt das Getreide in innige Berührung mit der Luft und gleichzeitig mit der Umlagerung und Lüftung findet eine Reinigung des Getreides von leichteren Beimengungen statt. Das Abrieseln einer Getreideschüttung von 1,2 m Höhe dauert etwa 10 Minuten.

Bei dem Bodenspeicher mit Rieselung muß stets ein Lagerboden frei sein, während beim gewöhnlichen Bodenspeicher dies nicht nötig ist.

Bezüglich der „Trichterböden" bei Bodenspeichern aus Eisenbeton vgl. S. 168.

Der Inhalt der Mühlenspeicher beträgt bei großen Mühlen die 25 bis 30fache Tagesvermahlung.

Abb. 267. Getreidespeicher in Greifenberg nach Vollendung.

Das Getreide wird mittels Elevatoren (Becherwerken), Gurtförderern bzw. Schnecken auf die Böden gebracht und mit Hilfe von Drehschiebern durch Fallrohre entnommen. Als solche wurden früher zuweilen die hohlen gußeisernen Säulen, die die Unterzüge tragen, verwendet. Vor der Einlagerung wird das Korn in der Regel einer Vorreinigung unterworfen, um Staub und Unkraut zu entfernen.

Gegenüber den jüngeren Zellenspeichern (Silospeichern) haben die älteren Bodenspeicher verschiedene Vorzüge, nämlich die, daß außer dem Körnergut auch Stückgut aufbewahrt werden kann, ferner daß leicht Proben entnommen werden können und daß dauernd Luftzug vorhanden ist. Als wesentlicher Nachteil haftet ihnen der Umstand an, daß die Raumausnutzung geringer ist. Es kommen daher Silos vor allem dort in Frage, wo Grunderwerbs- und Baukosten groß sind. Im allgemeinen ist die Wahl der Speicherart, also die Entscheidung, ob Bodenspeicher, Silo- oder vereinigter Boden- und Silospeicher vorteilhafter ist, von den Verkehrs- und Betriebsverhältnissen und anderen Umständen abhängig.

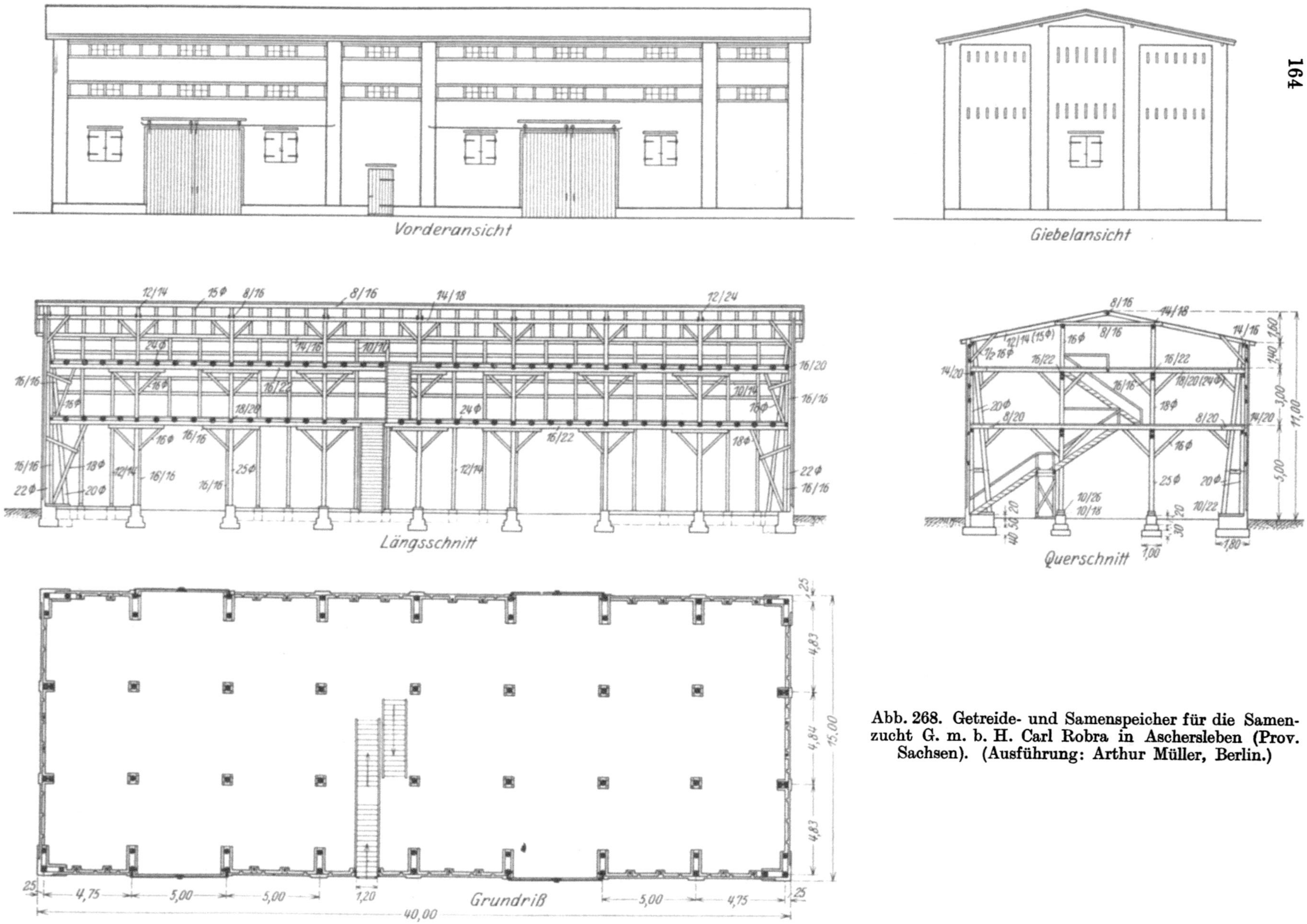

Abb. 268. Getreide- und Samenspeicher für die Samenzucht G. m. b. H. Carl Robra in Aschersleben (Prov. Sachsen). (Ausführung: Arthur Müller, Berlin.)

Ein wichtiger Punkt beim Speicherbau ist die Feuersicherheit[1]. Dieser kann im allgemeinen durch drei Mittel Rechnung getragen werden[2].

a) Durch die Wahl des Baustoffs: Steine, Beton oder Eisenbeton; Eisen mit Zementputz verkleidet; Holz mit feuersicherer Imprägnierung.

b) Durch selbsttätige Löscheinrichtungen, wie die sogenannten „Sprinkler" und die Brausen mit Feueralarmapparat.

c) Durch selbsttätige Feuermelder und Feueralarmsysteme.

2. Bodenspeicher in Holz.

Bei diesen wird das Getreide auf einem Boden aus Brettern bzw. Bohlen ausgebreitet, der durch eine Balkenlage unterstützt wird. Die Balkenlage hat ihre Stützpunkte auf den Außenwänden bzw. Unterzügen, die aus Holz, bei größeren Spannweiten aus eisernen Trägern hergestellt werden. Endlich ruhen die Unterzüge auf hölzernen, zuweilen auf

Abb. 269. Getreide- und Samenspeicher in Aschersleben. Gesamtansicht.

gußeisernen oder erforderlichenfalls auch auf massiven Stützen aus Mauerwerk, unbewehrtem oder bewehrtem Beton.

Die Außenwände werden bei einfacheren Ausführungen verbrettert oder auch als Prüßwände an dem Fachwerk befestigt; bei wichtigeren Bauten werden sie in Mauerwerk hergestellt.

Die folgenden Ausführungsbeispiele mögen die Ausbildung der Bodenspeicher näher erläutern.

a) Getreidespeicher für die Pommersche landwirtschaftliche Hauptgenossenschaft Stettin in Greifenberg i. P., ausgeführt 1920 von der Firma Arthur Müller, Berlin[3]. Die allgemeine Anordnung zeigt Abb. 265. Der Speicher liegt an der Bahnstrecke, ist 48,50 m lang und 12,50 m breit. Beiderseitig sind Rampen von 0,9 m Breite sowie Vordächer von 3,5 m Ausladung angeordnet. Das Gebäude besitzt Kellergeschoß, Erdgeschoß und Ober- bzw. Dachgeschoß. Die Eindeckung des Daches besteht aus doppelter Papplage auf 20 mm starker Schalung. Die Dachkonstruktion wird durch Sparren auf 4 Pfetten über den 4 m entfernten Stielen gebildet und ist gegen Winddruck durch Kopfbänder, Wandstreben und Mittelzangen versteift. Die obere Speicherdecke ist für eine Gesamtbelastung von 1800 kg/m² berechnet. Die Deckenbalken liegen im Abstand von 0,8 m und sind 21/26 cm stark, sie liegen 4 m frei auf den längslaufenden Unterzügen 22/28, die mittels Sattelhölzern 16/22 cm auf den Stützen 22/22 cm gelagert sind. Ihre Stützweite ist durch Kopfstreben 18/18 cm verkürzt. Die Kellerdecke ist für die gleiche Last berechnet; Balken und

[1] Silomon, H.: Der Feuerschutz der Bauwerke. Berlin und Leipzig: Walter de Gruyter 1928.

[2] Vgl. Buhle, M.: Massentransport, S. 257. [3] Vgl. Fußnote S. 35.

Unterzüge erhalten dementsprechend die gleichen Querschnitte wie bei der oberen Decke. Die Stützen sind zweiteilig 2 × 18/22. Das Stützenauflager besteht aus 3 Schwellen 14/24 cm, 60 cm lang, mit einer Fläche von 3 · 24 · 60 = 4320 cm², so daß das in Zement-

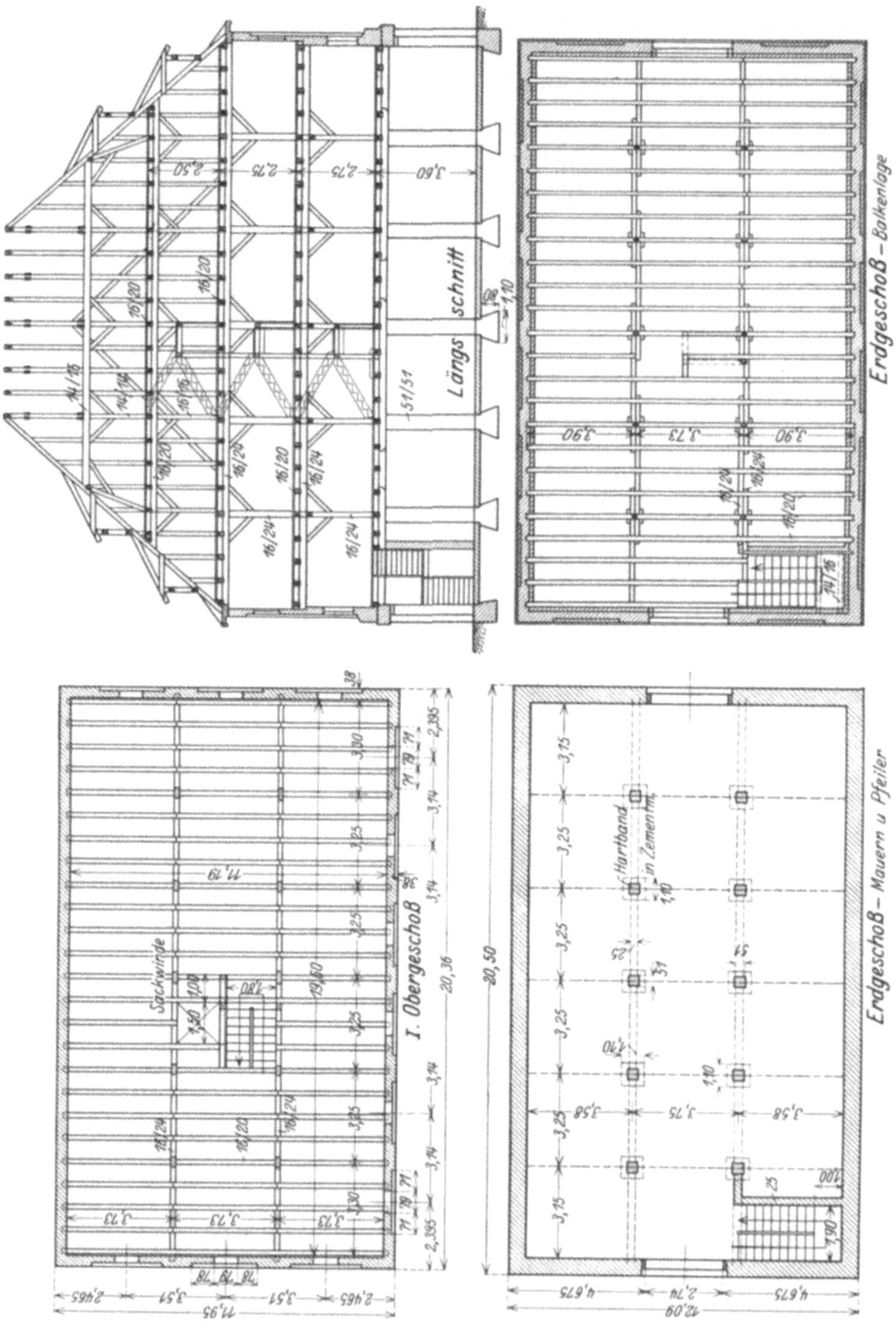

Abb. 270. Getreidespeicher in Körchow. Grundrisse und Längenschnitt.

mörtel gemauerte Fundament mit $\frac{57\,580}{4320} = 13{,}3\ \mathrm{kg/cm^2}$ beansprucht wird. Die gesamte Stützenlast beträgt 61 t, die Fundamentsohle 1,50 × 1,20 m, die Baugrundpressung 3,4 kg/cm². Die Außenwände bestehen aus Prüßwänden.

Abb. 266 zeigt den Speicher während des Baues und Abb. 267 nach Vollendung.

b) Getreide- und Samenspeicher für die Samenzucht G. m. b. H. Carl Robra in Aschersleben (Prov. Sachsen), ausgeführt 1922 durch die Firma Arthur Müller, Berlin (Abb. 268). Der zweistöckige Speicher ist fast ganz aus Rundholz hergestellt; nur Sparren, Pfetten, Deckenunterzüge, Wandriegel und verschiedene Zangen bestehen aus Kanthölzern. Die Umfassungswände sind als Prüßwände ausgebildet. Die Rundholzstützen tragen mittels Unterzügen 16/22 cm die Deckenbalken von 24 cm Durchmesser. Die Wandstützen von 20 cm Durchmesser sind bockartig ausgebildet, indem sie nach innen eine Rundholzstrebe von 20 cm Durchmesser erhalten haben; sie bewirken im Verein mit den Mittelstützen,

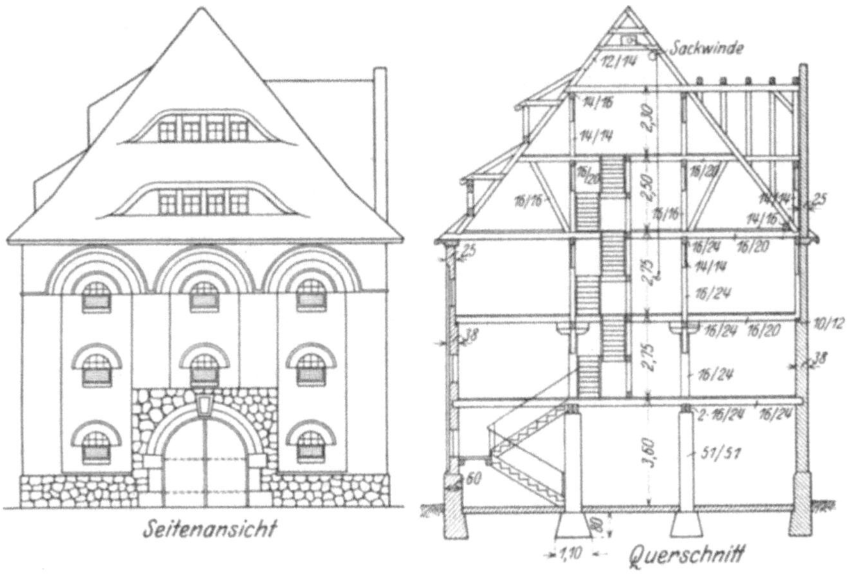

Abb. 271. Getreidespeicher in Körchow. Querschnitt und Giebelansicht.

den entsprechenden Deckenbalken und Kopfstreben die Standfestigkeit des Gebäudes gegen Winddruck.

Das 40 m lange und 15 m breite Bauwerk besitzt zwei Durchfahrten, die durch Schiebetore verschließbar sind.

Abb. 269 zeigt ein Schaubild des fertigen Gebäudes.

c) Getreidespeicher in Körchow (Abb. 270 und 271) (Architekt: Regierungsbaumeister Cords, Parchim). Der im Herbst 1923 ausgeführte Speicher ist ganz in Holz hergestellt, nur Umfassungswände und Erdgeschoßpfeiler sind gemauert; letztere bestehen aus Hartbrandsteinen in Zementmörtel. Der Speicher besitzt neben dem Erdgeschoß noch vier Obergeschosse, die durch einen Sackaufzug beladen werden; für die Sackwinde ist eine Deckenöffnung 1,50 × 1,50 m freigelassen, die neben der Treppe liegt (Abb. 270).

Das selbstgewonnene grüne Holz, welches hier verbaut wurde, zeigte naturgemäß bald starkes Schwinden, Wurmfraß u. dgl.

3. Bodenspeicher in Eisenbeton.

Diese erhalten als Plattenbalken (s. S. 17) ausgebildete Decken (Böden), wobei die Platte selbst statt in Eisenbeton auch aus Hohlsteinen mit Eiseneinlagen (Steineisendecke) ausgeführt werden kann. Die Plattenbalken können, wenn nötig, an Eisenbetonunterzüge, wie schon bei den Massivdecken angegeben (vgl. auch Abb. 31), angeschlossen werden, die ihrerseits auf Eisenbetonstützen gelagert sind. Bei Bodenspeichern in Eisen-

Abb. 272. Getreidespeicher auf dem Holm in Danzig. Trichterboden mit Teilung in einzelne Kasten. (Ausführung: Wayss & Freytag A.-G., Berlin.)

beton werden auch „Trichterböden" angewendet, das sind Eisenbetondecken, bei welchen in jedem Felde trichterartige Vertiefungen angeordnet sind. Die Trichterböden haben den Vorteil, daß das Getreide von selbst abfließt, ohne Nester zu hinterlassen.

Abb. 273. Getreidespeicher Danzig. Ungeteilter Trichterboden.

Abb. 272 und 273 lassen solche Trichterböden bei dem Getreidespeicher auf dem Holm in Danzig erkennen, und zwar zeigt Abb. 272 einen Trichterboden, der durch hölzerne Trennwände in einzelne Kasten zerlegt ist. Diese Trennwände werden in an den Säulen befestigte [-Eisen eingeschoben. Durch Herausnahme einzelner Wände können diese Abteilungen beliebig vereinigt bzw. vergrößert werden. Abb. 273 zeigt einen Trichterboden des gleichen Speichers, bei dem von einer Unterteilung in Kasten abgesehen ist[1].

Die Außenwände werden meist in Mauerwerk hergestellt. Zur Aufnahme der Deckenlasten werden in den Außenwänden zuweilen Unterzüge und Eisenbetonstützen angeordnet, in welchem Falle das Mauerwerk schwächer gehalten werden kann, da es nur zur Ausfüllung der Wandgefache dient.

Das folgende Beispiel zeigt einen neueren Eisenbetonspeicher der angedeuteten Art, und zwar den Getreidespeicher Gutzeit in Groß-Gnie (Ostpr.), ausgeführt 1924 nach dem Entwurf des landwirtschaftlichen Bauberatungsamts Gerdauen von der Firma F. W. & H. Förster, Königsberg i. Pr. (Abb. 274 bis 276). Der alte Speicher in Holzdeckenkonstruktion war abgebrannt. Das Mauerwerk wurde bis zu einer Höhe von etwa 5,30 m über Gelände wieder verwendet und durch Aufmauerung aufgestockt. Die drei unteren Decken wurden als Steineisendecken zwischen Eisenbetonunterzügen ausgeführt und die vierte Decke (für 50 cm Getreideschüttung) und die fünfte (für Klee, 80 cm hoch) in Holz hergestellt.

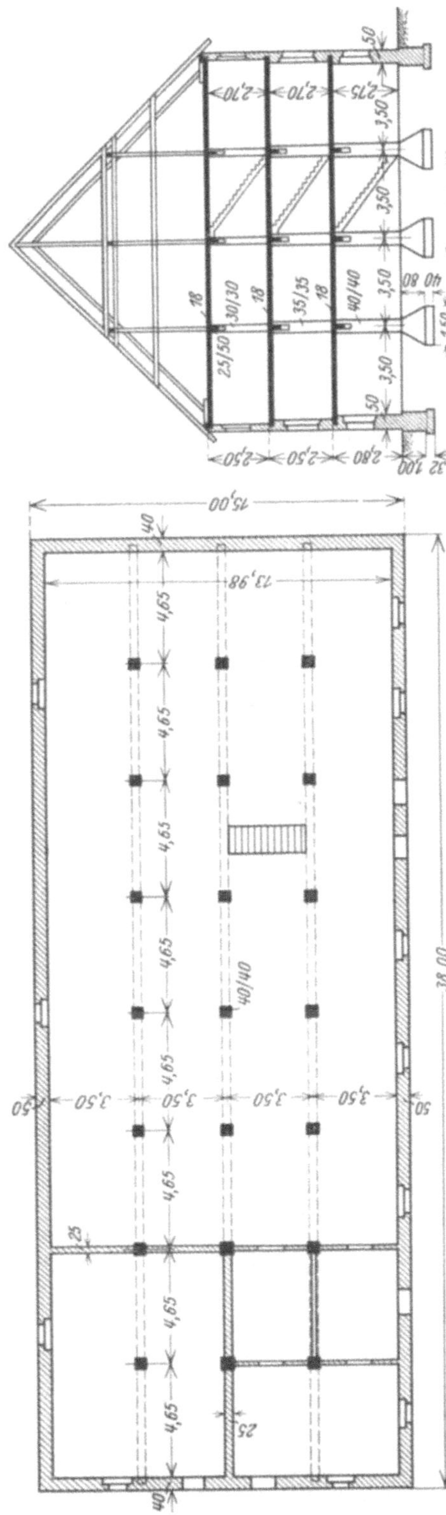

Abb. 274. Getreidespeicher Gutzeit in Groß-Gnie, Kreis Gerdauen (Ostpr.). Allgemeine Anordnung. (Ausführung: F. W. & H. Förster, Königsberg i. Pr.).

Sämtliche Massivdecken, also Boden *1*, *2* und *3*, erhalten Getreideschüttung von 80 cm Höhe, wofür eine Nutzlast von 600 kg/m² angenommen wurde.

Die Decken wurden als Förstersche Decken (vgl. S. 20) mit 13 cm hohen Steinen und 5 cm Überbeton, darüber 4 cm Schlacke und Fußboden ausgeführt. Ihr Gewicht beträgt:

Fußboden	20 kg/m²
4 cm Schlacke	40 „
5 cm Überbeton	110 „
13 cm Hohlsteine einschl. Eisen	180 „
Eigenlast g	= 350 kg/m²
Nutzlast p	= 600 „
Gesamtlast q	= 950 kg/m²

Die in der Längsrichtung des Gebäudes liegenden Eisenbetonbalken (Unterzüge) sind als

[1] Entnommen aus der Schrift „Silo-Bauten", herausgegeben von der Firma Wayß & Freytag A.-G. Pfälzische Verlagsanstalt Neustadt a. d. Haardt 1917.

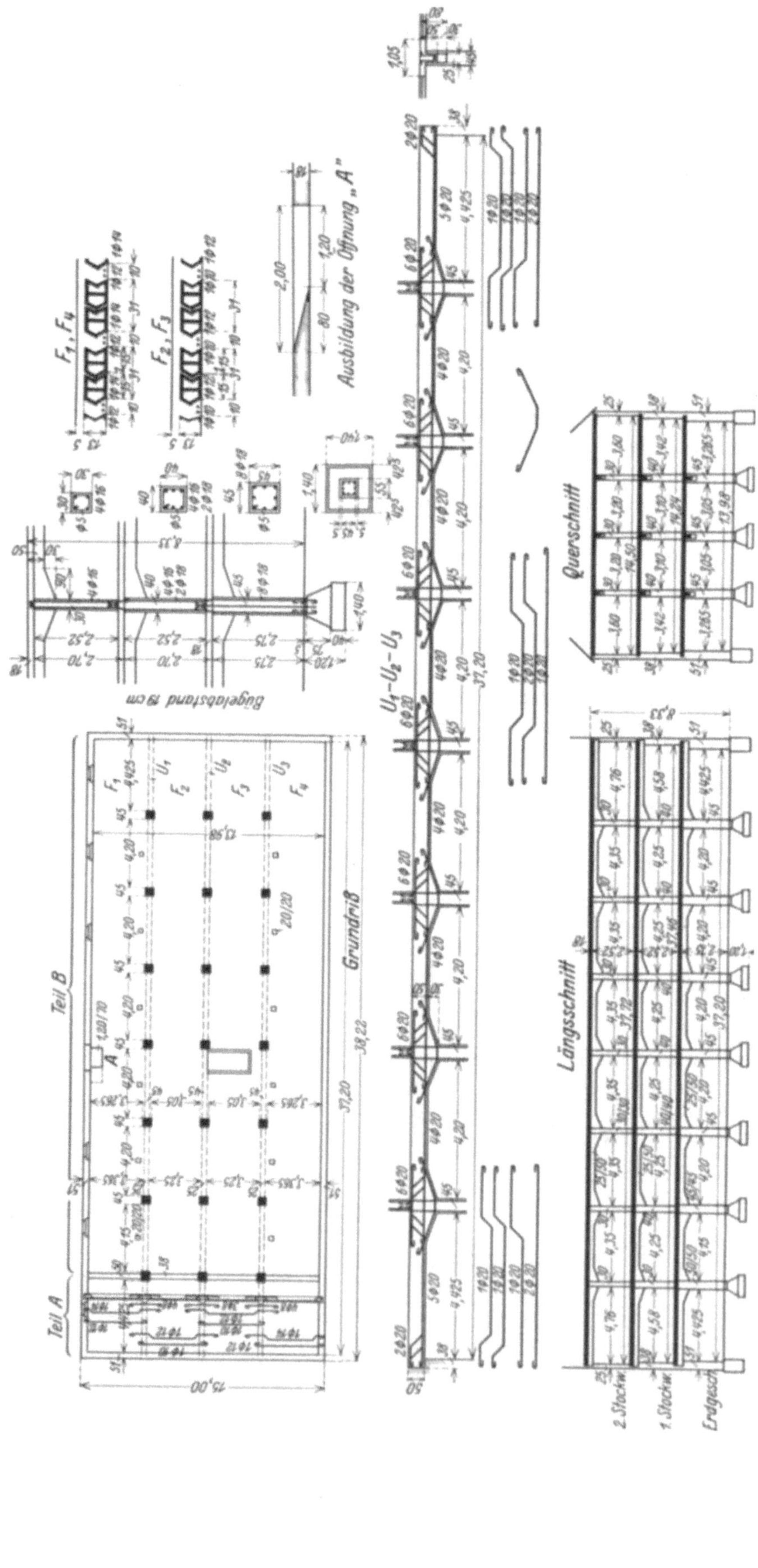

Abb. 275. Getreidespeicher Gutzeit in Groß-Gnie. Ausbildung der Decken und Stützen des Teiles *B*.

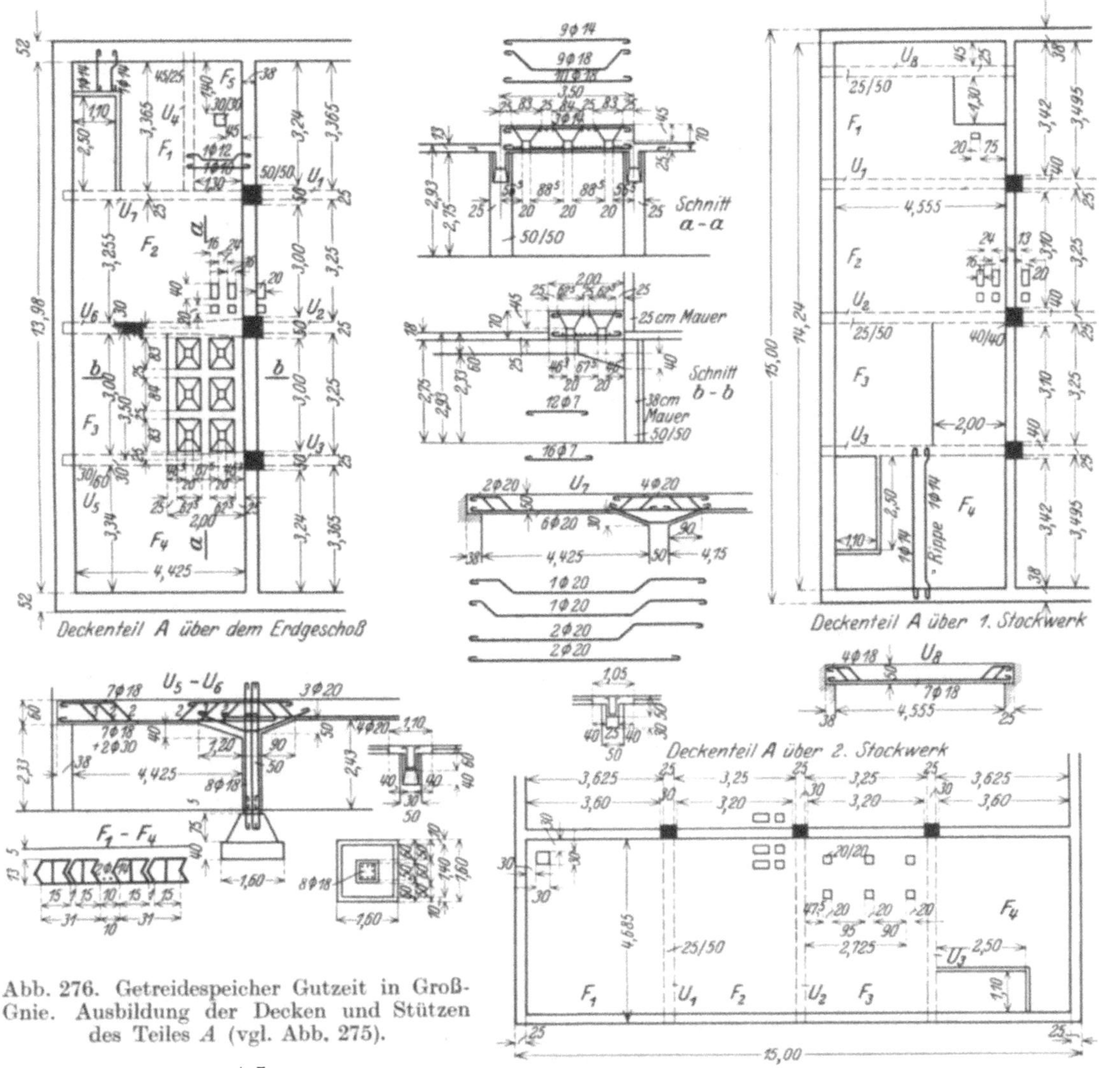

Abb. 276. Getreidespeicher Gutzeit in Groß-Gnie. Ausbildung der Decken und Stützen des Teiles A (vgl. Abb. 275).

Plattenbalken ausgebildet. Die Rippenbreite beträgt 25 cm, die Höhe 50 cm und die Druckgurtbreite 1,05 cm (Voutenhöhe 80 cm).

Der Querschnitt der Eisenbetonstützen beträgt

im 2. Obergeschoß	30/30 cm
im 1. Obergeschoß	40/40 cm
im Erdgeschoß	45/45 cm.

Im ersten Deckenfeld über dem Erdgeschoß (Abb. 276) sind Silotrichter in Eisenbeton für einen hölzernen Silo eingebaut, der vom ersten bis zum zweiten Obergeschoß reicht und 5,4 m hoch ist. Die einzelnen Silozellen haben 1,15 × 0,9 m Querschnitt. Das Schüttgut ist Getreide von 750 kg/m³ Gewicht.

Abb. 277. Getreidespeicher Gutzeit in Groß-Gnie. Blick in das Innere eines Bodens.

Die Silotrichter bestehen aus nebeneinanderliegenden Eisenbetonbalken mit nahezu trapezförmigem Querschnitt, die die Lasten des Silos aufnehmen und doppelt (oben und unten) bewehrt sind. Wegen der größeren Belastung haben hier die Stützen einen Querschnitt von 50/50 cm erhalten.

Abb. 278. Getreidespeicher Gutzeit in Groß-Gnie. Giebelansicht.

Im Feld F_1 der Decke über dem Erdgeschoß befindet sich ein kleiner Silo, der vom 1. bis zum 2. Stockwerk reicht, also 5,4 m hoch ist. Zur Aufnahme der Last ist der Unterzug U_4 angeordnet.

Im zweiten Obergeschoß soll erforderlichenfalls dieser kleine Silo später vergrößert werden, weshalb der Unterzug U_8 in der Decke über dem ersten Obergeschoß noch eingebaut werden mußte.

Abb. 277 läßt eine Innenansicht und Abb. 278 die Giebelansicht des fertigen Speichers erkennen.

Wie bereits bemerkt, werden häufig vereinigte Boden- und Silospeicher, auch Verbundspeicher genannt, ausgeführt. Es möge daher an dieser Stelle auf die im nächsten Abschnitt gebrachten diesbezüglichen Ausführungsbeispiele mit Bodenspeichern hingewiesen werden.

II. Silospeicher.

1. Allgemeines.

Die Silo- oder Zellenspeicher, auch Schachtspeicher genannt, bestehen aus einzelnen Zellen, in welchen besonders trockenes Getreide unter Luftabschluß aufbewahrt wird. Die Zellen besitzen quadratischen, rechteckigen, sechseckigen oder kreisrunden Querschnitt, der im Verhältnis zu ihrer Höhe klein ist. Die Zellen sind überdeckt, so daß über ihnen (im Dachgeschoß) Fördermittel und etwaige Vorreinigungsmaschinen untergebracht werden können. Sie laufen unten trichterförmig zu und enden in den „Verschlüssen".

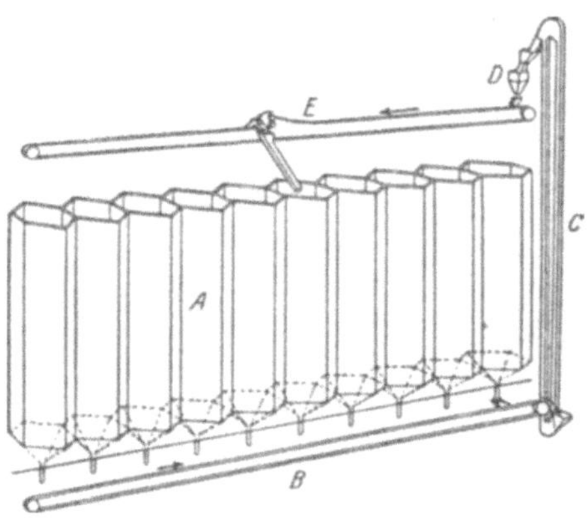

Abb. 279. Gurtförderung in einem Silospeicher.

Beim Umstechen fällt das Korn auf ein Band *B* (Abb. 279) und kommt durch dieses in den Elevator *C* und von diesem mittels des Bandes *E* wieder in die Zellen *A* (Mischzellen). Beim Abfüllen wird es gewogen und in Säcke gefaßt.

Die Silospeicher haben gegenüber den Bodenspeichern eine Anzahl großer Vorteile, die die rasche Ausbreitung derselben erklären lassen.

Ihre Herstellung ist wirtschaftlich, z. B. in Eisenbeton; die Raumausnutzung ist fast vollkommen, daher geringer Platzbedarf. Im Betriebe sind sie einfach und billig; sie sind übersichtlich, Beschüttung und Entnahme erfolgt ohne Menschenkräfte. Das Umstechen zur Erhaltung und Reinigung des Korns ist einfach zu bewerkstelligen.

Dagegen besitzen sie den Nachteil, daß das Getreide möglichst trocken sein muß und die Überwachung und Ausnutzung vielfach schwierig ist.

Zur Unterbringung der maschinellen Einrichtung, der Reinigungsmaschinen usw. und der Büros werden besondere Stockwerksabteilungen angeordnet; ferner sind Lüftungsanlagen zur Staubabsaugung und Trocknung für zu feuchtes und krankes Getreide erforderlich (Krankenzellen).

Die Arbeitsübertragung und -verteilung erfolgt meist elektrisch.

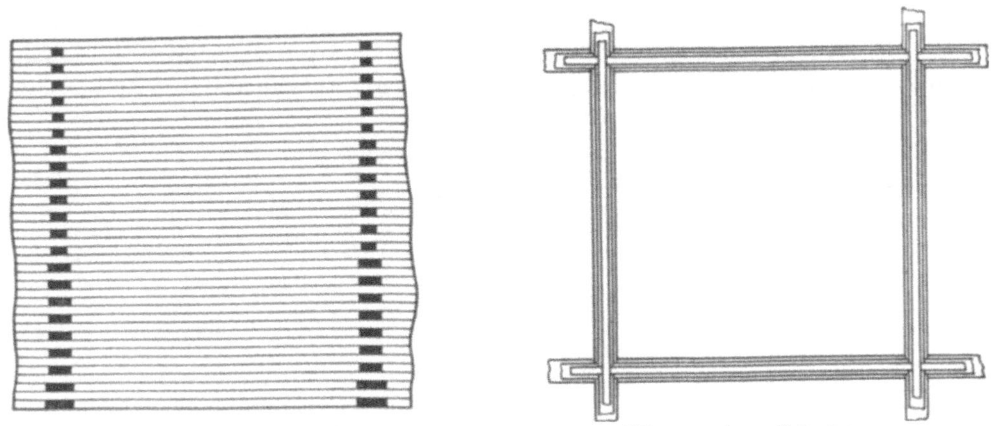

Höhenschnitt durch den Schacht. Waagerechter Schnitt.

Abb. 280. Ausbildung der Wände der Holzschächte als amerikanische Packwände.

Unter II. 3. (S. 181) ist der Arbeitsvorgang bei einem Silospeicher (Getreidespeicher Allenstein) in Form eines „Wegeschemas“ dargestellt; die Zahlen geben die Reihenfolge an, in der sich die einzelnen Leistungen aneinanderreihen.

Als Baustoff kommen Holz, Eisen, Mauerwerk und Eisenbeton in Betracht.

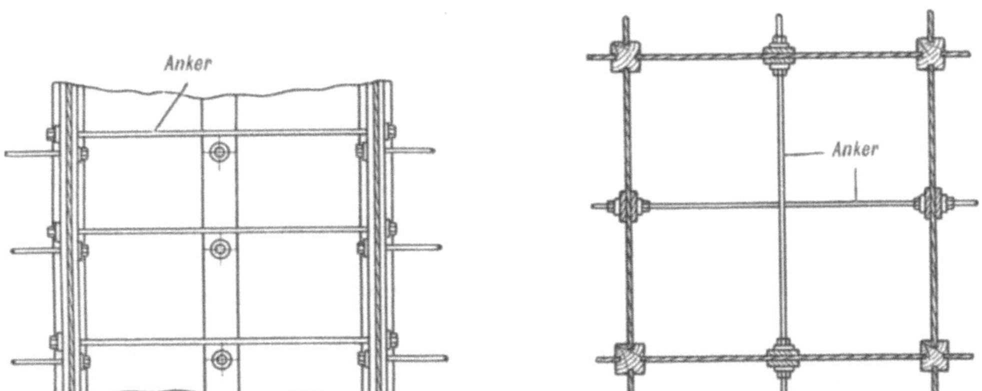

Höhenschnitt durch den Schacht. Waagerechter Schnitt.

Abb. 281. Ausbildung der Wände als gegenseitig verankerte Bretterwände zwischen Eckpfosten.

Holz eignet sich gut für die Erhaltung des Korns, ist aber leicht brennbar. Die Zellenform ist in der Regel rechteckig.

Die Wände der Holzschächte werden bei einer Bauart als „amerikanische Packwände“ hergestellt, indem 3 bis 4 cm starke und 5 bis 15 cm breite Bretter flach aufeinander genagelt werden, so daß ihre Breite nach oben (alle 3 bis 5 m um 1 cm), entsprechend der Verringerung des Getreidedrucks, abnimmt (Abb. 280). Da sie infolge ihrer flachen Lage große Biegemomente aufnehmen können, können diese Zellen bis zu 2,5 m Weite ohne Verankerung ausgeführt werden.

Bei einer zweiten Bauart werden 3 bis 4 cm starke Bretter hochkant angeordnet und in Nuten von Eckpfosten eingeschoben (Abb. 281). Diese Wände werden bis 4 m Weite (Seitenlänge der Zelle) ausgeführt und müssen gegen den waagerechten Getreidedruck gegenseitig verankert werden (ein oder zwei Anker in gleicher Höhe für jede Seite). An den Stellen, wo die Anker angreifen, erhalten die Wände Verstärkungen durch aufgelegte lotrechte Bretter.

Eisen eignet sich nur für sehr trockenes Getreide. Die Zellenform ist rechteckig oder rund; Blechstärke 2 bis 13 mm. Die Eisensilos haben den Vorzug geringer Wandstärken, also Platzeinnahme, da Eisen wegen seiner hohen Festigkeit kleine Konstruktionsstärken erfordert. Ein Nachteil des Eisens für Silobauten ist seine gute Wärmeleitfähigkeit. Erhitzt sich ein Zelleninhalt, so überträgt sich die Wärme bald auf die anderen Zellen. Ferner muß

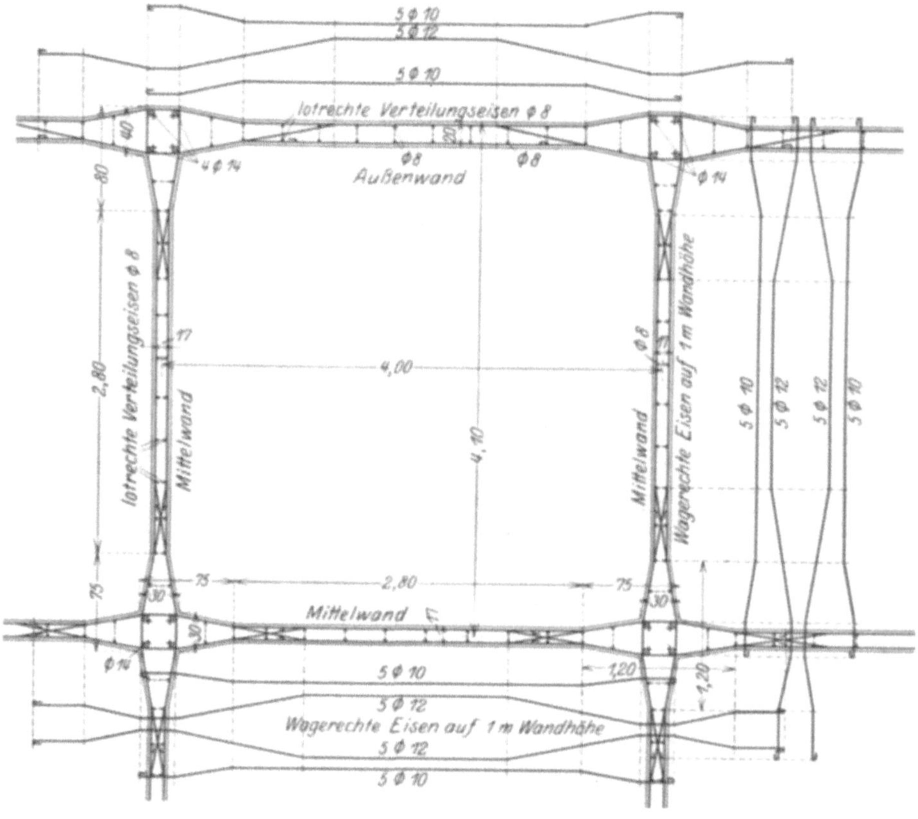

Abb. 282. Bewehrung einer quadratischen Silozelle.

das Getreide ganz trocken sein, da es sonst an der Wänden anrostet. Eiserne Silos müssen zum Schutz gegen Außentemperatur durch Mauerwerk umgeben sein.

Eiserne Silos werden wegen der genannten Nachteile wohl kaum noch in Europa ausgeführt.

Gemauerte Zellensilos kommen höchstens für kleinere Abmessungen bei besonderen Umständen in Frage, da sie bei größeren Verhältnisen dicke Wände sowie Verankerungen erfordern, die die Ausführung verteuern; außerdem ist auch das Aufmauern schwierig und daher kostspielig. Fast stets wird sich daher in solchen Fällen ein Eisenbetonsilo billiger stellen.

Eisenbetonsilos haben sich wegen ihrer Vorzüge gegenüber den anderen Bauarten längst eingebürgert, da sie sich bis zu größten Abmessungen als sehr wirtschaftlich gezeigt haben. Die Zellen werden quadratisch bzw. rechteckig, sechseckig und rund ausgeführt. Die Wandstärken werden infolge der Eisenbewehrung sehr gering und ergeben sich im allgemeinen zu 25 cm (unten) bis 10 cm (oben). Die größte Zellenhöhe beträgt etwa 25 m.

In Abb. 282 ist der waagerechte Schnitt durch ein Eisenbetonsilo mit quadratischen Zellen dargestellt, aus welchem die Anordnung der Eiseneinlagen hervorgeht. Da der Getreidedruck auf eine Mittelwand von beiden Seiten erfolgen kann, je nachdem die eine oder andere der an der Wand liegenden Zellen leer ist, muß die Eisenbewehrung eine doppelte sein. Nur bei den Außenwänden ist einseitiger Druck zu berücksichtigen. Die Wände der quadratischen Zellen sind in den Ecken als vollständig eingespannt anzusehen und daher in Feldmitte mit $\frac{p\,l^2}{24}$, in den Ecken mit $\frac{p\,l^2}{12}$ (p = Seitendruck auf die Flächeneinheit, l = Seitenlänge des Quadrats) zu berechnen. Dementsprechend nehmen die Wände gegen die Ecken hin an Stärke zu. Die Kreuzungsstellen der Wände sind besonders kräftig ausgebildet, was gerade bei Eisenbeton wegen seiner Formfähigkeit und Monolität sehr gut ausführbar ist. Außer der Biegung erhalten die Zellenwände auch Zug, der von der Verankerung der Wände untereinander herrührt; jedoch ist der Zug am größten, wenn die Biegemomente Null sind, also bei gefüllten Zellen zu beiden Seiten der fraglichen Wand, und nur halb so groß, wenn die Biegemomente ihre Größtwerte erreichen, was der Fall ist, wenn eine Zelle neben der fraglichen Wand leer ist. Ganz ähnlich liegen die Verhältnisse für rechteckige und vieleckige Zellen. Zellen mit kreisrundem Querschnitt erhalten nur Zugspannungen, brauchen also nicht auf Biegung bemessen zu werden, was eine wesentlich günstigere Beanspruchung bedeutet.

Das Getreide muß bei den Zellensilos von Zeit zu Zeit „umgestochen“ oder „umgesetzt“ werden, damit es in Verbindung mit frischer Luft austrocknet und sich abkühlt. Hierbei muß immer eine Zelle frei gehalten werden; außerdem erfordert das Umstechen mittels der Transportbänder und Elevatoren bedeutenden Kraftverbrauch.

Deshalb bedeuten die Siloanlagen mit Zellendurchlüftung (Lüftungssilos oder Lüftsilos) einen bedeutenden Fortschritt, da das Getreide ohne Umstechen in den Zellen selbst getrocknet und durchlüftet wird; es kann daher monatelang in den gleichen Zellen liegen bleiben, ohne in seiner Güte beeinträchtigt zu werden. Die Durchlüftung erfolgt in der Regel mit Preßluft, die das Getreide durchzieht (s. später).

Nachstehend mögen einige Anwendungsbeispiele gegeben werden, wobei neben den reinen Silospeichern die vereinigten Boden- und Silospeicher (s. S. 172) mit berücksichtigt sind.

2. Silospeicher in Holz.

Über die grundsätzliche Ausbildung der Holzschächte ist schon S. 173 das Nötige gesagt worden. Im nachstehenden mögen nun an größeren Ausführungsbeispielen die Einzelheiten solcher Speicher näher erläutert werden. Hierbei sind auch, wie schon darauf hingewiesen, die Gebäudeteile, die die Bodenspeicher umfassen, näher beschrieben.

a) Getreidespeicher R. Grosser, Zschackau, in Saxdorf (Falkenberg-Torgau), ausgeführt 1914 von der Mühlenbauanstalt und Maschinenfabrik vorm. Gebrüder Seck, Dresden[1] (Abb. 283 u. 283a).

Der Speicher ist 18 m lang und 12 m breit. Für die Aufbewahrung von losem Getreide sind auf drei seiner Böden Parks (Kastenwände aus Brettern) angeordnet, die bei 2 m Schütthöhe rund 400 t Schwergetreide fassen. Zu demselben Zweck ist außerdem ein aus sechs Zellen bestehender Holzsilo mit 180 t Fassungsvermögen eingebaut. Der übrige freie Raum auf den Böden wird zur Lagerung von Sackware benutzt. Die Annahme des Getreides erfolgt im Innern des Gebäudes in einem Einschüttrumpf, der in einen Elevator mit 20 t Stundenleistung mündet. Der Elevator befördert das Getreide in das im Dachgeschoß aufgestellte einfache Drehrohr mit einem zweiundzwanzigteiligen Zellenkranz,

[1] Jetzt: Miag, Mühlenbau und Industrie A.-G., Technische Zentrale in Braunschweig der Amme-Luther Werke Braunschweig — Seck Werke Dresden — Greffenius Werk Frankfurt a. M.

von wo aus es durch Fallrohre entweder in die Silozellen oder mittels weiterer Fallrohre und eingeschalteter, durch Fernseilzug zu betätigender Vierwegstutzen in die Parks (Kasten) verteilt wird.

Zum Absacken und Umstechen dienen die an der Erdgeschoßdecke angebrachten Bodenstutzen, an die Absack- oder zusammenschiebbare Umstechrohre angehängt werden. Das Absacken geschieht mit Hilfe einer Bruttoabsackwaage.

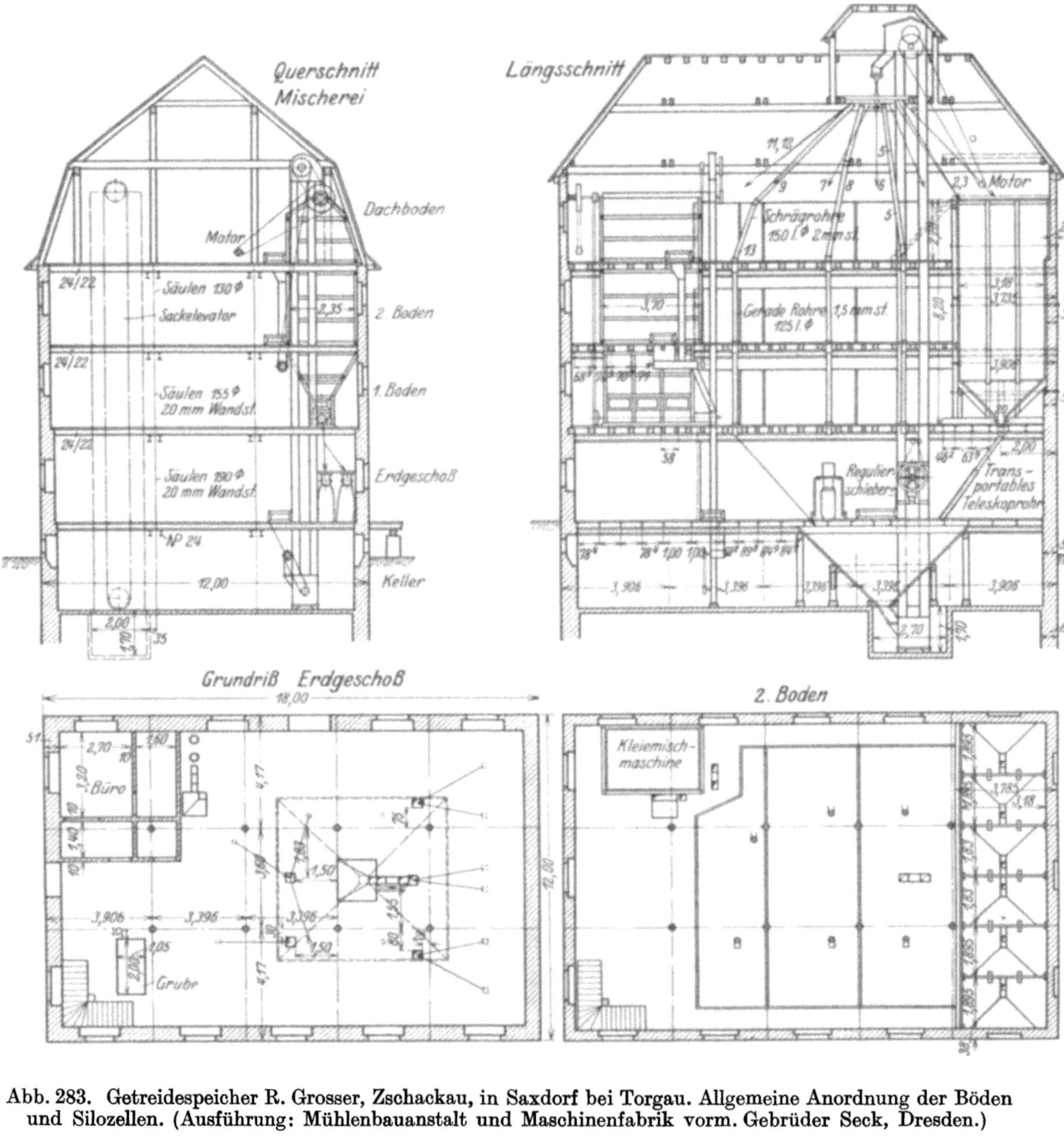

Abb. 283. Getreidespeicher R. Grosser, Zschackau, in Saxdorf bei Torgau. Allgemeine Anordnung der Böden und Silozellen. (Ausführung: Mühlenbauanstalt und Maschinenfabrik vorm. Gebrüder Seck, Dresden.)

Der zweite und dritte Boden sind mit Rieselvorrichtungen versehen, um Hafer und klammes Getreide gründlich durchlüften zu können.

Für die Einlagerung von Sackware ist ein Einketten-Sackelevator (Bauart Seck) mit einer Stundenleistung von 150 Sack aufgestellt. Mit Hilfe dieses Hebemittels ist es möglich, gleichzeitig Säcke hochzufördern und herabzulassen.

Zur Vermischung von Mühlenabfallprodukten zu Futtermitteln ist eine Kleienmischanlage eingebaut. Die in einen Einschüttrumpf zur Annahme gelangende lose Ware geht durch eine Füllschnecke in einen Elevator, der sie in die Verteilungsschnecke des Vorbehälters der Mischmaschine hebt. Das gemischte Produkt kann nun entweder unmittelbar

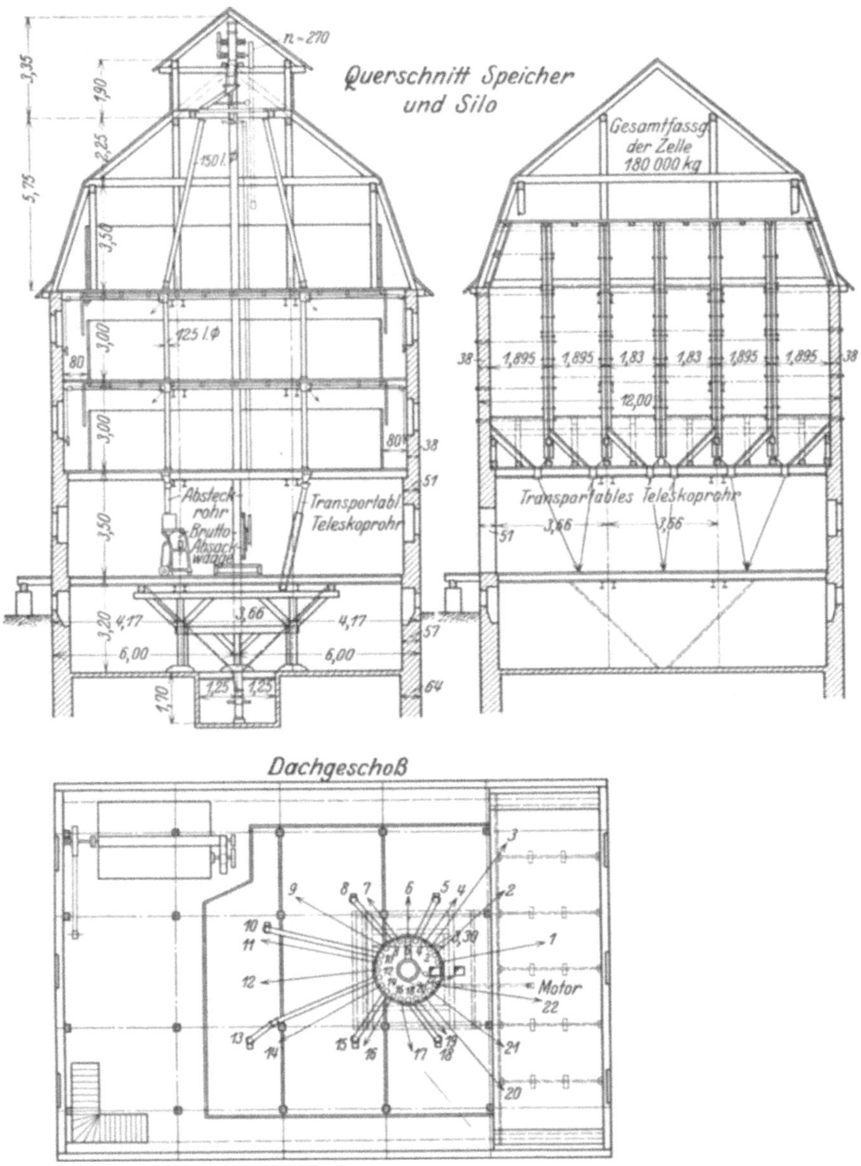

Abb. 283a. Getreidespeicher R. Grosser, Zschackau, in Saxdorf. Querschnitte und Grundriß Dachgeschoß zu Abb. 283.

abgesackt oder zur Umarbeitung durch ein Fallrohr wieder in den Elevator zurückgeleitet werden.

Für den Antrieb des Becherelevators dient ein 5 PS-Elektromotor, für denjenigen des Einkettenelevators ein solcher von 2,5 PS und der Kleienmischanlage ein solcher von 5 PS.

Die Außenwände des Speichers bestehen aus Mauerwerk. Die Kellerdecke des Bodenspeichers ist aus I-Trägern mit Bohlenbelag über eisernen Unterzügen, die übrigen Decken aus Balkenbelag über eisernen Unterzügen hergestellt; die Stützen sind unten aus Gußeisensäulen gebildet, im Dachgeschoß sind Holzstützen verwendet. Auch die übrigen Teile des Dachgeschosses sind Holzkonstruktionen.

Bemerkenswert ist die Ausbildung des Holzsilos (Abb. 284). Die Wände der Zellen bestehen unten aus 40 mm, oben 35 mm starken waagerecht liegenden Brettern, die zwischen

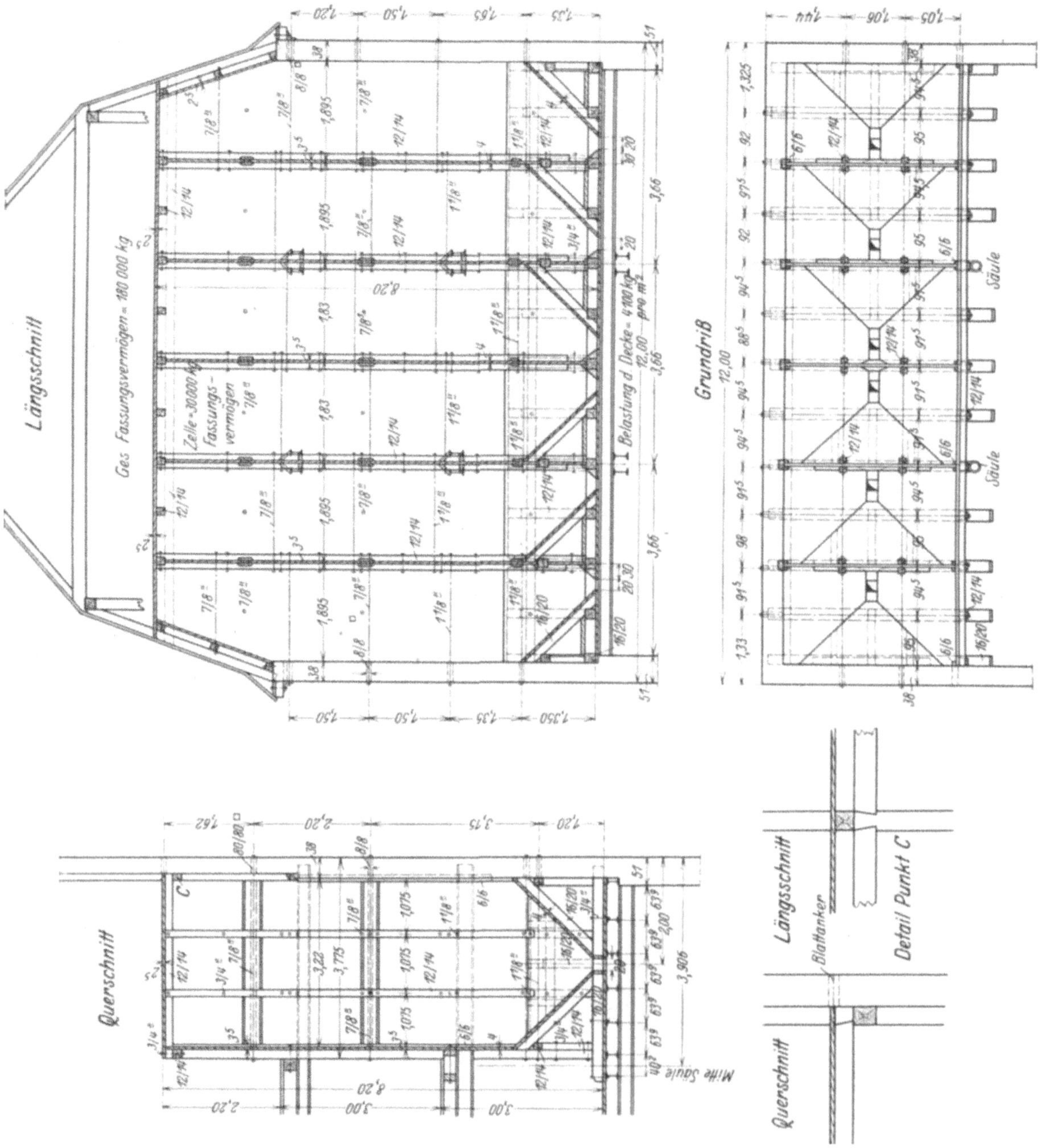

Abb. 284. Getreidespeicher R. Grosser, Zschackau, in Saxdorf. Ausbildung der hölzernen Silozellen.

doppelten Kantholzstützen 2 × 12/14 cm hindurchgehen und außen durch zwei Hölzer 6/6 cm gefaßt werden. An diesen Stützen greifen die Zuganker (in der Querrichtung des Gebäudes) an, die unten 29 mm ($1\frac{1}{8}''$) und oben 22 mm ($\frac{7}{8}''$) Durchmesser besitzen. In der Längsrichtung des Gebäudes sind 22 mm starke Anker angeordnet, die, wie die ersten, durch das Mauerwerk der Außenwände hindurch geführt sind. Die Auslauftrichter aus 40 mm starken Brettern werden durch Kanthölzer 16/20 cm gestützt.

Die weiteren Einzelheiten der Konstruktion sind aus Abb. 284 zu ersehen.

b) Getreidespeicher des Herrn Hans von Gierke, Polanovice (Polen), ausgeführt 1928 durch die Firma A. Wetzig, Wittenberg, Bez. Halle (Abb. 285 u. 285a). Dieser Speicher

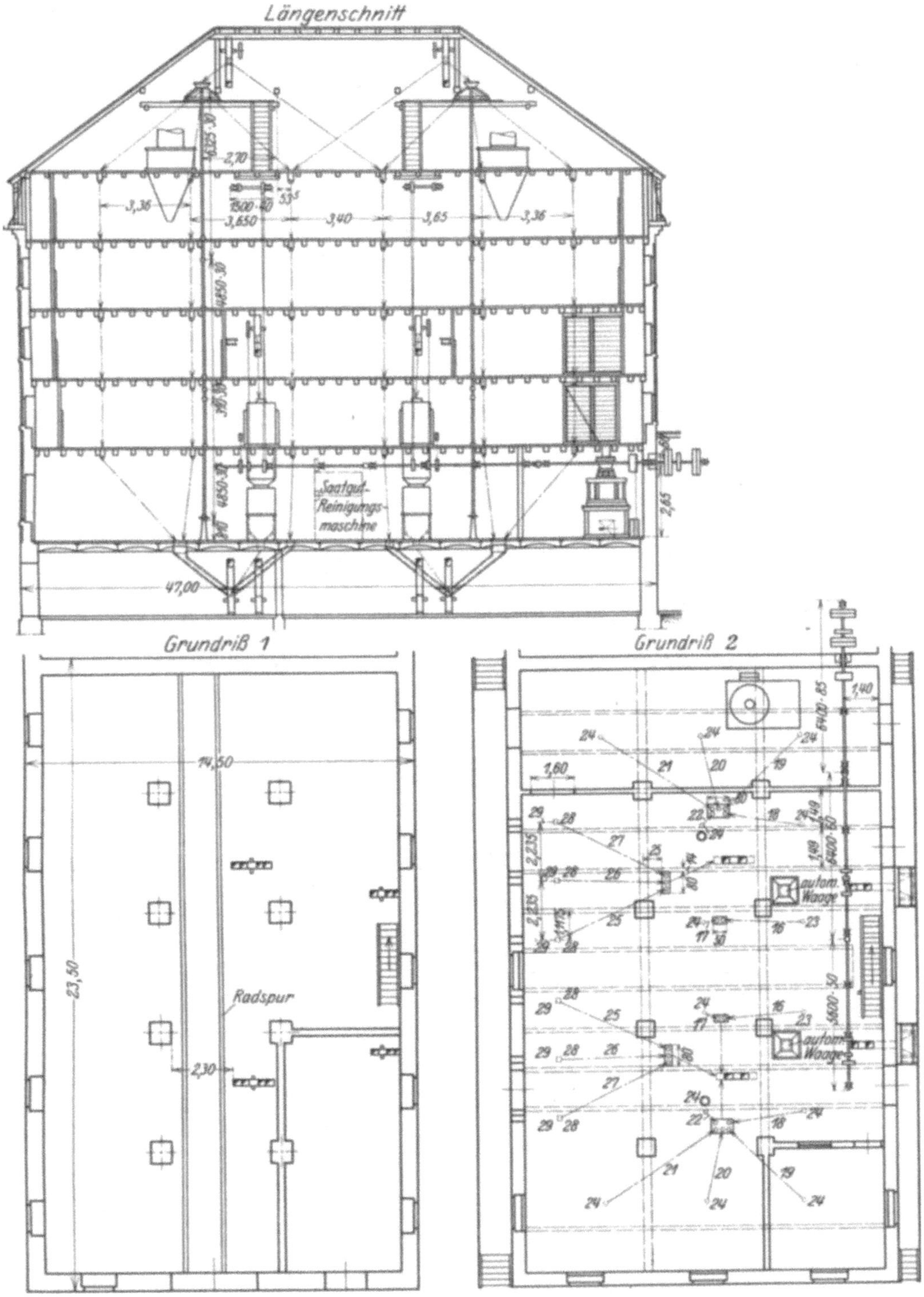

Abb. 285. Getreidespeicher des Herrn Hans v. Gierke in Polanovice (Polen). Allgemeine Anordnung der Böden und Silozellen. (Ausführung: A. Wetzig, Wittenberg, Bez. Halle.)

wird sowohl als Bodenspeicher wie auch als Silospeicher benutzt. Für die Beschickung stehen zwei Elevatoren zur Verfügung, die je auf einen Zentralverteiler werfen, von denen das Ge-

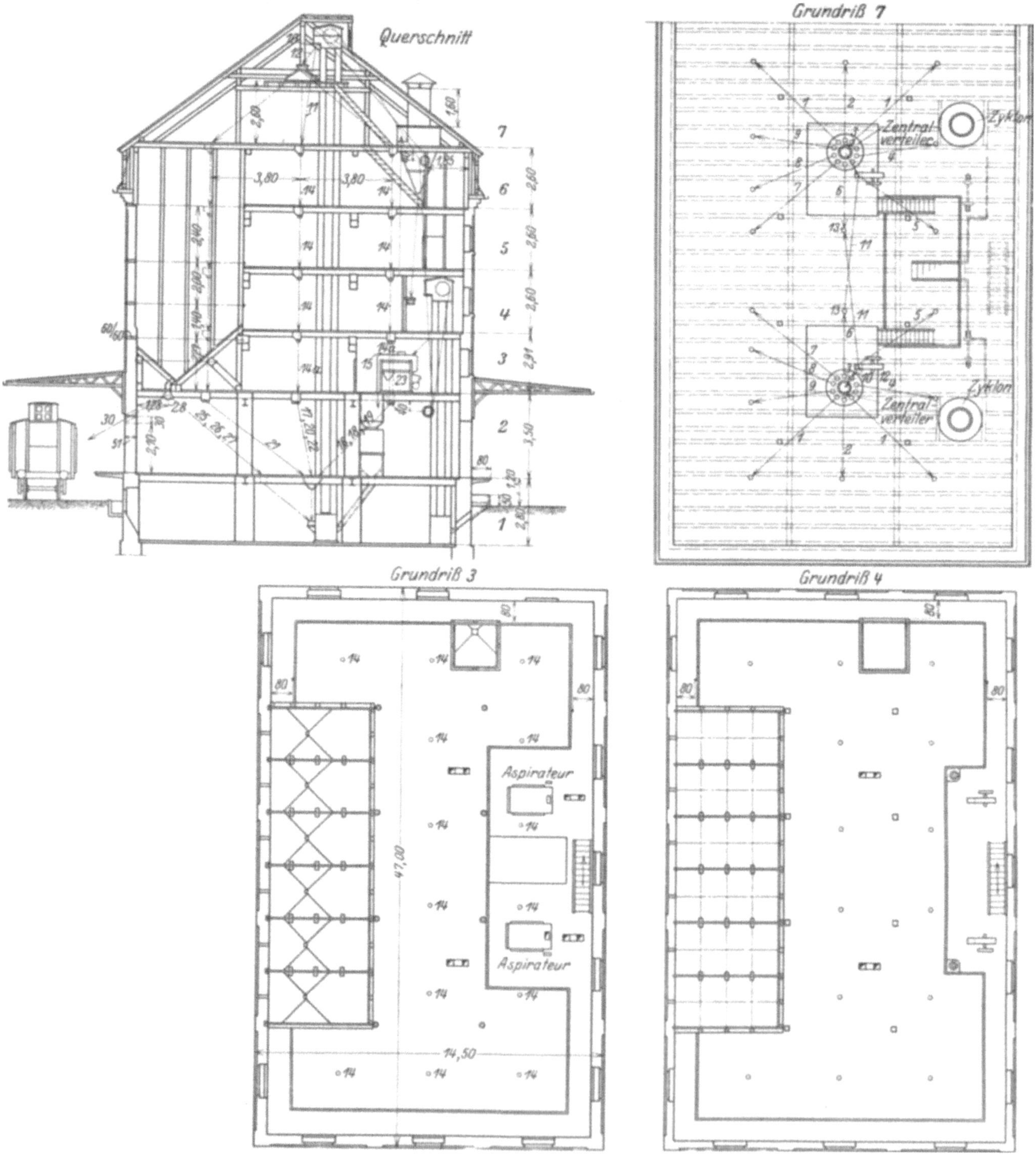

Abb. 285a. Getreidespeicher des Herrn Hans v. Gierke, Polanovice. Querschnitt und Grundrisse zu Abb. 285.

treide sowohl in die einzelnen Silozellen, wie auch auf den Bodenspeicher geleitet werden kann. In dem Bodenspeicher sind Bodendurchlaßstutzen mit Wendeklappen angeordnet, die es ermöglichen, je nach Einstellung das Getreide von dem oberen Boden auf den darunterliegenden Boden zu verteilen, oder auch den einen oder anderen Boden zu umgehen. Von dem Silospeicher ist es möglich, das Getreide zurück auf den Bodenspeicher oder von einer Zelle in eine andere Zelle des Silospeichers zu leiten, das Getreide in Säcken abzufangen, oder auch das Getreide lose in Eisenbahnwagen zu befördern.

Der ganze Speicher ist 23,5 m lang und 14,5 m breit. Die Decke des Kellergeschosses ist massiv aus Betonkappen zwischen 1,5 m entfernten eisernen Trägern hergestellt. Letztere sind an eiserne Unterzüge angeschlossen, die auf 77/77 cm starken Pfeilern ruhen. Die Kellerdecke geht beiderseitig in 1,2 bzw. 0,8 m vorkragende Laderampen über.

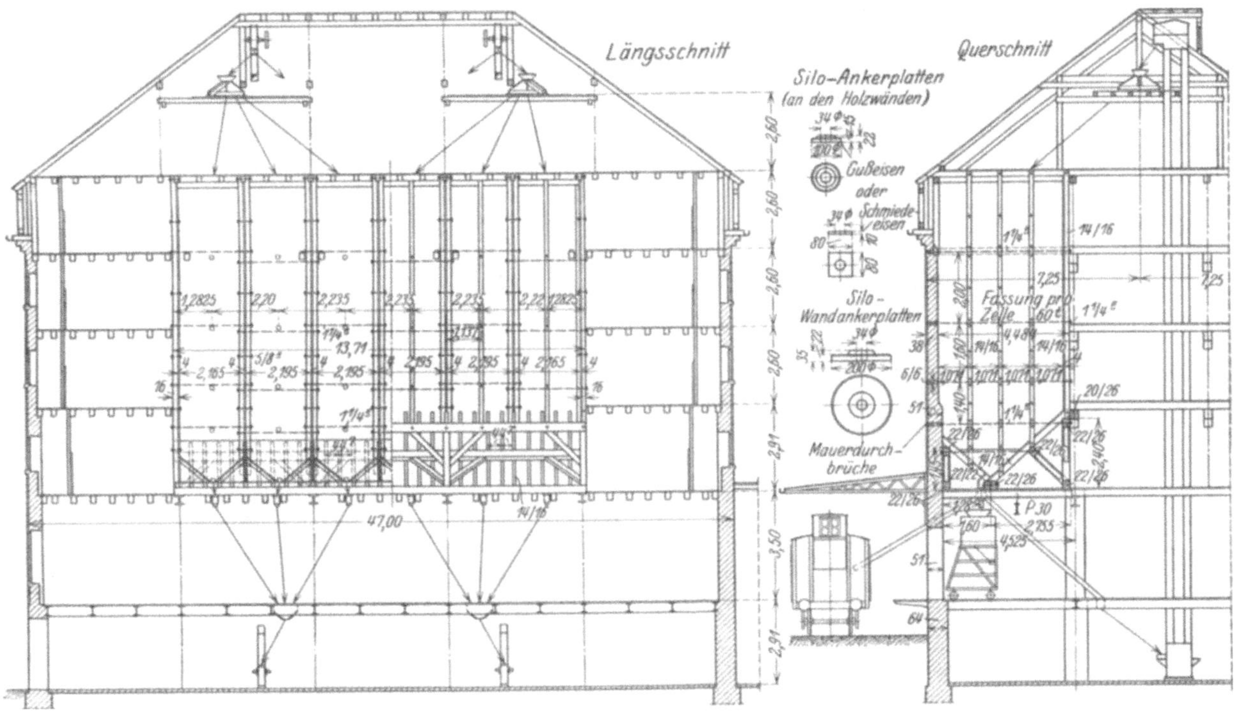

Abb. 286. Getreidespeicher v. Gierke, Polanovice. Ausbildung der hölzernen Silozellen.

Die Erdgeschoßdecke besteht aus einer Balkenlage über eisernen Unterzügen, die auf 64/64 cm starken Pfeilern gelagert sind. Die erste Obergeschoßdecke ist gleichfalls eine Balkendecke mit gußeisernen Säulen; das gleiche gilt für die übrigen Böden, die jedoch auf Holzstützen ruhen.

Der hölzerne Silo (Abb. 286) ist an die Längswand angebaut. Er ist ähnlich wie im vorherigen Beispiel ausgeführt. Die unten 40, oben 30 mm starken Bretterwände werden in der Längsrichtung des Speichers durch je zwei Kanthölzer 14/16 cm versteift, die durch Rundeisen 32 mm ($1\frac{1}{4}''$) verankert sind. Auch in der Querrichtung des Gebäudes bzw. Silos sind gleich starke Anker angeordnet, die durch die gemauerten Außenwände hindurchgehen. Die Dachkonstruktion besteht aus Holz.

3. Silospeicher in Eisenbeton.

Bezüglich der allgemeinen Angaben über diese Bauart möge auf das Seite **174** u. **175** bereits Gesagte verwiesen werden. Wie erwähnt, stellen die Silospeicher in Eisenbeton die wichtigste Ausführungsweise für Getreidespeicher dar, so daß die ausfürliche Beschreibung einer Reihe bemerkenswerter Bauwerke dieser Art wohl gerechtfertigt ist.

Hierbei ist auch in einigen Fällen der Speicherbetrieb, der im Zusammenhang mit den

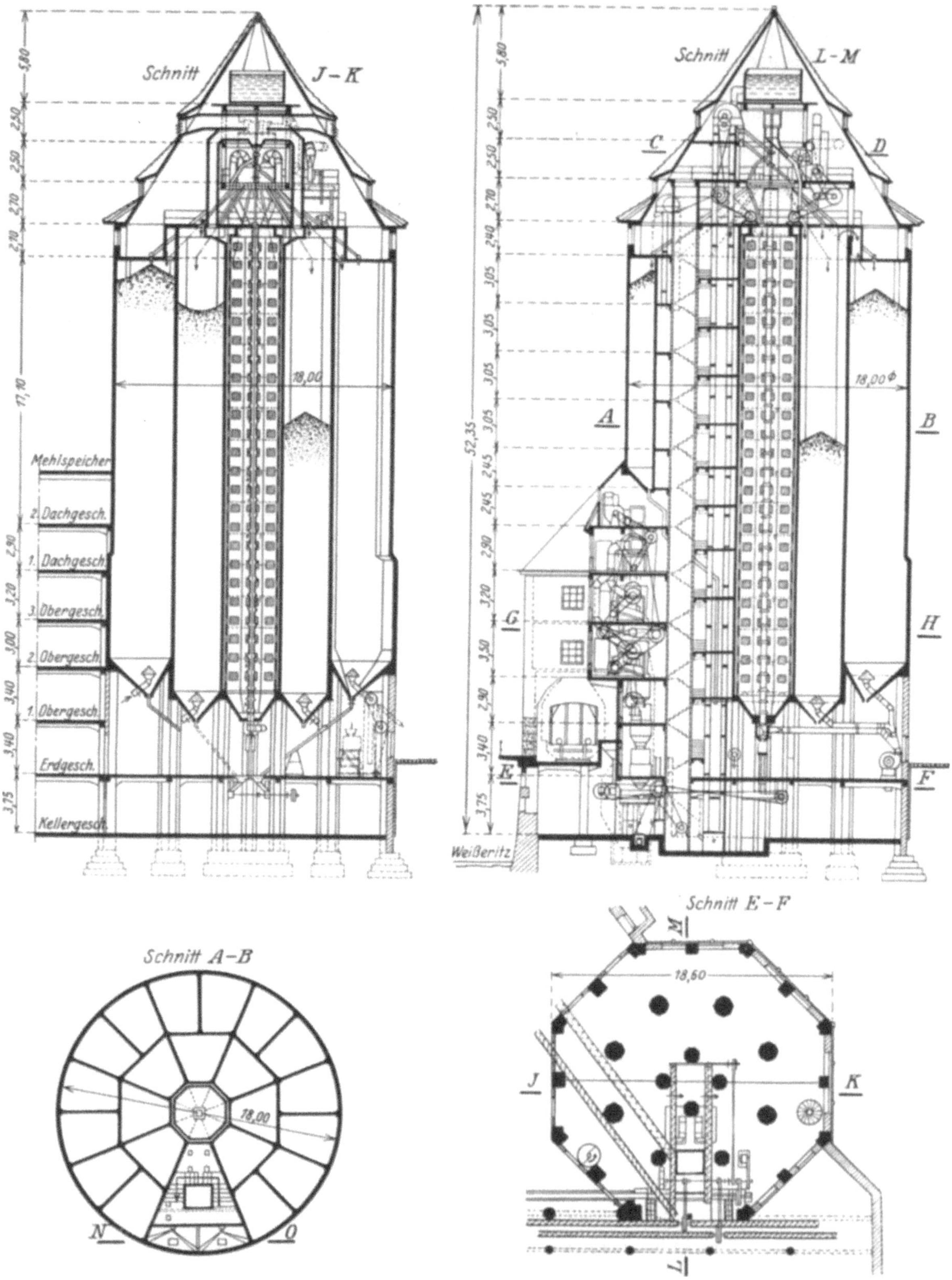

Abb. 287. Getreidesilo der König-Friedrich-August-Mühlenwerke A.-G. Coschütz in Dölzschen bei Dresden. Grundrisse und Höhenschnitte. (Ausführung: Wayss & Freytag A.-G., Dresden.)

baulichen Einzelheiten betrachtet werden muß, ist, näher erörtert, da damit die Konstruktion der Speicher erst verständlich wird.

a) Getreidesilo der König-Friedrich-August-Mühlenwerke, A.-G. Coschütz in Dölzschen bei Dresden[1], ausgeführt 1917/18 von der Wayss & Freytag A.-G., Dresden (Architekt: Baurat Viehweger, Dresden) (Abb. 287 u. 287a). Der vom Kellergeschoß bis zur Dachspitze rd. 52 m hohe Turmsilo enthält 24 Zellen (darunter eine „Krankenzelle“) zur Aufnahme von 4400 t Schwergetreide. Der äußere Durchmesser des unten (bis 18 m Höhe) achteckigen Silos beträgt in seinem zylindrischen Teil 18 m. Die turmartige Form ergab sich aus der Lage der Mühlenwerke in dem engen Tal der Weißeritz und dem geringen zur Verfügung stehenden Flächenraum. Als Baustoff wurde für alle tragenden Teile einschließlich des Daches Eisenbeton verwendet. Der Bau ruht auf 12 Innen- und 15 Außenstützen, welch letztere im Kellergeschoß und im Erdgeschoß unterhalb der Zellen durch Mauerwerk ausgefacht sind.

Zur Unterbringung der Vorreinigung ist der Turm in einer gewissen Höhe als Erker ausgebaut. Der darüberliegende Raum innerhalb des Turmes wurde zum Einbau zweier niedriger Zellen ausgenutzt. Mit Ausnahme dieser haben alle übrigen 22 Zellen gleichen Fassungsraum, so daß man jederzeit das Getreide aus einer dieser Zellen in eine andere Zelle umstechen kann.

Die ankommenden Eisenbahnwagen können unmittelbar bis an den Speicher heranfahren. Die Entleerung des Getreides erfolgt in die Einschütträumpfe der Rampe, die in zwei unterhalb angebrachte Annahmeschnecken münden, eine für Weizen und eine für Roggen. Die stündliche Leistung für jede Getreideart beträgt 25 t (250 dz). Die Roggen- und die Weizenschnecken fördern in je eine Vorwiegungs- und Vorreinigungsanlage. Der Roggen läuft von hier aus in eins der beiden Hauptbecherwerke, wird auf den im Dachgeschoß befindlichen Drehrohrverteiler ge-

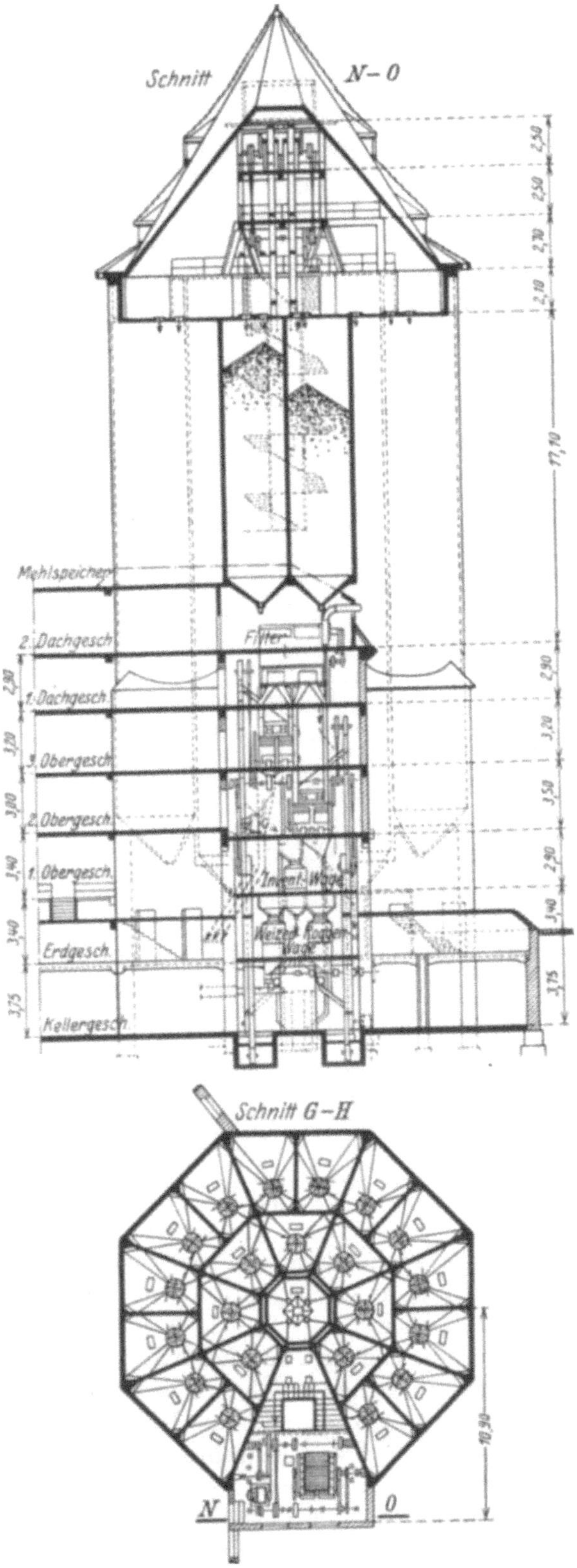

Abb. 287a. Getreidesilo in Dölzschen bei Dresden. Grundriß und Höhenschnitt zu Abb. 287.

[1] „Die Mühle“ vom 16. Mai 1919 (Nr. 20).

hoben und kann durch diesen nach jeder der 24 Zellen geleitet werden. Die Einstellung der Verteilrohre erfolgt vom Erdgeschoß aus durch Schalträder. Der vorgereinigte Weizen kann entweder in gleicher Weise, wie der Roggen, eingelagert werden, oder er wird durch eine im Kellergeschoß befindliche Verbindungsschnecke nach der im Mühlengebäude gelegenen Weizenannahmestelle der alten Speicher befördert. Bei der Umarbeitung wird das Getreide durch Ansteckrohre den Zellen entnommen und durch Sammeltrichter den im Kellergeschoß befindlichen Sammelschnecken zugeführt. Diese bringen es entweder durch das Hauptbecherwerk in eine leere Zelle zurück oder durch ein Überhebebecherwerk in die Vorreinigung. Die Einrichtung ist so getroffen, daß Roggen und Weizen gleichzeitig und unabhängig voneinander bewegt werden können. Für die Bestandsaufnahme ist eine besondere Waage vorgesehen. Alle Stellen, an denen sich Staub entwickelt, sind an eine wirksame Staubabsaugungsanlage angeschlossen. Die Vorreinigungsabfälle und der Filterstaub werden im Erdgeschoß abgesackt. Die Getreideentnahme aus den Zellen des inneren Zellenkranzes erfolgt durch ein tragbares Ansteckrohr. Für die äußeren Zellen ist ein fahr- und ausziehbares Ansteckrohr vorgesehen, um dieses trotz seiner größeren Länge leicht bewegen zu können. An den Ausläufen der äußeren Zellen sind kurze feste Auslaufrohre angebracht, damit die Länge des fahrbaren Rohres auf ein Mindestmaß beschränkt wird.

Abb. 288. Getreidesilo in Dölzschen bei Dresden. Gesamtansicht.

Für die Aufnahme und Behandlung von naturfeuchtem oder krankem Getreide sind Einrichtungen getroffen, die ganz besondere Beachtung verdienen. Die Mittelzelle ist als sogenannte Krankenzelle[1] ausgebildet, in der solche Getreideposten eingelagert werden, die zur Erhöhung ihrer Lagerfestigkeit einer gründlichen Lüftung bedürfen. Die Krankenzelle hat achteckigen Querschnitt von etwa 3 m eingeschriebenem Kreisdurchmesser. Die zugehörige Zellenwand ist als Doppelwand ausgebildet; der dadurch entstehende Luftschacht endet unmittelbar unter der Zellendecke in einem Ringkanal. In der inneren Wand sind 192 viereckige, mit gelochten Blechen überdeckte Öffnungen von $0{,}5 \times 0{,}8$ m Querschnitt angebracht, um die Wand in weitestgehender Weise luftdurchlässig zu machen. In der Mitte der Krankenzelle befindet sich ein Belüftungsrohr von rechteckigem Querschnitt, das vom Zellenauslauf bis zur Speicherdecke reicht und durch Anker gegen seitliches Ausweichen gesichert ist. Das Belüftungsrohr besitzt in Abständen von je 1 m Luftaustrittöffnungen, die mit Hauben aus geschlitztem Blech überdeckt sind, um das Eindringen von Körnern zu verhindern. Sämtliche Luftaustrittöffnungen können durch Schieber geöffnet und geschlossen werden. Das Belüftungsrohr ist im Erdgeschoß durch eine Rohrleitung an ein Hochdruckgebläse angeschlossen. Mit Rücksicht auf die Einführung des Lufteinblasrohres in der Mitte des Trichters der Krankenzelle mußten die Ausläufe dieser Zelle seitlich angebracht werden.

Die das Getreide durchströmende Luft entweicht durch die Sieböffnungen der Krankenzelle in den Luftschacht und von hier nach dem Ringkanal. Sie kann unmittelbar ins Freie austreten — in diesem Falle arbeitet die Anlage nur mit Druckluft — oder auch mit Hilfe eines auf dem Boden des Speichers befindlichen Sauglüfters durch ein Filter

[1] Vgl. Kettenbach, Fr.: Neuzeitlicher Mühlenbau. Z. V. d. I. 1920, Nr. 37, S. 733.

gesaugt und entstaubt werden — dann arbeitet die Anlage mit Druck- und Saugluft. Des weiteren stehen sämtliche Zellen durch einen im Dachboden an die Zellen angebauten zweiten Ringkanal nicht nur untereinander, sondern auch mit dem inneren Ring-

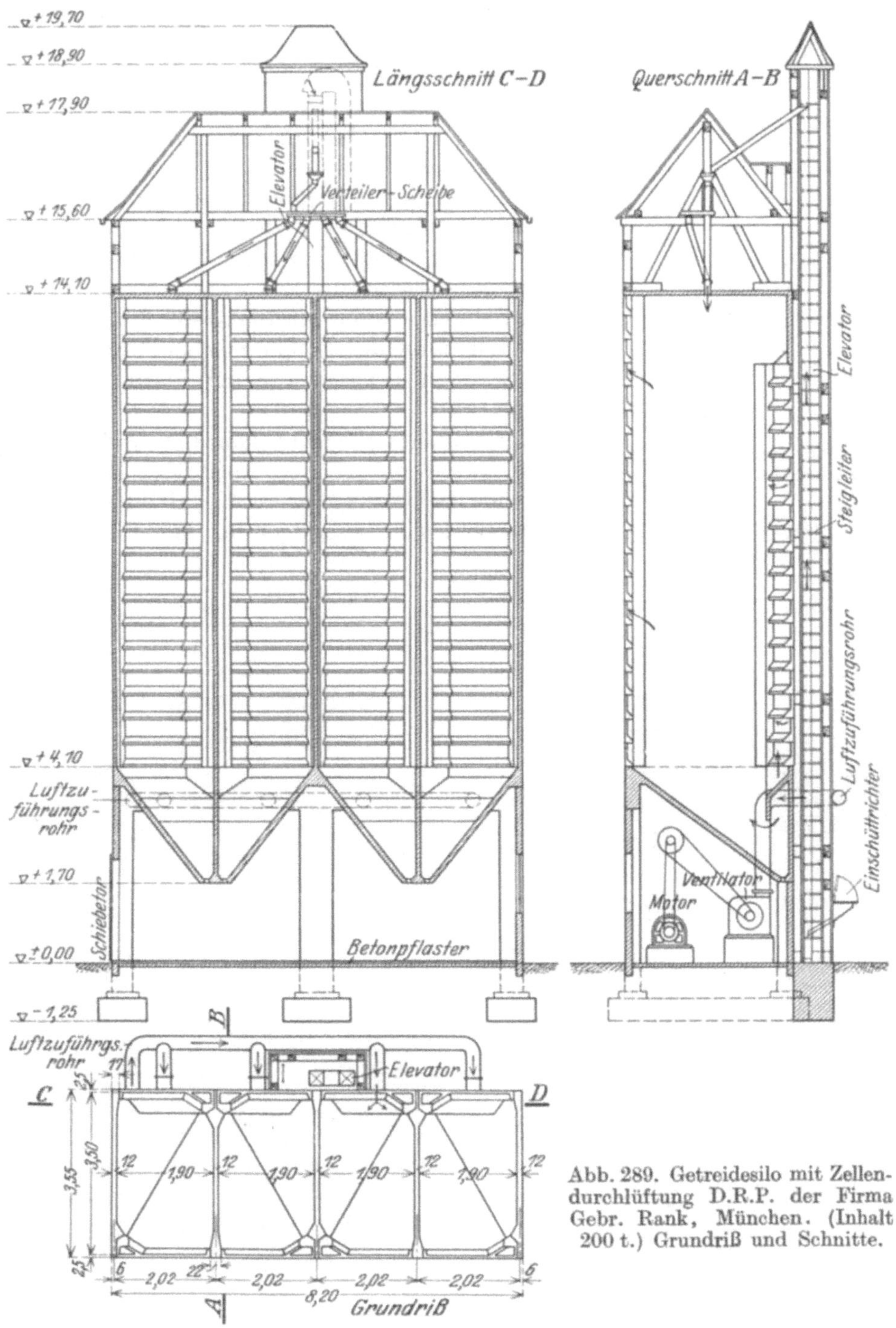

Abb. 289. Getreidesilo mit Zellendurchlüftung D.R.P. der Firma Gebr. Rank, München. (Inhalt 200 t.) Grundriß und Schnitte.

kanal in Verbindung. In den Auslauftrichtern der Zellen des mittleren und äußeren Zellenkranzes ist je eine kegelförmige Belüftungsdüse vorgesehen, die sowohl zum Einlassen von Frischluft durch natürlichen Zug, wie auch zum Anschluß an das Druckluftgebläse benutzt werden kann. Diese Einblasekegel wirken ferner darauf ein, daß beim

Entleeren der Zellen ein Entmischen des Getreides möglichst verhindert wird. Drei Zellen stehen vorläufig durch eine Rohrleitung mit dem Hochdruckgebläse in Verbindung, so daß man bei entsprechender Einstellung einer in die Rohrleitung eingebauten Umschaltklappe entweder in diese oder in die Krankenzelle Luft einblasen kann. Infolge der Verbindung aller Zellen untereinander durch die Ring- und Oberkanäle sind mit Hilfe entsprechender Einstellung der zugehörigen Wechselklappen und Schieber die mannigfaltigsten Lüftungsarten möglich:

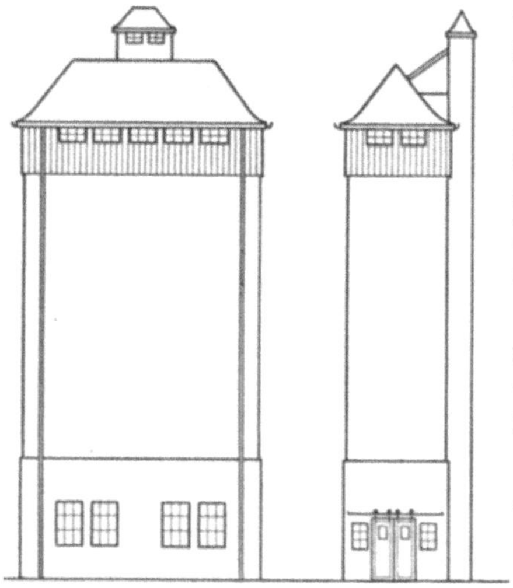

Abb. 290. Lüftsilo Bauart „Rank". Ansichten.

1. Belüftung der Krankenzelle durch Druckluft, gleichzeitig Saugen aus der Krankenzelle mit Hilfe des Saugers, Belüftung der äußeren Zellen durch natürlichen Auftrieb.
2. Saugen aus der Krankenzelle mit Hilfe des Saugers, Belüftung der äußeren Zellen durch Druckluft.
3. Saugen aus den äußeren Zellen mit Hilfe des Saugers und
4. Belüftung der Krankenzelle und der übrigen Zellen durch natürlichen Auftrieb. Hierbei werden sämtliche Schiebergruppen des Belüftungsrohres geöffnet. Das eigentliche Lüftungsverfahren hat sich besonders bei der Einlieferung sehr feuchten Getreides bewährt.

Abb. 291. Ranksches Lüftsilo der Zuckerfabrik Böblingen, Württemberg.

Abb. 292. Eingebautes Ranksches Lüftsilo der Gutsverwaltung Sobětice.

Zur Feststellung des Wärmewechsels im Innern der Krankenzelle dient eine Widerstandswärmemesseranlage, Bauart Siemens & Halske[1].

[1] Über Einzelheiten derselben vgl. Die Mühle vom 16. Mai 1919, S. 259.

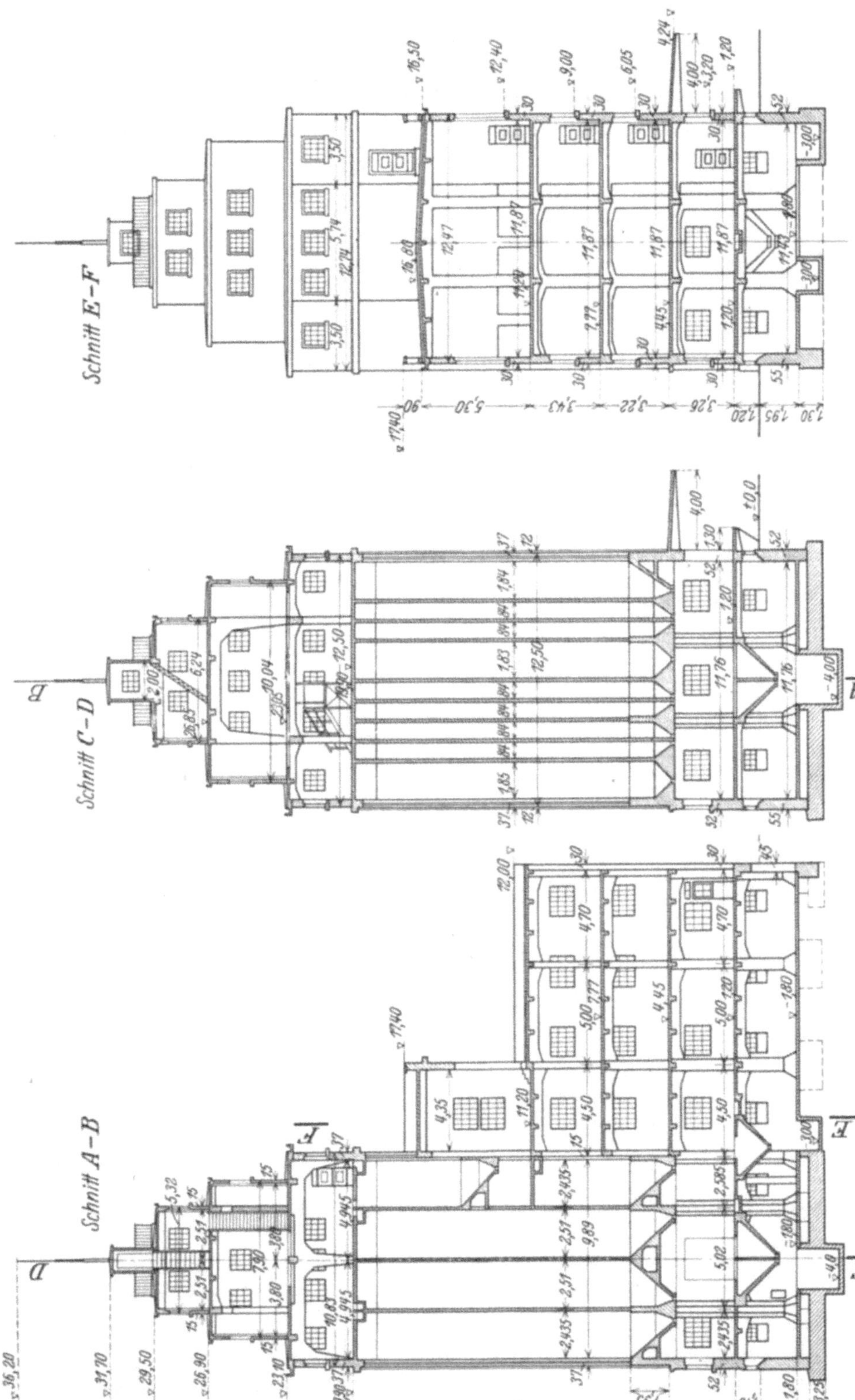

Abb. 293. Lüftungssilo in Znaim (Tschechoslowakei) nach Bauweise „Rank“. Höhenschnitte. (Ausführung: Wayss & Freytag A.-G. und Meinong G. m. b. H., Brünn.)

Eine weitere bemerkenswerte Neuerung besitzt der Speicher durch die Einrichtung eines Getreidehöhenstandmessers, Bauart Friedrich Eichhorn. Durch diese Vorrichtung ist man von einer Stelle aus in der Lage, den jeweiligen Höhenstand des Getreides in den Zellen sofort festzustellen.

Zum Schutz bei Feuersgefahr ist auf einer Plattform im Dachraum ein Wasserbehälter aus Eisenbeton aufgestellt. Rohranschlüsse sind in zweckentsprechender Weise auf die Speicherräume verteilt.

Abb. 288 zeigt ein Bild des Silos samt Umgebung.

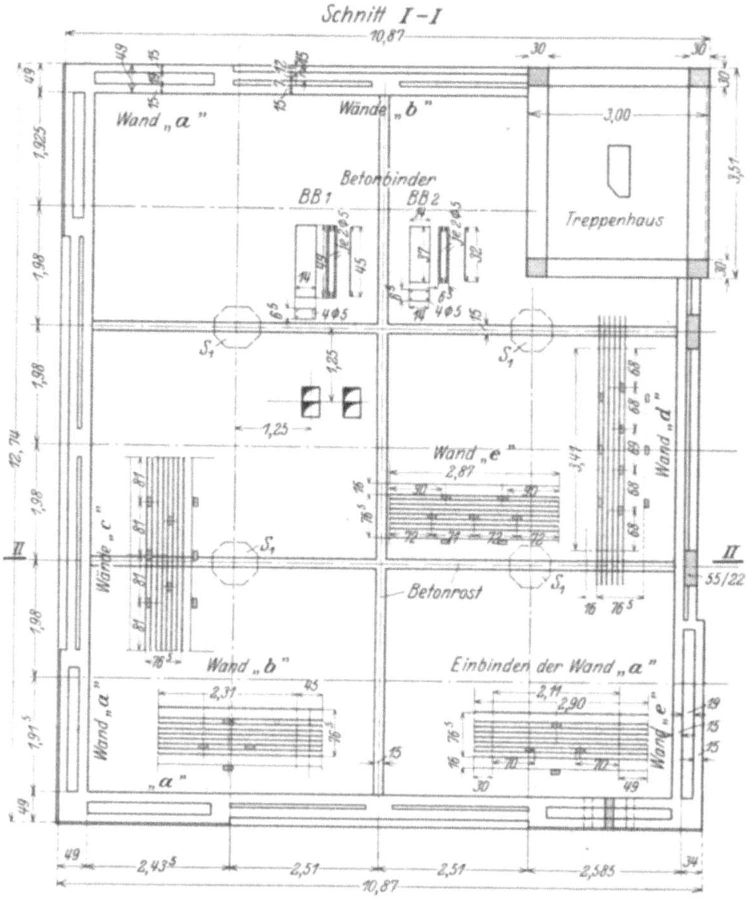

Abb. 294. Lüftungssilo in Znaim. Grundrisse und Höhenschnitt mit Ausbildung der Außenwände.

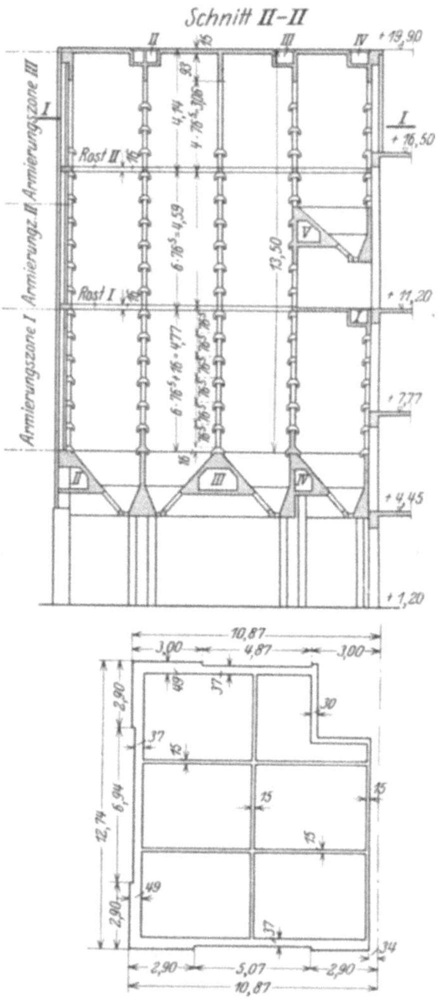

Grundriß Rost *I* und *II*.

b) Getreidesilo mit Zellendurchlüftung D.R.P. der Firma Gebr. Rank, München (Abb. 289 u. 290).

Der Ranksche Silo ist 8,2 m breit, 3,55 m tief und vom Gelände bis zur Spitze 19,70 m hoch; er besitzt vier Zellen von je 1,90 m lichter Breite. Sein Inhalt beträgt 200 t. Dieser Silo verdankt seine Entstehung dem Umstand, daß bei allenbisherigen Lagerungsmethoden eine vollkommen zuverlässige Dauerlagerung, insbesondere bei naturfeucht eingebrachten Getreidevorräten nicht sichergestellt ist. Trotz der mit kostspieligem Aufwand an Arbeitszeit und Arbeitskräften durchgeführten Umschaufelung und Umbecherung des Getreides konnte dennoch nicht immer die ganze Menge des eingelagerten Getreides gesund und frisch erhalten werden.

Im Rankschen Silo jedoch kann ohne Rücksicht auf den Feuchtigkeitsgehalt Getreide eingelagert und infolge der Zellendurchlüftung während der Lagerung getrocknet und kühl erhalten werden, ohne daß dabei manuelle oder maschinelle Bewegung des Lagergutes notwendig wird.

Waagerechter Schnitt durch die Zellen.

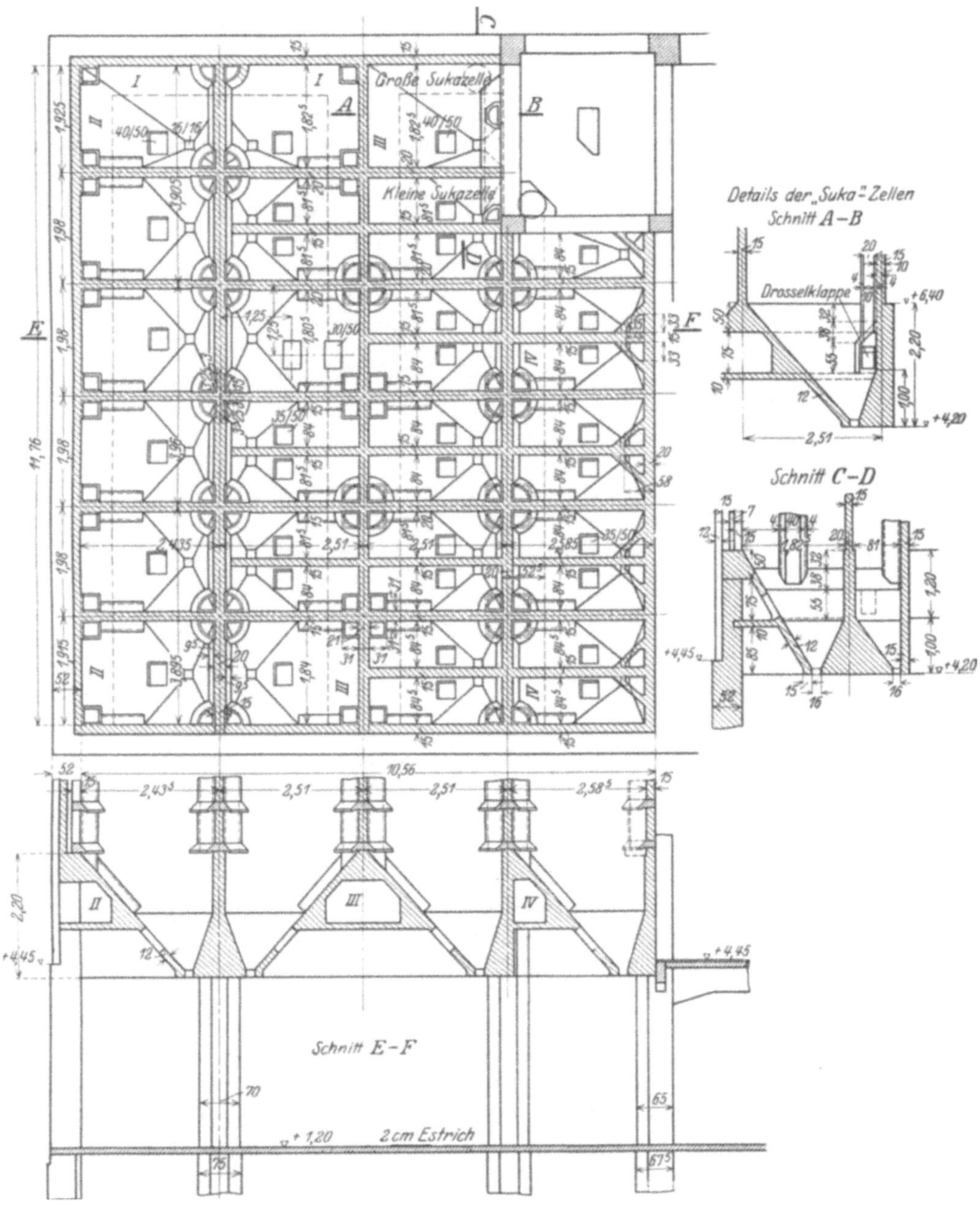

Abb. 295. Lüftungssilo in Znaim. Ausbildung der Zellen mit Einzelheiten.

Sowohl die Kühlhaltung als auch die Trocknung erfolgt dadurch, daß durch einen Ventilator gewöhnliche Außenluft in waagerechter Richtung durch die einzelnen Zellen geschickt wird, wobei die durchziehende Luft einerseits die kühle Eigenwärme an den Zelleninhalt abgibt, andererseits diesem nach und nach die Feuchtigkeit entzieht. Je trockener diese Außenluft ist, desto mehr Feuchtigkeit kann sie aufnehmen, desto rascher erfolgt die Trocknung.

Zur Abkühlung der sich infolge hohen Druckes der Lagerung erwärmenden Vorräte wird Winterluft, oder aber Nachtluft, die ja stets kühler als Tagesluft ist, eingeblasen, welche ein Verderben des Lagergutes ausschließt. Die Bauart des Silos in Eisenbeton und eine äußere Isolierung der Zellen sorgt dafür, daß die erreichte niedrige Temperatur außerordentlich lange gehalten wird, so daß eine Wiederholung der Lüftung zwecks Abkühlung erst nach geraumer Zeit notwendig wird. Die Temperatur in den Zellen kann leicht durch eine einfache Thermometeranlage — auch von einer Zentralstelle aus — festgestellt und einer Erwärmung in einer der Zellen durch Einschalten des Ventilators Einhalt getan werden. Hierzu ist nur ein Griff am Schaltbrett erforder-

Abb. 296. Lüftsilo Znaim. Blick in das Innere einer Zelle von oben.

lich, was ebenso wie das Ausschalten von der einen zur Bedienung des Silos notwendigen Aufsichtsperson besorgt werden kann.

Der Lüftungsvorgang selbst ist außerordentlich einfach. Je zwei gegenüberliegende Wände jeder Zelle werden als Zuluft- bzw. als Abluftseiten ausgebildet und bestehen aus übereinander versetzten Betonformsteinen. Die an den Enden dieser Formsteine befindlichen Hohlräume bilden beim Aufeinandersetzen die Zu- bzw. Abluftschächte, von denen in gewissen Abständen Schlitze in waagerechte Querkanälchen münden, die durch dachartige Vorsprünge und der dadurch entstehenden natürlichen Abböschung des Getreides gebildet werden. Die Luft wird durch den Ventilator in den Schächten hochgetrieben, tritt aus den Schlitzen in die Querkanälchen und durchzieht von diesen aus in ganzer Breite den Getreidestock, um auf der gegenüberliegenden Abluftseite in umgekehrter Reihenfolge ins Freie zu gelangen. Dadurch wird erreicht, daß kein Teil des Getreidestockes undurchlüftet, daher dem Verderben ausgesetzt bleibt.

In den Abbildungen 291 und 292 sind ausgeführte Beispiele für Getreidesilos bezeichneter Art zu sehen.

c) Lüftungssilo in Znaim (Tschechoslowakei), ausgeführt 1927/28 von der Firma Wayss & Freytag A.-G. und Meinong G. m. b. H., Brünn (Abb. 293, 294 u. 295). Dieser Lüftungssilo ist nach Bauweise Rank (s. S. 188) ausgeführt. Der Silo faßt 100 Bahnwagenladungen; er besitzt 44 Zellen, wegen deren Kleinheit man sie nicht in Eisenbeton, sondern in 15 cm starkem bewehrten Mauerwerk hergestellt hat. Die dachförmigen Vorsprünge zur Erzielung der waagerechten Luftkanäle und die lotrechten Luftschächte wurden aus Betonformsteinen gebildet. Bei der geringen Spannweite der Wände genügt natürlich bewehrtes Mauerwerk vollauf, vorausgesetzt, daß auf Wahl der Baustoffe und Ausführung der Mauerung besonderes Gewicht gelegt wird.

Abb. 293 zeigt die Gesamtanordnung in Höhenschnitten, und zwar Schnitt *A B* einen lotrechten Schnitt durch Silo und Anbau, von dem der eine Teil für die Vorreinigung, die Aufstellung der Wiegevorrichtung usw. verwendet wird. Man sieht hier auch zwei Silozellen übereinander für je etwa eine Bahnwagenladung. Das Getreide kommt durchweg nur mit Landfuhrwerk an und wird vom Silospeicher auch mit Straßenfuhrwerk abbefördert. Die Außenwände sind hier durch eine Luftschicht von etwa 5 bis 7 cm Stärke und eine zweite Ziegelwand gegen Einflüsse von Wärme und Witterung geschützt

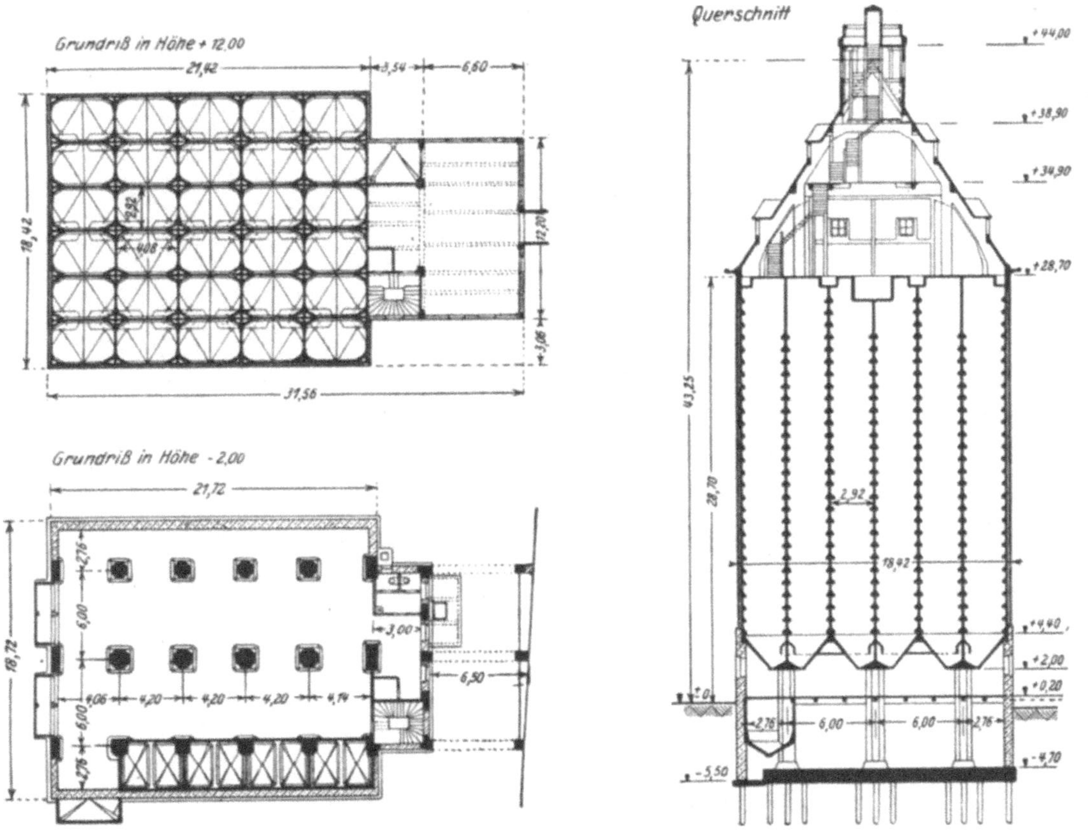

Abb. 297. Lüftsilo für die Ankerbrotwerke A. G. in Wien. Allgemeine Anordnung. (Ausführung: Wayss & Freytag A.-G. und Meinong G. m. b. H., Wien.)

(Abb. 294). Zur Erhöhung der Standsicherheit des Gebäudes sind drei waagerechte Eisenbetonroste angeordnet, welche über die Innen- und Außenmauern hinweggehen und hierdurch wieder eine Unterteilung der Luftschicht bewirken (Abb. 294, Schnitt *II—II*). Abb. 295 zeigt Einzelheiten der Zellenkonstruktion mittels Betonformsteinen, und Abb. 296 gibt einen Blick in das Innere einer Zelle von oben.

Abb. 295 zeigt die Luftkammern *I*, *II*, *III* u. *IV*, die mit den Ventilatoren in Verbindung stehen. In jeder Lüftungszelle sind zwei gegenüberliegende Wände als Lüftungswände ausgebildet, die Be- und Entlüftungswand.

Den vielleicht größten bisher überhaupt erbauten Lüftungssilo System Rank stellt der in Abb. 297 abgebildete Silo dar. Dieser Lüftungssilo wurde 1926/1927 von der Wayss & Freytag A.-G. und Meinong G. m. b. H., Wien, für die dortigen Ankerbrotwerke A. G. ausgeführt. Die gesamte maschinelle Anlage kann von einem einzigen

Mann bedient werden. Für die Durchlüftung sind zwei Ventilatoren mit einer Stundenleistung von zusammen etwa 13000 cbm eingebaut worden, die von je einem zwölfpferdigen Motor angetrieben werden; mit beiden Ventilatoren können vier Zellen gleichzeitig belüftet werden.

Bei dieser Ausführung hat die Belüftungswand an ihrem unteren Ende eine kleine nach unten offene Kappe (Abb. 297, Querschnitt), die mit der entsprechenden Luftkammer zwischen den Silotrichtern (im vorigen Beispiel, Abb. 295, mit *II*, *III* u. *IV* bezeichnet) durch eine Klappe in Verbindung steht und von der außerdem zwei lotrechte

Aufsicht auf den 1. bis 5. Boden.

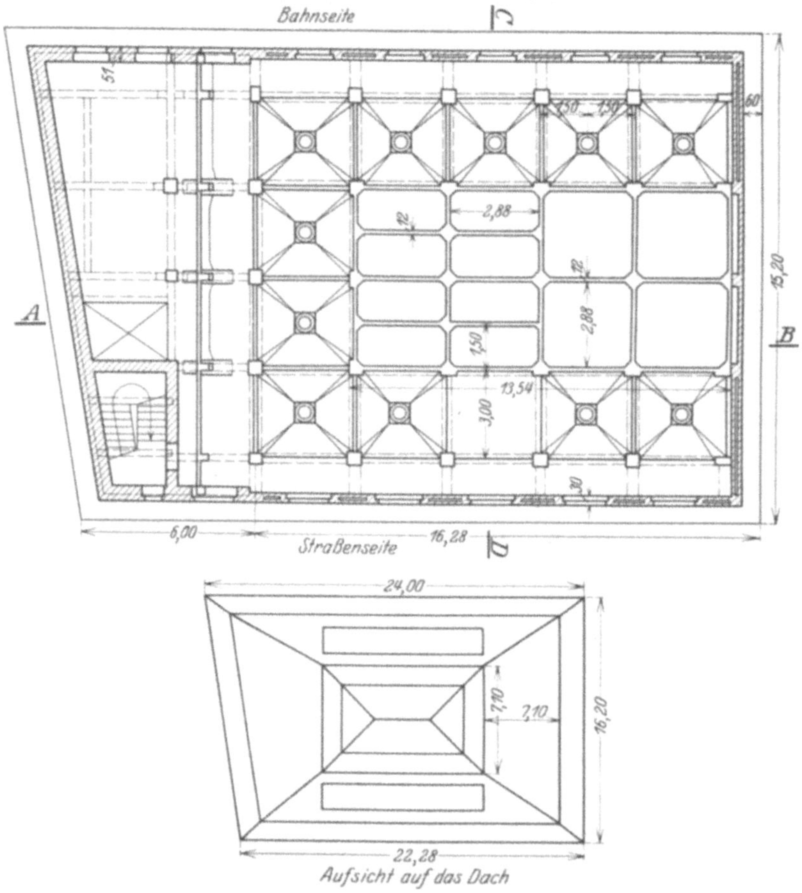

Aufsicht auf das Dach

Abb. 298. Getreidespeicher der Ermländischen Betriebsgenossenschaft G. m. b. H. in Allenstein. Allgemeine Anordnung: Grundrisse. (Ausführung: Wayss & Freytag A.-G. Königsberg i. Pr., Maschineneinrichtung: Gebr. Seck, Dresden.)

Luftkanäle innerhalb der Eckvouten nach oben führen; diese können durch Stöpselventile nach oben abgeschlossen werden.

Die Wand besitzt in Abständen von 75 cm vorspringende Dächer mit kleinen Nasen, an denen sich das Getreide abböscht und so waagerechte Luftkanäle bildet, die durch Schlitze mit den lotrechten Luftkanälen in Verbindung stehen. Die gegenüberliegende Entlüftungswand ist ähnlich ausgebildet mit waagerechten und lotrechten Lüftungskanälen; bei letzteren fehlt jedoch die kleine Luftkappe am unteren Ende, auch haben sie keine Verbindung mit den Hauptluftkanälen (Luftkammern). Sie beginnen vielmehr beim untersten waagerechten Kanal und gehen nach oben bis zum Siloboden, wo die abströmende Luft durch waagerechte Kanäle ins Freie gelangt.

Die Lüftung geschieht nun in der Weise, daß in die Luftkammern zwischen den Silotrichtern Druckluft geleitet wird, die (bei geöffneter Klappe) in den durch die nach unten offene Kappe gebildeten Kanal tritt und von diesem aus durch die lotrechten

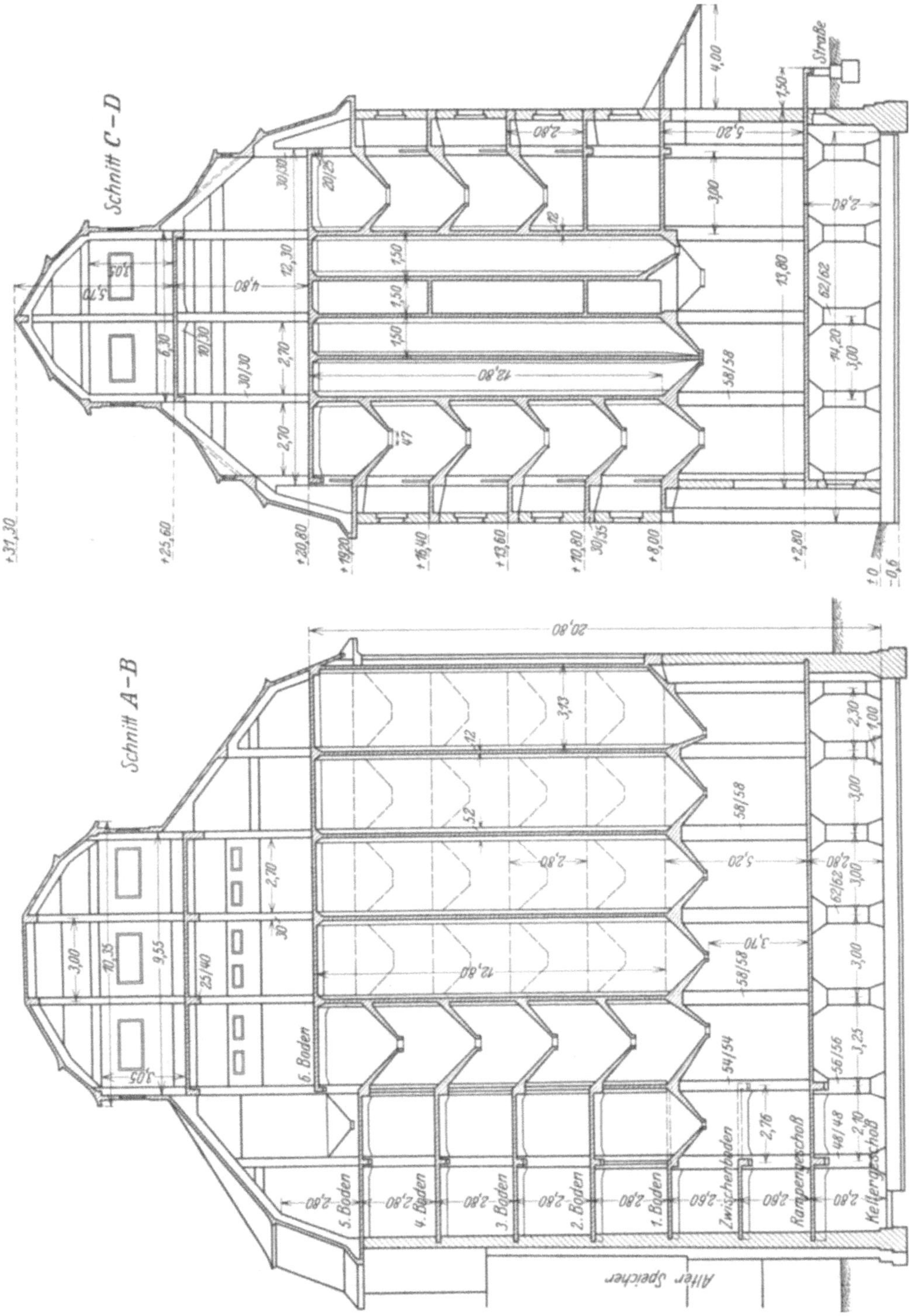

Abb. 299. Getreidespeicher Allenstein. Allgemeine Anordnung: Längen- und Querschnitt zu Abb. 298.

Voutenkanäle durch die Schlitze in die waagerechten Belüftungskanäle gelangt, von welchen sie durch das Getreide nach den gegenüberliegenden Parallelkanälen strömt, um von hier aus auf dem früher angegebenen Wege ins Freie zu entweichen. Bei nicht

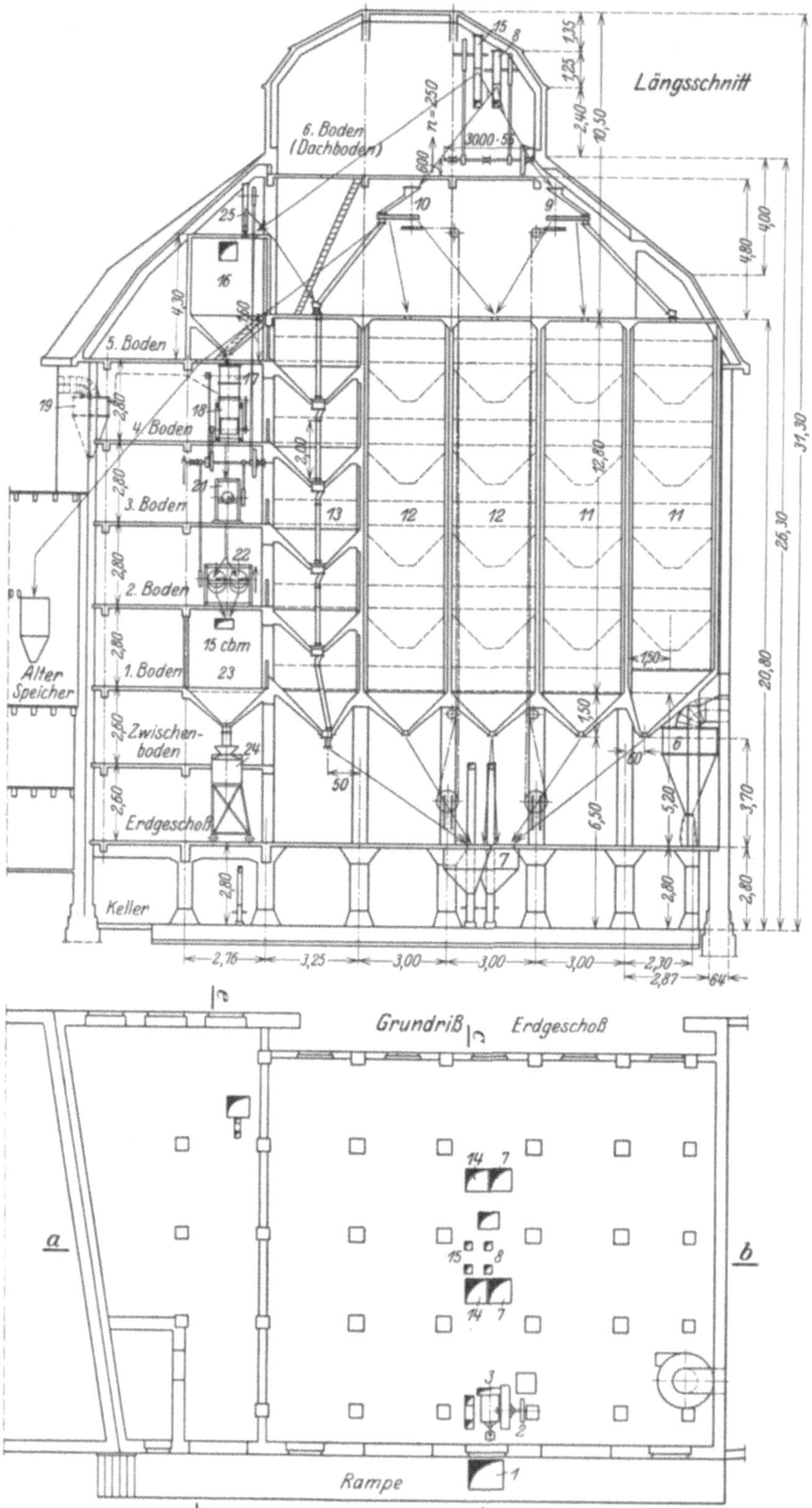

Abb. 300. Getreidespeicher Allenstein. Maschinelle Einrichtung.

vollgefüllten Zellen ist das bewegliche Ventil im lotrechten Luftschacht entsprechend tief einzustellen.

Die Silozellen samt vorspringenden Dächern sowie das rahmenartige hohe Zeltdach sind ganz in Eisenbeton ausgeführt [1].

d) Getreidespeicher der Ermländischen Betriebsgenossenschaft G. m. b. H. in Allenstein, ausgeführt 1924 von der Firma Wayss & Freytag A.-G., Königsberg i. Pr. (Architekt: A. Feddersen, Allenstein; Maschineneinrichtung: Gebr. Seck [2], Dresden) (Abbild. 298 u. 299). Der Getreidespeicher hat ein Fassungsvermögen von rund 1200 t, eine Höhe von rd. 30 m über Straße und dient vorwiegend zur Einlagerung von Getreide und Hülsenfrüchten aller Art. Er zerfällt in vier Abteilungen:

a) Lagereinrichtung,
b) Siloabteilung,
c) Reinigungsabteilung,
d) Mühle.

---

[1] Über Einzelheiten der Konstruktion und Bauausführung vgl. Fischer, K.: Der Getreide-Lüftungsspeicher der Ankerbrotwerke A. G. in Wien. Beton Eisen vom 20. Mai 1930 (Heft 10).

[2] Jetzt: „Miag" Mühlenbau und Industrie Aktiengesellschaft, Technische Zentrale Braunschweig.

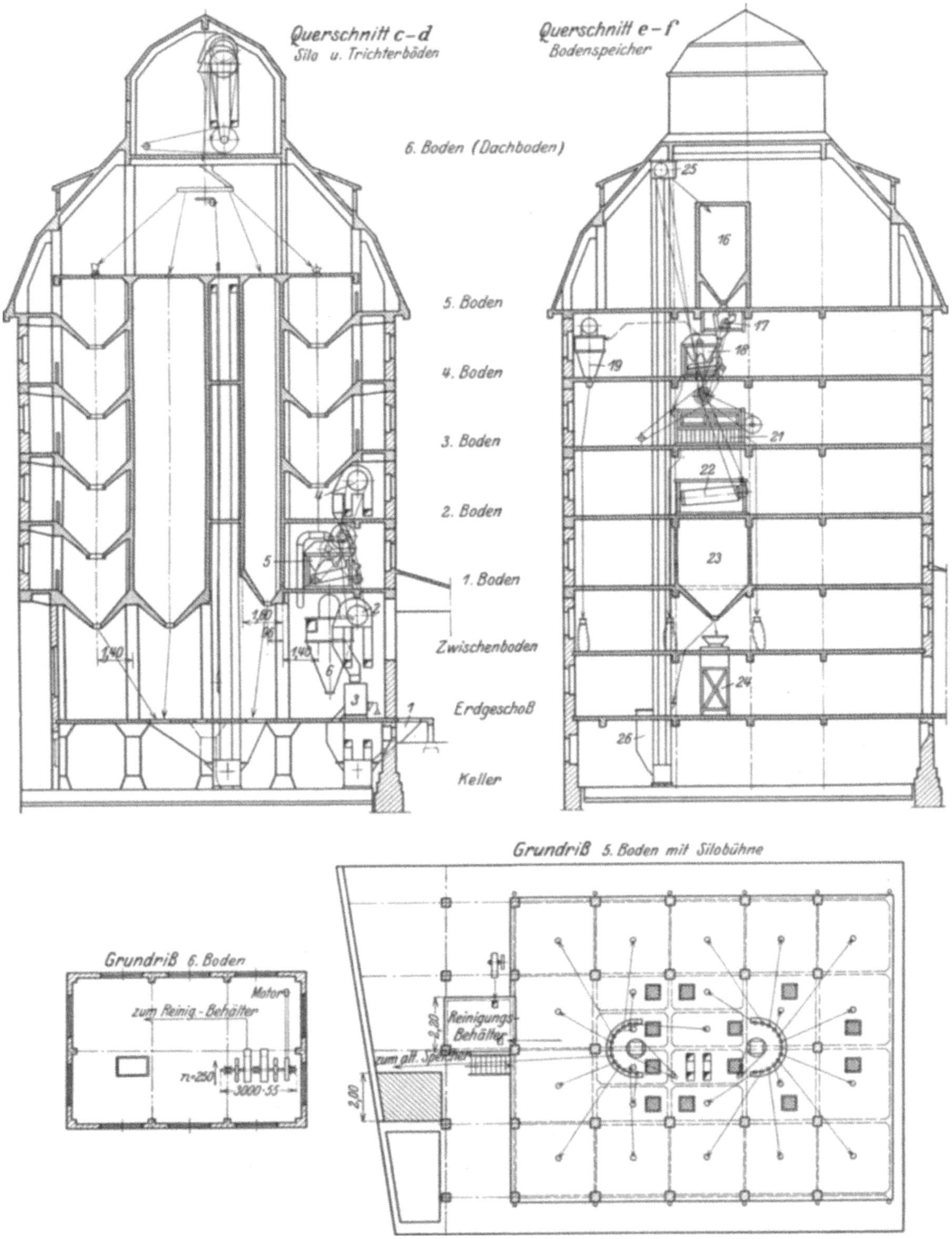

Abb. 301. Getreidespeicher Allenstein. Maschinelle Einrichtung (zu Abb. 300).
Vgl. hierzu auch das Wegeschema Abb. 302.

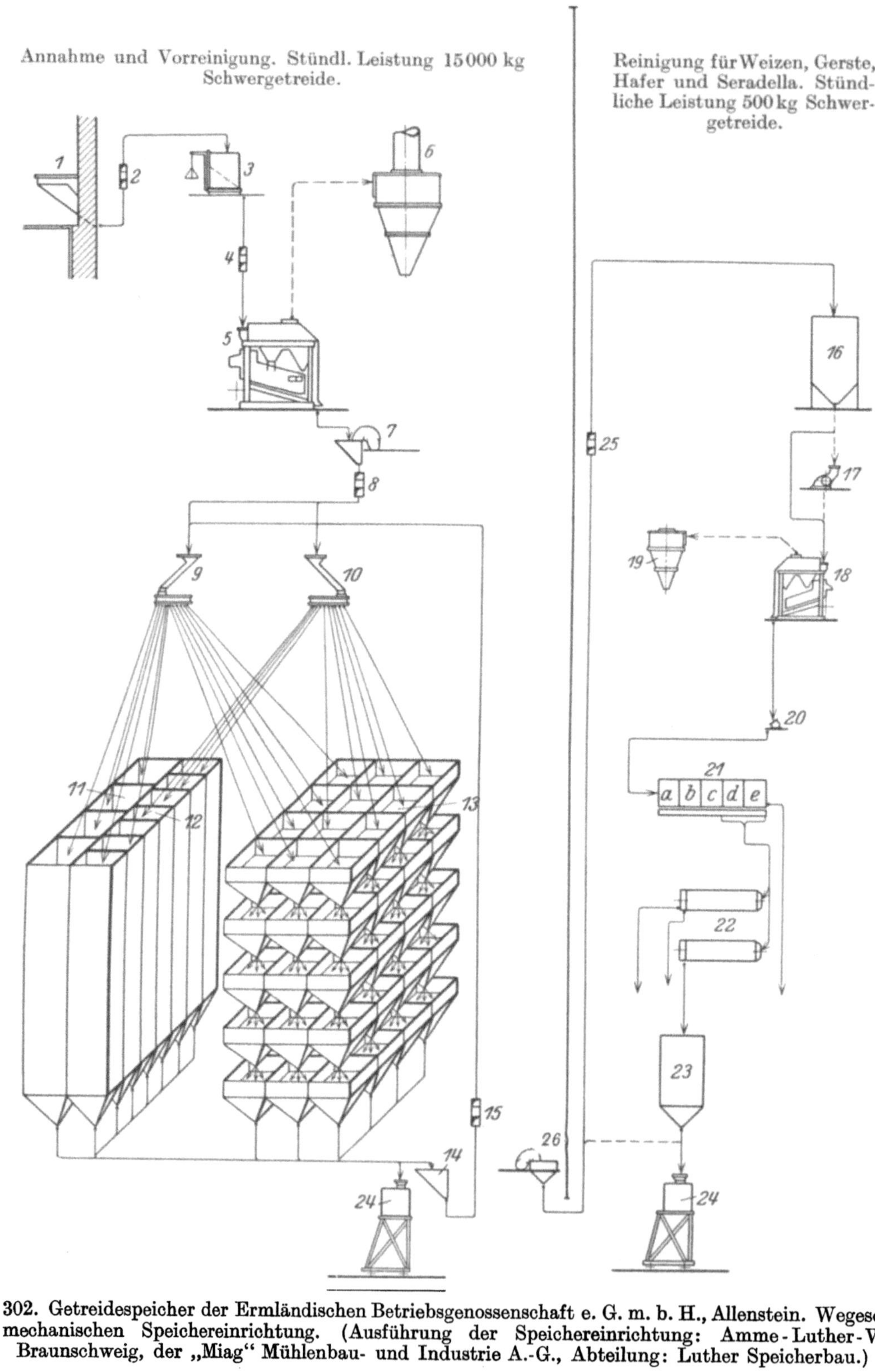

Abb. 302. Getreidespeicher der Ermländischen Betriebsgenossenschaft e. G. m. b. H., Allenstein. Wegeschema der mechanischen Speichereinrichtung. (Ausführung der Speichereinrichtung: Amme-Luther-Werke, Braunschweig, der „Miag“ Mühlenbau- und Industrie A.-G., Abteilung: Luther Speicherbau.)

1 Getreideannahme, Einschüttgosse, *2* Annahmeelevator, *3* Dezimalwaage, *4* Überhebeelevator, *5* Aspirator zur Vorreinigung, *6* Staubabscheider, *7* Einschüttgosse, *8* Hauptelevator, *9* Drehrohrverteiler für den Silospeicher, *10* Drehrohrverteiler für den Bodenspeicher, *11* u. *12* Silozellen, *13* Trichterböden, *14* Einlauftrichter, *15* Elevator zum Umstechen, *16* Vorbehälter, *17* Entgranner für Gerste und zum Brechen von Seradella, *18* Aspirator-Reinigungsmaschine, *19* Staubabscheider, *20* Magnet zum Auslesen von Eisenteilen, *21* Sortierzylinder, *22* Trieure zum Ausscheiden von runden Unkrautsämereien, *23* Nachbehälter *24* Fahrbare Absackwaage, *25* Elevator, *26* Einschüttgosse für die Reinigung von Getreide, Seradella und Erbsen.

Die Lagerabteilung umfaßt fünf Geschosse mit teils ebenen Decken, teils Trichterböden. Die Siloabteilung enthält vier Vollzellen und acht Halbzellen. Eine dieser Halbzellen (vgl. Abb. 299, Schnitt *C—D*) dient als Elevatorschacht, ist mit Steigeisen ausgerüstet und durch zwei Zwischenpodeste unterteilt. Die Trichterböden umgeben die Siloabteilung und sind in allen Geschossen durch umlaufende Gänge zugänglich und bedienbar.

Kleereinigung.
Stündl. Leistung 80 kg.

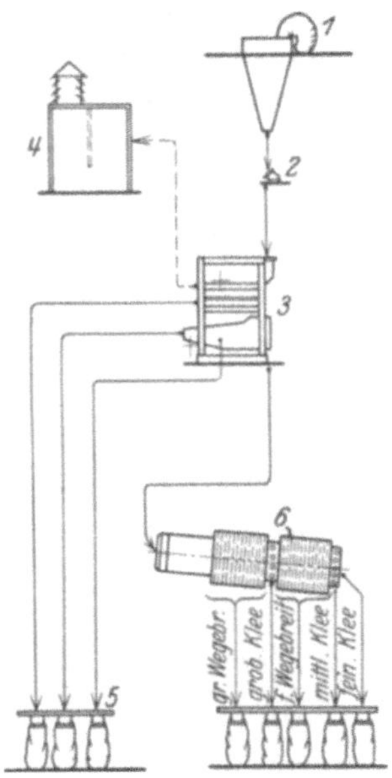

Schroterei und Ölkuchenvermahlung.

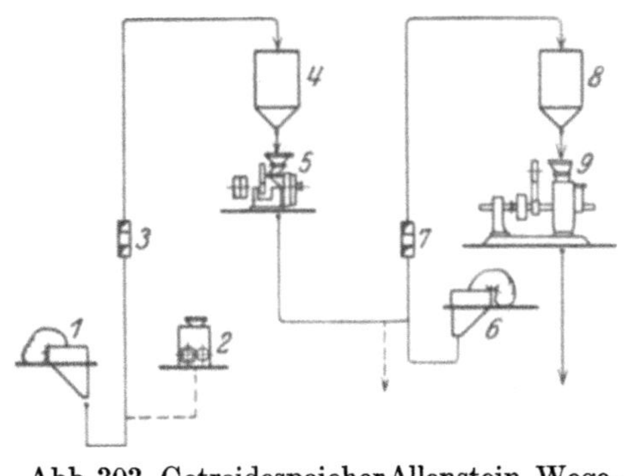

Abb. 303. Getreidespeicher Allenstein. Wegeschema für die Kleereinigung, Schroterei und Ölkuchenvermahlung im alten Speicher.

Kleereinigung.
1 Einschüttung, *2* Magnet, *3* Kleereinigungsmaschine, *4* Staubkammer, *5* Reinigungsabfälle, *6* Spezialtrieur mit umliegendem Sortierzylinder

Schroterei und Ölkuchenvermahlung.
1 Einschüttung, *2* Ölkuchenbrecher, *3* Elevator, *4* Behälter, *5* Exelsior-Schrotmühle, *6* Einschüttung, *7* Elevator, *8* Behälter, *9* Universalmühle Nr. 3.

Die Reinigungsabteilung und die Mühlenabteilung enthalten ebene Eisenbetondecken. Die Mühlenabteilung wurde erst nachträglich nach vollständiger Fertigstellung des gesamten Getreidespeichers eingerichtet, da sich herausstellte, daß die Reinigungsmaschinen nicht den gesamten hierfür vorgesehenen Raum in Anspruch nahmen. Über der Siloabteilung befindet sich eine ebene Abschlußdecke aus Eisenbeton und darüber das ausgebaute Dachgeschoß mit Kuppelaufbau, der vollständig freitragend ohne Zwischensäulen hergestellt wurde. In beiden Dachgeschossen sind Maschinen und Elektromotore aufgestellt. Neben dem Treppenhaus ist durch alle Geschosse durchgehend eine rund 6 m² große Öffnung vorgesehen (Abb. 298), die zum Hochziehen von Maschinen bei der Aufstellung und zur etwaigen Auswechslung von Maschinen benutzt werden kann. Diese Öffnungen sind daher durch eine herausnehmbare Holzbalkenlage abgedeckt.

Der ganz in Eisenbeton errichtete Speicher wurde an Stelle eines abgebrannten Speichers mit Holzbalkendecken erbaut. Die Fundamente der Umfassungswände und die Umfassungswände selbst bis zur Höhe des Erdgeschosses wurden beim Wiederaufbau mitbenutzt. Die Eisenbetonkonstruktion des Getreidespeichers ist jedoch so gewählt, daß das Umfassungsmauerwerk eines jeden Geschosses durch Längsträger und ausladende Konsolen abgefangen ist, so daß die Fundamente der Umfassungswände nur die Lasten der Kellergeschoßdecke und das Mauergewicht des Erdgeschosses zu tragen haben.

Der Getreidespeicher ist auf einer durchgehenden 50 cm starken Eisenbetonplatte gegründet. Bei Ausführung der Gründungsarbeiten stellte sich heraus, daß ein Teil des aus reinem Sand bestehenden Untergrundes weich und nachgiebig war, weshalb an dieser Stelle unter den Säulen Bohrpfähle von 4 m Länge hergestellt wurden.

Die Kellergeschoßdecke besteht aus einer trägerlosen Holzdecke. Der übrige Aufbau des Speichers bietet nichts Besonderes. Das Rampendach über dem Erdgeschoß ist aus Eisenbeton freitragend hergestellt. Die Dachdecke einschließlich des Kuppelaufbaues besteht ebenfalls aus Eisenbeton mit Biberschwanzeindeckung auf Winkeleisensprossen. In der Reinigungsabteilung und Mühlenabteilung ruht die Eisenbetonkonstruktion zum Teil auf den stehengebliebenen Umfassungswänden des ursprünglich vorhandenen Speichers.

Die Umfassungswände der Siloabteilung sind aus Mauerwerk 30 cm stark mit Luftschichten ausgefacht (Abb. 298). Die Außenwände sind mit Edelputz versehen und innen mit Kalkmörtel glatt geputzt. Sämtliche sichtbaren Betonkonstruktionen verblieben schalungsrauh und wurden zweimal gut deckend geweißt.

Die maschinelle Einrichtung wurde von der Firma Gebr. Seck[1], Dresden, geliefert und ist in Abb. 300 und 301 dargestellt.

Der Betrieb spielt sich hauptsächlich in der Weise ab, daß die Ermländische Betriebsgenossenschaft größere und kleinere Getreidemengen von den Landwirten der Umgebung aufkauft. Auf dem Annahme- und Verladeboden (Erdgeschoßdecke) befinden sich Einschütttrichter, welche in die Elevatoren münden. Das in Säcken mit Fuhrwerk ankommende Getreide wird in eine auf der Verladerampe an der Straßenseite angebrachte Einschüttöffnung des einen Elevators vor der automatischen Waage geschüttet. Von der Vorreinigung wird das Getreide durch einen Elevator auf einen der zwei auf der oberen Siloabschlußdecke eingebauten Verteilungsdrehapparate gehoben, durch welche das Getreide beliebig in die Silozellen und Trichterböden geführt wird. Mit einem vierten Elevator kann gleichzeitig aus den Silozellen und Trichterböden Getreide entnommen werden und über einen zweiten Verteilungsdrehapparat beliebig anderen Zellen zugeleitet oder auf die Saatgetreidereinigungsanlage oder in die Mahlmühle geleitet werden. Auf der Erdgeschoßdecke befinden sich außerdem der Abfertigungsraum mit zwei automatischen Waagen, wovon eine stationär für die Verwiegung des mit Fuhrwerk ankommenden Getreides, die andere fahrbar zum Verwiegen des von den Silozellen und Trichterböden entnommenen Getreides ist. Das Kellergeschoß dient als Lagerraum.

Abb. 304. Getreidespeicher Allenstein. Ansicht von der Straßenseite.

In Abb. 302 u. 303 ist ein Wegeschema der mechanischen Speichereinrichtung dargestellt, an Hand dessen sich der Arbeitsgang ohne weiteres verfolgen läßt. Die eingetragenen Zahlen beziehen sich auf die gleichen Zahlen in den Montagezeichnungen der Abb. 300 und 301.

Der Getreidespeicher besitzt nicht unmittelbaren Gleisanschluß. Der Hauptverkehr erfolgt durch Landfuhrwerke, die an der straßenseitigen Verladerampe unter dem Rampendach vorfahren. Auf der der Straßenseite gegenüberliegenden Rückseite ist es jedoch möglich, ein in etwa 12 m Entfernung vorbeiführendes normalspuriges Anschlußgleis zur Be- und Entladung ebenfalls zu benutzen.

Die vollständige Bauausführung nahm etwa 10 Monate in Anspruch. Die gesamten Baukosten beliefen sich, ohne die innere maschinelle Einrichtung, auf rd. RM. 300000.—.

Abb. 304 zeigt eine Ansicht des Speichers von der Straßenseite.

G. Grünfutterbehälter (Grünfuttersilos)[2].

I. Allgemeines.

Grünfutterbehälter oder Grünfuttersilos dienen zur Haltbarmachung (Konservierung) von Grünfutterpflanzen, um für die Stallfütterung der Haustiere im Winter kräftiges Saftfutter zur Verfügung zu haben.

[1] Jetzt: Amme-Luther-Werke, Braunschweig, der „Miag“ Mühlenbau und Industrie A.-G. Abteilung Luther, Speicherbau. (Vgl. auch Fußnote 2, Seite 194).

[2] Hoffmann, H.: Der Grünfutterbehälter. Stuttgart: Eugen Ulmer 1928. Naue, K.: Der deutsche Grünfuttersilo. Berlin: Paul Parey 1926.

Die einfachste Art der Haltbarmachung ist die natürliche Trocknung in der Sonne und die künstliche Trocknung durch Dörren. Die Trocknung kommt für alle Arten von Getreide und für Grünfutter in Betracht, während Wurzeln und Knollen (Möhren, Rüben und Kartoffeln) in Mieten und Kellern eingelagert werden, da sie in der Regel von sich aus haltbar sind.

Schwieriger ist die Einlagerung der frischen Ernteerträgnisse in Behältern, da diese besondere Sorgfalt und Erfahrung erheischt.

Bei den früher vielfach geübten Verfahren der Einsäuerung in Erdgruben und Mieten wurde das Futter möglichst fest zusammengepreßt, um die Luft herauszudrücken, und dann mit einer starken Erd- oder Lehmschicht gegen Luftzutritt geschützt.

Während die älteren Arten der Bergung der Ernteerträgnisse infolge der Ungunst der Witterung sehr oft schlechte Ergebnisse lieferten, ist die neuzeitliche Grünfutterkonservierung unabhängig vom Wetter bei Verwendung zweckmäßiger Silos oder wenn das überschüssige Wasser durch Zugabe von Häcksel bzw. Kaff oder durch Pressen, Trocknung des Grünfutters entfernt wird.

Es ist aber meist möglich, das geschnittene Grünfutter trocken oder leicht angewelkt (Warmvergärung) einzubringen.

Durch die Grünfutterhaltbarmachung können ferner Nährstoffverluste, die nach dem Schnitt am Felde bei längerer Lagerung infolge von Witterungseinflüssen eintreten, vermieden werden.

Die Zeit des Schnittes kann außerdem in den Jahresabschnitt (Sommer und Herbst) gelegt werden, wo die Pflanzen den größten Gehalt an wertvollen Nährstoffen (Eiweiß und Stärke) besitzen.

Die Einlagerung im Silo (Silierung) ermöglicht es, auch minderwertige, sonst nicht zur Fütterung geeignete Gewächse, wie Schilf, gefrorene Gräser, Kartoffeln und Rüben, durch Vergärung im Silo in ein brauchbares Dauersaftfutter zu verwandeln. Ein anderer Vorteil der Einlagerung im Grünfutterbehälter ist ferner die feuersichere Aufbewahrung von Futtermitteln für den Fall eines Brandes.

Wie die Erfahrung lehrt, ist die Verfütterung von Süßpreßfutter infolge seines Gehalts an wertvollen Nährstoffen für die Haustiere von sehr günstigem Einfluß; sie erhöht den Ertrag an Milch und steigert das Wachstum der Tiere.

Die Grünfutterkonservierung gestattet ferner eine Vermehrung des Viehbestandes und damit eine Vergrößerung der Düngererzeugung.

Die Güte des milchsauren Dauersaftfutters hängt jedoch in erster Linie ab von der Sorgfalt und Sachkenntnis, die bei der Silierung aufgewendet wird, ferner von der Eignung der verschiedenen Grünfutterpflanzen für die Einlagerung. Das Ergebnis der Haltbarmachung ist erst nach Abschluß des Verfahrens und bei Öffnung des Behälters festzustellen.

Der Grünfutterbehälter muß wasser-, gas- und wärmedicht sein und säurefeste, glatte und lotrechte Innenwandung besitzen. Zweckmäßig sind hohe Silos mit kleiner Grundfläche, da der Futterstock dann unter einem natürlichen hohen Druck steht.

Zu manchen zur Einlagerung nicht geeigneten Pflanzen sind Zusätze von Zuckerlösungen, Kartoffelflocken, Häcksel usw. zu machen. Häckseln von Frischfutter ist stets zu empfehlen.

Das Wesen der Haltbarmachung der Pflanzenmasse im Grünfutterbehälter beruht auf der Bildung von Säure (durch Bakterientätigkeit und chemische Vorgänge), die bei einem gewissen Sättigungsgrad jede weitere Veränderung des Futters verhindert. Hierbei sind hauptsächlich drei Arten von organischen Säuren (Fettsäuren) zu unterscheiden.

In erster Linie kommt Milchsäure in Betracht, eine milde Säure, die auf das Grünfutter günstig einwirkt und deshalb stets vorhanden sein soll. Daneben kann Essigsäure entstehen, welche in größeren Mengen den Tieren schädlich ist und einen stark sauren Geruch und Geschmack besitzt. Endlich bildet sich noch Buttersäure, die ebenfalls den Tieren unzuträglich ist und deren Entstehung daher möglichst verhindert werden soll; sie besitzt einen unangenehm stechenden Geruch.

Die Gärung soll daher im Silo so vor sich gehen, daß möglichst viel Milchsäure, wenig Essigsäure und keine Buttersäure ensteht. Letztere bedingt vor allem den Nährstoffabbau.

II. Die Grünfuttereinsäuerungsarten.

Man unterscheidet zwei Arten der Grünfuttereinsäuerung, die das gemeinsame Ziel verfolgen, das Grünfutter durch Säureentwicklung haltbar zu machen, die jedoch auf verschiedenen Grundsätzen beruhen, und zwar die Heiß- oder Warmvergärung und die Kalt- oder Lauvergärung.

Bei der Heiß- oder Warmvergärung muß das Grünfutter im Behälter einen bestimmten Wärmegrad, etwa 50° C, erreichen, worauf der Luftabschluß des Behälters erfolgt. Dieser Wärmegrad entsteht durch Selbsterwärmung der zuerst noch lebenden Pflanzen oder er wird auf künstlichem Wege durch Elektrizität erzeugt. Durch die erhöhte Wärme wird das Pflanzenleben zerstört.

Bei der Kalt- oder Lauvergärung erfolgt die Pflanzentötung durch Ersticken infolge Luftabschlusses.

Sobald die Pflanzenzellen abgetötet sind, beginnt der zweite Teil der Haltbarmachung, nämlich die eigentliche Konservierung.

1. Die Heiß- oder Warmvergärung[1].

Bei diesem Verfahren werden die Pflanzen schichtenweise lose eingebracht und sobald eine Schicht den Wärmegrad von etwa 50° C erreicht hat, wird sie durch Aufbringen einer neuen Futterschicht oder Auflage eines Deckels zusammengepreßt. Der Wassergehalt der Pflanzenmasse soll etwa 70% betragen, was durch Abwelkenlassen vor dem Einbringen erreicht werden kann, da bei diesem Feuchtigkeitsgrad erfahrungsgemäß am schnellsten der erforderliche Wärmegrad eintritt. Sperrige Pflanzenmasse ist zu zerkleinern.

Solange die grünen Pflanzen locker liegen, atmen sie und erzeugen Wärme. Infolge der Wärmebildung von etwa 40 bis 50° C sterben die Pflanzen ab und es beginnt ihre Zersetzung. Unmittelbar nach dem Pflanzentod wird der Futterstock zusammengepreßt, um die Luft zu entfernen. Bei dieser Zusammenpressung entstehen anaerobe (luftlose) Verhältnisse im Futterstock. Infolgedessen müssen alle Bakterienarten, die ohne Sauerstoff nicht leben können, ihre Tätigkeit einstellen.

Von den in Betracht kommenden Bakterienarten können nur Buttersäurebakterien und Milchsäurebakterien anaerob, also ohne Luft, leben, während Essigsäurebakterien nicht lebensfähig sind. Von den beiden ersteren Bakterien kann aber bei 45 bis 50° C nur das Milchsäurebakterium weiter bestehen, da bei 40° C jede Buttersäureentwicklung aufhört. Somit ist bei diesem Wärmegrad die Milchsäuregärung erreicht. Während dieses Vorganges sinkt der Wärmegrad allmählich und unter 40° C kann die unerwünschte Buttersäurebildung wieder einsetzen, wenn bis dahin die Milchsäure nicht einen bestimmten Sättigungsgrad (etwa 2 bis 2,5%) erreicht hat, der die Buttersäurebildung verhindert. Ist ferner vermieden, daß Luft wieder zum Futter gelangt, so ist auch bei weiterer Abkühlung ein vorherrschend milchsaures Futter erreicht. Neben der Milchsäure erzeugen im übrigen die Milchsäurebakterien stets etwas Essigsäure.

Eine sehr übersichtliche zeichnerische Darstellung des vorstehend kurz erläuterten Gärungsvorganges gibt Naue in Abb. 305. Der linke Teil *A* zeigt die Zeit des Wärmeanstieges infolge Zellenatmung der noch lebenden Pflanzen und der Bakterientätigkeit.

---

[1] Naue, K.: Der deutsche Grünfuttersilo. S. 17. Berlin: Paul Parey 1926. Entnommen Abb. 305 u. 306.

Säureentwicklung ist hier noch nicht möglich. Bei etwa 50° C tritt der Pflanzentod ein, worauf der Futterstock merklich zusammensinkt. Möglichst bald darauf werden durch Luftauspressen anaerobe Verhältnisse geschaffen (rechter Teil *B*). Der Wärmegrad beginnt wieder zu sinken, die Säureentwicklung setzt ein. Es entwickelt sich Milchsäure, die rasch den nötigen Sättigungsgrad erhält, um beim Eintritt in die Zone der Buttersäurebildung (37° C) diese unmöglich zu machen.

Ein Nachteil des Heißgärverfahrens liegt darin, daß es bei nassem Wetter häufig nicht gelingt, das Grünfutter auf 70% Wassergehalt abwelken zu lassen und somit die eingebrachte regennasse Pflanzenmasse sich nicht auf 50° C erwärmen kann. Somit ist dieses Verfahren in gewissem Sinne auch vom Erntewetter abhängig[1].

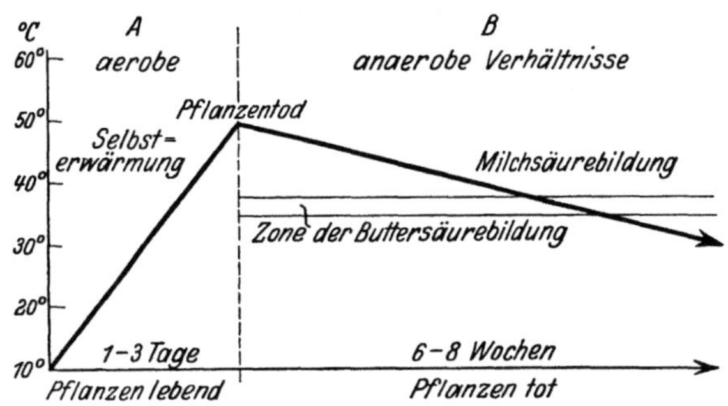

Abb. 305. Zeichnerische Darstellung der Heißvergärung.

Zur Ermöglichung der Gärvorgänge muß der Behälter luft- und wasserdicht sein. Ferner muß er auch wärmeundurchlässig sein, um, namentlich im Winter, die Wärme zusammenzuhalten. Die Silowände sollen glatt und ohne Absatz sein, damit das Futter leicht zusammensinken kann. Spitz- oder rechtwinklige Ecken sind zu vermeiden, da dort Lufthohlräume entstehen; die Ecken sind vielmehr auszurunden. Die Innenflächen sind gegen die Einflüsse der Säuren zu schützen. Der Silo soll ferner zum Wetterschutz überdacht sein.

Die Erwärmung des Futterstockes kann auch durch elektrischen Strom, der durch den Stock geleitet wird, erfolgen (Verfahren von Th. Schweizer der Elektro-Futter-Gesellschaft m. b. H., Dresden[2]). Dieses Verfahren macht den Landwirt vom Erntewetter unabhängig, da die Erwärmung des Futterstockes auf 50° C durch den elektrischen Strom geschieht.

2. Die Kalt- oder Lauvergärung.

Bei diesem Verfahren werden die Pflanzen möglichst dicht gelagert, um möglichst schnell anaerobe Verhältnisse zu schaffen; die Selbsterwärmung der Pflanzen fällt also fort und damit ist auch ein vorheriges Abwelkenlassen auf dem Felde nicht erforderlich; der Wassergehalt spielt hier also keine erhebliche Rolle. Infolge der Dichtlagerung werden die Pflanzen den Luftsauerstoff bald veratmet haben, ohne dabei eine wesentliche Wärmezunahme im Futterstock zu bewirken.

Es treten also nach kurzer Zeit anaerobe Verhältnisse ein, es entstehen Milchsäurebakterien und damit setzt die Milchsäurebildung ein, da der Wärmegrad unter der Zone der Buttersäurebildung (35° C) liegt. Zugleich bildet sich durch die Milchsäurebakterien etwas Essigsäure; größere Mengen können aber nicht entstehen, da zwar der erforderliche Wärmegrad (18 bis 35° C) vorhanden ist, aber der Luftsauerstoff (anaerobe Verhältnisse) fehlt.

Buttersäure entsteht überhaupt nicht.

Nach Erreichung eines gewissen Grades der Säurebildung hört diese auf.

Die Verluste an Nährstoffen sind bei der Kaltvergärung geringer als bei der Heißvergärung, da die vorherige Abwelkung und Selbsterwärmung im Behälter fortfällt.

Auch über das Kaltvergärverfahren gibt Naue[3] eine sehr übersichtliche zeichnerische Darstellung der Abb. 306, die den Vorgang ohne weiteres klarmacht. Der linke Teil *A*

---

[1] Über weitere Nachteile vgl. Naue: Der deutsche Grünfuttersilo. S. 22.
[2] Naue, K.: Der deutsche Grünfuttersilo. S. 29.
[3] Naue, K.: Der deutsche Grünfuttersilo. S. 26.

zeigt die geringe Selbsterwärmung der lebenden Pflanzen und die folgende kurze Zeit der intramolekularen Pflanzenatmung (unvollkommene Oxydation).

Als Ausgangstemperatur ist 20° C angenommen, doch kann jeder beliebige Wärmegrad zwischen 5° und 30° C zugrunde gelegt werden. Es entsteht dann jeweils eine der gezeichneten Linie gleichlaufende. Der Pflanzentod tritt unabhängig von dem Wärmegrad durch Sauerstoffmangel ein, da gleich bei Beginn die anaeroben Verhältnisse eingeleitet werden. Nach dem Pflanzentode (Teil *B*) sinkt der Wärmegrad im Futterstock, soweit er höher als die Außentemperatur ist, bis zu dieser herab. Inzwischen bildet sich mit Hilfe der anaerob lebenden Milchsäurebakterien Milchsäure in genügender Sättigung. Bildung von Buttersäure findet nicht statt, da die Wärme der Buttersäurebildungszone nicht erreicht wird.

Es ist darauf zu achten, daß sperriges Futter gehäckselt wird, damit sofort möglichst dichte Lagerung eintritt, und daß die Pressung nicht zu gering ist. Treten nicht sofort anaerobe Verhältnisse ein, so besteht die Gefahr der Bildung von Essig- und Buttersäure und das Futter wird sauer und übelriechend.

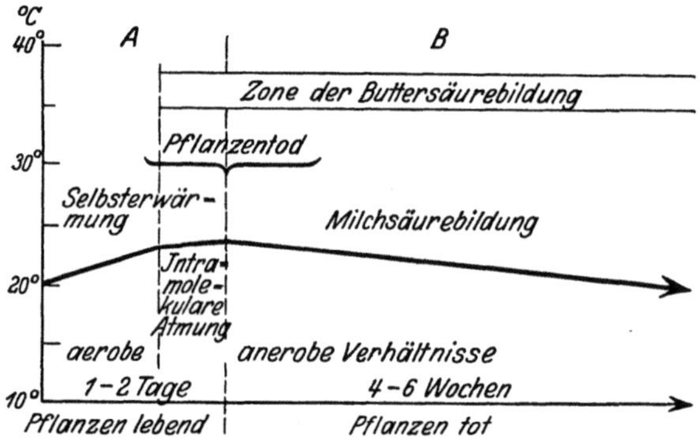

Abb. 306. Zeichnerische Darstellung der Kaltvergärung.

Tritt nach der Milchsäurebildung Luft zum Futterstock, dann verwandelt sich die Milchsäure in Essigsäure und es entsteht saures oder verschimmeltes Futter. Dieser Fall kann eintreten, wenn der Behälter undicht wird oder wenn durch Saftabfluß Luft in den Futterstock gesaugt wird oder wenn die fertige Silage zu lange der Luft ausgesetzt wird, z. B. beim Abnehmen des Deckels.

Da bei der Kaltvergärung der Wassergehalt keine Rolle spielt, ist dieses Verfahren von der Witterung unabhängig.

Da ferner keine Selbsterwärmung des Futters eintreten soll, kann täglich beliebig viel Futter, auch bei kalter Witterung eingebracht werden. Es ist erwünscht, möglichst große Mengen zu ensilieren und gleich nach dem Füllen (Abend) den Pflanzenstock zusammenzupressen (Preßdruck 500 kg/m²). Grobstengliges Futter ist, wie bereits erwähnt, zu zerkleinern, damit anaerobe Verhältnisse erreicht werden. Die Zerkleinerung kann stärker sein als bei der Heißvergärung, bei welcher anaerobe Verhältnisse erst später eintreten sollen.

Bei der Kaltvergärung ist die Wärmeisolierung nicht so wesentlich wie bei der Heißvergärung, aber auch hier ist Frostschutz anzustreben. Wesentlich ist bei diesem Verfahren die sofortige Ausübung eines starken Preßdruckes, damit nicht (über Nacht) eine Selbsterwärmung eintritt.

Um das Kaltgärverfahren zu unterstützen, empfiehlt sich in gewissen Fällen, z. B. bei Einsäuerung bakterienarmer Stoffe wie Kartoffelpülpe, Schlempe, ausgelaugte Rübenschnitzel und gedämpfte Kartoffeln, eine Impfung des Futters mit Milchsäurebakterien oder eine Zugabe von Salz oder Zucker; letzteren insbesondere bei zuckerarmen oder zuckerfreien Futtermitteln (Kartoffelpülpe und Schlempe)[1].

3. Einfüllen und Entnahme der Futtermasse.

Um das Grünfutter möglichst leicht von dem Wagen in den Silo zu befördern, wird dieses häufig bis etwa 2,5 m tief in die Erde versenkt oder man ordnet Anfahrtrampen an; zuweilen läßt sich auch die Geländegestaltung so ausnutzen, daß der Behälter an eine Böschung gestellt wird und die Wagen in Höhe der Oberkante heranfahren können.

[1] Über Zusatz von Salzsäure vgl. Naue, K.: Der deutsche Grünfuttersilo. S. 35.

Bei Vorhandensein von Grundwasser verteuert sich die Ausführung eines versenkten Behälters.

Eine neuere Art der Befüllung ist die mittels eines Höhenförderers oder Gebläses, welches mit der Häckselmaschine in Verbindung steht.

Die Entleerung des Silos geschieht zunächst von oben aus bis zu etwa 1,20 m Tiefe. Zur weiteren Entnahme dienen dann die Entnahmeöffnungen, die meist übereinander liegen und ganz dicht schließen müssen.

Beim Kaltgärverfahren, bei welchem das Futter gleich fest eingelagert wird, sackt es nach Eintritt des Pflanzentodes unter Preßdruck um etwa 30 bis 40% zusammen; der Silo ist also zunächst nur zu 60% befüllt. Er muß deshalb noch etwa zweimal nachgefüllt werden.

Um dieses Nachfüllen schneller ausführen zu können, empfiehlt es sich, auf den oberen Silorand noch einen Holzaufsatz zu stellen, da dann über die eigentliche Siloberkante gefüllt werden kann.

Aus betriebswirtschaftlichen Gründen wird der Silo meist in die Nähe der Verwendungsstellen, der Ställe, gesetzt.

Der sogenannte Saftablauf ist nur bei einigen Sonderverfahren nötig; er ist so auszuführen (siphonartig), daß die Luft von außen nicht eindringen kann.

Zum Schutze gegen Witterungseinflüsse werden die Silos meist überdacht. Die lichte Höhe des Dachraums über Silooberkante soll aus Betriebsgründen wenigstens 2 m, bei Verwendung eines Holzaufsatzes zum Befüllen wenigstens 3 m betragen.

Das Zusammenpressen des Futterstockes, um die Luft herauszupressen, erfolgt zuerst durch Festtreten durch Menschen oder Tiere. Hierauf folgt die Pressung durch geeignete Vorrichtungen wie Gewichtsbelastung oder mechanische Pressen (Hebel- oder Schraubenpressen).

Die Bedeckung des Pflanzenstocks zwecks Luftabschlusses geschieht mittels Erde, Lehm, Dachpappe, Stoff, Brettern usw.

Bei Verwendung eines Preßdeckels kommt zunächst unter diesen eine Dichtungsschicht aus Spreu, Torf, Sand, Lehm u. dgl.

III. Bauliche Ausbildung der Grünfutterbehälter.

1. Holzsilos.

Die Verwendung von Holz zur Herstellung von Silos hat in neuerer Zeit wegen der guten Eigenschaften des Holzes weite Verbreitung gefunden. Insbesondere macht es seine schlechte Wärmeleitfähigkeit und seine Widerstandsfähigkeit gegen Säureangriffe zur Ausführung von Grünfuttersilos sehr geeignet.

Die Ausbildung der Holzsilos erfolgt in der Regel ähnlich den Holzfässern aus einzelnen Dauben, die durch Eisenreifen zusammengehalten werden.

Die Haltbarkeit der Holzsilos kann vor allem durch Verwendung von ausgewähltem gutem Material sowie durch Tränkung und schützende Anstriche gesteigert werden.

Die Ausführung solcher Silos ist deshalb Sonderfirmen, die über genügende Erfahrungen verfügen, zu überlassen.

Natürlich wird die Lebensdauer wesentlich erhöht, wenn die Möglichkeit besteht, das Holzsilo in einen bestehenden Bau zu stellen, wo es den Witterungseinflüssen entzogen ist.

In der Regel gelangen Nadelhölzer zur Verwendung, unter denen sich Lärchenholz durch seine besondere Dauerhaftigkeit auszeichnet.

Auch eine Reihe ausländischer Holzarten (Schwarzkiefer, Gelbkiefer, Zypresse) sind wegen ihrer Haltbarkeit sehr geeignet.

Selbstverständlich soll das zu verwendende Holz lufttrocken und möglichst astrein sein.

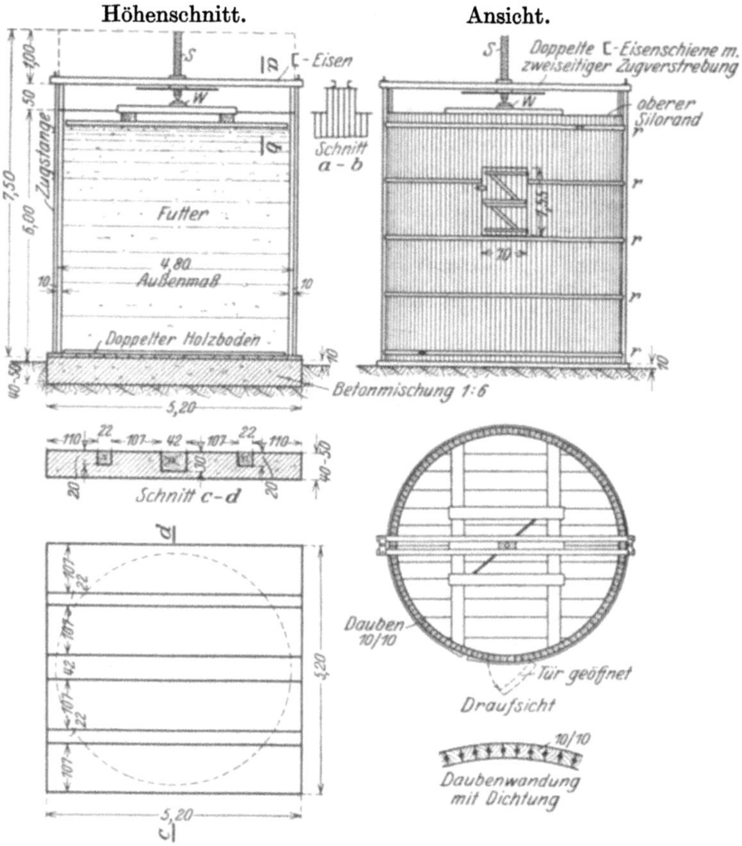

Abb. 307. Holzsilo „Hansa" der Firma Hansa-Holzwerk G. m. b. H., München.

Günstig auf die Haltbarkeit des Holzes wirkt die im Silo entstehende Milchsäure ein, die in die Poren eindringt und allmählich eine Glasur bildet (Milchstein). Die Bildung dieser Glasur kann durch Bestreichen des leeren Silos zwecks Desinfektion mit Kalkmilch gefördert werden[1].

Die gebräuchlichsten Bauarten von Holzsilos mögen nachstehend beschrieben werden.

a) Holzsilo „Hansa" der Firma Hansa-Holzwerk G. m. b. H., München (Abb. 307).

Dieser Silo besteht aus lotrecht im Kreise nebeneinander stehenden Holzdauben von 10 × 10 cm Querschnitt, die mit einer zwischenliegenden Masse, die flüssig eingebracht wird und später erhärtet, abgedichtet sind. Die Dauben werden durch 2 × 4 eiserne Halbreifen *r* mit Spannschloß zusammengehalten. Der Boden ist aus zwei Bohlenlagen zusammengesetzt und wird gleichfalls mit einer Masse gedichtet.

Die Pressung der Futtermasse geschieht durch eine Spindelpresse *S*, die ihr Auflager an zwei [-Eisen hat, welche an zwei gegenüberliegenden Seiten durch Zugstangen mit dem Siloboden verbunden sind. Die Spindel *S* wirkt auf das Widerlager *W* auf der Deckelkonstruktion.

Abb. 308. Hansa-Holzsilo auf Gut Granerhof, Oberbayern.

Der Holzboden wird auf eine 40 bis 50 cm starke Betonplatte (im Freien) gelegt, kann aber auch (innerhalb eines geschlossenen Raumes) auf jeder ebenen und trockenen Unterlage angeordnet werden. Er ist doppelt ausgeführt. Der untere Holzboden wird auf drei Balken befestigt, die in Aussparungen der Betonplatte liegen; er dient zur

[1] Naue, K.: Der Deutsche Grünfuttersilo. S. 91.

Aufnahme der lotrechten Holzdauben, während der obere Boden gegen den Silomantel stößt. Die Fugen sind durch Asphalt gedichtet.

Die Futterentnahmeöffnung wird den örtlichen Verhältnissen entsprechend zuletzt eingeschnitten und mit einem anpreßbaren Deckel verschlossen.

Der Spindeldruck wird auf einen aus Holzbohlen lose zusammengelegten Deckel ausgeübt. Der Silo besitzt keinen Sickerablauf.

Es werden folgende Normalgrößen hergestellt.

Type	Äuß. Durchm. m	Höhe m	Inhalt m^3
B	3,40	4,5	32
A	4,20	5,0	58
C	4,80	6,5	100

Abb. 308 zeigt eine fertige Siloanlage auf Gut Granerhof, Oberbayern.

b) Rosenheimer Holzrohrsilo der Firma Steinbeis & Consorten, Rosenheim, Oberbayern (Abb. 309). Dieser Silo besteht aus einzelnen, lotrecht stehenden Holzdauben, die innen und außen nach der Kreisform gehobelt und mit Feder und Nut zu einem kreisrunden Behälter zusammengesetzt sind. Die Dauben werden durch Rundeisenringe zusammengehalten; letztere sind an zwei lotrechten Kanthölzern mit Muttern versetzt, nachziehbar angeschlossen. Auch an der gegenüberliegenden Seite können die Rundeisen durch Spannschlösser angezogen werden. Diese Kanthölzer dienen gleichzeitig auch als Leiterbäume und zur Befestigung der Silotüren. Die Holzdauben stehen in einer kreisrunden Nut des Holzbodens. Letzterer besteht aus mit parallelen Fugen zusammenstoßenden Bohlen, die durch Rundeisenanker zusammengehalten werden. Zur Abdichtung wird die Nut mit heißem Asphalt ausgegossen. Statt des Holzbodens kann auch eine Betonplatte verwendet werden, die gleichfalls mit einer Kreisnut versehen wird.

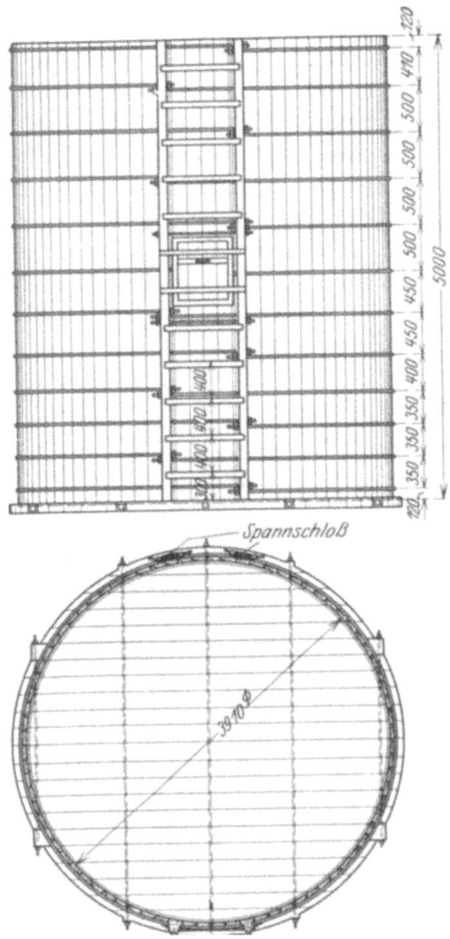

Abb. 309. Rosenheimer Holzrohrsilo der Firma Steinbeis & Consorten, Rosenheim.

Sickersaftablauf ist nicht vorhanden. Das Pressen der Pflanzenmasse erfolgt durch Belastung mit Steinen, Sandsäcken, Kies usw., die auf eine dicht an die Silowandung anschließende in sich abgedichtete Decke gleichmäßig aufgebracht wird.

Die Futterentnahmeöffnungen werden durch Holztüren, die durch Keile angepreßt werden, gasdicht verschlossen. Die Holzrohrsilos werden in folgenden Normalmaßen hergestellt:

Durchm. m	Höhe m	Inhalt m^3	Türen St.
2,70	3,50	20	—
3,36	4,50	40	1
3,91	5,00	60	1
4,12	6,00	80	2

Türgröße 60 × 70 cm.

Abb. 310 zeigt das Schaubild eines ausgeführten Silos.

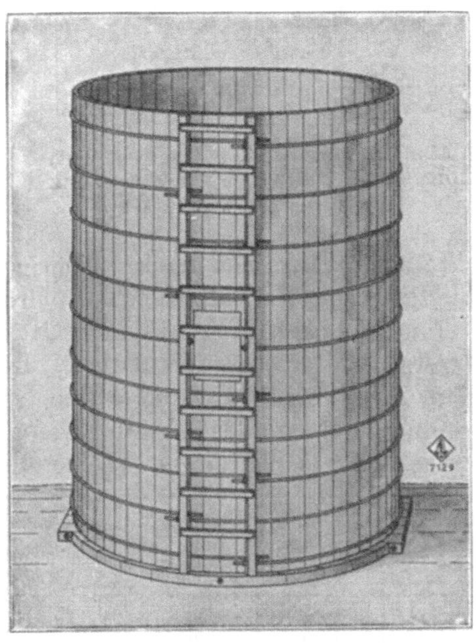

Abb. 310. Schaubild eines ausgeführten Rosenheimer Holzrohrsilos.

c) Holzsilo „Podeus" der Maschinenfabrik Podeus A.-G., Wismar i. Meckl. (Abb. 311 u. 312). Der luft-, gas- und wasserdichte Abschluß wird bei diesem Silo erreicht durch eine mechanische Abdichtung der Wandungen, und zwar durch Zusammenpressen der Mantelhölzer in Nut und Feder mit Hilfe von kurzen Zugstangen und Schrauben. Es sind also nicht lange Bänder um den Silo gelegt, sondern alle Stellen können einzeln gespannt werden. Durch diese Vorrichtung ist die Beseitigung etwa auftretender örtlicher Undichtigkeiten gesichert, so daß der Silo immer völlig dicht gehalten werden kann. Der Mantel des Silos besteht aus einzelnen Segmenten, die fertig für den Zusammenbau geliefert werden. Durch diese Ausbildung ist es möglich, den Holzsilo in wenigen

Abb. 311. Schaubild eines ausgeführten Holzsilos „Podeus" der Maschinenfabrik Podeus A.-G., Wismar i. Meckl.

Abb. 312. Einzelansicht der Konstruktion des Holzsilos „Podeus".

Tagen aufzustellen nach vorheriger Ausführung des Fundamentes. Der Abschluß des Silos gegen das Betonfundament wird durch einen verspundeten Holzboden gebildet; die Fuge zwischen Mantel und Boden ist gedichtet. Der für die gleichmäßige Warm- und Kaltvergärung erforderliche Druck wird durch Pressung des Futters bewirkt. Die Presse ist im Dach aufgehängt und läßt sich von außen mittels einer Kette betätigen. Sie wird mit Sand, Steinen oder Lehm belastet. Der Preßdeckel kann in jeder Höhe festgestellt, jedoch auch zum selbsttätigen Nachsinken eingerichtet werden, damit die Futtermasse unter gleichmäßigem Druck bleibt.

Das Füllen des Silos erfolgt entweder von oben durch Luken im Dach und in der Presse oder durch Mannlochtüren in verschiedener Höhe der Wandung. Diese Türen dienen später zur Entnahme des Futters. Der Silo wird in nebenstehenden drei Größen hergestellt:

Typ	Äuß. Durchm. m	Normalhöhe m	Inhalt m^3
A	3,42	6,35	50
B	4,80	6,35	100
C	4,80	9,60	150

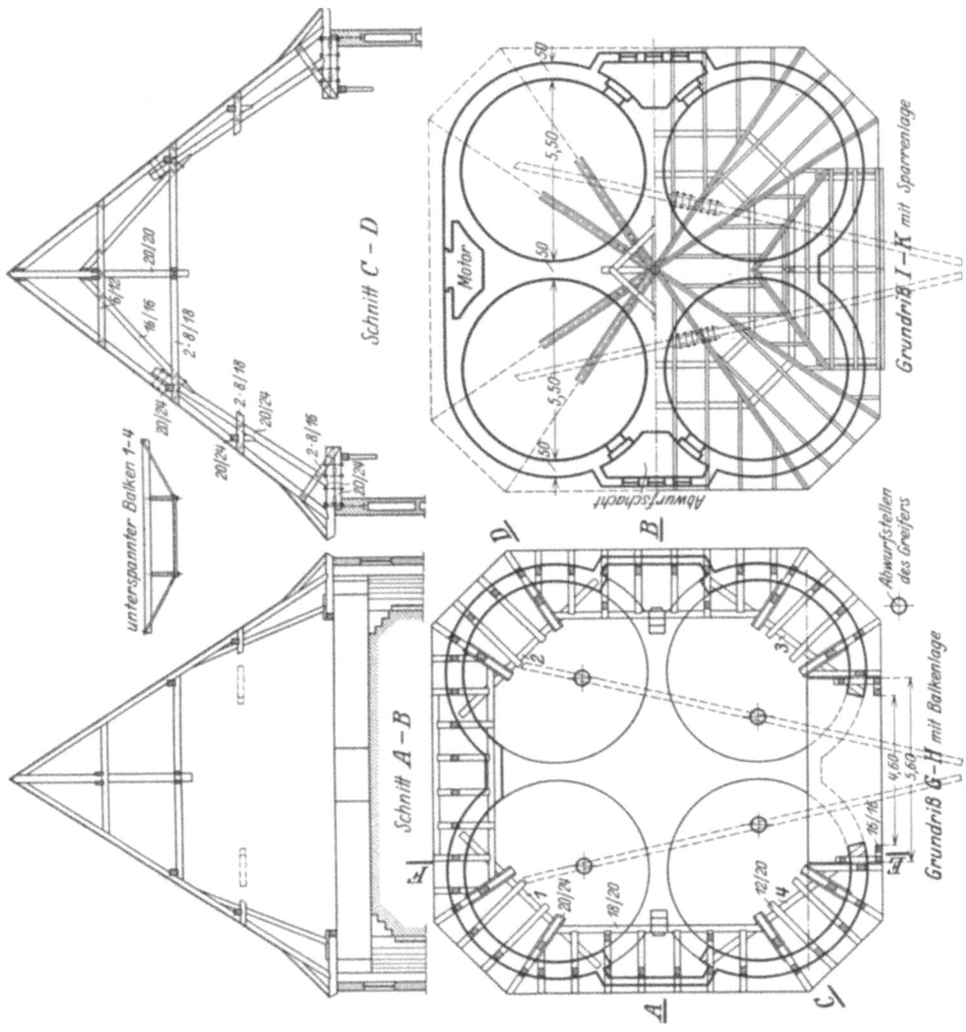

Abb. 314. Grünfuttersilo Groß-Kussewitz. Grundrisse und Schnitte mit Ausbildung der Dachkonstruktion (vgl. Abb. 313).

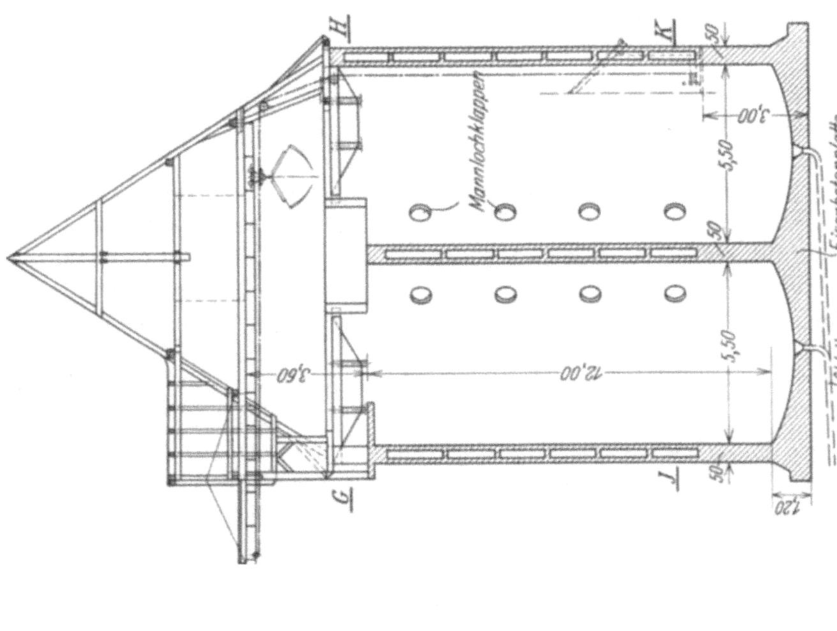

Abb. 313. Grünfuttersilo aus Hartbrandsteinen in Groß-Kussewitz. Höhenschnitt nach *E—F* (vgl. Abb. 314.). (Ausführung: Herm. Röwer, Ribnitz.)

2. Grünfuttersilos in Backsteinen und Betonformsteinen.

Als Baustoffe kommen hier gebrannte Lehm- oder Tonziegel, vor allem Hartbrandziegel und Klinker, Ziegelhohlsteine und Betonformsteine in Betracht.

Die hartgebrannten Ziegel- oder Backsteine sind vermöge ihrer Porosität schlechte Wärmeleiter, was für Hohlsteine in noch höherem Maße zutrifft, ferner sind sie genügend säurefest.

Offene Hohlsteine besitzen den Nachteil, daß infolge der dünnen Berührungsflächen von nur 2 bis 3 cm der Wandungen eine Dichtigkeit nur schwer zu erzielen ist, da der Mörtel in die Hohlräume läuft, ohne diese dicht abzuschließen. Es sind daher möglichst nur geschlossene Hohlsteine zu verwenden[1].

Die durch Innendruck im Mauerwerk erzeugten Zugkräfte werden durch Eiseneinlagen in den Fugen, die in Zementmörtel einzubetten sind, aufgenommen.

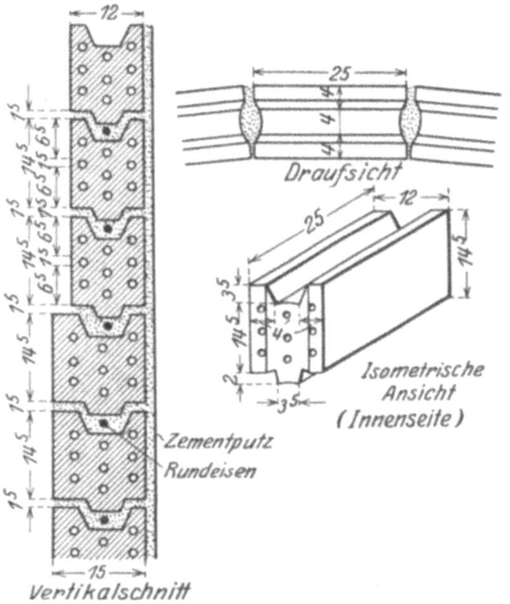

Abb. 315. Ausbildung der Wand des Hofmannschen Nutenbacksteinsilos mit Feder und Nut und Aushöhlungen an den lotrechten Fugen.

Das gilt ebenso für Betonsteine, falls die Rundeisen nicht in eine Betonfüllschicht gelegt werden.

Naturgemäß kommen bei den verschiedenen Bauweisen, die nachstehend beschrieben werden mögen, auch gemischte Anordnungen vor.

a) Grünfuttersilo aus Hartbrandsteinen in Groß-Kussewitz[2], ausgeführt 1928 von der Firma Herm. Röwer, Ribnitz i. Meckl. (Architekt Max Krüger, Ribnitz) (Abb. 313 u. 314). Der vierteilige Silo ist auf einer durchgehenden Eisenbetonplatte gegründet. Die Umfassungswände sind als Hohlwände aus Hartbrandsteinen in Zementmörtel errichtet. Die Hohlwand besteht aus zwei ½ Stein starken Schalen mit 25 cm breitem Luftraum, Gesamtstärke 50 cm. Die beiden Schalen sind durch waage- und lotrechte Zungen miteinander verbunden, wodurch in sich abgeschlossene ruhende Luftzellen entstehen, die für die Isolierung gegen Wärmeeinflüsse außerordentlich wichtig sind. Die in den einzelnen Behältern auftretenden Ringspannungen werden durch eine hinter der inneren Wandschale liegende Eisenbewehrung aufgenommen. Die inneren Wandflächen der vier Behälter haben einen sorgfältig hergestellten 3 cm starken Zeresitputz erhalten, der zum Schutz gegen Säureangriff (Milchsäure) zweimal mit Emaillit gestrichen ist.

Die Füllung des Behälters geschieht durch einen elektrisch betätigten Greiferaufzug, der so eingestellt werden kann, daß er das Silagegut selbsttätig in den einzelnen Behälter abwirft. Das Futter fällt hierbei mit großer Wucht in den Behälter, so daß die noch im Futter befindliche Luft durch den Aufprall herausgepreßt und ein besonderes Festtreten nicht mehr erforderlich wird. Luftsäcke, die zur Schimmelbildung Anlaß geben, werden hierdurch vermieden. Durch das Eigengewicht der 12 m hohen Futtersäule entsteht eine weitere natürliche Pressung, die zur guten Futterhaltbarmachung äußerst notwendig ist. Eine mechanische Pressung und eine weitere Wartung ist nach erfolgter Füllung nicht mehr erforderlich. Aus diesem Grunde ist gerade der Futterturm mit hoher Futtersäule für größere landwirtschaftliche Betriebe eine sehr zweckmäßige Anlage.

Die Entnahme des Futters aus dem Silo erfolgt durch luftdicht verschließbare, gußeiserne Mannlochklappen (Abb. 313), außerdem kann die Entnahme noch durch den Greifer

[1] Hoffmann, H.: Der Grünfutterbehälter. S. 78. [2] Gehört zur S. 37 beschriebenen Anlage.

betätigt werden. Das Fassungsvermögen des Silos beträgt rd. 1100 m³. Die äußeren Umfassungswände haben einen gelb gekalkten Schlämmputz erhalten. Das Dach ist mit

Abb. 316. Ausgeführte HK-Grünfuttersilo der Firma Hermann Katzenberger, München.

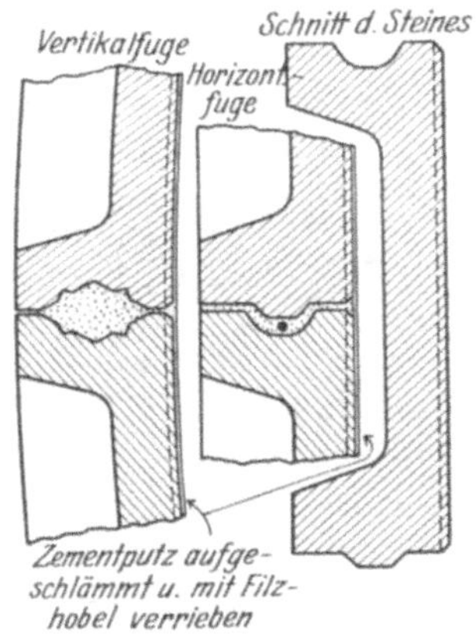

Abb. 317. Betonformsteine des HK-Grünfuttersilos.

Biberschwänzen als Kronendach eingedeckt, wobei die Dachhaut über die Grate ohne Verwendung von Halftern hinweggezogen worden ist. Hierdurch entstanden äußerst weiche Gratlinien. Das Holzwerk der Gesimse und Türen ist mit Karbolineum braun gestrichen. Der Silo ist in Abb. 87 im Hintergrunde zu sehen.

b) Nutenbacksteinsilo von Hoffmann[1] (Abb. 315), der aus gelochten Hartbrandsteinen mit Nut und Feder an den waagerechten Fugen, und Aushöhlungen an den lotrechten Fugen besteht. In die waagerechten Fugen werden die Rundeisen zur Aufnahme der Zugkräfte gelegt. Die lotrechten Fugen werden ausgegossen und gewährleisten wegen ihrer Form den dichten Anschluß in den Stoßfugen. Die Steine sind 14,5 cm hoch, 25 cm lang und werden in zwei Stärken von 12 und 15 cm hergestellt.

Sie besitzen 9 waagerechte Löcher von 10 mm Durchmesser, die einen gleichmäßigen Brand gewährleisten, das Gewicht des Steines vermindern und ihm eine bessere Wärmedichtigkeit verleihen.

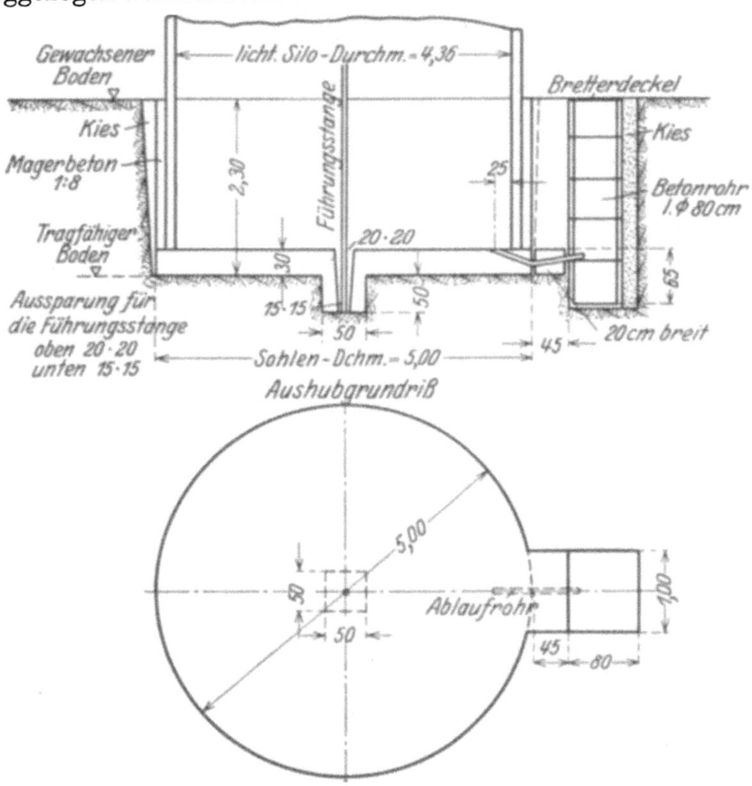

Abb. 318. Fundierung mit Entwässerungsschacht des HK-Grünfuttersilos.

c) HK-Grünfuttersilo der Firma Hermann Katzenberger, München (Abb. 316 u. 320).

[1] Hoffmann, H.: Der Grünfutterbehälter. S. 288.

Dieser Silo wird in fünf Größen mit lichten Durchmessern von 3,2 m (8 m²), 3,6 m (10 m²), 4,0 m (12,5 m²), 4,36 m (15 m²), 5,0 m (20 m²) ausgeführt, und zwar aus Betonformsteinen, die fabrikmäßig hergestellt werden. Die Formsteine sind 58 cm lang und 33 cm hoch; die Innenwand ist 4 cm stark, die Randverstärkungen 4 cm breit und 10 cm stark. Sie sind auf Wasserdichtigkeit und Säureundurchlässigkeit durch ein bewährtes Verfahren imprägniert. Die Ausbildung des Formsteines in Kassettenform ermöglicht einerseits die Schaffung einer breiten mörtelfesten Fuge, andererseits gibt sie Sicherheit gegen Transportschäden. Durch die äußeren Verstärkungsrippen entstehen bei der Aufmauerung (in Zementmörtel) Verstärkungsringe, die zur Aufnahme der Rundeisen dienen (Abb. 317). In den lotrechten Stoßfugen wird durch Aussparungen der Steine ein rautenförmiger Kern, der den Zusammenhalt erhöht, erzeugt. In den waagerechten Lagerfugen wird durch Anordnung von Nut und Feder ein vollkommen dichtes, von Luftblasen und Hohlräumen freies Mörtelband erreicht.

Abb. 319. Elefantsilowalze des HK-Silos zum Pressen des Futters.

Zur Regulierung des Saftabflusses erhält der Silo einen seitwärts angelegten Entwässerungsschacht, der mit der Behältersohle durch ein siphonartiges Ablaufrohr verbunden ist (Abb. 318).

Die Fundierung des Silos (Abb. 318) erfolgt je nach den örtlichen Verhältnissen in Stampfbeton 1 : 10 bis 1 : 8 oder in Eisenbeton 1 : 6. Abb. 318 zeigt die Anlage des Saftablaufschachtes. Die Sohle des Behälters wird gewöhnlich 2 m tief in den Boden gelegt. Der im Boden stehende Teil des Behälters erhält außen einen Gudronanstrich und wird mit einem Magerbeton 1 : 8 versehen. Nach der Aufmauerung werden die Behälterfugen sorgfältig ausgekratzt und mit Bedinitzement außen und innen ausgefugt. Die Behälterwände erhalten nach Austrocknung einen dreimaligen Anstrich mit einer säureabweisenden Dichtungsmasse, wodurch Säurefestigkeit und Gasdichte der Wandungen gewährleistet ist. Zur Abdeckung und Pressung des Grünfutters wird entweder eine einfache Deckel-

Abb. 320. Eingebautes HK-Grünfuttersilo.

presse mit leicht beweglichen Gewichtssätzen oder eine andere Silopresse verwendet. Eine Neuerung, die sich gut bewährt hat, stellt die Elefantsilowalze (Abb. 319) dar. Dieselbe ist ein Hohlkegel mit geringem Leergewicht, der durch Einschieben von Betongewichten bis zu einem Gebrauchsgewicht von 1000 kg gebracht werden kann. Die Silowalze wird durch eine in der Sohle einbetonierte Stange geführt.

Das Grünfutter wird in Schichten von 10 cm eingelegt und jede Schicht sofort überwalzt. Neben einer Erhöhung des nutzbaren Fassungsraums wird dadurch eine größtmögliche Sicherheit für das Gelingen der Konserve geboten. Da der Druck der gefüllten Walze sich in einem kleinen Dreieck auf die Futterfläche überträgt, ist die Walze besonders für die Anwendung des Kaltgärverfahrens geeignet.

Abb. 321. Betonformstein für das Aurich-Universalsilo der Silo- und Kulturtechnik Richard Aurich, Dresden.

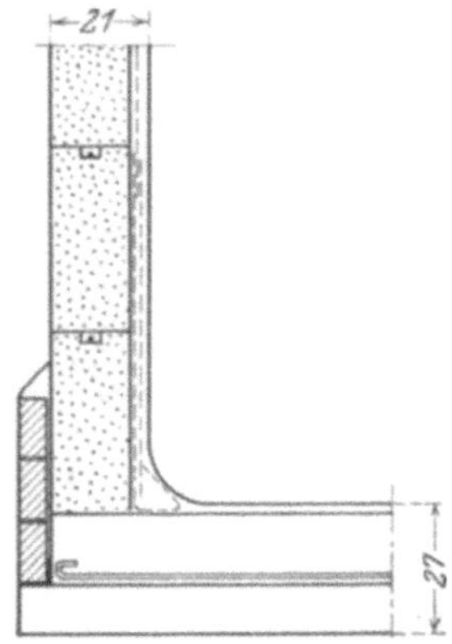

Abb. 322. Ausbildung der runden Behälter. Schnitt durch Wand und Fundament.

Bei Aufstellung der Behälter im Freien ist eine Wärmeisolierung durch Holzummantelung erforderlich.

Auswurfsöffnungen können an jeder beliebigen Stelle angebracht werden.

Abb. 320 zeigt einen ausgeführten Silo von 80 m³ Inhalt, welcher eingebaut ist.

d) Aurich-Universalsilo der Silo- u. Kulturtechnik Richard Aurich, Dresden.

Abb. 323. Deckelabschluß und Kleinkran eines Silos auf Rittergut Schrader, Müggenhall.

Dieser Silo wird in zwei Grundformen hergestellt, und zwar als kleinerer quadratischer, in den inneren Ecken abgerundeter und als größerer runder Silo. Der Kleintyp ist für Klein- und Mittelbetriebe, der Großtyp für größere Betriebe gedacht.

Der Silo wird aus großen Betonformsteinen (Abb. 321 u. 322) hergestellt, die sowohl für quadratische als auch für runde Behälter in gleicher Art verwendet werden. Im Innern wird eine Feinbetonschicht aus wasserdichtem Beton an die Wand anbetoniert. Wände und Boden sind bewehrt und isoliert. Jeder Behälter wird für sich auf besonderem Eisenbetonfundament ausgeführt. Die äußeren Wandflächen erhalten Pinselputz und Schutzanstrich. Unter Erde und etwas darüber wird der Silo durch eine $\frac{1}{4}$ Stein starke Ziegelmauer oder eine Betonwand gegen Nässe und andere Angriffe geschützt.

Abb. 324. Silofüller für Großtyp auf Rittergut Ganzer, Kade, Bez. Magdeburg.

Futterentnahmeöffnungen besitzt der Silo nicht; ebenso fehlt der Saftablauf.

Das Fundament liegt je nach dem Grundwasserstand bis zu 2 m unter Erdoberfläche. Zwecks Erleichterung der Einlegearbeiten können Rampen oder Hochfahrten angeordnet werden. Im Freien stehende Silos sind zu überdachen.

Die quadratischen Silos werden bis $2,4 \times 2,4$ m lichtem Querschnitt und 4 m Nutzhöhe, die runden Silos bis 4 m lichtem Durchmesser und 6 m Nutzhöhe hergestellt; dem entspricht ein nutzbarer Inhalt von 23 bzw. 75 m^3.

Der Behälter kann geschlossen werden, entweder durch eine Lehmschicht, einen hölzernen Deckel mit untergelegter Dichtungsschicht und Belastung oder Preßvorrichtung und endlich mit dem von der Firma gelieferten luftdicht schließenden Deckel aus Stahlblech; letzterer ruht mit seinem nach unten gerichteten Rand in einer in den oberen Silorand eingelassenen, luftdicht verschließbaren Rinne.

Zum Entleeren der Silos empfehlen sich Kleinkrane mit Fördergefäßen; auch der Deckel wird mit diesen bewegt.

Abb. 323 zeigt den Deckelabschluß und Kleinkran eines Silos und Abb. 324 das Füllen des Silos beim Großtyp mittels Silofüllers.

3. Eisenbetonsilos, an Ort und Stelle gestampft.

Die an Ort und Stelle gestampften Silos werden entweder zwischen Holzschalung gestampft, wie sonst die Eisenbetonbauten, oder statt der Holzschalung werden zwei Wände aus Betonplatten hergestellt, die größere Breitenabmessungen besitzen und die entsprechende Krümmung des Siloquerschnittkreises aufweisen. Die Eiseneinlagen werden in Form eines Netzwerks zwischen der Schalung aufgestellt und an dieser befestigt, damit ihre richtige Lage gewährleistet ist. Die folgenden Ausführungsbeispiele zeigen die wichtigsten Bauarten in Eisenbeton.

a) Grünfuttersilo auf Rittergut Perkappen, Ostpreußen, ausgeführt 1913 von der Firma Wayss & Freytag A.-G., Königsberg i. Pr. (Abb. 325, 326 u. 327). Dieses Beispiel stellt den ersten Grünfuttersilo der Deutschen Landwirtschaftsgesellschaft dar, den die genannte Firma in Ostpreußen errichtet hat. Das in dem Silo ausgeübte Verfahren der Futterbereitung entspricht der in Amerika gebräuchlichen Art und Weise, bei der die Pflanzen in kleingeschnittenem Zustand eingebracht und festgestampft werden und nur durch die Auflast des eigenen Gewichts unter Pressung stehen.

Der aus Eisenbeton hergestellte Silo besitzt einen lichten Durchmesser von 5,50 m und eine Höhe von 13 m, so daß das Fassungsvermögen 310 m³ beträgt. Die Fundamentplatte besteht aus Stampfbeton; die Sohle hat Gefälle nach der Mitte, um die von dem Dauerfutter absickernde Flüssigkeit hier durch ein gußeisernes Rohr abzuleiten. Der Mantel des Eisenbetonsilos, der unten 15, oben 10 cm stark ist, ist zum Zwecke der besseren Wärmehaltung noch von einer Holzverschalung umgeben, die im Abstand von 20 cm von der Eisenbetonwand aufgestellt ist. Der Zwischenraum ist mit Torfmull ausgefüllt. Das in Abb. 326 u. 327 sichtbare lotrechte Rohr dient zum Einfüllen des gehäckselten Futters, das mittels eines unter dem Dach angebrachten Gebläses hochbefördert wird. Die Entnahme geschieht auf der linken Seite des Turmes in dem in Abb. 325 u. 327 ersichtlichen schmalen Anbau, der unten in den Stall mündet. Auf dieser Seite ist der Silo auf seiner ganzen Höhe mit einem 70 cm breiten Schlitz versehen (Abb. 326), der bis zur Höhe der Füllung mit herausnehmbaren Brettern verschlossen ist. Die Entnahmeöffnung wird der Höhe nach in Abständen von 50 cm von den Ringeisen der Eisenbetonkonstruktion durchschnitten, die gleichzeitig zum Besteigen des Turmes dienen. Das Futter wird jeweils in der obersten Schicht durch den Schlitz entnommen, in den schachtartigen Anbau abgeworfen und von hier unmittelbar in den Stall gebracht.

Bei einer eingehenden Besichtigung im Jahr 1923 wurde die Zweckmäßigkeit bei den Betriebserfahrungen mit dem Silo, ferner die Bewährung der Konstruktion festgestellt; insbesondere war die Innenauskleidung des Turmes völlig unversehrt geblieben.

Abb. 327 gibt ein Schaubild des fertigen Turmes, neben welchem links das Stallgebäude zu sehen ist.

b) Grünfuttersilo der ungarischen Ackerbauschule in Kehidai (Abb. 328). Dieser Silo stellt gleichfalls einen Hochsilo in Eisenbeton dar, und zwar handelt es sich um einen in einen Kornspeicher aus Eisenbeton der ungarischen Ackerbauschule in Kehidai eingebauten Silo, während der vorher beschriebene

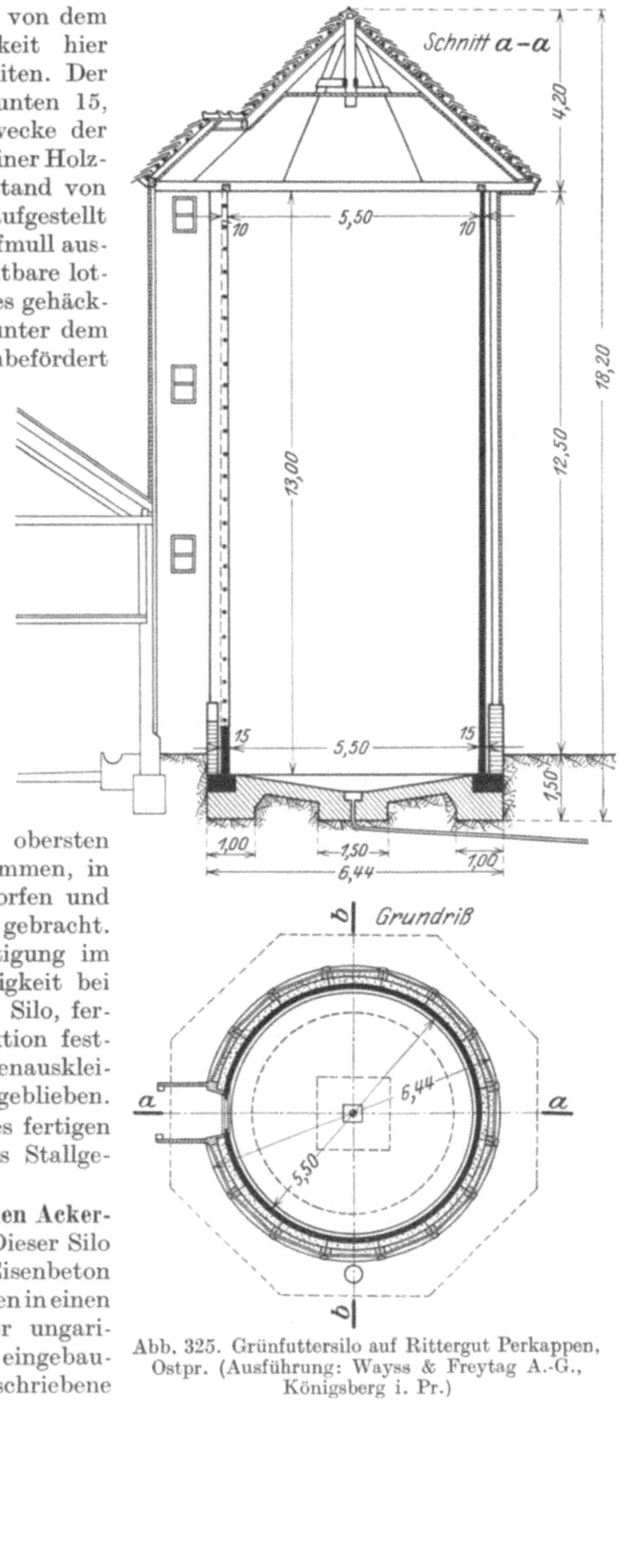

Abb. 325. Grünfuttersilo auf Rittergut Perkappen, Ostpr. (Ausführung: Wayss & Freytag A.-G., Königsberg i. Pr.)

Silo freistehend ist. Die Ausführung dieses Bauwerks lag in den Händen der Firma Wayss & Freytag A.-G., Budapest.

Die Lichtweite des mit kreisförmigem Querschnitt ausgeführten Silos beträgt unten 4,76 m, oben 4,82 m (äußerer Durchmesser 5,0 m), die lichte Höhe 10,90 m. Die Wandstärke beträgt demnach über der Sohle 12 cm und nimmt nach dem oberen Rande zu auf 9 cm ab; die Sohle ist 25 cm stark. Die durch die Füllung erzeugten radialen Wanddrücke werden durch die in waagerechten Ebenen liegende doppelte Ringbewehrung von ⌀ 12 mm (unten) bis ⌀ 6 mm (oben) aufgenommen. Zur Druckverteilung und zur Befestigung der Ringstäbe sind noch innen und außen lotrechte Stäbe von ⌀ 6 mm angeordnet. Die Sohle ist oben kreuzweise bewehrt (Abb. 328). Zur Sicherung der Einspannung der Wand in der Sohle sind unten besondere radiale Stäbe eingelegt.

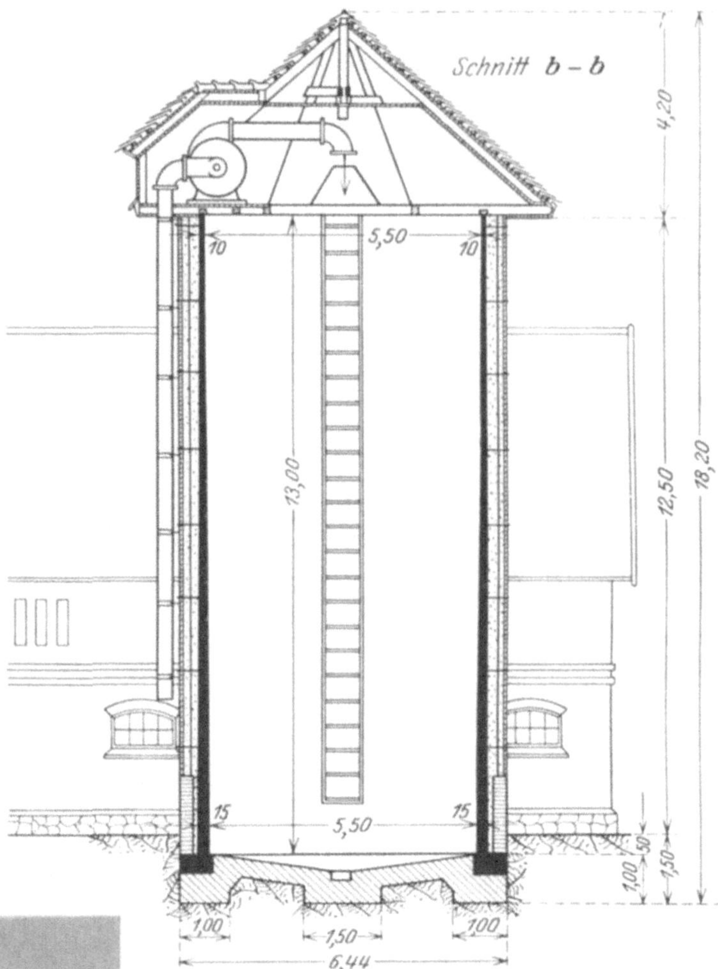

Abb. 326. Grünfuttersilo Perkappen. Höhenschnitt zu Abb. 325.

Abb. 328 läßt verschiedene Stützen, Unterzüge und Decken erkennen, die dem das Silo umgebenden Speicher angehören. Abb. 329 zeigt einen Schnitt durch Silo und Kornspeicher. Über der Silooberkante liegt in i. M. 1,40 m Höhe die Speicherdecke, die zugleich den Silo nach oben abschließt. Über dem Speicherboden *III* (+ 9,20) befindet sich eine Fülltür. In Höhenabständen von 2,50 m sind Entnahmeöffnungen von 0,4 × 0,4 m angeordnet.

c) Der „Deutsche Futterturm“[1]. Herstellerin: Firma F. W. & H. Förster, Berlin.

Abb. 327. Grünfuttersilo Perkappen. Schaubild.

[1] Der deutsche Futterturm. Herausgegeben von der Firma F. W. & H. Förster, Berlin W 9. Königsberg: Ostpreußische Druckerei- u. Verlagsanstalt A.-G. 1927.

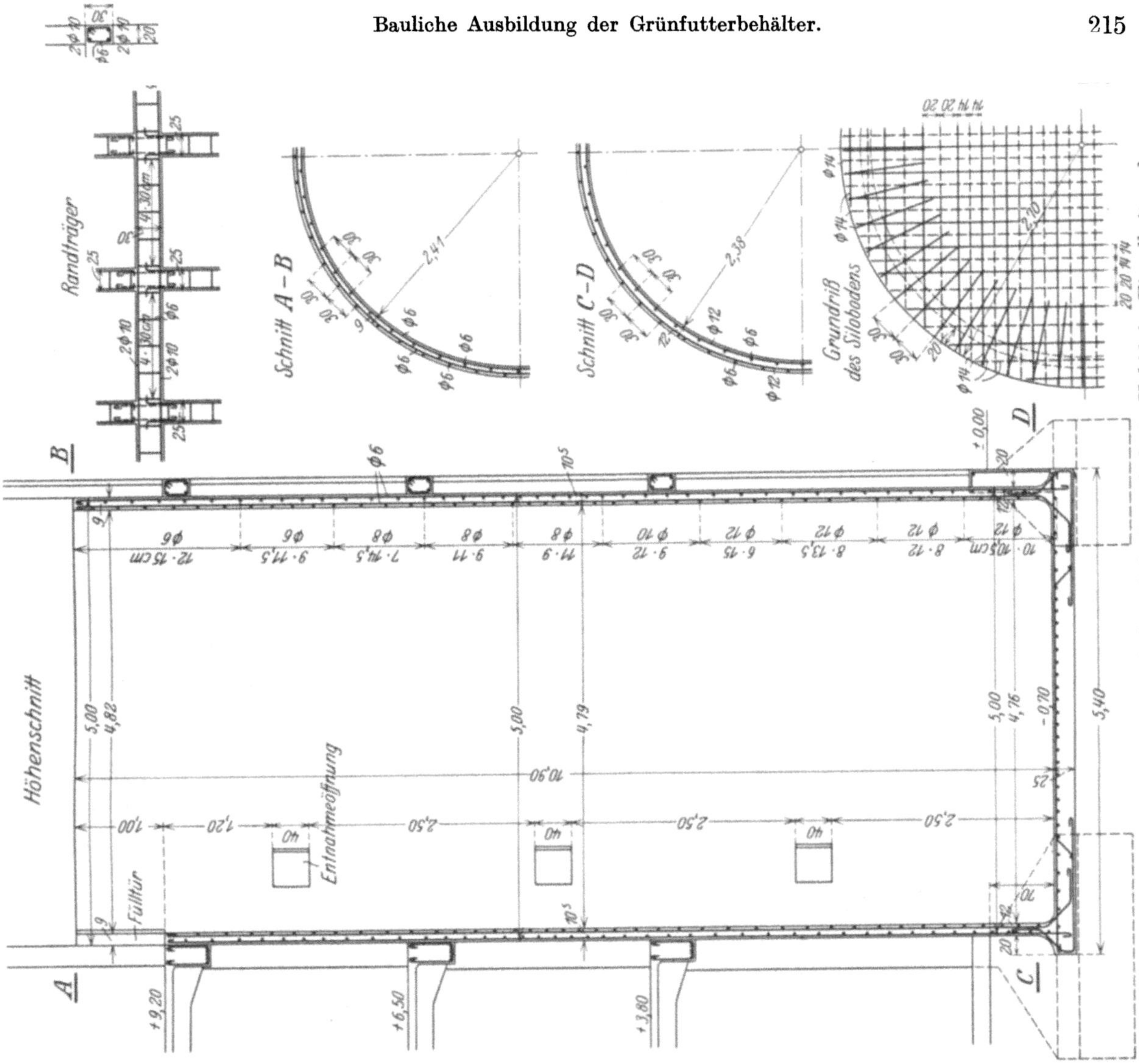

Abb. 328. Eisenbetonsilo der ungarischen Ackerbauschule in Kehidai. Einzelheiten der Konstruktion. (Ausführung: Wayss & Freytag A.-G., Budapest.)

Der „Deutsche Futterturm“ (Abb. 330) stellt eine Vereinigung der alten Gärgrube und dem großen amerikanischen Silo dar. Der Normalturm ist 5 m hoch, steht aber nur zur Hälfte über der Erde, während die andere Hälfte in die Erde versenkt ist. Er hat einen lichten Durchmesser von 5,20 m und faßt somit 100 m³ oder etwa 50 bis 60 Fuder losen Grünfutters. Je nach den verschiedenen Verhältnissen werden Türme mit verschieden großem Fassungsraum gebaut. Der obere Teil des Turmes hat einen $1\frac{1}{2}$ bis $2\frac{1}{2}$ m langen und 1 m breiten Schlitz (Abb. 330), durch den sich die Befüllung und Entleerung des Turmes, sowie das Herein- und Herausschaffen des

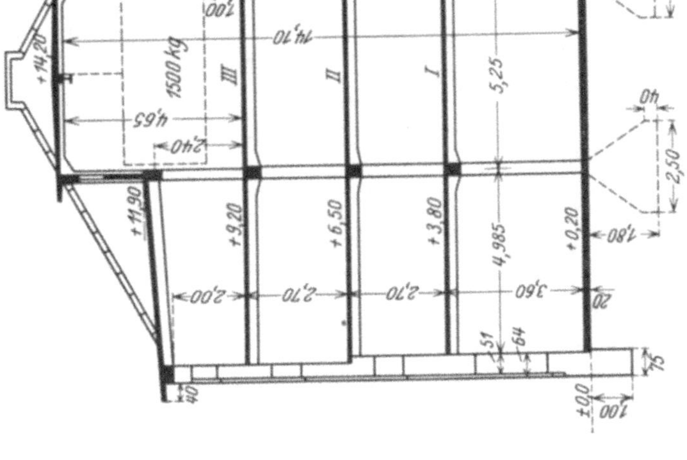

Abb. 329. Eisenbetonsilo Kehidai. Querschnitt durch Silo und Kornspeicher.

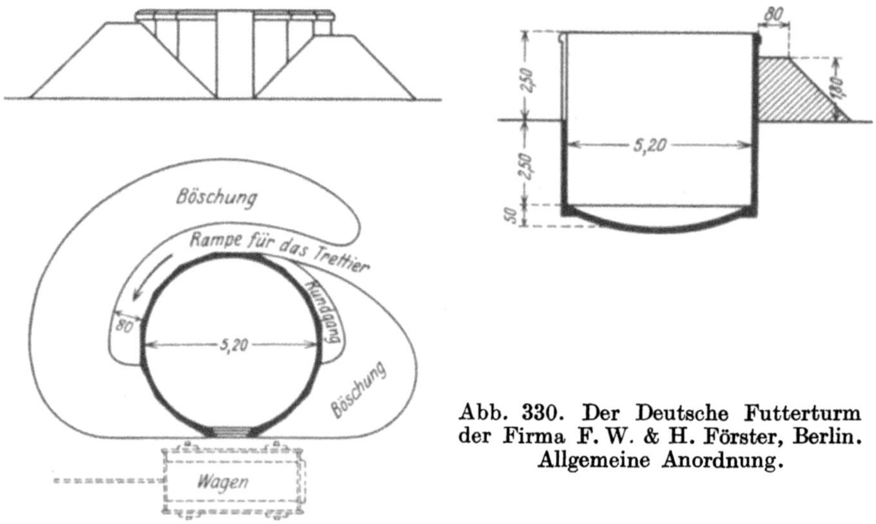

Abb. 330. Der Deutsche Futterturm der Firma F. W. & H. Förster, Berlin. Allgemeine Anordnung.

Viehes, welches das Festtreten des Futters besorgen soll, leicht bewerkstelligen läßt. Hebe- und Gebläsevorrichtungen sind hier nicht nötig; auch besondere Pressen sind nicht erforderlich, da durch die Höhe des Turmes und die Lehmdecke der nötige Druck erzeugt wird, der zur Pressung und Bildung von Saftfutter vorhanden sein muß.

Abb. 331. Vier Futtertürme ohne Bedachung auf Rittergut Kluge in Lindenberg, Ostpr.

Der Futterturm ist für alle Pflanzenmassen verwendbar, die in der Wirtschaft anfallen und die bei ungünstiger Witterung zu verderben drohen. Selbst in regennassem Zustande, ohne jede Trocknung und Wendung wird das Futter in den Turm gefahren und durch Vieh oder Menschen festgetreten. Dadurch wird die Luft ausgetrieben und das Futter setzt sich, was für den folgenden Gärungsprozeß von der größten Wichtigkeit ist. Der Schlitz wird durch eine doppelte Bohlenwand, deren Zwischenraum durch eine Lehmstampfschicht ausgefüllt wird, verschlossen, so daß kein Saft abfließen kann. Obenauf wird Häcksel oder Spreu als Schutz gegen Verschmutzung gebreitet, und das Ganze wird durch einen Lehmestrich von 20 bis 30 cm Dicke abgeschlossen, um das Futter vor dem Eindringen von Regen und Luft zu schützen.

Abb. 332. Zwei Futtertürme mit feststehender, gemeinsamer Überdachung auf Rittergut Gutzeit, Gr.-Gnie, Ostpr.

Der Futterturm besteht aus Eisenbeton; er ist für vollen Wasserdruck ausgebildet. Innen erhält er einen wasserdichten Putz sowie Inertolanstrich.

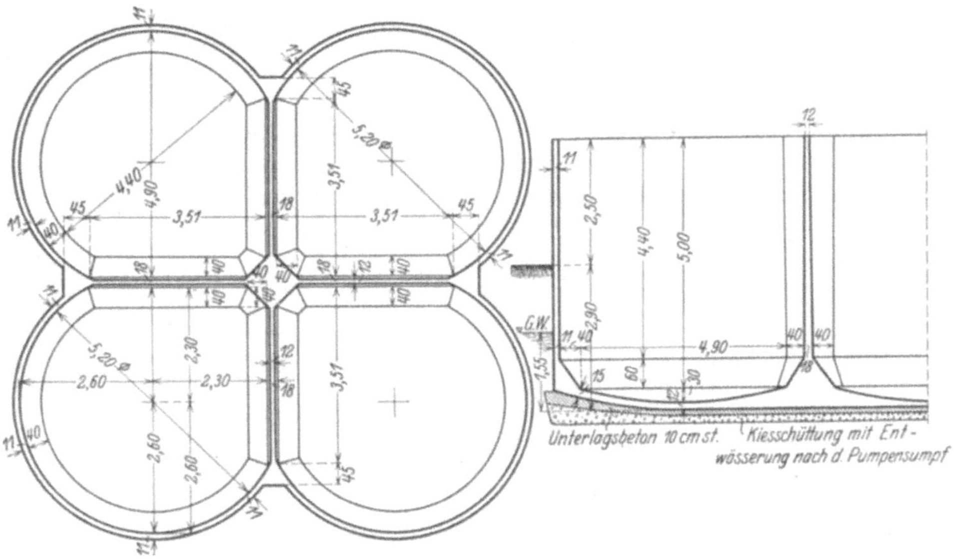

Abb. 333. Grünfutterbehälter des Versuchsguts Adl. Fräuleinhof, Königsberg i. Pr. (Ausführung: Wayss & Freytag A.-G., Königsberg i. Pr.)

Die Sohle des Turmes, die die Form eines Kugelabschnittes mit Wölbung nach unten besitzt, muß stets über dem Grundwasserstand liegen, da sonst die Gefahr besteht, daß trotz sorgsamster Ausführung Grundwasser eindringen kann.

Um das Futter sicherer vor Durchfeuchtung zu schützen, empfiehlt sich die Anlage einer Überdachung (feststehendes oder abnehmbares Dach), falls es nicht möglich ist, den Futterturm in einen Stall oder eine Scheune einzubauen.

Abb. 331 zeigt vier Futtertürme ohne Bedachung, Abb. 332 zwei Futtertürme mit feststehender Bedachung von je 150 m³, 6,3 m Durchmesser und 5 m Höhe.

d) Grünfutterbehälter des Versuchsguts Adl. Fräuleinhof, Universität Königsberg i. Pr., ausgeführt 1926 von der Firma Wayss & Freytag A.-G., Königsberg i. Pr. (Abb. 333).

Der Grünfuttersilo besteht aus vier zusammenhängenden Behältern von je 100 m³ Inhalt. Jeder Behälter besitzt einen Querschnitt, zusammengesetzt aus einem Teil einer Kreisfläche (Kreisabschnitt) von 5,20 m Durchmesser und einer halben Quadratfläche von 3,51 m Seiten-

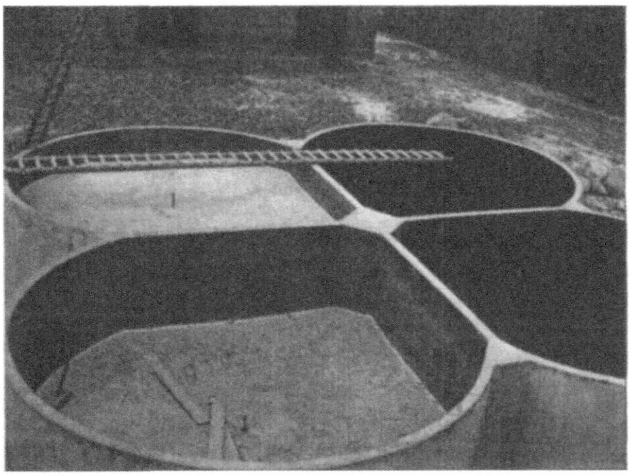

Abb. 334. Innenansicht des Behälters Adl. Fräuleinhof.

Abb. 335. Vorderansicht des Behälters Adl. Fräuleinhof.

länge. Die innere Höhe des Behälters ist 5 bzw. 5,3 m; die Innenfläche der Sohle bildet eine gewölbte Fläche von 0,3 m Stichhöhe. Der Behälter besteht aus Eisenbeton. Die Außenwände sind 11 cm stark, die inneren Trennwände unten 18, oben 12 cm. Die Ecken sind überall abgeschrägt und bilden so Versteifungsrippen. Die an der schwächsten Stelle 12 cm starke Sohle ruht auf einer Betonschicht von etwa 10 cm Stärke, die auf einer Kiesschüttung betoniert ist; letztere dient zur Entwässerung des Baugrundes.

Der Behälter ragt 2,5 m über Gelände; seine Sohle liegt etwa 1,6 m unter Grundwasser.

Abb. 334 stellt eine Innenansicht und Abb. 335 eine Vorderansicht des Behälters dar.

e) Grünfuttersilo der Firma Windschild & Langelott, Niederlassung Königsberg i. Pr. Die von der Firma mehrfach ausgeführten Grünfutterbehälter werden bei hohem Grundwasserstand als Eisenbetonbrunnen bis etwa 5 m abgesenkt (Abb. 336). Die Sohle muß alsdann unter Wasserhaltung eingebracht werden. Die Innenfläche des Silos erhält wasserdichten Putz.

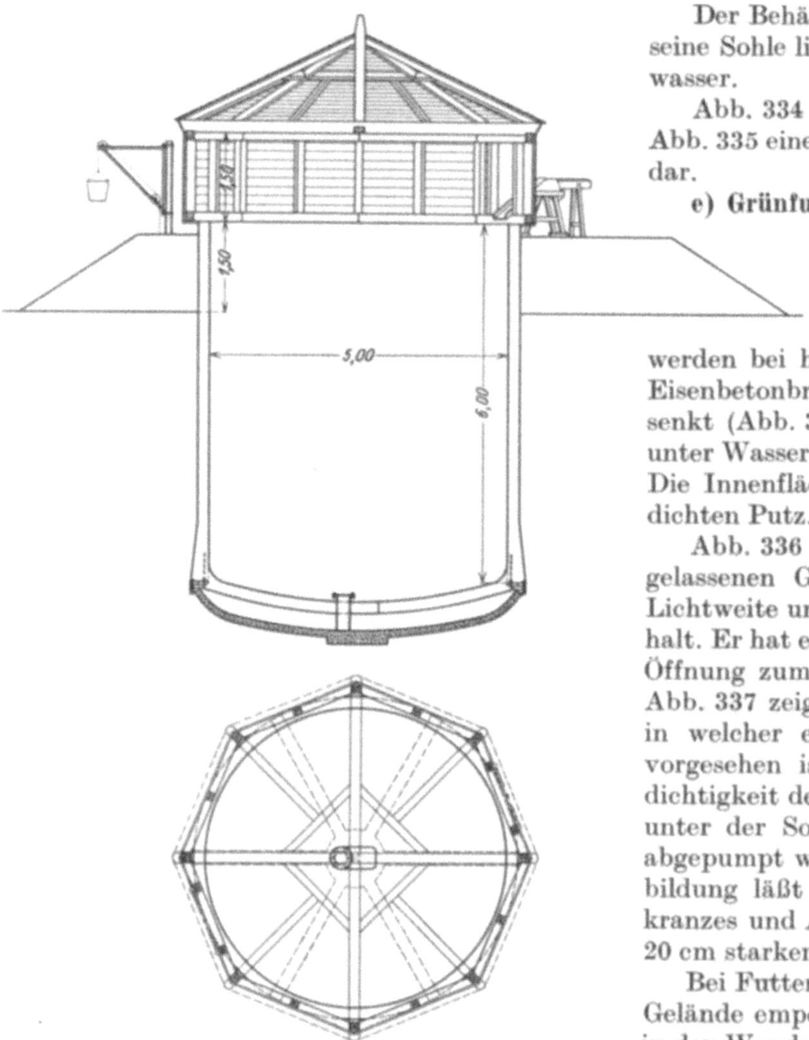

Abb. 336. Grünfutterbehälter der Firma Windschild & Langelott, Königsberg i. Pr., im Schwemmsand als Eisenbetonbrunnen etwa 5 m tief abgesenkt.

Abb. 336 zeigt einen in die Erde eingelassenen Grünfutterbehälter von 5 m Lichtweite und 6 m Höhe, also 120 m³ Inhalt. Er hat eine feste Holzbedachung mit Öffnung zum Einfüllen der Futtermasse. Abb. 337 zeigt die Ausbildung der Sohle, in welcher ein verschließbares F-Stück vorgesehen ist, damit bei etwaiger Undichtigkeit der Sohle das Wasser aus der unter der Sohle liegenden Sickerschicht abgepumpt werden kann. Die gleiche Abbildung läßt Einzelheiten des Brunnenkranzes und Abb. 338 die Bewehrung der 20 cm starken Eisenbetonwand erkennen.

Bei Futtertürmen, die weit über das Gelände emporragen (Abb. 339), werden in den Wandungen mehrere Öffnungen angeordnet, um das Futter bequemer entnehmen zu können. Abb. 339 zeigt den Verschluß einer solchen Öffnung mit Einzelheiten. Um vollkommene Dichtigkeit zu erzielen, werden in die Anschläge des Verschlusses Talgstricke eingelegt.

f) Einheitssilo Bauweise Schempp der Firma Karl Schempp, Stuttgart.

Eine Reihe von Siloarten zeigen insofern eine gemischte Bauweise, als sie aus Eisenbeton bestehen, zu dessen Herstellung, wie schon S. 212 bemerkt, aber eine doppelte Plattenwand benutzt wird. Da der Beton und die Eiseneinlagen zwischen die beiden Wände, deren eine auch eine Ziegelwand sein kann, eingebracht werden, wird die Schalung gespart.

Eine solche Bauart stellt der Einheitssilo Bauweise Schempp dar (Abb. 340). Die Wand ist dreischalig, und zwar bestehen die innere und äußere Wand aus Rundformsteinen; sie dienen bei der Ausführung als Schalung für den gegossenen oder gestampften Beton der Mittelwand. Die Formsteine werden fabrikmäßig hergestellt. Sie sind 5 cm stark und besitzen eine große Oberfläche, so daß nur wenige Mörtelfugen entstehen. Die Lagerfugen der Platten erhalten Ringbewehrung.

Umfassungswände und Sohle bekommen einen zweimaligen Farbanstrich zum Schutz gegen Säfte und Säuren, Wärme und Gase. Diese Farbe, ein Spirituslack, verbindet sich innig mit den Formsteinen und bildet in kurzer Zeit einen glatten, wasserabweisenden, dichten harten Überzug über die Wandflächen und bewirkt Wasser-, Luft- und Gasdichtigkeit des Behälters.

Der Boden erhält keinen Saftabfluß. Auch auf Entnahmeöffnungen wird verzichtet. Das Futter wird vielmehr durch eine Aufzugswinde über den oberen Rand gehoben und in einen hölzernen Abwurfschacht gefüllt (Schachtgröße = Tagesbedarf), aus welchem es ent-

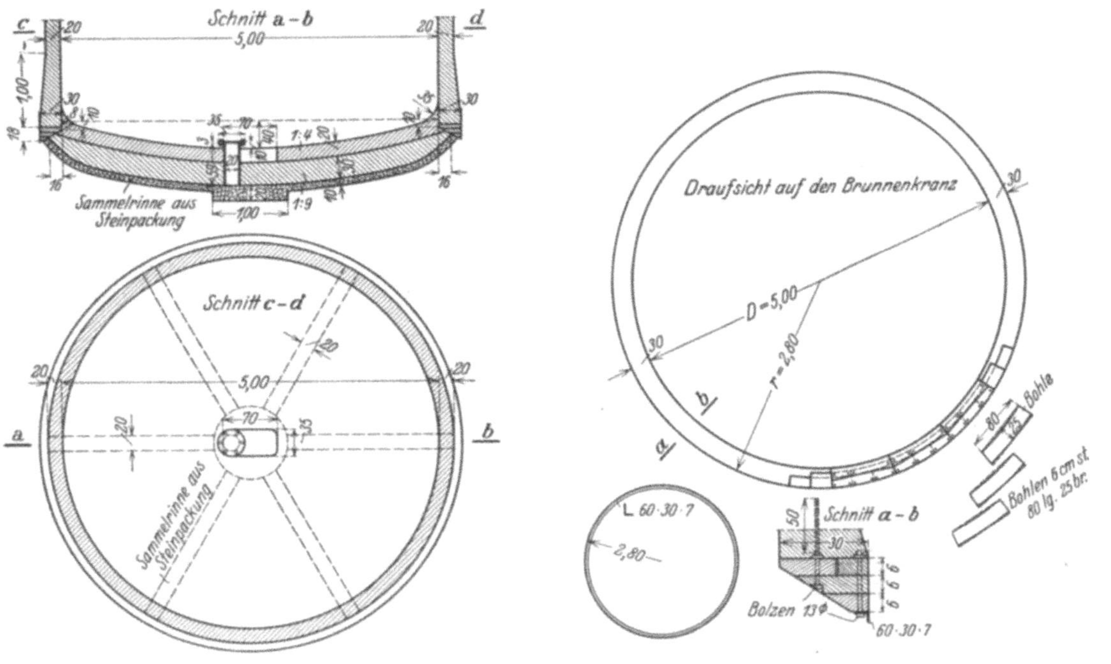

Ausbildung der Sohle mit verschließbarem F-Stück. Einzelheiten des Brunnenkranzes.

Abb. 337. Einzelheiten der Ausbildung der Sohle (zu Abb. 336).

nommen wird (Abb. 341). Der Silo wird, falls kein Grundwasser vorhanden ist, möglichst tief in der Erde versenkt.

Er wird in Größen von 1,75 bis 4,50 m Durchmesser hergestellt. Die Höhe richtet sich nach den örtlichen Verhältnissen.

g) Einheitssilo der Firma Gerold Pfister, Dresden. Dieser Silo ist ähnlich wie der vorher beschriebene ausgebildet.

Die innere Wand ist gleichfalls eine Plattenwand; während die äußere Wand aus Ziegelmauerwerk besteht (Abb. 342). Der Zwischenbeton nimmt wieder die Eisenbewehrung auf, die aber auch in die Fugen der Ziegelwand gelegt werden kann. Innen erhält der Silo einen Lackanstrich.

Er wird in Größen von 20 bis 200 m³ ausgeführt und meist zum Teil (bis 2,5 m) in die Erde eingebaut.

Abb. 343 zeigt die Ausführung dreier in die Erde eingelassenen Silos.

Die Entnahmetüren bestehen entweder aus gesperrten Hölzern oder verzinktem Eisenblech mit aufgeschweißtem Profilrahmen. Die Dichtung erfolgt durch Gummi, der von der Pflanzensäure nicht angegriffen wird.

4. Stahlsilos.

Der Stahl wird in Form von dünnen, etwa 3 mm starken Blechen verwendet. Die Stahlwand besitzt die für den Silobau sehr wichtige Eigenschaft der Wasserundurchlässigkeit und Gasdichtigkeit in hohem Maße, vorausgesetzt, daß auch die Stöße ent-

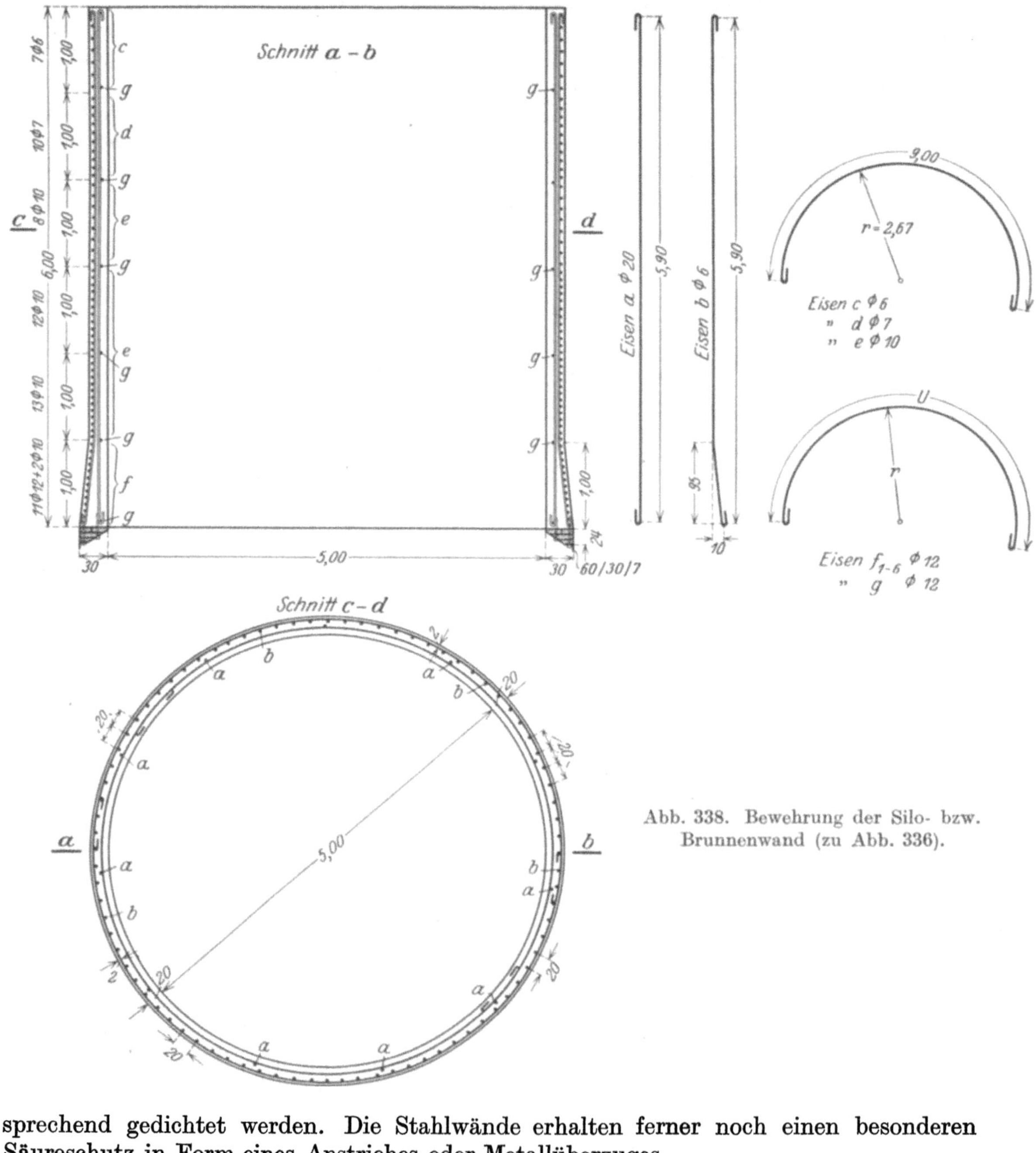

Abb. 338. Bewehrung der Silo- bzw. Brunnenwand (zu Abb. 336).

sprechend gedichtet werden. Die Stahlwände erhalten ferner noch einen besonderen Säureschutz in Form eines Anstriches oder Metallüberzuges.

Als guter Wärmeleiter eignet sich der Metallsilo hauptsächlich für die Kaltvergärung, da in kalten Gegenden, namentlich in der Nacht, eine starke Abkühlung eintritt, also die Warmvergärung nicht immer gleichmäßig durchzuführen sein wird.

Der Metallsilo wird sich also, falls er ungeschützt steht, in erster Linie für leicht silierbare Grünfutterpflanzen als zweckmäßig erweisen.

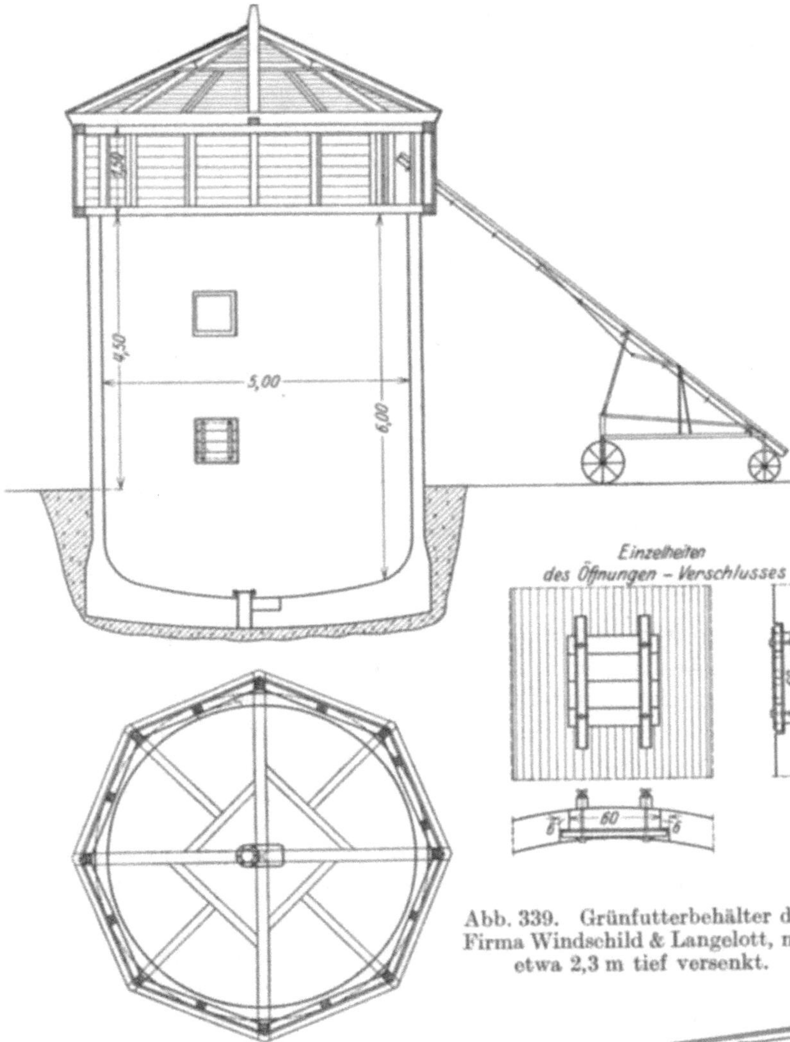

Abb. 339. Grünfutterbehälter der Firma Windschild & Langelott, nur etwa 2,3 m tief versenkt.

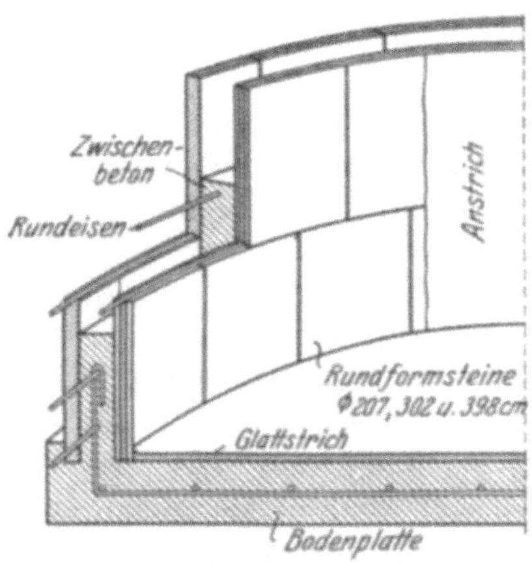

Abb. 340. Einheitssilo Bauweise Schempp der Firma Karl Schempp, Stuttgart. Ausbildung der Wand.

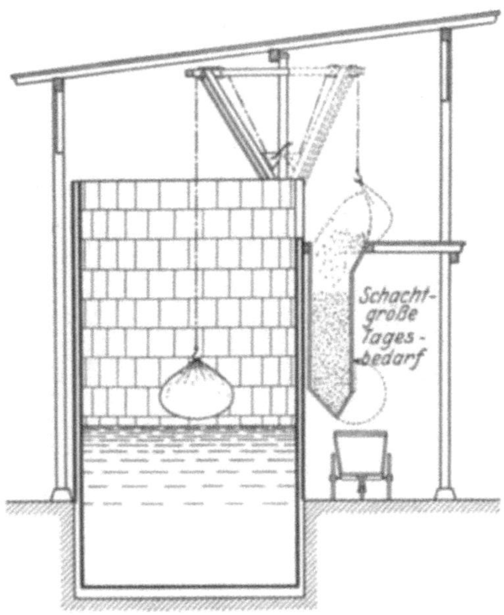

Abb. 341. Einheitssilo Bauweise Schempp. Höhenschnitt mit Angabe der Futterentnahme.

Nachstehend mögen die wichtigsten Typen beschrieben werden.

a) Metall-Ring-Silo, System Aurich der Firma Silo- und Kulturtechnik Richard Aurich, Dresden[1] (Abb. 344).

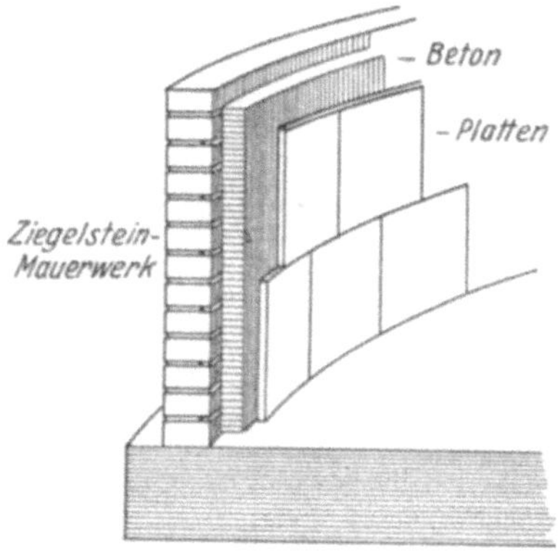

Abb. 342. Einheitssilo der Firma Gerold Pfister, Dresden. Ausbildung der Wand.

Abb. 343. Ausführung einer Siloanlage nach Bauweise Pfister.

Dieser Metallsilo wird in fertigen Ringen geliefert und an beliebigem Orte aufgestellt. Der unterste Ring besitzt einen eingenieteten Boden, die übrigen Ringe sind völlig einheitlich aus Stahlblech hergestellt. Sie werden aufeinandergesetzt und durch Exzenter miteinander fest verbunden. Die Verwendung von Schrauben ist gänzlich vermieden. Die Konstruktion zeichnet sich also durch Einfachheit und Schnelligkeit der Aufstellung aus, wobei dauerhafte Dichtheit erzielt wird.

Abb. 344. Metall-Ring-Silo, System Aurich der Firma: Silo- und Kulturtechnik Richard Aurich, Dresden. Aufeinandersetzung der einzelnen Ringe mittels eines Schwenkkranes.

Je nach Bedarf ist der Bodenring allein oder in Verbindung mit aufgesetzten Ringen verwendbar. Er ist auf eine ebene Fläche des festen Bodens waagerecht zu versetzen und kann auch beliebig tief in die Erde eingelassen werden. Jeder Ring ist 1,25 m hoch, der Bodenring auch 2,5 m hoch. Der normale Durchmesser beträgt 2,5 m.

Die Ringe sind innen glattflächig; am oberen Rande besitzen sie außen angeschweißte rinnenförmige Profileisen, welche der Versteifung und Abdichtung dienen. Wie schon erwähnt, sind Schrauben grundsätzlich vermieden worden, weil diese erfahrungsgemäß weder eine zuverlässig dichte Verbindung ergeben, noch in hinlänglich beständiger Weise vor

[1] Herstellerin: Siegener Akt.-Ges. für Eisenkonstruktion, Brückenbau und Verzinkerei, Geisweid, Kreis Siegen.

Rost geschützt werden können, während der dauerhafte säurefeste Rostschutz glatter Flächen bei dem heutigen Stande der Technik eine Leichtigkeit ist. Die unter der Erde versetzten Ringe erhalten einen Goudronanstrich. Ins Freie gestellte Silos können mit einer Isolierung verschiedener Art versehen werden. Die billigste ist das Umsetzen mit Stroh.

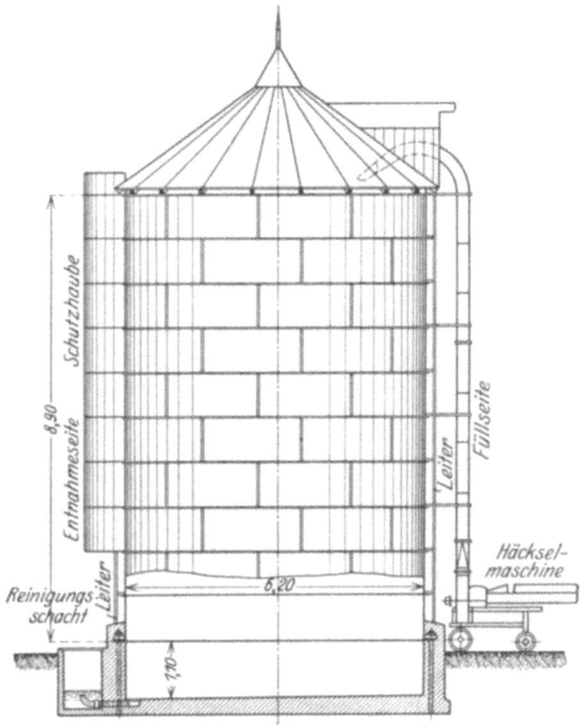

Abb. 345. „Herkules“-Grünfuttersilo der Firma: Vereinigte Windturbinenwerke A.-G., Dresden-Blasewitz.

Der Ringsilo, System Aurich, ist für die Futterkonservierung gut geeignet, insbesondere für die Gewinnung eiweißreichen Saftfutters oder Futterbreies aus selbstgewonnenem, hochwertigem Grünfutter oder Hackfrüchten, ebenso auch für die verlustlose Dauererhaltung von Fabrikationsrückständen, wie Schnitzel, Schlempe, Treber, Trester usw. Besonders läßt sich der Silo von oben her luftdicht verschließen, was für die Erzielung von leicht verdaulichem, eiweißreichem Saftfutter für die Zeit der Winterfütterung eine unerläßliche Voraussetzung ist. Auch bei diesem Silo ist die Häckselung von sperrig lagerndem Futter vorteilhaft.

Der luftdicht schließende Deckel kann von Hand, mit Flaschenzug oder Winde aufgelegt, angehoben und seitlich verbracht werden. Die Dichtung erfolgt in derselben Weise wie diejenige der Ringverbindungen. Die Auflage des Deckels ist auf jedem einzelnen

Abb. 346. „Herkules“-Silo, 5 m Durchmesser, 9 m Höhe mit Stahldach.

Abb. 347. „Herkules“-Silo, 5 m Durchmesser, 6,30 m Höhe mit Holzdach.

Abb. 348. „Deutschland“-Stahlhochsilo der Ratinger Maschinenfabrik u. Eisengießerei, A.-G., Ratingen bei Düsseldorf. Anlage Calow, Gut Butzen, Kreis Lübben. Typ III mit 343 m³.

Abb. 349. „Deutschland“-Stahlhochsilo. Gut A. Tholen, Wankum. Typ II mit 117 m³.

Ringrande möglich. Je nach Zweckmäßigkeit und Futterbedarf setzt man zwei, drei oder mehrere Ringe übereinander.

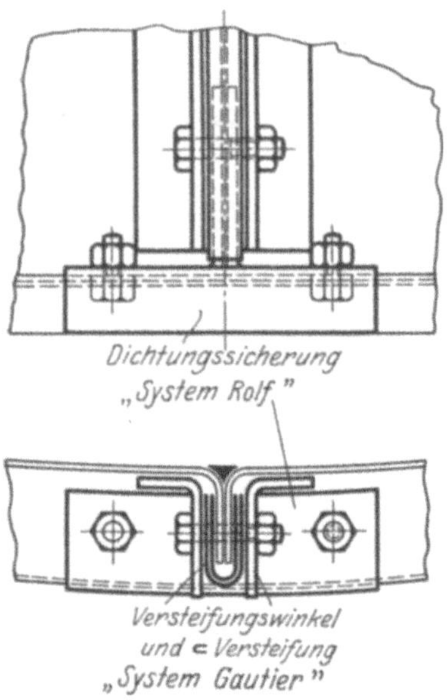

Abb. 350. „Deutschland“-Stahlhochsilo. Einzelheiten der Dichtung und Versteifung der Wand.

Die Füllarbeit wird sehr erleichtert, wenn man die Ringe, etwa vom dritten Ringe ab, entsprechend dem sich erhöhenden Futterstock nach und nach aufeinandersetzt. Auch bei der Entleerung kann die Arbeit durch rechtzeitige Wegnahme entleerter Ringe erleichtert werden. Die entleerten Ringe lassen sich gleich wieder zum Aufbau eines anderen Behälters nutzbar machen.

Die Behälter können nach Bedarf auch als Wasserbehälter Verwendung finden.

Abb. 344 zeigt einen dreiteiligen Ringsilo, der durch einen Schwenkkran eben aufgestellt worden ist.

b) „Herkules“-Grünfuttersilo der Firma: Vereinigte Windturbinenwerke A.-G., Abt. Silos, Dresden-Blasewitz (Abb. 345).

Der Mantel dieses Silos wird aus Stahlplatten hergestellt, die an vier Seiten nach außen umgebördelt sind, wodurch der Silo versteift wird. Die durch die Bördel gebildeten Stoßverbindungen werden mit einem besonderen Stoff abgedichtet und dann verschraubt. In jedem zweiten Mantelringstoß von unten nach oben ist eine dicht verschließbare Tür von 60×60 cm, welche zum Ein- und Aussteigen dient, eingebaut. Vor den Entnahmetüren ist ein Entnahmeschlot angeschraubt, welcher das ausgeworfene Futter nach einem bestimmten Punkt am Silofuß bringt, wo es in einen Korb oder Karren fallen kann. Im Innern des Schlotes ist eine eiserne Steigleiter hochgeführt, desgleichen eine solche an der Füllseite. Der Silomantel wird auf dem Betonfundament mit schweren Ankerbolzen verschraubt.

Das Fundament kann als einfaches Blockfundament ausgeführt werden, oder als sogenanntes Kellerfundament, worin selbst noch Siloraum gewonnen wird.

Die Überdachung kann aus Stahl oder Holz in verschiedener Weise hergestellt werden.

Der Silo wird in etwa 40 Größen gebaut.

Abb. 346 zeigt einen Silo mit Stahldach und Abb. 347 einen solchen mit von der Gutsverwaltung hergestellter Holzüberdachung.

c) „Deutschland„-Stahlhochsilo der Ratinger Maschinenfabrik und Eisengießerei Aktiengesellschaft, Ratingen bei Düsseldorf (Abb. 348 u. 349).

Der Silo besteht aus einzelnen gebogenen Stahlplatten, welche bei jedem Silotyp völlig gleich sind. Diese Stahlplatten sind allseitig gebördelt und zu Ringen aneinandergeschraubt (Abb. 350). Diese Bördelungen dienen als Flansche und werden mit einem besonderen Kitt abgedichtet. Es entsteht auf diese Weise ein Siloturm, welcher mit einer Dachkonstruktion von [- und T-Eisen mit Blecheindeckung versehen ist und dessen Sockelbleche in Beton eingegossen werden. Das Betonfundament enthält eine Entwässerung, die einen Saftabfluß ohne Luftzutritt gestattet. Die Abflußrohre schließen sich durch Regelung des Flüssigkeitsstandes in der Saftgrube vollkommen luftdicht ab. Bei Verstopfungen können sie leicht und rasch gereinigt werden.

Abb. 351. „Deutschland"-Stahlhochsilo im Bau.

Der aus einem rostwiderstandsfähigen Stahlblech hergestellte Siloturm wird mit einem Anstrich versehen und enthält innen außerdem einen Überzug von Silolack, welcher säurebeständig ist. Jeder Siloring hat eine abdichtbare, viereckige Einsteigeöffnung; diese Öffnungen sind übereinander angeordnet (Abb. 351) und liegen in einem besonderen halbkreisförmigen Schacht (Abb. 348). Zur Verstärkung der lotrechten Nähte sind diese mit einer besonderen patentamtlich geschützten Versteifung aus Winkeleisen versehen (Abb. 350).

Die Beschickung des Silos geschieht durch eine seitlich angebrachte Rohrleitung, welche an die Silierungsmaschine angesetzt wird und zum Dache einmündet (Abb. 349). Durch eine Leiter sind die Schieber an der Rohrleitung leicht zugängig, um Verstopfungen der Rohrleitungen schnell beheben zu können (Abb. 352).

Zum Betriebe wird das Grünfutter auf dem Rolltisch der Silierungsmaschine mechanisch zugeführt. Die in dem Gehäuse arbeitenden Messer sitzen an einem Schaufelrad, so daß die Maschine gleichzeitig als Ventilator arbeitet. Das in verschiedenen einstellbaren Längen geschnittene Futter wird gleichmäßig gehäckselt und mit Luftdruck in den Silo eingeblasen.

Zur Futterentnahme werden die in den Ringen angeordneten Einsteigeöffnungen von oben ab geöffnet und das Futter durch den Schacht mit der Hand herunter geworfen. Der patentamtlich geschützte, mansardenartige Aufbau des Daches an dem Einsteigeschacht (Abb. 348 und 352) gestattet einen bequemen Zugang zu dem bis zum obersten Ring füllbaren Siloturm.

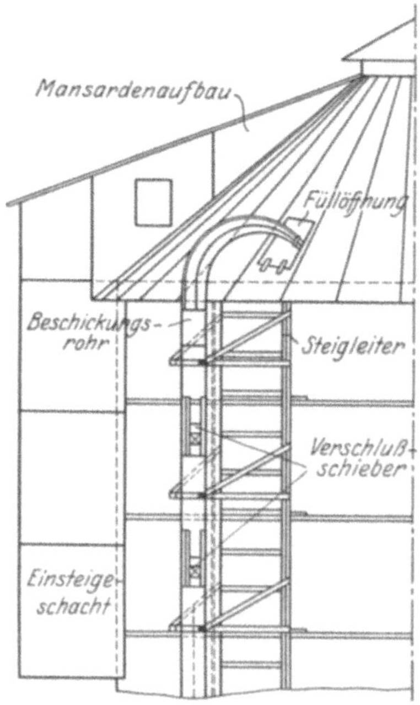

Abb. 352. „Deutschland"-Stahlhochsilo. Schematische Darstellung und Schnitt durch den Silo.

Die Entnahmevorrichtung kann beliebig da angebracht werden, wo es die Weiterbeförderung zur Verwendungsstelle wünschenswert erscheinen läßt. Dasselbe gilt auch für die Montage der Gebläserohrleitung; sie wird da hochgeführt, wo die Silierungsmaschine ihren geeigneten Standort finden kann.

Der Futterstock wird wegen seiner Höhe durch sein eigenes Gewicht gepreßt; erforderlichenfalls werden Sandsäcke zur Belastung benutzt. Eine besondere Presse kommt jedoch nicht zur Verwendung.

Der Stahlsilo ist gasdicht. Zur Erhöhung des Widerstandes gegen Säureangriffe erhält er, wie erwähnt, einen säurefesten Innenanstrich, der mit jeder Entleerung des Silos erneuert wird. Der Rostschutz besteht hauptsächlich in einer hochwertigen Verzinkung der Stahlbleche.

Auch bezüglich der Wärmeisolation hat sich der Silo bewährt.

Der Silo wird in drei Typen hergestellt:

Typ I (Kleinsilo)

Innerer Durchmesser	2,44 m
Nutzbare Höhe	5,4 bis 9,9 m
Nutzbarer Siloraum	26 bis 47 m^3

Typ II.

Innerer Durchmesser	4,28 m
Nutzbare Höhe	5,4 bis 10,8 m
Nutzbarer Siloraum	78 bis 156 m^3

Typ III.

Innerer Durchmesser	6,11 m
Nutzbare Höhe	6,3 bis 11,7 m
Nutzbarer Siloraum	185 bis 343 m^3

Die gleiche Firma stellt auch den Phönix-Stahl-Silo her, der gleichfalls aus dünnen gebogenen etwa 2,5 mm starken feuerverzinkten Stahlblechen besteht.

H. Nebengebäude (Schuppen) für Geräte, Maschinen, Wagen und Werkstätten.

I. Allgemeines.

Auf größeren Gutshöfen sind für Wagen, Geräte, Maschinen, die Feuerspritze, Werkstätten usw. besondere Räume nötig, die sich nach der Art der unterzubringenden Gegenstände und das Maß der aufzuwendenden Sorgfalt bei ihrer Behandlung richten. Falls es nicht möglich ist, diese Räume im Erdgeschoß anderer Gebäude, z. B. in Scheunen oder Speichern unterzubringen, sind besondere offene oder verbretterte Schuppen, kleine massive Gebäude mit hölzernem oder eisernem Dach oder, falls die Mittel vorhanden sind, hallenartige Eisenbetonbauten herzustellen.

Arbeitswagen und Ackergeräte, die eine weniger sorgsame Behandlung vertragen, können in offenen Schuppen, die nach der Wetterseite (Giebel) gegen Schlagregen zweckmäßig verschalt sind, untergebracht werden. Zum Schutz gegen Schlagregen und Treibschnee ist ferner ein breiter Dachüberstand erforderlich.

Für wertvollere Wagen, Autos, landwirtschaftliche Maschinen usw. sind geschlossene und verschließbare Räume nötig, die Schutz gegen die Witterung bieten.

Wagenschuppen sollen möglichst frei von Stützen sein, damit ein leichtes Hantieren beim Einbringen der Wagen möglich ist. Falls jedoch Stützen unvermeidlich sind, was z. B. der Fall ist, wenn sich über dem Wagenraum ein Speicher befindet oder wenn eine größere Wagenhalle zur Aufnahme der Dachkonstruktion durch Stützenreihen unterteilt werden muß, so sind diese, namentlich wenn sie aus Holz sind, durch je vier Prellpfähle aus Holz, Eisen oder Stein gegen Anfahren zu schützen. Bei Eisen- oder Eisenbetonkonstruktionen braucht man in dieser Hinsicht weniger vorsichtig zu sein. Jedes zwischen den Stützenstellungen entstehende Schiff ist durch je ein Einfahrtstor zugänglich zu machen.

Für den Fußboden empfiehlt sich wegen der starken Durchnässung des Bodens die Verwendung von Kopfsteinpflaster, hochkantigem Klinkerpflaster mit Zementverguß oder Zement- bzw. Asphaltestrich auf Betonunterlage.

Einen guten, geräuschlosen Fußboden gibt auch Holzpflaster aus getränkten Kiefern- oder Fichtenklötzen oder aus amerikanischen oder australischen Harthölzern (nicht imprägniert) auf Betonunterlage.

Die Bedachung kann zweckmäßig als flaches Dach ausgeführt werden, da der Raum am besten ausnutzbar ist. Der Schuppen wird auch in diesem Falle am billigsten, da der Winddruck auf das Dach die geringste Angriffsfläche bietet.

Werkstätten (Schirrkammer und Schmiede) werden häufig in Verbindung mit dem Geräteschuppen hergestellt. In der Schirrkammer, der Werkstätte des Stellmachers, werden die einzelnen Teile der Wagen und Ackergeräte angefertigt. Hieran anschließend ist zur Lagerung von Brettern und Schirrholz ein Holzschuppen erforderlich, der mindestens 8 m lang sein soll.

Für künstlichen Dünger genügen leichte verbretterte Schuppen.

Die Traufhöhe der Schuppen über dem Boden soll 2,5 bis 4,0 m betragen, und zwar gilt letzteres Maß für beladene Erntewagen, falls solche unterfahren sollen.

In Abb. 353 bis 357 sind verschiedene Ausbildungen von ein- und zweischiffigen Schuppen dargestellt, die offen oder verbrettert bzw. mit massiven Außenwänden ausgeführt werden können. Die Holzstärken entsprechen einem Binderabstand von etwa 4 m. Als Dacheindeckung ist doppelte Papplage auf Schalung angenommen. Bei den kleinen Stützweiten stellt sich die althergebrachte zimmermannmäßige Ausbildung mit Spreng- und Hängesprengwerkdach am wirtschaftlichsten.

Bei solchen hallenartigen Holzbauten, bei denen versteifende Zwischenwände fehlen, ist ein wichtiger Punkt die Aufnahme der seitlichen Windkräfte, die in den Wandstützen Biegemonente erzeugen. Abb. 353, 354, 355 und 356 zeigen deshalb Doppelstützen, die an der Anschlußstelle der Dachstreben eingespannt sind. Abb. 357 läßt eine Anordnung erkennen, bei welcher zur Aufnahme der Windkräfte Wandstreben angeordnet sind.

Abb. 353 zeigt einen Hallenquerschnitt von 7 m Stützweite mit zwei Vordächern von je 1,25 m Kragweite. Die Mittelpfette wird durch zwei Streben 14/16 getragen, die sich gegen die Wandstiele stützen, wohin auch die Streben der Vordächer geführt sind. Die Querversteifung wird durch zwei Zangen 8/16, die mit sämtlichen Hölzern verbolzt sind, erreicht. Die Sparren 10/12 werden durch die drei Pfetten 14/16 getragen; der Bindersparren nimmt die Strebe des Vordaches auf und dient so zur Versteifung der Binderkonstruktion. Wie bereits bemerkt, sind die Wandstiele doppelt angeordnet und bilden

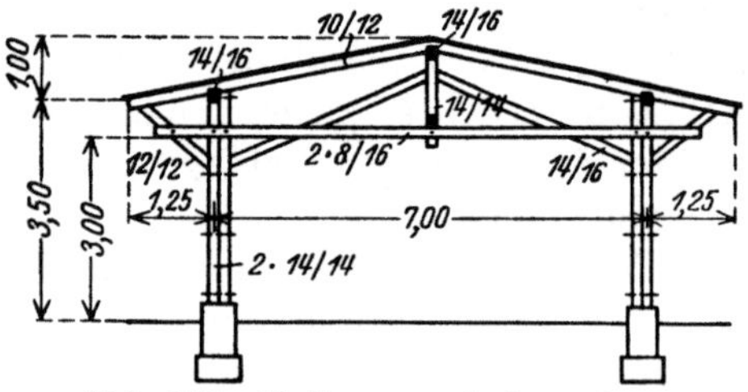

Abb. 353. Hallenquerschnitt mit zwei kleineren Vordächern.

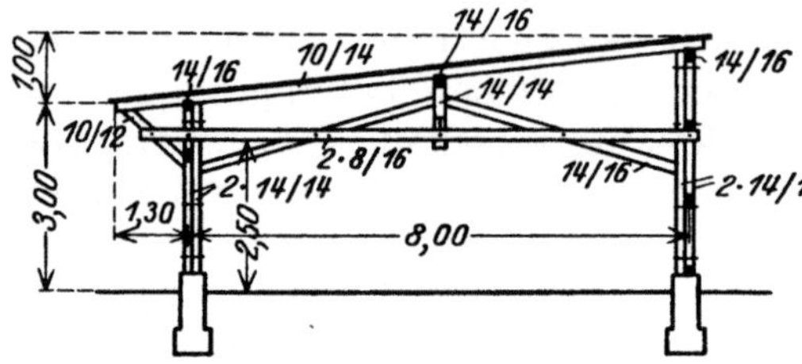

Abb. 354. Hallenquerschnitt mit Pultdach und einseitiger Auskragung.

mit dem eigentlichen Binder ein unten gelenkig gelagertes Portal (Halbrahmen), welches die Winddrücke aufnimmt und in die Fundamente leitet.

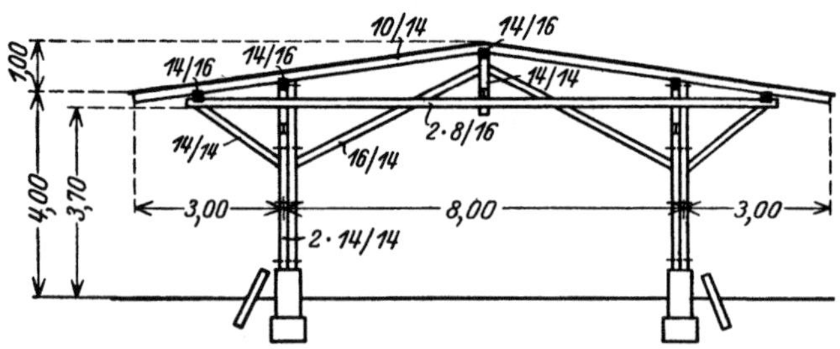

Abb. 355. Hallenquerschnitt mit weit ausladenden Vordächern.

Abb. 354 zeigt eine ähnliche Konstruktion von 8 m Stützweite, jedoch mit Pultdach und einseitigem Kragdach. Diese Dachform wird meist gewählt, wenn der Schuppen an ein Gebäude angebaut wird und das Dach nur nach einer Seite entwässert werden kann.

Auch der in Abb. 355 dargestellte Schuppen weist eine ähnliche Ausbildung auf, jedoch mit weit ausladenden Vordächern.

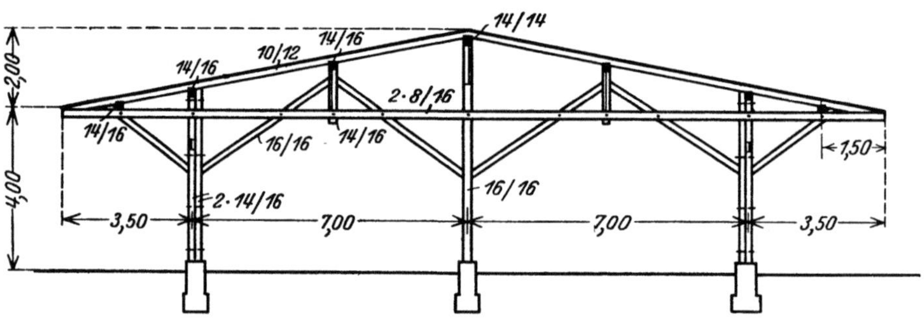

Abb. 356. Zweischiffige Halle mit weit ausladenden Kragdächern.

Es sind hier, um eine zu weite Vorkragung der Sparren zu vermeiden, im Vordach Pfetten angeordnet, die unmittelbar durch Streben gegen die Stiele abgestützt sind.

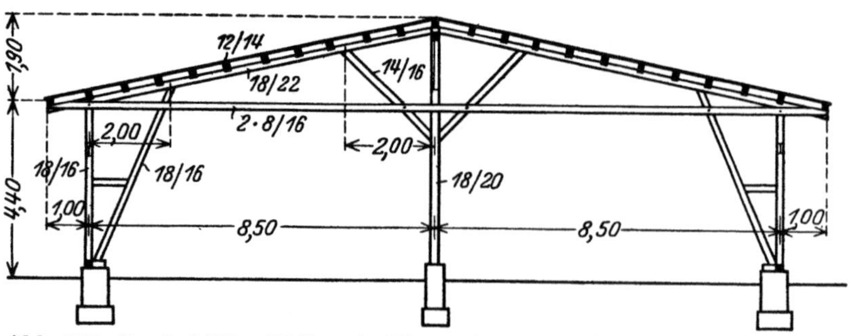

Abb. 357. Zweischiffige Halle mit Pfettendach und kleinen Auskragungen.

Abb. 356 läßt eine zweischiffige Halle erkennen mit Stützweiten von je 7 m und zwei Kragdächern von je 3,5 m, die wieder durch je eine Pfette mit Strebe gestützt werden. Zur Versteifung des ganzen Daches dient eine Doppelzange 2 × 8/16, die wegen ihrer Länge (= 21 m) an einer Stelle gestoßen werden muß. Die Streben greifen in 2,5 m Höhe über dem Erdboden an den Stützen an, wo ihre

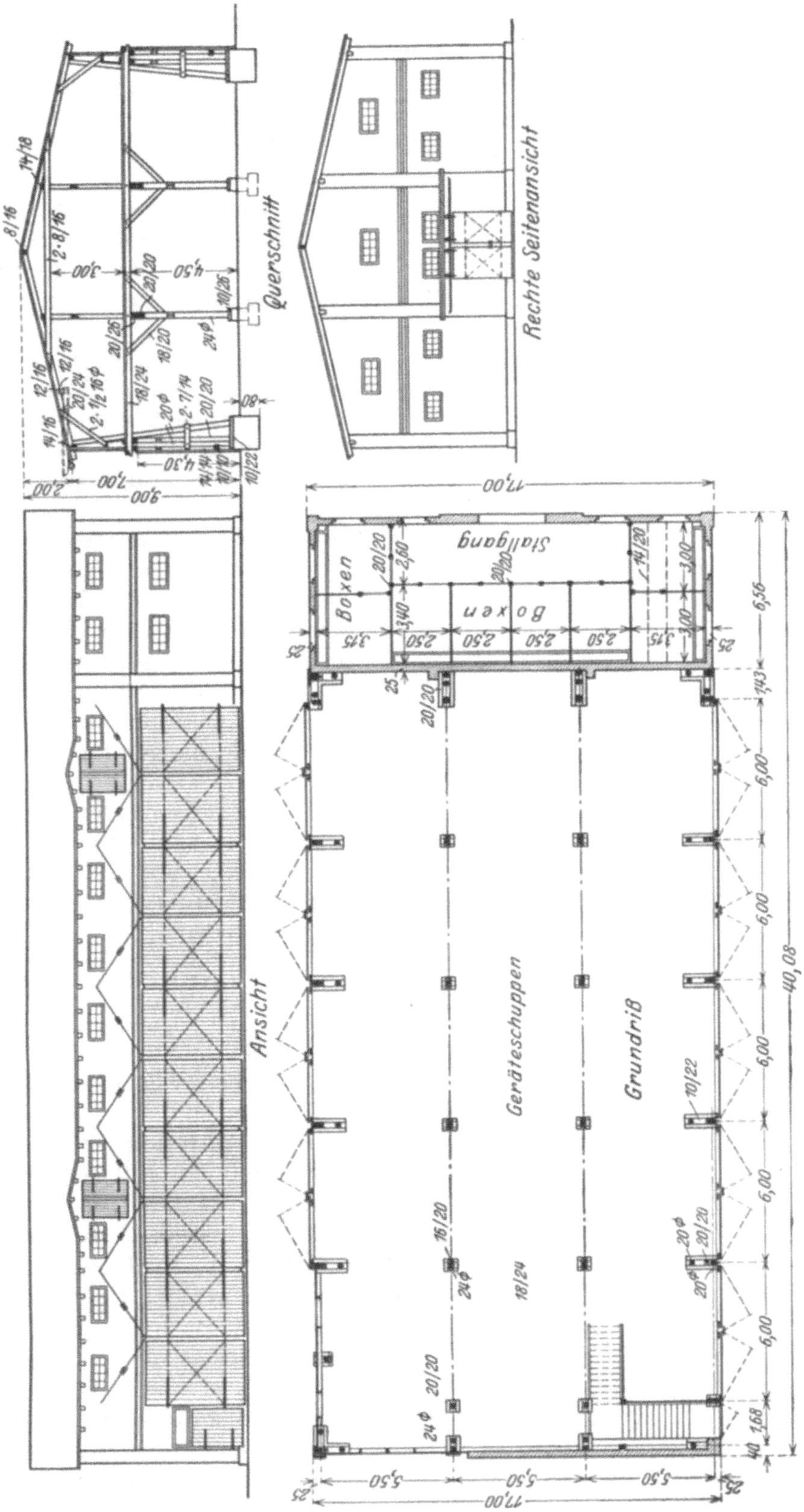

Abb. 358. Geräteschuppen, Speicher und Pferdestall auf Rittergut Horst. (Ausführung: Arthur Müller, Berlin.)

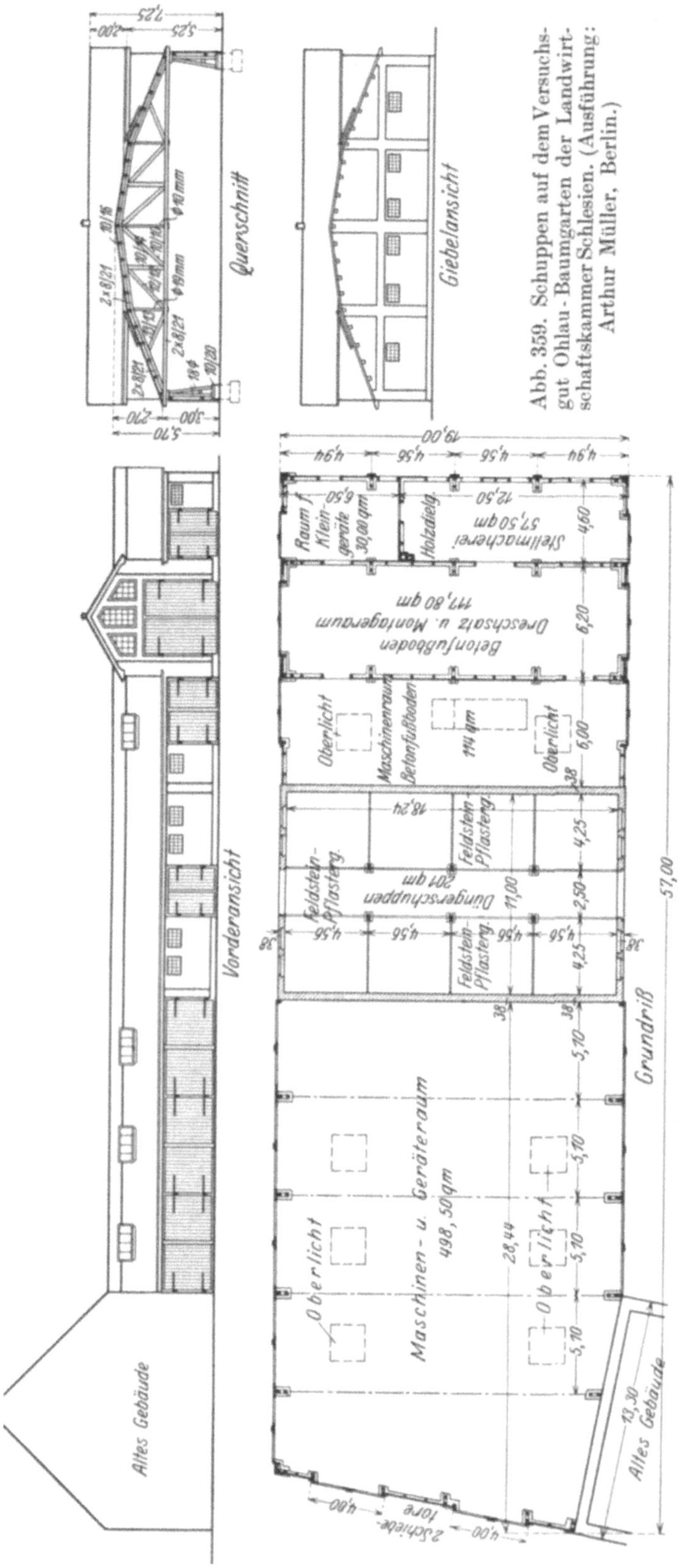

Abb. 359. Schuppen auf dem Versuchsgut Ohlau-Baumgarten der Landwirtschaftskammer Schlesien. (Ausführung: Arthur Müller, Berlin.)

Schübe sich aufheben, und versteifen die Dachkonstruktion in seitlicher Richtung ausreichend.

Abb. 357 veranschaulicht gleichfalls eine zweischiffige Halle von 2×8,5 m Stützweite und Vorkragungen von nur je 1 m. Die Dachkonstruktion ist als Strebenwerk ausgebildet, indem vier Streben an einem Bindergurt (Bindersparren) angreifen und so die Stützweite desselben auf 4,5 m verkürzen. Das Dach ist als Pfettendach ausgebildet; die nur 80 bis 90 cm entfernt liegenden Pfetten beanspruchen den Binderobergurt auf Biegung, wodurch sich die Stärke von 18/22 ergibt. Der Binderuntergurt wird durch zwei Zangen 8/16 gebildet, die an einer Stelle gestoßen werden müssen. Die Wandstreben sind, wie schon früher bemerkt, ein Bestandteil der Windverstrebung, die der Halle die seitliche Standfestigkeit verleiht.

Die in Abb. 356 und 357 dargestellten Konstruktionen können auch als Überdachungen für Düngergruben verwendet werden; in diesem Falle wird man, soweit der Dünger hochgeschichtet wird, massive Konstruktion wählen und darüber erst mit der Holzbauweise beginnen.

II. Ausführungsbeispiele.

Die nachfolgenden Beispiele zeigen eine Reihe von neueren Ausführungen, bei welchen verschiedene Baustoffe verwendet sind.

a) Geräteschuppen, Speicher und Pferdestall auf Rittergut Horst, ausgeführt 1928 durch die Firma Arthur Müller, Berlin (Abb. 358).

Dieses Beispiel zeigt eine Vereinigung von verschiedenen Zwecken dienenden Räumen. Im größten Teil des Erdgeschosses, auf rd. 33,5 m Länge und 17,0 m Tiefe, ist der Geräteschuppen untergebracht, an welchen sich ein massiver Pferdestall mit drei Boxen für Reitpferde anschließt. Über dem Geräteschuppen liegt ein Speicher; dieser Bauteil ist mit einer Prüßwand (s. S. 128) umgeben. Geräteschuppen und Speicher sind aus Holz hergestellt, und zwar bestehen die Stützen aus Rundholz von 20 bzw. 24 cm Durchmesser, während für die übrigen Teile Kantholz verwendet ist. Die Decke des Geräteschuppens ist aus einer Balkenlage 18/24 cm gebildet, die auf Längsunterzügen 20/26 ruht; diese sind durch Sattelhölzer mit Kopfstreben gegen die Stützen abgesteift, wodurch die Stützweite von 6 m verringert wird. Das Dachwerk besteht aus Sparren, die auf Pfetten 14/16 bzw. 14/18 ruhen. Um ein Ausweichen des Firstes aus der geraden Linie zu verhüten, ist eine Firstpfette 8/16 angeordnet, in welche die Sparren eingezapft sind. Zur Erzielung der erforderlichen Standfestigkeit des Gebäudes gegen Winddruck sind die Wandstützen als Bockstützen ausgebildet, ferner sind an den Mittelstützen und an den Traufen Streben eingebaut und endlich sind die Bindersparren durch Doppelzangen 8/16 versteift. Der Geräteschuppen besitzt vier Querdurchfahrten und außerdem an der Vorderseite noch ein Einfahrttor (Flügeltor). Der Stall ist von der Giebelseite aus durch ein Schiebetor von 2,8 m Lichtweite zugängig.

Abb. 360. Schuppen Ohlau-Baumgarten (Schlesien). Innenansicht des Maschinen- und Geräteraumes.

b) Schuppen auf dem Versuchsgut Ohlau-Baumgarten (Besitzerin: Landwirtschaftskammer Schlesien, Breslau), ausgeführt 1926 von der Firma Arthur Müller, Berlin. Wie der Grundriß in Abb. 359 zeigt, sind in dem Schuppen untergebracht der Maschinen- und Geräteraum mit rd. 499 m², der Düngerraum mit 201 m², der Maschinenraum mit 114 m², der Dreschsatz- und Montageraum mit rd. 118 m², die Stellmacherei mit rd. 58 m² und der Raum für Kleingeräte mit 30 m². Der Schuppen ist 57 m lang, 19 m tief und 3 m im Lichten hoch. Die Wände sind Prüßwände mit Ausnahme der des Düngerraumes, die aus 38 cm starkem Mauerwerk bestehen.

Abb. 361. Schuppen Ohlau-Baumgarten. Schaubild.

Die auf rd. 18,5 m freitragenden Binder sind aus Kantholz mit gedrückten Streben und gezogenen Pfosten hergestellt. Der Binderabstand ist 5,1 m. Die Eindeckung des Daches besteht aus doppelter Papplage auf 20 mm starker Schalung und Pfetten 10/16 cm.

Der Winddruck auf die Längswände wird durch Wandböcke aus Rundholz auf die Fundamente übertragen, die 1,20 m hoch aus Beton gestampft sind.

Abb. 360 zeigt die Innenansicht des Maschinen- und Geräteraumes und Abb. 361 die Außenansicht des Schuppens.

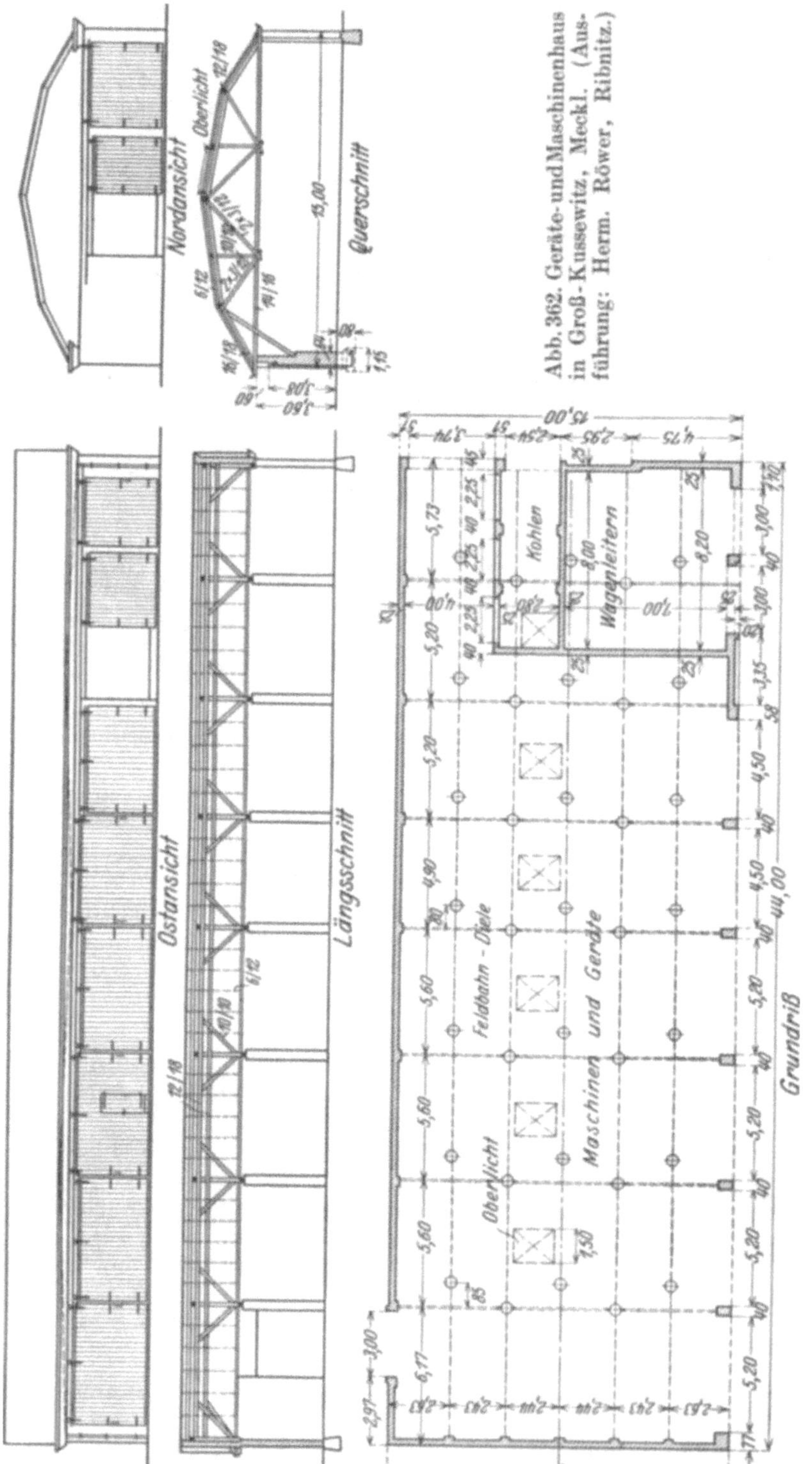

Abb. 362. Geräte- und Maschinenhaus in Groß-Kussewitz, Meckl. (Ausführung: Herm. Röwer, Ribnitz.)

c) Geräte- und Maschinenhaus in Groß-Kussewitz, Meckl. (Abbild. 362), ausgeführt 1929 von der Firma Herm. Röwer, Ribnitz i. M. (Architekt: Max Krüger, Ribnitz, vgl. auch S. 37). Der Schuppen ist 44 m lang, 15 m tief und 3,6 m bis zur Traufe hoch. Die Wände bestehen aus Mauerwerk, das Dach aus hölzernen Fachwerkbindern mit Ruberoidbedachung. Die Tore sind als Schiebetore ausgebildet, und zwar so, daß die einzelnen Tore übereinander weggeschoben werden können, um gleichzeitig mehrere Tore offen zu halten. Sämtliche Torstürze sind in Eisenbeton hergestellt, desgleichen auch die Torpfeiler an der Ostseite.

d) Maschinenreparaturhalle in Klein-Kussewitz, Meckl. (Abb. 363), ausgeführt 1926 von der Firma Herm. Röwer, Ribnitz i. M. Sie ist 17 m lang, 10,50 m tief und durch einen Holzfachwerkbinder überdacht; im First war ein Flaschenzug mit 2000 kg Last zu berücksichtigen. Das Dach ist mit Ruberoid eingedeckt. Die Wände sind aus $\frac{1}{2}$ Stein starken Steineisenplatten zwischen Pfeilern, die mit einem bewehrten Betonkern versehen sind, hergestellt. Der Fußboden besteht aus einer 15 cm starken Betonschicht; er ist mit Dehnungsfugen versehen. Die Halle ist mit Montagegrube und Schiebetoren ausgestattet.

Außerdem ist ein Anbau für Maschinenersatzteile vorhanden.

Die nächste Ausführung zeigt ein Beispiel für eine Wagenhalle mit Autogarage,

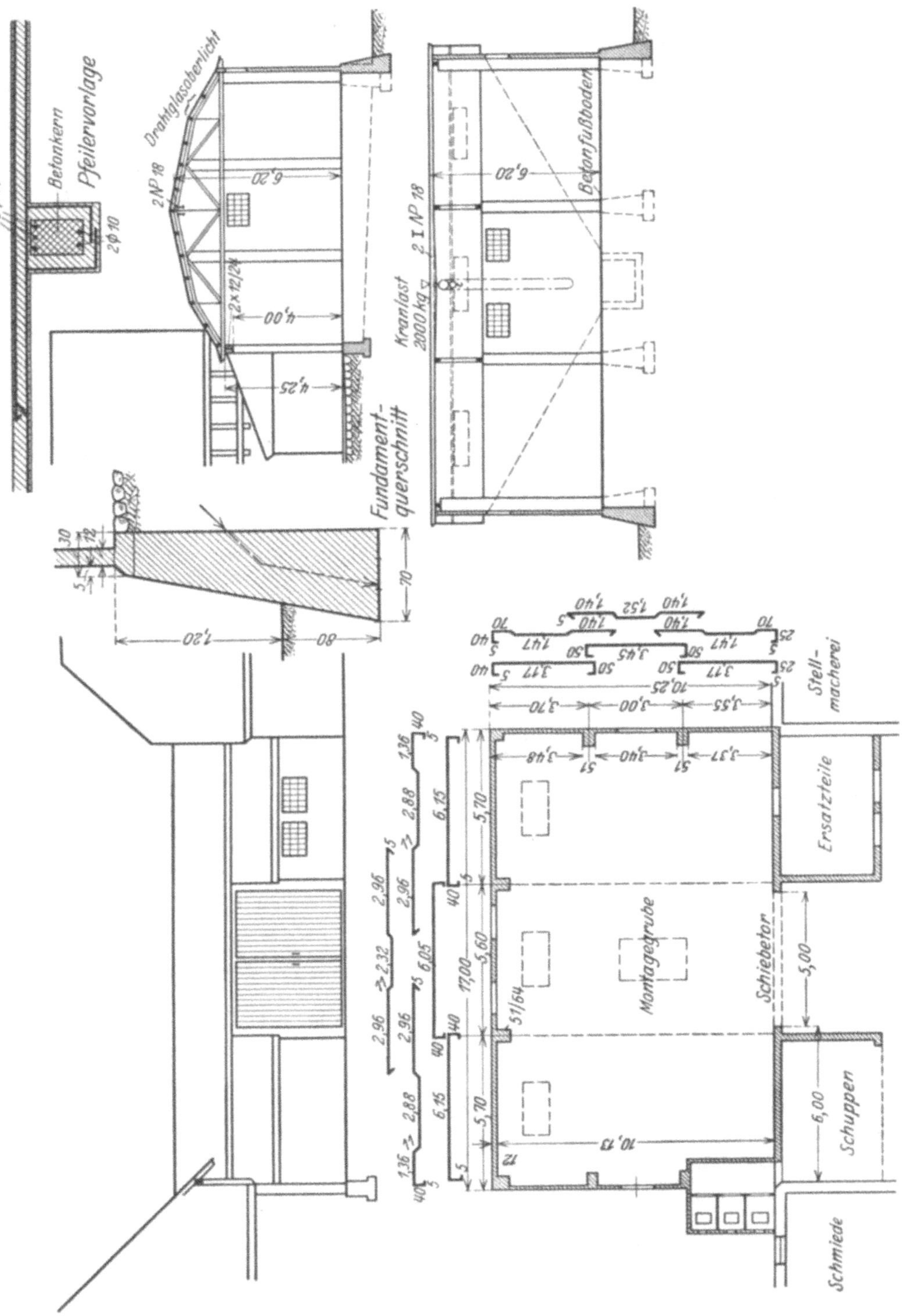

Abb. 363. Maschinenreparaturhalle in Klein-Kussewitz, Meckl. (Ausführung: Herm. Röwer, Ribnitz.)

die nicht ein selbständiges Gebäude bilden, sondern im Erdgeschoß eines Speichers angeordnet sind.

e) Garage, Wagenremise und Speicher in Cathrinhöfen, Ostpr. (Rittergutsbes. Heinrich), ausgeführt 1924 nach dem Entwurf der Landwirtschaftskammer für die Provinz Ostpreußen von der Firma F. W. & H. Förster, Königsberg i. Pr. (Abb. 364).

Autogarage und Wagenremise (daneben eine kleine Mahlmühle) sind, wie bereits bemerkt, im Erdgeschoß eines Speichergebäudes untergebracht, und zwar ist dieses

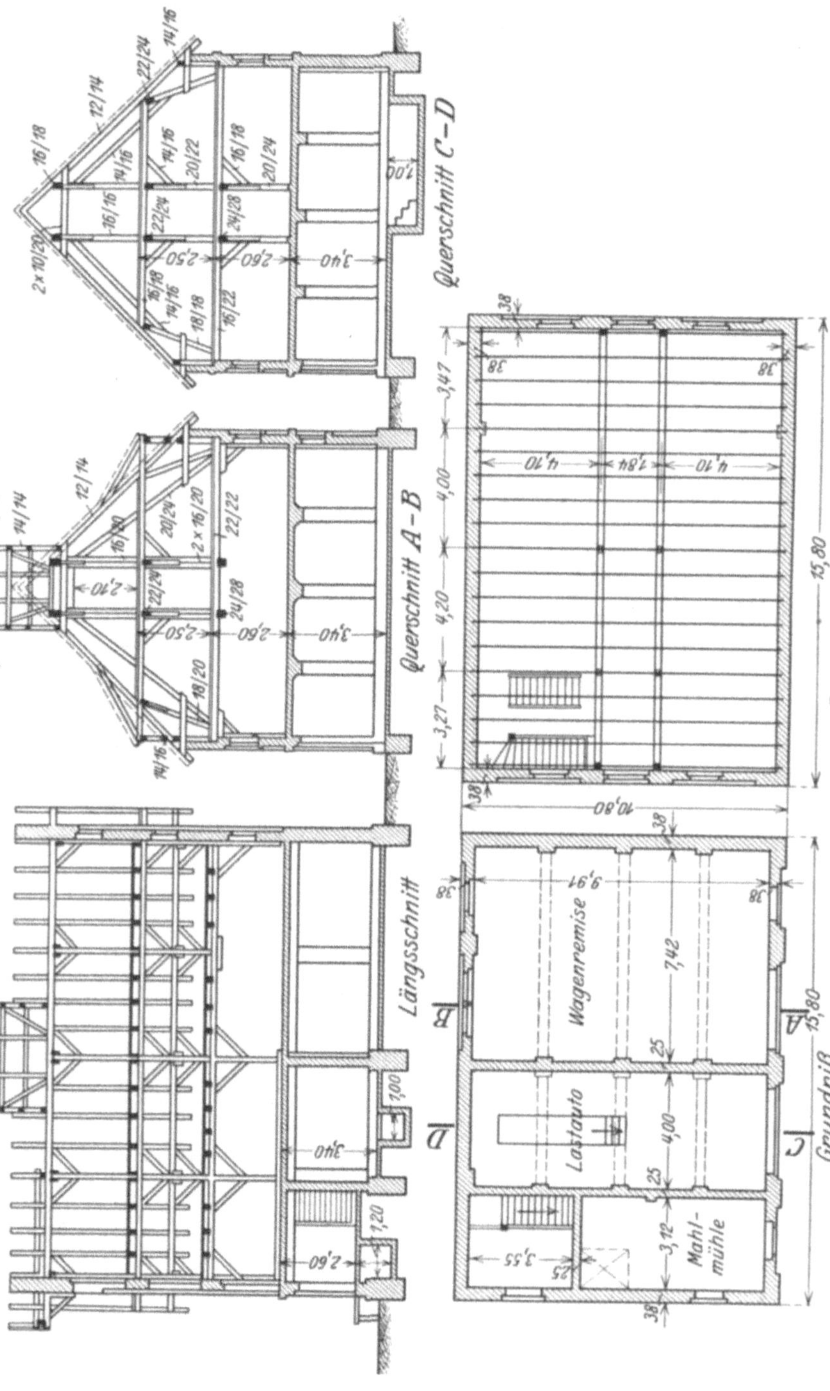

Abb. 364. Garage, Wagenremise und Speicher in Cathrinhöfen, Ostpr. Allgemeine Anordnung. (Ausführung: F. W. & H. Förster, Königsberg i. Pr.).

Geschoß in Eisenbeton ausgeführt, während der darüberliegende Speicher aus Holz besteht. Die massive Decke schließt somit das Erdgeschoß gegen den oberen hölzernen Speicher feuersicher ab.

Das Gebäude ist 15,8 m lang und 10,8 m tief. Die Stockwerkhöhe des Erdgeschosses ist 3,4 m und die Lichthöhe unter den Eisenbetondeckenträgern 2,9 m. Für die Garage (Lastauto) ist ein Raum von 9,9×4,0 m und für die Wagenremise ein solcher von rd. 9,9 × 7,4 m vorhanden. Da die Wagenremise von Stützen freigehalten werden mußte, sind die Unterzüge für die darüberliegende Speicherdecke als Sprengwerke auf 7,5 m freitragend ausgebildet. Die Speicherstützen stehen über den inneren Querwänden des Erdgeschosses, über welchen sie durch Eisenbetonbalken, die zwischen den rd. 2,5 m entfernten Deckenträgern (s. später) verlaufen, abgefangen sind (Abb. 365). Die Holzstützen besitzen besondere Betonfüße von 20 cm Höhe, die in Abb. 365 dargestellt sind.

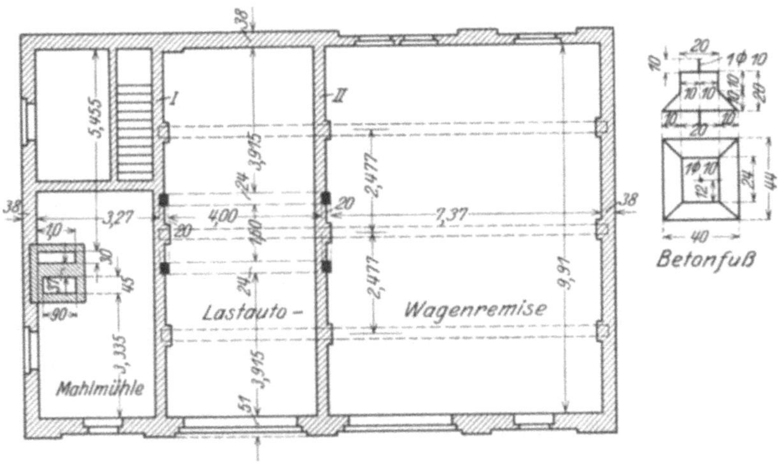

Abb. 365. Garage und Wagenremise Cathrinhöfen. Anordnung der Betonfüße für die Speicherstützen.

Die Erdgeschoßdecke besteht aus drei längslaufenden Plattenbalken B_2, B_3 und B_4 (Deckenträger) in Abständen von 2,477 m, zwischen welche Kleinesche Decken (10 cm

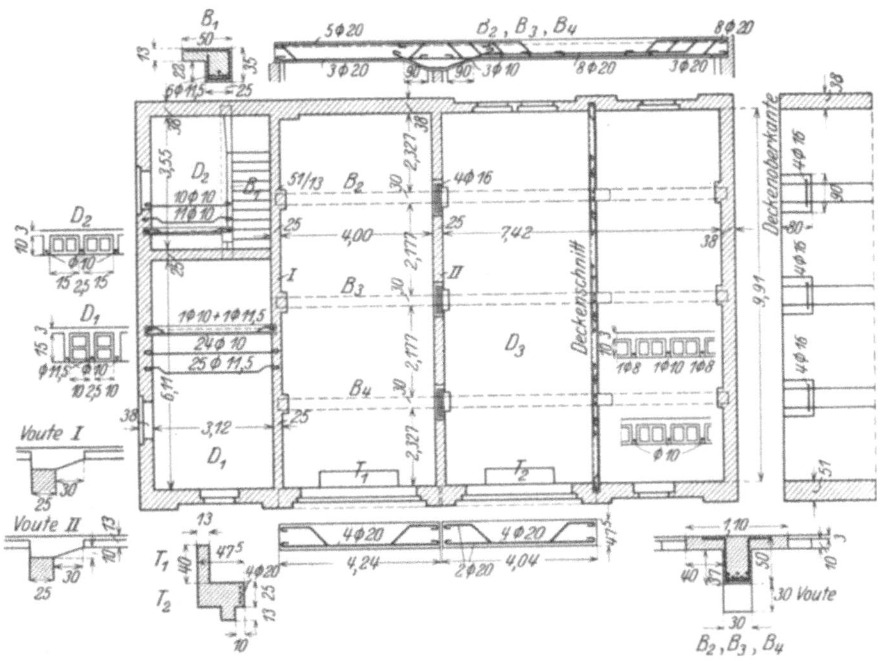

Abb. 366. Garage und Wagenremise Cathrinhöfen. Ausbildung der Massivdecke des Erdgeschosses.

Steinhöhe und 3 cm Überbeton) gespannt sind (Abb. 366). Sie ist für 80 cm Getreideschüttung (585 kg/m²) berechnet. Die Plattenbalken sind 50 cm hoch, haben 1,10 m Druckgurtbreite und 30 cm Rippenbreite; sie gehen durch Aussparungen der 25 cm starken Querwände durch. Unter ihren Auflagern sind die Querwände durch Vorlagen

13×51 cm verstärkt. Die Deckenträger sind an den mittleren Auflagern mit Abschrägungen (Vouten) versehen.

Die Einzelheiten der Ausbildung der Massivdecke gehen aus Abb. 366 hervor.

Abb. 367. Garage, Wagenremise und Speicher Cathrinhöfen. Schaubild von der linken Seite.

Abb. 367 gibt eine Ansicht des Gebäudes von der Hofseite.

f) Autogarage aus Werkbeton, ausgeführt 1928 von der Firma Kunststeinwerk Neuenschwander, Neumünster (Schleswig-Holstein) (Abb. 368).

Die Garage ist 15,12 m lang und 6,12 m tief. Sie besitzt fünf Autoboxen von je 3,0 m Weite. Die Wände bestehen aus Werkbetonstielen mit Nuten, in welche Eisenbetonplatten eingeschoben sind. Das Dach ist mit Werkbetonplatten auf Werkbetonbindern eingedeckt. Sämtliche Teile sind auf dem Werkplatz aus Beton mit Eiseneinlagen in Formen gestampft und als „Fertigkonstruktionen“ an die Baustelle geliefert, wo sie zu dem Bau zusammengefügt worden sind. Die Stützen sind mit Betonfundamenten umstampft. Die Tore sind als hölzerne Flügeltore ausgeführt.

g) Schuppen aus Werkbeton, ausgeführt 1929 von der gleichen Firma wie die vorher beschriebene Autogarage (Abb. 369).

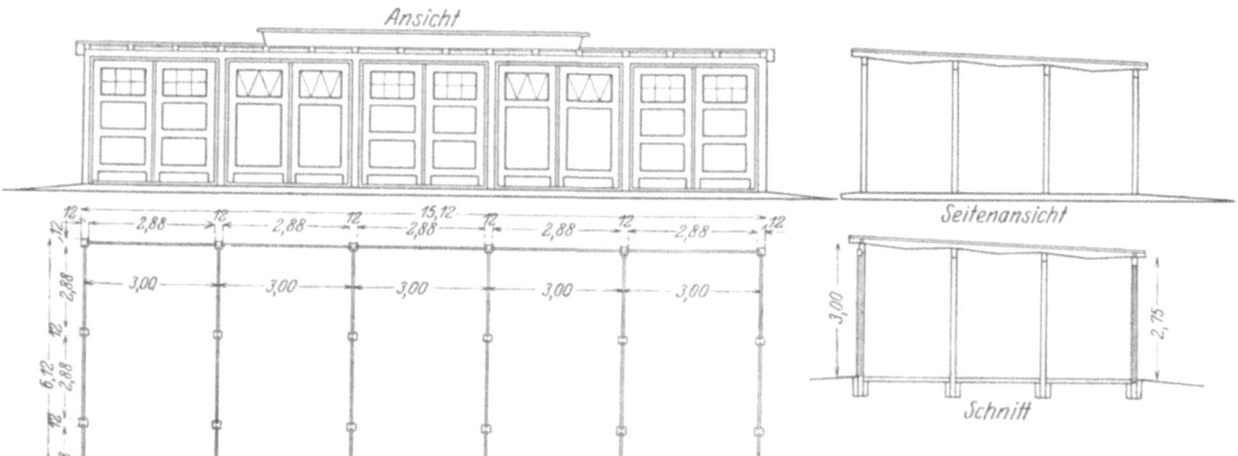

Abb. 368. Autogarage aus Werkbeton. (Ausführung: Kunststeinwerk Neuenschwander, Neumünster, Schlesw.-Holst.)

Der Schuppen ist als Lagerschuppen ausgeführt, kann aber in gleicher Weise als Wagenschuppen oder als Schuppen für Ackergeräte, Kunstdünger usw. hergestellt werden. Die einzelnen Teile sind wie im vorigen Beispiel als Fertigkonstruktionen an die Baustelle geliefert. Bemerkenswert sind die 12 m weit gespannten Binder in Fachwerkform, aus Werkbeton angefertigt. Die Wände bestehen aus Werkbetonstielen mit Nuten, in welche Werkbetondielen eingeschoben sind. Der Binderabstand beträgt 3,96 m. Die Mittelstützen sind als Doppelstiele 2×20/20 cm ausgeführt.

J. Gewächshäuser und Mistbeete.

I. Allgemeines[1].

Die Gewächshäuser sollen möglichst auf trockenem Gelände errichtet werden, da das Wachstum der Pflanzen durch aufsteigende Bodenfeuchtigkeit schädlich beeinflußt wird. Ferner sollen sie durch Bäume und Wände nicht beschattet werden, sondern zu jeder Jahres- und Tageszeit von der Sonne bestrahlt werden können. Endlich sollen die Gewächshäuser gegen kalte Luftströmungen geschützt liegen, ferner nicht in der Nähe von Fabrikanlagen errichtet werden, da der Rauch der Schornsteine sich auf die Glasflächen legt, ihre Lichtdurchlässigkeit behindert und auch durch die Fugen in das Haus eindringt und die Pflanzen schädigt.

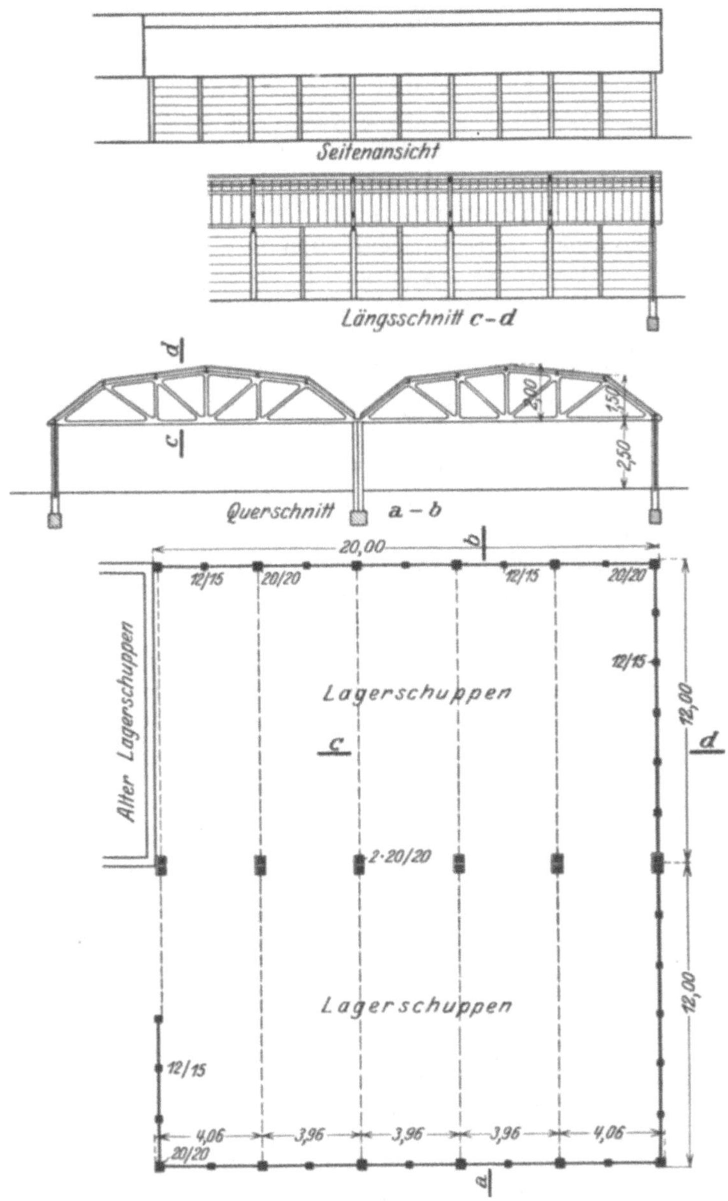

Abb. 369. Schuppen aus Werkbeton. (Ausführung: Kunststeinwerk Neuenschwander, Neumünster.)

Die Gewächshäuser sind so anzulegen, daß die Glasfläche nach Osten, Süden und Westen gerichtet ist, damit die Sonne zu jeder Tageszeit durch ihre Licht- und Wärmestrahlen auf die Pflanzen wirken kann.

Die Sonnenstrahlen haben die größte Wirkung, wenn sie um 12 Uhr mittags senkrecht zu den Glasflächen einfallen. Die Glasflächen erhalten daher meist eine solche Stellung, daß die Sonnenstrahlen von 10 Uhr vormittags bis 2 Uhr nachmittags senkrecht zu den Glasflächen wirken können. Bezüglich des Lichteinfalls haben sich die Sattelhäuser am zweckmäßigsten gezeigt; sie werden von Nord nach Süd gestellt, so daß die Sonne vormittags durch die östliche und nachmittags durch die westliche Glasfläche scheint.

Je nachdem die Gewächse, für welche die Häuser bestimmt sind, der kalten, gemäßigten und warmen Zone entstammen, werden die Gewächshäuser in *kalte*, *halbwarme* und *warme* eingeteilt und dienen dann zur Aufzucht der in diesen Zonen heimischen Pflanzen.

---

[1] Hartwig-Reiter: Gewächshäuser und Mistbeete. 4. Aufl. Berlin: Paul Parey 1921.

Die Gewächse der kalten Zone, die bei uns im Freien gedeihen, bedürfen keiner besonderen Baulichkeiten.

Nach Reiter[1] erhalten die Gewächshäuser folgende Bezeichnungen:

Die Orangerie oder das Orangenhaus, welches zur Überwinterung der Orangenbäume dient und eine Stellung gegen Süden erhält, um möglichst die Anwendung künstlicher Wärme zu vermeiden.

Das kalte Haus, Frigidarium, dient zur Aufzucht der Pflanzen der gemäßigten, und zwar der immergrünen Gesträuch- und Baumarten. Diese gedeihen im Sommer im Freien und brauchen nur im Winter, der Zeit der Ruhe, einen Schutz gegen Frost, wobei wenige Grade über Null genügen. Es erhält eine Stellung nach Südosten, Südwesten, zuweilen Norden. Die rein südliche Stellung ist zu vermeiden, da die Frühjahrssonne zu schnell das Wachstum anregen würde. Sie kommt nur beim „großen“ und „hohen Kalthaus“ (Orangerie, Konservatorium, Winterhaus) in Betracht. Als Dachform gelangt das Pultdach, Halbsatteldach und Satteldach zur Verwendung; ferner kommen dreischiffige Hallen mit hohem Mittelschiff in Frage.

Das gemäßigte oder halbwarme Haus, Tepidarium, für Gewächse aus den südlichsten Gegenden der gemäßigten Zone und den nördlichsten Gegenden der wärmeren Zone. Es ist für solche Gewächse bestimmt, die bei uns im Freien gedeihen, im Winter aber Wärme von $+ 10^0$ C bedürfen. Für solche Häuser werden Pult-, Sattel- und Halbsatteldach bevorzugt. Ihre Lage ist nach Südosten, Süden oder Südwesten gerichtet. Sie erhalten künstliche Erwärmung.

Das Warmhaus, Caldarium, für Gewächse des warmen (tropischen) Klimas, die hohe Luftwärme und auch Luftfeuchtigkeit im Sommer und Winter bedürfen. Es erhält eine rein nach Süden und leicht nach Südosten gerichtete Stellung, so daß die Sonnenstrahlen zwischen 11 und 12 Uhr vormittags senkrecht zur Glasfläche einfallen. Auch hier werden gern Satteldächer, von Norden nach Süden gerichtet, benutzt. Wärmegrad nicht unter 15^0 C; bei Wintergärten bis 19^0 C. Neben dem kleinen Warmhaus kommen „große“ und „hohe“ Warmhäuser vor.

Außer diesen allgemein gekennzeichneten Gewächshäusern gibt es noch Kulturhäuser für Sonderanzuchten, die für besondere Pflanzengattungen dienen. Diese Häuser lassen sich schon deshalb nicht in die angegebenen Reihen einordnen, da sie in den verschiedenen Wachstumszeiten auch verschiedener Wärmeverhältnisse bedürfen.

Zu diesen gehören:

Das Haus für Orchideen und Farnkräuter, die Schutz gegen grelle Sonnenstrahlen erhalten müssen; sie bekommen daher eine mehr östliche oder westliche Richtung, die eine Beschattung erleichtern, oder auch ein Satteldach von Norden nach Süden gerichtet. Wärmegrad bis 17^0 C.

Das Haus für Palmen, das eine rein südliche oder etwas südöstliche Richtung erhält. Es gehört zu den Warmhäusern.

Das Haus für Wasserpflanzen, Aquarium, Viktoriahaus mit rein südlicher Stellung. Wasserwärme mindestens 25^0 C. Dieses Haus dient häufig als Zierbau und wird dann freistehend mit vieleckigem oder rundem Grundriß angeordnet. Da es dann allseitig Glasflächen erhält, haben die Sonnenstrahlen während des ganzen Tages Zutritt.

Das Vermehrungshaus (Warmhaus) mit Stellung von Norden nach Süden.

Das Nelkenhaus, Chrysanthemenhaus und Rosenhaus meist ein Sattelhaus, von Norden nach Süden gerichtet.

Das Treibhaus für Frühfrüchte mit rein südlicher Stellung.

In diese Einteilung können ferner noch eingereiht werden:

Der Kasten, der Glaskasten, das Mistbeet. Wie die Gewächshäuser zerfallen auch diese in kalte, halbwarme und warme Kästen und erhalten die bei den Gewächshäusern angegebene Stellung.

---

[1] Hartwig-Reiter: Gewächshäuser und Mistbeete, S. 4.

Die Schutz- oder Sonnenwand oder Talutmauer, die eigentlich nur zu vorübergehenden Zwecken dient. Sie stellt eine Glaswand dar, die für kurze Zeit an eine Wand angelehnt wird, vor welcher Fruchtbäume oder Pflanzen angepflanzt sind. Sie dient zum Schutz gegen Kälte, das Wachstum früher anzuregen, die Reife früher herbeizuführen oder die Blüte gegen äußere Einflüsse zu schützen. Die günstigste Stellung ist die rein südliche. Die Schutzwand gehört zu den kalten Häusern.

Außer der Einteilung der Gewächshäuser nach den verschiedenen Wärmegraden sind noch Benennungen üblich, die das Lebensalter bzw. die Entwicklungsstufe der Pflanzen kennzeichnen sollen.

Die Entwicklung der Pflanzen in Gewächshäusern ist in erster Linie abhängig von ihrer Entfernung von der Glasfläche als Lichtspenderin. Es ist deshalb erforderlich, daß den Entwicklungsstufen der Pflanzen entsprechend verschieden hohe Häuser vorhanden sind. Im ersten Lebensalter nach der Aussaat, also während des Wachstums, sind niedrige Häuser nötig, während nach Beendigung des Wachstums höhere Häuser zweckmäßig sind. Erstere Häuser werden als Anzucht- oder Kulturhäuser, letztere als Erhaltungshäuser oder Konservatorien bezeichnet.

Nach neueren Anschauungen werden im allgemeinen höhere Gewächshäuser den niedrigen vorgezogen.

Eine besondere Stellung nehmen die Gewächshäuser für Obst- und Gemüsetreiberei ein. Sie dienen zur früheren Anregung der Pflanzen zum Blühen und Ausreifen der Früchte, als es sonst der Fall wäre, wenn die Gewächse im Freien wachsen würden. Durch die besondere Einrichtung der Häuser werden die Pflanzen bei ungünstigen äußeren Witterungsverhältnissen zur frühen Entwicklung „getrieben". Diese Einrichtung erzeugt bezüglich Licht, Wärme und Luftfeuchtigkeit bestimmte Bedingungen, die zu einem sicheren Erfolg erforderlich sind. Die „Treibhäuser" erhalten deshalb eine nach Südosten oder Süden gerichtete freie Lage, damit die Sonnenstrahlen ungehindert wirken können.

Für die meisten Gewächse werden liegende Fenster mit Pultdach verwendet, während für bestimmte Früchte (Pflaumen, Kirschen, Feigen) auch Standfenster benutzt werden, wobei das halbe Satteldach zweckmäßig ist.

Die Häuser sollen so hoch über dem Grundwasser liegen. daß die Wurzeln der Pflanzen und Bäume nicht in dasselbe gelangen.

Die Zuführung der erforderlichen inneren Wärme geschieht durch Heizrohre (Warmwasserheizung), außerdem werden außen wärmehaltende Stoffe (Pferdemist oder Laub) an das Gewächshaus geschichtet, damit die außerhalb des Hauses befindlichen Wurzeln einen warmen Boden haben und die innere Wärme nicht entweichen kann. Auch wird im Innern unter die Erddecke eine erwärmende Packung gebracht.

Wegen der Wärmehaltung soll ferner das Haus nicht höher und tiefer sein als es der Raum für die Pflanzen unbedingt erfordert.

Endlich ist für die nötige Lüftung des Innenraums zu sorgen, wobei die Wärme erhalten bleiben muß.

Die Treibhäuser können feststehend oder beweglich angeordnet werden. Erstere dienen alljährlich dem gleichen Zweck, indem die Gewächse bei Beginn des Treibens hineingeschafft werden. Die beweglichen Treibhäuser werden nur für die Zeit des Treibens über den Obstarten errichtet und nach Eintritt der Fruchtreife wieder entfernt.

II. Der Baustoff.

Als Baustoffe zur Herstellung von Gewächshäusern kommen Ziegelmauerwerk, Beton, Holz, Eisen und Eisenbeton und eine Abart desselben, Holzbeton in Frage.

Ziegelmauerwerk und Beton dienen zur Ausführung der Grund-, Sockel- und Giebelmauern. Die Längswände, die sich häufig nur 30 bis 60 cm über die Grundmauern bzw.

den Erdboden erheben, die Sockelmauern, tragen zuweilen Standfenster, d. s. lotrecht stehende Fenster, deren Sprossen einen Bestandteil der Dachkonstruktion bilden. Die Mauern sollen, da sie wärmehaltend sein müssen, nicht unter 25 cm stark sein. Deshalb können auch Mauern mit Luftschichten oder solche aus Hohlsteinen errichtet werden.

Zur Anfertigung der Sprossen, Pfetten (Rähme oder Rahmenstücke) und Binder wird Holz, Eisen, Eisenbeton und Holzbeton verwendet.

Für die Holzteile, insbesondere Sprossen, eignen sich besonders amerikanische Hölzer, Pechkiefer (pitchpine) und Gelbkiefer (yellowpine), während die einheimischen Nadelhölzer getränkt (Kyanisierverfahren) werden sollten.

Das Holz besitzt die gute Eigenschaft, den für viele Anzuchten schädlichen Tropfenfall auf ein Mindestmaß zu beschränken. Man schneidet zu diesem Zweck in Sprossen Ablaufrinnen ein, die das Tropfenwasser nach den Traufen leiten. Die gerühmte schlechte Wärmeleitung des Holzes spricht hier insofern weniger mit, als die Holzsprossen und Fensterrahmen nur einen geringen Teil der Dachfläche (Glasfläche) einnehmen. Wird das Holz mit einem schützenden Anstrich (Ölfarbe) versehen, so muß es, ehe dieser aufgebracht wird, gut ausgetrocknet sein. Karbolineum ist nicht zu verwenden da es auf die Pflanzen schädlich einwirkt.

Die Benutzung von Eisen (Stahl) bietet den Vorteil, daß es geringe Stärken ergibt, also mehr Fläche für Glas läßt. Die gute Wärmeleitung des Eisens ist an sich ungünstig, fällt aber aus den schon bei Holz angeführten Gründen nicht sehr ins Gewicht. Da das Eisen schnell den Wärmegrad der Außenluft annimmt, schlagen sich die Wasserdünste an kalten Tagen an dem kalten Eisen nieder, wodurch wieder der schädliche Tropfenfall entsteht, falls man nicht unter den Sprossen kleine Blechrinnen zur Ableitung des Wassers anhängt.

Zum Schutz gegen Rosten erhält das Eisen einen Grundanstrich aus einer Mischung von Mennige mit Leinölfirnis, darüber einen mehrmaligen Ölfarbenanstrich, der von Zeit zu Zeit (etwa alle zwei Jahre) zu erneuern ist.

Zum besseren Wärmeschutz wendet man (in kalten Gegenden) bei Eisenkonstruktionen Doppelfenster an, die eine isolierende Luftschicht bilden. Die innere Verglasung wird dann in den eisernen Sprossen eingekittet, während die äußere in Holzrahmen und Holzsprossen eingesetzt wird. Im Sommer werden die äußeren Fenster abgenommen.

Bei den neuzeitlichen Gewächshäusern ist eine Doppelverglasung nicht mehr erforderlich, da die modernen Heizanlagen in Verbindung mit der Verwendung starken Rohglases genügende Wärmehaltung ergeben.

Über Eisenbeton als Tragkonstruktionen ist schon bei den „Decken“ (s. S. 17) das Wesentlichste gesagt worden. Die Formen der Tragglieder werden auch im Gewächshausbau in ähnlicher Weise ausgeführt. Jedoch wird man wegen der geringen Querschnitte der Tragglieder, diese meist auf dem Werkplatz in Formen stampfen und nach vollkommener Erhärtung an die Verwendungsstelle befördern, wo sie aufgestellt, durch Eisenklammern, Drähte usw. verbunden und vergossen werden („Fertigkonstruktionen“). Zur Verarbeitung kommt gewöhnlich Stampfbeton, da infolge des erdfeuchten Einbringens des Betons die Schalung bald entfernt und die Formen anderwärts verwendet werden können. Eine Ausführung an Ort und Stelle kommt nur für große Gewächshäuser, die in der Regel Schaustellungen dienen, in Betracht.

Ein viel verwendeter Baustoff ist das Zementholz[1]. Dieser Baustoff entsteht durch Mischen von Portlandzement mit Sägespänen (1:3), wodurch der Beton die Eigenschaften des geringeren Gewichts und der besseren Wärmeisolierung erhält.

Die möglichst von Hartholz abfallenden Sägespäne werden zur Sicherung gegen Fäulnis und Schwammbildung vorher mit verdünntem Wasserglas (1:5 bis 1:8) getränkt oder besser gekocht oder sie werden mit Kalkmilch vermengt und damit 24 Stunden

[1] Riepert: Neuzeitliche Gewächshausbauten. Berlin: Zementverlag G. m. b. H. 1928.

lang gelagert. Es können auch beide Hilfsmittel angewendet werden, wobei zuerst mit Kalkmilch gelagert und dann in Wasserglas getränkt wird.

Die so getränkten Späne werden nun durch ein Sieb gerieben, damit sie sich nicht zusammenballen, worauf die Mischung mit Zement und Wasser und Verarbeitung zu Zementholz erfolgt.

III. Die Typenhäuser des „Reichsverbandes des deutschen Gartenbaues e. V.“.

Die Typisierung der Gewächshäuser bezweckt die Vereinheitlichung derselben, um die Anschaffungs- und Unterhaltungskosten der Treibanlagen möglichst herabzusetzen und damit dem Frühgemüsebau und der Blumenzucht eine größere Ausdehnung zu geben.

Es sind fünf Arten von Gewächshäusern typisiert, von denen die ersten drei Typen durch Ministerialverfügung vom 28. 6. 1927 in statischer Beziehung unter bestimmten Bedingungen[1] in Preußen genehmigt sind.

Die einzelnen Typenhäuser mögen nachstehend näher beschrieben werden[2].

1. Gurkenhaus und Tomatenhaus mit fester Verglasung.

(Typ 1 und 3.)

Bezüglich der Bauart lassen sich das Gurkenhaus und das Tomatenhaus mit fester Verglasung zusammenfassen. Es sei deshalb zunächst nur von diesen beiden Häusern die Rede (Abb. 370 und 371).

Für den Bau der Umfassungsmauern wird anheim gestellt, Beton oder Ziegelmauerwerk zu verwenden. Die Wandstärke beträgt über der Erde bei Beton 0,20 m, bei Mauerwerk 0,25 m, die Höhe der Wand beträgt beim Gurkenhaus 0,85 m, beim Tomatenhaus mit fester Verglasung 0,75 m. Die Tiefe der Umfassungsmauer im Boden (Gründung) hängt von der Beschaffenheit des Baugrundes ab. Es wird sich allgemein empfehlen, die Umfassungsmauer zwischen Betonpfeiler in 2,50 m Abstand zu stellen, die 0,80 m tief reichen und mit einer Fußplatte endigen.

Die Pfosten für die Rinne zwischen zusammenhängenden Gewächshäusern werden am besten aus Eisenbeton hergestellt und sollen folgende Abmessungen haben: Pfosten mit $0{,}12 \times 0{,}12$ m Querschnitt mit Kopf von 0,40 m Breite. Die Länge der Pfosten richtet sich nach dem Baugrund; sie muß jedoch mindestens 1,35 m betragen, wovon 0,50 in der Erde und 0,85 m über der Erde sein müssen. Es ist darauf zu achten, daß die Gründungstiefe nicht geringer als 0,50 m ist, damit der Pfosten bei tiefem Umgraben oder Bodenerneuerung im Hause nicht gelockert wird. Wo der Baugrund es erfordert, ist ein Fundament aus Beton auszuführen.

Zur Herstellung der Rinne werden zwei Winkeleisen $80 \times 40 \times 6$ mm verwandt (Abb. 370). Die längere Seite muß hochkant stehen, damit die Rinne genügende Tiefe erhält. An die Winkeleisen werden die Sprossenhalter befestigt. Zwischen die beiden Winkeleisen kommt eine Eisenbetonplatte, welche in der Mitte 5 cm stark ist und nach den beiden Rändern hin verstärkt ist, damit das Wasser nach der Rinnenmitte fließt. Die Rinne muß nach dem Kessel zu ein Gefälle von 5 mm je m (1:200) haben. Wo in Rücksicht auf das Gelände möglich, da gebe man dem ganzen Hause das erforderliche Gefälle.

---

[1] Bescheid der Staatlichen Prüfungsstelle für statische Berechnungen vom 20. 5. 1927 — St. P. 120 —.

[2] Vgl. die vom Reichsverband des deutschen Gartenbaues e. V., Berlin NW 40, Kronprinzenufer 27, herausgegebene Druckschrift, die wörtlich benutzt ist. Entwurfsbearbeitung durch Dipl.-Ing. H. Perl, Breslau 2.

Die Sprossenstärke beträgt 4×6 cm. Der Sprossenabstand ist vom Mitte zu Mitte Sprosse 0,50 m; dementsprechend wird die Breite der Scheibe 0,48 m. Die Sprossenlänge mißt 2,60 m beim Gurkenhaus und 6 m beim Tomatenhaus mit fester Verglasung.

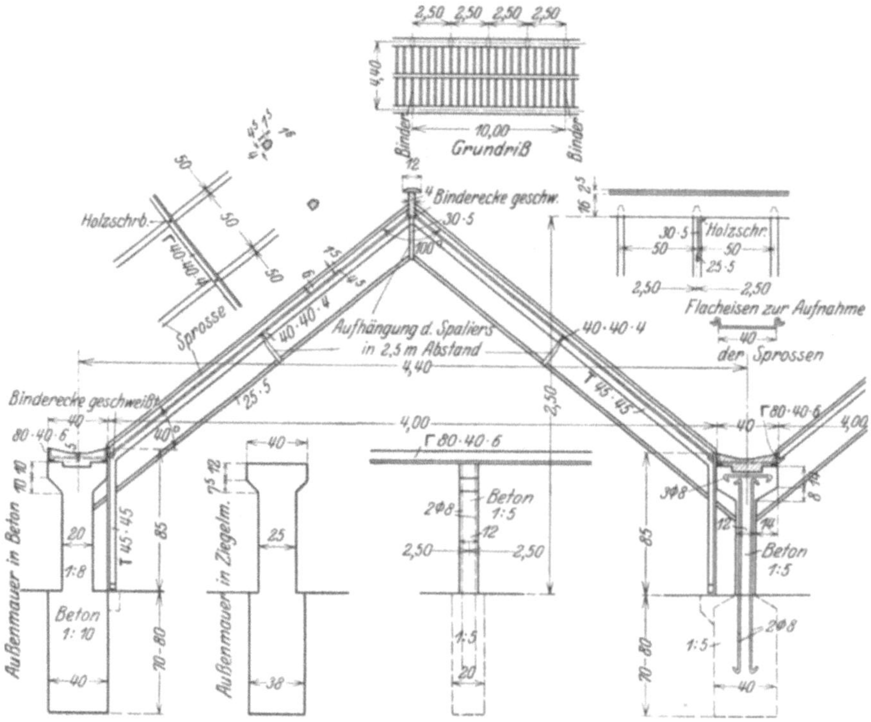

Abb. 370. Typenhaus des Reichsverbandes des deutschen Gartenbaues e. V. Typ 1: Gurkenhaus.

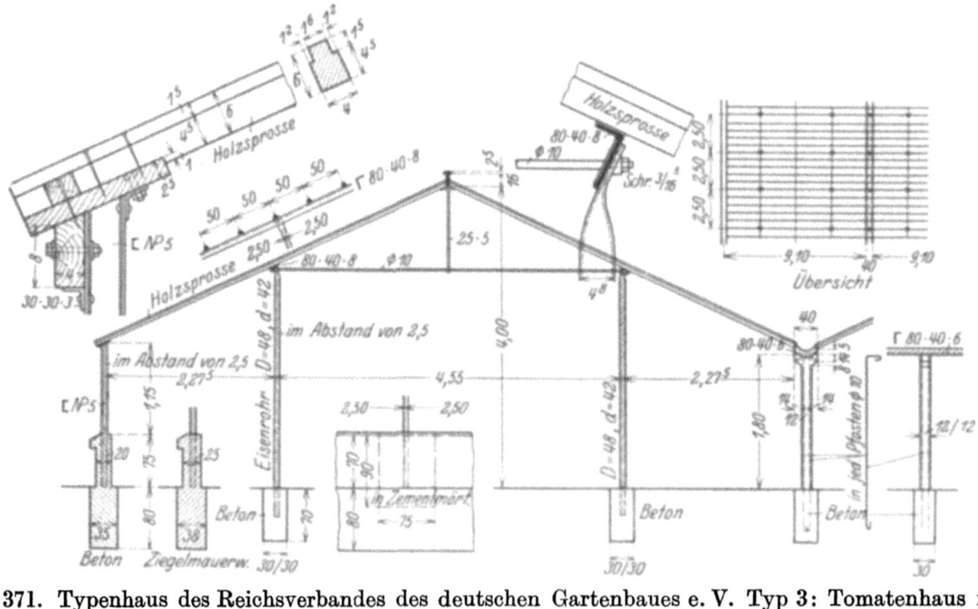

Abb. 371. Typenhaus des Reichsverbandes des deutschen Gartenbaues e. V. Typ 3: Tomatenhaus mit fester Verglasung.

Binder sind bei den beiden genannten Typen nicht unbedingt erforderlich. Wo dieselben zur Sicherheit oder in Rücksicht auf besonders exponierte Lage für erforderlich erachtet werden, genügt es, sie aus T-Eisen 45×45×5,5 mm in Abständen von 10 m zu errichten.

Die Firstpfette ist aus Holz mit einem Querschnitt 4×16 cm anzufertigen; sie muß 16 cm hoch sein, um ein gutes Hochstellen der Luftklappen zu ermöglichen. Sie trägt ein Firstbrett von 12 cm Breite und 2 bis 3 cm Stärke.

Die Luftklappen werden am First und zwar im Abstand von 4 m von Mitte zu Mitte angebracht. Die Länge einer Luftklappe soll 1,50 m betragen, erstreckt sich also über drei Sprossen. Die Breite der Luftklappe sei 0,7 m. Für das Tomatenhaus mit fester Verglasung ist die Evans-Lüftung zu bevorzugen, weil sie eine ausgiebige Durchlüftung gestattet.

a) Gurkenhaus. Die Gurkenhäuser haben eine lichte Weite von 4 m; die Weite von Mitte bis Mitte Rinne gemessen beträgt 4,40 m. Die Länge ist beliebig, jedoch nicht über 50 m. Das Satteldach soll im Winkel von 100° stehen. Die Breite der Rinne zwischen zwei Häusern beim Blocksystem betrage 0,40 m. Höhe des Hauses bis Unterkante First 2,50 m.

Für die Gurkenhäuser kommt nur Warmwasserheizung in Frage. Als Höchstleistung ist zu fordern ein Wärmegrad von plus 20° im Hause, bei einer Außenwärme von minus 15° C. Es genügen vier Rohre von 102 mm Rohrweite, also zwei Vor- und zwei Rücklaufrohre. Damit eine einwandfreie Zirkulation erreicht wird, muß der Kessel etwas tiefer stehen als der Rücklauf.

b) Tomatenhaus mit fester Verglasung. Die Tomatenhäuser haben eine lichte Weite von 9,10 m; von Mitte zu Mitte Rinne gemessen eine Breite von 9,40 m. Die Länge ist beliebig, jedoch möglichst nicht über 50 m. Das Satteldach soll im Winkel von 128° stehen. Um die kostspieligen Binder zu ersparen, muß das Dach gestützt werden. Dazu sind in Abständen von 2,5 m Eisenrohre mit einem äußeren Durchmesser von 48 mm als Mittelstützen paarweise angeordnet. Um das Verrosten dieser Rohre von innen heraus zu verhüten, werden dieselben mit Beton ausgegossen. Im Boden enden diese Mittelstützen in einem 70 cm hohen Betonsockel von 30×30 cm Grundfläche. Außerdem sind sie am oberen Ende durch je ein Winkeleisen 80×40×8 mm verbunden, die zugleich zur Auflagerung der Sprossen dienen. Zur Querversteifung der Dachkonstruktion werden außerdem die Winkeleisen (Mittelpfetten) und damit die Stützen durch ein Rundeisen von 10 mm Durchmesser, welches in der Mitte an der Firstpfette aufgehängt ist, verbunden.

Als Heizung kommt in erster Linie Warmwasserheizung in Frage. Als Höchstleistung ist zu fordern ein Wärmegrad von plus 18° im Hause bei einer Außenwärme von minus 10°. Es sind erforderlich sechs Rohre mit 102 mm Rohrweite, also zwei Vor- und vier Rücklaufrohre, oder auch eine entsprechende Anzahl schwächerer Rohre, die zusammen den gleichen Durchmesser haben. Damit eine einwandfreie Zirkulation erreicht wird, muß der Kessel etwas tiefer stehen als der Rücklauf.

2. Tomatenhaus mit aufgelegten Fenstern.

(Typ 2, Abb. 372.)

Ihre lichte Weite beträgt 2,80 m, ihre Breite von Mitte zu Rinne gemessen 3,05 m. Die Länge ist beliebig. Die Höhe vom Boden bis zum First mißt 2,49 m.

Die Umfassungsmauern sowie die Fundamente werden am besten aus Beton hergestellt. Die Umfassungsmauern, deren Höhe über dem Boden 0,35 m beträgt, werden zwischen Betonpfosten eingebettet, welche 0,80 m tief in den Boden gehen.

Die Bedachung des Hauses besteht aus Frühbeetfenstern (s. später) in der Größe von 0,80×1,50 m Außenmaß ohne Sprossen, welche auf die Konstruktion aufgelegt und mit Kettelhaken befestigt werden.

Die Konstruktion besteht aus Bindern in Eisen oder Eisenbeton. In ersterem Falle benutzt man hierzu T-Eisen in der Stärke 60×30×5 mm; Binderabstand 2,40 m (Abb. 372). Man kann die Eisenkonstruktion bis zum Boden hinabführen und dort im Betonsockel endigen lassen. Die Rinnen bestehen aus 30 mm starken gut geteerten Brettern; sie ruhen auf Stegen aus < 40 × 40 × 5 mm, die zwischen die Binderpfosten genietet sind.

Die Lüftung wird durch das teilweise Herabziehen der Fenster erreicht.

3. Häuser für die Topfpflanzenkultur[1].

a) Haus mit 6 m innerer Breite (Typ 4, Abb. 373). Die Höhe bis zum First soll 3 m betragen. Das Mauerwerk soll 90 cm, die Glasstehwand 60 cm hoch sein. Der Neigungswinkel des Daches soll etwa 30° sein. Bezüglich der Aufteilung des Raumes im Innern wird festgestellt, daß eine Wegbreite von 80 cm und eine Tischbreite von 1,10 m zu bevorzugen ist, wodurch sich zwei Seitentische, zwei Wege und ein Mitteltisch in doppelter Breite ergeben. Die Sprossenstärke ist 5×4 cm,

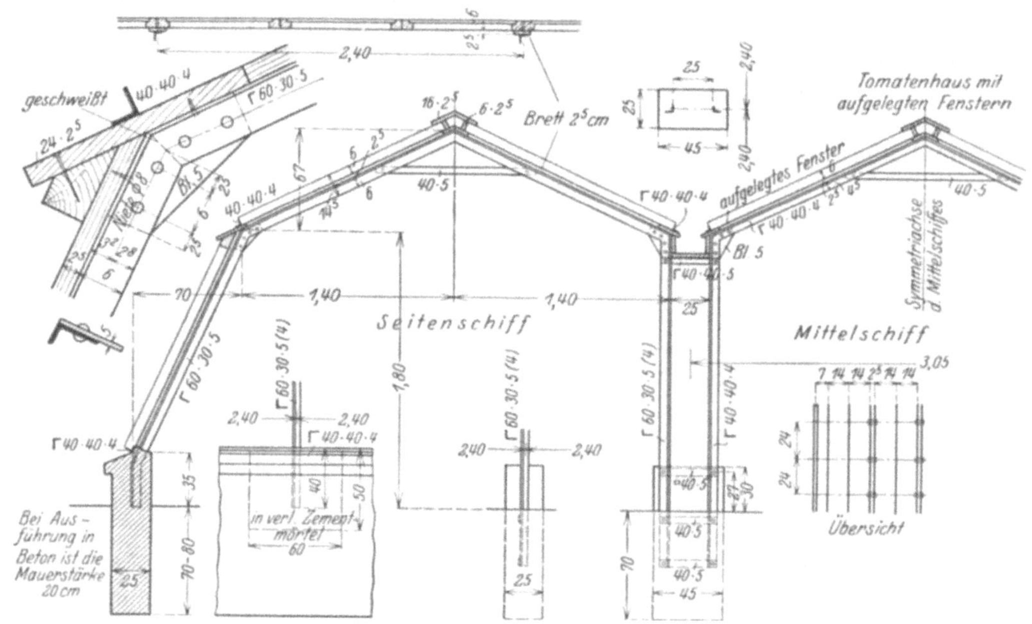

Abb. 372. Typenhaus des Reichsverbandes des deutschen Gartenbaues e. V. Typ 2: Tomatenhaus mit aufgelegten Fenstern.

der Sprossenabstand 40 cm. Die Scheibengröße ist 48×60 cm. Die Luftklappen gehen über zwei Scheiben und sind 60 cm breit (100×60). Das Haus soll freitragend gebaut werden, es werden deshalb Binder aus I-Eisen NP 8 im Abstand von 4 m erforderlich.

Für die Blumengewächshaustypen wird Zentrallüftung als nötig angesehen. Diese soll bestehen aus einer Gasrohrwelle (einzöllig). Die Welle findet ihre Stützpunkte in gußeisernen Lagern, welche an den Sparren befestigt werden. Entfernung der Lager 2,40 m. Auf der Welle sind Hebel befestigt, welche durch Kuppelstangen mit den einzelnen oder durchgehenden Lüftflügeln befestigt sind. Außerdem führt ein Hebel mit Kuppelstange zum Kurbelantrieb. Zu bevorzugen ist die Evans-Lüftung.

b) Haus mit 3 m innerer Breite (Typ 5, Abb. 374). Die Höhe bis zum First beträgt 2,40 m. Bei der Verwendung von Stehfenstern sollen dieselben 60 cm hoch sein, während das Mauerwerk eine Höhe von 90 cm erhält. Sprossenstärke 5×4 cm, Sprossenabstand 40 cm, Scheibengröße 38×52 cm.

[1] Da die generelle Zulassung noch aussteht, so muß jeweils der Festigkeitsnachweis erbracht werden.

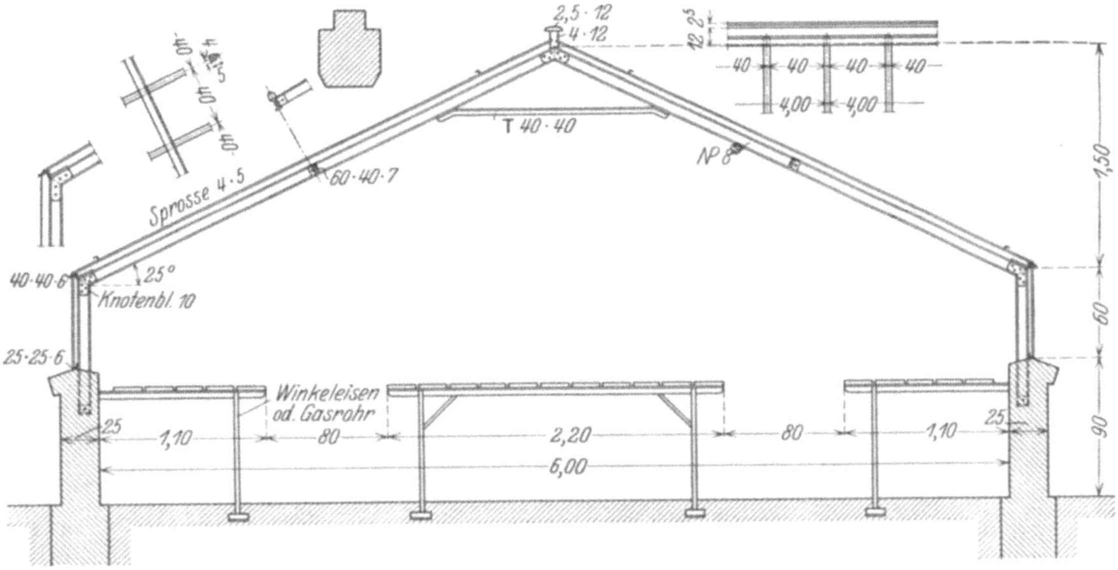

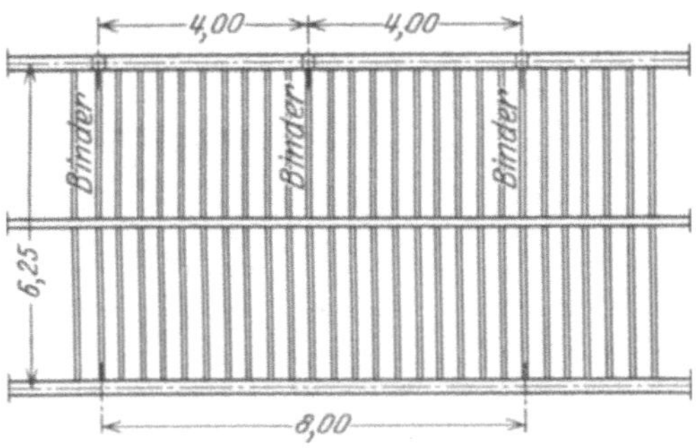

Grundriß

Abb. 373. Typenhäuser des Reichsverbandes des deutschen Gartenbaues e. V. Häuser für die Topfpflanzenkultur. Typ 4: Haus mit 6 m innerer Breite.

Dieses schmale Haus wird in der Regel mit Einzellüftung gebaut werden; wo aber Zentrallüftung beabsichtigt wird, da sind die Luftklappen in der Breite von zwei Scheibenreihen und 60 cm breit zu machen (80 × 60).

Inneneinrichtung: zwei Seitentische von 1,10 m Breite.

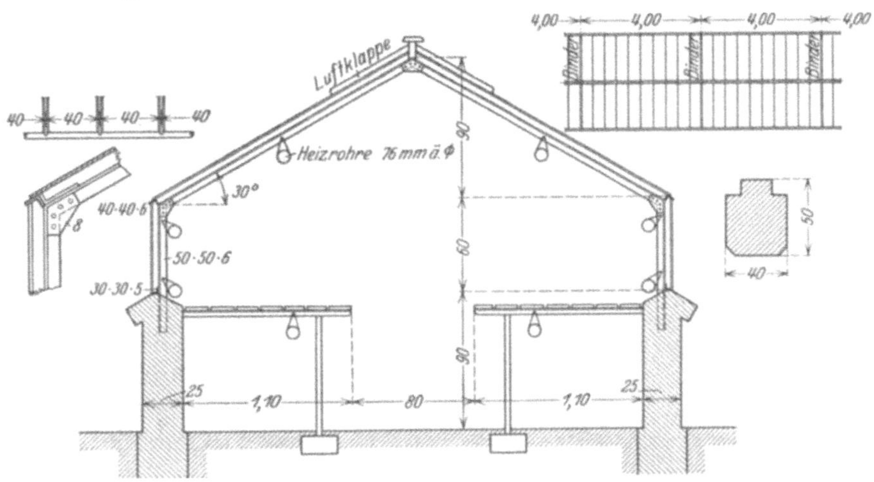

Abb. 374. Typenhäuser des Reichsverbandes des deutschen Gartenbaues e. V. Häuser für die Topfpflanzenkultur. Typ 5: Haus mit 3 m innerer Breite.

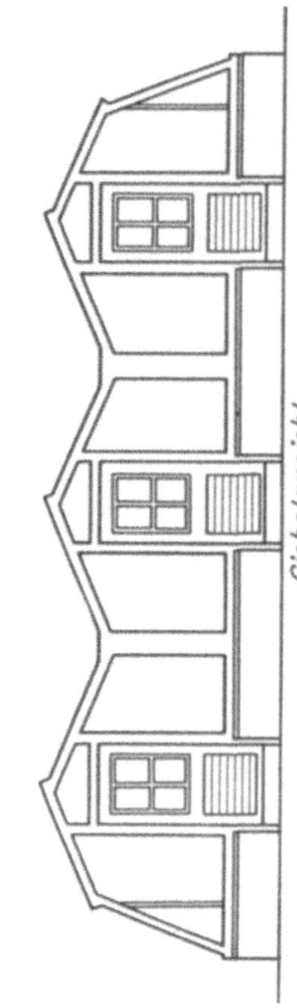

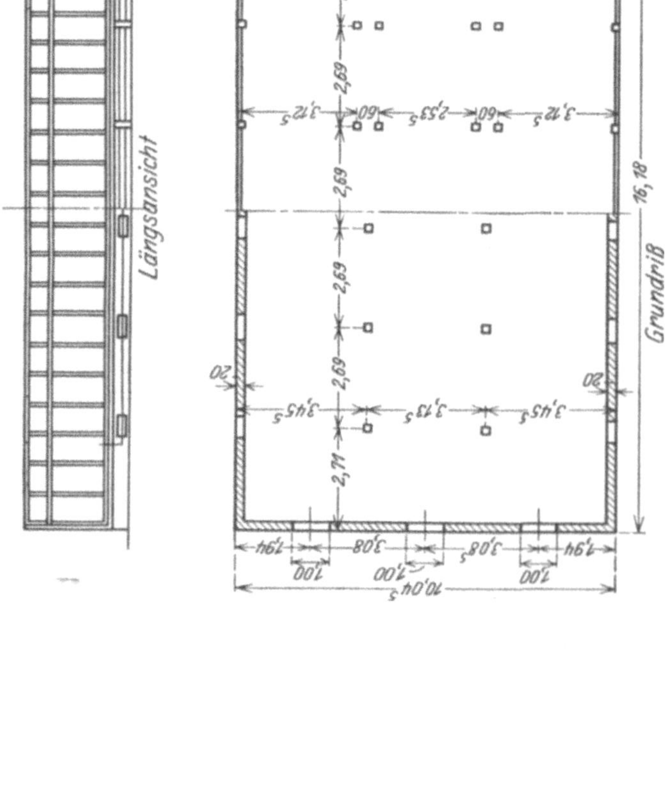

Abb. 375. Gewächshausanlage Fritz Balk in Arendsee. Grundriß und Ansichten. (Ausführung: Alfred Steinborn, Waren i. Meckl.)

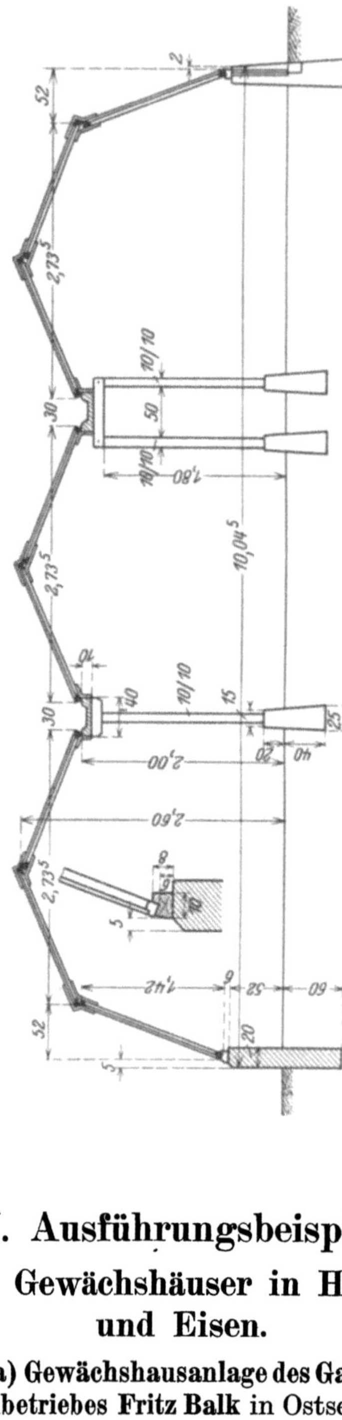

Abb. 376. Gewächshausanlage Fritz Balk, Arendsee. Querschnitt.
Abb. 376. Gewächshausanlage Fritz Balk, Arendsee. Querschnitt.

IV. Ausführungsbeispiele.

1. Gewächshäuser in Holz und Eisen.

a) Gewächshausanlage des Gartenbaubetriebes Fritz Balk in Ostseebad Arendsee, ausgeführt von der Firma Alfred Steinborn, Waren i. Meckl. (Abb. 375 und 376). Die Grundfläche des dreischiffigen Blocks beträgt rd. 10,0×16,2 m. Die Stützweiten der drei Schiffe sind 3,455, 3,135 und 3,455 m.

Die Außenwände sind aus Beton hergestellt, während die Mittelstützen z. T. einfach, z. T. doppelt aus Hölzern 10/10 ausgeführt sind. Der Stützenabstand in der Längenrichtung und zugleich Binderabstand beträgt 2,69 m. Die Häuser sind aus Frühbeetfenstern zusammengesetzt, die mittels Schraubklammern „System Pfeiffer" in den Ecken steif verbunden sind, so daß gewissermaßen rahmenartige Binder entstehen, die von den Außenwänden und Mittelstützen getragen werden.

Die Pfeifferschen Verbindungsklammern werden in der Weise angebracht, daß der Rahmen des einen Fensters über den anderen greift (vgl. die Einzelheiten in Abb. 379).

Abb. 377. Gewächshausanlage Fritz Balk, Arendsee. Schaubild.

Die über den Mittelstützen befindlichen Längsträger bestehen aus je einer 30 cm breiten Bohle von 10 cm Stärke und sind zugleich als Wasserrinnen ausgebildet. Sie sind zu diesem Zwecke ausgekehlt und mit Ruberoidpappe ausgelegt.

Die Lüftung erfolgt seitlich, indem in bestimmten Abständen ein Frühbeetfenster in seiner ganzen Fläche als Luftfenster benutzt wird.

Abb. 377 zeigt einen Teil eines ausgeführten Gewächshauses, an welchem die Zusammensetzung aus einzelnen Frühbeetfenstern zu erkennen ist; ferner ist ein Lüftfenster in etwas geöffnetem Zustande zu sehen.

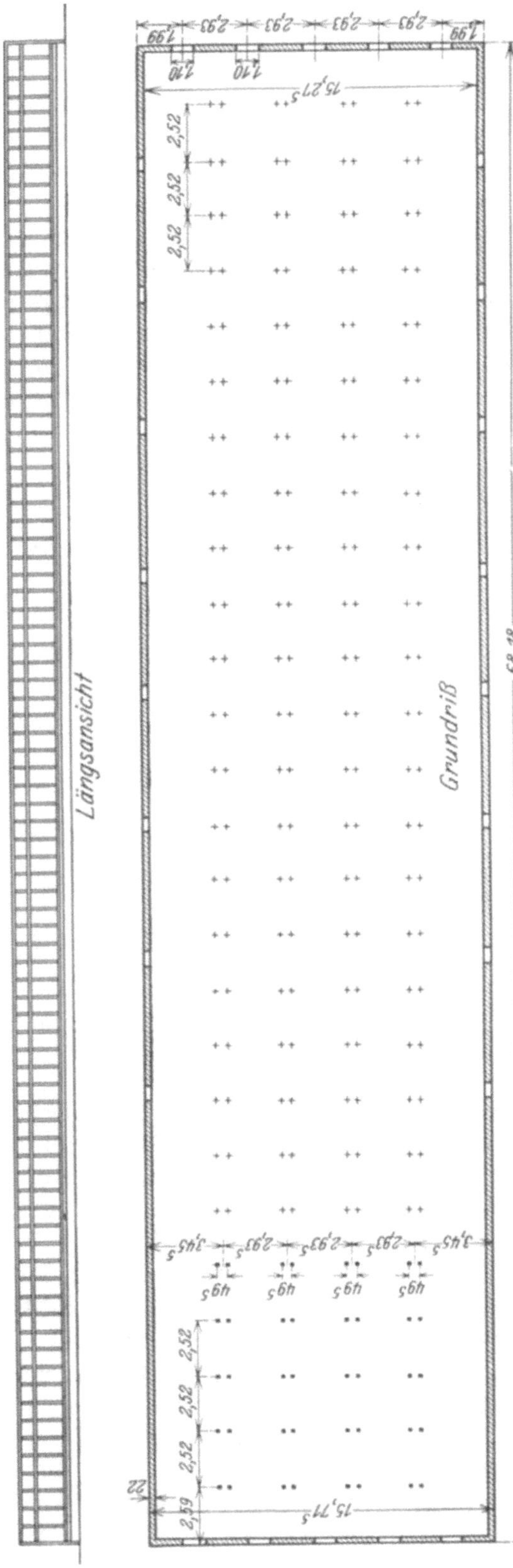

Abb. 378. Gewächshausanlage der Firma A. Wachlin, Pyritz i. Pomm. Grundriß und Längsansicht. (Ausführung: Alfred Steinborn, Waren i. Meckl.)

b) Gewächshausanlage der Firma A. Wachlin, Gartenbaubetrieb, Pyritz i. Pom., ausgeführt von der gleichen Firma wie die vorher beschriebene Anlage (Abb. 378 und 379). Die fünfschiffige Anlage ist 15,71 m breit und 68,18 m lang. Einzelheiten der Konstruktion läßt Abb. 379 erkennen. Die zweistieligen Mittelstützen bestehen aus T-Eisen Nr. 45. Auf dem Riegel liegt der als Wasserrinne ausgebildete Längsunterzug aus Holz. Die übrige Konstruktion entspricht der vorher beschriebenen.

c) Gewächshausanlage der Gärtnerei Alfred Urban in Hundsfeld, Bez. Breslau, ausgeführt 1926 von der Firma Höntsch & Co., Niedersedlitz, Sa. (Abb. 380).

Hier handelt es sich um die Ausführung eines größeren Gewächshauses in reiner Stahlkonstruktion. Die Breite des sechsschiffigen Gewächshauses beträgt 75,75 m, die Länge 82,06 m. Es sind verhältnismäßig weitgespannte Binderkonstruktionen verwendet; die Stützweite der einzelnen Schiffe beträgt 12,12 m und ihre Lichtweite 12 m.

Dieses Gewächshaus ist nach der „Höntsch-Thermos-Bauweise" ausgeführt, die eine Vereinigung von Tragkonstruktion und Heizungsanlage darstellt. Dadurch, daß die

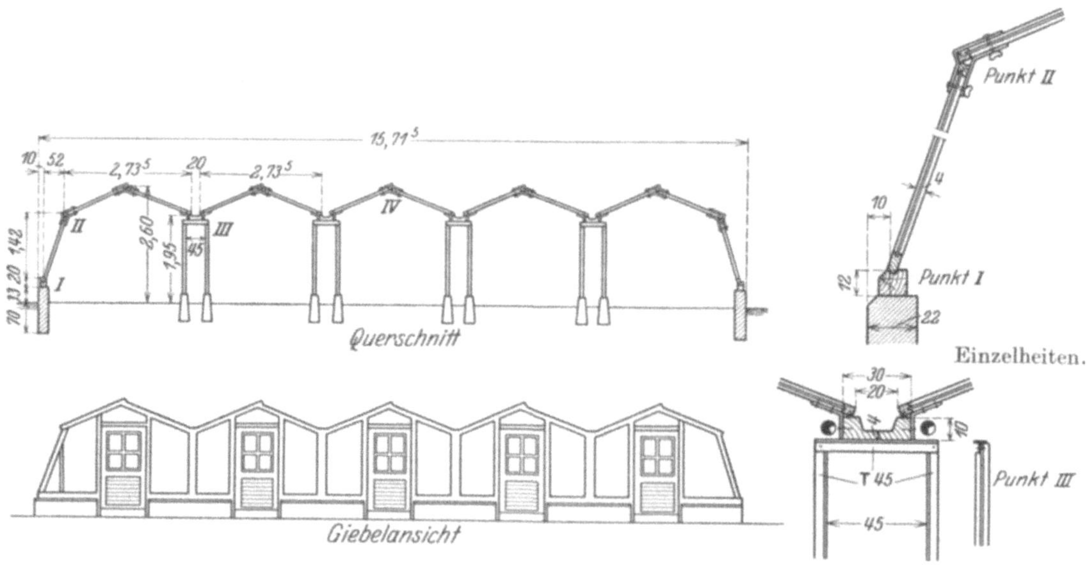

Abb. 379. Gewächshausanlage A. Wachlin, Pyritz i. Pomm. Querschnitt mit Einzelheiten und Giebelansicht.

Heizungsanlage gleichzeitig an die Stelle der erforderlichen Tragkonstruktion tritt, wird die Schattenbildung auf die Hälfte eingeschränkt. Die Schweiß- und Tropfwasserbildung wird vollständig vermieden. Im Höntsch-Thermoshaus erfolgt der Kreislauf der Heizung und die Anwärmung des gesamten Luftraumes vollkommen gleichmäßig, die sonst fast nie erreicht wird.

Durch Wegfall der Heizrohre wird der ganze Innenraum zur Bepflanzung frei und Dächer und Wände werden durch Heizrohre nicht belastet. Es entfällt somit auch, wie schon erwähnt, die Schattenbildung.

Die Binder in Abständen von 4,344 m sind als Rohrbinder mit gußeisernen Verbindungsteilen ausgeführt, d. h. die gedrückten Obergurte der Polonceaubinder bestehen aus Heizrohren, die in die gleichfalls rohrförmigen Stützen übergeführt sind. Untergurt und Füllstäbe werden aus Rundeisen von 16, 19 und 22 mm Durchmesser gebildet, die an Knotenbleche bzw. an Rohrschellen angeschlossen sind. Die Sprossen bestehen aus imprägniertem Kiefernholz, und zwar in der neuen ovalen Ausführung (Abb. 381), die den Schattenwurf gegenüber der alten Ausführung erheblich vermindert.

Bezüglich weiterer Einzelheiten möge auf Abb. 380 verwiesen werden.

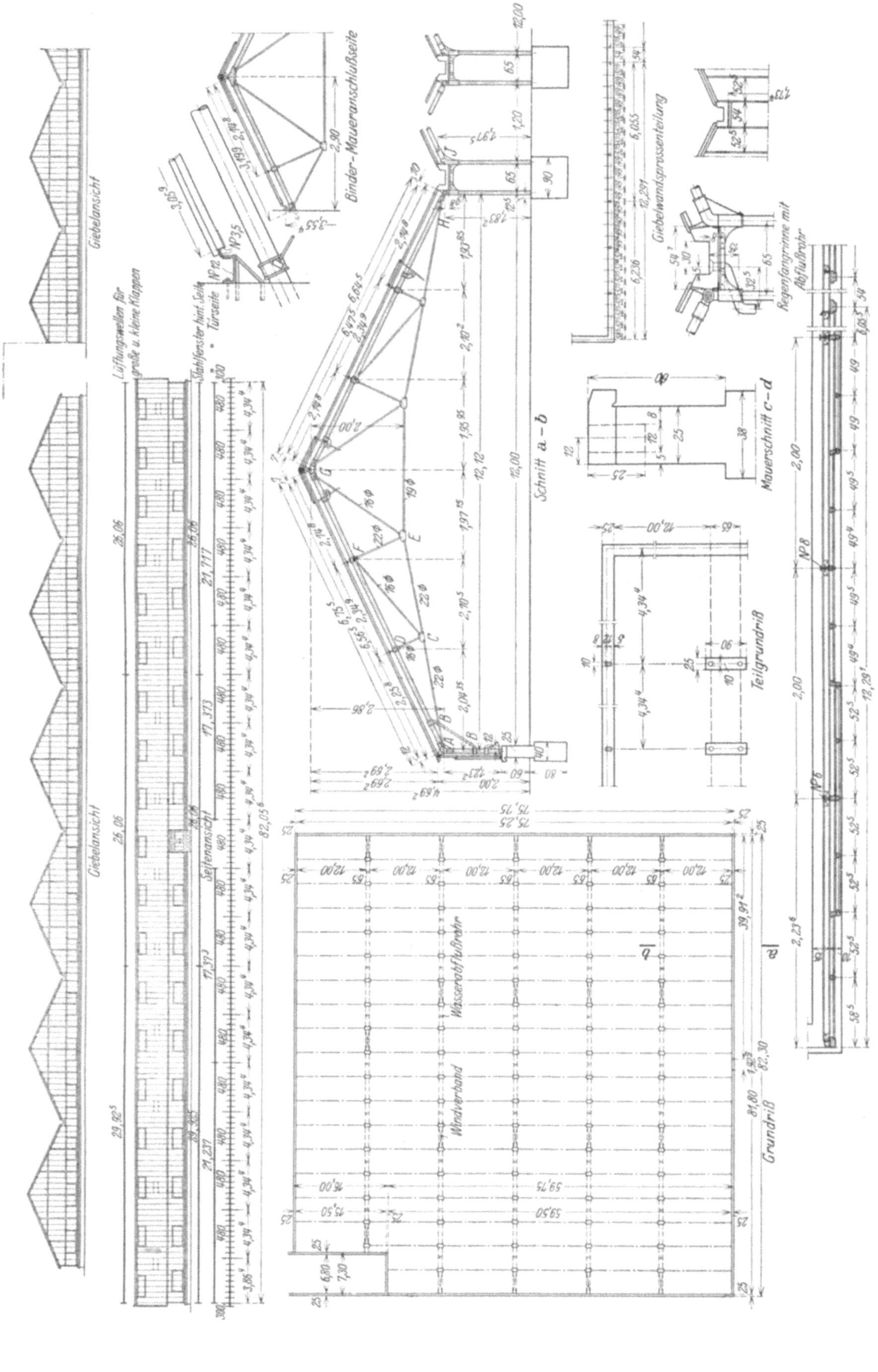

Abb. 380. Gewächshausanlage der Gärtnerei Alfred Urban in Hundsfeld, Bez. Breslau. Allgemeine Anordnung mit Einzelheiten. (Ausführung: Höntsch & Co., Niedersedlitz, Sa.)

2. Gewächshäuser in Eisenbeton.

a) Tomatenhaus mit aufgelegten Fenstern der Stadtgärtnerei Charlottenburg, ausgeführt 1929 von der Firma Thiel & Sohn G. m. b. H., Betonwerk Velten bei Berlin.

Die Grundrißanordnung der Anlage zeigt Abb. 382. Die Länge des Rechteckgrundrisses beträgt 21,21 m, die Breite 2 (3,97 + 3,06) = 14,06 m, der Binderabstand 2,83 m.

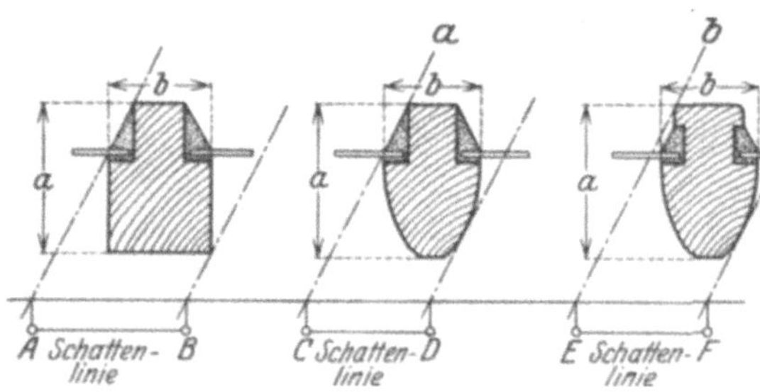

Alte Sprossenform Neue Sprossenform

Abb. 381. Vergleich der neuen Höntsch-Sprosse mit der alten bezüglich Schattenwurf: $\overline{CD} = 0{,}8\,\overline{AB}$; $\overline{EF} = 0{,}9\,\overline{AB}$.

Die Ausführung folgt grundsätzlich den Normen des Reichsverbandes des deutschen Gartenbaues. Statt der Normalfenstergröße 80/150 cm wurde jedoch von der Bauherrschaft die Größe 94/156 cm (Berliner Maß) gewünscht. Dadurch vergrößern sich die Höhen- und Breitenabmessungen. Da die lichte Durchgangshöhe unter den Wasserrinnen mit 1,90 m festgelegt wurde, ergab sich die Höhe der Außenwände mit 55 cm, vom Kulturboden gemessen (Reichsverbandmaß nur 35 cm). Die lichte Weite der mittleren Sattelhäuser wurde zu 2,76 m vorgeschrieben, damit die Dachneigung trotz der längeren Fensterrahmen für den Sonnenfang im zeitigen Frühjahr etwas steiler wurde als die Reichsverbandsnorm diese vorgesehen hat. Feste Verglasung (Gartenglas mit Kitt in Sprossen gelegt) ist nur an den beiden Giebelseiten vorgesehen.

Die Umfassungswände sind in Mauerwerk hergestellt, da die von einem Abbruch herrührenden Mauersteine verwendet werden sollten.

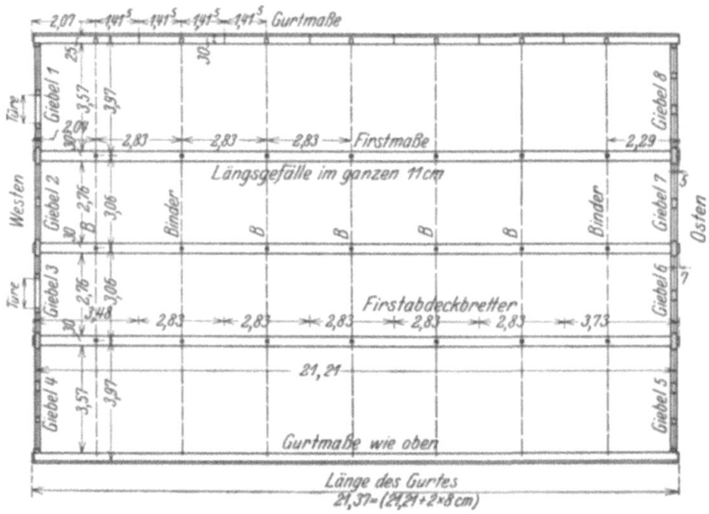

Abb. 382. Stadtgärtnerei Charlottenburg. Tomatenhaus mit aufgelegten Fenstern. Grundriß. (Ausführung: Thiel & Sohn G. m. b. H., Velten bei Berlin.)

Die Binder und Binderstützen sind in einem Abstand von 2,83 m (= 3 × 94 + 1 cm) angeordnet. In den Binderebenen sind die First- und Mittelpfetten sowie die Wasserrinnen gestoßen und zusammengesetzt (Abb. 383). Als Abdeckung der gemauerten Längswände wurde ein durchgehender Gurt (Traufsattelpfette) in profiliertem und bewehrtem Beton gewählt, der wie alle anderen Eisenbetonteile des Gesamtaufbaues auf dem Werkplatz der Firma fix und fertig hergestellt, mit den nötigen Aussparungen, wie Nuten, Zapfen, Löcher usw., versehen und auf der Baustelle zusammengesetzt wurde.

Abb. 383 und 384 lassen die Bewehrung der Binderschenkel, Pfetten, Wasserrinnen, Stützen usw. sowie ihre Zusammensetzung zum fertigen Tragwerk und verschiedene andere Einzelheiten erkennen. Die zu Dreigelenkbogen zusammengestellten Binderschenkel werden durch ein waagerechtes Zugband aus einem Flacheisen 25 × 3 mm verbunden, wodurch die Standfestigkeit des Binders gesichert ist.

Abb. 385 zeigt die Ausbildung der westlichen Giebelwand mit Anordnung der Türen für eine Türöffnung von 1,0 × 2,0 m.

Als Lüftung wurde jeder sechste Fensterrahmen mit einem feststellbaren Lüftflügel von 60 × 90 cm versehen.

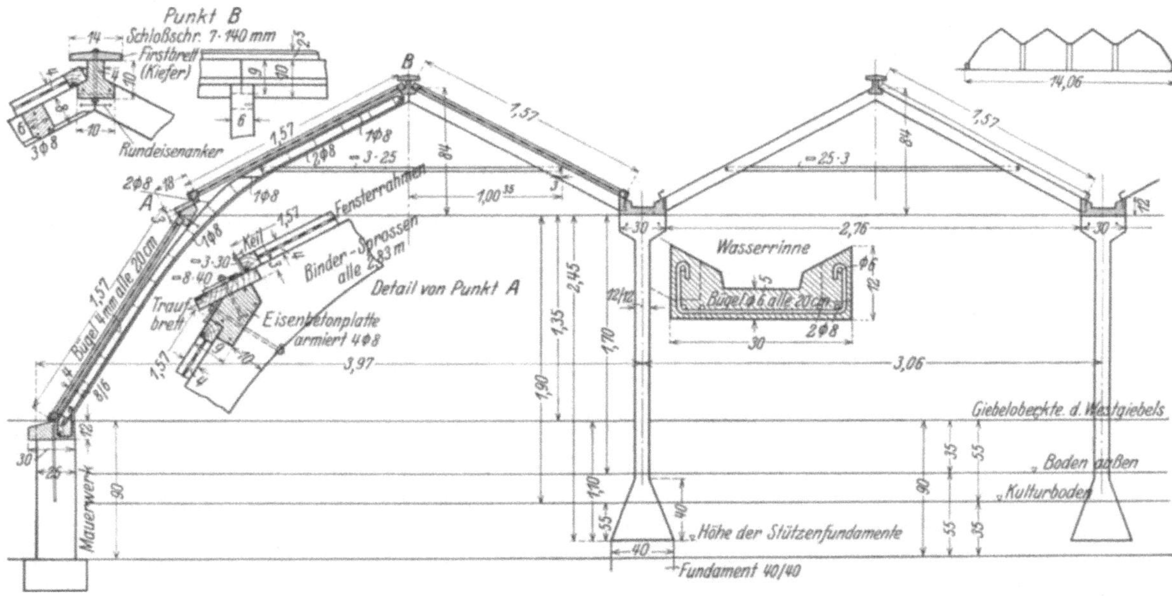

Abb. 383. Stadtgärtnerei Charlottenburg. Tomatenhaus. Querschnitt mit Einzelheiten.

Abb. 386 zeigt das Gewächshaus während der Ausführung und Abb. 387 eine Innenansicht des fertigen Hauses gegen den Westgiebel.

b) Gurkenhaus mit fester Verglasung für die Siedlung Neu-Schwante i. d. Mark, ausgeführt 1928 von der Firma Thiel & Sohn G. m. b. H., Velten bei Berlin (Abb. 388). Der Gurkenblock besteht aus zwei Häusern und besitzt eine Länge von 28,90 m und eine Breite von 8,80 m. Die Abmessungen halten sich streng an die Normen des Reichsverbandes (Typ 1). Die Wandhöhe beträgt 85 cm und die lichte Weite 4,00 m; die Dachneigung ist 40°. Die Außenwände sind in bewehrte Betonplatten und Pfosten aufgelöst; die letzteren gehen bis zum guten Baugrund in 70 cm Tiefe und tragen die Eisenbetonplatten. Sie stehen in Abständen von 1,51 m (= 3 × 50,5 cm) und sind beiderseitig mit doppelten Nuten zur Aufnahme der 4 cm starken Wandplatten versehen. Durch die doppelte Plattenwand mit Luftschicht entsteht eine wärmehaltende Wand, die sauber und dicht verfugt wird.

Besondere Binder sind nicht vorhanden. Die (bei

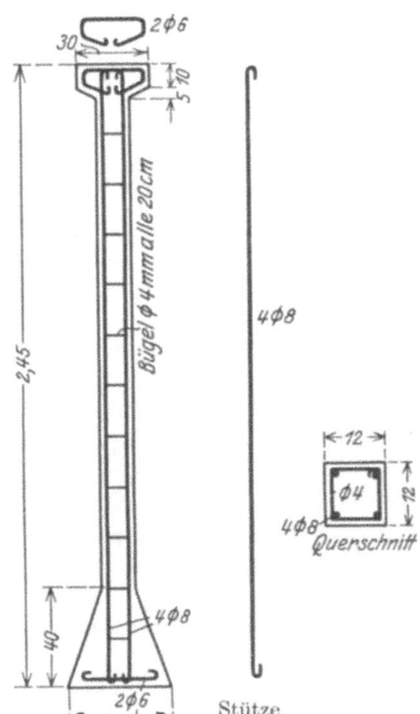

Stütze

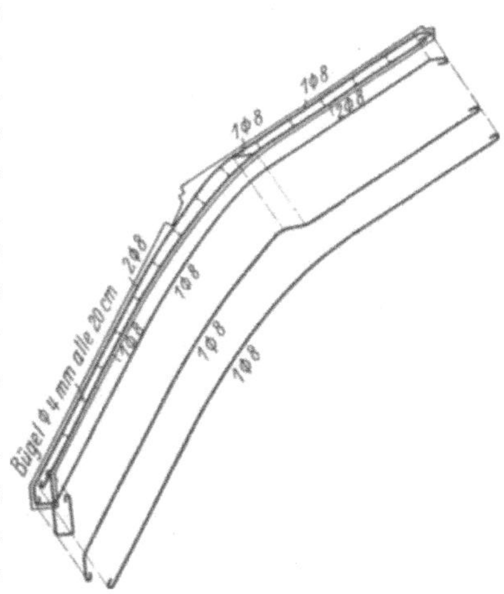

Äußerer Binderschenkel.

Abb. 384. Stadtgärtnerei Charlottenburg. Tomatenhaus. Bewehrungsplan der Binder und Stützen.

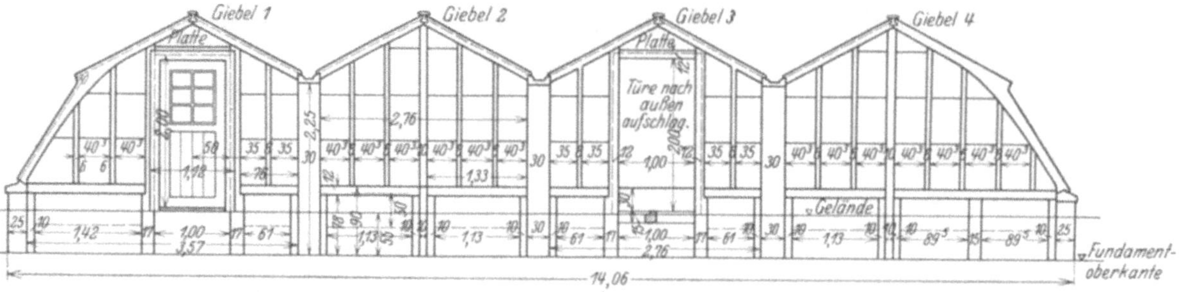

Abb. 385. Stadtgärtnerei Charlottenburg. Tomatenhaus. Ansicht der westlichen Giebelwand.

der normalen Scheibengröße von 48 × 60 cm) von Mitte zu Mitte 50,5 cm entfernten Sprossen stützen sich vielmehr außen auf einen Traufsattel (Gurt) und innen (über den Mittelstützen) auf die Rinne. Sie sind im First gestoßen und greifen hier in Aussparungen der Firstpfette ein; ferner werden sie in Aussparungen der Wasserrinne und der Abdeckgurte auf den Längswänden eingelassen, verfugt und vergossen. Die Verbindung im First wird durch einen Rundeisenanker gesichert. Die Sprossen sind mit Löchern versehen zum Aufhängen der Gurkendrähte bzw. zum Anbringen von Flacheisengestellen, die demselben Zweck dienen.

Abb. 386. Stadtgärtnerei Charlottenburg. Tomatenhaus während der Ausführung.

Die Wasserrinnen wurden mit einem Längsgefälle von mindestens 0,5 m auf 1 m (1:200) versetzt und an der Oberfläche mit Inertol gestrichen.

Zur Lüftung sind rechts und links des Firstes kieferne Lüftflügel 60 × 100 cm mit Stellstange angeordnet, auf 20 m Länge je 4 Stück auf jeder Dachseite.

Abb. 389 zeigt eine Innenansicht des einen Schiffes.

Abb. 387. Stadtgärtnerei Charlottenburg. Tomatenhaus. Innenansicht gegen den Westgiebel.

c) Tomaten- und Gurkenhaus nebst Halle für die Landwirtschaftliche Schule in Heide (Schleswig-Holstein), ausgeführt von der Firma Kunststeinwerk Neuenschwander G. m. b. H., Neumünster (Schleswig-Holstein) (Abb. 390).

Die Anlage umfaßt eine rechteckige Grundfläche von 21,21 m Länge und 14,0 m Breite, an die eine Halle von 9 × 3 m Grundfläche anschließt. Zwischen Tomaten- und Gurkenhaus befindet sich ein Gang von 2 m Breite. Die Querhalle stellt die Verbindung zwischen den beiden Häusern her, ohne daß das Bedienungspersonal das Freie zu betreten braucht. Das Tomatenhaus besitzt zwei Mittelstützen in 4 m Abstand, auf welchen 4,2 m entfernte Binder gelagert sind, während das Gurkenhaus 4,0 m weit gespannte Binder in gleichen Abständen aufweist.

Die Dachbinder bestehen aus Werkbeton; sie sind also, wie bei den Seite 236 beschriebenen Beispielen, auf dem Werkplatz unter Verwendung von Eiseneinlagen in Formen gestampft und als Fertigkonstruktionen an die Baustelle geliefert, wo sie aufgestellt wurden. Die Wände bestehen aus bewehrten mit Nuten versehenen Werkbetonpfosten, in welche Betonwandplatten eingeschoben sind. Auch Sprossen und Dachplatten wurden in gleicher Weise ausgeführt.

Die Inneneinrichtung der Gewächshäuser wird aus T-förmigen Werkbetonpfosten, deren langer Schenkel in die Erde eingegraben wird, mit aufgelegten Werkbetonplatten angefertigt.

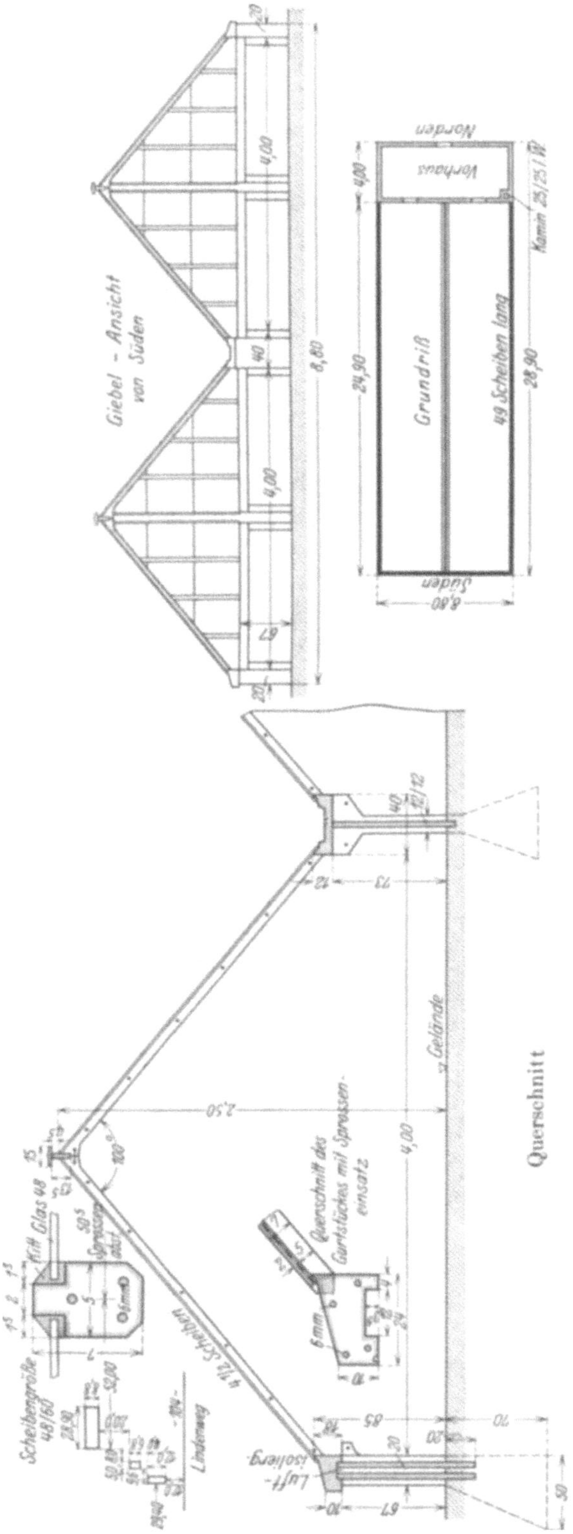

Abb. 388. Gurkenhaus mit fester Verglasung für die Siedlung Neu-Schwante (Mark). Grundriß, Querschnitt mit Einzelheiten und Giebelansicht.

Abb. 389. Gurkenhaus Neu-Schwante. Innenansicht eines Schiffes. (Ausführung: Thiel & Sohn, Velten.)

d) Tomatenhaus für die Obstbaulehranstalt der Landwirtschaftskammer Schleswig-Holstein in Kiel (Abb. 391), ausgeführt von der gleichen Firma wie die vorher beschriebene Anlage.

Die gesamte Anlage umfaßt einen Rechteckgrundriß von 22,70 m Länge und 16,64 m Breite. Das Gewächshaus ist fünfschiffig, und zwar sind drei Hauptschiffe von 4,16 m bzw. 4,32 m und (außen) zwei Nebenschiffe von je 1,76 m Stützweite vorhanden. Die beiden Eisenbetonrinnen zwischen den drei Satteldächern sind so hoch gelegt (2,1 m), daß man mit Pferden unter den Rinnen pflügen kann.

Der Binderabstand beträgt 4,11 m, die Rinnen sind nochmals in der Mitte zwischen zwei Bindern unterstützt. Die Ausbildung der Werkbetonteile entspricht der des vorhergehenden Beispiels sowie den Seite 236 beschriebenen Einzelheiten.

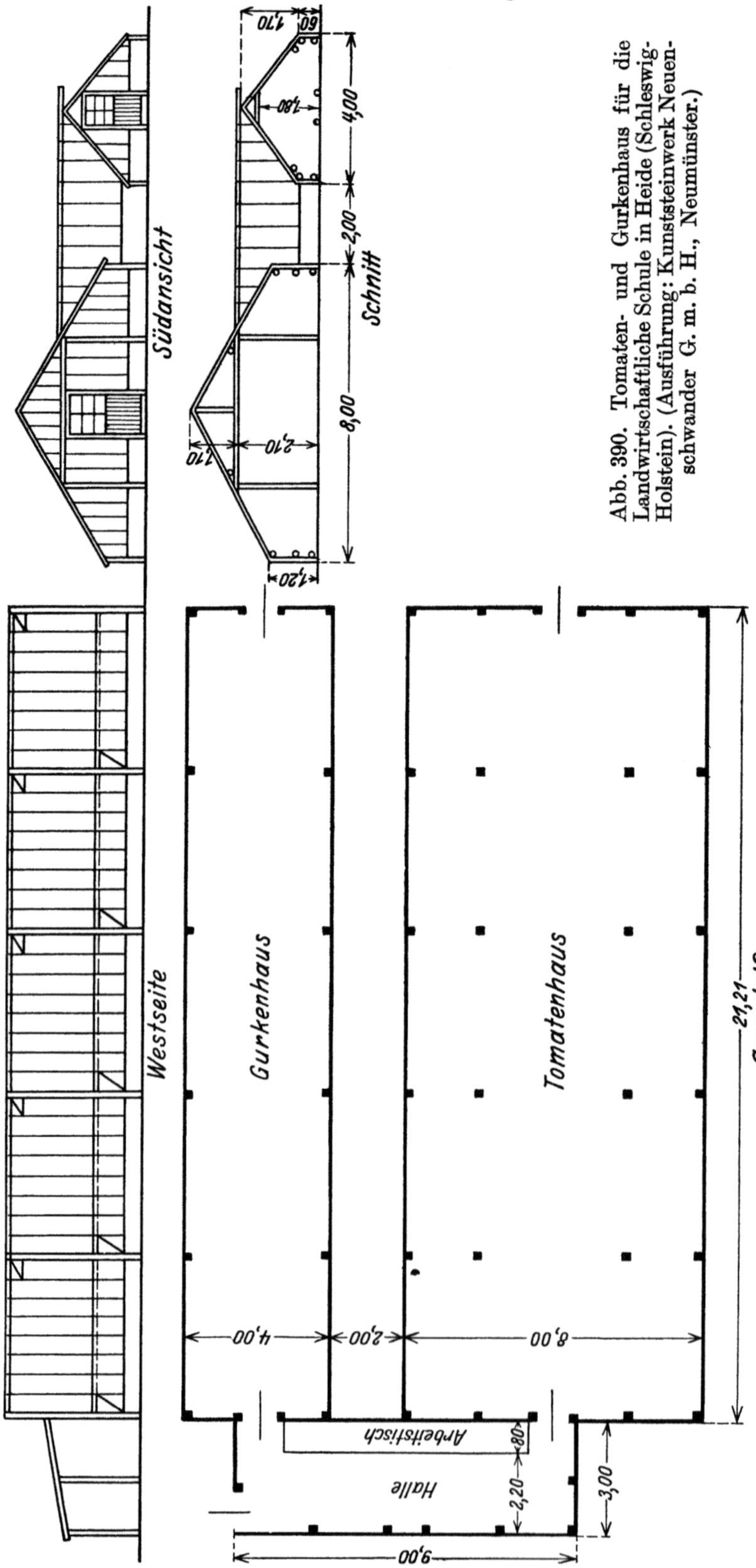

Abb. 390. Tomaten- und Gurkenhaus für die Landwirtschaftliche Schule in Heide (Schleswig-Holstein). (Ausführung: Kunststeinwerk Neuenschwander G. m. b. H., Neumünster.)

e) Kulturhaus für Blumen- und Pflanzenzucht der Firma Siemens-Schuckert, Gartenfelde bei Berlin, ausgeführt 1928 durch die Firma Thiel & Sohn G. m. b. H., Betonwerk Velten bei Berlin (Abbild. 392).

Der rechteckige Grundriß der Gewächshausanlage besitzt eine Länge von 20,33 m und eine Breite von $2 \times 3{,}90 = 7{,}80$ m. Die Ausführung der Längswände entspricht der des unter b) beschriebenen Gurkenhauses. Über den Längswänden ist eine 40 cm hohe Stehglaswand angeordnet, darüber setzt die schräge Dachfläche des Satteldaches an. Die geknickten Sprossen sind außen in einem Stück gefertigt, von Oberkante Längswand bis zum First. Die Sprossenabstände sind im First durch Aussparungen und an der Knickstelle im Glasdach durch eingeschobene Mittelpfetten festgelegt. Letztere sind zwischen den Sprossen stumpf gegen diese gestoßen und mit vorstehenden Rundeisen oder Betonzapfen in entsprechende Löcher oder Aussparungen in den Sprossen eingelassen. Besondere Binder sind nicht vorhanden.

Die Verglasung geschieht mit rheinischem Gartenglas 6/4 stark in Scheibengrößen 48×60 cm und Leinölkitt.

Die Lüftung erfolgt an den seitlichen Stehglaswänden sowie oben links und rechts vom First.

Die Inneneinrichtung besteht aus normalen Seitenstellagen, teils aus Vermehrungsstellagen (Abb. 393). Beide Arten sind aus einzelnen fabrikmäßig hergestellten Eisenbetonteilen zusammengesetzt, und zwar aus Pfosten, Trägern, Gurtwinkeln und Platten.

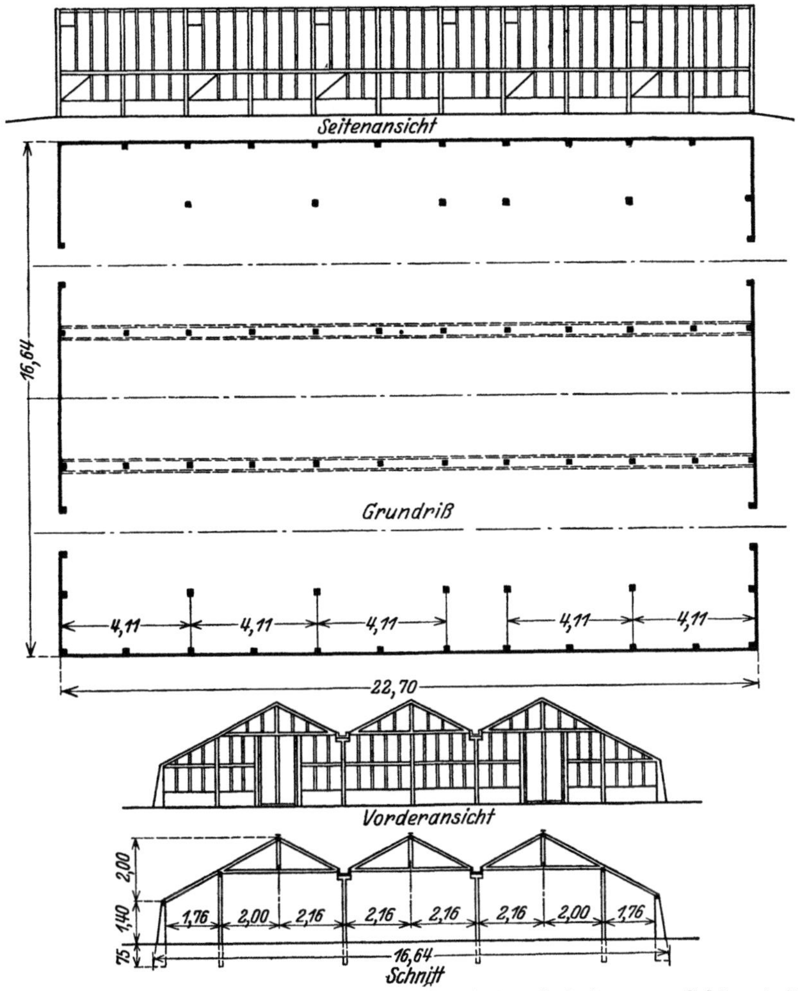

Abb. 391. Tomatenhaus für die Obstbaulehranstalt der Landwirtschaftskammer Schleswig-Holstein in Kiel. (Ausführung: Kunststeinwerk Neuenschwander G. m. b. H., Neumünster.)

Letztere sind bei den etwas großen Breiten der Stellagen (1,35 bis 1,50 m) in 4 cm Stärke ausgeführt.

Abb. 394 zeigt die Anordnung der Giebel und Abb. 395 gibt eine Innenansicht gegen den Nordgiebel.

V. Frühbeete oder Mistbeete.

1. Allgemeines.

Frühbeete, Mistbeete oder Kästen stellen die einfachste Vorrichtung zum Schutz der Gewächse gegen die Einwirkung der äußeren Luft dar. Diese Frühbeet- oder Mistbeetkästen werden am einfachsten aus Brettern hergestellt, welche zum Schutz gegen Fäulnis kernimprägniert oder kyanisiert werden. Ferner kommt als Baustoff Eisenbeton oder endlich Zementholz in Betracht. Der viereckige Kasten wird mit Fenstern bedeckt.

Die Frühbeetkästen werden eingeteilt in bewegliche oder Setzkästen zur vorübergehenden Benutzung an einer bestimmten Stelle und in unbewegliche oder feststehende Kästen, die an Ort und Stelle dauernd verbleiben. Für bewegliche Mistbeetkästen kommt wohl immer nur Holz in Frage, und zwar 2 bis 3 cm starke kieferne

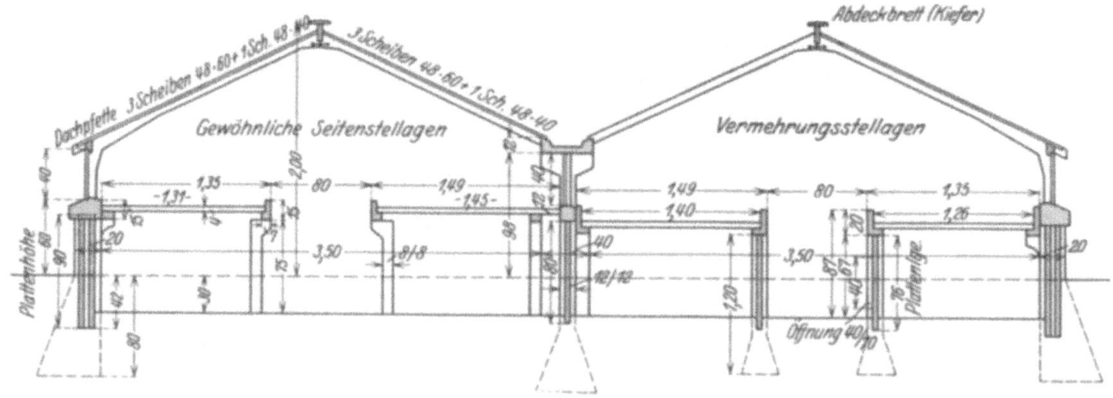

Querschnitt

Grundriß

Abb. 392. Kulturhaus für Blumen- und Pflanzenzucht der Firma Siemens-Schuckert, Gartenfelde bei Berlin. (Ausführung: Thiel & Sohn G. m. b. H., Velten bei Berlin.)

Bretter, die zwischen Eck- und Mittelpfosten gestellt und durch Streben versteift werden; insbesondere dienen die sogenannten Fensterlatten dazu, Vorder- und Hinterwand gegen Ausweichen zu sichern.

Die Mistkästen dienen zur Aussaat und zur Anzucht der Frühgemüse und Treiberei (vgl. auch Seite 239). Sie erhalten deshalb eine erwärmende und treibende Unterlage aus Pferdemist oder aus einer Mischung von Mist und trockenem Laub. Sie müssen so hoch aufgestellt werden, daß das Grundwasser die Unterlage nicht durchfeuchtet und dadurch kalt werden läßt. Sie können auch durch Heizrohre, die unter der Düngerunterlage verlegt sind, künstlich erwärmt werden. Oberheizung kommt nicht in Betracht, da die jungen Pflanzen durch die strahlende Wärme zu sehr leiden.

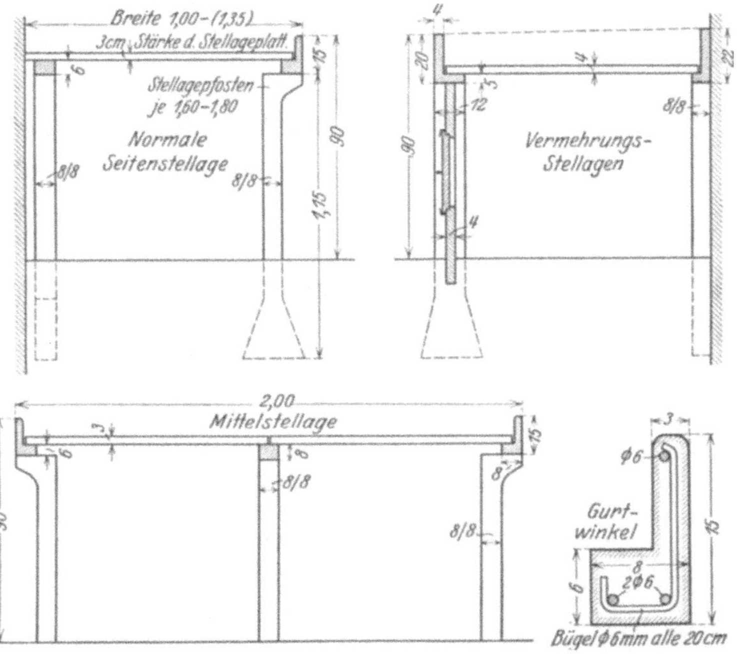

Abb. 393. Kulturhaus für Blumen- und Pflanzenzucht in Gartenfelde. Anordnung der Stellagen.

Die Tiefe der zur Aufnahme der erwärmenden Unterlage auszuhebenden Grube beträgt gewöhnlich 60 bis 80 cm, die Breite des Holzkastens bis etwa 1,25 m, in massiver Bauart 1,0 bis 2,0 m. Die Länge ist unbegrenzt, da beliebig viele Verstärkungspfosten gestellt werden können. Pfostenabstand bis 1,5 m.

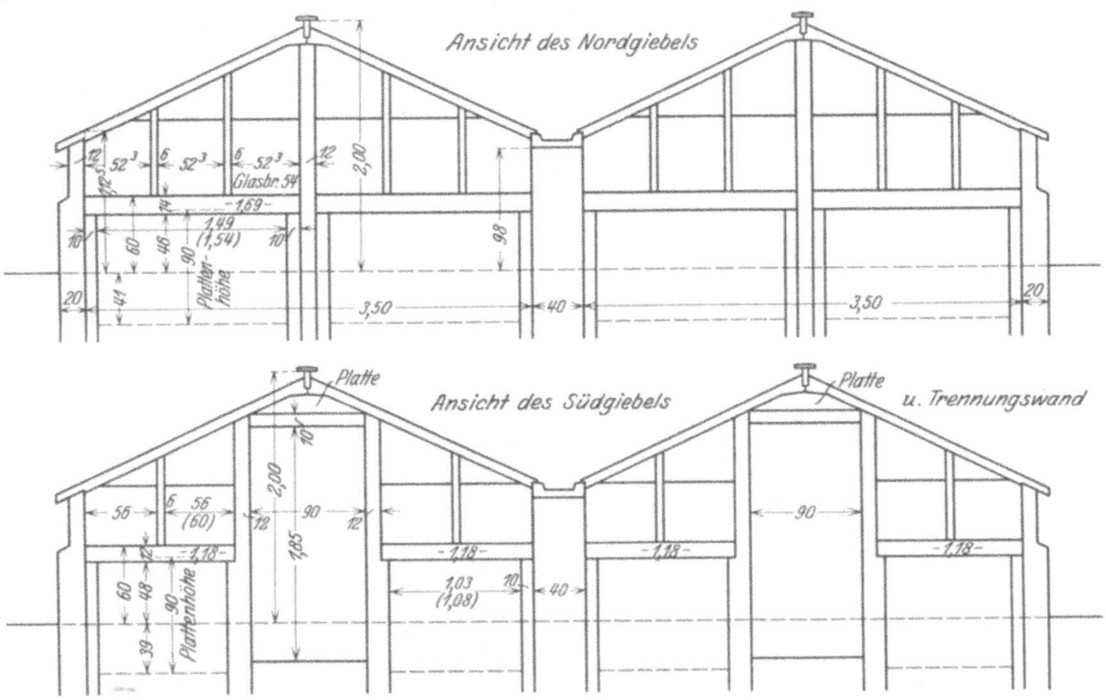

Abb. 394. Kulturhaus für Blumen- und Pflanzenzucht in Gartenfelde bei Berlin. Giebelansichten.

Die Breitenabmessungen werden sich bei neueren Ausführungen nach den Maßen der Frühbeetfenster richten, die vom Reichsverband des deutschen Gartenbaues e. V. typisiert sind und nachstehend angeführt werden mögen.

Abb. 395. Kulturhaus für Blumen- und Pflanzenzucht der Firma Siemens-Schuckert in Gartenfelde. Innenansicht gegen den Nordgiebel.

2. Die typisierten Frühbeetfenster des „Reichsverbandes des deutschen Gartenbaues e. V."[1].

a) Holländisches Fenster mit einer Scheibe ohne Sprossen. Außenmaß des Rahmens 80 × 150 cm, Stärke der Längsschenkel 5 × 4,5 cm (hochkantliegend), Stärke der Querschenkel 6 × 3 cm. Die Nute in den Längsschenkeln soll 13 mm tief sein, so daß die Scheibe seitlich 10 mm aufliegt und an jeder Seite 3 mm Spielraum hat. Scheibengröße 73 × 141 cm. Es empfiehlt sich, nicht schwächeres Glas als 6/4 zu verwenden.

b) Normalfenster 100 × 150 cm mit zwei Sprossen. Stärke des Rahmenholzes 53 × 38 mm (flachliegend); Stärke der Sprossen 40 × 38 mm (flachliegend); Scheibenmaß 28 × 30 cm (15 Scheiben).

Als Windeisen ist ein Bandeisen 20 × 2 mm zu verwenden.

c) Normalfenster 100 × 200 cm mit zwei Sprossen. Stärke des Rahmenholzes und der Sprossen wie bei b). Scheibenmaß entweder 28 × 30 cm (21 Scheiben) oder 28 × 50 cm (12 Scheiben).

3. Die Formen der Frühbeetkästen.

Als Beispiele für die Form der Frühbeetkästen mögen die nach Bauart Höntsch erwähnt werden (Abb. 396 u. 397), die aus kernimprägniertem Holz oder Zementholz hergestellt werden[2].

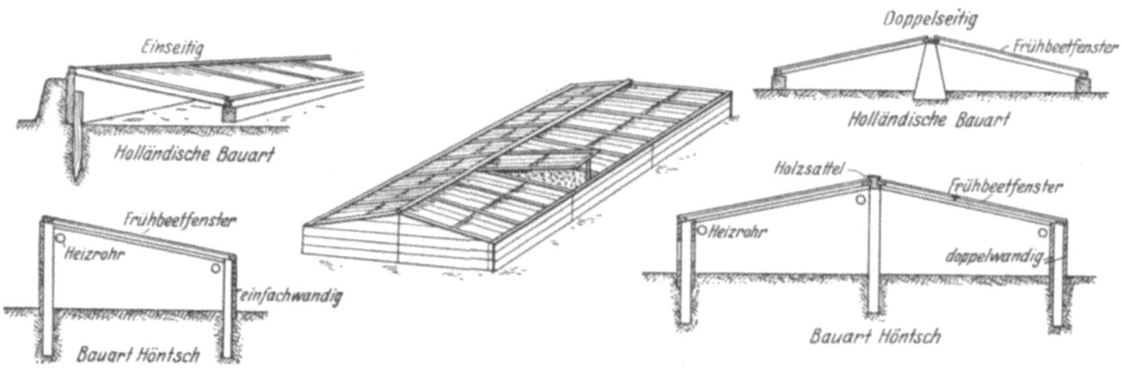

Abb. 396. Frühbeetkästen nach Bauart Höntsch aus kernimprägniertem Holz.

Nicht imprägniertes Holz würde wegen Fäulnisgefahr keine große Lebensdauer aufweisen. Kernimprägnierung macht den Rohstoff fäulnisfest. Der Betonkasten wiederum

[1] Vgl. Fußnote S. 241.

[2] Die Abbildungen sind dem Katalog der Firma Höntsch & Co., Dresden-Niedersedlitz, entnommen.

ist zufolge seiner spezifischen Kälte und seiner Wärmedurchlässigkeit von Nachteil für die Kulturen. Er wird vollgültig und verbessert ersetzt durch den aus Zementholz verfertigten Kasten, da diesem Baustoff, wie bereits Seite 240 erwähnt, jene Nachteile nicht anhaften.

Der Form nach werden die Frühbeetkästen in einseitige und zweiseitige (Sattel-) Kästen eingeteilt. Hierbei kommen noch bestimmte Maßverhältnisse zwischen Vorder-, Mittel- und Hinterhöhe in Betracht.

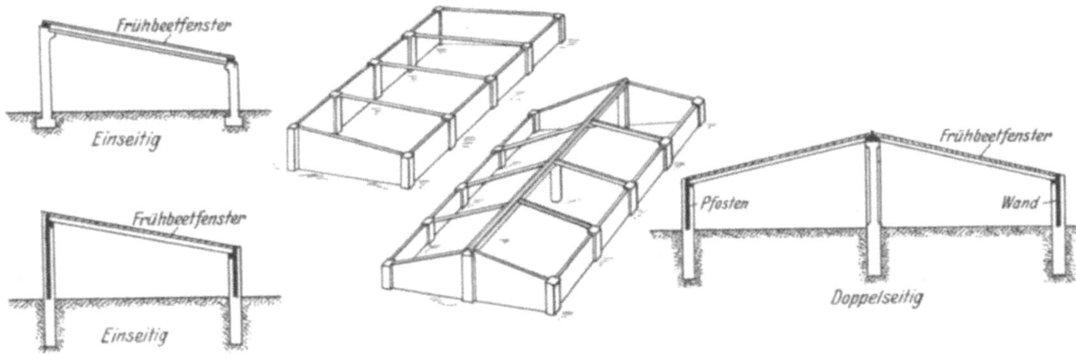

Abb. 397. Frühbeetkästen nach Bauart Höntsch aus Zementholz.

Der imprägnierte Frühbeetkasten kann ferner einfachwandig oder auch doppelwandig angefertigt werden, wenn die Wirkung der Wärmehaltung gesteigert werden soll. Eine besonders zweckmäßige Art bildet auch der niedrige holländische Frühbeetkasten, der als weitere günstige Eigenschaft die der schnellen Zerlegung besitzt.

Der Zementholzkasten kann in zwei Arten ausgeführt werden, und zwar mit genuteten Pfosten und eingelegten Platten und in einer zweiten Art unter Wegfall der Pfosten und Ansetzung eines Fußes an die Umfassungswände Abb. 397).

K. Durchlässe, Brücken und Wassertürme.

I. Durchlässe.

Durchlässe sind kleine Brücken, die im Straßenbau bis etwa 4 m Lichtweite, im Eisenbahnwesen bis etwa 2 m Lichtweite reichen. Sie dienen im allgemeinen zur Unterführung von kleinen Wasserläufen (Wassergräben) unter Straßen, Eisenbahnen oder Deichen, zuweilen auch zum Personenverkehr unter einem Verkehrsweg (Personendurchlaß).

Es ist zweckmäßig, die Achse des Durchlasses senkrecht zur Achse des Verkehrsweges zu legen, was sich oft durch kleine bauliche Veränderungen am Bett des Wasserlaufes erreichen läßt, da dann der Durchlaß am kürzesten, also am billigsten wird (gerader Durchlaß). Schiefe Durchlässe erfordern insbesondere längere Flügelmauern am Ein- und Auslauf, die bei größerer Höhe beträchtliche Stärken erhalten.

Die Sohlenbefestigung des Durchlasses soll möglichst auf gewachsenem Boden liegen, damit sie keinen Setzungen unterworfen ist.

Die Lichtweite des Durchlasses muß so groß sein, daß die bei einem bestimmten Gefälle zufließende sekundliche Wassermenge ohne Störung durchgeführt werden kann. Bei einem Aufstau vor dem Durchlaß vergrößert sich die Wassergeschwindigkeit gegenüber der des Wasserlaufs, und es kann infolgedessen zu einer Beschädigung der Sohlenbefestigung kommen. Bei zu kleinem Durchlaßprofil kann außerdem eine Verstopfung des Durchlasses entstehen.

Die Durchlässe werden, wenn man von solchen aus fertigen Rohren (Rohrdurchlässe) absieht, stets massiv ausgeführt.

Man unterscheidet hierbei Plattendurchlässe mit ebener Abdeckung der Durchflußöffnung und gewölbte Durchlässe, mit Überwölbung der Durchflußöffnung.

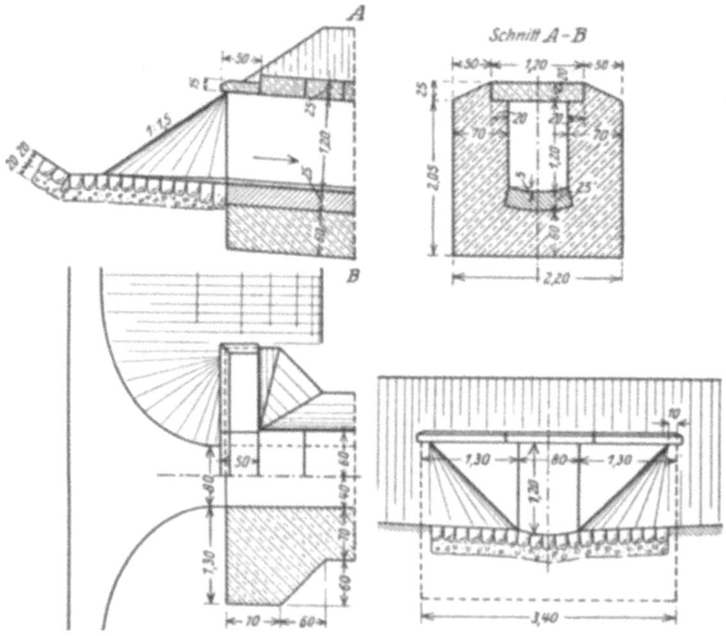

Abb. 398. Plattendurchlaß, als Steinplatte auf Wangenmauern ausgebildet[1].

1. Plattendurchlässe.

Die Plattendurchlässe bestehen aus zwei Wangenmauern, die als Auflager für eine Platte dienen. Bei geringen Lichtweiten (bis etwa 1 m) kann hierzu eine Steinplatte genommen werden (Abb. 398), bei größeren Weiten nimmt man jetzt allgemein Eisenbetonplatten, die bis etwa 4 m Lichtweite noch als volle Platte wirtschaftlich sein können, während darüber hinaus eine Auflösung in Plattenbalken empfehlenswert ist.

Abb. 399 stellt einen Plattendurchlaß von 1,20 m Lichtweite mit Überdeckung in Eisenbeton dar, während der übrige Teil aus Stampfbeton besteht. Die Ausführung dieses Bauwerks erfolgte 1924 durch die Firma Windschild & Langelott A.-G., Berlin.

Abb. 400 zeigt die Bewehrungseinzelheiten eines Plattendurchlasses in Eisenbeton

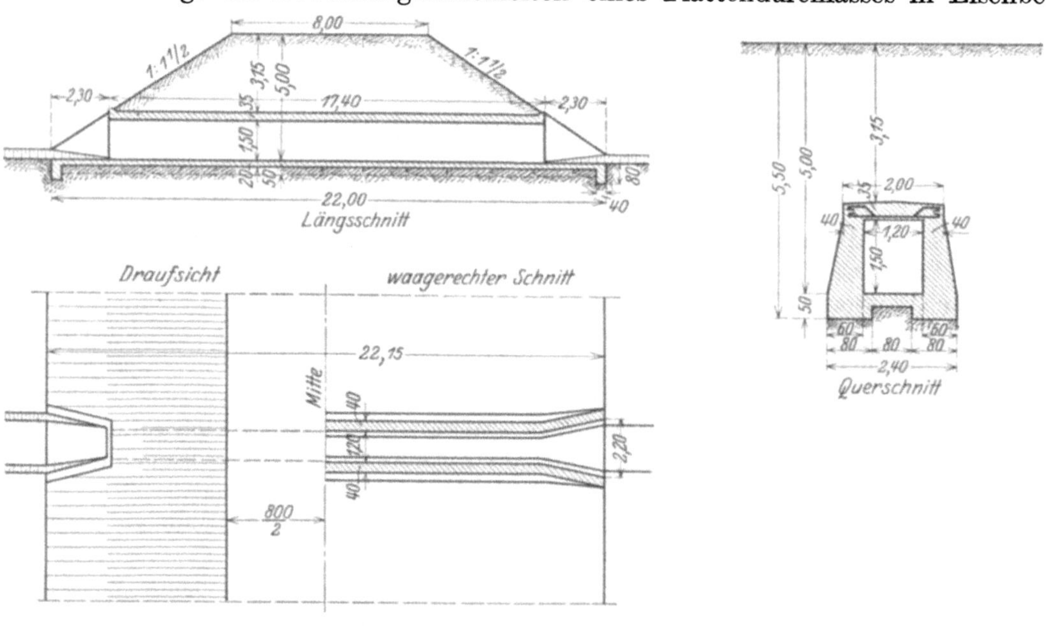

Abb. 399. Plattendurchlaß mit Eisenbetonplatte der Chaussee Wissulke-Seegenfelde. (Ausführung: Windschild & Langelott A.-G., Berlin.)

von 3 m Lichtweite und 3 m Lichthöhe, der als Unterführung unter einem Industriebahnhof dient. Die Wangenmauern bestehen aus Beton und werden insofern günstig

[1] Abb. 398, 402 u. 403 entnommen aus A. Schau: Der Brückenbau I, 4. Aufl. Leipzig und Berlin: B. G. Teubner 1928.

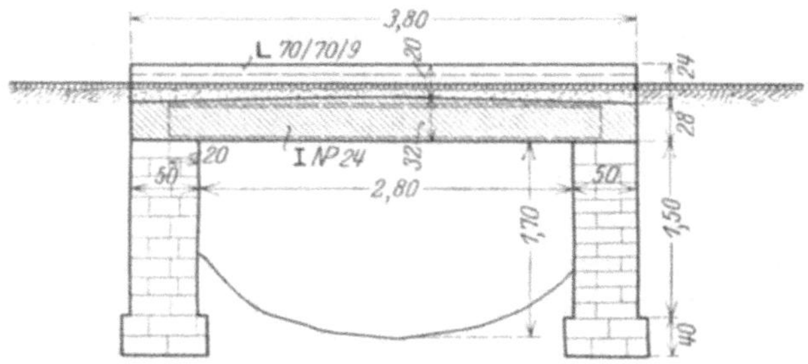

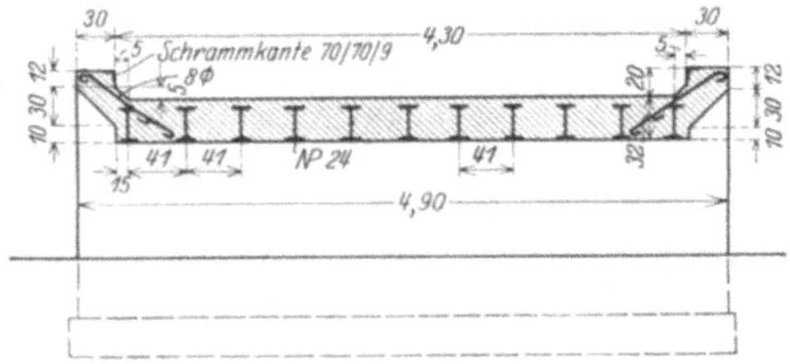

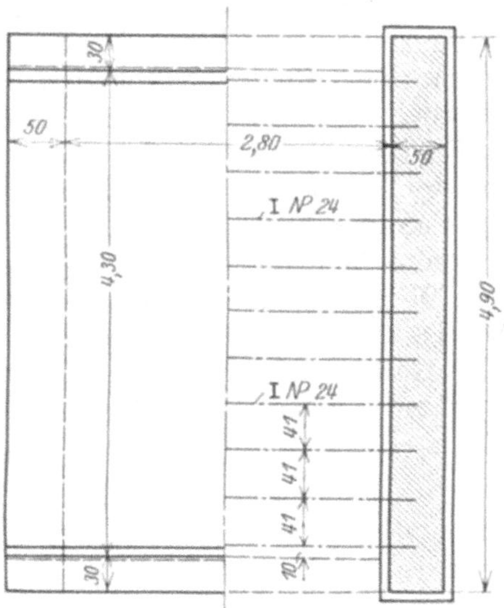

Abb. 401. Plattendurchlaß mit Platte aus Stampfbeton zwischen eisernen Trägern auf der Domäne Rodenberg a. D. (Ausführung: „Cementbau“ Ges. für Bauausführungen m. b. H., Hannover.)

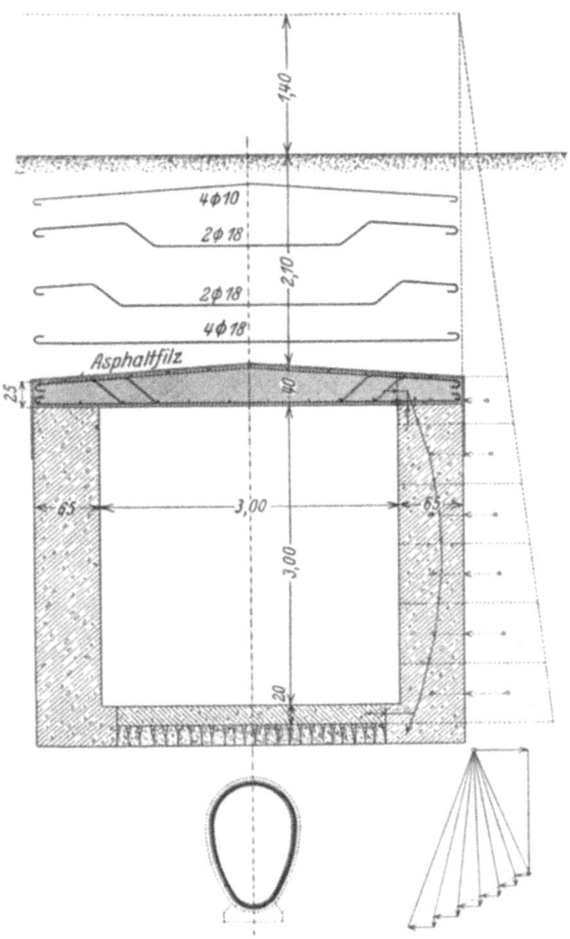

Abb. 400. Plattendurchlaß mit Eisenbetonplatte unter einem Industriebahnhof mit Bewehrungseinzelheiten. (Ausführung: Wayss & Freytag A.-G., Frankfurt a. M.)

beansprucht, als sie sich durch die Sohle und die Deckenplatte in waagerechter Richtung gegen Erddruck gegenseitig abstützen. Die Ausführung geschah durch die Firma Wayss & Freytag A.-G., Frankfurt a. M.

Die Platten werden gewöhnlich auf Schalung an Ort und Stelle gestampft, können aber auch, falls keine Verkehrsstörung stattfinden soll, vorher hergestellt und dann verlegt werden, so daß je die Hälfte der Straße im Betrieb bleiben kann.

Ein anderes Beispiel eines mit sparsamen Mitteln hergestellten Durchlasses von 2,80 m Lichtweite ist in Abb. 401 dargestellt. Dieser Durchlaß wurde von der „Cementbau“ Gesellschaft für Bauausführungen m.b.H., Hannover, 1926 auf der Domäne Rodenberg ausgeführt. Die Wangenmauern (Pfeiler) wurden aus vorhandenen alten Ziegeln errichtet und hierüber I-Träger NP 24 in Abständen von 0,41 m verlegt. Der Zwischenraum ist durch Beton ausgestampft worden, so daß sich eine einheitliche Plattenstärke von 28 bis 32 cm (Mitte) ergibt. Die beiden seitlichen Auskragungen zum Abschluß der 4,3 m breiten Fahrbahn sind mit Eiseneinlagen von 8 mm Durchmesser in Abständen von 15 cm bewehrt. Da das Bauwerk nur durch landwirtschaftliche Fuhrwerke befahren wird, ist auf die Anbringung eines besonderen Geländers verzichtet worden.

2. Gewölbte Durchlässe.

Falls die erforderliche Bauhöhe vorhanden ist, kann bei gutem Baugrund zuweilen ein gewölbter Durchlaß zweckmäßig sein. Als Baustoff wird hierbei in der Regel Beton in Frage kommen. Das Gewölbe läßt sich ohne erhebliche Mehrkosten so stark ausbilden, daß nur Druckspannungen auftreten, also Eiseneinlagen nicht erforderlich sind. Falls irgendwelche Bausteine (Ziegel, Bruchsteine u. dgl.), u. U. von abgetragenen Bauten, vorhanden sind, können diese natürlich auch verwendet werden, wenn ihre Festigkeit ausreicht. Erforderlichenfalls ist verlängerter oder reiner Zementmörtel zu nehmen. Als Bogenform kommt der Halbkreis, der Segmentbogen oder Parabelbogen bzw. Korbboden (unter hohen Dämmen) in Betracht.

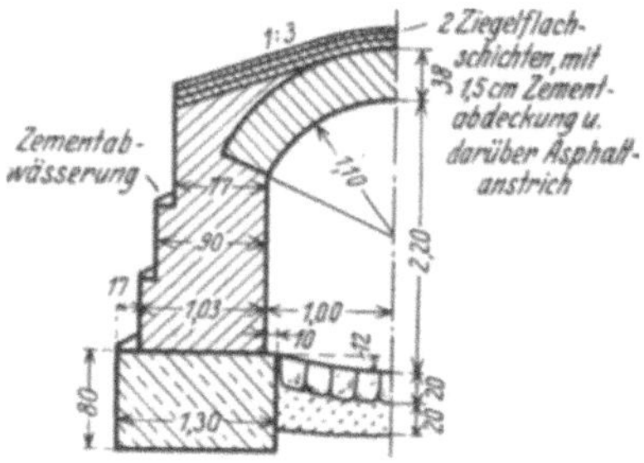

Abb. 402. Gewölbter Durchlaß aus Ziegelmauerwerk.

Abb. 402 zeigt einen Durchlaß von 2 m Lichtweite und 2,2 m lichter Höhe. Er ist aus Ziegelmauerwerk gewölbt. Zur Verstärkung und besseren Abwässerung hat er eine Hintermauerung mit der Neigung 1:3 erhalten, die durch zwei Ziegelflachschichten, 1,5 cm Zementputz und Asphaltanstrich abgedeckt ist.

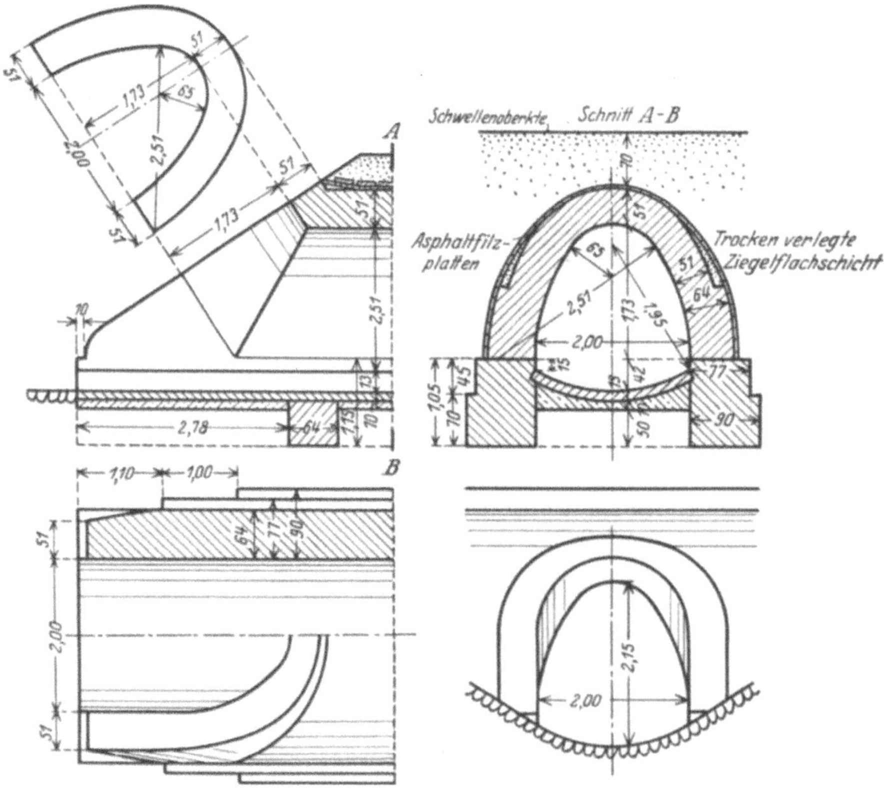

Abb. 403. Gewölbter Durchlaß aus Klinkermauerwerk.

Abb. 403 zeigt einen Durchlaß, aus Klinkermauerwerk gewölbt, mit 2,0 m Lichtweite in Korbbogenform als Ersatz einer Parabel. Zum Schutz gegen Eindringen des Tagewassers ist das Gewölbe mit einem festen Putz versehen und mit Asphaltfilzplatten abgedeckt, die durch eine Ziegelflachschicht geschützt sind. Die Sohle besteht aus einem umgekehrten 13 cm starken Klinkergewölbe in einer Betonunterlage, welches gegen Auswaschungen durch das fließende Wasser sehr widerstandsfähig ist.

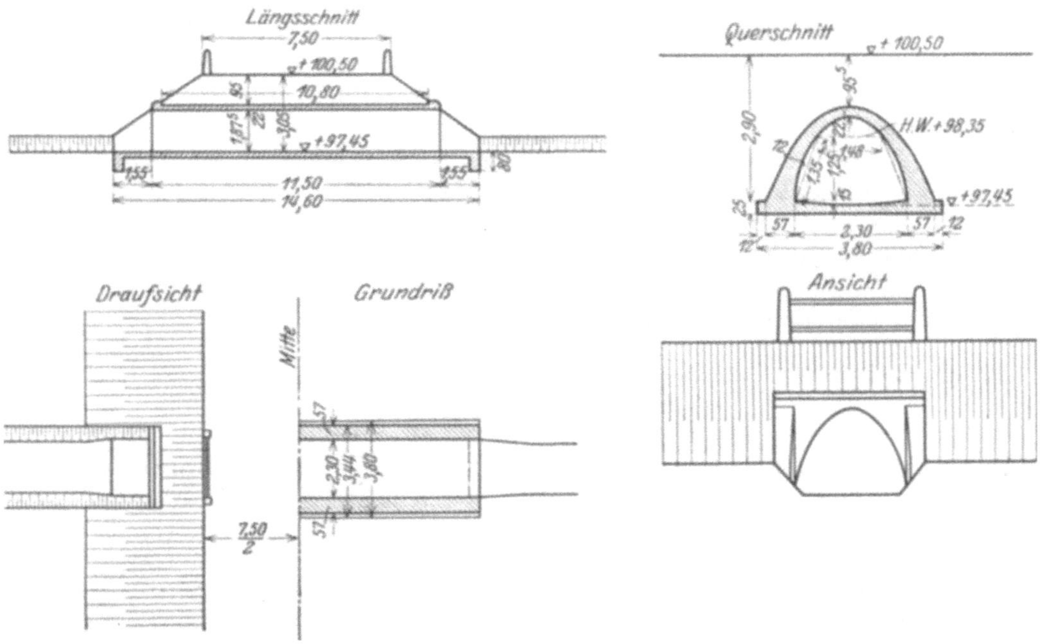

Abb. 404. Gewölbter Durchlaß in Stampfbeton für das Lemmnitzfließ unter der Chaussee Rose—Groß-Wittenberg. (Ausführung: Windschild & Langelott A.-G., Berlin.)

In Abb. 404 ist ferner ein von der Firma Windschild & Langelott A.-G., Berlin, 1925 aus Stampfbeton (ohne Eiseneinlagen) ausgeführter Durchlaß dargestellt. Das tunnelförmige Gewölbe stützt sich auf eine Betonsohle von 25 cm Stärke. Die Lichtweite beträgt 2,30 m und die lichte Höhe 1,875 m. Die Länge des eigentlichen Durchlasses ist 11,50 m.

3. Rohrdurchlässe.

Neben Plattendurchlässen und gewölbten Durchlässen können auch noch Rohrdurchlässe in Frage kommen, und zwar wenn es sich um kleine Wassermengen handelt. Die Rohrdurchlässe sind bei kleinen Weiten sehr zweckmäßig, da sie sich auf einfache Weise verlegen lassen und sich daher billiger als gemauerte oder in Beton gestampfte Bauwerke stellen. Es kommen Tonrohre, Zementrohre und Eisenrohre in Betracht.

Wesentlich für die Dauerhaftigkeit von Rohrdurchlässen ist die sichere Verlegung auf fester Unterlage, damit Setzungen und Verdrückungen und infolgedessen Rohrbrüche vermieden werden.

Damit die Rohre durch die Verkehrslasten (Stöße) von Fuhrwerken und Eisenbahnen nicht leiden, ist eine bestimmte Überschüttungshöhe erforderlich, die den Druck der Einzellast genügend verteilt. Die Stirnen der Rohrdurchlässe werden gegen die Dammböschung durch Rasen oder Trockenmauerwerk gesichert; zuweilen erfolgt auch Einmauerung der Stirnen.

Es kommen Rohrdurchlässe aus glasierten Steinzeugrohren mit kreis- oder elliptischem Querschnitt von 30 bis 60 cm Lichtweite mit Muffe an einem Ende, Zementrohre mit Kreisquerschnitt bis 80 cm Durchmesser, bei größeren Abmessungen mit eiförmigem Querschnitt, endlich gußeiserne Rohre und Stahlrohre zur Anwendung.

Die Steinzeugrohre erweisen sich gegen die Angriffe von Sand und Säuren als ziemlich unempfindlich.

Die Zementrohre sind gegen Druck sehr widerstandsfähig und werden daher unter hohen Dämmen mit Vorliebe verwendet; außerdem stellen sie sich bei größeren Weiten billiger als Steinzeugrohre. Sie sind aber gegen ungleiche Setzungen sehr empfindlich und brechen leicht, wenn sie nicht ganz sicher gelagert werden. Dieser Nachteil kann durch Eisenbewehrung beseitigt werden; solche Eisenbetonrohre sind insbesondere bei großen Weiten und geringer Überschüttungshöhe zu empfehlen.

Zementrohre ohne und mit Eiseneinlagen besitzen den Nachteil, daß sie durch mitgeführten Sand und durch säurehaltiges Wasser stark angegriffen werden.

Die gußeisernen Rohre werden meist durch Muffen verbunden, ihre Lichtweite ist 0,3 bis 1,2 m; sie sind teurer als Ton- und Zementrohre.

Endlich können auch Rohre aus guten Backsteinen in Traß- oder Zementmörtel an Ort und Stelle gemauert werden; bei schlechtem Baugrund erhalten sie eine Untermauerung oder eine Betonunterlage.

II. Brücken.

Wie bereits Seite 259 angedeutet, werden Bauwerke zur Überführung von Straßen und Eisenbahnen über Wasserläufe oder Wege, deren lichte Spannweite größer als etwa 4 m bzw. 2 m ist, als Brücken bezeichnet. Die Grenze, bei der man von Durchlässen oder Brücken spricht, liegt nicht fest; diese Bezeichnungen werden vielmehr, je nach der Gegend, verschieden angewendet.

Entsprechend den Plattendurchlässen und gewölbten Durchlässen unterscheidet man gerade und gewölbte Brücken bzw. allgemeiner Balken- und Bogenbrücken.

Als Baustoff kommen natürliche und künstliche Steine, Beton ohne und mit Eiseneinlagen (Eisenbetonbrücken), Holz und schließlich Eisen bzw. Stahl in Betracht. Hierbei können die Pfeiler bzw. Widerlager aus Holz oder Mauerwerk, Beton und Eisenbeton hergestellt werden.

Bei kleinen Abmessungen wird es sich in den meisten Fällen empfehlen, eine massive Bauweise zu wählen, da sich diese unter Berücksichtigung der Unterhaltungskosten und Lebensdauer meist billiger als z. B. eine Holz- oder Stahlbrücke stellen wird. Besondere Umstände, wenn z. B. nur eine sehr kleine Bauhöhe vorhanden ist oder der Überbau beweglich sein soll (bewegliche Brücken, s. später), erfordern die Verwendung von Holz oder Stahl.

1. Balkenbrücken.

Zu den Balkenbrücken oder geraden Brücken zählen die Bauwerke, deren Überbauten Tragwerke mit gerader Achse darstellen. Die Brückenunterkante erscheint demnach als gerade (meist waagerechte) Linie, falls man nicht aus Gründen des äußeren Aussehens irgendwelche Bogenformen vor das eigentliche Tragwerk setzt oder an dieses anschließt.

Die geraden Brücken lassen in ganzer Fluß- oder Straßenbreite (unter der Brücke) gleiche Durchfahrthöhe, während diese beim Gewölbe vom Scheitel, wo sie am größten ist, nach den beiden Kämpfern hin abnimmt. Die geraden Brücken aus Eisenbeton, die Biegebeanspruchungen erleiden, erfordern eine größere Bauhöhe als das Gewölbe (im Scheitel), da bei letzterem die Aufnahme der inneren Kräfte, vornehmlich durch Druckbeanspruchungen, eine günstigere ist als bei ersteren. Hierbei können bei günstiger Bogenform und entsprechender Gewölbestärke Zugbeanspruchungen ganz oder nahezu vermieden werden. Kleine Zugspannungen werden durch den Beton oder eine geringe Eisenbewehrung leicht aufgenommen.

Nachstehend mögen einige Ausführungsbeispiele von Balkenbrücken, die für landwirtschaftliche Zwecke in Frage kommen, näher beschrieben werden,

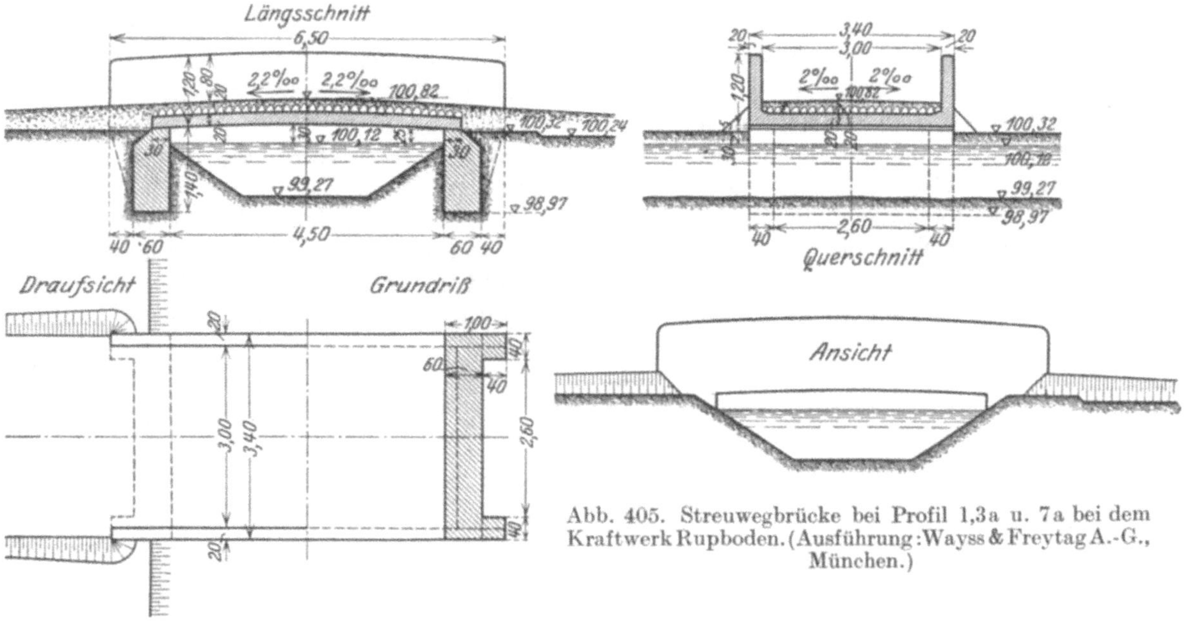

Abb. 405. Streuwegbrücke bei Profil 1,3a u. 7a bei dem Kraftwerk Rupboden. (Ausführung: Wayss & Freytag A.-G., München.)

Abb. 405 zeigt eine von der Firma Wayss & Freytag A.-G., München, im Jahre 1920 ausgeführte Wegbrücke bei dem Kraftwerk Rupboden (Bauherrin: Frei-

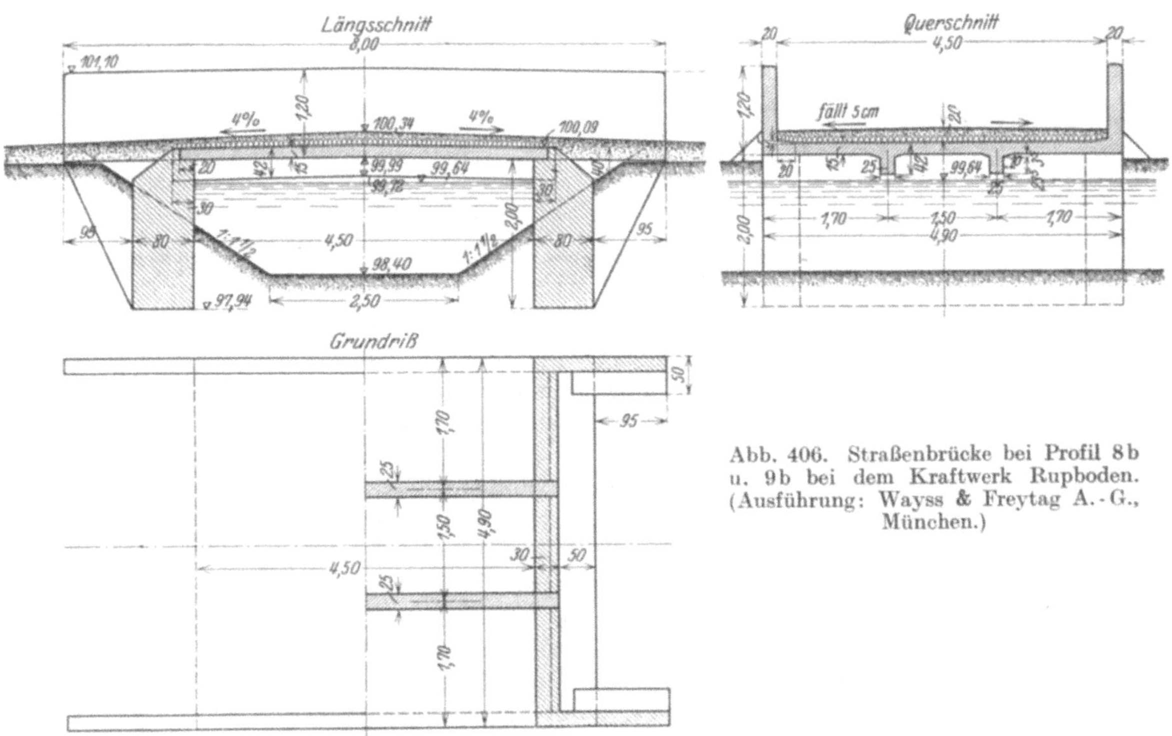

Abb. 406. Straßenbrücke bei Profil 8b u. 9b bei dem Kraftwerk Rupboden. (Ausführung: Wayss & Freytag A.-G., München.)

herr von Thüngensche Forstverwaltung). Die Lichtweite mißt 4,50 m, die Fahrbahnbreite zwischen den Geländern 3,00 m. Letztere sind als Hauptträger ausgebildet, indem sie die Fahrbahnplatte von 20 cm Stärke tragen. Diese ist also als Eisenbetonplatte von 3,20 m Stützweite (Mitte bis Mitte Hauptträger) quer gespannt, während die Hauptträger von 1,20 m Höhe eine Stützweite von 4,50 + 0,30 = 4,80 m aufweisen. Die Platte unmittelbar nach dieser Richtung, also von Pfeiler zu Pfeiler zu spannen, wäre wegen ihrer Stärke nicht mehr wirtschaftlich; man müßte sie in diesem Falle in Plattenbalken (Rippenplatten) auflösen, die eine größere Bauhöhe erfordern und daher u. U. das nötige Durchflußprofil nicht mehr frei lassen.

Eine solche Brücke wird wegen der U-förmigen Querschnittform des Tragwerks als Trogbrücke (Brücke mit versenkter Fahrbahn) bezeichnet.

Auch das folgende Beispiel (Abb. 406), welches von der gleichen Firma zur selben Zeit und in der Nähe der vorgenannten Brücke ausgeführt ist, zeigt eine ähnliche Form, doch erhalten die beiden äußeren Tragwände nicht mehr die gesamte Fahrbahnlast. Es sind vielmehr wegen der größeren Fahrbahnbreite von 4,50 m zwei Zwischenhaupt-

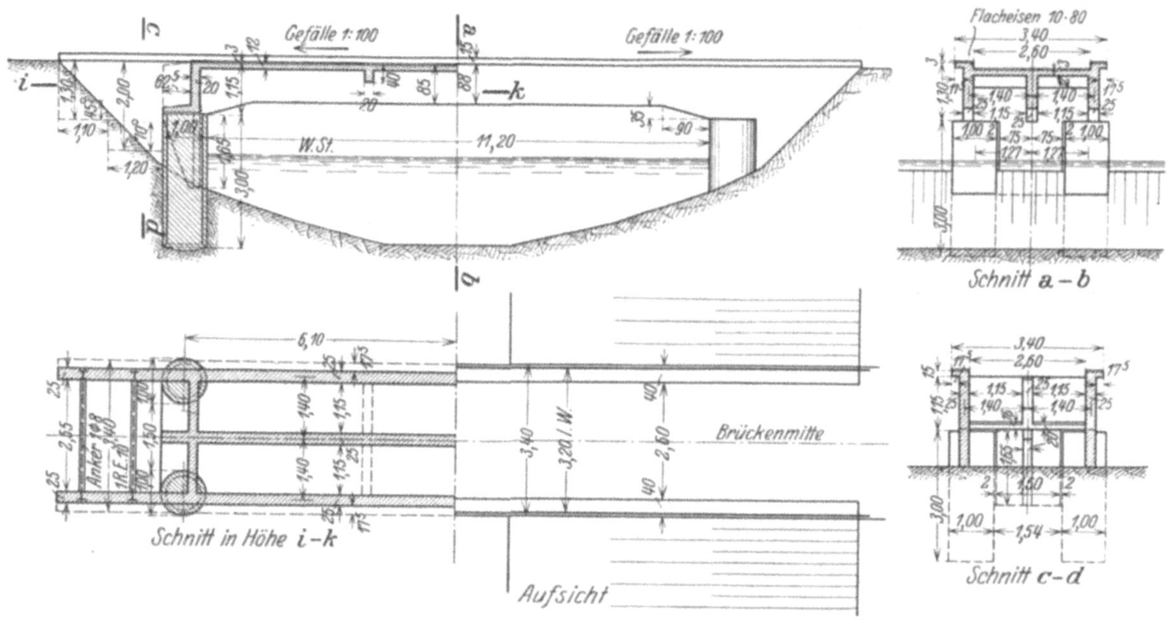

Abb. 407. Brücke über die Auter bei dem Vorwerk Scharnhorst. (Ausführung: „Cementbau" Ges. für Bauausführungen m. b. H., Hannover.)

träger eingeschaltet, so daß die quergespannte Fahrbahnplatte drei fast gleiche Stützweiten (1,5 bzw. 1,6 m) aufweist.

Die beiden mittleren Hauptträger bilden mit der Platte 42 cm hohe Plattenbalken; die Platte ist hier nur 15 cm stark. Die Stützweite der Brücke beträgt, wie im vorigen Beispiel, 4,80 m.

Ein anderes bemerkenswertes Beispiel einer Balkenbrücke stellt die Brücke über die Auter auf dem Vorwerk Scharnhorst des Reichsvermögensamts Hannover dar (Abb. 407). Sie wurde 1921 von der „Cementbau" Gesellschaft für Bauausführungen m. b. H., Hannover, hergestellt und ist eine Plattenbalkenbrücke von 11,2 m Lichtweite. Die drei Plattenbalken besitzen eine Höhe von 0,85 m und sind an den Enden abgeschrägt. Die Brücke wurde an Stelle einer veralteten Holzbrücke errichtet und sollte unter möglichster Kostenersparnis so schwer ausgeführt werden, daß sämtliche landwirtschaftliche Fuhrwerke die Brücke passieren können.

Mit Rücksicht auf die Mähmaschinen wurde nur ein niedriges Geländer ausgeführt. Die Fahrbahnplatte erhielt einen dauerhaften Estrich und Goudronanstrich, darüber einen Kiesbelag in Stärke von 10 cm. Dieser Belag reicht in der dortigen Gegend vollkommen aus, zumal die anschließende Straße nicht befestigt ist.

Die Auter ist ein Flüßchen mit schnell wechselnden Wasserständen. Umfangreiche Fundierungen konnten mit Rücksicht auf die Kosten nicht ausgeführt werden. Als Gründung wurden daher an jedem Brückenende zwei Brunnen gewählt, welche auf kiesigen Boden gesetzt wurden. Drei Hauptträger (Plattenbalken) übertragen die Lasten auf die Brunnen, von denen jeweils die beiden äußeren zugleich als Flügelmauern ausgebildet

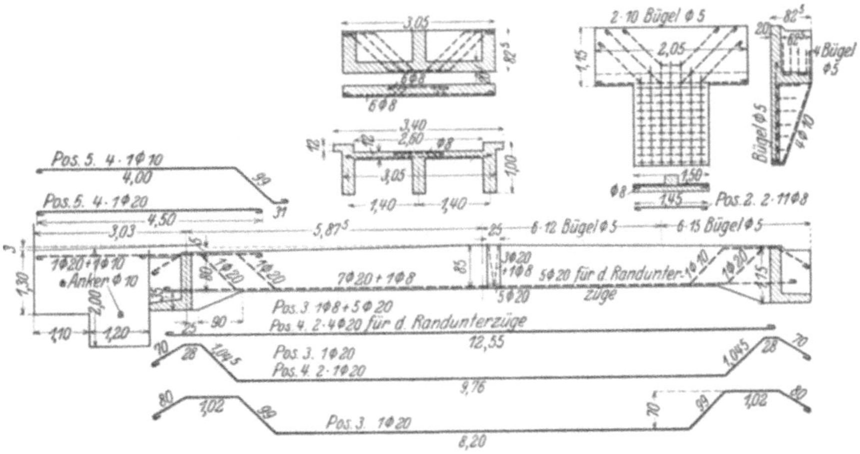

Abb. 408. Brücke über die Auter bei dem Vorwerk Scharnhorst. Eisenbewehrung.

sind bzw. in solche übergehen. Die Last des mittleren Hauptträgers wird durch je einen Querträger nach den Brunnen hin übertragen. Zwischen den beiden Brunnen ist eine Schürze angeordnet, welche durch eine Rippe in der Achse des mittleren Plattenbalkens gehalten wird und die in Verbindung mit der waagerecht liegenden Platte, infolge des Erddrucks der Hinterfüllung ein negatives Moment auf den mittleren Balken ausübt, welches gleich groß ist, wie das über der Stütze der beiden äußeren Balken.

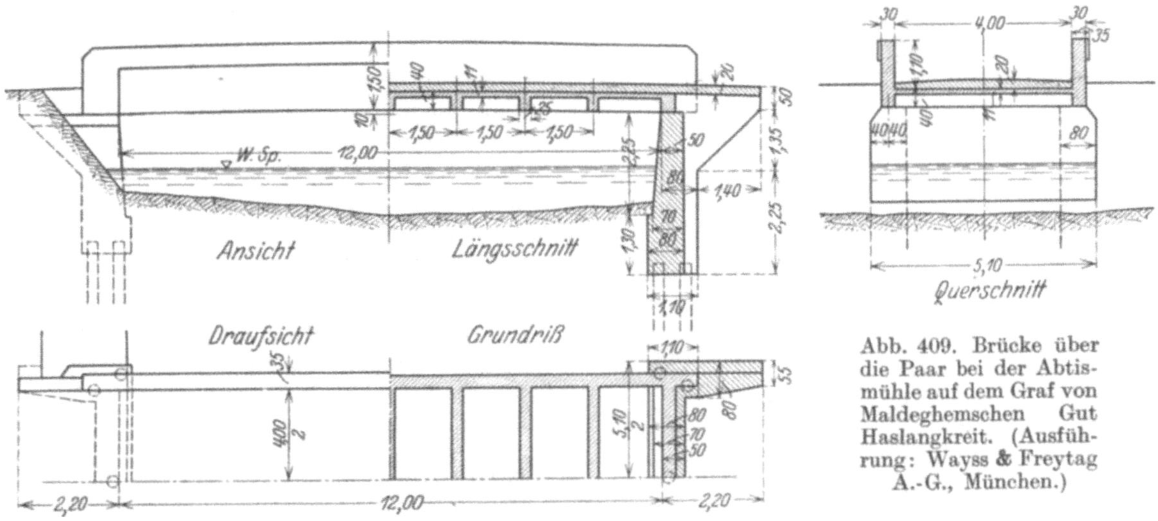

Abb. 409. Brücke über die Paar bei der Abtismühle auf dem Graf von Maldeghemschen Gut Haslangkreit. (Ausführung: Wayss & Freytag A.-G., München.)

Die Einzelheiten, insbesondere Eisenbewehrung der Konstruktion, die sich als sehr wirtschaftlich erwiesen hat, gehen aus Abb. 408 hervor.

Eine andere Lösung für das Tragwerk einer Balkenbrücke von 12,00 m Lichtweite ist in Abb. 409 zu sehen. Dieses besteht aus zwei Hauptträgern von 12,50 m Stützweite und 1,10 m Höhe, die einen Achsabstand von 4,30 m besitzen und zugleich die Geländer bilden (Trogbrücke). Die beiden Hauptträger nehmen die Last von 7 Querträgern in 1,50 m Abstand auf, während die beiden Endquerträger in ganzer Länge auf den Pfeilern aufruhen und nur die Fahrbahnkonstruktion abschließen. Die 11 cm starke Fahrbahnplatte bildet mit den Querträgern 40 cm hohe Plattenbalken, die unten mit der Unterkante Hauptträger bündig liegen.

Die Brücke (über die **Paar** bei der **Abtismühle**) wurde 1913 von der Firma Wayss & Freytag A.-G., München, für die Graf von Maldeghemsche Gutsverwaltung Haslangkreit, Bayern, ausgeführt.

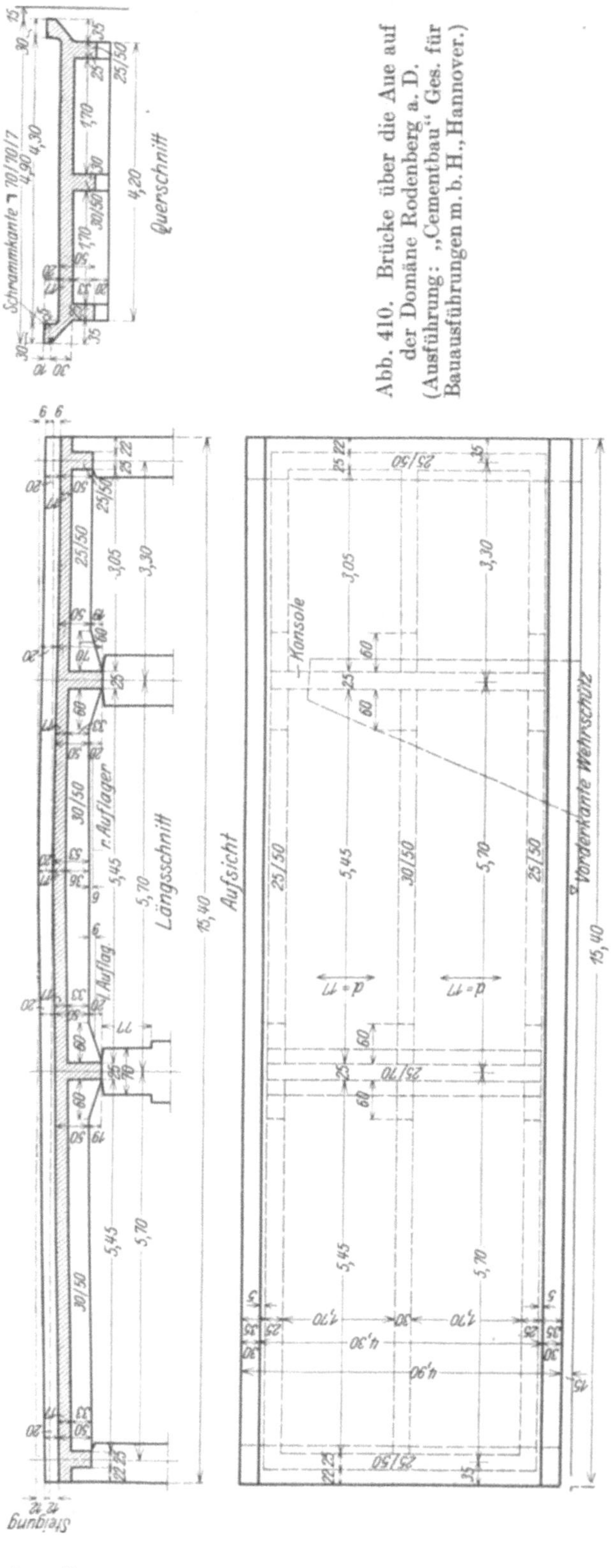

Abb. 410. Brücke über die Aue auf der Domäne Rodenberg a. D. (Ausführung: „Cementbau" Ges. für Bauausführungen m. b. H., Hannover.)

Eine Brücke mit drei Öffnungen von $2 \times 5{,}7$ m und 3,3 m Stützweite ist in Abb. 410 veranschaulicht, und zwar die Brücke über die **Aue** auf der **Domäne Rodenberg a. D.**, ausgeführt 1926 für das Kulturbauamt Rinteln a. W. von der „Cementbau" Gesellschaft für Bauausführungen m. b. H., Hannover. Das Bauwerk ist gleichfalls eine Balkenbrücke mit drei durchlaufenden Plattenbalken von 0,5 m Höhe und 0,3 m Rippenbreite (Abb. 410).

Die Brücke wurde auf vorhandenen Pfeilerfundamenten gegründet, nachdem die bestehende Holzbrücke beseitigt war. Gegenüber der Holzbrücke wurde eine Verbreiterung vorgenommen. Da der eine Brückenpfeiler nicht lang genug war, so wurde an dieser Stelle eine Kragkonstruktion gewählt, ohne eine besondere Fundierung für diesen Fall vorzunehmen. Die Brücke dient auch lediglich dem Verkehr durch landwirtschaftliche Fuhrwerke. Aus diesem Grunde ist hier auf ein Geländer gänzlich verzichtet.

Die der Berechnung zugrunde gelegten Belastungen sind eine Verkehrslast durch eine Dampfwalze von 10 t Gewicht und 400 kg/m² gleichmäßig verteilte Menschenlast.

Die Fahrbahnplatte ist mit Isolierpappe abgedeckt, darüber 5 cm Schutzbeton, 5 cm Sand und Kleinpflaster. Die Fahrbahnbreite beträgt 4,3 m, die Breite des Überbaues 4,9 m.

Die Bewehrung der Hauptträger und Fahrbahntafel ist in Abb. 411 dargestellt.

Ein wegen seiner einfachen und leichten Ausbildung bemerkenswertes Bauwerk zeigt Abb. 412, und zwar die **Feldbrücke über das Hooksieler Tief** auf dem Landgut Klaiburg. Diese zierliche Brücke wurde 1926 von der Firma H. Möller, Wilhelmshaven, ausgeführt.

Sie besitzt drei Öffnungen von 3, 6 und 3 m und ruht auf acht Eisenbetonpfählen, die paarweise durch je einen oberen Riegel zu Rahmen verbunden sind. Die Fahrbahnplatte ist außen 15 cm, in der Brückenachse 20 cm stark und ruht auf Randbalken von 30/45 cm Querschnitt, die auf den vorher beschriebenen Pfeilern gelagert sind. Die nutzbare Fahrbahnbreite mißt 3 m und verbreitert sich rechts um 70 cm; außerdem steigt sie beiderseitig gegen die Mittelöffnung an.

Die Pfähle besitzen quadratischen Querschnitt von 30/30 cm; sie sind durch vier Längseisen von 20 mm Durchmesser bewehrt, die mit einer 5 mm starken Bügelumschnürung (Ganghöhe 10 und 15 cm) versehen sind (Abb. 413).

Das Geländer besteht aus ⊥-, L- und Flacheisen und ist durch Rundeisenanker am Randbalken befestigt (Abb. 413).

Abb. 414 gibt ein Schaubild der Brücke.

Zuweilen kann es auch erforderlich sein, eine bewegliche Brücke anzuordnen, und zwar dann, wenn die Durchfahrtshöhe nur gering ist und der Wasserlauf zeitweise zum Verkehr für kleine Boote unter der Brücke passierbar sein muß.

Dieser Fall lag bei der vom Verfasser entworfenen und 1921 von der Norddeutschen Tiefbaugesellschaft m.b.H. (jetzt: A.-G. für Eisenbeton- und Tiefbau), Berlin, ausgeführten doppelten bzw. zweiflügeligen Zugbrücke über die Stremme bei Milow a. d. Havel vor (Abb. 415)[1]. Zwecks Durchfahrt von Kähnen war eine lichte Weite von 7 m vorgeschrieben, die wegen der geringen Durchfahrtshöhe durch einen beweglichen Teil überbrückt

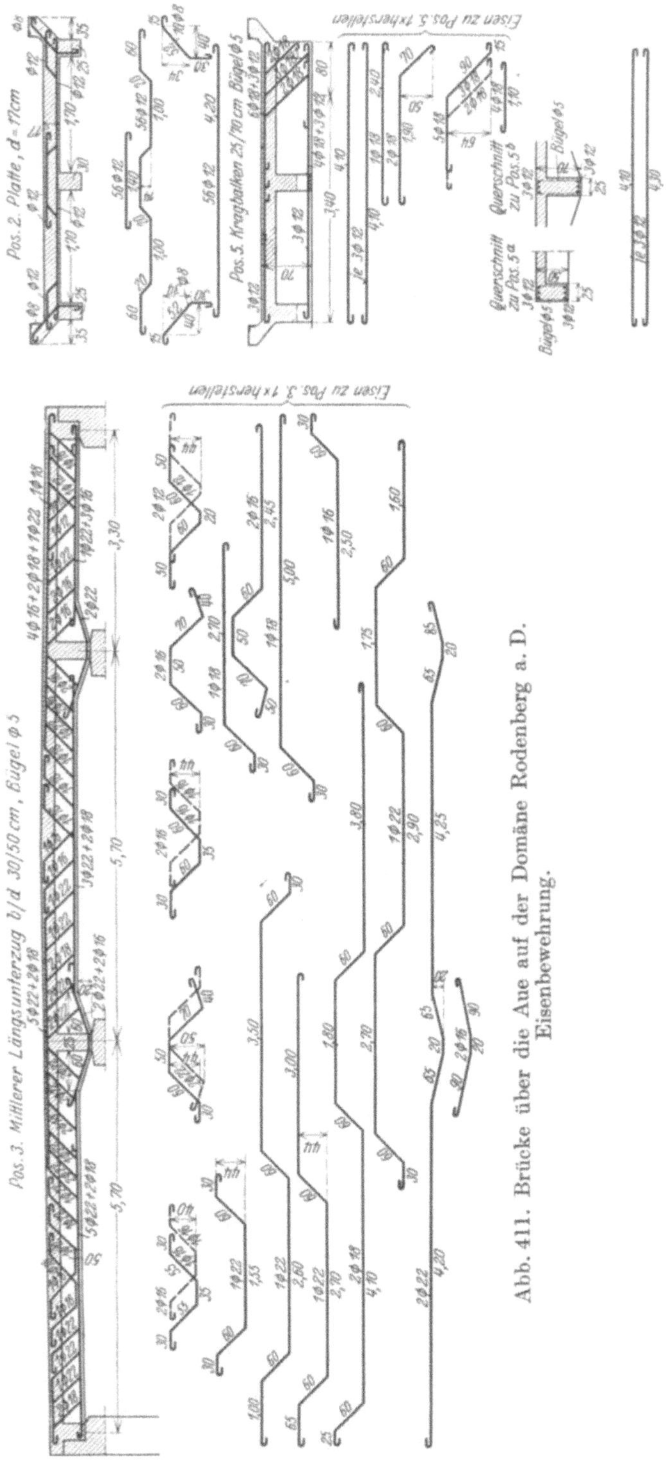

Abb. 411. Brücke über die Aue auf der Domäne Rodenberg a. D. Eisenbewehrung.

[1] Gesteschi, Th.: Der Holzbau. S. 316; ferner Gesteschi, Th.: Eine bewegliche Brücke in Holz. Bauing. 1922. H. 22. — Allgemein vgl. Dietz, W.: „Bewegliche Brücken". Handb. d. Ing.-Wiss. Bd. 2, Abt. 4. 3. Aufl. Leipzig: Wilhelm Engelmann 1907.

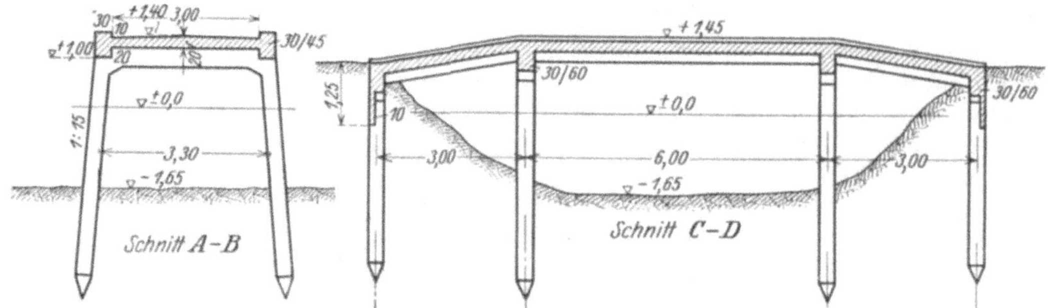

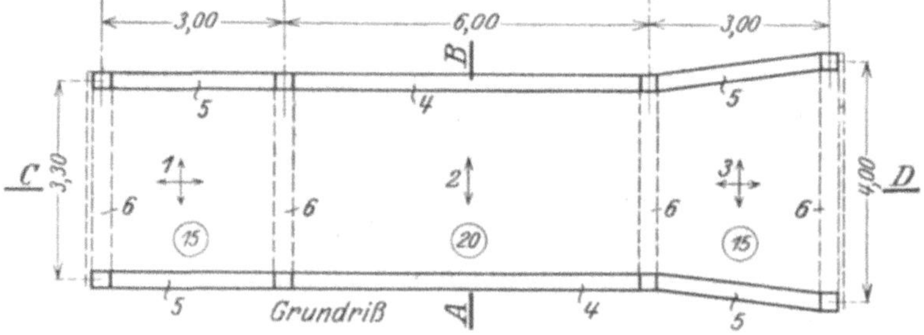

Abb. 412. Feldbrücke über das Hooksieler Tief auf dem Landgut Klaiburg. (Ausführung: H. Möller, Wilhelmshaven.)

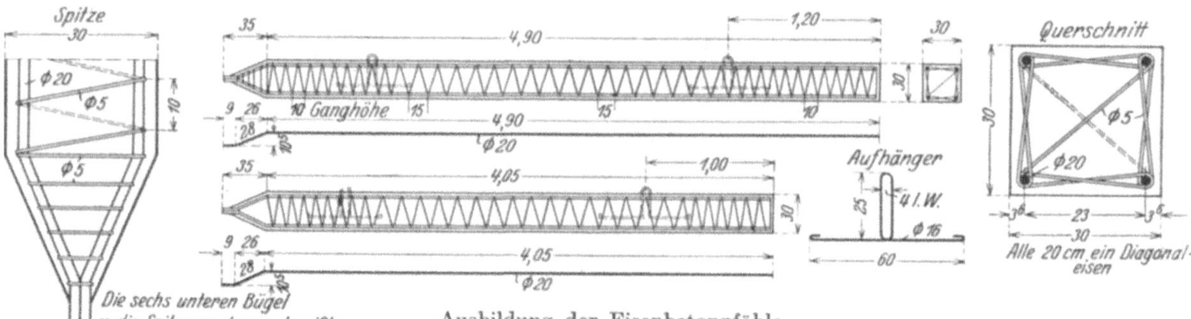

Ausbildung der Eisenbetonpfähle.

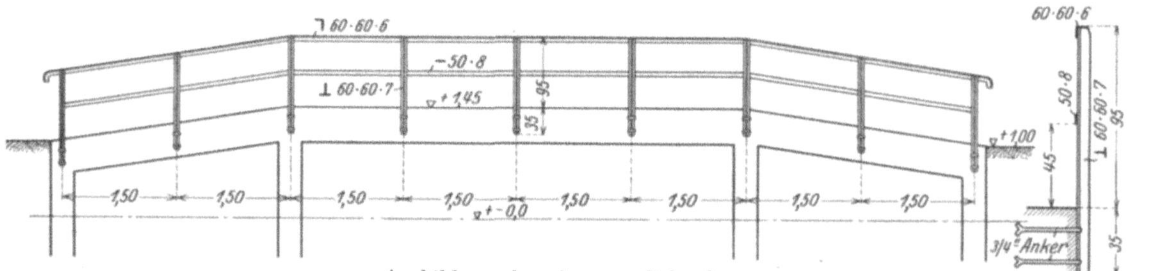

Ausbildung des eisernen Geländers.

Abb. 413. Feldbrücke Klaiburg. Einzelheiten der Eisenbetonpfähle und des Geländers.

Abb. 414. Feldbrücke über das Hooksieler Tief auf dem Landgut Klaiburg. Schaubild.

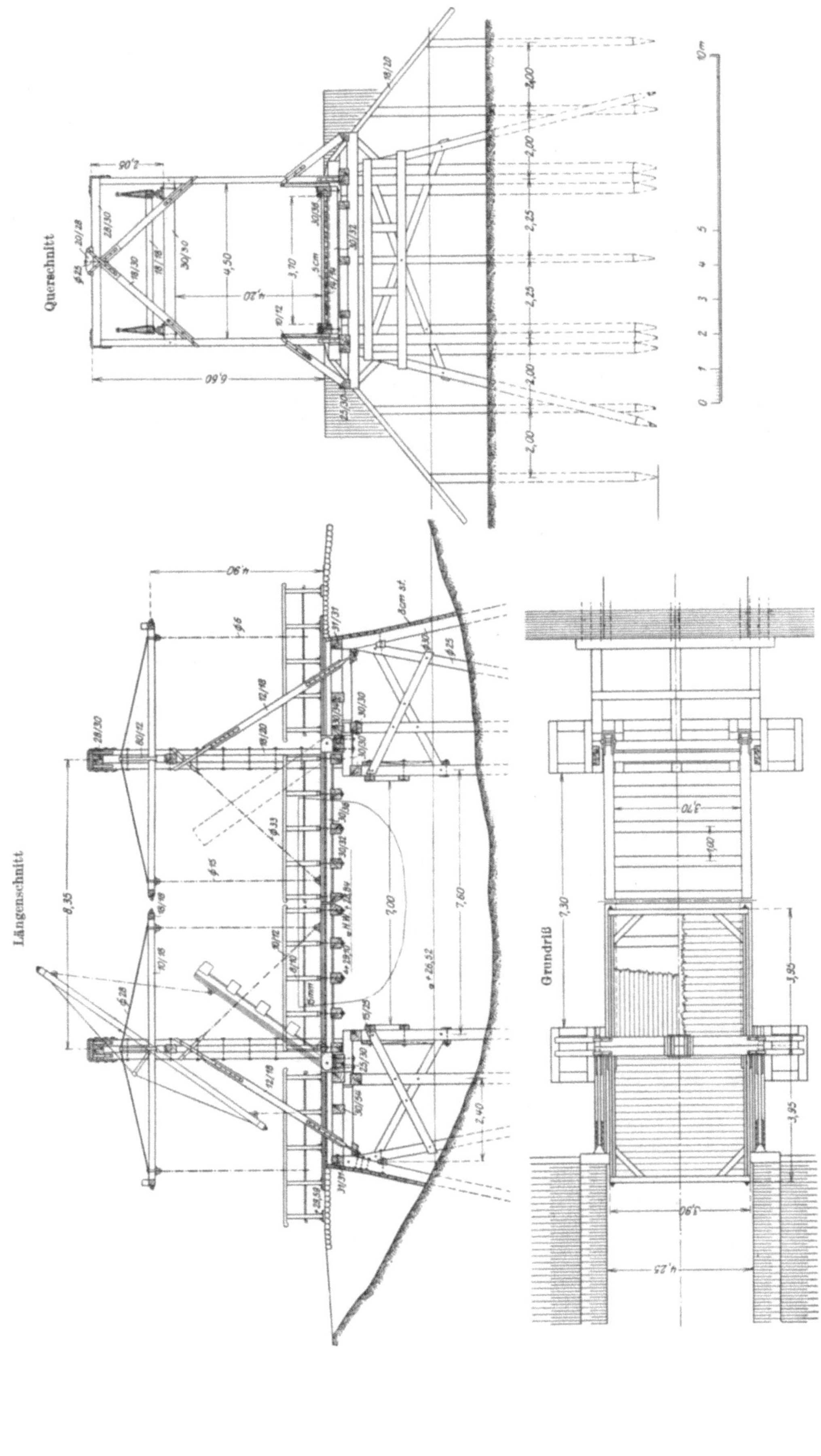

Abb. 415. Hölzerne Zugbrücke über die Stremme bei Milow a. d. Havel. (Ausführung: A.-G. für Eisenbeton- und Tiefbau, Berlin.)

werden mußte. Die beiderseitigen Pfeiler bilden mit den Bollwerken feste Joche, die die Portale zur Lagerung der Ziehbäume tragen. Da der Schiffsverkehr nur gering ist, so dürften oft Wochen, vielleicht Monate vergehen, ehe es erforderlich wird, die beiden Brückenklappen hochzuziehen. Man konnte daher von einer maschinellen Hubvorrichtung absehen, vielmehr kann jede Klappe durch zwei Mann, die je an einer Kette anfassen, hochgezogen werden. Die Breite der Brückenfahrbahn beträgt 3,7 m, die lichte Weite der beiden Portale, die die Ziehbäume stützen, 4,5 m. Die zwei Hauptträger der beiden Klappen bestehen aus Balken 30/36 cm; in geschlossenem Zustande der Brücke ruhen sie mittels ihres Endquerträgers auf den Jochen, so daß das gußeiserne Drehgelenk entlastet wird, und andererseits hängen sie an der Tragkette; die Hauptträger kragen dann noch 0,5 m nach der Brückenmitte vor. In geschlossenem Zustande bleibt zwischen den Klappen ein Schlitz von etwa 3 cm, so daß eine Berührung der beiden Klappen vermieden wird. Die Gesamtlänge der Hauptträger von Brückenmitte bis zum Drehpunkt beträgt rd. 4,5 m. Die Querträger 30/32 cm besitzen einen Abstand von 1 m und sind mittels Bolzen unter die beiden Hauptträger gehängt, die einen Achsabstand von 4 m besitzen.

Abb. 416. Zweiflügelige Zugbrücke in Milow a. d. H. in geschlossenem Zustande (ohne Hinterfüllung).

Der Zieh- oder Hebebaum ist ein gleicharmiger Hebel und ruht im Schwerpunkt mittels eines gußeisernen Bolzenlagers auf dem Portalriegel. Das Eigengewicht der Klappe von 3,2 t wird durch das Gegengewicht (Schrott in einem Holzkasten) am Ende des Hebebaumes ausgeglichen. Wegen der erheblichen Reibungswiderstände wurde das Gegengewicht jedoch auf 3,8 t erhöht, und zwar wurde dieses Gewicht durch Ausprobieren ermittelt. Jede Klappe wird, wie erwähnt, durch zwei Mann gehoben, die an je einer an jedem Hebelende befestigten 6 mm starken Kette ziehen müssen und der Hauptsache nach die noch vorhandenen Reibungswiderstände zu überwinden haben.

Abb. 417. Zugbrücke in Milow in geöffnetem Zustande.

Abb. 416 und 417 zeigen die Brücke in fertigem Zustande, aber noch ohne Hinterfüllung der Bollwerke, und zwar Abb. 416 in geschlossenem Zustande und Abb. 417 bei hochgezogenen Klappen.

Ein ähnliches Bauwerk in Stahlkonstruktion, jedoch mit nur einer Klappe stellt die Zugbrücke über den Ziegeleikanal im Zuge der Chaussee Ketzin-Zachow bei Ketzin (Havel), ausgeführt 1926 durch die Firma Steffens & Nölle A.-G., Berlin-

Tempelhof, dar (Abb. 418). Die lichte Weite der Brücke beträgt 7,4 m, die Stützweite 7,8 m, die Durchflußhöhe nur etwa 1,1 m. Die Pfeiler sind massiv ausgebildet und sind

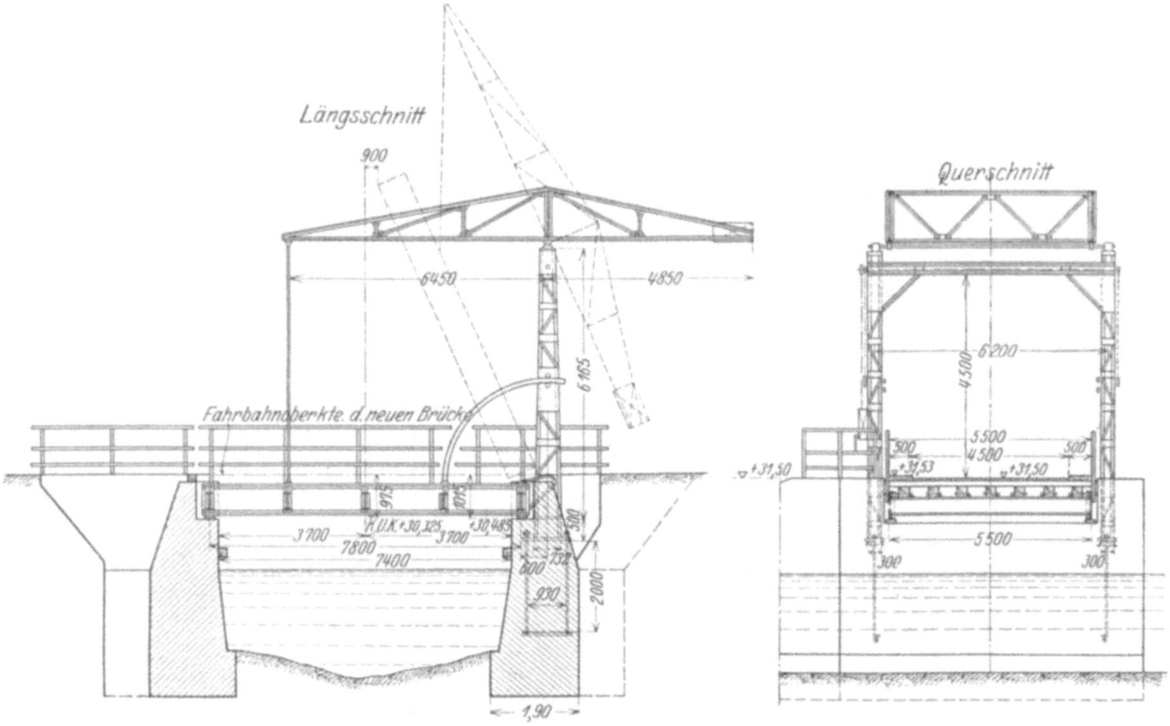

Abb. 418. Eiserne Zugbrücke über den Ziegeleikanal im Zuge der Chaussee Ketzin—Zachow bei Ketzin a. d. Havel. (Ausführung: Steffens & Nölle A.-G., Berlin-Tempelhof.)

Abb. 419. Einflügelige Zugbrücke bei Ketzin a. d. H. in geschlossenem Zustande.

durch Reibehölzer gegen Beschädigungen durch den Stoß der Kähne geschützt. Die Klappe von 8,6 m Länge wird durch einen ungleicharmigen Hebebaum um ein Scharnier gedreht, welches auf dem Portal gelagert ist. Der Abstand der beiden Hauptträger, die als Blechträger von 700 mm Höhe ausgebildet sind, beträgt 5,5 m. Die Querträger I NP 40 sind in Abständen von 1,95 m an die Hauptträger angeschlossen und durch einen Windverband mit diesem verstrebt.

Abb. 420. Zugbrücke bei Ketzin in geöffnetem Zustande.

Die hölzernen Längsbalken 24/28 cm liegen im Abstand von 0,8 m und sind mit den Querträgern durch je ein Winkeleisen verbunden; sie nehmen einen doppelten Bohlenbelag (Tragbohlen 12 cm, Fahrbohlen 5 cm stark) auf. Die nutzbare Fahrbahnbreite, die von Randbohlen in 0,5 m Breite begrenzt ist, beträgt 4,5 m.

Die beiden Ziehbäume sind als Fachwerkträger ausgebildet und tragen in einem Blechkasten das Gegengewicht.

Abb. 419 zeigt die Brücke in geschlossenem und Abb. 420 in geöffnetem Zustande.

2. Bogenbrücken (gewölbte Brücken).

Die Frage, ob natürliche, ob künstliche Steine oder Beton zu verwenden ist, wird sich vornehmlich nach der Lage der Brücke richten, d. h. danach, welche Bausteine in der Nähe der Verwendungsstelle vorkommen, also preiswert zu haben sind, so daß solche Steinbrücken mit Beton- oder Eisenbetonbrücken in Wettbewerb treten können. Als natürliche Bausteine kommen Hausteine und Bruchsteine in Betracht. Erstere werden durch den Steinmetz in genaue fast parallelepipedische Form gebracht (Werksteine oder Quader), letztere werden nur mit dem Mauerhammer roh beschlagen und in das Gewölbe eingepaßt. Die natürlichen Steine müssen vor allem wetterbeständig sein und genügende Festigkeit besitzen.

Hausteine werden wegen der hohen Kosten meist nur zu Verblendungen benutzt, während sonst Bruchsteinmauerwerk genommen wird. Als Material eignen sich hierzu am besten gute Sandsteine und Kalksteine, welche lagerfest und wetterbeständig sind und sich auch gut bearbeiten lassen.

Von künstlichen Steinen kommen hartgebrannte Backsteine oder Betonquader in Betracht.

Da das Bindemittel für Gewölbemauerwerk eine wesentliche Rolle spielt, kommt im Gewölbebau nur hydraulischer Mörtel (Zement- oder Traßmörtel) zur Verwendung.

In letzter Zeit werden die gewölbten Brücken meist in Beton gestampft und erforderlichenfalls noch mit Eiseneinlagen bewehrt.

Abb. 421 zeigt eine kleine Betonbrücke von 5,0 m Lichtweite und 5,0 m Fahrbahnbreite zwischen den massiven Geländern, die Scheitelstärke des Gewölbes beträgt 40 cm. Es handelt sich um eine von der Firma Wayss & Freytag A.-G., München, im Jahre 1923 ausgeführte Werkkanalbrücke und Absperrschleuse für das Isenkraftwerk der Stadt Mühldorf in Bayern.

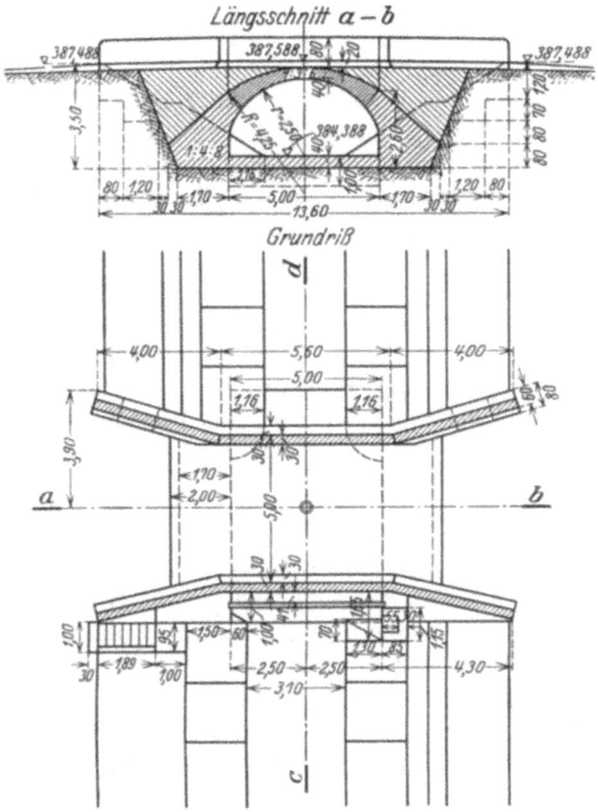

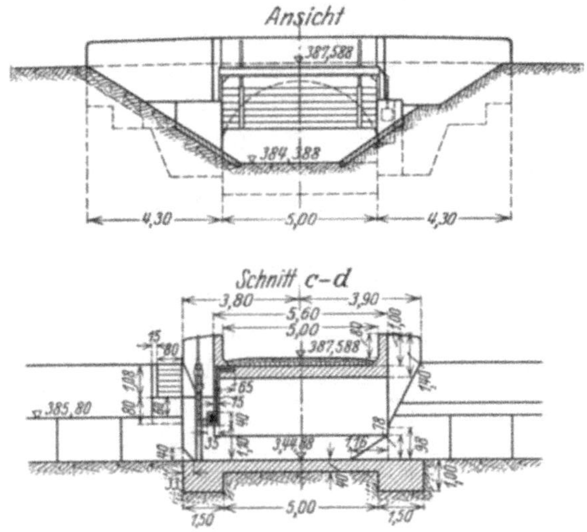

Abb. 421. Werkkanalbrücke für das Isenkraftwerk der Stadt Mühldorf (Bayern). (Ausführung: Wayss & Freytag A.-G., München.)

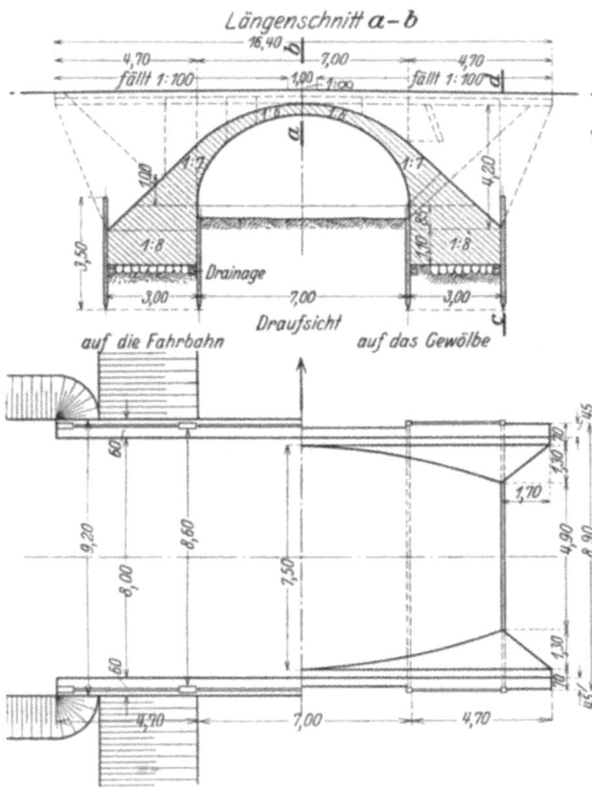

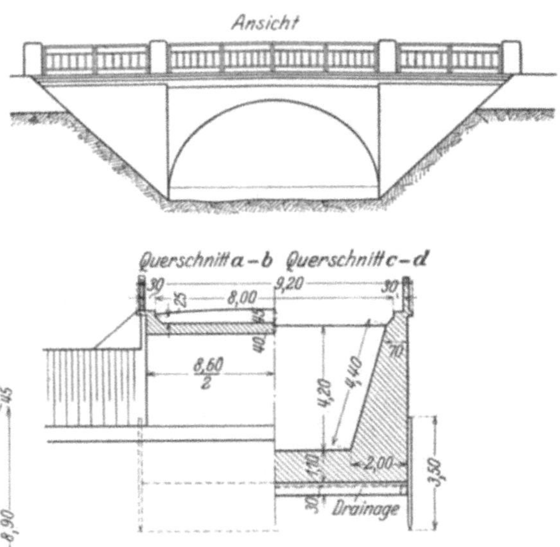

Abb. 422. Straßenbrücke über die Plietnitz bei Marienbrück, Kreis Deutsch-Krone. (Ausführung: Windschild & Langelott A.-G., Berlin.)

Ein etwas größeres von der Firma Windschild & Langelott A.-G., Berlin, 1927 ausgeführtes Bauwerk, die Straßenbrücke über die Plietnitz bei Marienbrück, Kreis Dt.-Krone, ist in Abb. 422 dargestellt. Die Lichtweite des Gewölbes beträgt 7,0 m und die Scheitelstärke 0,4 m. Die lichte Weite zwischen den massiven Geländerpfosten mißt 8,60 m; hiervon kommen 8,0 m auf die eigentliche Fahrbahn, die beiderseitig durch je einen Schrammbord von 0,30 m Breite begrenzt ist. Die Stirnwände sind als Stützmauern ausgebildet und sind nach beiden Landseiten hin vorgekragt. Das ganze Bauwerk besteht aus Stampfbeton in Mischung 1:6 bis 1:7 für das Gewölbe und 1:8 für die beiden Widerlager.

Die Verwendung von Eisenbeton gestattet kleinere Abmessungen als bei Weglassung der Eisenbewehrung und setzt den Ingenieur instand, dünne Gewölbe auszubilden und verschiedene gegliederte Formen von Tragwerken anzuordnen, die, ähnlich den Stahlbrücken, aus einzelnen Bogenträgern, Stützen, Quer- und Längsträgern bestehen[1].

Eisenbetonbrücken erfordern sachgemäße Ausführung durch Sonderfirmen, die über langjährige Erfahrungen in dieser Bauweise verfügen.

III. Wassertürme.

Die Wassertürme haben den Zweck, Behälter an hochgelegenen Punkten aufzustellen, um eine gewisse Wassermenge für Bedarfszwecke und außergewöhnliche Fälle (Brände) aufzuspeichern und namentlich durch die hohe Lage eine gewisse Druckhöhe zu erhalten.

Abb. 423. Hölzerner Wasserturm mit eisernem Behälter von 80 m³ Inhalt. (Rechts das Pumpenhaus.)

Das Wasser wird durch Pumpwerke aus bestimmten Entnahmestellen (Wasserläufen, Brunnen) in den Behälter geleitet. Der Wasserturm wird möglichst in der Mitte des Versorgungsgebietes aufgestellt, da dann die Leitungen gleiche Längen erhalten.

Die Größe des Behälters hängt von dem Verbrauch und dem Zufluß durch den Pumpbetrieb ab; sie soll möglichst reichlich bemessen werden.

Ein Beispiel für einen hölzernen Wasserturm zeigt das Schaubild Abb. 423. Der Turm ist ganz verschalt und trägt in 21,5 m Höhe einen eisernen Behälter von 80 m³ Inhalt[2]. Er ist außen mit braunem Karbolineum gestrichen und trägt ein mit graugrünem Ruberoid eingedecktes Dach.

Das nächste Beispiel betrifft einen Behälter auf einem Eisenbetonturm. Der von der Firma „Cementbau“ Gesellschaft für Bauausführungen m. b. H., Hannover, 1928 ausgeführte Wasserturm (Abb. 424) wird zwar nicht im landwirtschaftlichen Betriebe verwendet, dürfte jedoch mit Rücksicht auf seine Wirtschaftlichkeit für die Landwirtschaft von Interesse sein. Der Behälter von 100 m³ Fassungsraum steht in keiner Verbindung mit der Tragkonstruktion. Die Sohle des Behälters liegt 30 m über Gelände.

Die im Abstande von 2,65 m unterhalb des Behälters eingebaute Decke ist als Be-

[1] Beispiele hierüber vgl. Gesteschi, Th.: Bogenbrücken und Überwölbungen. Bd. VII des Handb. für Eisenbetonbau. 3. Aufl. Berlin: Wilhelm Ernst & Sohn 1921.

[2] Über die konstruktiven Einzelheiten vgl. Th. Gesteschi: Der Holzbau, S. 286.

dienungsdecke gedacht, um einmal beim Ersteigen des Turmes einen Ruhepunkt zu gewinnen, zum andern, um für die Montage der Rohrleitungen eine feste Stütze zu haben.

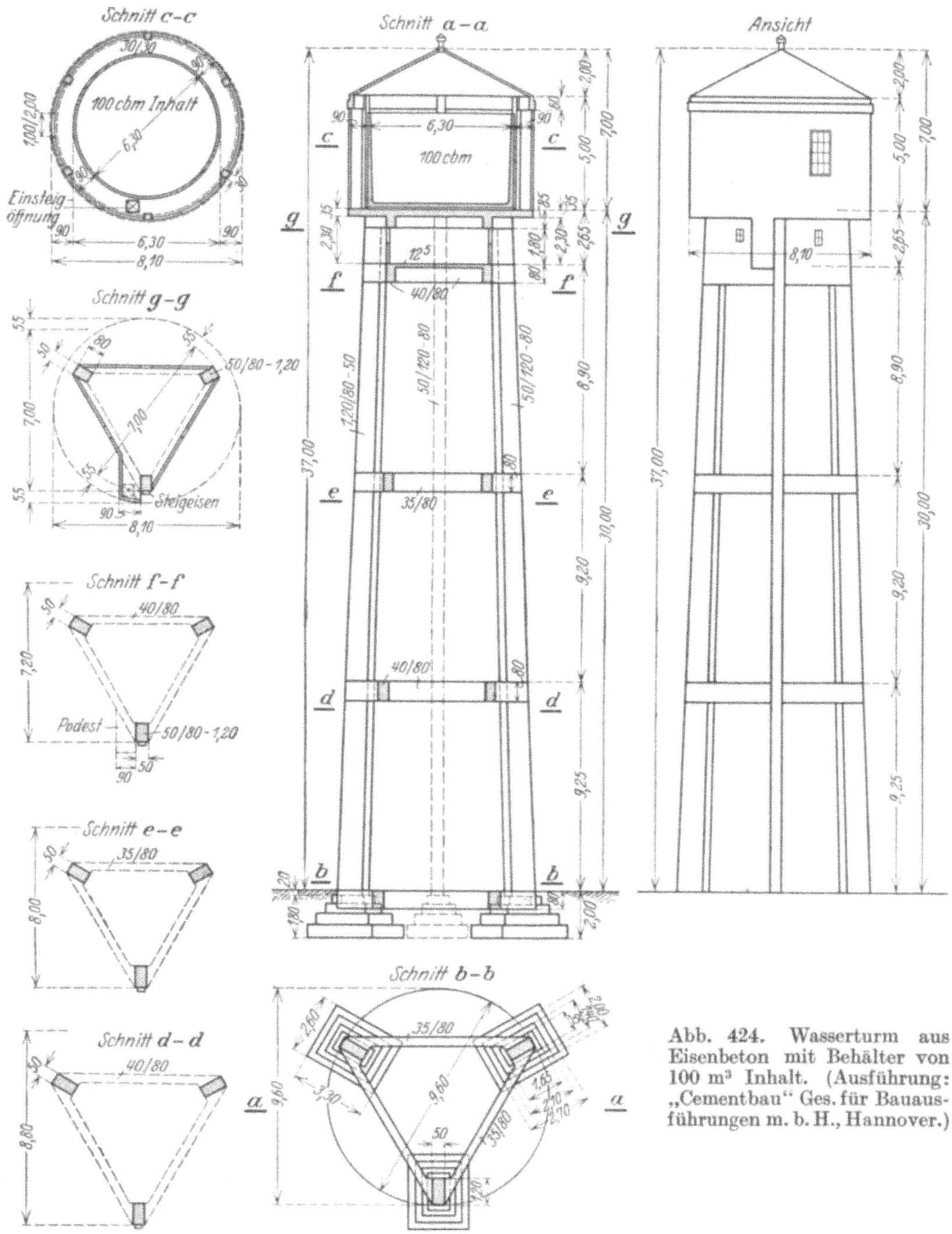

Abb. 424. Wasserturm aus Eisenbeton mit Behälter von 100 m³ Inhalt. (Ausführung: „Cementbau" Ges. für Bauausführungen m. b. H., Hannover.)

Das Dach wird von sechs Säulen getragen, zwischen die eine halbsteinstarke Wand gemauert ist. Sonst ist die gesamte Konstruktion einschließlich der Dachkonstruktion in Eisenbeton ausgeführt.

Das Stützgerüst des Behälters besteht aus drei Säulen von 50/80 cm Querschnitt am oberen und 50/120 cm Querschnitt am unteren Ende; diese sind in Abständen von 9,25, 9,20 und 8,90 m durch Querriegel versteift.

Der Behälter ist durch Steigeisen, die an einer Säule hochgeführt werden, zugänglich gemacht. In Höhe des Bedienungssteges tritt man seitlich in den Raum hinein und gelangt von hier aus durch eine Leiter in den Umgang zwischen äußerer Wand und Behälterwand (Abb. 424, Schnitt *c—c*).

Das Dach ist mit Siderosthen zweimal gestrichen.

Der Stoffverbrauch beläuft sich auf 120 cbm Beton, 12,4 t Rundeisen, 51 t Zement (einschließlich Putzarbeiten) und 6250 Stück Ziegel.

Abb. 425. Wasserturm aus Eisenbeton. Schaubild.

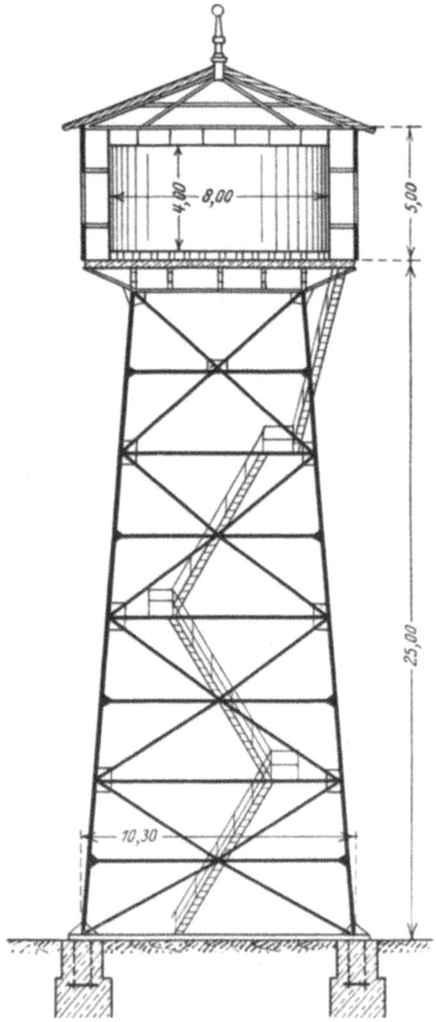

Abb. 426. Eiserner Wasserturm mit Behälter von 200 m^3 Inhalt. (Ausführung: L. Bernhard & Co., Berlin.)

Abb. 425 gibt ein Schaubild des Wasserturms, der mit seiner Gesamthöhe von 37 m ein leichtes und gefälliges Aussehen zeigt.

Das folgende Beispiel Abb. 426 zeigt einen eisernen Wasserturm mit eisernem Behälter, ausgeführt von der Firma L. Bernhard & Co., Berlin. Die Sohle des Behälters liegt 25 m über Gelände; der Behälter ist rund, hat 8 m Durchmesser, 5 m Höhe und faßt 200 m^3. Er ist über eine im Innern liegende eiserne Treppe, die zwischen Behälter und Umfassungswand auf den oberen Umgang mündet, zugängig.

Der Grundriß des Gerüstes bildet ein Quadrat von 10,3 m Seitenlänge.

Literaturverzeichnis.

Anweisung für Domänenbauten. Herausgeg. vom Königlich Preußischen Ministerium für Landwirtschaft, Domänen und Forsten. 3. Aufl. Berlin: Paul Parey 1916.

Baumgartner, F.: Mühlen- und Speicherbau. 3. Aufl. Leipzig: Dr. Max Jänecke 1922.

Böhm, Th.: Handbuch der Holzkonstruktionen. Berlin: Julius Springer 1911.

Buhle, M.: Massentransport. Ein Hand- und Lehrbuch über Förder- und Lagermittel für Sammelgut. Stuttgart und Leipzig: Deutsche Verlagsanstalt 1908.

Deubel, E.: Kleine massive Straßenbrücken, Überleitungen und Düker. Berlin: Paul Parey 1929.

Dörr, H. u. O. Mund: Silos und landwirtschaftliche Bauten. 14. Bd. des Handb. f. Eisenbetonbau: Gebäude für besondere Zwecke II. 3. Aufl. Berlin: Wilhelm Ernst & Sohn 1924.

Eisen im Hochbau. Herausgegeb. vom Verein deutscher Eisenhüttenleute. 7. Aufl. Düsseldorf und Berlin: Stahleisen m. b. H. und Julius Springer 1928.

Engel-Hohmann: Der Viehstall. 6. Aufl. Berlin: Paul Parey 1927.

Engel-Noacks Handbuch des landwirtschaftlichen Bauwesens. 11. Aufl. Berlin: Paul Parey 1923.

Fischer, P., u. G. Jobst: Ländliches Bauwesen. 3. Aufl. Berlin: Wilhelm Ernst & Sohn 1928.

Gesteschi, Th.: Der Holzbau. Berlin: Julius Springer 1926.

— Hölzerne Dachkonstruktionen. 4. Aufl. Berlin: Wilhelm Ernst & Sohn 1928.

— Bogenbrücken und Überwölbungen. 7. Bd. des Handb. für Eisenbetonbau. 3. Aufl. Berlin: Wilhelm Ernst & Sohn 1921.

Handbuch der Architektur. 4. Teil. 3. Halbband. 1. Heft: Landwirtschaftliche Gebäude und verwandte Anlagen. Bearbeitet von A. Schubert und E. Schmidt. 3. Aufl. Leipzig: J. M. Gebhardts Verlag 1913.

Hartwig-Reiter: Gewächshäuser und Mistbeete. Berlin: Paul Parey 1921.

Heinze, A.: Landwirtschaftliches Bauwesen. Hannover: M. & H. Schaper 1928.

Hoffmann, H.: Der Grünfutterbehälter. Stuttgart: Eugen Ulmer 1929.

— unter Mitarbeit von F. Stockklausner: Der Schweinestall. Stuttgart: Eugen Ulmer 1929.

Kallmeyer, J.: Landwirtschaftliche Gebäudekunde. Leipzig: J. J. Weber 1928.

Krüger, E.: Kulturtechnischer Wasserbau. Berlin: Julius Springer 1921.

Kuchler, L. F.: Die zeitgemäße Grünfutterkonservierung. München: Dr. F. P. Datterer & Cie 1926.

Lampmann, G.: Der Gewächshausbau. Berlin: Wilhelm Ernst & Sohn 1927.

Naue, K.: Der deutsche Grünfuttersilo. Berlin: Paul Parey 1926.

Riepert: Frühbeet-Kästen. Berlin: Zementverlag G. m. b. H. 1928.

— Der Grünfuttersilo. Berlin: Zementverlag G. m. b. H. 1927.

— Neuzeitliche Gewächshausbauten. Berlin: Zementverlag G. m. b. H. 1928.

Salzmann, H.: Industrielle und gewerbliche Bauten. II. Speicher und Lagerhäuser. Berlin und Leipzig: Walter de Gruyter & Co. 1921.

Schau, A.: Der Brückenbau. I. Allgemeines. Durchlässe und massive Brücken. Hölzerne Brücken. Unterhaltung. Überschlägliche Kostenberechnungen. Leipzig und Berlin: B. G. Teubner 1928.

Schubert, A.: Landwirtschaftliche Baukunde. 4. Aufl. neu bearb. von C. Busse. Leipzig und Berlin: B. G. Teubner 1923.

Schuberts landwirtschaftliche Baukunde. 10. Aufl. neu bearb. von L. Noack. Berlin: Paul Parey 1924.

v. Tiedemann, L.: Landwirtschaftliches Bauwesen. 4. Aufl. von P. Fischer. Halle: Ludw. Hofstetter 1912.

Wagner, F.: Landwirtschaftliche Bauten. 3. Aufl. Berlin: Deutsche Bauzeitung G. m. b. H. 1907.

Sachverzeichnis.

Abferkelbucht 86.
Abladen eines Fuders (Abb.) 135.
Ackerbauschule in Kehidai, Silo der — 213.
Ackermanndecke 20.
A.-G. für Eisenbeton- und Tiefbau, Brücke von der — 269.
Ahrends, Entwürfe von — 4.
Allenstein, Getreidespeicher in — 194.
—, Wegeschema 196, 197.
Allgäuer Tierzuchthalle Kempten 113.
Allgemeine Häuserbau-Actien-Gesellschaft von 1872, Einzelheiten der Wand- und Deckenkonstruktion der Firma — 5.
Altenteil 2, 4.
Amme-Luther-Werke in Braunschweig, mechanische Speichereinrichtung der — (Abb.) 196, 197, 198.
Ankerbrotwerke A.-G. Wien, Lüftungssilo der — 191.
Anzucht- oder Kulturhäuser 239.
Aquarium 238.
Arbeitsvorgang beim Einbansen 124.
— bei Silospeichern 173.
Arbeitswege, Minimum der — beim Bauerngehöft 3.
Arthur Müller, Scheunen mit Wandböcken von — 125.
—, Stielscheunen von — 126.
—, Scheune mit Fuderablader von — 131, 134.
—, Scheune mit Prüßumwandung von — 132.
—, Hochfahrtscheune von — 135, 137.
—, Geräteschuppen von — 230, 231.
—, Getreidespeicher (Bodenspeicher) von — 165, 167.
Aue, Brücke über die — 268.
Aurich-Universalsilo 211.
Aurich, Metall-Ring-Silo von — 222.
Auszügler 2.
Autogarage aus Werkbeton 236.
Autoschuppen 227.

Bakendorf, Schweinestall Domäne — 93.
Balk, Gewächshausanlage — 246.
Balkenbrücken 264.
Bansen 116.
Baudach, Pferdestallgebäude auf Rittergut — 81.
Bauerngehöfte in Lüdersdorf bei Wriezen 5.
Bauerngehöft, fränkisches oder thüringisches — 2.
— nach Bruno Ahrends 4.
—, niedersächsisches oder niederdeutsches — 1.
—, schwäbisches oder oberdeutsches — 1.
Bauernhaus, niedersächsisches oder niederdeutsches — 1.
—, schwäbisches oder oberdeutsches — 1.
Bayernshagen, Wetterstall in — 30, 33.
Becherwerke 163.
Bernhard & Co., Wasserturm von — 278.
Berradecke 23.
Berrarippendecke 21, 23.
Beschickung des Stahlhochsilos 225.
Betondecken, unbewehrte — 24.
Betonkappen, scheitrechte — 25.
Bewehrungsplan eines Gewächshauses (Abb.) 251.
Birkmann, Scheune von — 146, 150.
Bodenspeicher 161.
— in Eisenbeton 167.
— Gutzeit 169.
Boden- und Silospeicher Gierke in Polanovice 179.
Boden- und Silospeicher R. Grosser, Zschackau 175.
Bogenbrücken 264, 274.
Bostwickgitter als Stalltür 28.
Brandmauer 4.
Breest & Co., Feldscheune von — 158.
Broda, binderloses Bretterdach, System — 47.
Broda-Hallendach-Ges. m. b. H., Scheunen der — 153.
Brücke auf der Domäne Rodenberg 268.
—, bewegliche — 269.
— bei Marienbrück 276.
— in Haslangkreit 267, 268.
— Rupboden 265.
Brücke über das Hooksieler Tief 268.
— über die Auter auf dem Vorwerk Scharnhorst 266.
Brücken 259, 264.
—, gewölbte 274.
Brunnen 2.
Bucht, dänische — 84.
Buchten für Mastställe 84.
Buttersäurebildung 200, 201.
Buttersäure im Grünfutterbehälter 199.

Caldarium 238.
Cathrinhöfen, Garage, Wagenremise und Speicher in — 233.
„Cementbau“ Ges. für Bauausführungen, Brücke von der — 266, 268.
—, Plattendurchlaß von der — 261.
—, Wasserturm von der — 276.
Chrysanthemenhaus 238.
Connhausen, Stallgebäude mit Scheune — 57.
Cummerow, Viehstall Rittergut — 61.

Dacheindeckung, massive — 23, 24.
Decken, gewölbte — 24.
—, hölzerne — 13.
Deckenplatten, scheitrechte — 24.
Dellstedt, Moorgut — 34.
Delorme, Scheune in Bauweise — 151.
Dettmannsdorf, Scheune in — 128.
„Deutscher Futterturm“ von Förster 214.
„Deutschland“-Stahlhochsilo 225.
Diele 1.
Dielen 116.
Domäne Chelsty, Stallgebäude — 47.
— Gr.Niendorf, Laufstallanlage — 43.
Doppelfenster 240.
Dresseldecke 25.
Düngerställe 28.
Düngerstätte 7.
— als Viehring 7.
—, unterkellerte — 10.
Dungstätte 2.
Düngerstall in Groß-Kussewitz 37.
Dunstschlot 27.
— aus Asphaltfilzpappe 27.

Durchlässe 259.
—, gewölbte — 262.
Dzialowo, Scheune auf dem Dominium — 155.

Einbansen, Arbeitsvorgang beim — 124.
Einfüllen der Futtermasse 202.
Einheitssilo der Firma Gerold Pfister 219.
— Schempp 218.
Einrichtung des Getreidespeichers Allenstein (Abb.) 195, 196, 197.
Einschubdecke 13.
Einschubhölzer 14.
Eisenbeton, Bodenspeicher in — 167.
—, Gewächshäuser in — 250.
—, Silospeicher in — 181.
Eisenbetondecken 17.
Eisenbetonrippendecke 19.
Eisenbetonsilos 174.
Eisenbetonturm (Wasserturm) 276.
Eisenkonstruktion einer Feldscheune 158.
Eisenkonstruktionen für Feldscheunen 160.
Elektro-Futter-Gesellschaft 201.
—, Verfahren der — 201.
Elevatoren 163.
Entnahme der Futtermasse 202.
Erhaltungshäuser oder Konservatorien 239.
Ermländische Betriebsgenossenschaft G. m. b. H., Allenstein, Getreidespeicher der — 194.
Essigsäure im Grünfutterbehälter 199.
Eyrichshof, Hochfahrtscheune — 137.

Fache 116.
Fallrohre 163.
Fehlboden 13.
Feldbrücke in Klaiburg 268.
Feldscheunen 119.
Feldscheune in Eisenkonstruktion 158.
— Nürnberg-Langwasser 149.
— Rittergut Rosenwinkel 158.
Feueralarmapparat 165.
Feuermelder 165.
Feuersicherheit beim fränkischen Gehöft 2.
Fichtennadelstreu zwischen Holzwänden 5.
Flügeltore für Scheunen 127.
Formsteindecke, rheinische — 25.
Form, zweckmäßigste — des Gutshofes 6.
Försterdecke 20, 23, 25.
Förster, Deutscher Futterturm von — 214.
—, Garage, Wagenremise und Speicher von — 234.
—, Getreidespeicher von — 169.
Frankenhalle Würzburg 109.
Freßplatz 86.
Friedrichs-Luisenheim, Ökonomiegebäude der Heilstätte — 103.
Frigidarium 238.
Frühbeete 255.
Frühbeetfenster des Reichsverbandes 258.
—, typisierte — 258.
Frühbeetkästen von Höntsch 258.
Fuderablader, Scheune mit — 131.
Füllmasse bei Decken 13, 14.
Futterküche 5.
Futtermasse, Einfüllen und Entnahme der — 202, 203.
Futterschacht, Lüftschlot als — 27.

Gaegelow, Schweinehaus in — 98.
Garage u. Wagenremise in Cathrinhöfen 233.
Gebrüder Seck, Getreidespeicher (Einrichtung) von — 175.
Gehöft, fränkisches oder thüringisches — 2.
—, niedersächsisches oder niederdeutsches — 1.
—, schwäbisches oder oberdeutsches — 1.
Gelände des Gutshofes 6.
Geräteschuppen 226.
— auf Rittergut Horst 230.
Geräte- und Maschinenhaus Groß-Kussewitz 232.
Gesteschi, Entwürfe von Scheunen 139, 149.
Getreidesilo der König-Friedrich-August-Mühlenwerke A.-G. Coschütz 183.
— mit Zellendurchlüftung, Ranksches — 185.
Getreidespeicher 161.
— Allenstein, Betrieb des — 198.
— —, maschinelle Einrichtung (Abb.) 194, 195, 196, 197.
— Greifenberg i. P. 165.
— auf dem Holm in Danzig 169.
— der Ermländischen Betriebsgenossenschaft G. m. b. H. in Allenstein 194.
— Gierke in Polanovice 179.
— Gutzeit 169.
— in Körchow 167.
— R. Grosser, Zschackan 175.
Getreide- und Samenspeicher in Aschersleben 167.
Gewächshausanlage Alfred Urban 248.
Gewächshausanlage A. Wachlin, Pyritz i. Pom. 248.
— Fritz Balk, Arendsee 246.
Gewächshäuser 237.
— in Eisenbeton 250.
— in Holz und Eisen 246.
— kalte, halbwarme und warme 237.
Gurkenhaus in Neu-Schwante 251.
Glaskasten 238.
Greifenberg, Getreidespeicher der landwirtsch. Hauptgenossenschaft Stettin in — 165.
Gr.-Niendorf, Laufstallanlage — 43.
Gr.-Gnie, Futterturm in — 216.
Großhennersdorf, Landesanstalt — 99.
Groß-Kussewitz, Geräte- u. Maschinenhaus in — 232.
—, Grünfuttersilo in — 207, 208.
—, Viehhaus und Düngerstall — 37.
Grünfutterbehälter (Grünfuttersilos) 198.
Grünfuttereinsäuerung 200.
Grünfuttereinsäuerungsverfahren 200.
Grünfuttersilos 198.
Grünfuttersilo aus Hartbrandsteinen in Groß-Kussewitz 208.
— der Firma Windschild & Langelott 218.
— des Versuchsguts Adl. Fräuleinhof 217.
— Perkappen 212.
Grünfuttersilos in Backsteinen und Betonformsteinen 208.
Grünow, Hofscheune auf Rittergut — 123.
Gurkenhaus (Typ 1) 241, 243.
Gurtförderer 163.
Güstrow, Viehhalle zu — 114.
Gutshöfe 6.
Gutshof, Gestaltung des — nach v. Tiedemann 6.
— Hahnenmoor 10.
Gutzeit, Speicher — in Groß-Gnie 169.

Hahnenmoor, Gutshof — 10.
Hahnenmoor, Pferdestallgebäude auf Rittergut — 78.
Hallenquerschnitte (Abb.) 228.
Hansa, Holzsilo — 204.
Hansa-Holzwerk G. m. b. H., Grünfuttersilo der Firma — 204.
Hartbrandsteine, Grünfuttersilo aus —n 208.
Häuser für die Topfpflanzenkultur (Typ 4 und 5) 244.
Haus mit 6 m innerer Breite (Typ 4) 244.

Haus mit 3 m innerer Breite (Typ 5) 244.
Heilstätte Friedrichs-Luisenheim, Ökonomiegebäude der — 103.
Heil- und Pflegeanstalt Osnabrück, Kartoffelkeller der — 108.
Heiß- oder Warmvergärung 200.
Helmsdorf, Hochfahrtscheune Rittergut — von Arthur Müller 135.
„Herkules"-Grünfuttersilo 224.
Heßlerhof bei Wiesbaden 8.
Hilgers, Feldscheunen von — 160.
HK-Grünfuttersilo 209.
Hochfahrtscheune auf Rittergut Helmsdorf von A. Paustian & W. Lange 135.
— Rittergut Helmsdorf von Arthur Müller 135.
Hoebeck, Scheune auf Gut — 143.
Hoffmannsche Bucht 85.
Hoffmann, Nutenbacksteinsilo von — 209.
Hoffmannscher Zuchtstall 87.
Hofscheune auf Rittergut Grünow 123.
— in Langenhanshagen 143.
— mit einer seitlichen Langtenne 121.
— Domäne Sodargen, vom Verfasser 143.
— Luisenfelde, vom Verfasser 139.
Hofscheunen 116.
Hökholz 93.
Holzbauweise Kübler, Scheune in — 147.
Holzrohrsilo, Rosenheimer — 205.
Holzschächte bei Silospeichern 173.
Holzsilo des Getreidespeichers R. Großer, Zschackau 178.
— des Speichers Gierke in Polanovice (Abb.) 181.
— „Hansa" der Firma Hansa-Holzwerk G. m. b. H., München 204.
— „Podeus" der Maschinenfabrik Podeus A.-G., Wismar 206.
Holzsilos (Grünfuttersilos), Ausbildung der — 203.
Höntsch, Frühbeetkästen von — 258.
—, Gewächshausanlage von — 248.
— -Thermos-Bauweise 248.
Hühnerstall beim typisierten Bauerngehöft 5.
Hundsfeld, Gewächshausanlage in — 248.

Jummerspachsche Decke für Schweineställe 84.
Jungviehställe 28.

Kalt- oder Lauvergärung 201.
Kartoffelkeller der Heil- u. Pflegeanstalt Osnabrück 108.
Kasten 238.
Kästen (Frühbeete) 255.
—, unbewegliche oder feststehende — 256.
Kastenspeicher 163.
—, Trennwände für — 163.
Katzenberger, HK-Grünfuttersilo von — 209.
Kehidai, Grünfuttersilo in — 213.
—, Stallgebäude in — 72.
Ketzin, bewegliche Brücke bei — 272.
Kiel, Obstbaulehranstalt — 253.
Kieselgur als Deckenfüllstoff 14.
Kempten, Allgäuer Tierzuchthalle — 113.
Klaiburg, Brücke in — 268.
Kleinesche Decke 22.
Klein-Kussewitz, Maschinenreparaturhalle in — 232.
Kleinspiegel, Scheune auf Rittergut — 122.
Koenensche Plandecke 21.
König-Friedrich-August-Mühlenwerke A.-G. Coschütz, Getreidesilo der — 183.
Konservatorien 239.
Körchow, Getreidespeicher in — 167.
Kraftwerk Rupboden 265.
Krankenzelle 173, 183.
Kreuztenne 119.
Krönnewitz, Pferdestallgebäude — 78.
Krüger, Entwurf einer Scheune von — 143.
Kübler, Scheune von — 146.
Kulturhäuser für Sonderanzuchten 238.
Kulturhaus für Blumen- und Pflanzenzucht in Gartenfelde 254.
— Siemens-Schuckert 254.
Kunststeinwerk Neuenschwander, Autogarage vom — 236.
— Neuenschwander, Schuppen vom — 236.

Landesanstalt Großhennersdorf, Wirtschaftsgebäude der — 99.
Landwirtschaftliche Schule in Heide, Tomaten- und Gurkenhaus für die — 252.
Landwirtschaftskammer Schleswig-Holstein, Tomatenhaus der — 253.
Langbucht 87, 89.
Langenhanshagen, Scheune in — 134, 135, 143.
Langtennen 118.
Laufstallanlage Gr.-Niendorf 43.
Lauvergärung 201.
Lehm als Deckenfüllstoff 14.
Lindenberg, Futterturm in — 216.
—, Lüftschlot von — 27.
Lüftschlot 26.
Lüftsilo der Ankerbrotwerke A.-G. Wien 191.
Lüftung 26.
Lüftungssilo in Znaim 190.
Luisenfelde, Hofscheune —, vom Verfasser 139.

Marienbrück, Straßenbrücke bei — 276.
Maschinenfabrik Podeus A.-G., Holzsilo „Podeus" der — 206.
Maschinenreparaturhalle Klein-Kussewitz 232.
Maschinenschuppen 226.
Massivdecken 17.
Mastbuchten 84.
Meltzer, Scheune nach Bauweise — 146, 150.
Metall-Ring-Silo, System Aurich 222.
Milchsäurebildung 200, 201.
Milchsäure im Grünfutterbehälter 199.
Milow, bewegliche Brücke in — 269.
Mistbeet 238.
Mistbeete 237, 255.
Misthaus Groß-Kussewitz 37.
Mistplatz 86.
Mittellangtenne 118.
Möller, Brücke von — 268.
Monierdecke 18.
Moniergewölbe 18.
Moorgut Südmoslesfehn, Kuhstall — 51.
— Dellstedt, Kuhhaus auf dem — 34.
Mühldorf, Brücke in — 275.
Muir, Lüftschlot von — 27.
Muirscher Schlot 27.
Müller-Bauten, Carl Härms 35.

Nagelung der Stülpdecke 16.
Nasteiken, Stallgebäude in — 50.
Naue, zeichnerische Darstellung von — 200, 201.
Nebengebäude (Schuppen) 226.
Nelkenhaus 238.
Neuenschwander, Tomatenhaus von — 253.
—, Tomaten- und Gurkenhaus von — 252.
—, Kunststeinwerk — 236.
Neufeind, Scheune von — 151.
Neu-Schwante, Gurkenhaus in — 251.
Nürnberg-Altenfurth, Scheune — 150.
Nürnberg-Langwasser, Feldscheune — 146.
Nutenbacksteinsilo von Hoffmann 209.

Obstbaulehranstalt in Kiel 253.
Ohlau-Baumgarten, Versuchsgut — 231.
Ökonomiegebäude 98.
— der Heilstätte Friedrichs-Luisenheim 103.
Orangerie (Orangenhaus) 238.
Orchideen, Haus für — 238.
Osnabrück, Heil- und Pflegeanstalt — 108.
Osterholz, Schweinezucht- und Mastanlage — 93.

Palmen, Haus für — 238.
Paustian, A. & W. Lange, Hochfahrtscheune von — 135.
—, Scheune von — 143.
Perkappen, Grünfuttersilo in — 212.
Pferdeställe 74.
Pfister, Einheitssilo der Firma — 219.
Phönix-Stahl-Silo 226.
Pferdestallgebäude auf Rittergut Baudach 81.
— mit Schweine- und Geflügelstall auf Rittergut Hahnenmoor 78.
— Krönnewitz 78.
Pilzdecke 17.
Plandecke, Koenensche — 21.
Platte, kreuzweise bewehrte — 17.
Plattendurchlässe 260.
Plattenbalken 17, 19.
Podeus, Holzsilo — 206.
Podeus A.-G., Holzsilo „Podeus" der — 206.
Pohlmannsche Rahmenzellendecke 21.
Prüßwand, Ausbildung der — 133.
Prüßumwandung, Scheune mit — 132.

Ouadratscheune 119.
Quertennen 118, 119.

Raddatz, Rindviehstall auf dem Rittergut — 35.
Rahmenzellendecke von Pohlmann 21.
Rank, Getreidesilo mit Zellendurchlüftung von — 185.
Rankschesʼ Lüftungssilo 185, 188, 190, 191.
Ratinger Maschinenfabrik und Eisengießerei A.-G., „Deutschland"-Stahlhochsilo der — 225.
Räucherkammer beim typisierten Bauerngehöft 5.
Reichsgräflich zu Hoensbrochsche Verwaltung, Stallgebäude der — 54.
Reichsverband des deutschen Gartenbaues e. V., Frühbeetfenster des — 258.
Remydecke 24.
Rindviehstall in Nasteiken 50.
Rindviehställe 28.
— in Holz 30.
—, massive — 48.
Rippendecke 19.
Rieseleinrichtungen 163.
Rittergut Grünow, Hofscheune — 123.
— Kleinspiegel, Scheune auf — 122.
— Kühn in Grünow, Grundriß 7.
— Luisenfelde, Hofscheune — 139, 141.
Rodenberg, Brücke auf der Domäne — 268.
—, Domäne — 261, 268.
—, Plattendurchlaß auf der Domäne — 261.
Rohrdurchlässe 263.
Rosenhaus 238.
Rosenheimer Holzrohrsilo 205.
Rosenwinkel, Feldscheune Rittergut — 158.
Röwer, Geräte- und Maschinenhaus von — 232.
—, Grünfuttersilo von — 208.
—, Hofscheune von — 143.
—, Maschinenreparaturhalle von — 232.
Rundbau, Schweinestall als — 93.
Rundhölzer für Scheunen 125.

Samenzucht G. m. b. H. Carl Robra, Bodenspeicher für die — 167.
Sattelkästen 259.
„Sau-Wohl", Schweinestall — 89.
Schachtspeicher 172.
Scharnhorst, Brücke auf Vorwerk — 266.
Schempp, Einheitssilo Bauweise — 218.
Scheune auf dem Dominium Dzialowo 155.
— auf Gut Hoebeck 143.
— Domäne Woidtke 146.
— in Kölzow 128.
— in Langenhanshagen von Arthur Müller 134.
— in Monheim 151.
— in Reinhardtsgrimma 126.
— in Torrisdorf 130.
— mit einer Mittelstielreihe 126.
— mit Prüßumwandung 132.
— mit zwei Mittelstielreihen 126.
— mit zwei Seitenlangtennen 121, 122.
— Nürnberg-Altenfurth 150.
Scheunen 116.
— mit Mittelstielen und Sprengwerkkonstruktionen 125.
— als Zollbau-Lamellendach 157.
Scheunen in Eisenfachwerk 158.
— in Zollbauweise (Abb.) 155, 156.
— mit Fachwerkbindern 139.
Schnecken 163.
Schuppen 226.
— auf dem Versuchsgut Ohlau-Baumgarten 231.
— aus Werkbeton 236.
Schüttbodenspeicher 161.
Schutz- oder Sonnenwand 239.
Schweineauslauf 2.
Schweinehaus in Gaegelow 98.
Schweineställe 82.
Schweinestall als Rundbau 93.
— Domäne Bakendorf 93.
—, Lage des —es 5.
— „Sau-Wohl" 89.
Schweinezuchtstall Hökholz 93.
Schweinezucht- und Mastanlage Osterholz 93.
Schweizer, Verfahren von — 201.
Seck, Speichereinrichtung von — 175, 198.
Securadecke 25.
Seitenlangtenne 118.
Setzkästen 256.
Siedlungen, Entwürfe für ländliche — 4.
Siemens-Schuckert, Kulturhaus — 254.
Silierungsmaschine 225.
Silospeicher 161, 172.
— in Eisen 174.
— in Eisenbeton 174, 181.
— in Holz 175.
Sodargen, Hofscheune Domäne — 143.
Sprinkler 165.
Sperledecke 23.
Stadtgärtnerei Charlottenburg, Tomatenhaus der — 250.
Stahlkonstruktion, Feldscheunen in — 158, 160.
Stahlsilos 320.
Stahlhochsilo 225.
Staken oder Stakhölzer für Decken 14.
Stakluke im Giebel einer Scheune 131.
Stakung 13.
Stallbauten 25.
Stallgebäude auf dem Rittergut Weicha i. Sa. 59.
— Connhausen 57.
— der ung. Ackerbauschule in Kehidai 72.
— Domäne Chelsty 47.
— Schloß Haag b. Geldern 54.
Stallüftung 26.
Standfenster 240.
Steffens & Nölle, Brücke von — 272.

Steinbeis & Consorten, Rosenheimer Holzrohrsilo von — 205.
Steinborn, Gewächshausanlage von — 246, 248.
Steindecken, unbewehrte — 24.
Steineisendecken 22.
Stellagen 255.
Stielscheunen, einfache — 125.
Streckmetall 18.
Stülpdecke 16.
—, Nagelung der — 16.
Sturzdecke, doppelte — 16.
Südmoslesfehn, Moorgut — 51.

Talutmauer 239.
Tasse 116.
Teichanlage im Gutshof 7.
Tenne 1.
Tennen 116.
Thermos-Bauweise von Höntsch 248.
Thiel & Sohn, Gurkenhaus von — 251.
—, Kulturhaus von — 254.
—, Tomatenhaus von — 250.
v. Tiedemann, Wasserbedarf nach — 6.
Tiefbucht 84, 86.
Tierzuchthalle, Allgäuer — 113.
Tomatenhaus der Stadtgärtnerei Charlottenburg 250.
— mit aufgelegten Fenstern (Typ 2) 243.
— mit fester Verglasung (Typ 3) 241, 243.
Tomaten- und Gurkenhaus in Heide 252.
Torgebäude 12.
Tore der Hochfahrtscheune Helmsdorf 140.
Torhaus 2.
Tragstäbe 17.
Treiberei 256.
Treibhäuser 239.
Treibhaus für Frühfrüchte 238.
Trennwände für Bodenspeicher 163.
Trichterböden (Abb.) 168.
— des Getreidespeichers in Danzig 169.
Trogbrücke 266.
Typisierung des Grundrisses 4.
Typenhäuser des „Reichsverbandes des deutschen Gartenbaues e. V.“ 241.

Umlagern 163.
Umstechen 163, 172.
Universalsilo von Aurich 211.
Universität Königsberg, Versuchsgut der — 217.
Urban, Gewächshausanlage — 248.

Velten, Betonwerk — 250, 251.
Verbundspeicher 172.
Vereinigte Windturbinenwerke A.-G., „Herkules“-Grünfuttersilo der — 224.
Vermehrungshaus 238.
Versuchsgut Ohlau-Baumgarten 231.
Verteilungsstäbe 17.
Viehhallen 108.
Viehhalle Güstrow 114.
Viehhaus in Groß-Kussewitz 37.
Viehstall Rittergut Cummerow 61.
Viehhaus Rittergut Wendorf 68.
Viehring, Düngerstätte als — 7.
Viktoriahaus 238.
Vorwerk Scharnhorst 266.
Vorwerke 6.
Voutendecke 18.
Voutenplatte, Koenensche — 18, 19.

Wachlin, Gewächshausanlage — 248.
Wagenschuppen 226.
Wandkonstruktion beim typisierten Bauerngehöft 5.
Warmvergärung 200.
Wasserbedarf auf dem Gutshof 6.
Wasserpflanzen, Haus für — 238.
Wasserturm, eiserner — 278.
—, hölzerner — 276.
— in Eisenbeton 276.
Wassertürme 259, 276.
Wayss & Freytag, Brücke von — 267, 274.
—, Getreidesilo von — 183.
—, Getreidespeicher von — 194.
—, Grünfutterbehälter von — 217.
—, Grünfuttersilo von — 212, 213.
Wayss & Freytag und Meinong, Lüftungssilo von — 190.
Wayss & Freytag, Plattendurchlaß von — 261.
Wayss & Freytag, Wegbrücke von — 265.
Wegeschema der mechanischen Speichereinrichtung Allenstein 196.
— des Getreidespeichers Allenstein 196, 197.
— für Getreidespeicher 172.
Weicha, Stallgebäude Rittergut — 59.
Wellerhölzer 15.
Wendorf, Viehhaus Rittergut — 68.
Werkbeton, Autogarage aus — 236.
—, Schuppen aus — 236.
Werkkanalbrücke in Mühldorf 275.
Werkstätten 226.
Wetterstall 30.
Wetzig, Einrichtung eines Getreidespeiches von — 179.
Wickelböden 13, 15.
Windelböden, ganze und halbe — 13, 14.
Windelboden, gestreckter — 15, 16.
Windschild & Langelott, Brücke von — 276.
—, gewölbter Durchlaß von — 263.
—, Grünfuttersilo von — 218.
—, Plattendurchlaß von — 260.
Wirtschaftsbetrieb 2.
—, rationeller 2.
Wirtschaftsgebäude 98.
— der Landesanstalt Großhennersdorf 99.
Wirtschaftshof 2.
Woidtke, Scheune Domäne — 146.
Wulfshagen, Kuhhaus auf Gut — 32, 34.
Würzburg, Frankenhalle — 109.

Zellensilos, gemauerte — 174.
Zellenspeicher 172.
Zementholz 240.
Zollbau-Lamellendach für Scheunen 157.
Zomakdecke 23.
Zuchtbucht 86.
Zuchtställe 86.
Zugbrücke bei Ketzin 272.
— in Milow 269.
— über die Stremme in Milow 269.

Druck von Oscar Brandstetter in Leipzig.

Eisen im Hochbau. Ein Taschenbuch mit Abbildungen, Zusammenstellungen, Tragfähigkeitstafeln, amtlichen und sonstigen technischen Vorschriften, Berechnungen und Angaben über die Verwendung von Eisen im Hochbau. Begründet vom Stahlwerks-Verband A.-G., Düsseldorf. Siebente, völlig neubearbeitete und wesentlich erweiterte Auflage. Herausgegeben vom Verein deutscher Eisenhüttenleute, Düsseldorf. XX, 763 Seiten. 1928. Berichtigter Neudruck 1929. Gebunden RM 12.—

(Im gemeinsamen Verlag mit Stahleisen m. b. H., Düsseldorf.)

Die Grundzüge des Eisenbetonbaues. Von Geh. Hofrat Professor Dr.-Ing. e. h. M. Foerster, Technische Hochschule Dresden. Dritte, verbesserte und vermehrte Auflage. Mit 183 Textabbildungen. XII, 570 Seiten. 1926. Gebunden RM 25.50

Praktisches Konstruieren von Eisenbetonhochbauten. Von Baumeister Rudolf Bayerl, Wien. Unter Mitwirkung von Ingenieur Adolf Brzesky. Mit 67 Textabbildungen. VIII, 144 Seiten. 1930. RM 7.—

Der Massivbau (Stein-, Beton- und Eisenbetonbau). Von Geh. Reg.-Rat Professor Robert Otzen, Hannover. (Handbibliothek für Bauingenieure, IV. Teil: Konstruktiver Ingenieurbau, 3. Band.) Mit 497 Textabbildungen. XII, 492 Seiten. 1926. Gebunden RM 37.50

Der Brunnenbau. Von Franz Bösenkopf, Brunnenmeister in Wien. Mit zahlreichen Beispielen ausgeführter Brunnenbauten und deren Berechnung sowie mit 141 Abbildungen, 6 Tafeln und 5 Tabellen. V, 178 Seiten. 1928. RM 10.—; gebunden RM 11.20

Die Grundwasserabsenkung in Theorie und Praxis. Von Dr.-Ing. Joachim Schultze, Privatdozent, Berlin. Mit 76 Textabbildungen. V, 138 Seiten. 1924. Gebunden RM 7.—

Die Reichweite von Grundwasserabsenkungen mittels Rohrbrunnen. Ein Beitrag zur Theorie und praktischen Berechnung von Absenkungsanlagen. Von Dr.-Ing. Hermann Weber. Mit 22 Textabbildungen. V, 58 Seiten. 1928. RM 4.50

Das Fassungsvermögen von Rohrbrunnen und seine Bedeutung für die Grundwasserabsenkung, insbesondere für größere Absenkungstiefen. Von Oberingenieur Dr.-Ing. Willy Sichardt, Regierungsbaumeister a. D. Mit 40 Textabbildungen. V, 89 Seiten. 1928. RM 7.50

Kulturtechnischer Wasserbau. Von Geh. Reg.-Rat Professor E. Krüger, Berlin. (Handbibliothek für Bauingenieure, III. Teil: Wasserbau, Band 7.) Mit 197 Textabbildungen. X, 290 Seiten. 1921. Gebunden RM 9.50

Verlag von Julius Springer / Berlin

Der Bauingenieur

Zeitschrift für das gesamte Bauwesen

Organ des Deutschen Stahlbau-Verbandes, des Deutschen Beton-Vereins, der Deutschen Gesellschaft für Bauingenieurwesen und des Reichsverbandes Industrieller Bauunternehmungen e. V.
mit Beiblatt: Die Baunormung, Mitteilungen des Deutschen Normenausschusses

Herausgegeben von

Professor Dr.-Ing. **E. Probst**-Karlsruhe
Dr.-Ing. **W. Petry**-Oberkassel
Professor **W. Rein**-Breslau

Erscheint wöchentlich
Preis vierteljährlich RM 7.50 zuzüglich postalischer Bestellgebühr
Einzelpreis RM 0.80 zuzüglich Porto.

Die wöchentlich erscheinende Zeitschrift „Der Bauingenieur", die bewährte Fachleute im elften Jahrgang herausgeben, hat sich die Aufgabe gestellt, die in der Jetztzeit besonders wichtigen wissenschaftlich-technischen und wirtschaftlichen Fragen des Bauingenieurwesens zusammenzufassen und der Gesamtheit der Fachkollegen zu erschließen. Es wird berichtet über: Das Gesamtgebiet des Bauwesens, Baustoffe und Baukonstruktionen, die Probleme der modernen Statik, wirtschaftliche Fragen und die für den Bauingenieur so wichtigen Normungsfragen werden verfolgt

GPSR Compliance

The European Union's (EU) General Product Safety Regulation (GPSR) is a set of rules that requires consumer products to be safe and our obligations to ensure this.

If you have any concerns about our products, you can contact us on ProductSafety@springernature.com

In case Publisher is established outside the EU, the EU authorized representative is:

Springer Nature Customer Service Center GmbH
Europaplatz 3
69115 Heidelberg, Germany

Batch number: 10684220

Printed by Printforce, the Netherlands